AF298372

ŒUVRES

COMPLÈTES

DE LAPLACE,

PUBLIÉES SOUS LES AUSPICES

DE L'ACADÉMIE DES SCIENCES,

PAR

MM. LES SECRÉTAIRES PERPÉTUELS.

TOME DIXIÈME.

PARIS,

GAUTHIER-VILLARS ET FILS, IMPRIMEURS-LIBRAIRES
DE L'ÉCOLE POLYTECHNIQUE, DU BUREAU DES LONGITUDES,
Quai des Grands-Augustins, 55.

M DCCC XCIV

ŒUVRES

COMPLÈTES

DE LAPLACE.

ŒUVRES

COMPLÈTES

DE LAPLACE,

PUBLIÉES SOUS LES AUSPICES

DE L'ACADÉMIE DES SCIENCES,

PAR

MM. LES SECRÉTAIRES PERPÉTUELS.

TOME DIXIÈME.

PARIS,

GAUTHIER-VILLARS ET FILS, IMPRIMEURS-LIBRAIRES

DE L'ÉCOLE POLYTECHNIQUE, DU BUREAU DES LONGITUDES,

Quai des Grands-Augustins, 55.

—

M DCCC XCIV

MÉMOIRES

EXTRAITS DES

RECUEILS DE L'ACADÉMIE DES SCIENCES DE PARIS

ET DE

LA CLASSE DES SCIENCES MATHÉMATIQUES ET PHYSIQUES

DE L'INSTITUT DE FRANCE.

TABLE DES MATIÈRES

CONTENUES DANS LE DIXIÈME VOLUME.

MÉMOIRE SUR LES SUITES.

MÉMOIRE SUR LES SUITES.

Mémoires de l'Académie royale des Sciences de Paris, année 1779; 1782.

I.

La théorie des suites est un des objets les plus importants de l'Analyse : tous les problèmes qui se réduisent à des approximations, et conséquemment presque toutes les applications des Mathématiques à la nature, dépendent de cette théorie ; aussi voyons-nous qu'elle a principalement fixé l'attention des géomètres; ils ont trouvé un grand nombre de beaux théorèmes et de méthodes ingénieuses, soit pour développer les fonctions en séries, soit pour sommer les suites exactement ou par approximation; mais ils n'y sont parvenus que par des voies indirectes et particulières, et l'on ne peut douter que, dans cette branche de l'Analyse, comme dans toutes les autres, il n'y ait une manière générale et simple de l'envisager, dont les vérités déjà connues dérivent, et qui conduise à plusieurs vérités nouvelles. La recherche d'une semblable méthode est l'objet de ce Mémoire ; celle à laquelle je suis parvenu est fondée sur la considération de ce que je nomme *fonctions génératrices :* c'est un nouveau genre de calcul que l'on peut nommer *calcul des fonctions génératrices,* et qui m'a paru mériter d'être cultivé par les géomètres. J'expose d'abord quelques résultats très simples sur ces fonctions et j'en déduis une méthode pour interpoler les suites, non seulement lorsque les différences consécutives des termes sont convergentes, ce qui est le seul cas que l'on ait considéré jusqu'ici, mais encore lorsque la série proposée converge vers une suite récurrente, la dernière raison de ses termes étant donnée par une équation linéaire aux différences finies dont les coefficients sont constants. L'intégration de ce genre d'équation est un

corollaire de cette analyse. En passant ensuite du fini à l'infiniment
petit, je donne une formule générale pour interpoler les suites dont
la dernière raison des termes est représentée par une équation linéaire
aux différences infiniment petites, dont les coefficients sont constants; d'où je conclus l'intégration de ces équations. En appliquant
la même méthode à la transformation des suites, il en résulte un
moyen fort simple de les transformer en d'autres dont les termes suivent une loi donnée; enfin le rapport des fonctions génératrices aux
variables correspondantes me conduit immédiatement à l'analogie singulière des puissances positives avec les différences et des puissances
négatives avec les intégrales, analogie observée d'abord par Leibnitz,
et mise depuis dans un plus grand jour par M. de la Grange (*Mémoires
de Berlin*, année 1772); tous les théorèmes auxquels le second de
ces deux grands géomètres est parvenu dans les Mémoires cités d'après
cette analogie, et beaucoup d'autres encore, se déduisent avec la plus
grande facilité de ce rapport.

En considérant de la même manière les séries à deux variables,
j'expose une méthode générale pour les interpoler, non seulement
dans le cas où les différences consécutives des termes de la série sont
convergentes, mais encore lorsque la série converge vers une suite
récurrorécurrente, la dernière raison de ses termes étant donnée par
une équation linéaire aux différences finies partielles dont les coefficients sont constants; d'où résulte l'intégration de ce genre d'équations. Cette matière est de la plus grande importance dans l'analyse
des hasards; je crois être le premier qui l'ait considérée [*voir* les
Tomes VI et VII des *Savants étrangers* (¹)]. M. de la Grange l'a depuis
traitée par une très belle et très savante analyse dans les *Mémoires de
Berlin* pour l'année 1775; j'ose espérer que la manière nouvelle dont
je l'envisage dans ce Mémoire ne déplaira pas aux géomètres. Il suit
de mes recherches que l'intégration de toute équation linéaire aux
différences finies partielles, dont les coefficients sont constants, peut

____

(¹) *OEuvres de Laplace*, T. VIII, p. 5 et p. 69.

se ramener à celle d'une équation linéaire aux différences infiniment
petites, au moyen d'*intégrales définies* prises par rapport à une nouvelle variable; je nomme *intégrale définie* une intégrale prise depuis
une valeur déterminée de la variable jusqu'à une autre valeur déterminée. Cette remarque, plus curieuse qu'utile dans la théorie des différences finies, devient très utile lorsqu'on la transporte aux équations
linéaires aux différences infiniment petites partielles : elle donne un
moyen de les intégrer dans une infinité de cas qui se refusent à
toutes les méthodes connues, et, sans elle, il m'eût été presque impossible de prévoir les formes dont les intégrales sont alors susceptibles. Mais, pour rendre ce que je viens de dire plus sensible, il ne
sera pas inutile de rappeler en peu de mots ce que l'on a découvert
sur les équations linéaires aux différences infiniment petites partielles
du second ordre. L'intégrale de ces équations renferme, comme l'on
sait, deux fonctions arbitraires; on a, de plus, remarqué que ces
fonctions peuvent être, dans l'intégrale, affectées du signe différentiel d; et c'est, si je ne me trompe, à MM. Euler et de la Grange que
l'on doit cette remarque importante à laquelle ils ont été conduits par
la théorie du son, dans le cas où l'air est considéré avec ses trois
dimensions. Ces deux grands géomètres ont ensuite étendu leurs méthodes à des équations plus compliquées que celles de ce problème;
mais il restait à trouver une méthode au moyen de laquelle on pût
généralement, ou intégrer une équation quelconque linéaire du second
ordre, ou s'assurer que son intégrale est impossible en termes finis,
en n'ayant égard qu'aux seules variables qu'elles renferment : c'est
l'objet d'un Mémoire que j'ai inséré dans le Volume de l'Académie pour
l'année 1773 (¹). Dans ce Mémoire, j'ai démontré : 1° que les fonctions
arbitraires ne peuvent exister dans l'intégrale que sous une forme
linéaire; 2° que si l'intégrale est possible en termes finis, en ne considérant que les seules variables de l'équation, une des deux fonctions
arbitraires est nécessairement délivrée du signe intégral $\int$. J'ai donné

____

(¹) *OEuvres de Laplace*, T. IX, p. 5.

ensuite une méthode générale pour avoir dans ce cas l'intégrale complète de l'équation différentielle, en supposant même que cette équation renferme un terme indépendant de la variable principale, et qui soit une fonction quelconque des deux autres variables; d'où il suit que, lorsqu'une équation proposée se refuse à cette méthode, on peut être assuré que son intégrale complète est impossible en termes finis, en n'ayant égard qu'aux seules variables de l'équation. Maintenant, la remarque dont j'ai parlé ci-dessus m'a fait voir que, dans ce cas, l'intégrale est possible en termes finis, au moyen d'intégrales *définies* prises par rapport à une nouvelle variable qu'il faut nécessairement alors introduire dans le calcul. On verra ci-après que ces formes d'intégrales sont du même usage dans la solution des problèmes que les formes connues; je donne pour les obtenir une méthode qui s'étend à un grand nombre de cas, et spécialement à plusieurs questions physiques importantes, telles que le mouvement des cordes vibrantes dans un milieu résistant comme la vitesse, la propagation du son dans un plan, etc., dont on n'a pu trouver encore que des solutions particulières.

En transportant aux différences infiniment petites les remarques que je fais sur une équation particulière aux différences finies partielles, je parviens à m'assurer d'une manière incontestable que, dans le problème des cordes vibrantes, on peut admettre des fonctions discontinues, pourvu qu'aucun des angles formés par deux côtés contigus de la figure initiale de la corde ne soit fini; d'où il me paraît que ces fonctions peuvent être généralement employées dans tous les problèmes qui se rapportent aux différences partielles, pourvu qu'elles puissent subsister avec les équations différentielles et avec les conditions du problème; ainsi, la seule condition qui soit nécessaire dans la détermination des fonctions arbitraires d'une équation proposée aux différences partielles de l'ordre n est qu'il n'y ait point de saut entre deux valeurs consécutives d'une différence de ces fonctions, plus petite que la différence $n^{\text{ième}}$, et, par conséquent, que, dans les courbes au moyen desquelles on représente ces fonctions arbitraires, il n'y ait point de saut entre deux tangentes consécutives, si, comme

dans le problème des cordes vibrantes, l'équation différentielle est du
second ordre, ou qu'il n'y ait point de saut entre deux rayons osculateurs consécutifs, si l'équation est du troisième ordre, etc., ce qui est
conforme à ce que M. le marquis de Condorcet a trouvé, par une autre
méthode, dans les *Mémoires de l'Académie* pour l'année 1771, pages 70
et 71. Mais il est essentiel d'observer que, si l'intégrale renferme les
différences des fonctions arbitraires, on doit considérer les différences
les plus élevées comme les véritables fonctions arbitraires de l'intégrale, et n'appliquer la règle précédente qu'à ces différences. Cette
manière d'éclairer les points délicats de la théorie des différences infiniment petites par celle des différences finies est, si je ne me trompe,
la plus propre à remplir cet objet, et il me semble que, d'après la
théorie que j'expose, il ne doit rester aucun doute sur l'usage des
fonctions discontinues dans le Calcul intégral aux différences partielles. Enfin, je termine ce Mémoire par la considération des équations linéaires aux différences partielles, en partie finies et en partie
infiniment petites, et par quelques théorèmes sur la réduction en
séries des fonctions à deux variables. Toutes ces recherches n'étant
que le développement d'une considération fort simple sur la nature
des fonctions génératrices, j'ose me flatter que l'analyse dont j'ai fait
usage pourra mériter, par sa généralité, l'attention des Géomètres.

II.

Des suites à une seule variable.

Soit y_x une fonction quelconque de x; si l'on forme la suite infinie

$$y_0 + y_1 t + y_2 t^2 + y_3 t^3 + \ldots + y_x t^x + y_{x+1} t^{x+1} + \ldots + y_n t^n,$$

et que l'on nomme u la somme de cette suite, ou, ce qui revient au
même, la fonction dont le développement forme cette suite, cette
fonction sera ce que je nomme *fonction génératrice* de la variable y_x.

Une fonction génératrice d'une variable quelconque y_x est donc
généralement une fonction de t, qui, développée suivant les puissances de t, a cette variable y_x pour coefficient de t^x; et, réciproque-

ment, la variable correspondante d'une fonction génératrice est le coefficient de t^x dans le développement de cette fonction suivant les puissances de t. Il suit de ces définitions que, u étant la fonction génératrice de y_x, celle de y_{x-r} sera ut^r; car il est visible que le coefficient de t^x dans ut^r est égal à celui de t^{x-r} dans u, et par conséquent égal à y_{x-r}.

Le coefficient de t^x dans $u\left(\dfrac{1}{t} - 1\right)$ est évidemment égal à $y_{x+1} - y_x$, ou à Δy_x, Δ étant la caractéristique des différences finies; on aura donc la fonction génératrice de la différence finie d'une quantité en multipliant par $\dfrac{1}{t} - 1$ la fonction génératrice de la quantité elle-même; la fonction génératrice de $\Delta^2 y_x$ est ainsi $u\left(\dfrac{1}{t} - 1\right)^2$, et, généralement, celle de $\Delta^i y_x$ est $u\left(\dfrac{1}{t} - 1\right)^i$; d'où l'on peut conclure que la fonction génératrice de $\Delta^i y_{x-r}$ est $ut^r\left(\dfrac{1}{t} - 1\right)^i$.

Pareillement, le coefficient de t^x dans

$$u\left(a + \frac{b}{t} + \frac{c}{t^2} + \frac{e}{t^3} + \ldots + \frac{q}{t^n}\right)$$

est

$$a y_x + b y_{x+1} + c y_{x+2} + e y_{x+3} + \ldots + q y_{x+n};$$

en nommant donc ∇y_x cette quantité, sa fonction génératrice sera

$$u\left(a + \frac{b}{t} + \frac{c}{t^2} + \frac{e}{t^3} + \ldots + \frac{q}{t^n}\right).$$

Si l'on nomme $\nabla^2 y_x$ la quantité

$$a\,\nabla y_x + b\,\nabla y_{x+1} + c\,\nabla y_{x+2} + \ldots + q\,\nabla y_{x+n};$$

$\nabla^3 y_x$ la quantité

$$a\,\nabla^2 y_x + b\,\nabla^2 y_{x+1} + c\,\nabla^2 y_{x+2} + \ldots + q\,\nabla^2 y_{x+n},$$

et ainsi de suite, leurs fonctions génératrices correspondantes seront

$$u\left(a + \frac{b}{t} + \frac{c}{t^2} + \ldots + \frac{q}{t^n}\right)^2,$$

$$u\left(a + \frac{b}{t} + \frac{c}{t^2} + \ldots + \frac{q}{t^n}\right)^3,$$

$$\ldots\ldots\ldots\ldots\ldots\ldots\ldots\ldots\ldots$$

et, généralement, la fonction génératrice de $\Delta^i y_x$ sera

$$u\left(a + \frac{b}{t} + \frac{c}{t^2} + \ldots + \frac{q}{t^n}\right)^i;$$

partant la fonction génératrice de $\Delta^i \nabla^s y_{x-r}$ sera

$$ut^r\left(a + \frac{b}{t} + \frac{c}{t^2} + \ldots + \frac{q}{t^n}\right)^s\left(\frac{1}{t} - 1\right)^i.$$

On peut généraliser encore les théorèmes précédents, en supposant que ∇y_x représente une fonction quelconque linéaire de y_x, y_{x+1}, y_{x+2}, …; que $\nabla^2 y_x$ représente une nouvelle fonction dans laquelle ∇y_x entre de la même manière que y_x dans ∇y_x; que $\nabla^3 y_x$ représente une fonction de $\nabla^2 y_x$ semblable à celle de ∇y_x en y_x, et ainsi de suite : car, u étant la fonction génératrice de y_x, si l'on nomme us celle de ∇y_x, us^2, us^3, … seront les fonctions génératrices de $\nabla^2 y_x$, $\nabla^3 y_x$, …. En multipliant donc la fonction u par les puissances successives de s, on aura les fonctions génératrices des produits de y_x par les puissances correspondantes de ∇, ∇ n'étant point une quantité, mais une caractéristique : et cela sera encore vrai en supposant ces puissances fractionnaires et même incommensurables.

s étant une fonction quelconque de $\frac{1}{t}$, si l'on développe s^i suivant les puissances de $\frac{1}{t}$, et que l'on désigne par $\frac{K}{t^m}$ un terme quelconque de ce développement, le coefficient de t^x dans $\frac{Ku}{t^m}$ sera Ky_{x+m}; on aura donc le coefficient de t^x dans us^i, ou, ce qui revient au même, on aura $\nabla^i y^x$: 1° en substituant, dans s, y_x au lieu de $\frac{1}{t}$; 2° en développant ce que devient alors s^i, suivant les puissances de y_x, et en ajoutant à x, dans chaque terme, l'exposant de la puissance de y_x, c'est-à-dire en écrivant y_x au lieu de $(y_x)^0$, y_{x+1} au lieu de $(y_x)^1$, y_{x+2} au lieu de $(y_x)^2$, et ainsi de suite.

Si, au lieu de développer s^i suivant les puissances de $\frac{1}{t}$, on le développe suivant les puissances de $\frac{1}{t} - 1$, et que l'on désigne par

$K\left(\frac{1}{t}-1\right)^{m}$ un terme quelconque de ce développement, le coefficient de t^x dans $Ku\left(\frac{1}{t}-1\right)^{m}$ sera $K\Delta^m y_x$. On aura donc $\nabla^i y_x$: 1° en substituant, dans s, Δy_x au lieu de $\frac{1}{t}-1$, ou, ce qui revient au même, $1+\Delta y_x$ au lieu de $\frac{1}{t}$; 2° en développant ce que devient alors s^i suivant les puissances de Δy_x, et en appliquant à la caractéristique Δ les exposants des puissances de Δy_x, c'est-à-dire en écrivant $\Delta^0 y_x$, ou y_x, au lieu de $(\Delta y_x)^0$, $\Delta^2 y_x$ au lieu de $(\Delta y_x)^2$, et ainsi de suite.

En général, si l'on considère s comme une fonction de r, r étant une fonction de $\frac{1}{t}$, telle que le coefficient de t^x dans ur soit $\square y_x$, on aura $\nabla^i y_x$ en substituant, dans s, $\square y_x$ au lieu de r; en développant ensuite ce que devient alors s^i suivant les puissances de $\square y_x$, et en appliquant à la caractéristique $\square$ les exposants des puissances de $\square y_x$, c'est-à-dire en écrivant $\square^0 y_x$, ou y_x, au lieu de $(\square y_x)^0$, $\square^2 y_x$ au lieu de $(\square y^x)^2$, et ainsi du reste. On aura donc ainsi les valeurs de ∇y_x, $\nabla^2 y_x$, ... par de simples développements de fonctions algébriques.

Soit s la fonction génératrice de $\Sigma^i y_x$, Σ étant la caractéristique des intégrales finies; on aura, par ce qui précède, $s\left(\frac{1}{t}-1\right)^i$ pour la fonction génératrice de y_x; mais cette fonction doit, en n'ayant égard qu'aux puissances positives ou nulles de t, se réduire à u. On aura donc

$$s\left(\frac{1}{t}-1\right)^i = u + \frac{A}{t} + \frac{B}{t^2} + \frac{C}{t^3} + \ldots + \frac{F}{t^i},$$

d'où l'on tire

$$s = \frac{ut^i + At^{i-1} + Bt^{i-2} + Ct^{i-3} + \ldots + F}{(1-t)^i};$$

A, B, C, ..., F étant les i constantes arbitraires qu'introduisent les i intégrations successives de y_x. En faisant abstraction de ces constantes, la fonction génératrice de $\Sigma^i y_x$ serait $u\left(\frac{1}{t}-1\right)^{-i}$; on aurait donc la fonction génératrice de $\Sigma^i y_x$ en changeant i en $-i$ dans la fonction génératrice de $\Delta^i y_x$; et réciproquement, on aurait la variable

correspondante de la fonction $u\left(\frac{1}{t}-1\right)^{i}$, dans laquelle on suppose
i négatif, en changeant i en $-i$ dans $\Delta^{i}y_{x}$ et en supposant que les
différences négatives représentent des intégrales ; mais, si l'on a égard
aux constantes arbitraires, il faut, en passant des puissances positives
aux puissances négatives de $\frac{1}{t}-1$, augmenter u d'un nombre de termes
$\frac{A}{t}+\frac{B}{t^{2}}+\frac{C}{t^{3}}+\dots$ égal à l'exposant de la puissance négative de $\frac{1}{t}-1$.
On voit par là comment les fonctions génératrices se forment de la
loi des variables correspondantes, et réciproquement, de quelle manière ces variables se déduisent de leurs fonctions génératrices. Appliquons maintenant ces résultats à la théorie des suites.

III.

De l'interpolation des suites à une seule variable, et de l'intégration
des équations différentielles linéaires.

Toute la théorie de l'interpolation des suites consiste à déterminer,
quel que soit i, la valeur de y_{x+i} en fonction de y_x et des termes qui
précèdent ou qui suivent y_x. Pour cela, on doit observer que y_{x+i} est
égal au coefficient de t^{x+i} dans le développement de u, et, par conséquent, égal au coefficient de t^{x} dans le développement de $\frac{u}{t^i}$; or on a

$$\frac{u}{t^i}=u\left(1+\frac{1}{t}-1\right)^{i}$$
$$=u\left[1+i\left(\frac{1}{t}-1\right)+\frac{i(i-1)}{1.2}\left(\frac{1}{t}-1\right)^{2}+\frac{i(i-1)(i-2)}{1.2.3}\left(\frac{1}{t}-1\right)^{3}+\dots\right].$$

De plus, le coefficient de t^x dans le développement de u est y_x ; ce
coefficient dans le développement de $u\left(\frac{1}{t}-1\right)$ est Δy_x ; dans le développement de $u\left(\frac{1}{t}-1\right)^{2}$, il est égal à $\Delta^{2}y_x$, et ainsi de suite ; on aura
donc, en repassant des fonctions génératrices aux variables corres-
pondantes,

$$y_{x+i}=y_x+i\,\Delta y_x+\frac{i(i-1)}{1.2}\Delta^{2}y_x+\frac{i(i-1)(i-2)}{1.2.3}\Delta^{3}y_x+\dots.$$

Cette équation, ayant lieu quel que soit i, servira à interpoler les suites dont les différences des termes vont en décroissant.

Toutes les manières de développer la puissance $\frac{1}{t^i}$ donneront autant de méthodes différentes pour interpoler les suites ; soit, par exemple,

$$\frac{1}{t} = 1 + \frac{\alpha}{t^r};$$

en développant $\frac{1}{t^i}$, suivant les puissances de α, au moyen du beau théorème de M. de la Grange (*voir* les *Mémoires de l'Académie*, année 1777, page 115), on trouvera facilement

$$\frac{u}{t^i} = u\left[1 + i\alpha + \frac{i(i + 2r - 1)}{1.2}\alpha^2 + \frac{i(i + 3r - 1)(i + 3r - 2)}{1.2.3}\alpha^3 \right.$$
$$\left. + \frac{i(i + 4r - 1)(i + 4r - 2)(i + 4r - 3)}{1.2.3.4}\alpha^4 + \ldots \right].$$

Maintenant, α étant égal à $t^r\left(\frac{1}{t} - 1\right)$, le coefficient de t^x dans le développement de $u\alpha$ est, par l'article précédent, Δy_{x-r} ; ce même coefficient dans le développement de $u\alpha^2$ est $\Delta^2 y_{x-2r}$, et ainsi de suite. On aura donc

$$y_{x+1} = y_x + i\Delta y_{x-r} + \frac{i(i + 2r - 1)}{1.2}\Delta^2 y_{x-2r} + \frac{i(i + 3r - 1)(i + 3r - 2)}{1.2.3}\Delta^3 y_{x-3r}$$
$$+ \frac{i(i + 4r - 1)(i + 4r - 2)(i + 4r - 3)}{1.2.3.4}\Delta^4 y_{x-4r} + \ldots.$$

IV.

Voici présentement une méthode générale d'interpolation qui a l'avantage de s'appliquer, non seulement aux suites dont les différences des termes finissent par être nulles, mais encore aux suites dont la dernière raison des termes est celle d'une suite récurrente quelconque.

Supposons d'abord que l'on ait

$$t\left(\frac{1}{t}-1\right)^2 = z,$$

et cherchons la valeur de $\frac{1}{t^i}$ en z.

Il est clair que $\frac{1}{t^i}$ est égal au coefficient de θ^i dans le développement de la fraction $\frac{1}{1-\frac{\theta}{t}}$; si l'on multiplie le numérateur et le dénominateur de cette fraction par $1-\theta t$, on aura celle-ci $\frac{1-\theta t}{1-\theta\left(\frac{1}{t}+t\right)+\theta^2}$. L'équation

$$t\left(\frac{1}{t}-1\right)^2 = z \qquad \text{donne} \qquad \frac{1}{t}+t = 2+z,$$

ce qui change la fraction précédente dans la suivante $\frac{1-\theta t}{(1-\theta)^2 - z\theta}$; or on a

$$\frac{1}{(1-\theta)^2 - z\theta} = \frac{1}{(1-\theta)^2} + \frac{z\theta}{(1-\theta)^3} + \frac{z^2\theta^2}{(1-\theta)^4} + \frac{z^3\theta^3}{(1-\theta)^5} + \dots$$

D'ailleurs, le coefficient de θ^r dans le développement de $\frac{1}{(1-\theta)^s}$ est égal à $\frac{1}{1.2.3\dots r}\frac{d^r(1-\theta)^{-s}}{d\theta^r}$, pourvu que l'on suppose $\theta=0$ après les différentiations, ce qui donne $\frac{s(s+1)(s+2)\dots(s+r-1)}{1.2.3\dots r}$ pour ce coefficient; d'où il suit que le coefficient de θ^i est : 1° $i+1$ dans le développement de $\frac{1}{(1-\theta)^2}$; 2° $\frac{i(i+1)(i+2)}{1.2.3}$ dans le développement de $\frac{\theta}{(1-\theta)^3}$; 3° $\frac{(i-1)i(i+1)(i+2)(i+3)}{1.2.3.4.5}$ dans le développement de $\frac{\theta^2}{(1-\theta)^4}$, et ainsi du reste. Donc, si l'on nomme Z le coefficient de θ^i dans le développement de la fraction $\frac{1}{(1-\theta)^2 - z\theta}$, on aura

$$Z = i+1 + \frac{i(i+1)(i+2)}{1.2.3}z + \frac{(i-1)i(i+1)(i+2)(i+3)}{1.2.3.4.5}z^2$$
$$+ \frac{(i-2)(i-1)i(i+1)(i+2)(i+3)(i+4)}{1.2.3.4.5.6.7}z^3 + \dots$$

ou

$$Z = i + 1 + \frac{(i+1)[(i+1)^2 - 1]}{1.2.3} z + \frac{(i+1)[(i+1)^2 - 1][(i+1)^2 - 4]}{1.2.3.4.5} z^2$$
$$+ \frac{(i+1)[(i+1)^2 - 1][(i+1)^2 - 4][(i+1)^2 - 9]}{1.2.3.4.5.6.7} z^3 + \ldots$$

Si l'on nomme ensuite Z' le coefficient de θ^i dans le développement de $\frac{\theta}{(1-\theta)^2 - z\theta}$, on aura Z', en changeant, dans Z, i en $i-1$, ce qui donne

$$Z' = i + \frac{i(i^2 - 1)}{1.2.3} z + \frac{i(i^2 - 1)(i^2 - 4)}{1.2.3.4.5} z^2 + \frac{i(i^2 - 1)(i^2 - 4)(i^2 - 9)}{1.2.3.4.5.6.7} z^3 + \ldots$$

On aura ainsi $Z - tZ'$ pour le coefficient de θ^i dans le développement de la fraction $\frac{1 - \theta t}{(1-\theta)^2 - z\theta}$; ce sera, par conséquent, l'expression de $\frac{1}{t^i}$; partant

$$\frac{u}{t^i} = u(Z - tZ').$$

Cela posé, le coefficient de t^x dans $\frac{u}{t^i}$ est y_{x+i}; ce même coefficient, dans un terme quelconque de uZ, tel que Kuz^r ou, ce qui revient au même, $Kut^r\left(\frac{1}{t} - 1\right)^{2r}$ est, par l'article II, égal à $K\Delta^{2r}y_{x-r}$; dans un terme quelconque de utZ', tel que $Kutz^r$, ce coefficient est $K\Delta^{2r}y_{x-r-1}$. On aura donc, en repassant des fonctions génératrices aux variables correspondantes,

$$y_{x+i} = (i+1)y_x + \frac{(i+1)[(i+1)^2 - 1]}{1.2.3}\Delta^2 y_{x-1}$$
$$+ \frac{(i+1)[(i+1)^2 - 1][(i+1)^2 - 4]}{1.2.3.4.5}\Delta^4 y_{x-2} + \ldots$$
$$- iy_{x-1} - \frac{i(i^2 - 1)}{1.2.3}\Delta^2 y_{x-2}$$
$$- \frac{i(i^2 - 1)(i^2 - 4)}{1.2.3.4.5}\Delta^4 y_{x-3} - \ldots$$

On peut varier encore la forme précédente de y_{x+i}; pour cela, soit Z'' ce que devient Z' lorsqu'on y change i en $i-1$ et, par conséquent, ce que devient Z lorsqu'on y change i en $i - 2$; l'équation $\frac{1}{i^i} = Z - iZ'$ donnera $\frac{1}{i^{i-2}} = Z' - iZ''$, partant $\frac{1}{i^i} = \frac{Z'}{i} - Z''$. En ajoutant ces deux valeurs de $\frac{1}{i^i}$ et prenant la moitié de leur somme on aura,

$$\frac{1}{i^i} = \frac{1}{2}Z - \frac{1}{2}Z'' + \frac{1}{2}(1 + i)\left(\frac{1}{i} - 1\right)Z';$$

or on a

$$\frac{1}{2}Z - \frac{1}{2}Z'' = \frac{1}{2}\left[i + 1 + \frac{i(i+1)(i+2)}{1.2.3}z + \dots\right]$$
$$- \frac{1}{2}\left[i - 1 + \frac{(i-2)(i-1)i}{1.2.3}z + \dots\right]$$
$$= 1 + \frac{i^2}{1.2}z + \frac{i^2(i^2-1)}{1.2.3.4}z^2 + \frac{i^2(i^2-1)(i^2-4)}{1.2.3.4.5.6}z^3 + \dots,$$

partant

$$\frac{u}{i^i} = u\left[1 + \frac{i^2}{1.2}t\left(\frac{1}{t} - 1\right)^2 + \frac{i^2(i^2-1)}{1.2.3.4}t^2\left(\frac{1}{t} - 1\right)^2\right.$$
$$\left. + \frac{i^2(i^2-1)(i^2-4)}{1.2.3.4.5.6}t^3\left(\frac{1}{t} - 1\right)^6 + \dots\right]$$
$$+ \frac{i}{2}u(1 + t)\left[\frac{1}{t} - 1 + \frac{i^2-1}{1.2.3}t\left(\frac{1}{t} - 1\right)^3\right.$$
$$\left. + \frac{(i^2-1)(i^2-4)}{1.2.3.4.5}t^2\left(\frac{1}{t} - 1\right)^5 + \dots\right].$$

d'où l'on conclut, par l'article II, en repassant des fonctions génératrices aux variables correspondantes,

$$y_{x+i} = y_x + \frac{i^2}{1.2}\Delta^2 y_{x-1} + \frac{i^2(i^2-1)}{1.2.3.4}\Delta^4 y_{x-2}$$
$$+ \frac{i^2(i^2-1)(i^2-4)}{1.2.3.4.5.6}\Delta^6 y_{x-3} + \dots$$
$$+ \frac{i}{2}\Delta(y_x + y_{x-1}) + \frac{i}{2}\frac{i^2-1}{1.2.3}\Delta^3(y_{x-1} + y_{x-2})$$
$$+ \frac{i}{2}\frac{(i^2-1)(i^2-4)}{1.2.3.4.5}\Delta^5(y_{x-2} + y_{x-3}) + \dots.$$

Cette formule revient à celle que Newton a donnée dans l'opuscule

intitulé *Methodus differentialis,* pour interpoler entre un nombre impair
de quantités équidistantes; dans ce cas, y_x désigne la quantité du
milieu et i est la distance de cette quantité à celle que l'on cherche,
qui, par conséquent, est y_{x+i}, l'unité étant supposée l'intervalle commun des quantités données.

En différentiant aux différences finies la formule précédente par
rapport à i, on aura

$$y_{x+i+1} - y_{x+i} = \frac{1}{2}\Delta(y_x + y_{x-1}) + \frac{i(i+1)}{1.2}\frac{1}{2}\Delta^3(y_{x-1} + y_{x-2})$$

$$+ \frac{(i-1)i(i+1)(i+2)}{1.2.3.4}\frac{1}{2}\Delta^5(y_{x-2} + y_{x-3}) + \dots$$

$$+ (2i+1)\frac{1}{2}\Delta^2 y_{x-1} + \frac{(2i+1)(i+1)i}{1.2.3}\frac{1}{2}\Delta^4 y_{x-2}$$

$$\div \frac{(2i+1)(i+2)(i+1)i(i-1)}{1.2.3.4.5}\frac{1}{2}\Delta^6 y_{x-3} + \dots$$

Soient $y_{x+1} - y_x = y'_x$ et $i = \frac{s-1}{2}$, on aura

$$y'_{,+\frac{s-1}{2}} = \frac{1}{2}(y'_x + y'_{x-1}) + \frac{s^2-1}{2.4}\frac{1}{2}\Delta^2(y'_{x-1} + y'_{x-2})$$

$$+ \frac{(s^2-1)(s^2-9)}{2.4.6.8}\frac{1}{2}\Delta^4(y'_{x-2} + y'_{x-3}) + \dots$$

$$+ \frac{s}{2}\Delta y'_{x-1} + \frac{s(s^2-1)}{2.4.6}\Delta^3 y'_{x-2}$$

$$+ \frac{s(s^2-1)(s^2-9)}{2.4.6.8.10}\Delta^5 y'_{x-3} + \dots$$

Cette formule revient à celle que Newton a donnée dans l'opuscule
cité, pour interpoler entre un nombre pair de quantités équidistantes;
y'_x exprime la seconde des deux quantités moyennes, et $\frac{s-1}{2}$ exprime
sa distance à celle que l'on cherche et qui, par conséquent, est
$y'_{,+\frac{s-1}{2}}$, l'unité représentant l'intervalle commun des quantités données.

V.

Supposons généralement

$$(a) \qquad z = a + \frac{b}{t} + \frac{c}{t^2} + \frac{e}{t^3} + \ldots + \frac{p}{t^{n-1}} + \frac{q}{t^n},$$

on aura

$$\frac{1}{t^n} = \frac{z-a}{q} - \frac{b}{qt} - \frac{c}{qt^2} - \ldots - \frac{p}{qt^{n-1}},$$

ce qui donne

$$\frac{1}{t^{n+1}} = \frac{z-a}{qt} - \frac{b}{qt^2} - \frac{c}{qt^3} - \ldots - \frac{p}{qt^n};$$

en éliminant $\frac{1}{t^n}$ du second membre de cette équation, au moyen de la proposée (a), on aura

$$\frac{1}{t^{n+1}} = -\frac{p(z-a)}{q^2} + \frac{pb + q(z-a)}{q^2 t} + \ldots$$

Cette expression de $\frac{1}{t^{n+1}}$ ne renferme que des puissances de $\frac{1}{t}$ d'un ordre inférieur à n, et, en continuant d'éliminer ainsi la puissance $\frac{1}{t^n}$, à mesure qu'elle se présente, il est clair que l'on arrivera à une expression de $\frac{1}{t^i}$, qui ne renfermera que des puissances $\frac{1}{t}$ moindres que n, et qui, par conséquent, aura cette forme

$$\frac{1}{t^i} = Z + \frac{1}{t}Z^{(1)} + \frac{1}{t^2}Z^{(2)} + \frac{1}{t^3}Z^{(3)} + \ldots + \frac{1}{t^{n-1}}Z^{(n-1)},$$

$Z, Z^{(1)}, Z^{(2)}, \ldots, Z^{(n-1)}$ étant des fonctions rationnelles et entières de z, dont la première ne surpasse pas le degré $\frac{i}{n}$, la deuxième ne surpasse pas le degré $\frac{i}{n} - 1$, la troisième le degré $\frac{i}{n} - 2$, et ainsi du reste.

Cette manière de déterminer $\frac{1}{t^i}$ est très pénible lorsque i est un peu considérable; elle conduirait d'ailleurs difficilement à l'expression générale de cette quantité; on pourra y parvenir directement par la méthode suivante.

$\frac{1}{t^i}$ étant égal au coefficient de θ^i dans le développement de la fraction $\frac{1}{1-\frac{\theta}{t}}$, on multipliera le numérateur et le dénominateur de cette fraction par

$$(a-z)\theta^n + b\theta^{n-1} + c\theta^{n-2} + \ldots + p\theta + q$$

et, en substituant dans le numérateur au lieu de z sa valeur $a + \frac{b}{t} + \frac{c}{t^2} + \ldots$, on aura

$$\frac{b\theta^{n-1}\left(1-\frac{\theta}{t}\right) + c\theta^{n-2}\left(1-\frac{\theta^2}{t^2}\right) + e\theta^{n-3}\left(1-\frac{\theta^3}{t^3}\right) + \ldots + q\left(1-\frac{\theta^n}{t^n}\right)}{\left(1-\frac{\theta}{t}\right)\left(a\theta^n + b\theta^{n-1} + c\theta^{n-2} + e\theta^{n-3} + \ldots + p\theta + q - z\theta^n\right)}.$$

Le numérateur de cette fraction est divisible par $1-\frac{\theta}{t}$; on peut donc, en faisant la division, la mettre sous cette forme

$$(\mathrm{A})\qquad \frac{\left\{\begin{array}{l} b\theta^{n-1} + c\theta^{n-2} + e\theta^{n-3} + \ldots + p\theta + q \\ + \frac{\theta}{t}\left(c\theta^{n-2} + e\theta^{n-3} + \ldots + p\theta + q\right) \\ + \frac{\theta^2}{t^2}\left(e\theta^{n-3} + \ldots + p\theta + q\right) \\ + \ldots\ldots\ldots\ldots\ldots\ldots\ldots\ldots \\ + \frac{q\theta^{n-1}}{t^{n-1}} \end{array}\right\}}{a\theta^n + b\theta^{n-1} + c\theta^{n-2} + e\theta^{n-3} + \ldots + p\theta + q - z\theta^n}.$$

La recherche du coefficient de θ^i dans le développement de cette fraction se réduit ainsi à déterminer, quel que soit r, le coefficient de θ^r dans le développement de la fraction

$$\frac{1}{a\theta^n + b\theta^{n-1} + c\theta^{n-2} + e\theta^{n-3} + \ldots + p\theta + q - z\theta^n}.$$

Pour cela, considérons généralement la fraction $\frac{P}{Q}$, P et Q étant des fonctions rationnelles et entières de θ, la première étant d'un ordre inférieur à celui de la seconde. Supposons que Q ait un facteur $\theta - \alpha$

élevé à la puissance s et faisons $Q = (\theta - \alpha)^s R$; on peut toujours, comme l'on sait, décomposer la fraction $\dfrac{P}{Q}$ en deux autres $\dfrac{A}{(\theta - \alpha)^s} + \dfrac{B}{R}$, A et B étant des fonctions rationnelles et entières de θ, la première de l'ordre $s - 1$ et la seconde d'un ordre inférieur à celui de R; on aura donc

$$\frac{A}{(\theta - \alpha)^s} + \frac{B}{R} = \frac{P}{(\theta - \alpha)^s R},$$

ce qui donne

$$A = \frac{P}{R} - \frac{B(\theta - \alpha)^s}{R}.$$

Si l'on considère A, B, P et R comme des fonctions rationnelles et entières de $\theta - \alpha$, A sera une fonction de l'ordre $s - 1$ et, par conséquent, il sera égal au développement de $\dfrac{P}{R}$ dans une suite ordonnée par rapport aux puissances de $\theta - \alpha$, pourvu que l'on s'arrête à la puissance $s - 1$.

Soit donc

$$\frac{P}{R} = y + y_1(\theta - \alpha) + y_2(\theta - \alpha)^2 + \ldots,$$

on aura

$$\frac{A}{(\theta - \alpha)^s} = \frac{y}{(\theta - \alpha)^s} + \frac{y_1}{(\theta - \alpha)^{s-1}} + \frac{y_2}{(\theta - \alpha)^{s-2}} + \ldots,$$

en rejetant les puissances positives ou nulles de $\theta - \alpha$; $\dfrac{A}{(\theta - \alpha)^s}$ sera par conséquent égal au coefficient de t^{s-1} dans le développement de

$$\frac{y + y_1 t + y_2 t^2 + \ldots}{\theta - \alpha - t}.$$

Or, si l'on nomme P' et R' ce que deviennent P et R lorsqu'on y change $\theta - \alpha$ en t, ou, ce qui revient au même, θ en $t + \alpha$, on aura

$$\frac{P'}{R'} = y + y_1 t + y_2 t^2 + \ldots;$$

partant, $\dfrac{A}{(\theta - \alpha)^s}$ sera égal au coefficient de t^{s-1} dans le développement de $\dfrac{P'}{R'(\theta - \alpha - t)}$, et, par conséquent, il sera égal à

$$\frac{1}{1.2.3\ldots(s-1)} \frac{\partial^{s-1}}{\partial t^{s-1}} \frac{P'}{R'(\theta - \alpha - t)},$$

pourvu que l'on suppose $t = o$ après les différentiations. Maintenant, le coefficient de θ^r dans $\dfrac{P'}{R'(\theta - \alpha - t)}$ étant égal à $- \dfrac{P'}{R'(\alpha + t)^{r+1}}$, ce même coefficient dans $\dfrac{1}{1.2.3\ldots(s-1)} \dfrac{\partial^{s-1}}{\partial t^{s-1}} \dfrac{P'}{R'(\alpha - \theta - t)}$ sera

$$- \frac{1}{1.2.3\ldots(s-1)} \frac{\partial^{s-1}}{\partial t^{s-1}} \frac{P'}{R'(\alpha + t)^{r+1}},$$

t étant supposé nul après les différentiations. Cette dernière quantité sera donc le coefficient de θ^r dans le développement de $\dfrac{A}{(\theta - \alpha)^s}$; or, si l'on restitue, dans P' et R', $\theta - \alpha$ au lieu de t, ce qui les change en P et R, on aura

$$\frac{\partial^{s-1}}{\partial t^{s-1}} \frac{P'}{R'(t + \alpha)^{r+1}} = \frac{\partial^{s-1}}{\partial \theta^{s-1}} \frac{P}{R\theta^{r+1}},$$

pourvu que l'on suppose $\theta = \alpha$, après les différentiations dans le second membre de cette équation : $- \dfrac{1}{1.2.3\ldots(s-1)} \dfrac{\partial^{s-1}}{\partial \theta^{s-1}} \dfrac{P}{R\theta^{r+1}}$ sera donc, avec cette condition, le coefficient de θ^r dans le développement de la fraction $\dfrac{A}{(\theta - \alpha)^s}$.

Il suit de là que, si l'on suppose

$$Q = a(\theta - \alpha)^s (\theta - \alpha')^{s'} (\theta - \alpha'')^{s''}\ldots,$$

le coefficient de θ^r dans le développement de la fraction $\dfrac{P}{Q}$ sera

$$- \frac{1}{1.2.3\ldots(s-1)} \frac{\partial^{s-1}}{\partial \theta^{s-1}} \frac{P}{a\theta^{r+1}(\theta - \alpha')^{s'}(\theta - \alpha'')^{s''}\ldots},$$

$$- \frac{1}{1.2.3\ldots(s'-1)} \frac{\partial^{s'-1}}{\partial \theta^{s'-1}} \frac{P}{a\theta^{r+1}(\theta - \alpha)^{s}(\theta - \alpha'')^{s''}\ldots},$$

$$- \frac{1}{1.2.3\ldots(s''-1)} \frac{\partial^{s''-1}}{\partial \theta^{s''-1}} \frac{P}{a\theta^{r+1}(\theta - \alpha)^{s}(\theta - \alpha')^{s'}\ldots},$$

en faisant, après la différentiation, $\theta = \alpha$ dans le premier terme, $\theta = \alpha'$ dans le second terme, $\theta = \alpha''$ dans le troisième terme, et ainsi de suite. Cela posé, soit

$$V = a\theta^n + b\theta^{n-1} + c\theta^{n-2} + \ldots + p\theta + q,$$

et supposons que, en mettant cette quantité sous la forme d'un produit, on ait

$$V = a(\theta - \alpha)(\theta - \alpha')(\theta - \alpha'') \ldots;$$

en développant la fraction $\dfrac{1}{V - z\theta^n}$ dans une suite ordonnée par rapport aux puissances de z, on aura

$$\frac{1}{V} + \frac{z\theta^n}{V^2} + \frac{z^2\theta^{2n}}{V^3} + \frac{z^3\theta^{3n}}{V^4} + \ldots,$$

et le coefficient de θ^r dans le développement de la fraction $\dfrac{1}{V}$ sera, par ce qui précède, égal à

$$- \frac{1}{1.2.3\ldots(s-1)a^s} \frac{\partial^{s-1}}{\partial\theta^{s-1}} \left\{ \begin{array}{l} \dfrac{1}{\theta^{r+1}(\theta - \alpha')^s(\theta - \alpha'')^s \ldots} \\[2mm] + \dfrac{1}{\theta^{r+1}(\theta - \alpha)^s(\theta - \alpha'')^s \ldots} \\[2mm] + \dfrac{1}{\theta^{r+1}(\theta - \alpha)^s(\theta - \alpha')^s \ldots} \\[2mm] + \ldots\ldots\ldots\ldots\ldots\ldots\ldots\ldots\ldots \end{array} \right\},$$

pourvu que, après les différentiations, on suppose $\theta = \alpha$ dans le premier terme, $\theta = \alpha'$ dans le second terme, $\theta = \alpha''$ dans le troisième terme, etc. Soit $Z_i^{(s-1)}$ ce que devient alors cette quantité, le coefficient de θ^r dans le développement de la fraction $\dfrac{1}{V - z\theta^n}$ sera

$$Z_i^{(0)} + Z_{i-n}^{(1)} z + Z_{i-2n}^{(2)} z^2 + Z_{i-3n}^{(3)} z^3 + \ldots;$$

on aura donc, pour le coefficient de θ^r dans le développement de la fraction (A) et, par conséquent, pour l'expression de $\frac{1}{t^i}$,

$$(\mu)\ \left\{ \begin{aligned}
\frac{1}{t^i} =\ & b\,Z^{(0)}_{i-n+1} + b\,z\,Z^{(1)}_{i-2n+1} + b\,z^2 Z^{(2)}_{i-3n+1} + b\,z^3 Z^{(3)}_{i-4n+1} + \ldots \\[4pt]
& + c\,Z^{(0)}_{i-n+2} + c\,z\,Z^{(1)}_{i-2n+2} + c\,z^2 Z^{(2)}_{i-3n+2} + c\,z^3 Z^{(3)}_{i-4n+2} + \ldots \\[4pt]
& + e\,Z^{(0)}_{i-n+3} + e\,z\,Z^{(1)}_{i-2n+3} + e\,z^2 Z^{(2)}_{i-3n+3} + e\,z^3 Z^{(3)}_{i-4n+3} + \ldots \\[4pt]
& + \ldots\ldots\ldots\ldots\ldots\ldots\ldots\ldots\ldots\ldots\ldots\ldots\ldots\ldots \\[4pt]
& + \frac{1}{t}\left\{ \begin{aligned}
& c\,Z^{(0)}_{i-n+1} + c\,z\,Z^{(1)}_{i-2n+1} + c\,z^2 Z^{(2)}_{i-3n+1} + c\,z^3 Z^{(3)}_{i-4n+1} + \ldots \\
& + e\,Z^{(0)}_{i-n+2} + c\,z\,Z^{(1)}_{i-2n+2} + c\,z^2 Z^{(2)}_{i-3n+2} + c\,z^3 Z^{(3)}_{i-4n+2} + \ldots \\
& + \ldots\ldots\ldots\ldots\ldots\ldots\ldots\ldots\ldots\ldots\ldots\ldots
\end{aligned} \right\} \\[4pt]
& + \frac{1}{t^2}\left\{ \begin{aligned}
& e\,Z^{(0)}_{i-n+1} + e\,z\,Z^{(1)}_{i-2n+1} + e\,z^2 Z^{(2)}_{i-3n+1} + e\,z^3 Z^{(3)}_{i-4n+1} + \ldots \\
& + \ldots\ldots\ldots\ldots\ldots\ldots\ldots\ldots\ldots\ldots\ldots\ldots
\end{aligned} \right\} \\[4pt]
& + \ldots\ldots\ldots\ldots\ldots\ldots\ldots\ldots\ldots\ldots\ldots\ldots\ldots\ldots \\[4pt]
& + \frac{1}{t^{n-1}}\left(q\,Z^{(0)}_{i-n+1} + q\,z\,Z^{(1)}_{i-2n+1} + q\,z^2 Z^{(2)}_{i-3n+1} + \ldots \right).
\end{aligned} \right.$$

Présentement, si l'on désigne par ∇y_x la quantité

$$a\,y_x + b\,y_{x+1} + c\,y_{x+2} + \ldots + q\,y_{x+n};$$

par $\nabla^2 y_x$ la quantité

$$a\,\nabla y_x + b\,\nabla y_{x+1} + c\,\nabla y_{x+2} + \ldots + q\,\nabla y_{x+n};$$

par $\nabla^3 y_x$ la quantité

$$a\,\nabla^2 y_x + b\,\nabla^2 y_{x+1} + c\,\nabla^2 y_{x+2} + \ldots + q\,\nabla^2 y_{x+n},$$

et ainsi de suite, il est visible, par l'article II, que le coefficient de t^x dans le développement de $\frac{u\,z^s}{t^r}$ sera $\nabla^s y_{x+r}$; en multipliant donc l'équation précédente par u, et en ne considérant dans chaque terme que le coefficient de t^x, c'est-à-dire en repassant des fonctions génératrices aux variables correspondantes, on aura

$$
\text{(B)}\quad
\begin{aligned}
y_{x+i} ={}& y_x\big(b Z^{(0)}_{i-n+1} + c Z^{(0)}_{i-n+2} + e Z^{(0)}_{i-n+3} + \ldots + q Z^{(0)}_{i}\big)\\
& + \nabla y_x\big(b Z^{(1)}_{i-2n+1} + c Z^{(1)}_{i-2n+2} + e Z^{(1)}_{i-2n+3} + \ldots + q Z^{(1)}_{i-n}\big)\\
& + \nabla^2 y_x\big(b Z^{(2)}_{i-3n+1} + c Z^{(2)}_{i-3n+2} + e Z^{(2)}_{i-3n+3} + \ldots + q Z^{(2)}_{i-2n}\big)\\
& + \ldots\ldots\ldots\ldots\ldots\ldots\ldots\ldots\ldots\ldots\ldots\ldots\ldots\ldots\ldots\\
& + y_{x+1}\big(c Z^{(0)}_{i-n+1} + e Z^{(0)}_{i-n+2} + \ldots\ldots\ldots\ldots + q Z^{(0)}_{i-1}\big)\\
& + \nabla y_{x+1}\big(c Z^{(1)}_{i-2n+1} + e Z^{(1)}_{i-2n+2} + \ldots\ldots\ldots\ldots + q Z^{(1)}_{i-n-1}\big)\\
& + \ldots\ldots\ldots\ldots\ldots\ldots\ldots\ldots\ldots\ldots\ldots\ldots\ldots\ldots\ldots\\
& + y_{x+2}\big(e Z^{(0)}_{i-n+1} + \ldots\ldots\ldots\ldots\ldots\ldots + q Z^{(0)}_{i-2}\big)\\
& + \nabla y_{x+2}\big(e Z^{(1)}_{i-2n+1} + \ldots\ldots\ldots\ldots\ldots + q Z^{(1)}_{i-n-2}\big)\\
& + \ldots\ldots\ldots\ldots\ldots\ldots\ldots\ldots\ldots\ldots\ldots\ldots\ldots\ldots\ldots\\
& + q\, y_{x+n-1} Z^{(0)}_{i-n+1} + q\, \nabla y_{x+n-1} Z^{(1)}_{i-2n+1} + q\, \nabla^2 y_{x+n-1} Z^{(2)}_{i-3n+1} + \ldots
\end{aligned}
$$

Cette formule servira à interpoler les suites dont la dernière raison des termes est celle d'une suite récurrente; car il est clair que, dans ce cas, ∇y_x, $\nabla^2 y_x$, $\nabla^3 y_x$, ... iront toujours en diminuant et finiront par être nuls dans l'infini.

Si l'une de ces quantités est nulle, par exemple si l'on a $\nabla^r y_x = 0$, la formule précédente donnera l'expression générale de y_x qui satisfait à cette équation. Pour le faire voir, supposons d'abord $\nabla y_i = 0$, ou, ce qui revient au même,

$$0 = a y_i + b y_{i+1} + c y_{i+2} + \ldots + q y_{i+n};$$

si l'on fait dans ce cas $x = 0$ dans la formule précédente, elle deviendra

$$
\begin{aligned}
y_i ={}& y_0\big(b Z^{(0)}_{i-n+1} + c Z^{(0)}_{i-n+2} + e Z^{(0)}_{i-n+3} + \ldots + q Z^{(0)}_{i}\big)\\
& + y_1\big(c Z^{(0)}_{i-n+1} + e Z^{(0)}_{i-n+2} + \ldots\ldots\ldots\ldots + q Z^{(0)}_{i-1}\big)\\
& + y_2\big(e Z^{(0)}_{i-n+1} + \ldots\ldots\ldots\ldots\ldots\ldots + q Z^{(0)}_{i-2}\big)\\
& + \ldots\ldots\ldots\ldots\ldots\ldots\ldots\ldots\ldots\ldots\ldots\ldots\ldots\ldots\\
& + q\, y_{n-1} Z^{(0)}_{i-n+1}.
\end{aligned}
$$

y_0, y_1, y_2, ..., y_{n-1} sont les n premières valeurs de y_i; ce sont les

n constantes arbitraires que l'intégration de l'équation $\nabla y_i = o$ introduit.

Si l'on a $\nabla^2 y_i = o$, la formule générale (B) donnera, en y supposant encore $a = o$,

$$
\begin{aligned}
y_i = \quad & y_0(b Z_{i-n+1}^{(0)} + c Z_{i-n+2}^{(0)} + \ldots + q Z_i^{(0)}) \\
+ \; & \nabla y_0(b Z_{i-2n+1}^{(1)} + c Z_{i-2n+2}^{(1)} + \ldots + q Z_{i-n}^{(1)}) \\
+ \; & y_1(c Z_{i-n+1}^{(0)} + \ldots\ldots\ldots\ldots + q Z_{i-1}^{(0)}) \\
+ \; & \nabla y_1(c Z_{i-2n+1}^{(1)} + \ldots\ldots\ldots\ldots + q Z_{i-n+1}^{(1)}) \\
+ \; & \ldots\ldots\ldots\ldots\ldots\ldots\ldots\ldots\ldots\ldots\ldots\ldots \\
+ \; & q Z_{i-n+1}^{(0)} y_{n-1} + q Z_{i-2n+1}^{(1)} \nabla y_{n-1},
\end{aligned}
$$

y_0, ∇y_0, y_1, ∇y_1, ..., y_{n-1}, ∇y_{n-1} étant les $2n$ constantes arbitraires qu'introduit l'intégration de l'équation $\nabla^2 y_i = o$. On aurait de la même manière la valeur de y_i, dans le cas de $\nabla^3 y_i = o$, $\nabla^4 y_i = o$, ... et l'on voit ainsi l'analogie qui existe entre l'interpolation des suites et l'intégration des équations linéaires aux différences finies.

VI.

Soit $y_x = y_x' + y_x''$, et supposons que u' soit la fonction génératrice de y_x', et u'' celle de y_x''; on aura

$$ u = u' + u''. $$

Soit encore $u'' z' = \lambda$ ou $u'' = \dfrac{\lambda}{z^s}$; si l'on désigne par X_x le coefficient de t^{x+i} dans le développement de λ, on aura, par l'article II,

$$ X_{x+i} = \nabla^s y_{x+i}''; $$

présentement, on a

$$ \frac{1}{z^s} = \frac{t^{ns}}{(a t^n + b t^{n-1} + c t^{n-2} + \ldots + q)^s}. $$

Or le coefficient de t^{x+i}, dans le développement du second membre de cette équation, est égal à celui de θ^{x+i-ns} dans le développement de $\dfrac{1}{(\theta^n + b \theta^{n-1} + c \theta^{n-2} + \ldots + q)^s}$, et, par l'article précédent, ce dernier coefficient est égal à $Z^{(s-1)}_{x+i-ns}$; donc le coefficient de r^{x+i}, dans le développement de $\frac{\lambda}{z^s}$, sera

$$X_{x+i-ns}Z^{(s-1)}_0 + X_{x+i-ns-1}Z^{(s-1)}_1 + \ldots + X_0 Z^{(s-1)}_{x+i-ns} \quad \text{ou} \quad \Sigma X_r Z^{(s-1)}_{x+i-ns-r},$$

l'intégrale étant prise relativement à r et depuis $r = 0$ jusqu'à $r = x + i - ns$; cette intégrale sera l'expression de $y^{\prime\prime}_{x+i}$.

Dans le cas présent, il est facile de la réduire à des intégrales relatives à i, car il résulte de l'expression que nous avons donnée de $Z^{(i-1)}_i$ dans l'article précédent, que celle de $Z^{(i-1)}_{x+i-ns}$, est réductible à des termes de cette forme $K\mathcal{C}_r r^\mu$, en sorte que le terme correspondant de $\Sigma X_r Z^{(s-1)}_{x+i-ns}$, sera $K\Sigma\mathcal{C}^r r^\mu X_r$, K étant fonction de $x + i - ns$; or, si l'on désigne par la caractéristique Σ' l'intégrale relative à i, on aura

$$K \Sigma \mathcal{C}^r r^\mu X_r = K \Sigma' \mathcal{C}^{x+i-ns}(x + i - ns)^\mu X_{x+i-ns},$$

pourvu que l'on termine l'intégrale relative à r, lorsque r égale $x + i - ns$; on réduira ainsi l'intégrale $\Sigma X_r Z^{(s-1)}_{x+i-ns-r}$ à des intégrales uniquement relatives à la variable i. Cela posé, si dans la formule (B) on fait $x = 0$ et $\nabla^s y_i = 0$, elle donnera

$$y^{\prime\prime}_i + \Sigma X_r Z^{(s-1)}_{i-ns-r} = \begin{cases} \begin{cases} y_0\left(bZ^{(0)}_{i-n+1} + cZ^{(0)}_{i-n+2} + \ldots + qZ^{(0)}_i\right) \\ + \nabla y_0\left(bZ^{(1)}_{i-2n-1} + cZ^{(1)}_{i-2n+2} + \ldots + qZ^{(1)}_{i-n}\right) \\ + \ldots\ldots\ldots\ldots\ldots\ldots\ldots\ldots\ldots\ldots\ldots\ldots \\ + \nabla^{s-1}y_0\left(bZ^{(s-1)}_{i-sn+1} + cZ^{(s-1)}_{i-sn+2} + \ldots + qZ^{(s-1)}_{i-sn+n}\right) \end{cases} \\ \begin{cases} y_1\left(cZ^{(0)}_{i-n+1} + \ldots\ldots\ldots\ldots\ldots + qZ^{(0)}_{i-1}\right) \\ + \ldots\ldots\ldots\ldots\ldots\ldots\ldots\ldots\ldots\ldots\ldots\ldots \\ + \nabla^{s-1}y_1\left(cZ^{(s-1)}_{i-sn+1} + \ldots\ldots\ldots\ldots + qZ^{(s-1)}_{i-sn+n-1}\right) \end{cases} \\ + \ldots\ldots\ldots\ldots\ldots\ldots\ldots\ldots\ldots\ldots\ldots\ldots\ldots\ldots \\ + qZ^{(0)}_{i-n+1} y_{n-1} + qZ^{(1)}_{i-2n+1} \nabla y_{n-1} + \ldots + qZ^{(s-1)}_{i-sn+1} \nabla^{s-1}y_{n-1}, \end{cases}$$

$y_0, \nabla y_0 \ldots \nabla^{s-1}y_0, y_1, \nabla y_1 \ldots \nabla^{s-1}y_1, \ldots, y_{n-1}, \nabla y_{n-1} \ldots \nabla^{s-1}y_{n-1}$ étant les sn arbitraires de l'intégrale de l'équation

$$\nabla^s y_i = 0 \qquad \text{ou} \qquad \nabla^s y'_i + \nabla^s y''_i = 0;$$

or, $\nabla^s y''_i$ étant égal à X_i, cette équation devient

$$0 = \nabla^s y'_i + X_i.$$

On aura donc, par la formule précédente, l'intégrale de toutes les équations linéaires aux différences finies dont les coefficients sont constants, dans le cas où elles ont un dernier terme qui est fonction de i.

VII.

On peut donner à l'expression de $\frac{1}{i^i}$ une infinité d'autres formes parmi lesquelles il s'en trouve qui peuvent être utiles dans plusieurs cas. Voici comment on peut y parvenir.

Pour cela, supposons que, au lieu de donner, comme ci-dessus, à $\frac{1}{i^i}$ cette forme

$$\frac{1}{i^i} = Z + \frac{1}{i} Z^{(1)} + \frac{1}{i^2} Z^{(2)} + \ldots + \frac{1}{i^{n-1}} Z^{(n-1)},$$

on lui donne celle-ci

$$\frac{1}{i^i} = Z + \left(\frac{1}{i} - 1\right) Z^{(1)} + \left(\frac{1}{i} - 1\right)^2 Z^{(2)} + \ldots + \left(\frac{1}{i} - 1\right)^{n-1} Z^{(n-1)},$$

la question se réduit à déterminer Z, $Z^{(1)}$, $Z^{(2)}$, ...

On mettra d'abord l'équation

$$z = a + \frac{b}{i} + \frac{c}{i^2} + \ldots + \frac{p}{i^{n-1}} + \frac{q}{i^n}$$

sous cette forme

$$z = a' + b'\left(\frac{1}{i} - 1\right) + c'\left(\frac{1}{i} - 1\right)^2 + \ldots + p'\left(\frac{1}{i} - 1\right)^{n-1} + q'\left(\frac{1}{i} - 1\right)^n,$$

et l'on aura

$$a = a' - b' + c' - \ldots \mp p' \pm q',$$

les signes supérieurs ayant lieu si n est pair et les signes inférieurs si n est impair. On multipliera ensuite, comme précédemment, le numérateur et le dénominateur de la fraction $\dfrac{1}{1 - \frac{\theta}{i}}$ par

$$(a - z)\theta^n + b\theta^{n-1} + c\theta^{n-2} + \ldots + p\theta + q,$$

en observant de substituer dans le numérateur : 1° au lieu de z,

$$a' + b'\left(\frac{1}{i} - 1\right) + c'\left(\frac{1}{i} - 1\right)^2 + \ldots;$$

2° au lieu de $a\theta^n + b\theta^{n-1} + c\theta^{n-2} + \ldots$ la quantité

$$\theta^n\left[a' + b'\left(\frac{1}{\theta} - 1\right) + c'\left(\frac{1}{\theta} - 1\right)^2 + \ldots\right].$$

Si de plus on fait, pour abréger, $\frac{1}{\ell} - 1 = \frac{1}{\ell'}$, on aura

$$\frac{b'\theta^{n-1}\left(1 - \theta - \frac{\theta}{\ell'}\right) + c'\theta^{n-2}\left[(1-\theta)^2 - \frac{\theta^2}{\ell'^2}\right] + \ldots + q\left[(1-\theta)^n - \frac{\theta^n}{\ell'^n}\right]}{\left(1 - \frac{\theta}{\ell}\right)(a\theta^n + b\theta^{n-1} + c\theta^{n-1} + \ldots + p\theta + q - z\theta^n)};$$

or on a

$$1 - \frac{\theta}{\ell} = 1 - \theta - \frac{\theta}{\ell'}.$$

En divisant donc le numérateur de la fraction précédente par cette quantité, elle se réduira à celle-ci

$$\frac{\left\{\begin{array}{l} b'\theta^{n-1} + c'\theta^{n-2}\left(1 - \theta + \frac{\theta}{\ell'}\right) + c'\theta^{n-3}\left[(1-\theta)^2 + (1-\theta)\frac{\theta}{\ell'} + \frac{\theta^2}{\ell'^2}\right] + \ldots \\[2mm] \quad + q\left[(1-\theta)^{n-1} + (1-\theta)^{n-2}\frac{\theta}{\ell'} + (1-\theta)^{n-3}\frac{\theta^2}{\ell'^2} + \ldots\right] \end{array}\right\}}{a\theta^n + b\theta^{n-1} + c\theta^{n-2} + \ldots + p\theta + q - z\theta^n}$$

ou, ce qui revient au même, à

$$\frac{\left\{\begin{array}{l} b'\theta^{n-1} + c'\theta^{n-1}\left(\frac{1}{\theta} - 1\right) + c'\theta^{n-1}\left(\frac{1}{\theta} - 1\right)^2 + \ldots + q\theta^{n-1}\left(\frac{1}{\theta} - 1\right)^{n-1} \\[2mm] \quad + \frac{\theta^{n-1}}{\ell'}\left[c' + c'\left(\frac{1}{\theta} - 1\right) + \ldots\ldots\ldots\ldots + q\left(\frac{1}{\theta} - 1\right)^{n-2}\right] \\[2mm] \quad + \frac{\theta^{n-1}}{\ell'^2}\left[c' + \ldots\ldots\ldots\ldots\ldots\ldots\ldots + q\left(\frac{1}{\theta} - 1\right)^{n-3}\right] \\[2mm] \quad + \ldots\ldots\ldots\ldots\ldots\ldots\ldots\ldots\ldots\ldots\ldots\ldots\ldots\ldots \\[2mm] \quad + \frac{q\theta^{n-1}}{\ell'^{n-1}} \end{array}\right\}}{a\theta^n + b\theta^{n-1} + c\theta^{n-2} + \ldots + p\theta + q - z\theta^n}$$

De là il est facile de conclure que, si l'on conserve à $Z_r^{(s-1)}$ la même signification que nous lui avons donnée dans l'article V et que l'on considère que, en désignant par q_i le coefficient de θ^i dans le développement d'une fonction quelconque de θ, ce même coefficient dans le développement de cette fonction multipliée par $\left(\dfrac{1}{\theta} - 1\right)^{\mu}$ sera, par l'article II, $\Delta^{\mu} q_i$; on aura

$$
(\mu') \left\{
\begin{aligned}
\frac{1}{t^i} =\ & b' Z^{(0)}_{i-n+1} + b' z Z^{(1)}_{i-2n+1} + b' z^2 Z^{(1)}_{i-3n+1} + \ldots \\
& + c' \Delta Z^{(0)}_{i-n+1} + c' z \Delta Z^{(1)}_{i-2n+1} + c' z^2 \Delta Z^{(2)}_{i-3n+1} + \ldots \\
& + e' \Delta^2 Z^{(0)}_{i-n+1} + e' z \Delta^2 Z^{(1)}_{i-2n+1} + e' z^2 \Delta^2 Z^{(2)}_{i-3n+1} + \ldots \\
& + \ldots \ldots \ldots \ldots \ldots \ldots \ldots \ldots \ldots \ldots \ldots \\
& + q \Delta^{n-1} Z^{(0)}_{i-n+1} + q z \Delta^{n-1} Z^{(1)}_{i-2n+1} + q z^2 \Delta^{n-1} Z^{(2)}_{i-3n+1} + \ldots \\
& + \frac{1}{t'} \left\{
\begin{aligned}
& c' Z^{(0)}_{i-n+1} + c' z Z^{(1)}_{i-2n+1} + \ldots \\
& + e' \Delta Z^{(0)}_{i-n+1} + e' z \Delta Z^{(1)}_{i-2n+1} + \ldots \\
& + \ldots \ldots \ldots \ldots \ldots \ldots \ldots
\end{aligned}
\right. \\
& + \frac{1}{t'^2} \left\{
\begin{aligned}
& e' Z^{(0)}_{i-n+1} + e' z Z^{(1)}_{i-2n+1} + \ldots \\
& + \ldots \ldots \ldots \ldots \ldots \ldots \ldots
\end{aligned}
\right. \\
& + \ldots \ldots \ldots \ldots \ldots \ldots \ldots \ldots \ldots \\
& + \frac{q}{t'^{n-1}} \left(Z^{(0)}_{i-n+1} + z Z^{(1)}_{i-2n+1} + \ldots \right).
\end{aligned}
\right.
$$

Présentement, il est visible, par l'article II, que le coefficient de t^{μ} dans le développement de la fonction $\dfrac{u z^s}{t'^{\mu}}$ est $\Delta^{\mu} \nabla^s y_x$; l'équation précédente donnera donc, en la multipliant par u et en repassant des fonctions génératrices aux variables correspondantes,

$$
\begin{aligned}
y_{x+i} =\ & y_x \left(b' Z^{(0)}_{i-n+1} + c' \Delta Z^{(0)}_{i-n+1} + e' \Delta^2 Z^{(0)}_{i-n+1} + \ldots + q \Delta^{n-1} Z^{(0)}_{i-n+1} \right) \\
& + \nabla y_x \left(b' Z^{(1)}_{i-2n+1} + c' \Delta Z^{(1)}_{i-2n+1} + e' \Delta^2 Z^{(1)}_{i-2n+1} + \ldots + q \Delta^{n-1} Z^{(1)}_{i-2n+1} \right) \\
& + \nabla^2 y_x \left(b' Z^{(2)}_{i-3n+1} + c' \Delta Z^{(2)}_{i-3n+1} + e' \Delta^2 Z^{(2)}_{i-3n+1} + \ldots + q \Delta^{n-1} Z^{(2)}_{i-3n+1} \right) \\
& + \ldots \ldots \ldots \ldots \ldots \ldots \ldots \ldots \ldots \ldots \ldots \ldots \ldots \ldots \\
& + \Delta y_x \left(c' Z^{(0)}_{i-n+1} + e' \Delta Z^{(0)}_{i-n+1} + \ldots \ldots \ldots \ldots + q \Delta^{n-2} Z^{(0)}_{i-n+1} \right) \\
& + \Delta \nabla y_x \left(c' Z^{(1)}_{i-2n+1} + e' \Delta Z^{(1)}_{i-2n+1} + \ldots \ldots \ldots \ldots + q \Delta^{n-2} Z^{(1)}_{i-2n+1} \right) \\
& + \Delta \nabla^2 y_x \left(c' Z^{(2)}_{i-3n+1} + e' \Delta Z^{(2)}_{i-3n+1} + \ldots \ldots \ldots \ldots + q \Delta^{n-2} Z^{(2)}_{i-3n+1} \right) \\
& + \ldots \ldots \ldots \ldots \ldots \ldots \ldots \ldots \ldots \ldots \ldots \ldots \ldots \ldots \\
& + \Delta^2 y_x \left(e' Z^{(0)}_{i-n+1} + \ldots \ldots \ldots \ldots \ldots \ldots + q \Delta^{n-3} Z^{(0)}_{i-n+1} \right) \\
& + \Delta^2 \nabla y_x \left(e' Z^{(1)}_{i-2n+1} + \ldots \ldots \ldots \ldots \ldots \ldots + q \Delta^{n-3} Z^{(1)}_{i-2n+1} \right) \\
& + \ldots \ldots \ldots \ldots \ldots \ldots \ldots \ldots \ldots \ldots \ldots \ldots \ldots \ldots \\
& + q Z^{(0)}_{i-n+1} \Delta^{n-1} y_x + q Z^{(1)}_{i-2n+1} \Delta^{n-1} \nabla y_x + q Z^{(2)}_{i-3n+1} \Delta^{n-1} \nabla^2 y_x + \ldots.
\end{aligned}
$$

VIII.

Supposons, dans la formule précédente, x et i infiniment grands, de manière que l'on ait

$$i = \frac{x_1}{dx_1} \qquad \text{et} \qquad x = \frac{\varpi}{dx_1};$$

y_{x+i} deviendra une fonction de $\varpi + x_1$, que nous désignerons par $\varphi(\varpi + x_1)$. Supposons de plus

$$a_1 = a_2, \qquad b_1 = \frac{b_2}{dx_1}, \qquad c_1 = \frac{c_2}{dx_1^2}, \qquad \dots, \qquad q = \frac{q_2}{dx_1^n},$$

l'équation

$$0 = a_1 + b_1\left(\frac{1}{\theta} - 1\right) + c_1\left(\frac{1}{\theta} - 1\right)^2 + \dots + q\left(\frac{1}{\theta} - 1\right)^n$$

donnera, pour θ, n racines de cette forme

$$\theta = 1 + f\,dx_1, \qquad \theta = 1 + f_1\,dx_1, \qquad \theta = 1 + f_2\,dx_1, \qquad \dots;$$

ce seront les quantités que nous avons nommées α, α', α'', $\dots$ dans l'expression de $Z_r^{(x-1)}$ de l'article V, et les valeurs de f, f_1, f_2, $\dots$ seront données par les n racines de l'équation

$$0 = a_2 - b_2 f + c_2 f^2 + \dots \pm q_2 f^n.$$

Maintenant, si l'on fait $\theta = 1 + h\,dx_1$, on aura

$$\frac{1}{\theta^i} = \frac{1}{(1 + h\,dx_1)^i};$$

le logarithme hyperbolique de cette dernière quantité est

$$-i\log(1 + h\,dx_1) = -ih\,dx_1 = -hx_1,$$

d'où l'on tire $\frac{1}{\theta^i} = e^{-hx_1}$, e étant ici le nombre dont le logarithme hyperbolique est l'unité; on a d'ailleurs

$$a = a_1 - b_1 + c_1 - \ldots \pm q = a_2 - \frac{b_2}{dx_1} + \frac{c_2}{dx_1^2} + \ldots \pm \frac{q_2}{dx_1^n},$$

et cette valeur de a se réduit au terme $\pm \frac{q_2}{dx_1^n}$, parce qu'il est infiniment plus grand que les autres; l'expression de $Z_r^{(i-1)}$ de l'article V donnera donc, en y changeant r en $i - 1$,

$$Z_{i-1}^{(s-1)} = - \frac{dx_1}{1.2.3\ldots(s-1)(\pm q_2)^s} \frac{\partial^{s-1}}{\partial h^{s-1}} \left\{ \begin{array}{l} \dfrac{e^{-hx_1}}{(h-f_1)^s(h-f_2)^s\ldots} \\[2mm] + \dfrac{e^{-hx_1}}{(h-f)^s(h-f_2)^s\ldots} \\[2mm] + \dfrac{e^{-hx_1}}{(h-f)^s(h-f_1)^s\ldots} \\[2mm] + \ldots\ldots\ldots\ldots\ldots\ldots \end{array} \right\},$$

la différence ∂^{s-1} étant prise en ne faisant varier que h et en substituant, après les différentiations, f au lieu de h dans le premier terme, f_1 au lieu de h dans le second terme, et ainsi de suite. Nommons $X^{(s-1)} dx_1$ la quantité précédente, nous aurons, à l'infiniment petit près,

$$Z_{i \pm \mu}^{(s-1)} = Z_{i-1}^{(s-1)} = X^{(s-1)} dx_1;$$

d'ailleurs on a $y_x = \varphi(\varpi)$, et la caractéristique Δ des différences finies doit se changer ici dans la caractéristique ∂ des différences infiniment petites, en sorte que l'équation

$$\nabla y_x = a y_x + b y_{x+1} + c y_{x+2} + \ldots$$

ou, ce qui revient au même, celle-ci

$$\nabla y_x = a_2 + \frac{b_2}{dc_1} \Delta y_x + \frac{c_2}{dx_1^2} \Delta^2 y_x + \ldots$$

devient, en y changeant dx_1 en $d\varpi$,

$$\nabla y_x = a_2 + b_2 \frac{d\varphi(\varpi)}{d\varpi} + c_2 \frac{d^2\varphi(\varpi)}{d\varpi^2} + c_2 \frac{d^3\varphi(\varpi)}{d\varpi^3} + \ldots + q_2 \frac{d^n\varphi(\varpi)}{d\varpi^n};$$

l'expression de y_{x+i}, trouvée dans l'article précédent, deviendra donc

$$
(C) \quad
\begin{aligned}
\varphi(\varpi + x_1) =\ & \varphi(\varpi)\left(b_2 X^{(0)} + c_2 \frac{dX^{(0)}}{dx_1} + e_2 \frac{d^2 X^{(0)}}{dx_1^2} + \ldots\right) \\
&+ \nabla \varphi(\varpi)\left(b_2 X^{(1)} + c_2 \frac{dX^{(1)}}{dx_1} + e_2 \frac{d^2 X^{(1)}}{dx_1^2} + \ldots\right) \\
&+ \nabla^2 \varphi(\varpi)\left(b_2 X^{(2)} + c_2 \frac{dX^{(2)}}{dx_1} + e_2 \frac{d^2 X^{(2)}}{dx_1^2} + \ldots\right) \\
&+ \ldots\ldots\ldots\ldots\ldots\ldots\ldots\ldots\ldots\ldots \\
&+ \frac{d\varphi(\varpi)}{d\varpi}\left(c_2 X^{(0)} + e_2 \frac{dX^{(0)}}{dx_1} + \ldots\right) \\
&+ \frac{d\nabla \varphi(\varpi)}{d\varpi}\left(c_2 X^{(1)} + e_2 \frac{dX^{(1)}}{dx_1} + \ldots\right) \\
&+ \frac{d\nabla^2 \varphi(\varpi)}{d\varpi}\left(c_2 X^{(2)} + e_2 \frac{dX^{(2)}}{dx_1} + \ldots\right) \\
&+ \ldots\ldots\ldots\ldots\ldots\ldots\ldots\ldots\ldots \\
&+ \frac{d^2 \varphi(\varpi)}{d\varpi^2}\left(e_2 X^{(0)} + \ldots\right) \\
&+ \frac{d^2 \nabla \varphi(\varpi)}{d\varpi^2}\left(e_2 X^{(1)} + \ldots\right) \\
&+ \ldots\ldots\ldots\ldots\ldots\ldots\ldots \\
&+ q_2 \frac{d^{n-1} \varphi(\varpi)}{d\varpi^{n-1}} X^{(0)} + q_2 \frac{d^{n-1} \nabla \varphi(\varpi)}{d\varpi^{n-1}} X^{(1)} \\
&+ q_2 \frac{d^{n-1} \nabla^2 \varphi(\varpi)}{d\varpi^{n-1}} X^{(2)} + \ldots.
\end{aligned}
$$

Cette formule servira à interpoler les suites, dont la dernière raison des termes est celle d'une équation linéaire aux différences infiniment petites dont les coefficients sont constants.

Si l'on a

$$
\nabla \varphi(\varpi) = a_2 \varphi(\varpi) + b_2 \frac{d\varphi(\varpi)}{d\varpi},
$$

on aura

$$
f = \frac{a_2}{b_2}
$$

et

$$
\nabla \varphi(\varpi) = b_2 e^{-f\varpi} \frac{d\left[e^{f\varpi} \varphi(\varpi)\right]}{d\varpi};
$$

l'expression de $X^{(s-1)}$ devient, dans ce cas particulier,

$$\frac{1}{1.2.3\ldots(s-1)\,b_2^s}\,x^{s-1}e^{-fx_1};$$

on aura donc

$$\varphi(\varpi+x_1)=e^{-f\varpi-fx_1}\left\{e^{f\varpi}\varphi(\varpi)+\frac{x_1}{b_2}\frac{d\left[e^{f\varpi}\varphi(\varpi)\right]}{d\varpi}+\frac{x_1^2}{b_2^2}\frac{d^2\left[e^{f\varpi}\varphi(\varpi)\right]}{1.2\,d\varpi^2}+\ldots\right\}.$$

En supposant $b_2=1$ et $f=0$, par conséquent $a_2=0$, on aura la formule connue de Taylor.

La formule (C) se terminera toutes les fois que l'on aura $\nabla^i\varphi(\varpi)=0$; si, par exemple, $\nabla\varphi(\varpi)=0$, on aura

$$\varphi(\varpi+x_1)=\varphi(\varpi)\left(b_2 X^{(0)}+c_2\frac{dX^{(0)}}{dx_1}+\ldots+q_2\frac{d^{n-1}X^{(0)}}{dx_1^{n-1}}\right)$$
$$+\frac{d\varphi(\varpi)}{d\varpi}\left(c_2 X^{(0)}+c_2\frac{dX^{(0)}}{dx_1}+\ldots+q_2\frac{d^{n-2}X^{(0)}}{dx_1^{n-2}}\right)$$
$$+\ldots\ldots\ldots\ldots\ldots\ldots\ldots\ldots\ldots\ldots\ldots$$
$$+q_2 X^{(0)}\frac{d^{n-1}\varphi(\varpi)}{d\varpi^{n-1}};$$

ce sera l'intégrale de l'équation $0=\nabla\varphi(\varpi+x_1)$ ou, ce qui revient au même, de celle-ci

$$0=a_2\varphi(\varpi+x_1)+b_2\frac{d\varphi(\varpi+x_1)}{dx_1}+c_2\frac{d^2\varphi(\varpi+x_1)}{dx_1^2}+\ldots+q_2\frac{d^n\varphi(\varpi+x_1)}{dx_1^n},$$

$\varphi(\varpi)$, $\dfrac{d\varphi(\varpi)}{d\varpi}$, $\dfrac{d^2\varphi(\varpi)}{d\varpi^2}$, $\ldots$, $\dfrac{d^{n-1}(\varpi)}{d\varpi^{n-1}}$ étant les n constantes arbitraires que l'intégration introduit. On aura, par la même formule, les intégrales des équations

$$\nabla^2\varphi(\varpi+x_1)=0,\qquad\nabla^3\varphi(\varpi+x_1)=0,\qquad\ldots$$

Si l'on fait

$$\varphi(\varpi+x_1)=y_1x_1+y_2x_1$$

et que l'on suppose $\nabla^i y_2 x_1=V$, V étant une fonction donnée de x_1, on trouvera facilement, par l'article VI, que si l'on change, dans l'expression de $X^{(s-1)}$, x_1 en $\varpi + x_1 - r$ et, dans V, x_1 en $r - \varpi$, et que l'on nomme R ce que devient la première de ces deux quantités et S ce que devient la seconde, on aura $y_2 x_1 = \int RS\, dr$, l'intégrale étant prise depuis $r = 0$ jusqu'à $r = \varpi + x_1$; si l'on suppose, de plus, dans la formule (C), $\nabla' \varphi(\varpi + x_1) = 0$, elle donnera

$$
\begin{aligned}
y_1 x_1 + \int RS\, dr = {}& y_0 \left(b_2 X^{(0)} + c_2 \frac{dX^{(0)}}{dx_1} + \dots \right) \\
& + \nabla y_0 \left(b_2 X^{(1)} + c_2 \frac{dX^{(1)}}{dx_1} + \dots \right) \\
& + \dots\dots\dots\dots\dots\dots\dots\dots \\
& + \nabla^{(s-1)} y_0 \left(b_2 X^{(s-1)} + c_2 \frac{dX^{(s-1)}}{dx_1} + \dots \right) \\
& + \frac{dy_0}{d\varpi} \left(c_2 X^{(0)} + \dots \right) \\
& + \nabla \left(\frac{dy_0}{d\varpi} \right) \left(c_2 X^{(1)} + \dots \right) \\
& + \dots\dots\dots\dots\dots\dots\dots \\
& + \nabla^{(s-1)} \left(\frac{dy_0}{d\varpi} \right) \left(c_2 X^{(s-1)} + \dots \right) \\
& + \dots\dots\dots\dots\dots\dots\dots \\
& + q_2 \frac{d^{n-1} y_0}{d\varpi^{n-1}} X^{(0)} + q_2 \nabla \left(\frac{d^{n-1} y_0}{d\varpi^{n-1}} \right) X^{(1)} - \dots \\
& + q_2 \nabla^{s-1} \left(\frac{d^{n-1} y_0}{d\varpi^{n-1}} \right) X^{(s-1)},
\end{aligned}
$$

y_0, $\dfrac{dy_0}{d\varpi}$, ..., ∇y_0, $\nabla \left(\dfrac{dy}{d\varpi} \right)$, ... étant les sn constantes arbitraires de l'intégrale de l'équation

$$
0 = \nabla^s \varphi(\varpi + x_1) \qquad \text{ou} \qquad \nabla^s y_1 x_1 + V = 0;
$$

la formule précédente servira donc à intégrer toutes les équations linéaires aux différences infiniment petites, dont les coefficients sont constants, lorsqu'elles ont un dernier terme qui est fonction de x_1 seul.

IX.

De la transformation des suites.

On voit, par ce qui précède, avec quelle facilité toute la théorie des suites récurrentes découle de la considération des fonctions génératrices; cette considération peut servir encore à transformer, d'une manière plus générale et plus simple que par les méthodes connues, une suite dans une autre dont les termes suivent une loi donnée.

Pour cela, considérons la suite

$$(\gamma) \qquad y_0 + y_1 + y_2 + y_3 + \ldots + y_x + y_{x+1} + \ldots + y_\infty,$$

et nommons, comme ci-dessus, u la somme de la série

$$y_0 + y_1 t + y_2 t^2 + y_3 t^3 + \ldots + y_x t^x + y_{x+1} t^{x+1} + \ldots + y_\infty t^\infty;$$

il est visible que le coefficient de t^x, dans le développement de la fraction $\dfrac{u}{1 - \frac{1}{t}}$, sera égal à la somme de la suite proposée (γ), depuis le terme y_x jusqu'à l'infini; or, si l'on multiplie le numérateur et le dénominateur de cette fraction par

$$a + b + c + e + \ldots - \left(a + \frac{b}{t} + \frac{c}{t^2} + \frac{e}{t^3} + \ldots \right),$$

le numérateur sera divisible par $1 - \frac{1}{t}$ et le quotient de la division sera

$$u \left[b + c + e + \ldots + \frac{1}{t}(c + e + \ldots) + \frac{1}{t^2}(e + \ldots) + \ldots \right];$$

donc, si l'on fait, pour abréger,

$$a + b + c + e + \ldots = K,$$
$$a + \frac{b}{t} + \frac{c}{t^2} + \frac{e}{t^3} + \ldots = \varepsilon,$$

on aura

$$\frac{u}{1 - \frac{1}{t}} = \frac{u}{K - \varepsilon} \left[b + c + e + \ldots + \frac{1}{t}(c + e + \ldots) + \frac{1}{t^2}(e + \ldots) + \ldots \right];$$

en développant le second membre de cette équation par rapport aux puissances de z, on aura

$$u\left[b + c + c + \dots + \frac{1}{t}(c + c + \dots) + \frac{1}{t^2}(c + \dots) + \dots\right]\left(\frac{1}{k} + \frac{z}{k^2} + \frac{z^2}{k^3} + \frac{z^3}{k^4} + \dots\right).$$

Maintenant, le coefficient de t^x, dans un terme quelconque tel que $\dfrac{u z^i}{t^r}$, est, par l'article II, égal à $\nabla^i y_{x+r}$; ce coefficient sera donc, dans la quantité précédente, égal à

$$(b + c + c + \dots)\left(\frac{y_x}{k} + \frac{\nabla y_x}{k^2} + \frac{\nabla^2 y_x}{k^3} + \frac{\nabla^3 y_x}{k^4} + \dots\right)$$

$$+ (c + c + \dots)\left(\frac{y_{x+1}}{k} + \frac{\nabla y_{x+1}}{k^2} + \frac{\nabla^2 y_{x+1}}{k^3} + \frac{\nabla^3 y_{x+1}}{k^4} + \dots\right)$$

$$+ \quad (c + \dots)\left(\frac{y_{x+2}}{k} + \frac{\nabla y_{x+2}}{k^2} + \frac{\nabla^2 y_{x+2}}{k^3} + \frac{\nabla^3 y_{x+2}}{k^4} + \dots\right)$$

$$+ \dots\dots\dots\dots\dots\dots\dots\dots\dots\dots\dots\dots\dots\dots :$$

ce sera la valeur de la suite proposée (γ) depuis le terme y_x jusqu'à l'infini.

Si l'on fait $x = 0$, on aura une nouvelle suite égale à la proposée, mais dont les termes suivront une autre loi; et, si les quantités ∇y_x, $\nabla^2 y_x$, ... vont en décroissant, cette nouvelle suite sera convergente; elle se terminera toutes les fois que l'on aura $\nabla^s y_x = 0$, ce qui aura lieu lorsque la suite proposée sera récurrente; on aura donc de cette manière la somme des séries récurrentes.

La transformation des suites se réduit à déterminer l'intégrale Σy_x, prise depuis $x = 0$ jusqu'à $x = x$, et toutes les manières d'exprimer cette intégrale donneront autant de transformées différentes; ce qui consiste, par ce qui précède, à déterminer le coefficient de t^x dans le développement de $\dfrac{u}{1 - \dfrac{1}{t}}$. Pour cela, soit généralement z une fonction quelconque de $\dfrac{1}{t}$, et nommons ∇y_x le coefficient de t^x dans uz; les coefficients de t^x dans uz^2, uz^3, uz^4, ... seront $\nabla^2 y_x$, $\nabla^3 y_x$, $\nabla^4 y_x$, ... Cela posé, on multipliera le numérateur et le dénominateur de la fraction $\dfrac{u}{1-\dfrac{1}{t}}$ par $K - z$, et l'on prendra K de manière qu'il soit égal à z,

lorsqu'on fait t égal à 1 dans cette dernière quantité; $K - z$ sera ainsi divisible par $1 - \dfrac{1}{t}$. Soit $q + \dfrac{q^{(1)}}{t} + \dfrac{q^{(2)}}{t^2} + \dfrac{q^{(3)}}{t^3} + \dots$ le quotient de la division; on aura

$$
\frac{u}{1-\dfrac{1}{t}} = \frac{uq}{K}\left(1 + \frac{z}{K} + \frac{z^2}{K^2} + \frac{z^3}{K^3} + \dots\right)
$$
$$
+ \frac{uq^{(1)}}{Kt}\left(1 + \frac{z}{K} + \frac{z^2}{K^2} + \frac{z^3}{K^3} + \dots\right)
$$
$$
+ \dots\dots\dots\dots\dots\dots\dots\dots\dots\dots\dots ,
$$

ce qui donne, en repassant des fonctions génératrices à leurs variables correspondantes,

$$
\Sigma y_x = \frac{q\,y_x}{K} + \frac{q\,\nabla y_x}{K^2} + \frac{q\,\nabla^2 y_x}{K^3} + \dots
$$
$$
+ \frac{q^{(1)}\,y_{x+1}}{K} + \frac{q^{(1)}\,\nabla y_{x+1}}{K^2} + \frac{q^{(1)}\,\nabla^2 y_{x+1}}{K^3} + \dots
$$
$$
+ \frac{q^{(2)}\,y_{x+2}}{K} + \frac{q^{(2)}\,\nabla y_{x+2}}{K^2} + \frac{q^{(2)}\,\nabla^2 y_{x+2}}{K^3} + \dots
$$
$$
+ \dots\dots\dots\dots\dots\dots\dots\dots\dots\dots\dots
$$

l'intégrale Σy_x étant prise depuis y_x jusqu'à y_x; et, si l'on fait dans l'équation précédente $x = 0$, on aura une nouvelle suite égale à la proposée et qui sera, par conséquent, sa transformée.

X.

Théorèmes sur le développement des fonctions et de leurs différences en séries.

En appliquant à des cas particuliers les résultats que nous avons donnés dans l'article II, on aura une infinité de théorèmes sur le développement de fonctions en suites; nous allons présenter ici les plus remarquables.

On a généralement

$$u\left(\frac{1}{t^i}-1\right)^n = u\left[\left(1+\frac{1}{t}-1\right)^i-1\right]^n;$$

or il est clair que le coefficient de t^x, dans le premier membre de cette équation, est la différence $n^{\text{ième}}$ de y_x, x variant de i; car ce coefficient dans $u\left(\frac{1}{t^i}-1\right)$ est $y_{x+i}-y_x$ ou $'\Delta y_x$, en désignant par la caractéristique $'\Delta$ les différences finies, lorsque x varie de la quantité i; d'où il est aisé de conclure que ce même coefficient dans le développement de $u\left(\frac{1}{t^i}-1\right)^n$ est $'\Delta^n y_x$. D'ailleurs, si l'on développe $u\left[\left(1+\frac{1}{t}-1\right)^i-1\right]^n$ suivant les puissances de $\frac{1}{t}-1$, les coefficients de t^x dans les développements de $u\left(\frac{1}{t}-1\right)$, $u\left(\frac{1}{t}-1\right)^2$, $u\left(\frac{1}{t}-1\right)^3$, ... seront, par l'article II, Δy_x, $\Delta^2 y_x$, $\Delta^3 y_x$, ...; en sorte que ce coefficient dans $u\left[\left(1+\frac{1}{t}-1\right)^i-1\right]^n$ sera $[(1+\Delta y_x)^i-1]^n$, pourvu que, dans le développement de cette quantité, on applique à la caractéristique Δ les exposants des puissances de Δy_x, et qu'ainsi, au lieu d'une puissance quelconque $(\Delta y_x)^m$, on écrive $\Delta^m y_x$; on aura donc

(1)

$$'\Delta^n y_x = [(1+\Delta y_x)^i-1]^n.$$

Si l'on désigne par la caractéristique $'\Sigma$ l'intégrale finie lorsque x varie de i, $'\Sigma^n y_x$ sera visiblement égal, par l'article II, au coefficient de t^x dans le développement de la fonction $u\left(\frac{1}{t^i}-1\right)^{-n}$, en faisant abstraction ici des constantes arbitraires que l'intégration doit introduire; or on a

$$u\left(\frac{1}{t^i}-1\right)^{-n} = u\left[\left(1+\frac{1}{t}\right)^i-1\right]^{-n};$$

de plus, le coefficient de t^x dans $u\left(\frac{1}{t}-1\right)^{-m}$ est, quel que soit m, $\Sigma^m y_x$, en faisant abstraction des constantes arbitraires, et ce coefficient dans $u\left(\frac{1}{t}-1\right)^m$ est $\Delta^m y_x$; on aura donc, en faisant toujours abstraction des constantes arbitraires,

$$(2) \qquad {}^{1}\Sigma^{n} y_x = [(1 + \Delta y_x)^{i} - 1]^{-n},$$

pourvu que, dans le développement du second membre de cette équation, on applique à la caractéristique Δ les exposants des puissances de Δy_x et que l'on change les différences négatives en intégrales; et, comme, dans ce développement, l'intégrale $\Sigma^{n} y_x$ se rencontre, et que cette intégrale peut être censée renfermer n constantes arbitraires, l'équation (2) est encore vraie en ayant égard aux constantes arbitraires.

On peut observer ici que cette équation se déduit de l'équation (1), en y faisant n négatif et en y changeant les différences négatives en intégrales, c'est-à-dire en écrivant ${}^{1}\Sigma^{n} y_x$ au lieu de ${}^{1}\Delta^{-n} y_x$ et $\Sigma^{m} y_x$ au lieu de $\Delta^{-m} y_x$.

Les équations (1) et (2) auraient également lieu si x, au lieu de varier de l'unité dans Δy_x, y variait d'une quantité quelconque ϖ; mais alors la variation de x dans ${}^{1}\Delta y_x$, au lieu d'être i, serait $i\varpi$. En effet, il est clair que, si dans y_x on fait $x = \frac{x_1}{\varpi}$, x_1 variera de ϖ lorsque x variera de l'unité; Δy_x se changera ainsi dans Δy_{x_1}, la variation de x_1 étant ϖ, et ${}^{1}\Delta y_x$ se changera dans ${}^{1}\Delta y_{x_1}$, la variation de x_1 étant $i\varpi$. Cela posé, si l'on suppose dans ces équations que la variation de x est infiniment petite et égale à dx dans Δy_x, cette différence se changera dans la différentielle infiniment petite dy_x; si, de plus, on fait i infini et $i\,dx = \alpha$, α étant une quantité finie, la variation de x dans ${}^{1}\Delta y_x$ sera α. On aura donc

$$ {}^{1}\Delta^{n} y_x = [(1 + dy_x)^{i} - 1]^{n}, $$

$$ {}^{1}\Sigma^{n} y_x = \frac{1}{[(1 + dy_x)^{i} - 1]^{n}}; $$

or on a

$$ \log(1 + dy_x)^{i} = i \log(1 + dy_x) = i\,dy_x = i\,dx \frac{dy_x}{dx} = \alpha \frac{dy_x}{dx}, $$

ce qui donne

$$ (1 + dy_x)^{i} = e^{\alpha \frac{dy_x}{dx}}, $$

e étant le nombre dont le logarithme hyperbolique est l'unité; donc

$$(3) \qquad {}^1\Delta^n y_x = \left(e^{\alpha \frac{dy_x}{dx}} - 1 \right)^n,$$

$$(4) \qquad {}^1\Sigma^n y_x = \frac{1}{\left(e^{\alpha \frac{dy_x}{dx}} - 1 \right)^n},$$

en ayant soin d'appliquer à la caractéristique d les exposants des puissances de dy_x et de changer les différences négatives en intégrales.

Si, dans les équations (1) et (2), on suppose encore i infiniment petit et égal à dx, on aura

$$ {}^1\Delta^n y_x = d^n y_x \qquad \text{et} \qquad {}^1\Sigma^n y_x = \frac{1}{dx^n} \int^n y \, dx^n.$$

On a d'ailleurs

$$(1 + \Delta y_x)^i = e^{dx \log(1 + \Delta y_x)} = 1 + dx \log(1 + \Delta y_x);$$

ces équations deviendront ainsi

$$(5) \qquad \frac{d^n y_x}{dx^n} = [\log(1 + \Delta y_x)]^n,$$

$$(6) \qquad \int^n y_x \, dx^n = \frac{1}{[\log(1 + \Delta y_x)]^n}.$$

On peut remarquer ici une analogie singulière entre les puissances positives et les différences; l'équation

$$ {}^1\Delta y_x = (1 + \Delta y_x)^i - 1$$

a encore lieu en élevant ses deux membres à la puissance n, pourvu que l'on applique aux caractéristiques Δ et ${}^1\Delta$ les puissances de Δy_x et de ${}^1\Delta y_x$, car il est clair que dans ce cas on aura l'équation (1).

La même analogie subsiste entre les puissances négatives et les intégrales, et l'équation précédente a lieu encore en élevant ses deux membres à la puissance $-n$, pourvu que l'on change en intégrales du même ordre les puissances négatives de Δy_x et de ${}^1\Delta y_x$; on formera ainsi l'équation (2).

Il en est de même de l'équation

$$'\Delta y_x = e^{x \frac{dy_x}{dx}} - 1;$$

en élevant ses deux membres aux puissances n et $-n$, elle sera encore vraie et se changera dans les équations (3) et (4), pourvu que l'on change les puissances positives de $'\Delta y_x$ et de dy_x en différences du même ordre, et les puissances négatives en intégrales du même ordre. On voit, au reste, que ces analogies tiennent à ce que les produits de la fonction u, génératrice de y_x, par les puissances successives de $\frac{1}{t} - 1$, sont les fonctions génératrices des différences finies successives de y_x, tandis que les quotients de u par ces mêmes puissances sont les fonctions génératrices des intégrales finies de y_x.

XI.

Les formules précédentes ne peuvent être d'usage que dans le cas où les différences finies et infiniment petites de y_x vont en décroissant; mais il y a une infinité de cas dans lesquels cela n'a pas lieu et où il est cependant utile d'avoir l'expression des différences et des intégrales en séries convergentes; le plus simple de tous est celui dans lequel les termes d'une série, dont les différences sont convergentes, sont multipliés par les termes d'une progression géométrique : nous allons nous en occuper d'abord.

Le terme général des suites ainsi formées peut être représenté par $h^x y_x$, y_x étant le terme général d'une suite dont les différences sont convergentes. Cela posé, nommons u la somme de la suite infinie

$$y_0 + y_1 ht + y_2 h^2 t^2 + y_3 h^3 t^3 + \ldots + y_x h^x t^x;$$

on a

$$u\left(\frac{1}{t^i} - 1\right)^n = u\left[h^i\left(1 + \frac{1}{ht} - 1\right)^i - 1\right]^n.$$

Le coefficient de t^x, dans le premier membre de cette équation, est la différence finie $n^{\text{ième}}$ de $h^x y_x$, x variant de la quantité i; d'ailleurs, si l'on développe le second membre par rapport aux puissances de

$\frac{1}{ht} - 1$, le coefficient de t^x, dans $u\left(\frac{1}{ht} - 1\right)^r$, sera, quel que soit r, $h^x \Delta^r y_x$. L'équation précédente donnera donc, en repassant par l'article II, des fonctions génératrices à leurs variables correspondantes

$$(7) \qquad {}^{\prime}\Delta^n h^x y_x = h^x [h^i(1 + \Delta y_x)^i - 1]^n,$$

pourvu que, dans le développement du second membre de cette équation, on applique à la caractéristique Δ les exposants des puissances de Δy_x et qu'ainsi, au lieu de $(\Delta y_x)^0$, on écrive $\Delta^0 y_x$, c'est-à-dire y_x.

En changeant n en $-n$, on aura, comme dans l'article précédent,

$$(8) \qquad {}^{\prime}\Sigma^n (h^x y_x) = \frac{h^x}{[h^i(1 + \Delta y_x)^i - 1]^n} + a x^{n-1} + b x^{n-2} + \ldots + f,$$

a, b, ..., f étant les n constantes arbitraires de l'intégrale du premier membre, dont l'addition devient inutile dans le cas où $h = 1$, parce qu'alors le second membre renferme l'intégrale $\Sigma^n y_x$, qu'il ne renferme plus lorsque h diffère de l'unité.

Si l'on suppose y_x égal à une fonction y_1 de x_1, x étant égal à $\frac{i}{r}$ et r étant supposé infini, on aura $\Delta y_x = dy_1$, la différence dx_1 étant égale à $\frac{1}{r}$; de plus, si l'on fait $h^r = p$, on aura $h^x = p^{x_1}$, et la fonction $h^x y_x$ se changera dans $p^{x_1} y_1$; or, si l'on suppose i infiniment grand et $\frac{i}{r} = \alpha$, il est clair que, x variant de i, x_1 variera de α, en sorte que ${}^{\prime}\Delta^n(p^{x_1} y_1)$ et ${}^{\prime}\Sigma^n(p^{x_1} y_1)$ seront la différence et l'intégrale finie $n^{\text{ième}}$ de $p^{x_1} y_1$, x_1 variant de la quantité α. On a d'ailleurs $h^i = p^\alpha$; les équations (7) et (8) deviendront conséquemment

$$ {}^{\prime}\Delta^n(p^{x_1} y_1) = p^{x_1}[p^\alpha(1 + dy_1)^i - 1]^n, $$

$$ {}^{\prime}\Sigma^n(p^{x_1} y_1) = \frac{p^{x_1}}{[p^\alpha(1 + dy_1)^i - 1]^n} + a x_1^{n-1} + b x_1^{n-2} + \ldots; $$

or on a

$$ (1 + dy_1)^i = e^{\alpha \frac{dy_1}{dx_1}}. $$

donc

$$(9) \qquad {}^{1}\Delta^{n}(p^{x_1}y_1) = p^{x_1}\left(p^{x}e^{x\frac{dy_1}{dx_1}} - 1\right)^{n},$$

$$(10) \qquad {}^{1}\Sigma^{n}(p^{x_1}y_1) = \frac{p^{x_1}}{\left(p^{x}e^{x\frac{dy_1}{dx_1}} - 1\right)^{i}} + a x_1^{n-1} + b x_1^{n-2} + \ldots + f.$$

en ayant soin, dans le développement de ces équations, d'écrire y_1 au lieu de $\left(\dfrac{dy_1}{dx_1}\right)^{0}$ et $\dfrac{d^{\mu}y_1}{dx_1^{\mu}}$ au lieu de $\left(\dfrac{dy_1}{dx_1}\right)^{\mu}$, μ étant quelconque.

Si, dans les formules (7) et (8), on suppose i infiniment petit et égal à dx, ${}^{1}\Delta^{n}(h^{x}y_{x})$ se changera dans $d^{n}(h^{x}y_{x})$ et ${}^{1}\Sigma^{n}(h^{x}y_{x})$ dans $\int^{n}(h^{x}y_{x})$; on a d'ailleurs

$$h^{i}(1 + \Delta y_{x})^{i} = 1 + dx \log[h(1 + \Delta y_{x})];$$

partant, on aura

$$(11) \qquad \frac{d^{n}(h^{x}y_{x})}{dx^{n}} = h^{x}[\log h(1 + \Delta y_{x})]^{n},$$

$$(12) \qquad \int^{n} h^{x}y_{x}\,dx^{n} = \frac{h^{x}}{[\log h(1 + \Delta y_{x})]^{n}} + a x^{n-1} + b x^{n-2} + \ldots + f.$$

Je dois observer ici que les équations (1), (2), (3), (4), (5) et (6) de l'article précédent ont été trouvées par M. de la Grange, dans les *Mémoires de Berlin* pour l'année 1771, au moyen de l'analogie qui existe entre les puissances positives et les différences, et entre les puissances négatives et les intégrales; mais cet illustre auteur se contente de la supposer sans en donner la démonstration, qu'il regarde comme très difficile. Quant aux équations (7), (8), (9), (10), (11) et (12), elles sont nouvelles, à l'exception de l'équation (10), dont M. Euler a donné le cas particulier où $n = 1$ dans ses *Institutions de Calcul différentiel*.

XII.

On aurait une infinité de théorèmes analogues à ceux des articles précédents si, au lieu de considérer les différences et les intégrales de y_{x}, on considérait toute autre fonction de cette variable; il sera facile de les déduire de la solution générale du problème suivant :

$\mathrm{F}(y_x)$ représentant une fonction quelconque linéaire de y_x, y_{x+1}, y_{x+2}, ..., et ∇y_x une autre fonction linéaire de ces mêmes variables, on propose de trouver l'expression de $\mathrm{F}(y_x)$ dans une suite ordonnée suivant les quantités ∇y_x, $\nabla^2 y_x$, $\nabla^3 y_x$, ...

Pour cela, soit u la fonction génératrice de y_x, us celle de $\mathrm{F}(y_x)$ et uz celle de ∇y_x, s et z étant fonctions de $\frac{1}{t}$; on commencera par tirer de l'équation qui exprime la relation de $\frac{1}{t}$ et de z la valeur de $\frac{1}{t}$ en z, et, en la substituant dans s, on aura la valeur de s en z ; mais, comme il peut arriver que l'on ait plusieurs valeurs de $\frac{1}{t}$ en z, on aura autant d'expressions différentes de s. Pour en avoir une qui puisse appartenir indifféremment à toutes ces valeurs de s, nous supposerons que le nombre des valeurs de $\frac{1}{t}$ en z soit n, et nous donnerons à l'expression de s la forme suivante

$$s = \mathrm{Z} + \frac{1}{t}\mathrm{Z}^{(1)} + \frac{1}{t^2}\mathrm{Z}^{(2)} + \ldots + \frac{1}{t^{n-1}}\mathrm{Z}^{(n-1)},$$

Z, $\mathrm{Z}^{(1)}$, $\mathrm{Z}^{(2)}$, ... étant des fonctions de z qu'il s'agit de déterminer ; or, si l'on substitue successivement dans cette équation, au lieu de $\frac{1}{t}$, ses n valeurs en z, on formera n équations au moyen desquelles on déterminera les n quantités Z, $\mathrm{Z}^{(1)}$, $\mathrm{Z}^{(2)}$, ... ; il ne s'agira plus ensuite que de réduire ces quantités en séries ordonnées par rapport aux puissances de z et de les substituer dans l'équation précédente. Cela posé, si l'on multiplie cette équation par u, le coefficient de t^x, dans us, sera $\mathrm{F}(y_x)$; ce même coefficient, dans un terme quelconque tel que $\frac{u z^i}{t^r}$, sera, par l'article II, égal à $\nabla^i y_{x+r}$. L'équation précédente donnera donc, en repassant des fonctions génératrices aux variables correspondantes, une expression de $\mathrm{F}(y_x)$ par une suite ordonnée suivant les quantités ∇y_x, $\nabla^2 y_x$, $\nabla^3 y_x$, ..., ∇y_{x+1}, $\nabla^2 y_{x+1}$, ..., ∇y_{x+n-1}, ...

On peut supposer encore, pour plus de généralité, que les quantités $Z^{(1)}$, $Z^{(2)}$, $Z^{(3)}$, ..., au lieu d'être multipliées par $\frac{1}{t}$, $\frac{1}{t^2}$, $\frac{1}{t^3}$, ..., sont multipliées par des fonctions quelconques de $\frac{1}{t}$, et l'on aura par ce moyen une infinité d'expressions différentes de $\Gamma(y_x)$.

Si l'on suppose

$$s = \frac{1}{t^i}, \qquad z = a + \frac{b}{t} + \frac{c}{t^3} + \ldots + \frac{q}{t^n},$$

$\Gamma(y_x)$ se changera dans y_{x+i}; on aura donc, par ce procédé, la valeur de y_{x+i} en fonction de ∇y_x, $\nabla^2 y_x$, ...; mais la méthode que nous avons donnée pour cet objet dans l'article V est d'un usage beaucoup plus facile.

<h3 style="text-align:center">XIII.</h3>

Des suites à deux variables.

Considérons une fonction y_{x,x_1} de deux variables x et x_1, et nommons u la suite infinie

$$
\begin{aligned}
&y_{0,0} + y_{1,0}\,t + y_{2,0}\,t^2 + y_{3,0}\,t^3 + \ldots + y_{x,0}\,t^x \quad + y_{x+1,0}\,t^{x+1} + \ldots + y_{x,0}\,t^x \\
&\;+ y_{0,1}\,t_1 + y_{1,1}\,t_1 t + y_{2,1}\,t_1 t^2 + \ldots + y_{x-1,1}\,t_1 t^{x-1} + y_{x,1}\,t_1 t^x \quad + \ldots + y_{x,1}\,t_1 t^x \\
&\quad\; + y_{0,2}\,t_1^2 + y_{1,2}\,t_1^2 t + \ldots + y_{x-2,1}\,t_1^2 t^{x-1} + \ldots\ldots\ldots \ldots + y_{x,1}\,t_1^2 t^x \\
&\qquad + \ldots\ldots\ldots\ldots\ldots\ldots\ldots\ldots\ldots\ldots\ldots\ldots\ldots\ldots\ldots\ldots,
\end{aligned}
$$

le coefficient de $t^x t_1^v$ sera y_{x,x_1}; ainsi u sera la fonction génératrice de y_{x,x_1}, et, si l'on désigne par la caractéristique Δ les différences finies lorsque x seul varie et par la caractéristique Δ_1 ces différences lorsque x_1 seul varie, la fonction génératrice de $\Delta y_{x,x_1}$ sera, par l'article II, $u\left(\frac{1}{t} - 1\right)$ et celle de $\Delta_1 y_{x,x_1}$ sera $u\left(\frac{1}{t_1} - 1\right)$; partant la fonction génératrice de $\Delta \Delta_1 y_{x,x_1}$ sera $u\left(\frac{1}{t} - 1\right)\left(\frac{1}{t_1} - 1\right)$, d'où il est facile de conclure que celle de $\Delta^i \Delta_1^{i_1} y_{x,x_1}$ sera $u\left(\frac{1}{t} - 1\right)^i \left(\frac{1}{t_1} - 1\right)^{i_1}$.

En général, si l'on désigne par $\nabla y_{x,x_1}$ la quantité

$$
\begin{aligned}
&A\,y_{x,x_1} + B\,y_{x+1,x_1} + C\,y_{x+2,x_1} + \ldots \\
&\quad + B_1\,y_{x,x_1+1} + C_1\,y_{x+1,x_1+1} + \ldots \\
&\qquad\quad + C_2\,y_{x,x_1+2} + \ldots \\
&\qquad\qquad\qquad + \ldots :
\end{aligned}
$$

si l'on désigne pareillement par $\nabla^2 y_{x,x_1}$ une fonction dans laquelle $\nabla y_{x,x_1}$ entre de la même manière que y_{x,x_1} entre dans $\nabla y_{x,x_1}$; si l'on désigne encore par $\nabla^3 y_{x,x_1}$ une fonction dans laquelle $\nabla^2 y_{x,x_1}$ entre de la même manière que y_{x,x_1} dans $\nabla y_{x,x_1}$, et ainsi de suite, la fonction génératrice de $\nabla^n y_{x,x_1}$ sera

$$u\left(A + \frac{B}{t} + \frac{C}{t^2} + \ldots + \frac{B_1}{t} + \frac{C_1}{tt_1} + \ldots + \frac{C_2}{t_1^2} + \ldots\right)^n;$$

partant

$$u t^r t_1^{r_1}\left(\frac{1}{t} - 1\right)^i \left(\frac{1}{t_1} - 1\right)^{i_1} \left(A + \frac{B}{t} + \ldots + \frac{B_1}{t_1} + \ldots\right)^u$$

est la fonction génératrice de $\Delta^i \Delta_1^{i_1} \nabla^n y_{x-r,x_1-r_1}$.

s étant supposé une fonction quelconque de $\frac{1}{t}$ et de $\frac{1}{t_1}$, si l'on développe s^i suivant les puissances de ces variables et que l'on désigne par $\frac{K}{t^m t_1^{m_1}}$ un terme quelconque de ce développement, le coefficient de $t^x t_1^{x_1}$ dans $\frac{Ku}{t^m t_1^{m_1}}$ sera $K y_{x+m,x_1+m_1}$; on aura donc le coefficient de $t^x t_1^{x_1}$ dans us^i ou, ce qui revient au même, on aura $\nabla^i y_{x,x_1}$: 1° en substituant, dans s, y_x au lieu de $\frac{1}{t}$ et y_{x_1} au lieu de $\frac{1}{t_1}$; 2° en développant ce que devient alors us^i suivant les puissances de y_x et de y_{x_1} et en écrivant, au lieu d'un terme quelconque, tel que $K(y_x)^m(y_{x_1})^{m_1}$, $K y_{x+m,\,x_1+m_1}$ et, par conséquent, en substituant $K y_{x,x_1}$ au lieu du terme tout constant K ou $K(y_x)^0 (y_{x_1})^0$.

Si, au lieu de développer s^i suivant les puissances de $\frac{1}{t}$ et de $\frac{1}{t_1}$, on le développe suivant les puissances de $\frac{1}{t} - 1$ et de $\frac{1}{t_1} - 1$, et que l'on désigne par $K\left(\frac{1}{t} - 1\right)^m \left(\frac{1}{t_1} - 1\right)^{m_1}$ un terme quelconque de ce développement, le coefficient de $t^x t_1^{x_1}$ dans $Ku\left(\frac{1}{t} - 1\right)^m \left(\frac{1}{t_1} - 1\right)^{m_1}$ sera $K \Delta^m \Delta_1^{m_1} y_{x,x_1}$; on aura donc $\nabla^i y_{x,x_1}$: 1° en substituant, dans s, $\Delta y_{x,x_1}$ au lieu de $\frac{1}{t} - 1$ et $\Delta_1 y_{x,x_1}$ au lieu de $\frac{1}{t_1} - 1$; 2° en développant ce que devient alors s^i suivant les puissances de $\Delta y_{x,x_1}$ et de $\Delta_1 y_{x,x_1}$ et en appliquant aux caractéristiques Δ et Δ_1 les exposants de ces puissances, c'est-à-dire en écrivant, au lieu d'un terme quelconque tel que $K(\Delta y_{x,x_1})^m (\Delta_1 y_{x,x_1})^{m_1}$, celui-ci $K\Delta^m \Delta_1^{m_1} y_{x,x_1}$.

Soient Σ la caractéristique des intégrales finies relatives à x et Σ_1 celle des intégrales relatives à x_1; soit de plus z la fonction génératrice de $\Sigma' \Sigma_1^{i_1} y_{x,x_1}$; on aura $z\left(\frac{1}{t}-1\right)^i \left(\frac{1}{t_1}-1\right)^{i_1}$ pour la fonction génératrice de y_{x,x_1}; cette fonction génératrice doit, en n'ayant égard qu'aux puissances positives ou nulles de t et de t_1, se réduire à u; on aura ainsi

$$z\left(\frac{1}{t}-1\right)^i \left(\frac{1}{t_1}-1\right)^{i_1} = u + \frac{a}{t} + \frac{b}{t^2} + \frac{c}{t^3} + \ldots + \frac{q}{t^i}$$
$$+ \frac{a_1}{t_1} + \frac{b_1}{t_1^2} + \frac{c_1}{t_1^3} + \ldots + \frac{q_1}{t_1^{i_1}},$$

$a, b, c, \ldots, q$ étant des fonctions arbitraires de t_1 et $a_1, b_1, c_1, \ldots, q_1$ étant des fonctions arbitraires de t, partant

$$z = \frac{u t^i t_1^{i_1} + a t^{i-1} t_1^{i_1} + b t^{i-1} t_1^{i_1} + \ldots + q t_1^{i_1} + a_1 t^i t_1^{i_1-1} + b_1 t^i t_1^{i_1-2} + \ldots + q_1 t^i}{(1-t)^i (1-t_1)^{i_1}}.$$

<h2 style="text-align:center">XIV.</h2>

De l'interpolation des suites à deux variables et de l'intégration des équations linéaires aux différences partielles finies et infiniment petites.

y_{x+i,x_1+i_1} est évidemment égal au coefficient de $t^x t_1^{x_1}$ dans le développement de $\frac{u}{t^i t_1^{i_1}}$; or on a

$$\frac{u}{t^i t_1^{i_1}} = u\left(1 + \frac{1-t}{t}\right)^i \left(1 + \frac{1-t_1}{t_1}\right)^{i_1}$$

$$= u \left\{ \begin{aligned}
&1 + i\frac{1-t}{t} + \frac{i(i-1)}{1.2}\left(\frac{1-t}{t}\right)^2 + \frac{i(i-1)(i-2)}{1.2.3}\left(\frac{1-t}{t}\right)^3 + \ldots \\
&+ i_1\frac{1-t_1}{t_1} + i_1 i\frac{1-t_1}{t_1}\frac{1-t}{t} + i_1\frac{i(i-1)}{1.2}\frac{1-t_1}{t_1}\left(\frac{1-t}{t}\right)^2 + \ldots \\
&+ \frac{i_1(i_1-1)}{1.2}\left(\frac{1-t_1}{t_1}\right)^2 + \frac{i_1(i_1-1)}{1.2} i\left(\frac{1-t_1}{t_1}\right)^2\frac{1-t}{t} + \ldots \\
&+ \ldots \ldots \ldots \ldots \ldots \ldots \ldots \ldots \ldots \ldots \ldots \ldots \ldots \ldots
\end{aligned} \right\},$$

le coefficient de $u\left(\frac{1}{t}-1\right)^r\left(\frac{1}{t_1}-1\right)^{r_1}$ étant égal à

$$\frac{i(i-1)(i-2)\ldots(i-r+1)}{1.2.3\ldots r}\,\frac{i_1(i_1-1)(i_1-2)\ldots(i_1-r_1+1)}{1.2.3\ldots r_1}.$$

Maintenant, le coefficient de $t^r t_1^{r_1}$, dans le développement de $u\left(\frac{1}{t}-1\right)^r\left(\frac{1}{t_1}-1\right)^{r_1}$, est $\Delta^r\Delta_1^{r_1}y_{x,x_1}$; on aura donc, en passant des fonctions génératrices aux variables correspondantes,

$$\begin{aligned}y_{x+i,x_1+i_1}=y_{x,x_1}+i\,\Delta y_{x,x_1}&+\frac{i(i-1)}{1.2}\Delta^2 y_{x,x_1}+\ldots\\ &+i_1\Delta_1 y_{x,x_1}+i_1 i\,\Delta_1\Delta y_{x,x_1}+\ldots\\ &\qquad+\frac{i_1(i_1-1)}{1.2}\Delta_1^2 y_{x,x_1}+\ldots\\ &\qquad\qquad+\ldots\end{aligned}$$

équation qui peut être mise sous cette forme très simple

$$y_{x+i,x_1+i_1}=(1+\Delta y_{x,x_1})^i(1+\Delta_1 y_{x,x_1})^{i_1},$$

pourvu que, dans le développement du second membre de cette dernière équation, on applique aux caractéristiques Δ et Δ_1 les exposants des puissances de $\Delta y_{x,x_1}$ et de $\Delta_1 y_{x,x_1}$ et, par conséquent, qu'au lieu du terme tout constant ou multiplié par $(\Delta y_{x,x_1})^0(\Delta_1 y_{x,x_1})^0$, on écrive y_{x,x_1}.

XV.

Supposons maintenant que, au lieu d'interpoler suivant les différences de la fonction y_{x,x_1}, on veuille interpoler suivant d'autres lois; pour cela, soit

$$\begin{aligned}z=A+\frac{B}{t}+\frac{C}{t^2}+\frac{D}{t^3}&+\ldots+\frac{p}{t^{n-1}}+\frac{q}{t^n}\\ +\frac{B_1}{t_1}+\frac{C_1}{t_1 t}&+\frac{D_1}{t_1 t^2}+\ldots\\ &+\frac{C_2}{t_1^2}+\frac{D_2}{t_1^2 t}+\ldots\\ &\qquad+\ldots\ldots\ldots\\ &\qquad\qquad+\frac{1}{t_1^{n_1}}.\end{aligned}$$

Si l'on fait

$$A + \frac{B_1}{l_1} + \frac{C_1}{l_1^2} + \ldots + \frac{1}{i_1^{n_1}} = a,$$

$$B + \frac{C_1}{l_1} + \frac{D_2}{l_1^2} + \ldots = b,$$

$$C + \frac{D_1}{l_1} + \ldots = c,$$

$$\ldots\ldots\ldots\ldots\ldots ,$$

on aura

$$z = a + \frac{b}{l} + \frac{c}{l^2} + \ldots + \frac{q}{l^n}.$$

Il est facile d'en conclure, comme dans l'article V, les valeurs successives de $\frac{1}{i^{n+1}}$, $\frac{1}{i^{n+2}}$, $\frac{1}{i^{n+3}}$, $\ldots$ en fonctions de a, b, c, $\ldots$ et z, et il est visible que, dans aucun terme de l'expression de $\frac{1}{i^i}$, la somme des puissances de $\frac{1}{i}$ et de $\frac{1}{i_1}$ ne surpassera pas i lorsque i sera un nombre entier positif, n_1 étant supposé égal ou moindre que n.

Considérons maintenant la formule (μ) de l'article V et supposons qu'en développant suivant les puissances de $\frac{1}{l_1}$ la quantité

$$b Z_{i-n+1}^{(0)} + b z Z_{i-2n+1}^{(1)} + \ldots$$
$$+ c Z_{i-n+2}^{(0)} + c z Z_{i-2n+2}^{(1)} + \ldots$$
$$+ \ldots\ldots\ldots\ldots\ldots\ldots$$

on ait

$$M + N z + \ldots + \frac{1}{l_1}(M^{(1)} + N^{(1)} z + \ldots) + \frac{1}{l_1^2}(M^{(2)} + N^{(2)} z + \ldots) + \ldots + \frac{1}{l_1^{i}} M^{(i)},$$

les puissances ultérieures de $\frac{1}{l_1}$ se détruisant réciproquement, puisque l'expression de $\frac{1}{i^i}$ ne doit point les renfermer. Supposons pareillement qu'en développant la quantité

$$c Z_{i-n+1}^{(0)} + c z Z_{i-2n+1}^{(1)} + \ldots + e Z_{i-n+2}^{(0)} + c z Z_{i-2n+2}^{(1)} + \ldots$$

on ait

$$M_1 + N_1 z + \ldots + \frac{1}{l_1}(M_1^{(1)} + N_1^{(1)} z + \ldots) + \frac{1}{l_1^2}(M_1^{(2)} + N_1^{(2)} z + \ldots) + \ldots + \frac{1}{l_1^{i-1}} M_1^{(i-1)};$$

qu'en développant la quantité

$$c Z^{(0)}_{i-n+1} + \ldots$$
$$+ \ldots$$

on ait

$$M_2 + N_2 z + \ldots + \frac{1}{t_1}(M^{(1)}_2 + N^{(1)}_2 z + \ldots) + \ldots + \frac{1}{t_1^{i-2}} M^{(i-2)}_2,$$

et ainsi de suite; on aura

$$\frac{1}{t^i} = M + N z + \ldots + \frac{1}{t_1}(M^{(1)} + N^{(1)} z + \ldots) + \frac{1}{t_1^2}(M^{(2)} + N^{(2)} z + \ldots) + \ldots + \frac{1}{t_1^i} M^{(i)}$$
$$+ \frac{1}{t}\left[M_1 + N_1 z + \ldots + \frac{1}{t_1}(M^{(1)}_1 + N^{(1)}_1 z + \ldots) + \frac{1}{t_1^2}(M^{(2)}_1 + N^{(2)}_1 z + \ldots) + \ldots + \frac{1}{t_1^{i-1}} M^{(i-1)}_1 \right]$$
$$+ \frac{1}{t^2}\left[M_2 + N_2 z + \ldots + \frac{1}{t_1}(M^{(1)}_2 + N^{(1)}_2 z + \ldots) + \ldots + \frac{1}{t_1^{i-2}} M^{(i-2)}_2 \right]$$
$$+ \ldots\ldots\ldots\ldots\ldots\ldots\ldots\ldots\ldots\ldots\ldots\ldots\ldots\ldots\ldots\ldots\ldots$$
$$+ \frac{1}{t^{n-i}}\left[M_{n-1} + N_{n-1} z + \ldots + \frac{1}{t_1}(M^{(1)}_{n-1} + N^{(1)}_{n-1} z + \ldots) + \ldots + \frac{1}{t_1^{i-n+1}} M^{(i-n+1)}_{n-1} \right].$$

Cela posé, si l'on nomme $\nabla y_{x,x_1}$ la quantité

$$A y_{x,x_1} + B\, y_{x+1,x_1} + C\, y_{x+2,x_1} + \ldots$$
$$+ B_1 y_{x,x_1+1} + C_1 y_{x+1,x_1+1} + \ldots$$
$$+ C_2 y_{x,x_1+2} + \ldots$$
$$+ \ldots,$$

le coefficient de $t^r t_1^{r_1}$ dans le développement de la quantité $\frac{u z^\mu}{t^r t_1^{r_1}}$ sera, par l'article XIII, $\nabla^\mu y_{x+r,x_1+r_1}$; l'équation précédente donnera conséquemment, en la multipliant par u et en passant des fonctions génératrices aux variables correspondantes,

$$y_{x+i,x_1} = M y_{x,x_1} + N \nabla y_{x,x_1} + \ldots$$
$$+ M^{(1)} y_{x,x_1+1} + N^{(1)} \nabla y_{x,x_1+1} + \ldots$$
$$+ M^{(2)} y_{x,x_1+2} + N^{(2)} \nabla y_{x,x_1+2} + \ldots$$
$$+ \ldots\ldots\ldots\ldots\ldots\ldots\ldots\ldots\ldots\ldots\ldots$$
$$+ M^{(i)} y_{x,x_1+i}$$

$$+ M_1 y_{x+1,r_i} + N_1 \nabla y_{x+1,r_i} + \cdots$$
$$+ M_1^{(1)} y_{x+1,r_i+1} + N_1^{(1)} \nabla y_{x-1,r_i+1} + \cdots$$
$$+ \cdots\cdots\cdots\cdots\cdots\cdots\cdots\cdots\cdots\cdots\cdots$$
$$+ M_1^{(i-1)} y_{x+1,r_i+i-1}$$
$$+ \cdots\cdots\cdots\cdots\cdots$$
$$+ M_{n-1} y_{x+n-1,r_i} + N_{n-1} \nabla y_{x+n-1,r_i} + \cdots$$
$$+ M_{n-1}^{(1)} y_{x+n-1,r_i+1} + N_{n-1}^{(1)} \nabla y_{x+n-1,r_i+1} + \cdots$$
$$+ \cdots\cdots\cdots\cdots\cdots\cdots\cdots\cdots\cdots\cdots\cdots$$
$$+ M_{n-1}^{(i-n+1)} y_{x+n-1,r_i+i-n+1}$$

XVI.

Si l'on suppose $\nabla y_{i,r_i} = 0$, on aura, en faisant $x = 0$ dans l'équation précédente,

$$\begin{aligned}
y_{i,r_i} =\ & M\, y_{0,r_i} + M^{(1)} y_{0,r_i+1} + M^{(2)} y_{0,r_i+2} + \cdots + M^{(i)} y_{0,r_i+i} \\
& - M_1 y_{1,r_i} + M_1^{(1)} y_{1,r_i+1} + M_1^{(2)} y_{1,r_i+2} + \cdots + M_1^{(i-1)} y_{1,r_i+i-1} \\
& + \cdots\cdots\cdots\cdots\cdots\cdots\cdots\cdots\cdots\cdots\cdots\cdots\cdots\cdots \\
& + M_{n-1} y_{n-1,r_i} + M_{n-1}^{(1)} y_{n-1,r_i+1} + \cdots + M_n^{(i-n+1)} y_{n-1,r_i+i-n+1}
\end{aligned}$$

$M^{(0)}, M_1^{(1)}, M_2^{(2)}, \ldots$ étant des fonctions de i et de r, l'expression précédente de $y_{i,r}$ peut être mise sous cette forme très simple

$$(\lambda) \quad y_{i,r_i} = \Sigma\big(M^{(r)} y_{0,r_i+r} + M_1^{(r-1)} y_{1,r_i+r-1} + M_2^{(r-2)} y_{1,r_i+r-2} + \cdots + M_n^{(r-n+1)} y_{n-1,r_i+r-n-1} \big),$$

l'intégrale étant prise par rapport à r, depuis $r = 0$ jusqu'à $r = i+1$, par rapport au premier terme; depuis $r = 1$ jusqu'à $r = i+1$ par rapport au second terme, et ainsi de suite. Cette expression de y_{i,r_i} sera l'intégrale complète de l'équation $\nabla y_{i,r_i} = 0$, ou, ce qui revient au même, de celle-ci

$$\begin{aligned}
0 =\ & A\, y_{i,r_i} + B y_{i+1,r_i} + C y_{i+2,r_i} + \cdots + P y_{i+n-1,r_i} + q y_{i+n,r_i} \\
& + B_1 y_{i,r_i+1} + C_1 y_{i+1,r_i+1} + \cdots \\
& + C_2 y_{i,r_i+2} + \cdots \\
& + \cdots \\
& + y_{i,r_i+n}.
\end{aligned}$$

Il est visible que dans cette intégrale les quantités $y_{0,x_i}, y_{1,x_i}, y_{2,x_i}, \ldots,$ y_{n-1,x_i}, sont les n fonctions arbitraires qu'introduit l'intégration de l'équation $\nabla y_{i,x_i} = 0$; pour les déterminer, il faut connaître immédiatement, ou du moins pouvoir conclure des conditions du problème les n premiers rangs verticaux de la Table suivante :

$$(\text{Q})\quad \left\{ \begin{array}{llllllll}
y_{0,0}, & y_{1,0}, & y_{2,0}, & y_{3,0}, & \ldots, & y_{x,0}, & y_{x+1,0}, & \ldots, y_{\infty,0}, \\
y_{0,1}, & y_{1,1}, & y_{2,1}, & y_{3,1}, & \ldots, & y_{x,1}, & y_{x+1,1}, & \ldots, y_{\infty,1}, \\
y_{0,2}, & y_{1,2}, & y_{2,2}, & y_{3,2}, & \ldots, & y_{x,2}, & y_{x+1,2}, & \ldots, y_{\infty,2}, \\
\ldots, & \ldots, & \ldots, & \ldots, & \ldots, & \ldots, & \ldots\ldots, & \ldots, \ldots, \\
y_{0,x_i}, & y_{1,x_i}, & y_{2,x_i}, & y_{3,x_i}, & \ldots, & y_{x,x_i}, & y_{x+1,x_i}, & \ldots, y_{\infty,x_i}, \\
\ldots, & \ldots, & \ldots, & \ldots, & \ldots, & \ldots, & \ldots\ldots, & \ldots, \ldots,
\end{array} \right.$$

Remarque. — Dans un grand nombre de problèmes, et principalement dans ceux qui concernent l'analyse des hasards, les n premiers rangs verticaux sont des suites récurrentes dont la loi est connue; dans ce cas, $y_{0,x_i}, y_{1,x_i}, \ldots$ sont données par des termes de la forme Ap^{x_i}. Supposons conséquemment que l'expression de y_{0,x_i} renferme le terme Ap^{x_i}, la partie correspondante de $\Sigma M^{(r)} y_{0,x_i+r}$ sera

$$Ap^{x_i}(M^{(0)} + M^{(1)}p + M^{(2)}p^2 + M^{(3)}p^3 + \ldots + M^{(i)}p^i);$$

mais

$$M^{(0)} + \frac{M^{(1)}}{t_i} + \frac{M^{(2)}}{t_i^2} + \ldots + \frac{M^{(i)}}{t_i^i}$$

est le développement de

$$bZ^{(0)}_{i,-n+1} + cZ^{(0)}_{i,-n+2} + \ldots$$

suivant les puissances de $\frac{1}{t_i}$. En changeant donc dans cette dernière quantité $\frac{1}{t_i}$ en p et nommant P ce qu'elle devient alors, on aura APp^{x_i} pour la partie de $\Sigma M^{(r)} y_{0,x_i+r}$ qui répond au terme Ap^{x_i}. Il suit de là que, si la valeur de y_{0,x_i} est égale à $Ap^{x_i} + A_1 p_1^{x_i} + A_2 p_2^{x_i} + \ldots$ et que l'on nomme $P_1, P_2, \ldots$ ce que devient P, en y changeant successivement p en $p_1, p_2, \ldots$, on aura

$$\Sigma M^{(r)} y_{0,x_i+r} = APp^{x_i} + A_1 P_1 p_1^{x_i} + A_2 P_2 p_2^{x_i} + \ldots.$$

On trouvera pareillement que, si la valeur de y_{1,x_1} est exprimée par $Bq^{x_1} + B_1 q_1^{x_1} + B_2 q_2^{x_1} + \ldots$, et que l'on nomme $Q, Q_1, Q_2, \ldots$ ce que devient la quantité $cZ_{i-n+1}^{(0)} + cZ_{i-n+2}^{(0)} + \ldots$ lorsqu'on y change successivement $\frac{1}{t_1}$ en $q, q_1, q_2, \ldots$, on aura

$$\Sigma M_1^{(r-1)} y_{1,x_1+r-1} = BQq^{x_1} + B_1 Q_1 q_1^{x_1} + B_2 Q_2 q_2^{x_1} + \ldots,$$

et ainsi de suite; on aura ainsi l'expression de y_{i,x_1} la plus simple à laquelle on puisse parvenir.

Si l'on a $\nabla^2 y_{x,x_1} = 0$, on aura, en faisant $x = 0$ dans l'expression générale de y_{x+i,x_1} de l'article précédent,

$$
\begin{aligned}
y_{i,x_1} = \ & M y_{0,x_1} && + M^{(1)} y_{0,x_1+1} && + \ldots + M^{(i)} y_{0,x_1+i} \\
& + N \nabla y_{0,x_1} && + N^{(1)} \nabla y_{0,x_1+1} && + \ldots \\
& + M_1 y_{1,x_1} && + M_1^{(1)} y_{1,x_1+1} && + \ldots + M_1^{(i-1)} y_{1,x_1+i-1} \\
& + N_1 \nabla y_{1,x_1} && + N_1^{(1)} \nabla y_{1,x_1+1} && + \ldots \\
& + \ldots\ldots\ldots\ldots\ldots\ldots\ldots\ldots\ldots \\
& + M_{n-1} y_{n-1,x_1} && + M_{n-1}^{(1)} y_{n-1,x_1+1} && + \ldots + M_{n-1}^{(i-n+1)} y_{n-1,x_1+i-n+1} \\
& + N_{n-1} \nabla y_{n-1,x_1} && + \ldots,
\end{aligned}
$$

$y_{0,x_1}, y_{1,x_1}, \ldots, y_{n-1,x_1}, \nabla y_{0,x_1}, \nabla y_{1,x_1}, \ldots, \nabla y_{n-1,x_1}$ étant les $2n$ fonctions arbitraires de l'intégrale de l'équation $\nabla^2 y_{i,x_1} = 0$; on aura, de la même manière, les intégrales des équations $\nabla^3 y_{i,x_1} = 0$, $\nabla^4 y_{i,x_1} = 0$, ...

J'ai nommé ailleurs (*voir* les Tomes VI et VII des *Mémoires des Savants étrangers*) [1] les séries formées d'après l'équation $\nabla^r y_{i,x} = 0$ *suites récurrorécurrentes*; elles diffèrent des suites récurrentes, en ce que dans celles-ci les termes ne sont fonctions que d'une seule variable : ainsi, tous leurs termes dans la Table (Q) sont ou dans un même rang vertical, ou dans un même rang horizontal, ou sur une même droite inclinée à l'horizon d'une manière quelconque, au lieu que les termes d'une suite récurrorécurrente, étant fonctions de deux variables, remplissent toute l'étendue de la Table (Q) et forment une surface, de sorte que les quantités arbitraires, qui, dans le cas des suites récur-

<hr>

[1] *OEuvres de Laplace*, t. VIII, p. 5 et p. 69.

rentes, sont déterminées par autant de points de la ligne sur laquelle leurs termes sont disposés, se déterminent ici par des lignes droites ou par des polygones placés arbitrairement dans la Table précédente. L'équation qui exprime la loi d'une suite récurrente est aux différences finies; celle qui exprime la loi d'une suite récurroécurrente est aux différences finies partielles, et son intégrale renferme un nombre de fonctions arbitraires égal au degré de cette équation.

XVII.

La valeur de $y_{i,x}$, dans la formule (λ) de l'article précédent, dépendant de la connaissance de $M^{(o)}$, $M_i^{(r-1)}$, ..., il est visible que ces quantités seront connues lorsqu'on aura le coefficient de $\frac{1}{t_i^r}$ dans le développement de $Z_{i-n+1}^{(o)}$; tout se réduit donc à déterminer ce coefficient; or on a, par l'article V,

$$Z_i^{(o)} = -\frac{1}{a\,\alpha^{i+1}(\alpha - \alpha_1)(\alpha - \alpha_2)\ldots}$$
$$-\frac{1}{a\,\alpha_1^{i+1}(\alpha_1 - \alpha)(\alpha_1 - \alpha_2)\ldots}$$
$$-\frac{1}{a\,\alpha_2^{i+1}(\alpha_2 - \alpha)(\alpha_2 - \alpha_1)\ldots}$$
$$-\ldots\ldots\ldots\ldots\ldots\ldots\ldots\ldots\ldots,$$

α, α_1, α_2, ... étant fonctions de $\frac{1}{t_i}$. Si l'on fait $\frac{1}{t_i} = s$, et que l'on différentie l'expression précédente de $Z_i^{(o)}$, n fois de suite par rapport à s, on aura $n+1$ équations, au moyen desquelles, en éliminant les n quantités α^i, α_1^i, α_2^i, ..., on parviendra à une équation entre $Z_i^{(o)}$, $\frac{dZ_i^{(o)}}{ds}$, $\frac{d^2Z_i^{(o)}}{ds^2}$, ..., dont les coefficients seront fonctions de α_1, α_2, ... et de leurs différences : or il est clair que α, α_1, α_2, ... doivent entrer de la même manière dans ces coefficients; on pourra donc, par les méthodes connues, les déterminer en fonctions rationnelles des coefficients de l'équation qui donne les valeurs de α, α_1, ... et des différences de ces coefficients, et, par conséquent, en fonctions rationnelles de s; en faisant ensuite disparaître les dénominateurs de ces fonctions, on aura une équation linéaire entre $Z_i^{(0)}$ et ses différentielles, dont les coefficients seront des fonctions rationnelles et entières de s, ou, ce qui revient au même, de $\frac{1}{t_i}$. Cela posé, considérons un terme quelconque de cette équation, tel que $\frac{K}{t_i^m}\frac{d^\mu Z_i^{(0)}}{ds^\mu}$, et nommons λ_r le coefficient de $\frac{1}{t_i^r}$ dans le développement de $Z_i^{(0)}$; ce coefficient dans le développement de $\frac{K}{t_i^m}\frac{d^\mu Z_i^{(0)}}{ds^\mu}$ sera

$$K(r - m + \mu)(r - m + \mu - 1)(r - m + \mu - 2)\ldots(r - m)\lambda_{r-m+\mu}.$$

En repassant ainsi des fonctions génératrices à leurs variables correspondantes, l'équation précédente entre $Z_{i-n+1}^{(0)}$ et ses différences donnera une équation entre λ_r, λ_{r+1}, ... dont les coefficients sont variables, et, en l'intégrant, on aura la valeur de λ_r.

Il suit de là que l'intégration de toute équation linéaire aux différences finies partielles, dont les coefficients sont constants, dépend : 1° de l'intégration d'une équation linéaire aux différences finies dont les coefficients sont variables; 2° d'une intégrale *définie*; je nomme ainsi toute intégrale prise depuis une valeur déterminée de la variable jusqu'à une autre valeur déterminée. L'intégrale définie dont dépend la valeur de $y_{i,x}$, dans la formule (λ) est relative à r et doit s'étendre depuis $r = 0$ jusqu'à $r = i$. Relativement aux équations différentielles du premier ordre, on a

$$Z_i^{(0)} = -\frac{1}{a\,\alpha^{i+1}};$$

on a, de plus,

$$a = A + B_1 s,$$

$$\alpha = -\frac{B}{a},$$

ce qui donne

$$Z_i^{(0)} = -\frac{(A + B_1 s)^i}{(-B)^{i+1}},$$

d'où l'on tire cette équation différentielle

$$0 = \frac{dZ_i^{(0)}}{ds}(A + B_1 s) - i B_1 Z_i^{(0)},$$

ce qui donne l'équation aux différences finies

$$0 = A(r+1)\lambda_{r+1} + B_1 r\lambda_r - iB_1\lambda_r.$$

On a ensuite, dans ce cas,

$$M^{(r)} = B\lambda_r;$$

la formule (λ) de l'article précédent deviendra donc

$$y_{i,x_i} = B\,\Sigma\lambda_r y_{0,x_i - r};$$

ce sera l'intégrale complète de l'équation aux différences partielles

$$0 = Ay_{i,x_i} + By_{i+1,x_i} + B_1 y_{i,x_i+1},$$

pourvu que l'intégrale soit prise depuis $r = 0$ jusqu'à $r = i + 1$, et que la constante arbitraire de la valeur de λ_r soit telle que

$$\lambda_0 = -\frac{A'}{(-B)^{i+1}}.$$

En passant du fini à l'infiniment petit, la méthode précédente donnera l'intégrale des équations linéaires aux différences infiniment petites partielles dont les coefficients sont constants : 1° en intégrant une équation linéaire aux différences infiniment petites; 2° au moyen d'intégrales définies, ce qui donne l'intégration de ces équations dans une infinité de cas qui se refusent aux méthodes connues; mais, comme le passage du fini à l'infiniment petit peut offrir ici quelques difficultés, j'ai préféré de chercher une méthode directement applicable aux équations linéaires aux différences infiniment petites partielles, et j'ai trouvé la suivante, qui a l'avantage de s'étendre aux équations linéaires dont les coefficients sont variables. Je me bornerai à considérer les équations différentielles du second ordre comme étant celles qui se présentent le plus fréquemment dans l'application de l'analyse aux questions physiques.

XVIII.

Toutes les équations linéaires aux différences infiniment petites partielles du second ordre peuvent être mises sous cette forme

$$(S) \qquad 0 = \frac{\partial^2 u}{\partial s\, \partial s_1} + m\,\frac{\partial u}{\partial s} + n\,\frac{\partial u}{\partial s_1} + lu,$$

m, n et l étant des fonctions quelconques données de s et de s_1, et, si l'on nomme $\varphi_1(s)$ l'intégrale $\int ds\, \varphi(s)$, $\varphi_2(s)$ l'intégrale $\int ds\, \varphi_1(s)$, $\varphi_3(s)$ l'intégrale $\int ds\, \varphi_2(s)$, et ainsi de suite; si l'on nomme pareillement $\psi_1(s_1)$ l'intégrale $\int ds_1\, \psi(s_1)$, $\psi_2(s_1)$ l'intégrale $\int ds_1\, \psi_1(s_1)$, $\psi_3(s_1)$ l'intégrale $\int ds_1\, \psi_2(s_1)$, et ainsi de suite, la valeur de u peut être exprimée par une suite de cette forme

$$\begin{aligned} u = \ & A\,\varphi_1(s) + A^{(1)}\varphi_2(s) + A^{(2)}\varphi_3(s) + A^{(3)}\varphi_4(s) + \ldots \\ & + B\,\psi_1(s_1) + B^{(1)}\psi_2(s_1) + B^{(2)}\psi_3(s_1) + B^{(3)}\psi_4(s_1) + \ldots, \end{aligned}$$

$\varphi(s)$ et $\psi(s_1)$ étant deux fonctions arbitraires, l'une de s et l'autre de s' (*voir* sur cela les *Mémoires de l'Académie* pour l'année 1773, p. 355 et suiv.) [1]. Cela posé, si l'on substitue cette valeur de u dans l'équation (S) et que l'on compare séparément les termes multipliés par $\varphi(s)$, $\varphi_1(s)$, $\varphi_2(s)$, ..., $\psi(s_1)$, $\psi_1(s_1)$, $\psi_2(s_1)$, ..., on aura, pour déterminer A, $A^{(1)}$, $A^{(2)}$, ..., B, $B^{(1)}$, $B^{(2)}$, ..., les équations suivantes :

$$(\gamma) \quad \left\{ \begin{aligned} & 0 = \frac{\partial A}{\partial s_1} + mA, \\[4pt] & 0 = \frac{\partial A^{(1)}}{\partial s_1} + mA^{(1)} + \frac{\partial^2 A}{\partial s\, \partial s_1} + m\,\frac{\partial A}{\partial s} + n\,\frac{\partial A}{\partial s_1} + lA, \\[4pt] & 0 = \frac{\partial A^{(2)}}{\partial s_1} + mA^{(2)} + \frac{\partial^2 A^{(1)}}{\partial s\, \partial s_1} + m\,\frac{\partial A^{(1)}}{\partial s} + n\,\frac{\partial A^{(1)}}{\partial s_1} + lA^{(1)}, \\[4pt] & \cdots\cdots\cdots\cdots\cdots\cdots\cdots\cdots\cdots\cdots\cdots\cdots, \end{aligned} \right.$$

$$(\gamma') \quad \left\{ \begin{aligned} & 0 = \frac{\partial B}{\partial s} + nB, \\[4pt] & 0 = \frac{\partial B^{(1)}}{\partial s} + nB^{(1)} + \frac{\partial^2 B}{\partial s\, \partial s_1} + m\,\frac{\partial B}{\partial s} + n\,\frac{\partial B}{\partial s_1} + lB, \\[4pt] & 0 = \frac{\partial B^{(2)}}{\partial s} + nB^{(2)} + \frac{\partial^2 B^{(1)}}{\partial s\, \partial s_1} + m\,\frac{\partial B^{(1)}}{\partial s} + n\,\frac{\partial B^{(1)}}{\partial s_1} + lB^{(1)}, \\[4pt] & \cdots\cdots\cdots\cdots\cdots\cdots\cdots\cdots\cdots\cdots\cdots\cdots. \end{aligned} \right.$$

[1] *OEuvres de Laplace*, T. IX, p. 21 et suiv.

Lorsque, en satisfaisant à ces équations, on parvient à trouver $A^{(\mu)} = o$ ou $B^{(\mu)} = o$, μ étant un nombre entier positif, alors u peut toujours s'exprimer en termes finis, en n'ayant égard qu'aux seules variables s et s, de l'équation. J'ai donné dans les Mémoires cités une méthode générale et fort simple pour avoir dans ce cas l'intégrale complète de cette équation; mais, si l'une ou l'autre des deux équations $A^{(\mu)} = o$ et $B^{(\mu)} = o$ ne peut avoir lieu, il faut nécessairement, pour avoir l'expression de u en termes finis, y introduire une nouvelle variable de la manière suivante.

Pour cela, nous observerons que, si l'on fait commencer l'intégrale $\int ds\, \varphi(s)$ lorsque $s = o$, on aura

$$\int ds\, \varphi(s) = ds\{\varphi(o) + \varphi(ds) + \varphi(2\,ds) + \varphi(3\,ds) + \ldots$$
$$+ \varphi(r\,ds) + \varphi[(r + 1)\,ds] + \ldots + \varphi(s)\};$$

donc, si l'on nomme T la suite

$$\varphi(o) + t\,\varphi(ds) + t^2\,\varphi(2\,ds) + t^3\,\varphi(3\,ds) + \ldots$$
$$+ t^r\,\varphi(r\,ds) + t^{r+1}\,\varphi[(r + 1)\,ds] + \ldots + t^{\frac{s}{ds}}\,\varphi(s),$$

$\int ds\,\varphi(s)$ ou $\varphi_1(s)$ sera égal au coefficient de $t^{\frac{s}{ds}}$ dans le développement de la fonction $\dfrac{T\,ds}{1 - t}$. Il est aisé d'en conclure que $\varphi_2(s)$ sera égal au coefficient de $t^{\frac{s}{ds}}$ dans le développement de $\dfrac{T\,ds^2}{(1 - t)^2}$, et, généralement, que $\varphi_\mu(s)$ sera égal au coefficient de $t^{\frac{s}{ds}}$ dans le développement de $\dfrac{T\,ds^\mu}{(1 - t)^\mu}$; d'ailleurs, il est visible que le coefficient de $\varphi(r\,ds)$ dans $\varphi_\mu(s)$ est égal au coefficient de $t^{\frac{s}{ds} - r}$ dans le développement de $\dfrac{ds^\mu}{(1 - t)^\mu}$, et par conséquent égal à

$$\frac{\left(\dfrac{s}{ds} - r + 1\right)\left(\dfrac{s}{ds} - r + 2\right)\left(\dfrac{s}{ds} - r + 3\right) \ldots \left(\dfrac{s}{ds} - r + \mu - 1\right) ds^\mu}{1 . 2 . 3 \ldots (\mu - 1)}.$$

Supposons r infini et égal à $\dfrac{z}{ds}$, nous aurons $\dfrac{(s - z)^{\mu-1}\,ds}{1 . 2 . 3 \ldots (\mu - 1)}$ pour ce

coefficient ; d'où il suit que le coefficient de $\varphi(r\,ds)$ ou $\varphi(z)$ dans l'expression de u sera

$$ds\left[A + A^{(1)}(s-z) + \frac{A^{(2)}}{1.2}(s-z)^2 + \frac{A^{(3)}}{1.2.3}(s-z)^3 + \frac{A^{(4)}}{1.2.3.4}(s-z)^4 + \dots \right];$$

donc, si l'on nomme $\Gamma(s-z)$ la somme de la suite

$$A + A^{(1)}(s-z) + \frac{A^{(2)}}{1.2}(s-z)^2 + \frac{A^{(3)}}{1.2.3}(s-z)^3 + \dots$$

et que l'on suppose $ds = dz$, on aura $\int dz\, \Gamma(s-z)\,\varphi(z)$ égal à la
suite

$$A\,\varphi_1(s) + A^{(1)}\varphi_2(s) + A^{(2)}\varphi_3(s) + A^{(3)}\varphi_4(s) + \dots,$$

pourvu que l'intégrale soit prise depuis $z = 0$ jusqu'à $z = s$.

Si l'on nomme pareillement $\Pi(s_1 - z)$ la somme de la suite

$$B + B^{(1)}(s_1-z) + \frac{B^{(2)}}{1.2}(s_1-z)^2 + \frac{B^{(3)}}{1.2.3}(s_1-z)^3 + \dots,$$

on trouvera, par le même procédé, que $\int dz\, \Pi(s_1 - z)\,\psi(z)$ est égal à
la suite

$$B\,\psi_1(s_1) + B^{(1)}\psi_2(s_1) + B^{(2)}\psi_3(s_1) + \dots,$$

pourvu que l'intégrale soit prise depuis $z = 0$ jusqu'à $z = s_1$; on aura
donc

$$u = \int dz\, \Gamma(s-z)\,\varphi(z) + \int dz\, \Pi(s_1-z)\,\psi(z),$$

l'intégrale du premier terme étant prise depuis $z = 0$ jusqu'à $z = s$,
et celle du second terme étant prise depuis $z = 0$ jusqu'à $z = s_1$. On
peut observer ici que les fonctions $\Gamma(s-z)$ et $\Pi(s_1-z)$ sont autant
de valeurs particulières qui satisfont pour u à l'équation proposée
aux différences partielles. En effet, il est clair, par la nature des valeurs de A, $A^{(1)}$, $A^{(2)}$, …, que, si l'on substitue dans cette équation, au
lieu de u, la suite

$$A + A^{(1)}(s-z) + \frac{A^{(2)}}{1.2}(s-z)^2 + \dots,$$

z étant regardé comme constant, elle sera satisfaite. Mais, parmi toutes les valeurs particulières de u qui renferment une constante arbitraire z, il faut choisir pour $\Gamma(s-z)$ celle qui donne $0 = \dfrac{\partial u}{\partial s_1} + mu$ lorsque $z = s$, parce qu'alors u se réduit à A, et que l'on doit avoir $0 = \dfrac{\partial \mathrm{A}}{\partial s_1} + m\mathrm{A}$; il faut pareillement choisir pour $\Pi(s,-z)$ une valeur particulière de u qui renferme une constante arbitraire z, et dans laquelle on ait $0 = \dfrac{\partial u}{\partial s} + nu$ lorsque $z = s'$, parce que dans ce cas u se réduit à B et que l'on doit avoir $0 = \dfrac{\partial \mathrm{B}}{\partial s} + n\mathrm{B}$. On peut parvenir directement à ces résultats de la manière suivante :

Supposons que l'intégrale $\int p\, dz\, \varphi(z)$, prise depuis z égal à une constante quelconque jusqu'à $z = s$, soit une valeur particulière de u; on aura, dans ce cas,

$$\frac{\partial u}{\partial s_1} = \int \frac{\partial p}{\partial s_1}\, dz\, \varphi(z),$$

$$\frac{\partial u}{\partial s} = \int \frac{\partial p}{\partial s}\, dz\, \varphi(z) + \mathrm{P}\, \varphi(s),$$

P étant ce que devient p lorsqu'on y fait $z = s$; de là on tirera

$$\frac{\partial^2 u}{\partial s\, \partial s_1} = \int \frac{\partial^2 p}{\partial s\, \partial s_1}\, dz\, \varphi(z) + \frac{\partial \mathrm{P}}{\partial s_1}\, \varphi(s).$$

En substituant ces valeurs dans l'équation (S) aux différences partielles, on aura

$$0 = \left(\frac{\partial \mathrm{P}}{\partial s_1} + m\mathrm{P} \right) \varphi(s) + \int dz\, \varphi(z) \left(\frac{\partial^2 p}{\partial s\, \partial s_1} + m\frac{\partial p}{\partial s} + n\frac{\partial p}{\partial s_1} + lp \right),$$

ce qui donne, en égalant séparément à zéro les termes affectés du signe intégral,

$$0 = \frac{\partial \mathrm{P}}{\partial s_1} + m\mathrm{P},$$

$$0 = \frac{\partial^2 p}{\partial s\, \partial s_1} + m\frac{\partial p}{\partial s} + n\frac{\partial p}{\partial s_1} + lp.$$

On voit ainsi que, si l'on a deux valeurs particulières de u représentées par p et p_1, qui renferment une constante arbitraire z, et qui soient telles que l'on ait

$$o = \frac{\partial \mathrm{P}}{\partial s_1} + m\mathrm{P},$$

$$o = \frac{\partial \mathrm{P}_1}{\partial s} + n\mathrm{P}_1,$$

P étant ce que devient p lorsqu'on y fait $z = s$, et P_1 étant ce que devient p_1 lorsqu'on y fait $z = s_1$, on aura, pour l'expression complète de u,

$$u = \int p\,dz\,\varphi(z) + \int p_1\,dz\,\psi(z),$$

$\varphi(z)$ et $\psi(z)$ étant deux fonctions arbitraires de z, et l'intégrale du premier terme étant prise depuis z égal à une constante quelconque, que nous supposerons zéro, jusqu'à $z = s$, celle du second terme étant prise depuis $z = o$ jusqu'à $z = s_1$.

Si l'on change z en st dans le terme $\int p\,dz\,\varphi(z)$, et que l'on nomme q ce que devient p par ce changement, on aura

$$\int p\,dz\,\varphi(z) = \int qs\,dt\,\varphi(st),$$

et, comme l'intégrale relative à z doit être prise depuis $z = o$ jusqu'à $z = s$, il est clair que l'intégrale relative à t doit être prise depuis $t = o$ jusqu'à $t = 1$. Si l'on nomme pareillement q_1 ce que devient p_1 lorsqu'on y change z en $s_1 t$, on aura

$$\int p_1\,dz\,\psi(z) = \int q_1 s_1\,dt\,\psi(s_1 t),$$

l'intégrale relative à t étant prise encore depuis $t = o$ jusqu'à $t = 1$; on peut conséquemment donner à u cette forme

$$u = \int dt\,[sq\,\varphi(st) + s_1 q_1\,\psi(s_1 t)],$$

l'intégrale étant prise depuis $t = o$ jusqu'à $t = 1$.

Si l'on nomme K l'intégrale $\int p\,dz\,\varphi(z)$ prise depuis $z = o$ jusqu'à $z = \infty$; cette intégrale, prise depuis $z = o$ jusqu'à $z = s$, sera visiblement égale à $\mathrm{K} - \int p\,dz\,\varphi(z)$, cette dernière intégrale étant prise depuis $z = s$ jusqu'à $z = \infty$; donc, si l'on fait $z = s + z$, et que l'on nomme r ce que devient p par ce changement, on aura

$$\int p \, dz \, \varphi(z) = \mathrm{K} - \int r \, dz_1 \, \varphi(s + z_1),$$

l'intégrale relative à z étant prise depuis $z = 0$ jusqu'à $z = s$, et l'intégrale relative à z_1 étant prise depuis $z_1 = 0$ jusqu'à $z_1 = \infty$. Si l'on nomme pareillement K_1 l'intégrale $\int p_1 \, dz \, \varphi(z)$ prise depuis $z = 0$ jusqu'à $z = \infty$, que l'on fasse $z = s_1 + z_1$, et que l'on nomme r_1 ce que devient p_1 par ce changement, on aura

$$\int p_1 \, dz \, \psi(z) = \mathrm{K}_1 - \int r_1 \, dz_1 \, \psi(s_1 + z_1),$$

l'intégrale relative à z étant prise depuis $z = 0$ jusqu'à $z = s_1$, et l'intégrale relative à z_1 étant prise depuis $z_1 = 0$ jusqu'à $z_1 = \infty$; on aura donc

$$u = \mathrm{K} + \mathrm{K}_1 - \int dz_1 [r \, \varphi(s + z_1) + r_1 \, \psi(s_1 + z_1)].$$

Les fonctions $\varphi(s + z_1)$ et $\psi(s_1 + z_1)$ étant arbitraires et pouvant même être supposées discontinues, on peut, sans nuire à la généralité de cette valeur de u, les supposer telles que l'on ait $\mathrm{K} + \mathrm{K}_1 = 0$; on aura donc, en changeant le signe de ces fonctions,

$$u = \int dz_1 [r \, \varphi(s + z_1) + r_1 \, \psi(s_1 + z_1)],$$

l'intégrale étant prise depuis $z_1 = 0$ jusqu'à $z_1 = \infty$.

Ces différentes formes que l'on peut donner à u ont chacune des avantages particuliers, suivant les différents problèmes que l'on se propose de résoudre. On verra ci-après (art. XX) un usage de la dernière dans la théorie du son; mais on doit observer qu'elles sont toutes dépendantes d'intégrales définies et qu'elles ne peuvent être ramenées à des intégrales indéfinies que dans le cas où l'une ou l'autre des quantités p et p_1 est une fonction rationnelle et entière de z.

Toute la difficulté de l'intégration des équations linéaires aux différences partielles du second ordre se réduit ainsi à déterminer ces quantités; c'est ce qui paraît très difficile en général : nous nous

bornerons conséquemment à considérer quelques cas particuliers qui
sont relatifs à plusieurs problèmes intéressants que l'on n'a pu résoudre
encore que d'une manière particulière.

XIX.

Supposons d'abord m, n et l constants dans l'équation (S); on satisfera aux équations (γ) et (γ') de l'article précédent en faisant

$$A \; = e^{-ms_1-ns},$$
$$A^{(1)} = e^{-ms_1-ns}(mn - l)s_1,$$
$$A^{(2)} = e^{-ms_1-ns}\frac{(mn - l)^2}{1.2}s_1^2,$$
$$\dots\dots\dots\dots\dots\dots\dots\dots,$$
$$A^{(\mu)} = e^{-ms_1-ns}\frac{(mn-l)\mu}{1.2.3\dots\mu}s_1^\mu,$$
$$\dots\dots\dots\dots\dots\dots\dots\dots,$$
$$B \; = e^{-ms_1-ns},$$
$$B^{(1)} = e^{-ms_1-ns}(mn - l)s,$$
$$B^{(2)} = e^{-ms_1-ns}\frac{(mn - l)^2}{1.2}s^2,$$
$$\dots\dots\dots\dots\dots\dots\dots\dots,$$
$$B^{(\mu)} = e^{-ms_1-ns}\frac{(mn - l)^\mu}{1.2.3\dots\mu}s^\mu,$$
$$\dots\dots\dots\dots\dots\dots\dots\dots,$$

e étant le nombre dont le logarithme hyperbolique est l'unité; on aura
ainsi

$$\Gamma(s - z) = e^{-ms_1-ns}\left[1 + (mn - l)s_1(s - z) + \frac{(mn - l)^2}{1.2}s_1^2(s - z)^2 \right.$$
$$\left. + \frac{(mn - l)^3}{1.2.3}s_1^3(s - z)^3 + \dots \right],$$

en sorte que $\Gamma(s - z)$ est égal à une fonction de $s_1(s - z)$ multipliée
par e^{-ms_1-ns}. Soit y cette fonction et nommons θ la quantité $s_1(s - z)$;
$e^{-ms_1-ns}y$ sera, par ce qui précède, une intégrale particulière de l'équation proposée aux différences partielles. On la substituera donc pour u

dans cette équation et l'on observera que, dans ce cas,

$$\frac{\partial u}{\partial s} = - n e^{-ms_1 - ns} y + e^{-ms_1 - ns} \frac{\partial y}{\partial \vartheta} \frac{\partial \vartheta}{\partial s};$$

or on a

$$\frac{\partial \vartheta}{\partial s} = s_1,$$

partant

$$\frac{\partial u}{\partial s} = e^{-ms_1 - ns} \left(- n y + s_1 \frac{\partial y}{\partial \vartheta} \right).$$

On aura pareillement

$$\frac{\partial u}{\partial s_1} = e^{-ms_1 - ns} \left[- m y + (s - z) \frac{\partial y}{\partial \vartheta} \right],$$

$$\frac{\partial^2 u}{\partial s \, \partial s_1} = e^{-ms_1 - ns} \left[mn y - n(s - z) \frac{\partial y}{\partial \vartheta} - ms_1 \frac{\partial y}{\partial \vartheta} + \frac{\partial y}{\partial \vartheta} + \vartheta \frac{\partial^2 y}{\partial \vartheta^2} \right].$$

Si l'on substitue ces valeurs dans l'équation (S), on aura celle-ci aux différences ordinaires

$$o = (l - mn) y + \frac{\partial y}{\partial \vartheta} + \vartheta \frac{\partial^2 y}{\partial \vartheta^2},$$

et il faudra déterminer les deux constantes arbitraires de son intégrale de manière que l'on ait $y = 1$ et $\frac{\partial y}{\partial \vartheta} = mn - l$ lorsque $\vartheta = o$. Soit $J(\vartheta)$ ce que devient cette intégrale, on aura

$$\Gamma(s - z) = e^{-ms_1 - ns} J[s_1 (s - z)];$$

il est aisé de voir que l'on aura pareillement

$$H(s_1 - z) = e^{-ms_1 - ns} J[s(s_1 - z)],$$

partant

$$u = e^{-ms_1 - ns} \left\{ \int dz \, J[s_1(s - z)] \, \varphi(z) + \int dz \, J[s(s_1 - z)] \, \psi(z) \right\},$$

l'intégrale du premier terme étant prise depuis $z = o$ jusqu'à $z = s$, et l'intégrale du second terme étant prise depuis $z = o$ jusqu'à $z = s_1$. En effet, si l'on substitue cette valeur de u dans l'équation proposée aux différences partielles, on s'assurera facilement qu'elle y satisfait; mais, pour faire cette substitution, on doit observer en général que, si l'intégrale $\int u \, dz$ doit être prise depuis $z = o$ jusqu'à $z = s$, sa différence prise par rapport à s est $ds \int \frac{\partial u}{\partial s} dz + U\, ds$, U étant ce que devient u lorsqu'on y suppose $z = s$.

Si, l, m et n étant toujours supposés constants, on a $l - mn = 0$, on aura $y = 1$, et l'expression de u deviendra

$$u = e^{-ms_1 - ns}\left[\int dz\, \varphi(z) + \int dz\, \psi(z)\right] = e^{-ms_1 - ns}\left[\varphi_1(s) + \psi_1(s_1)\right],$$

en sorte que la valeur de u est alors indépendante de toute intégrale définie. Mais ce cas est le seul où cela puisse avoir lieu, et c'est ce qui résulte pareillement de ce qui a été démontré dans les *Mémoires de l'Académie*, année 1773, page 369 (¹).

L'équation des cordes vibrantes dans un milieu résistant comme la vitesse est

$$a^2 \frac{\partial^2 u}{\partial x^2} = \frac{\partial^2 u}{\partial t^2} + b \frac{\partial u}{\partial t},$$

u étant l'ordonnée de la corde vibrante dont l'abscisse est x, t représentant le temps, et a et b étant deux constantes dépendantes, l'une de la grosseur et de la tension de la corde, et l'autre de l'intensité de la résistance. Si l'on fait $at + x = s$ et $at - x = s_1$, l'équation précédente deviendra

$$0 = \frac{\partial^2 u}{\partial s\, \partial s_1} + \frac{b}{4a} \frac{\partial u}{\partial s} + \frac{b}{4a} \frac{\partial u}{\partial s_1};$$

l'expression précédente de u deviendra donc, en y substituant au lieu de s et de s_1 leurs valeurs $at + x$ et $at - x$,

$$u = e^{\frac{u}{2}}\left\{ \begin{array}{l} \int dz\, J[(at - x)(at + x - z)]\, \varphi(z) \\ + \int dz\, J[(at + x)(at - x - z)]\, \psi(z) \end{array} \right\},$$

la première intégrale étant prise depuis $z = 0$ jusqu'à $z = at + x$, et la seconde intégrale étant prise depuis $z = 0$ jusqu'à $z = at - x$. On voit par là que le problème des cordes vibrantes dépend alors de l'intégration de l'équation différentielle

$$0 = -\frac{b^2}{16a^2} y + \frac{\partial y}{\partial y} + 9 \frac{\partial^2 y}{\partial y^2};$$

(¹) *OEuvres de Laplace*, T. IX, p. 35.

on voit de plus que, à cause du facteur $e^{-\frac{tt}{2}}$, l'ordonnée u de la corde vibrante diminue sans cesse et devient nulle après un temps infini, ce qui d'ailleurs est visible *a priori*.

XX.

Supposons encore, dans l'équation générale (S) de l'article XVIII, $m = \dfrac{f}{s+s_1}$, $n = \dfrac{g}{s+s_1}$ et $l = \dfrac{h}{(s+s_1)^2}$, en sorte que l'on ait à intégrer cette équation aux différences partielles

$$(\text{T}) \qquad 0 = \frac{\partial^2 u}{\partial s\, \partial s_1} + \frac{f}{s+s_1}\frac{\partial u}{\partial s} + \frac{g}{s+s_1}\frac{\partial u}{\partial s_1} + \frac{hu}{(s+s_1)^2};$$

on s'assurera facilement que les valeurs suivantes satisfont aux équations (γ) et (γ_1) de l'article cité

$$A \;\; = (s+s_1)^{-f},$$

$$A^{(1)} = [f(1-g)+h]\frac{A}{s+s_1},$$

$$2A^{(2)} = [(f+1)(2-g)+h]\frac{A^{(1)}}{s+s_1},$$

$$3A^{(3)} = [(f+2)(3-g)+h]\frac{A^{(2)}}{s+s_1},$$

$$\cdots\cdots\cdots\cdots\cdots\cdots\cdots\cdots\cdots\cdots\cdots,$$

$$\mu A^{(\mu)} = [(f+\mu-1)(\mu-g)+h]\frac{A^{(\mu-1)}}{s+s_1},$$

$$\cdots\cdots\cdots\cdots\cdots\cdots\cdots\cdots\cdots\cdots\cdots,$$

$$B \;\; = (s+s_1)^{-g},$$

$$B^{(1)} = [g(1-f)+h]\frac{B}{s+s_1},$$

$$2B^{(2)} = [(g+1)(2-f)+h]\frac{B^{(1)}}{s+s_1},$$

$$3B^{(3)} = [(g+2)(3-f)+h]\frac{B^{(2)}}{s+s_1},$$

$$\cdots\cdots\cdots\cdots\cdots\cdots\cdots\cdots\cdots\cdots\cdots,$$

$$\mu B^{(\mu)} = [(g+\mu-1)(\mu-f)+h]\frac{B^{(\mu-1)}}{s+s_1},$$

$$\cdots\cdots\cdots\cdots\cdots\cdots\cdots\cdots\cdots\cdots\cdots$$

On aura ainsi

$$\Gamma(s-z) = (s+s_1)^{-f}\left\{ \begin{array}{l} 1 + [f(1-g)+h]\dfrac{s-z}{s+s_1} \\[2mm] + [f+1)(2-g)+h]\left(\dfrac{s-z}{s+s_1}\right)^2 + \ldots \end{array}\right\};$$

donc, si l'on fait $\dfrac{s-z}{s+s_1}=0$, $\Gamma(s-z)$ sera égal à une fonction de θ, multipliée par $(s+s_1)^{-f}$. Nommons y cette fonction, en sorte que

$$\Gamma(s-z) = (s+s_1)^{-f}y,$$

$(s+s_1)^{-f}y$ sera une valeur particulière de u, et l'on aura dans ce cas

$$\frac{\partial u}{\partial s} = -f(s+s_1)^{-f-1}y + (s+s_1)^{-f}\frac{dy}{d\theta}\frac{\partial\theta}{\partial s};$$

or on a

$$\frac{\partial\theta}{\partial s} = \frac{1}{s+s_1} - \frac{s-z}{(s+s_1)^2} = \frac{1}{s+s_1}(1-\theta),$$

partant

$$\frac{\partial u}{\partial s} = (s+s_1)^{-f-1}\left[\frac{dy}{d\theta}(1-\theta) - fy\right];$$

on trouvera pareillement

$$\frac{\partial u}{\partial s_1} = -(s+s_1)^{-f-1}\left(fy + \theta\frac{dy}{d\theta}\right),$$

$$\frac{\partial^2 u}{\partial s\,\partial s_1} = (s+s_1)^{-f-2}\left[f(f+1)y + \frac{dy}{d\theta}(2f\theta + 2\theta - f - 1) - \theta(1-\theta)\frac{d^2y}{d\theta^2}\right].$$

En substituant ces valeurs dans l'équation proposée aux différences partielles, on aura l'équation suivante aux différences ordinaires

$$(a_1) \qquad 0 = \theta(1-\theta)\frac{d^2y}{d\theta^2} + [\theta(g-f-2)+1]\frac{dy}{d\theta} + (fg-f-h)y;$$

il faudra déterminer les deux constantes arbitraires de son intégrale, de manière que l'on ait $y=1$ et $\dfrac{dy}{d\theta}=f(1-g)+h$ lorsque $\theta=0$; en nommant donc $\mathrm{J}(\theta)$ ce que devient alors y, on aura

$$\Gamma(s-z) = \frac{\mathrm{J}\left(\dfrac{s-z}{s+s_1}\right)}{(s+s_1)^f}.$$

Si l'on change g en f, et réciproquement f en g dans l'équation (a_1), on aura

$$(b_1) \qquad 0 = \theta(1-\theta)\frac{d^2 y}{d\theta^2} + [\theta(f - g - 2) + 1]\frac{dy}{d\theta} + (fg - g - h)y;$$

et si l'on détermine les deux constantes arbitraires, de manière que l'on ait $y = 1$ et $\frac{dy}{d\theta} = g(1 - f) + h$ lorsque $\theta = 0$, en nommant $\square(\theta)$ ce que devient alors y, on aura

$$\Pi(s_1 - z) = \frac{\square\left(\dfrac{s_1 - z}{s + s_1}\right)}{(s + s_1)^g}.$$

Les deux fonctions $\mathrm{I}(\theta)$ et $\square(\theta)$ ont entre elles une relation fort simple, au moyen de laquelle, lorsque l'une des deux sera connue, l'autre le sera pareillement : en effet, si, dans l'équation (b_1), on fait

$$y_1 = (1 - \theta)^{f - g} y,$$

on aura

$$0 = \theta(1-\theta)\frac{d^2 y_1}{d\theta^2} + [\theta(g - f - 2) + 1]\frac{dy_1}{d\theta} + (fg - f - h)y_1,$$

équation qui est la même que l'équation (a_1). De plus, comme on doit avoir, relativement à l'équation (b_1), $y = 1$ et $\frac{dy}{d\theta} = g - fg + h$ lorsque $\theta = 0$, on aura, dans ce même cas, $y_1 = 1$ et

$$\frac{dy}{d\theta} = \frac{dy_1}{d\theta} - (f - g)y_1 = g - fg + h,$$

ce qui donne

$$\frac{dy_1}{d\theta} = f - fg + h;$$

ainsi les deux constantes arbitraires de l'intégrale de l'équation en y_1 sont les mêmes que celles de l'intégrale de l'équation (a_1), ce qui donne

$$y_1 = \mathrm{I}(\theta),$$

partant

$$\square(\theta) = (1 - \theta)^{f - g}\,\mathrm{I}(\theta).$$

On a d'ailleurs, relativement à l'équation (b_1),

$$\theta = \frac{s_1 - z}{s + s_1};$$

donc

$$\square\left(\frac{s_1 - z}{s + s_1}\right) = \frac{(s + z)^{f-g}\,\mathrm{J}\left(\dfrac{s_1 - z}{s + s_1}\right)}{(s + s_1)^{f-g}}$$

et

$$\mathrm{H}(s_1 - z) = \frac{(s + z)^{f-g}\,\mathrm{J}\left(\dfrac{s_1 - z}{s + s_1}\right)}{(s + s_1)^{f}}.$$

On aura conséquemment, par l'article XVIII,

$$(\mathrm{V}) \quad u = \frac{1}{(s + s_1)^f}\left[\int dz\,\mathrm{J}\left(\frac{s - z}{s + s_1}\right)\varphi(z) + \int dz\,(s + z)^{f-g}\,\mathrm{J}\left(\frac{s_1 - z}{s + s_1}\right)\psi(z)\right];$$

la première intégrale étant prise depuis $z = 0$ jusqu'à $z = s$, et la seconde étant prise depuis $z = 0$ jusqu'à $z = s_1$.

Si l'une ou l'autre des deux quantités $\mathrm{J}\left(\dfrac{s - z}{s + s_1}\right)$ et $\square\left(\dfrac{s_1 - z}{s + s_1}\right)$, celle-ci par exemple, $\mathrm{J}\left(\dfrac{s - z}{s + s_1}\right)$, est une fonction rationnelle et entière de z, alors l'expression de u, considérée relativement à la fonction arbitraire correspondante qui, dans ce cas, est $\varphi(z)$, sera exprimée par une suite finie de termes multipliés par les intégrales successives de $\varphi(s)$; car il est clair qu'alors $\int dz\,\mathrm{J}\left(\dfrac{s - z}{s + s_1}\right)\varphi(z)$ sera composé de termes de la forme $\mathrm{H}\int z^\mu\,dz\,\varphi(z)$, μ étant un nombre entier positif; or on a, en intégrant par parties,

$$\int z^\mu\,dz\,\varphi(z) = z^\mu\,\varphi_1(z) - \mu z^{\mu-1}\varphi_2(z)$$
$$+ \mu(\mu - 1)z^{\mu-2}\varphi_3(z) - \ldots \pm 1.2.3\ldots\mu\,\varphi_{\mu+1}(z) + \mathrm{C},$$

expression délivrée du signe $\int$, et dans laquelle on doit faire $z = s$. On voit ainsi que la partie de l'expression de u relative à la fonction arbitraire $\varphi(z)$ est indépendante, non seulement de toute intégrale définie, mais encore de toute espèce d'intégrale; or il résulte de ce que j'ai démontré, dans les Mémoires cités de 1773, que l'expression complète de u est alors entièrement indépendante de toute intégrale

définie, c'est-à-dire qu'elle peut être exprimée par des intégrales indéfinies, uniquement relatives aux variables s et s_1 de l'équation proposée. On peut s'en assurer encore très aisément au moyen de la formule (V), car il est visible que l'intégrale

$$\int dz\, (s+z)^{f-g}\, \mathrm{J}\left(\frac{s_1-z}{s+s_1}\right)\psi(z)$$

sera dans ce cas réductible à des termes de cette forme

$$\mathrm{H}\int z^{\mu}\, dz\, (s+z)^{f-g}\,\psi(z),$$

μ étant un nombre entier positif ou zéro; or on peut, par des intégrations par parties, réduire l'intégrale

$$\int z^{\mu}\, dz\, (s+z)^{f-g}\,\psi(z)$$

à des termes délivrés du signe $\int$ et à des intégrales de cette forme

$$\int dz\, (s+z)^{r}\,\psi_i(z);$$

cette dernière intégrale, devant être prise depuis $z=0$ jusqu'à $z=s_1$,
est évidemment égale à celle-ci

$$\int ds_1\, (s+s_1)^{r}\,\psi_i(s)$$

et, par conséquent, indépendante de toute intégrale définie; on voit
par là comment l'intégrale

$$\int dz\, (s+z)^{f-g}\, \mathrm{J}\left(\frac{s_1-z}{s+s_1}\right)\psi(z)$$

peut se réduire à des intégrales indéfinies, quoique le facteur

$$(s+z)^{f-g}\, \mathrm{J}\left(\frac{s_1-z}{s+s_1}\right)$$

puisse ne pas être une fonction rationnelle et entière de z.

Maintenant, la condition nécessaire pour que l'expression de
$\mathrm{J}\left(\frac{s-z}{s+s_1}\right)$, réduite en série, se termine, est que l'on ait $\mathrm{A}^{(\mu)}=0$,

μ étant un nombre positif, ce qui donne

$$0 = (f + \mu - 1)(\mu - g) + h,$$

d'où l'on tire

$$\mu = \frac{1 + g - f \pm \sqrt{(f + g - 1)^2 - 4h}}{2}.$$

Lorsque l'une ou l'autre de ces deux valeurs de μ est zéro ou un nombre entier positif, alors $\mathtt{J}\left(\dfrac{s - z}{s + s_1}\right)$ est une fonction rationnelle et entière de z; en changeant f en g et réciproquement, on aura

$$\mu = \frac{1 + f - g \pm \sqrt{(f + g - 1)^2 - 4h}}{2},$$

et, si l'une ou l'autre de ces valeurs de μ est zéro ou un nombre entier positif, la valeur de $\square\left(\dfrac{s_1 - z}{s + s_1}\right)$ sera une fonction rationnelle et entière de z; dans tous ces cas, l'expression de u ne dépendra d'aucune intégrale définie; autrement elle en sera nécessairement dépendante.

Si l'on nomme x la distance d'une molécule d'air à l'origine du son dans l'état d'équilibre; $x + u$ sa distance après le temps t, on aura

$$\frac{\partial^2 u}{\partial t^2} = a^2 \frac{\partial^2 u}{\partial x^2} + \frac{ma^2}{x} \frac{\partial u}{\partial x} - \frac{ma^2 u}{x^2},$$

a^2 étant un coefficient constant dépendant de l'élasticité et de la densité de l'air, et m étant 0, ou 1, ou 2, suivant que l'on considère l'air ou avec une seule, ou avec deux, ou avec trois dimensions (*voir*, sur cet objet, les savantes recherches de M. de la Grange sur le son, insérées dans le Tome II des *Mémoires de la Société royale de Turin*). Soient $x + at = s$, $x - at = s_1$; l'équation précédente deviendra

$$0 = \frac{\partial^2 u}{\partial s \, \partial s_1} + \frac{m}{2(s + s_1)}\left(\frac{\partial u}{\partial s} + \frac{\partial u}{\partial s_1}\right) - \frac{mu}{(s + s_1)^2};$$

la formule (V) deviendra donc

$$u = \frac{1}{2^{\frac{m}{2}} x^{\frac{m}{2}}}\left[\int dz \, \mathtt{J}\left(\frac{x + at - z}{2x}\right)\varphi(z) + \int dz \, \mathtt{J}\left(\frac{x - at - z}{2x}\right)\psi(z)\right],$$

la première intégrale étant prise depuis $z = 0$ jusqu'à $z = x + at$, et
la seconde étant prise depuis $z = 0$ jusqu'à $z = x - at$. La fonction
$J\left(\dfrac{x \pm at - z}{2x}\right)$ est la valeur de y dans l'équation différentielle

$$0 = \theta(1-\theta)\frac{d^2 y}{d\theta^2} + \theta(1 - 2\theta)\frac{dy}{d\theta} + \frac{m^2 + 2m}{4}\,y,$$

dans laquelle $\theta = \dfrac{x \pm at - z}{2x}$, les deux constantes arbitraires de son
intégrale devant se déterminer, en sorte que l'on ait

$$y = 1 \quad \text{et} \quad \frac{dy}{d\theta} = -\frac{m}{4}(2 + m).$$

Si l'on a $m = 0$ ou $m = 2$, la valeur de y ordonnée suivant les puissances de θ se termine, et alors la valeur de u est indépendante de
toute intégrale définie ; mais, lorsque $m = 1$, ce qui a lieu quand on ne
considère l'air qu'avec deux dimensions, l'expression de u est nécessairement dépendante d'une intégrale définie.

Si l'on change dans $J\left(\dfrac{x \pm at - z}{2x}\right)$, z en $x \pm at + z_1$, on aura, par
l'article XVIII,

$$u = \frac{1}{2^{\frac{m}{2}} x^{\frac{m}{2}}} \int dz_1 J\left(-\frac{z_1}{2x}\right)[\varphi(x + at + z_1) + \psi(x - at + z_1)],$$

l'intégrale étant prise depuis $z_1 = 0$ jusqu'à $z_1 = \infty$. Il résulte évidemment de cette valeur de u que la molécule d'air dont elle exprime le
dérangement ne commence à s'ébranler que lorsque $x - at + z_1$ est
égal ou moindre que le rayon de la petite sphère agitée au commencement ; d'où il suit que, dans les trois cas où l'air a une, ou deux, ou
trois dimensions, la vitesse du son est la même et se détermine par
l'équation $t = \dfrac{x}{a}$; on voit ainsi que les formes précédentes des intégrales des équations aux différences partielles ont le même avantage
dans les questions physiques que les formes connues jusqu'à présent.

Nous pourrions encore appliquer la méthode précédente à la recherche des vibrations des cordes inégalement épaisses, à la théorie
du son dans des tuyaux d'une figure quelconque et à plusieurs autres

questions importantes; mais ces discussions nous écarteraient trop de
notre objet principal.

XXI.

Revenons présentement aux équations linéaires aux différences
finies partielles; quoique les formules que nous avons données dans
l'article XVI, pour les intégrer, aient la plus grande généralité, il y a
cependant quelques cas où elles ne peuvent servir : ces cas ont lieu
lorsque l'équation $z = o$ donne l'expression de $\frac{1}{t^i}$ en $\frac{1}{t_1}$ par une suite
infinie, ce qui arrive toutes les fois que, dans la fonction z, la plus
haute puissance de $\frac{1}{t}$ est multipliée par une fonction rationnelle et
entière de $\frac{1}{t_1}$. Pour avoir alors l'expression de $y_{x,z}$, en termes finis, il
est nécessaire de recourir à quelques artifices d'analyse que nous
allons exposer, en les appliquant à l'équation suivante

$$\frac{1}{t\,t_1} - \frac{a}{t_1} - \frac{b}{t} - c = o;$$

cette équation donne

$$\frac{1}{t} = \frac{c + \dfrac{a}{t_1}}{\dfrac{1}{t_1} - b},$$

partant

$$\frac{1}{t^x t_1^{x_1}} = \frac{\left(c + \dfrac{a}{t_1}\right)^x}{t_1^{c_1}\left(\dfrac{1}{t_1} - b\right)^x}.$$

En développant, par rapport aux puissances de $\frac{1}{t_1}$, le second membre
de cette équation, on aurait une suite infinie, ce qui donnerait $y_{x,z}$, en
suite infinie; pour obvier à cet inconvénient, nous mettrons l'équation
précédente sous cette forme

$$\frac{1}{t^x t_1^{x_1}} = \frac{\left(\dfrac{1}{t_1} - b + b\right)^{x_1}\left[c + ab + a\left(\dfrac{1}{t_1} - b\right)\right]^x}{\left(\dfrac{1}{t_1} - b\right)^x}.$$

Si l'on développe le second membre de cette équation, par rapport aux puissances de $\frac{1}{t_1} - b$, on aura

$$\frac{1}{t^x t_1^{x_1}} = \left[\left(\frac{1}{t_1}-b\right)^{x_1} + x_1 b\left(\frac{1}{t_1}-b\right)^{x_1-1} + \frac{x_1(x_1-1)}{1.2}b^2\left(\frac{1}{t_1}-1\right)^{x_1-2}+\dots\right]$$
$$\times \left[a^x + x(c+ab)\frac{a^{x-1}}{\frac{1}{t_1}-b} + \frac{x(x-1)}{1.2}(c+ab)^2\frac{a^{x-2}}{\left(\frac{1}{t_1}-b\right)^2}+\dots\right].$$

Soient

$$V = a^x,$$
$$V^{(1)} = x_1 b a^x + x(c+ab)a^{x-1},$$
$$V^{(2)} = \frac{x_1(x_1-1)}{1.2}b^2 a^x + x_1 x b(c+ab)a^{x-1} + \frac{x(x-1)}{1.2}(c+ab)^2 a^{x-2},$$
$$V^{(3)} = \frac{x_1(x_1-1)(x_1-2)}{1.2.3}b^3 a^x + \frac{x_1(x_1-1)}{1.2}x b^2(c+ab)a^{x-1}$$
$$+ x_1\frac{x(x-1)}{1.2}b(c+ab)^2 a^{x-2} + \frac{x(x-1)(x-2)}{1.2.3}(c+ab)^3 a^{x-3},$$

$$\dots\dots\dots\dots\dots\dots\dots\dots\dots\dots\dots\dots\dots ,$$

on aura

$$\frac{u}{t^x t_1^{x_1}} = u\left\{
\begin{aligned}
&V\left(\frac{1}{t_1}-b\right)^{x_1} + V^{(1)}\left(\frac{1}{t_1}-b\right)^{x_1-1} + V^{(2)}\left(\frac{1}{t_1}-b\right)^{x_1-2}+\dots\\
&\quad + V^{(x_1)} + \frac{V^{(x_1+1)}}{\frac{1}{t_1}-b} + \frac{V^{(x_1+2)}}{\left(\frac{1}{t_1}-b\right)^2}+\dots+\frac{V^{(x+x_1)}}{\left(\frac{1}{t_1}-b\right)^x}
\end{aligned}
\right\};$$

or l'équation

$$\frac{1}{t t_1} - \frac{a}{t_1} - \frac{b}{t} - c = 0 \quad \text{donne} \quad \frac{1}{\frac{1}{t_1}-b} = \frac{\frac{1}{t}-a}{c+ab},$$

partant

$$\frac{u}{t^x t_1^{x_1}} = u\left\{
\begin{aligned}
&V\left(\frac{1}{t_1}-b\right)^{x_1} + V^{(1)}\left(\frac{1}{t_1}-b\right)^{x_1-1}+\dots\\
&\quad + V^{(x_1)} + \frac{V^{(x_1+1)}}{c+ab}\left(\frac{1}{t}-a\right) + \frac{V^{(x_1+1)}}{(c+ab)^2}\left(\frac{1}{t}-a\right)^2+\dots\\
&\quad + \frac{V^{(x+x_1)}}{(c+ab)^x}\left(\frac{1}{t}-a\right)^x
\end{aligned}
\right\}.$$

Pour repasser maintenant des fonctions génératrices à leurs variables correspondantes, nous observerons : 1° que le coefficient de $t^0 t_1^0$ dans $\frac{u}{t^x t_1^{x_1}}$ est y_{x,x_1}; 2° que ce même coefficient dans un terme quelconque tel que $u\left(\frac{1}{t_1} - b\right)^r$ ou $ub^r\left(\frac{1}{bt_1} - 1\right)^r$ est égal à

$$b^r\left[\frac{y_{0,r}}{b_r} - r\,\frac{y_{0,r-1}}{b^{r-1}} + \frac{r(r-1)}{1.2}\,\frac{y_{0,r-2}}{b^{r-2}} - \ldots\right]$$

et, par conséquent, égal à $b^{r\,\prime}\Delta^r\,\frac{y_{0,x_1}}{b^{x_1}}$, la caractéristique différentielle $\prime\Delta$ se rapportant à la variabilité de x_1, et cette variable devant être supposée nulle après les différentiations; 3° que ce coefficient, dans $u\left(\frac{1}{t} - a\right)^r$, est $a^r\Delta^r\,\frac{y_{x,0}}{a^x}$, la caractéristique Δ se rapportant à la variabilité de x, et cette variable devant être supposée nulle après les différentiations; on aura donc avec cette condition

$$y_{x,x_1} = V b^{x_1}\,\prime\Delta^{x_1}\,\frac{y_{0,x_1}}{b^{x_1}} + V^{(1)} b^{x_1-1}\,\prime\Delta^{x_1-1}\,\frac{y_{0,x_1}}{b^{x_1}} + V^{(2)} b^{x_1-2}\,\prime\Delta^{x_1-2}\,\frac{y_{0,x_1}}{b^{x_1}} + \ldots$$
$$+ V^{(x_1)} y_{0,0} + \frac{V^{(x_1+1)}}{c+ab}\,a\,\Delta\,\frac{y_{x,0}}{a^x} + \frac{V^{(x_1+2)}}{(c+ab)^2}\,a^2\,\Delta^2\,\frac{y_{x,0}}{a^x} + \ldots$$
$$+ \frac{V^{(x+x_1)}}{(c+ab)^x}\,a^x\,\Delta^x\,\frac{y_{x,0}}{a^x};$$

ce sera l'intégrale complète de l'équation

$$y_{x+1,x_1+1} - a\,y_{x,x_1+1} - b\,y_{x+1,x_1} - c\,y_{x,x_1} = 0,$$

et il est visible que cette intégrale suppose que l'on connaît le premier rang horizontal et le premier rang vertical de la Table (Q) de l'article XVI.

XXII.

Pour éclaircir par un exemple la méthode que nous avons donnée précédemment pour intégrer les équations aux différences finies partielles, supposons que l'on ait l'équation

$$0 = l\left(\frac{1}{l} - 1\right)^2 - l_1\left(\frac{1}{l_1} - 1\right)^2,$$

on aura

$$\frac{1}{l} = \frac{1}{2} l_1 + \frac{1}{2 l_1} \pm \frac{1}{2}\left(\frac{1}{l_1} - l_1\right).$$

Soit

$$\frac{1}{l^x} = Z + \frac{1}{l} Z^{(1)},$$

Z et $Z^{(1)}$ étant des fonctions de l_1 et de x; on déterminera ces fonctions en substituant successivement dans l'équation précédente, au lieu de $\frac{1}{l}$, ses deux valeurs; ce qui donne

$$\left[\frac{1}{2} l_1 + \frac{1}{2 l_1} + \frac{1}{2}\left(\frac{1}{l_1} - l_1\right)\right]^x = Z + Z^{(1)} \left[\frac{1}{2 l_1} + \frac{1}{2} l_1 + \frac{1}{2}\left(\frac{1}{l_1} - l_1\right)\right],$$

$$\left[\frac{1}{2} l_1 + \frac{1}{2 l_1} - \frac{1}{2}\left(\frac{1}{l_1} - l_1\right)\right]^x = Z + Z^{(1)} \left[\frac{1}{2 l_1} + \frac{1}{2} l_1 - \frac{1}{2}\left(\frac{1}{l_1} - l_1\right)\right],$$

d'où il est aisé de conclure

$$Z = \frac{\frac{1}{l_1^{x-2}} - l_1^x}{l_1^2 - 1},$$

$$Z^{(1)} = \frac{\frac{1}{l_1^x} - l_1^x}{\frac{1}{l_1} - l_1},$$

partant

$$\frac{u}{l^x} = u \frac{\frac{1}{l_1^{x-2}} - l_1^x}{l_1^2 - 1} + \frac{u}{l} \frac{\frac{1}{l_1^x} - l_1^x}{\frac{1}{l_1} - l_1}.$$

Présentement, le coefficient de $l^n l_1^n$ dans $\frac{u}{l^x}$ est y'_{x,x_1}, et, si l'on désigne par $I\lambda_x$ et $II\lambda_x$ les coefficients de l^x dans le développement des fonctions $\frac{v}{l^2 - 1}$ et $\frac{v}{\frac{1}{l} - 1}$, v étant égal à la suite infinie $\lambda_0 + \lambda_1 l + \lambda_2 l^2 + \dots,$

on aura

1° $^\prime\mathrm{I}\, y_{0,\,x+x_1-2}$ pour le coefficient de $t^0 t_1^{x_1}$ dans $\dfrac{u}{t_1^{x-1}(t_1^2-1)}$;

2° $^\prime\mathrm{I}\, y_{0,\,x_1-x}$ pour ce coefficient dans $\dfrac{u t_1^x}{t_1^2-1}$;

3° $\mathrm{II}\, y_{1,\,x+x_1}$ »   »   » $\dfrac{\dfrac{u}{t}\dfrac{1}{t_1^x}}{\dfrac{1}{t_1}-t_1}$;

4° $\mathrm{II}\, y_{1,\,x_1-x}$ »   »   » $\dfrac{\dfrac{u}{t}\,t_1^x}{\dfrac{1}{t_1}-t_1}$.

On aura donc

$$y_{x,x_1} = {}^\prime\mathrm{I}\, y_{0,\,x+x_1-2} - {}^\prime\mathrm{I}\, y_{0,\,x_1-x} + \mathrm{II}\, y_{1,\,x+x_1} - \mathrm{II}\, y_{1,\,x_1-x},$$

et, si l'on représente

$$^\prime\mathrm{I}\, y_{0,\,x+x_1-2} + \mathrm{II}\, y_{1,\,x+x_1} \quad \text{par} \quad \varphi(x+x_1)$$

et

$$-{}^\prime\mathrm{I}\, y_{0,\,x_1-x} - \mathrm{II}\, y_{1,\,x_1-x} \quad \text{par} \quad \psi(x_1-x),$$

$\varphi(x)$ et $\psi(x)$ étant deux fonctions arbitraires de x, on aura

$$y_{x,x_1} = \varphi(x+x_1) + \psi(x_1-x).$$

Cela posé, si l'on multiplie l'équation

$$0 = t\left(\frac{1}{t}-1\right)^2 - t_1\left(\frac{1}{t_1}-1\right)^2$$

par u et que l'on repasse des fonctions génératrices à leurs variables correspondantes, on aura l'équation aux différences partielles

$$y_{x+1,x_1} - 2 y_{x,x_1} + y_{x-1,x_1} = y_{x,x_1+1} - 2 y_{x,x_1} + y_{x,x_1-1};$$

son intégrale complète sera par conséquent

$$y_{x,x_1} = \varphi(x+x_1) + \psi(x_1-x),$$

ce qui est visible d'ailleurs par la simple substitution, mais j'ai cru que l'on ne serait pas fâché de voir comment cette intégrale se déduit des méthodes précédentes.

Supposons maintenant que, dans la Table suivante

$$(Z)\quad\left\{\begin{array}{llllllll}
y_{0,0}, & y_{1,0}, & y_{2,0}, & y_{3,0}, & y_{4,0}, & \ldots, & y_{n-1,0}, & y_{n,0}, \\
y_{0,1}, & y_{1,1}, & y_{2,1}, & y_{3,1}, & y_{4,1}, & \ldots, & y_{n-1,1}, & y_{n,1}, \\
y_{0,2}, & y_{1,2}, & y_{2,2}, & y_{3,2}, & y_{4,2}, & \ldots, & y_{n-1,2}, & y_{n,2}, \\
y_{0,3}, & y_{1,3}, & y_{2,3}, & y_{3,3}, & y_{4,3}, & \ldots, & y_{n-1,3}, & y_{n,3}, \\
\ldots, & \ldots, & \ldots, & \ldots, & \ldots, & \ldots, & \ldots\ldots, & \ldots, \\
y_{0,x}, & y_{1,x}, & y_{2,x}, & y_{3,x}, & y_{4,x}, & \ldots, & y_{n-1,x}, & y_{n,x}
\end{array}\right.$$

on connaisse les deux premiers rangs horizontaux compris entre les deux colonnes verticales extrêmes

$$y_{0,0}\quad y_{0,1}\quad y_{0,2}\quad \ldots, \quad y_{0,x},$$
$$y_{n,0}\quad y_{n,1}\quad y_{n,2}\quad \ldots, \quad y_{n,x},$$

et que l'on connaisse de plus tous les termes de ces deux colonnes; on pourra déterminer toutes les valeurs de y_{x,x_i} qui tombent entre ces deux colonnes, car, si l'on veut former le troisième rang horizontal, on reprendra l'équation

$$y_{x+1,x_i} - 2y_{x,x_i} + y_{x-1,x_i} = y_{x,x_i+1} - 2y_{x,x_i} + y_{x,x_i-1},$$

qui se réduit à

$$y_{x,x_i+1} = y_{x+1,x_i} + y_{x-1,x_i} - y_{x,x_i-1};$$

en y faisant $x_i = 1$, et successivement $x = 1$, $x = 2$, $x = 3$, $\ldots$, $x = n-1$, on aura

$$\begin{aligned}
y_{1,2} &= y_{2,1} + y_{0,1} - y_{1,0}, \\
y_{2,2} &= y_{3,1} + y_{1,1} - y_{2,0}, \\
y_{3,2} &= y_{4,1} + y_{2,1} - y_{3,0}, \\
&\ldots\ldots\ldots\ldots\ldots\ldots\ldots\ldots, \\
y_{n-1,2} &= y_{n,1} + y_{n-2,1} - y_{n-1,0}.
\end{aligned}$$

On formera de la même manière le quatrième rang horizontal, et ainsi de suite à l'infini; mais, si l'on voulait déterminer les valeurs de y_{x,x_i} qui tombent hors de la Table (Z), les conditions précédentes ne suffiraient pas, et il serait nécessaire d'y en joindre d'autres.

Cherchons présentement l'expression de y_{x,x_1}; pour cela, reprenons l'intégrale

$$y_{x,x_1} = \varphi(x_1 + x) + \psi(x_1 - x),$$

et supposons que le second rang horizontal qui détermine une des deux fonctions arbitraires soit tel que l'on ait $\psi(x_1 - x) = \varphi(x - x_1)$, on aura

$$y_{x,x_1} = \varphi(x_1 + x) + \varphi(x - x_1);$$

en faisant $x_1 = 0$, on aura $\varphi(x) = \tfrac{1}{2} y_{x,0}$, partant

$$y_{x,x_1} = \tfrac{1}{2} y_{x+x_1,0} + \tfrac{1}{2} y_{x-x_1,0}.$$

Il est aisé de voir que cette équation satisfait à l'équation proposée aux différences partielles; mais elle n'est qu'une intégrale particulière qui répond au cas où le second rang horizontal se forme du premier, au moyen de l'équation

$$y_{x,1} = \tfrac{1}{2} y_{x+1,0} + \tfrac{1}{2} y_{x-1,0}.$$

Tant que $x + x_1$ sera égal ou moindre que n, et que $x - x_1$ sera positif ou nul, on aura la valeur de y_{x,x_1} au moyen du premier rang horizontal; mais, lorsque x_1 croissant, $x + x_1$ deviendra plus grand que n et que $x - x_1$ deviendra négatif, il faudra déterminer les valeurs de $y_{x+x_1,0}$ et de $y_{x-x_1,0}$ au moyen des colonnes verticales extrêmes. Supposons que tous les termes de ces deux colonnes soient zéro et qu'ainsi l'on ait $y_{0,x_1} = 0$ et $y_{n,x_1} = 0$; en faisant $x = 0$ dans l'équation

$$y_{x,x_1} = \tfrac{1}{2} y_{x+x_1,0} + \tfrac{1}{2} y_{x-x_1,0},$$

on aura

$$y_{-x_1,0} = - y_{x_1,0};$$

en y faisant ensuite $x = n$, on aura

$$y_{n+x_1,0} = - y_{n-x_1,0}.$$

Si l'on change, dans cette dernière équation, x_1 en $n + x_1$, on aura

$$y_{2n+x_1,0} = - y_{-x_1,0} = y_{x_1,0};$$

en changeant encore x, en $n + x_1$, on aura

$$y_{2n+x_1,0} = y_{n+x_1,0} = -y_{n-x_1,0},$$

d'où l'on tire généralement

$$y_{2rn+x_1,0} = y_{x_1,0}$$

et

$$y_{(2r+1)n+x_1,0} = -y_{n-x_1,0}.$$

On pourra ainsi, au moyen de ces deux équations, continuer les valeurs de $y_{x,0}$ à l'infini, du côté des valeurs positives de x, et l'on en conclura celles qui répondent à x négatif, au moyen de l'équation $y_{-x,0} = -y_{x,0}$: de là résulte la construction suivante.

Si l'on représente les valeurs de $y_{x,0}$ depuis $x = 0$ jusqu'à $x = n$, par les ordonnées des angles d'un polygone dont l'abscisse soit x et dont les deux extrémités A et B aboutissent aux points où $x = 0$ et $x = n$, on portera ce polygone depuis $x = n$ jusqu'à $x = 2n$, en lui donnant une position contraire à celle qu'il avait depuis $x = 0$ jusqu'à $x = n$, c'est-à-dire une position telle que les parties qui étaient au-dessus de l'axe des abscisses se trouvent au-dessous, le point B du polygone restant d'ailleurs, dans cette seconde position, à la même place que dans la première, et le point A répondant ainsi à l'abscisse $x = 2n$; on placera ensuite ce même polygone depuis $x = 2n$ jusqu'à $x = 3n$, en lui donnant une position contraire à la seconde et par conséquent semblable à la première, de manière que le point A conserve, dans cette troisième position, la même place que dans la seconde, et qu'ainsi le point B réponde à l'abscisse $x = 3n$. En continuant de placer ainsi ce polygone alternativement au-dessus et au-dessous de l'axe des abscisses, les ordonnées menées aux angles de ces polygones seront les valeurs de $y_{x,0}$ qui répondent à x positif.

Pareillement, on placera ce polygone depuis $x = 0$ jusqu'à $x = -n$, en lui donnant une position contraire à celle qu'il avait depuis $x = 0$ jusqu'à $x = n$, le point A restant d'ailleurs, dans cette seconde position, à la même place que dans la première ; on placera ensuite ce polygone depuis $x = -n$ jusqu'à $x = -2n$, en lui donnant une position contraire à la seconde, le point B restant d'ailleurs à la même place, et ainsi de suite à l'infini. Les ordonnées de ces polygones représenteront les valeurs de $y_{x,0}$ qui répondent à x négatif; on aura ensuite la valeur de y_{x,x_1} en prenant la moitié de la somme des deux ordonnées qui répondent aux abscisses $x + x_1$ et $x - x_1$.

Cette construction géométrique est générale, quelle que soit la nature du polygone que nous venons de considérer; elle servira à déterminer toutes les valeurs de y_{x,x_1} comprises depuis $x = 0$ jusqu'à $x = n$ et depuis $x_1 = 0$ jusqu'à $x_1 = \infty$, pourvu que l'on ait $y_{0,x_1} = 0$ et $y_{n,x_1} = 0$, et que d'ailleurs le second rang horizontal de la Table (Z) soit tel que l'on ait

$$y_{x,1} = \tfrac{1}{2} y_{x+1,0} + \tfrac{1}{2} y_{x-1,0}$$

ou, ce qui revient au même.

$$y_{x,1} - y_{x,0} = \tfrac{1}{2}(y_{x+1,0} - 2 y_{x,0} + y_{x-1,0}).$$

On peut, au reste, s'assurer facilement de la vérité des résultats précédents dans des exemples particuliers, en donnant à n des valeurs particulières, en prenant ensuite des nombres à volonté pour former le premier rang horizontal de la Table (Z) et en formant le second rang au moyen de l'équation

$$y_{x,1} = \tfrac{1}{2} y_{x+x_1,0} + \tfrac{1}{2} y_{x-x_1,0};$$

enfin en supposant généralement $y_{0,x_1} = 0$ et $y_{r,x_1} = 0$; car, si au moyen de ces conditions et de l'équation proposée aux différences partielles

$$y_{x,x_1+1} = y_{x+1,x_1} + y_{x-1,x_1} - y_{x,x_1-1},$$

on forme les autres rangs horizontaux de la Table (Z), on trouvera qu'ils seront les mêmes que ceux qui résultent de la construction précédente.

On a, par ce qui précède,

$$y_{x,x_1+n} = \tfrac{1}{2} y_{x+x_1+n,0} + \tfrac{1}{2} y_{x-n-x_1,0};$$

de plus,

$$y_{x+x_1+n,0} = - y_{n-x-x_1,0}$$

et
$$y_{x-n-x_1,0} = -y_{n+x_1-x,0};$$

donc
$$y_{x,x_1+n} = -\tfrac{1}{2}y_{n-x-x_1,0} - \tfrac{1}{2}y_{n-x+x_1,0} = -y_{n-x,x_1}.$$

Il suit de là que, dans la Table (Z), le $(x_1 + n)^{\text{ième}}$ rang horizontal est le $x_1^{\text{ième}}$ rang horizontal pris avec un signe contraire et dans un ordre renversé, c'est-à-dire que le terme $r^{\text{ième}}$ du rang $(x_1 + n)^{\text{ième}}$ est le terme $(n - r)^{\text{ième}}$ du $x_1^{\text{ième}}$ rang pris avec un signe contraire.

On a ensuite
$$y_{x,x_1+2n} = \tfrac{1}{2}y_{2n+x+x_1,0} + \tfrac{1}{2}y_{x-x_1-2n,0};$$

on a d'ailleurs
$$y_{2n+x+x_1,0} = y_{x+x_1,0}$$

et
$$y_{x-x_1-2n,0} = -y_{2n+x_1-x,0} = -y_{x_1-x,0} = y_{x-x_1,0}.$$

partant
$$y_{x,x_1+2n} = \tfrac{1}{2}y_{x+x_1,0} + \tfrac{1}{2}y_{x-x_1,0} = y_{x,x_1};$$

d'où il suit que le $(x_1 + 2n)^{\text{ième}}$ rang horizontal est exactement égal au $x_1^{\text{ième}}$ rang.

Considérons présentement les vibrations d'une corde dont la figure initiale soit quelconque, mais fort peu éloignée de l'axe des abscisses; nommons x l'abscisse, t le temps, $y_{x,t}$ l'ordonnée d'un point quelconque de la corde après le temps t; concevons de plus l'abscisse x partagée dans une infinité de petites parties égales à dx et que nous prendrons pour l'unité. Cela posé, on aura, par les principes connus de Dynamique,
$$\frac{\partial^2 y_{x,t}}{\partial t^2} = \frac{a^2}{dx^2}(y_{x+1,t} - 2y_{x,t} + y_{x-1,t}),$$

a étant un coefficient constant dépendant de la tension et de la grosseur de la corde. Si l'on fait $t = \frac{x_1}{a}$, on aura $dt = \frac{dx_1}{a}$, et $y_{x,t}$ deviendra une fonction de x et de x_1, que nous désignerons par y_{x,x_1}; or, la grandeur de dt étant arbitraire, on peut la supposer telle que la variation de x_1 soit égale à celle de x, que nous avons prise pour l'unité. L'équation précédente deviendra ainsi
$$y_{x,x_1+1} - 2y_{x,x_1} + y_{x,x_1-1} = y_{x+1,x_1} - 2y_{x,x_1} + y_{x-1,x_1}.$$

x et x_i étant des nombres infinis. Cette équation est la même que nous venons de considérer; ainsi la construction géométrique que nous avons donnée, au moyen du polygone qui représente la valeur de $y_{x,0}$, depuis $x = 0$ jusqu'à $x = n$, peut être employée dans ce cas : le polygone sera ici la courbe initiale de la corde; mais, pour cela, il faut supposer n égal à la longueur de la corde et la concevoir partagée dans une infinité de parties; il faut, de plus, que la corde soit fixe à ses deux extrémités, afin que l'on ait $y_{0,x_i} = 0$ et $y_{n,x_i} = 0$; d'ailleurs l'équation de condition

$$y_{x,1} - y_{x,0} = \tfrac{1}{2}(y_{x+1,0} - 2y_{x,0} + y_{x-1,0})$$

se change dans celle-ci

$$dt\,\frac{\partial y_{x,0}}{\partial t} = \tfrac{1}{2}\,dx^2\,\frac{\partial^2 y_{x,0}}{\partial x^2},$$

ce qui donne

$$\frac{\partial y_{x,0}}{\partial t} = 0;$$

or $\dfrac{\partial y_{x,0}}{\partial t}$ est la vitesse initiale de la corde; cette vitesse doit donc être nulle à l'origine du mouvement. Toutes les fois que ces conditions auront lieu, la construction précédente donnera toujours le mouvement de la corde, quelle que soit d'ailleurs sa figure initiale, pourvu cependant que, dans tous ses points, $y_{x+2,0} - 2y_{x+1,0} + y_{x,0}$ soit infiniment petit du second ordre, c'est-à-dire que deux côtés contigus de la courbe ne forment point entre eux un angle fini. Cette condition est nécessaire pour que l'équation différentielle du problème puisse subsister, et pour que celle-ci

$$\frac{\partial y_{x,0}}{\partial t}\,dt = \tfrac{1}{2}(y_{x+1,0} - 2y_{x,0} + y_{x-1,0})$$

donne

$$\frac{\partial y_{x,0}}{\partial t} = 0;$$

mais d'ailleurs il est évident, par ce qui précède, que la figure initiale de la corde peut être discontinue et composée d'un nombre quelconque d'arcs de cercle ou de portions de courbe qui se touchent.

On voit aisément que toutes les différentes situations de la corde
répondent aux rangs horizontaux de la Table (Z), et, comme les rangs
qui correspondent aux valeurs de x_1, $x_1 + 2n$, $x_1 + 4n$, ... sont les
mêmes, par ce qui précède, il en résulte que la corde reviendra à la
même situation après les temps t, $t + \dfrac{2n}{a}$, $t + \dfrac{4n}{a}$, ..., n étant toujours
la longueur totale de la corde.

Cette analyse des cordes vibrantes établit, si je ne me trompe, d'une
manière incontestable la possibilité d'admettre des fonctions discontinues dans ce problème, et il me parait que l'on en peut généralement
conclure que ces fonctions peuvent être employées dans tous les problèmes qui se rapportent aux différences partielles, pourvu qu'elles
puissent subsister avec les équations différentielles et avec les conditions du problème. On peut considérer, en effet, toute équation aux
différences partielles infiniment petites comme un cas particulier
d'une équation aux différences partielles finies, dans laquelle on suppose que les variables deviennent infinies : or, rien n'étant négligé
dans la théorie des équations aux différences finies, il est visible que
les fonctions arbitraires de leurs intégrales ne sont point assujetties à
la loi de continuité, et que les constructions de ces équations par le
moyen des polygones ont lieu quelle que soit la nature de ces polygones. Maintenant, lorsqu'on passe du fini à l'infiniment petit, ces
polygones se changent dans des courbes qui, par conséquent, peuvent
être discontinues : ainsi la loi de continuité ne parait nécessaire, ni
dans les fonctions arbitraires des intégrales des équations aux différences partielles infiniment petites, ni dans les constructions géométriques qui représentent ces intégrales; il faut seulement observer que,
si l'équation différentielle est de l'ordre n, et que l'on nomme u sa variable principale, x et t étant les deux autres variables, il ne doit point
y avoir de saut entre deux valeurs consécutives de $\dfrac{\partial^{n-r}u}{\partial x^s \partial t^{n-r-s}}$, c'est-
à-dire que la différence de cette quantité doit être infiniment petite
par rapport à cette quantité elle-même. Cette condition est nécessaire
pour que l'équation différentielle proposée puisse subsister, parce que

toute équation différentielle suppose que les différences de u dont elle est composée, divisées par les puissances respectives de dx et de dt, sont des quantités finies et comparables entre elles; mais rien n'oblige d'admettre la condition précédente relativement aux différences de u de l'ordre n ou d'un ordre supérieur; on doit donc assujettir les fonctions arbitraires de l'intégrale à ce qu'il n'y ait point de saut entre deux valeurs consécutives d'une différence de ces fonctions moindre que n, et les courbes qui les représentent doivent être assujetties à une condition semblable, en sorte qu'il ne doit point y avoir de saut entre deux tangentes consécutives si l'équation est différentielle du second ordre, ou entre deux rayons osculateurs consécutifs si elle est différentielle du troisième ordre, et ainsi de suite. Par exemple, dans le problème des cordes vibrantes que nous venons d'analyser, et qui conduit à une équation différentielle du second ordre, il est nécessaire que les courbes dont on fait usage pour le construire soient telles que deux côtés contigus ne forment point entre eux un angle fini : or, c'est ce qui aura lieu dans la construction que nous avons donnée si la figure initiale de la corde est telle que cette condition soit remplie; car, en la posant alternativement au-dessus et au-dessous de l'axe des abscisses, comme nous l'avons prescrit, la courbe infinie qui en résulte satisfait dans toute son étendue à la même condition.

Le seul cas qui semble faire exception à ce que nous venons de dire est celui dans lequel l'intégrale renferme les fonctions arbitraires et leurs différences; car, en la substituant dans l'équation différentielle pour y satisfaire, on y introduit les différences des fonctions arbitraires d'un ordre supérieur à n, ce qui suppose que la loi de continuité s'étend au delà des différences de l'ordre $n - 1$; mais on doit alors considérer comme les véritables fonctions arbitraires de l'intégrale les différences les plus élevées de ces fonctions, et regarder toutes les différences inférieures comme leurs intégrales successives, moyennant quoi la règle donnée précédemment sur la continuité des fonctions arbitraires et de leurs différences subsistera dans son entier. On peut même la présenter d'une manière plus simple, en observant qu'il n'y a point de saut entre deux valeurs consécutives de l'intégrale d'une fonction quelconque arbitraire et discontinue; car, en nommant $\varphi(s)$ cette fonction, deux valeurs consécutives de son intégrale $\int ds\, \varphi(s)$ ne diffèrent entre elles que de la quantité $ds\, \varphi(s)$, qui serait toujours infiniment petite, quand même il y aurait un saut entre deux valeurs consécutives de $\varphi(s)$. La règle précédente peut donc se réduire à la suivante :

Si l'intégrale d'une équation aux différences partielles de l'ordre n renferme la différence $r^{ième}$ d'une fonction arbitraire de s, on pourra, au lieu de la différence $(n+r)^{ième}$ de cette fonction, divisée par ds^{n+r}, employer une fonction quelconque discontinue de s.

Lorsque, dans le problème des cordes vibrantes, la figure initiale de la corde est telle que deux de ses côtés contigus forment un angle fini, par exemple lorsqu'elle est formée par la réunion de deux lignes droites, il me semble que géométriquement la solution précédente ne peut être admise; mais, si l'on considère physiquement ce problème et tous les autres de ce genre, tels que celui du son, il paraît que l'on peut appliquer la construction que nous avons donnée, même au cas où la corde serait formée du système de plusieurs lignes droites : car on voit, *a priori*, que son mouvement doit très peu différer de celui qu'elle prendrait en supposant que, aux points où ces lignes se rencontrent, il y ait des petites courbes qui permettent d'employer cette construction.

XXIII.

On peut encore appliquer le calcul des fonctions génératrices à l'intégration des équations aux différences partielles, en partie finies et en partie infiniment petites; pour cela, considérons l'équation

$$0 = a y_{x,x_1} + b\, \Delta y_{x,x_1} - \frac{\partial y_{x,x_1}}{\partial x_1},$$

la caractéristique finie Δ se rapportant à la variable x, dont la différence est l'unité, et la caractéristique d se rapportant à la variable x_1, dont la différence est conséquemment dx_1.

L'équation génératrice de la précédente est

$$0 = a + b\left(\frac{1}{t} - 1\right) - \frac{1}{dx_1}\left(\frac{1}{t_1^{dx_1}} - 1\right),$$

d'où l'on tire, à l'infiniment petit près,

$$\frac{1}{t^x} = \frac{1}{(b\,dx_1)^x}\left[\frac{1}{t_1^{dx_1}(1 + a\,dx_1 - b\,dx_1)} - 1\right]^x.$$

Or, si l'on nomme y_{x,x_1} le coefficient de $t^x t_1^{x_1}$ dans u, le coefficient de $t^x t_1^{x_1}$ dans $\frac{u}{t^x}$ sera y_{x,x_1}; ce même coefficient dans

$$u\left[\frac{1}{t_1^{dx_1}(1 + a\,dx_1 - b\,dx_1)} - 1\right]^x$$

sera

$$(1 + a\,dx_1 - b\,dx_1)^{\frac{x_1}{dx_1}}\left\{\begin{array}{l}\dfrac{y_{0,x_1} + x\,dx_1}{(1 + a\,dx_1 - b\,dx_1)^{\frac{x_1}{dx_1} + x}} - x\,\dfrac{y_{0,x_1} + (x - 1)\,dx_1}{(1 + a\,dx_1 - b\,dx_1)^{\frac{x_1}{dx_1} + x - 1}} \\[2ex] + \dfrac{x(x - 1)}{1 \cdot 2}\,\dfrac{y_{0,x_1} + (x - 2)\,dx_1}{(1 + a\,dx_1 - b\,dx_1)^{\frac{x_1}{dx_1} + x - 2}} - \cdots \end{array}\right\}$$

$$= (1 + a\,dx_1 - b\,dx_1)^{\frac{x_1}{dx_1}}\,d^x\,\frac{y_{0,x_1}}{(1 + a\,dx_1 - b\,dx_1)^{\frac{x_1}{dx_1}}}.$$

Or on a

$$(1 + a\,dx_1 - b\,dx_1)^{\frac{x_1}{dx_1}} = e^{(a-b)x_1},$$

e étant le nombre dont le logarithme hyperbolique est l'unité; le coefficient de $t^0 t_1^{x_1}$ dans $u\left[\dfrac{1}{t_1^{dx_1}(1 + a\,dx_1 - b\,dx_1)} - 1\right]^x$ sera donc

$$e^{(a-b)x_1}\,d^x\left(y_{0,x_1}\,e^{(b-a)x_1}\right);$$

partant, on aura

$$y_{x,x_1} = \frac{e^{(a-b)x_1}}{b^x}\,\frac{d^x\left(e^{(b-a)x_1}\,y_{0,x_1}\right)}{dx_1^x}$$

ou, plus simplement,

$$y_{x,x_1} = \frac{e^{(a-b)x_1}}{b^x}\,\frac{d^x\,\varphi(x_1)}{dx_1^x},$$

$\varphi(x_1)$ étant une fonction arbitraire de x_1.

On peut intégrer, par le même procédé, l'équation générale

$$o = \Delta^n y_{x,x_1} + a\,\Delta^{n-1} \frac{\partial y_{x,x_1}}{\partial x_1} + b\,\Delta^{n-2} \frac{\partial^2 y_{x,x_1}}{\partial x_1^2} + \dots;$$

son équation génératrice est

$$o = \left(\frac{1}{t} - 1\right)^n + \frac{a}{dx_1}\left(\frac{1}{t} - 1\right)^{n-1}\left(\frac{1}{t_1^{dx_1}} - 1\right) + \frac{b}{dx_1^2}\left(\frac{1}{t} - 1\right)^{n-2}\left(\frac{1}{t_1^{dx_1}} - 1\right)^2 + \dots.$$

En nommant donc α, α_1, α_2 les n racines de l'équation

$$o = y^n + a y^{n-1} + b y^{n-2} + c y^{n-3} + \dots,$$

on aura les n équations partielles

$$\frac{1}{t} = 1 + \frac{\alpha}{dx_1}\left(\frac{1}{t_1^{dx_1}} - 1\right),$$

$$\frac{1}{t} = 1 + \frac{\alpha_1}{dx_1}\left(\frac{1}{t_1^{dx_1}} - 1\right),$$

$$\dots\dots\dots\dots\dots\dots\dots\dots;$$

la première donne

$$\frac{1}{t^x} = \frac{\alpha^x}{(dx_1)^x}\left[\frac{1}{t_1^{dx_1}\left(1 - \frac{dx_1}{\alpha}\right)} - 1\right]^x.$$

Or le coefficient de $t^x t_1^{x_1}$ dans $\dfrac{a}{t^x}$ est y_{x,x_1}; ce même coefficient dans

$$a\left[\frac{1}{t_1^{dx_1}\left(1 - \frac{dx_1}{\alpha}\right)} - 1\right]^x \text{ est}$$

$$\left(1 - \frac{dx_1}{\alpha}\right)^{\frac{x_1}{dx_1}}\left\{ \frac{y_{0,x_1} + x\,dx_1}{\left(1 - \frac{dx_1}{\alpha}\right)^{\frac{x_1}{dx_1} + x}} - x\,\frac{y_{0,x_1} + (x-1)\,dx_1}{\left(1 - \frac{dx_1}{\alpha}\right)^{\frac{x_1}{dx_1} + x - 1}} \right.$$
$$\left. + \frac{x(x-1)}{1\cdot2}\,\frac{y_{0,x_1} + (x-2)\,dx_1}{\left(1 - \frac{dx_1}{\alpha}\right)^{\frac{x_1}{dx_1} + x - 2}} - \dots \right\}$$

$$= \left(1 - \frac{dx_1}{\alpha}\right)^{\frac{x_1}{dx_1}} d^x \frac{y_{0,x_1}}{\left(1 - \frac{dx_1}{\alpha}\right)^{\frac{x_1}{dx_1}}} = e^{-\frac{x_1}{\alpha}} d^x y_{0,x_1} e^{\frac{x_1}{\alpha}},$$

parce que

$$\left(1 - \frac{dx_1}{\alpha}\right)^{\frac{x_1}{dx_1}} = e^{-\frac{x_1}{\alpha}};$$

on aura donc :

$$y_{x,x_1} = \alpha^x e^{-\frac{x_1}{\alpha}} \frac{d^x\left(y_{0,x_1} e^{\frac{x_1}{\alpha}}\right)}{dx_1^x}$$

ou, plus simplement,

$$y_{x,x_1} = \alpha^x e^{-\frac{x_1}{\alpha}} \frac{d^x \varphi(x_1)}{dx_1^x},$$

$\varphi(x_1)$ étant une fonction arbitraire de x_1.

Il suit de là que, si l'on désigne par $\varphi_1(x_1)$, $\varphi_2(x_1)$, $\varphi_3(x_1)$, ... d'autres fonctions arbitraires de x_1, l'expression complète y_x sera

$$y_{x,x_1} = \alpha^x e^{-\frac{x_1}{\alpha}} \frac{d^x \varphi(x_1)}{dx_1^x} + \alpha_1^x e^{-\frac{x_1}{\alpha_1}} \frac{d^x \varphi_1(x_1)}{dx_1^x} + \alpha_2^x e^{-\frac{x_1}{\alpha_2}} \frac{d^x \varphi_2(x_1)}{dx_1^x} + \dots$$

XXIV.

Théorèmes sur le développement des fonctions à deux variables en séries.

Si l'on applique aux fonctions à deux variables la méthode exposée dans les articles X et XI, on aura, sur le développement de ces fonctions en séries, des théorèmes analogues à ceux auxquels nous sommes parvenu dans ces deux articles. Supposons que u soit égal à la suite infinie

$$y_{0,0} + y_{1,0} t + y_{2,0} t^2 + y_{3,0} t^3 + \dots$$
$$+ y_{0,1} t_1 + y_{1,1} t_1 t + y_{2,1} t_1 t^2 + \dots$$
$$+ \dots,$$

et que l'on désigne par la caractéristique Δ la différence finie de y_{x,x_1}, prise en faisant varier à la fois x et x_1, la fonction génératrice de $\Delta y_{x,x_1}$ sera $u\left(\frac{1}{tt_1} - 1\right)$; d'où il suit que la fonction de $\Delta^n y_{x,x_1}$ sera $u\left(\frac{1}{tt_1} - 1\right)^n$. Or on a

$$\frac{1}{tt_1} - 1 = \left(1 + \frac{1}{t} - 1\right)\left(1 + \frac{1}{t_1} - 1\right) - 1,$$

ce qui donne

$$u\left(\frac{1}{u_1}-1\right)^n = u\left[\left(1+\frac{1}{t}-1\right)\left(1+\frac{1}{t_1}-1\right)-1\right]^n;$$

partant, si l'on désigne par la caractéristique Δ_1 la différence finie de y_{x,x_1}, prise en ne faisant varier que x, et par la caractéristique Δ_2 cette différence prise en ne faisant varier que x_1, on aura, en repassant des fonctions génératrices aux variables correspondantes,

$$\Delta^n y_{x,x_1} = [(1+\Delta_1 y_{x,x_1})(1+\Delta_2 y_{x,x_1})-1]^n,$$

pourvu que, dans le développement du second membre de cette équation, on applique aux caractéristiques Δ_1 et Δ_2 les exposants des puissances de $\Delta_1 y_{x,x_1}$ et de $\Delta_2 y_{x,x_1}$.

En changeant n en $-n$, on s'assurera facilement, par un raisonnement analogue à celui de l'article X, que l'équation précédente deviendra

$$\Sigma^n y_{x,x_1} = \frac{1}{[(1+\Delta_1 y_{x,x_1})(1+\Delta_2 y_{x,x_1})-1]^n},$$

pourvu que, dans le développement du second membre de cette équation, on change les différences négatives en intégrales.

Il est clair que $u\left(\frac{1}{t't_1'}-1\right)^n$ est la fonction génératrice de la différence finie $n^{\text{ième}}$ de y_{x,x_1}, lorsque x varie de i, et que x_1 varie de i_1; or on a

$$u\left(\frac{1}{t't_1'}-1\right)^n = u\left[\left(1+\frac{1}{t}-1\right)^t\left(1+\frac{1}{t_1}-1\right)^{t_1}-1\right]^n;$$

donc, si l'on désigne par la caractéristique $'\Delta$ les différences finies, et par la caractéristique $'\Sigma$ les intégrales finies, lorsque x varie de i et que x_1 varie de i_1, on aura, en repassant des fonctions génératrices aux variables correspondantes,

$$'\Delta^n y_{x,x_1} = [(1+\Delta_1 y_{x,x_1})^i(1+\Delta_2 y_{x,x_1})^{i_1}-1]^n,$$

$$'\Sigma^n y_{x,x_1} = \frac{1}{[(1+\Delta_1 y_{x,x_1})^i(1+\Delta_2 y_{x,x_1})^{i_1}-1]^n},$$

pourvu que, dans le développement des seconds membres de ces équations, on applique aux caractéristiques Δ_1 et Δ_2 les exposants des puissances de $\Delta_1 y_{x,x_1}$ et de $\Delta_2 y_{x,x_1}$, et que l'on change les différences négatives en intégrales.

Les deux équations précédentes ont encore lieu, en supposant que, dans les différences $\Delta_1 y_{x,x_1}$ et $\Delta_2 y_{x,x_1}$, x et x_1, au lieu de varier de l'unité, varient d'une quantité quelconque ϖ; on doit seulement observer que, dans la différence ${}^i\Delta y_{x,x_1}$, x variera de $i\varpi$ et x_1 variera de $i_1\varpi$; or, si l'on suppose ϖ infiniment petit, les différences $\Delta_1 y_{x,x_1}$ et $\Delta_2 y_{x,x_1}$ se changeront : la première dans $dx\frac{\partial y_{x,x_1}}{\partial x}$ et la seconde dans $dx_1\frac{\partial y_{x,x_1}}{\partial x_1}$. De plus, si l'on fait i et i_1 infiniment grands et que l'on suppose $i\,dx = \alpha$ et $i_1 dx_1 = \alpha_1$, on aura

$$(1+\Delta_1 y_{x,x_1})^i = \left(1+dx\frac{\partial y_{x,x_1}}{\partial x}\right)^{\frac{\alpha}{dx}} = e^{\alpha\frac{\partial y_{x,x_1}}{\partial x}},$$

e étant le nombre dont le logarithme hyperbolique est l'unité; on aura pareillement

$$(1+\Delta_2 y_{x,x_1})^{i_1} = e^{\alpha_1\frac{\partial y_{x,x_1}}{\partial x_1}},$$

partant

$$\Delta^n y_{x,x_1} = \left(e^{\alpha\frac{\partial y_{x,x_1}}{\partial x}+\alpha_1\frac{\partial y_{x,x_1}}{\partial x_1}} - 1\right)^n,$$

$$\Sigma^n y_{x,x_1} = \frac{1}{\left(e^{\alpha\frac{\partial y_{x,x_1}}{\partial x}+\alpha_1\frac{\partial y_{x,x_1}}{\partial x_1}} - 1\right)^n},$$

x variant de α et x_1 variant de α_1 dans les deux premiers membres de ces équations.

Si, au lieu de supposer ϖ infiniment petit, on le suppose fini et i infiniment petit et égal à dx; si l'on suppose, de plus, i_1 infiniment petit et égal à dx_1, on aura

$$(1+\Delta_1 y_{x,x_1})^i = (1+\Delta_1 y_{x,x_1})^{dx} = 1 + dx\log(1+\Delta y_{x,x_1}).$$

On aura pareillement

$$(1+\Delta_2 y_{x,x_1})^{i_1} = 1 + dx_1\log(1+\Delta y_{x,x_1});$$

d'ailleurs $\Delta^n y_{,x,x_1}$ se change en $d^n y_{,x,x_1}$; partant

$$d^n y_{x,x_1} = \left\{ \left[(1 + dx \log(1 + \Delta_1 y_{x,x_1})) \right] \left[1 + dx_1 \log(1 + \Delta_1 y_{n,n_1}) \right] - 1 \right\}^n$$

ou, plus simplement,

$$d^n y_{x,x_1} = \left[dx \log(1 + \Delta_1 y_{x,x_1}) + dx_1 \log(1 + \Delta_1 y_{x,x_1}) \right]^n.$$

On pourrait obtenir de cette manière une infinité d'autres formules semblables; mais il suffit d'avoir exposé la méthode pour y parvenir.

Tout ce que nous avons dit sur les fonctions à deux variables pouvant s'appliquer également à celles de trois ou d'un plus grand nombre de variables, nous n'insisterons pas davantage sur cet objet.

MÉMOIRE

SUR LA

DÉTERMINATION DES ORBITES DES COMÈTES.

MÉMOIRE

SUR LA

DÉTERMINATION DES ORBITES DES COMÈTES.

Mémoires de l'Académie royale des Sciences de Paris, année 1780; 1784.

I.

Newton a donné, à la fin de l'opuscule intitulé : *De Systemate mundi*, une méthode fort simple pour déterminer les orbites des comètes. Cette méthode, adoptée depuis par plusieurs géomètres, est fondée sur la supposition du mouvement rectiligne et uniforme de la comète, dans l'intervalle de trois observations très peu éloignées entre elles; en sorte que, si l'on considère cet intervalle comme un infiniment petit du premier ordre, on néglige les quantités du second ordre qui dépendent de la courbure de l'orbite et de la variation du mouvement de la comète. Cependant on ne détermine, dans cette méthode, la position de la petite droite que la comète est censée décrire, qu'au moyen des différences secondes de la longitude ou de la latitude géocentrique; on y rejette donc des quantités du même ordre que celles que l'on emploie, ce qui doit nécessairement la rendre fautive. Je fis part à l'Académie, il y a quelques années, de cette remarque que m'avait fait naître la lecture d'un Mémoire qui lui avait été présenté sur cet objet (*Histoire de l'Académie*, année 1773, p. 60); et, pour la confirmer *a posteriori*, je prouvai que, dans plusieurs cas, la méthode dont il s'agit conduisait

à des résultats fort éloignés de la vérité, en indiquant, par exemple,
un mouvement réel direct lorsqu'il était rétrograde. Je ne poussai pas
alors plus loin ces recherches; mais, les savants Mémoires que MM. de
la Grange et du Séjour viennent de publier ayant réveillé mes an-
ciennes idées sur cette matière, je vais présenter ici les réflexions
que j'ai faites sur un problème qui, par son importance et sa difficulté, mérite toute l'attention des géomètres.

La solution générale de ce problème, pour trois observations éloignées, étant au-dessus des forces de l'Analyse, on est obligé de recourir
à des observations peu distantes entre elles; mais alors les erreurs
dont elles sont toujours susceptibles peuvent influer très sensiblement sur les résultats. Dans les méthodes connues, ces résultats sont
donnés en séries, et les observations peuvent être supposées d'autant
plus éloignées que l'on y considère un plus grand nombre de termes.
C'est ce que Newton a fait dans la belle solution synthétique qu'il a
donnée de ce problème, dans le troisième Livre des *Principes;* mais
la formation des termes successifs de ces séries est très pénible, et
cette manière de corriger l'influence des erreurs des observations
serait peu commode dans la pratique. En cherchant un moyen plus
simple de corriger cette influence, j'ai pensé que l'on pouvait faire
servir à cet usage les observations voisines d'une comète, et que, au
lieu de se borner à trois comme on l'a fait jusqu'ici, on pouvait en
considérer un plus grand nombre. Pour cela, il suffit de déterminer
par les méthodes connues d'interpolation les données de l'observation qui entrent dans la solution du problème. Le choix de ces données étant arbitraire, j'ai préféré celles qui offrent le résultat analytique le plus simple et le plus exact : ces données sont la longitude et
la latitude géocentrique de la comète à une époque fixe, et leurs premières et secondes différences infiniment petites, divisées par les
puissances correspondantes de l'élément du temps. Je donne, pour
les obtenir, des formules très commodes et qui sont d'autant plus
précises que les observations sont en plus grand nombre et faites
avec plus de soin.

Cette manière d'envisager le problème de la détermination des orbites des comètes m'a paru réunir deux avantages : le premier est de pouvoir employer des observations distantes entre elles de 30° et même 40° et de corriger par le nombre des observations l'influence de leurs erreurs; le second avantage est d'offrir des formules simples et rigoureuses pour calculer les éléments des orbites des comètes, en partant des données précédentes. Ici les approximations tombent sur les données de l'observation, et l'analyse est rigoureuse; au lieu que, dans les méthodes connues, les observations sont supposées parfaitement exactes et les résultats analytiques ne sont qu'approchés. La considération des équations différentielles du second ordre qui donnent le mouvement de la comète autour du Soleil me conduit immédiatement, et sans aucune intégration, à une équation du septième degré pour déterminer la distance de la comète à la Terre, et tous les éléments de l'orbite se déduisent ensuite très facilement de cette distance supposée connue.

Cette théorie étant indépendante de la nature de la section conique que décrit la comète, la supposition du grand axe infini fournit une nouvelle équation du sixième degré, particulière à la parabole, pour déterminer la distance de la comète à la Terre. En la combinant avec l'équation précédente du septième degré, on aurait : 1° cette distance par une équation linéaire; 2° l'équation de condition qui existe entre les données de l'observation pour que le mouvement observé puisse satisfaire à une orbite parabolique. Mais cette manière de déterminer la distance de la comète à la Terre serait très pénible, et il est beaucoup plus simple de chercher, par des essais, à satisfaire à l'une ou à l'autre des équations précédentes.

Puisque le problème de la détermination des orbites paraboliques des comètes conduit à plus d'équations que d'inconnues, il existe une infinité de méthodes différentes pour déterminer la distance de la comète à la Terre; mais, parmi ces méthodes, il en est dans lesquelles l'influence des erreurs des observations est moindre que dans les autres et qui, par cette raison, doivent être préférées. Pour les ob-

tenir, j'observe que les données sur lesquelles les erreurs des observations doivent le plus influer sont les différences secondes tant de la
longitude que de la latitude géocentrique; or, comme on n'a qu'une
équation de plus que d'inconnues, il est impossible de les éliminer
toutes deux à la fois. En les éliminant donc successivement l'une et
l'autre, je parviens à deux systèmes d'équations, dont le premier doit
être employé lorsque la différence seconde de la longitude surpasse
celle de la latitude et dont il faut employer le second dans le cas contraire. Ces deux méthodes sont, si je ne me trompe, les plus exactes
auxquelles on puisse parvenir dans l'état actuel de l'Analyse. En considérant avec attention la première, j'ai reconnu qu'elle était une traduction analytique de la méthode synthétique que Newton a donnée
dans le troisième Livre des *Principes,* et je rends avec plaisir à ce
grand géomètre la justice d'observer que, en même temps qu'il a
traité le premier cet important problème, il est parvenu à la solution
la plus exacte qui en ait été donnée, du moins quand la variation du
mouvement apparent de la comète en longitude est plus sensible que
celle de son mouvement en latitude; elle est même indispensable
lorsque le mouvement en latitude varie d'une manière presque insensible, comme cela a lieu pour les comètes dont l'orbite est peu
inclinée au plan de l'écliptique, toutes les autres méthodes devenant alors insuffisantes.

Les éléments de l'orbite d'une comète étant connus à peu près, il
est aisé, par un grand nombre de moyens, de les corriger en em-
ployant trois observations éloignées; mais ces différents moyens ne
sont pas tous également simples, et il est intéressant de rechercher
celui qui présente le calcul le plus court et le plus facile : or il m'a
paru que la méthode qui jouit au plus haut degré de cet avantage
consiste à faire varier la distance périhélie et l'instant du passage
de la comète par ce point. Je l'expose donc avec tout le détail convenable; mais, comme alors la connaissance approchée des autres
éléments de l'orbite devient inutile et qu'il est important, dans un
problème aussi compliqué, d'épargner au calculateur toutes les opé-

rations superflues, je donne les formules nécessaires pour tirer immédiatement de la valeur de la distance de la comète à Terre sa distance périhélie et l'instant de son passage par ce point. Enfin, pour faciliter aux astronomes l'usage de cette méthode, j'expose à la fin de ce Mémoire, sous la forme qui m'a paru la plus simple, le procédé qu'il faut suivre pour déterminer exactement les éléments de l'orbite d'une comète, en ayant soin, pour plus de clarté, de l'appliquer à la comète de l'année 1773. M. Méchain ayant bien voulu l'appliquer à la seconde des deux comètes qu'il a découvertes en 1781, je joins ici son calcul, qui me paraît très propre à faire sentir l'utilité des formules que je propose, parce que le mouvement apparent de cette comète ayant été presque perpendiculaire à l'écliptique, la détermination de son orbite par les observations qu'il a choisies se refuse à la méthode de Newton et aux autres méthodes déjà connues. Je dois ajouter encore que M. Pingré m'ayant fait l'honneur de me demander un précis de la méthode suivante pour l'insérer dans le grand Ouvrage qu'il prépare sur les comètes, ce savant astronome en a fait l'application à la comète de 1763, et que la première approximation lui a donné, à très peu près, la distance et l'instant du périhélie, tels qu'il les avait précédemment déterminés par la discussion de toutes les observations de cette comète.

II.

Soient, à une époque donnée, p l'ascension droite d'une comète et q sa déclinaison boréale, les déclinaisons australes devant être supposées négatives; en désignant par z le nombre des jours écoulés depuis cette époque, l'ascension droite et la déclinaison de la comète après cet intervalle seront exprimées par les deux suites

$$p + z\frac{dp}{dz} + \frac{z^2}{1.2}\frac{d^2p}{dz^2} + \frac{z^3}{1.2.3}\frac{d^3p}{dz^3} + \ldots$$

$$q + z\frac{dq}{dz} + \frac{z^2}{1.2}\frac{d^2q}{dz^2} + \frac{z^3}{1.2.3}\frac{d^3q}{dz^3} + \ldots$$

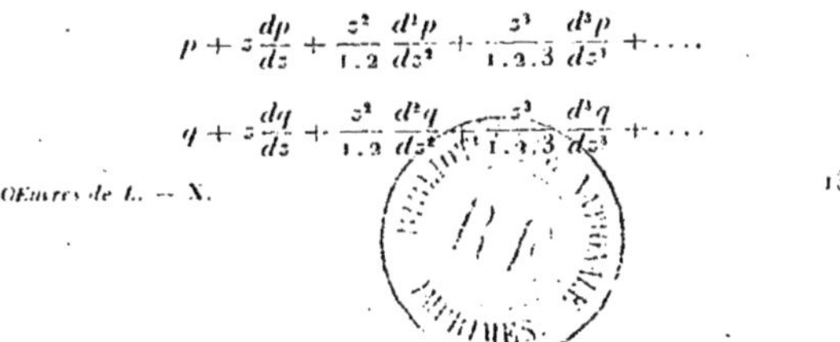

On déterminera les valeurs de p, $\frac{dp}{dz}$, $\frac{d^2p}{dz^2}$, $\frac{d^3p}{dz^3}$, ..., q, $\frac{dq}{dz}$, ... au moyen de plusieurs observations; mais comme, dans la suite de ces recherches, nous n'aurons besoin que de connaître p, $\frac{dp}{dz}$, $\frac{d^2p}{dz^2}$, q, $\frac{dq}{dz}$ et $\frac{d^2q}{dz^2}$, nous allons exposer ici les formules les plus simples pour les obtenir.

Soient ε, ε', ε'', ε''', ... les ascensions droites successives observées de la comète; γ, γ', γ'', γ''', ... les déclinaisons boréales correspondantes. On divisera la différence $\varepsilon' - \varepsilon$ par le nombre de jours qui séparent la première de la seconde observation; on divisera pareillement la différence $\varepsilon'' - \varepsilon'$ par le nombre de jours qui séparent la troisième de la seconde observation; on divisera encore la différence $\varepsilon''' - \varepsilon''$ par le nombre de jours qui séparent la quatrième de la troisième observation, et ainsi de suite. Soit $\delta\varepsilon$, $\delta\varepsilon'$, $\delta\varepsilon''$, $\delta\varepsilon'''$, ... la suite de ces quotients.

On divisera la différence $\delta\varepsilon' - \delta\varepsilon$ par le nombre de jours qui séparent la troisième de la première observation; on divisera pareillement la différence $\delta\varepsilon'' - \delta\varepsilon'$ par le nombre de jours qui séparent la quatrième de la seconde observation; on divisera encore la différence $\delta\varepsilon''' - \delta\varepsilon''$ par le nombre de jours qui séparent la cinquième de la troisième observation, et ainsi de suite. Soit $\delta^2\varepsilon$, $\delta^2\varepsilon'$, $\delta^2\varepsilon''$, ... la suite de ces quotients.

On divisera la différence $\delta^2\varepsilon' - \delta^2\varepsilon$ par le nombre de jours qui séparent la quatrième de la première observation; on divisera pareillement la différence $\delta^2\varepsilon'' - \delta^2\varepsilon'$ par le nombre de jours qui séparent la cinquième de la seconde observation, et ainsi de suite. Soit $\delta^3\varepsilon$, $\delta^3\varepsilon'$, ... la suite de ces quotients. On continuera ainsi jusqu'à ce que l'on parvienne à former $\delta^{n-1}\varepsilon$, n étant le nombre des observations employées. Cela posé, si l'on nomme i, i', i'', i''', ... le nombre de jours dont l'époque où l'ascension droite de la comète était p précède chaque observation, i, i', ... devant être supposés négatifs pour toutes les observations antérieures à cette époque, on aura

$$p = \delta - i\,\delta\delta + ii'\delta^2\delta - ii'i''\delta^3\delta + ii'i''i'''\delta^4\delta - \ldots,$$

$$\frac{dp}{dz} = \delta\delta - (i + i')\,\delta^2\delta + (ii' + ii'' + i'i'')\,\delta^3\delta$$
$$- (ii'i'' + ii'i''' + ii''i''' + i'i''i''')\,\delta^4\delta - \ldots,$$

$$\frac{\dfrac{d^2 p}{dz^2}}{1.2} = \delta^2\delta - (i + i' + i'')\,\delta^3\delta$$
$$+ (ii' + ii'' + ii''' + i'i'' + i'i''' + i''i''')\,\delta^4\delta - \ldots.$$

Les coefficients de $-\delta\delta$, $+\delta^2\delta$, $-\delta^3\delta$, ... dans la valeur de p sont : 1° le nombre i; 2° le produit des deux nombres i et i'; 3° le produit de trois nombres i, i', i'', ...

Les coefficients de $-\delta^2\delta$, $+\delta^3\delta$, $-\delta^4\delta$, ... dans la valeur de $\dfrac{dp}{dz}$ sont : 1° la somme des deux nombres i et i'; 2° la somme des produits deux à deux des trois nombres i, i' et i''; 3° la somme des produits trois à trois des quatre nombres i, i', i'' et i''', ...

Les coefficients de $-\delta^3\delta$, $+\delta^4\delta$, $-\delta^5\delta$, ... dans la valeur de $\dfrac{\dfrac{d^2 p}{dz^2}}{1.2}$ sont : 1° la somme des trois nombres i, i', i''; 2° la somme des produits deux à deux des quatre nombres i, i', i'' et i'''; 3° la somme des produits trois à trois des cinq nombres i, i', i'', i''', i^{iv}, ...

Il faudra, pour plus d'exactitude, fixer l'époque vers le milieu de l'intervalle de temps qui sépare les deux observations extrêmes; et, si l'on prend pour cette époque l'instant d'une des observations moyennes, on sera dispensé de calculer les valeurs de p et de q.

Lorsque les intervalles de temps qui séparent chaque observation sont égaux, on peut obtenir des formules plus simples que les précédentes. Supposons d'abord que le nombre des observations soit impair et égal à $2r + 1$; nommons i le nombre des jours qui séparent chaque observation, et fixons l'époque à l'instant de l'observation moyenne $\varepsilon^{(r)}$, en sorte que $p = \varepsilon^{(r)}$; on aura

$$p = \varepsilon^{(r)},$$

$$\frac{dp}{dz} = \frac{1}{2i}\left\{\begin{aligned}
&\Delta\varepsilon^{(r)} + \Delta\varepsilon^{(r-1)} - \frac{1}{1.2.3}(\Delta^3\varepsilon^{(r-1)} + \Delta^3\varepsilon^{(r-2)}) \\
&\quad + \frac{2^2}{1.2.3.4.5}(\Delta^5\varepsilon^{(r-2)} + \Delta^5\varepsilon^{(r-3)}) \\
&\quad - \frac{2^2.3^2}{1.2.3.4.5.6.7}(\Delta^7\varepsilon^{(r-3)} + \Delta^7\varepsilon^{(r-4)}) \\
&\quad + \dots\dots\dots\dots\dots\dots\dots\dots\dots\dots\dots\dots
\end{aligned}\right\},$$

$$\frac{d^2p}{1.2\,dz^2} = \frac{\Delta^2\varepsilon^{(r-1)}}{2i^2} - \frac{1}{2.3.4\,i^2}\Delta^4\varepsilon^{(r-2)}$$
$$+ \frac{2^2}{2.3.4.5.6\,i^2}\Delta^6\varepsilon^{(r-3)} - \frac{2^2.3^2}{2.3.4.5.6.7.8\,i^2}\Delta^8\varepsilon^{(r-4)} + \dots,$$

la caractéristique Δ étant celle des différences finies, en sorte que
$\Delta\varepsilon^{(r)} = \varepsilon^{(r+1)} - \varepsilon^{(r)}$. Si le nombre des observations est pair et égal à $2r$,
on prendra pour époque le temps moyen entre la première et la der-
nière observation, et l'on aura

$$p = \frac{1}{2}\left\{\begin{aligned}
&\varepsilon^{(r)} + \varepsilon^{(r-1)} - \frac{1}{2.4}\Delta^2(\varepsilon^{(r-1)} + \varepsilon^{(r-2)}) \\
&\quad + \frac{3^2}{2.4.6.8}\Delta^4(\varepsilon^{(r-2)} + \varepsilon^{(r-3)}) \\
&\quad - \frac{3^2.5^2}{2.4.6.8.10.12}\Delta^6(\varepsilon^{(r-3)} + \varepsilon^{(r-4)}) \\
&\quad + \dots\dots\dots\dots\dots\dots\dots\dots\dots\dots\dots\dots
\end{aligned}\right\},$$

$$\frac{dp}{dz} = \frac{\Delta\varepsilon^{(r-1)}}{i} - \frac{1}{4.6\,i}\Delta^3\varepsilon^{(r-2)} + \frac{3^2}{4.6.8.10\,i}\Delta^5\varepsilon^{(r-3)} - \dots,$$

$$\frac{d^2p}{1.2\,dz^2} = \frac{1}{4i^2}\Delta^2(\varepsilon^{(r-1)} + \varepsilon^{(r-2)}) - \frac{10}{4.6.8\,i^2}\Delta^4(\varepsilon^{(r-2)} + \varepsilon^{(r-3)})$$
$$+ \frac{259}{4.6.8.10.12\,i^2}\Delta^6(\varepsilon^{(-r3)} + \varepsilon^{(r-4)}) - \dots.$$

Je ne donne point ici la démonstration de ces formules, parce qu'il
est aisé de la déduire de celles que Newton et les géomètres qui l'ont
suivi ont données sur l'interpolation des suites.

Il est visible que l'on aura les expressions de q, $\frac{dq}{dz}$ et $\frac{d^2q}{1.2\,dz^2}$, en changeant dans les précédentes $\mathcal{C}$ en γ.

Ces expressions se prolongent à l'infini et forment des suites d'autant plus convergentes, que les intervalles qui séparent chaque observation sont plus petits; on aura donc des valeurs plus approchées, en prenant un plus grand nombre de termes, ce qui suppose un plus grand nombre d'observations, puisque chaque terme dépend de nouvelles observations : si ces observations étaient exactes, on pourrait employer toutes celles qui sont voisines de l'époque, en faisant passer une courbe parabolique par les différents lieux qu'elles indiquent; mais les erreurs dont elles sont susceptibles rendraient cette méthode très fautive; il faudra donc, pour diminuer l'influence de ces erreurs, augmenter l'intervalle qui sépare les observations extrêmes en proportion du nombre d'observations que l'on emploie : on pourra de cette manière, avec cinq ou six observations, embrasser un intervalle de 36° à 40°, ce qui doit conduire à des résultats fort approchés sur la nature de l'orbite de la comète.

Toutes choses égales d'ailleurs, il y a de l'avantage à employer des observations équidistantes, car alors les valeurs de p, $\frac{dp}{dz}$, $\frac{d^2p}{1.2\,dz^2}$ procèdent suivant les différences finies, paires ou impaires de $\mathcal{C}$, $\mathcal{C}'$, $\mathcal{C}''$, ..., en sorte que, si l'on désigne par c une très petite quantité de l'ordre $\Delta\mathcal{C}$, ces valeurs seront ordonnées par rapport aux puissances de c^2; au lieu que, dans le cas où les intervalles entre les observations sont inégaux, elles ne sont ordonnées que par rapport aux puissances de c, et, par conséquent, elles sont moins convergentes. Ainsi, en ne considérant que trois observations équidistantes, on aura

$$(0)\qquad \left\{ \begin{aligned} p &= \mathcal{C}', \\ \frac{dp}{dz} &= \frac{1}{2i}\,\Delta(\mathcal{C}' + \mathcal{C}), \\ \frac{d^2p}{1.2\,dz^2} &= \frac{\Delta^2\mathcal{C}}{2i^2}. \end{aligned} \right.$$

La valeur de p sera exacte aux quantités près de l'ordre c^2; celle de

$\frac{dp}{dz}$ le sera aux quantités près de l'ordre c^3, et celle de $\frac{d^2p}{1.2\,dz^2}$ le sera aux quantités près de l'ordre c^4.

Si l'on nomme α la longitude géocentrique de la comète et θ sa latitude boréale, correspondantes à l'ascension droite p et à la déclinaison q, les latitudes australes devant être supposées négatives, on aura, par les formules de la Trigonométrie sphérique, α et θ en fonctions de p et de q; en différentiant ensuite ces expressions, on aura les valeurs de $\frac{d\alpha}{dz}$, $\frac{d\theta}{dz}$, $\frac{d^2\alpha}{dz^2}$ et $\frac{d^2\theta}{dz^2}$ en fonctions de p, q, $\frac{dp}{dz}$, $\frac{dq}{dz}$, $\frac{d^2p}{dz^2}$ et $\frac{d^2q}{dz^2}$; mais cette méthode serait pénible dans la pratique, et il vaut mieux faire usage de la suivante.

L'ascension droite et la déclinaison de la comète, après un petit nombre z de jours depuis l'époque, seront représentées à très peu près par les deux formules

$$p + z\frac{dp}{dz} + \frac{z^2}{1.2}\frac{d^2p}{dz^2}, \quad q + z\frac{dq}{dz} + \frac{z^2}{1.2}\frac{d^2q}{dz^2}.$$

En supposant donc z égal à un petit nombre g de jours, de manière que les termes multipliés par z^2 montent à trois ou quatre minutes, on fera successivement dans ces formules $z = -g$, $z = 0$ et $z = g$; on aura ainsi trois ascensions droites et trois déclinaisons de la comète, au moyen desquelles on calculera les longitudes et les latitudes correspondantes, en portant la précision jusqu'aux secondes. Soient α_1, α et α' les trois longitudes; θ_1, θ et θ' les trois latitudes. Cela posé, si, dans les formules (O), on change θ' et p en α, on aura

$$\frac{d\alpha}{dz} = \frac{\alpha' - \alpha_1}{2g},$$

$$\frac{d^2\alpha}{dz^2} = \frac{\alpha' - 2\alpha + \alpha_1}{g^2};$$

on aura pareillement

$$\frac{d\theta}{dz} = \frac{\theta' - \theta_1}{2g},$$

$$\frac{d^2\theta}{dz^2} = \frac{\theta' - 2\theta + \theta_1}{g^2},$$

Si l'on nomme dt l'élément du temps et $d\varpi$ l'arc correspondant que décrirait la Terre en vertu de son moyen mouvement sidéral; si l'on prend d'ailleurs pour unité de masse celle du Soleil, et pour unité de distance sa moyenne distance à la Terre, on aura, par la théorie des forces centrales, $\left(\dfrac{d\varpi}{dt}\right)^2 = 1$, partant $\varpi = t$. Soit m le moyen mouvement sidéral de la Terre dans un jour; durant le nombre z de jours, il sera mz, en sorte que l'on aura $\varpi = t = mz$; d'où il est facile de conclure

$$\frac{d\alpha}{dt} = \frac{\alpha' - \alpha_1}{2mg},$$

$$\frac{d^2\alpha}{dt^2} = \frac{\alpha' - 2\alpha + \alpha_1}{m^2 g^2},$$

$$\frac{d\theta}{dt} = \frac{\theta' - \theta_1}{2mg},$$

$$\frac{d^2\theta}{dt^2} = \frac{\theta' - 2\theta + \theta_1}{m^2 g^2}.$$

En réduisant m en secondes, on trouve

$$\log m = 3,5500081;$$

on a ensuite

$$\log m^2 = \log m + \log \frac{m}{R},$$

R étant le rayon du cercle réduit en secondes, ce qui donne

$$\log m^2 = 1,7855911.$$

On aura donc les logarithmes de $\dfrac{d\alpha}{dt}$ et $\dfrac{d\theta}{dt}$ en réduisant en secondes les quantités $\dfrac{\alpha' - \alpha_1}{2g}$ et $\dfrac{\theta' - \theta_1}{2g}$ et en retranchant $3,5500081$ des logarithmes de ces nombres de secondes; on aura pareillement les logarithmes de $\dfrac{d^2\alpha}{dt^2}$ et $\dfrac{d^2\theta}{dt^2}$ en réduisant en secondes les quantités $\dfrac{\alpha' - 2\alpha + \alpha_1}{g^2}$ et $\dfrac{\theta' - 2\theta + \theta_1}{g^2}$ et en retranchant $1,7855911$ des logarithmes de ces nombres de secondes.

C'est de la précision des valeurs de α, $\dfrac{d\alpha}{dt}$, $\dfrac{d^2\alpha}{dt^2}$, θ, $\dfrac{d\theta}{dt}$ et $\dfrac{d^2\theta}{dt^2}$ que dépend l'exactitude des résultats suivants, et, comme leur formation est très simple, il faut choisir et multiplier les observations de manière à les obtenir avec autant de rigueur que les observations le comportent.

Lorsqu'on a ces six quantités, on peut déterminer par une analyse rigoureuse les éléments de l'orbite de la comète, quelle que soit d'ailleurs sa nature, pourvu que l'on connaisse les forces dont la comète est animée : cette détermination est comprise dans la solution générale du problème suivant.

III.

Imaginons que d'un point qui se meut sur une courbe donnée on observe le mouvement de tant de corps que l'on voudra, animés par des forces quelconques dont on connait la loi, et proposons-nous de déterminer les éléments de leurs orbites.

En nommant α, α', α'', ... les longitudes apparentes de ces différents corps, rapportées à un plan fixe quelconque; θ, θ', θ'', ... leurs latitudes; les observations feront connaitre, par ce qui précède, pour un instant donné, les valeurs de

$$\alpha,\ \frac{d\alpha}{dt},\ \frac{d^2 x}{dt^2},\quad \alpha',\ \frac{d\alpha'}{dt},\ \frac{d^2 x'}{dt^2},\quad \alpha'',\ \frac{d\alpha''}{dt},\ \frac{d^2 x''}{dt^2},\quad \ldots,$$

$$\theta,\ \frac{d\theta}{dt},\ \frac{d^2\theta}{dt^2},\quad \theta',\ \frac{d\theta'}{dt},\ \frac{d^2\theta'}{dt^2},\quad \theta'',\ \frac{d\theta''}{dt},\ \frac{d^2\theta''}{dt^2},\quad \ldots.$$

Soient ρ, ρ', ρ'', ... les distances respectives de ces corps à l'observateur, et nommons x, y, z, x', y', z', x'', y'', z'', ... leurs coordonnées rectangles rapportées au plan fixe, et dont l'origine soit sur un point de ce plan; on aura les valeurs de x, y, z en fonctions de α, θ, ρ et de quantités relatives au mouvement de l'observateur qui, par la supposition, est connu; on aura pareillement x', y', z' en fonctions de α' θ', ρ' et de quantités relatives au mouvement de l'observateur, et ainsi de suite. Maintenant, si l'on nomme X la force dont le premier corps est animé parallèlement à l'axe des x; Y celle dont il est animé parallèlement à l'axe des y, et Z celle dont il est animé parallèlement à l'axe des z; si l'on nomme pareillement X', Y' et Z' celles dont le second corps est animé parallèlement aux mêmes axes, et ainsi du reste, on aura

$$\frac{d^2 x}{dt^2} = X, \qquad \frac{d^2 x'}{dt^2} = X', \qquad \ldots,$$

$$\frac{d^2 y}{dt^2} = Y, \qquad \frac{d^2 y'}{dt^2} = Y', \qquad \ldots,$$

$$\frac{d^2 z}{dt^2} = Z, \qquad \frac{d^2 z'}{dt^2} = Z', \qquad \ldots.$$

Supposons que les forces X, Y, Z, X', Y', Z', $\ldots$ soient le résultat des forces attractives de ces corps entre eux et de corps étrangers dont le mouvement soit connu; dans ce cas, X, Y, Z, X', Y', Z', $\ldots$ seront donnés en fonctions de α, α', α'', $\ldots$, θ, θ', θ'', $\ldots$, ρ, ρ', ρ'', $\ldots$ et de quantités connues; en substituant donc dans les équations précédentes, au lieu de x, y, z, x', y', z', $\ldots$ leurs valeurs en α, θ, ρ, α', θ', ρ', $\ldots$, ces corps étant supposés au nombre n, les $3n$ équations différentielles précédentes donneront autant d'équations entre les $3n$ quantités ρ, $\frac{d\rho}{dt}$, $\frac{d^2\rho}{dt^2}$, ρ', $\frac{d\rho'}{dt}$, $\frac{d^2\rho'}{dt^2}$, $\ldots$ que l'on pourra ainsi déterminer; on aura même cet avantage que $\frac{d\rho}{dt}$, $\frac{d^2\rho}{dt^2}$, $\frac{d\rho'}{dt}$, $\ldots$ ne se présenteront dans ces équations que sous une forme linéaire. Supposons que l'on puisse parvenir à intégrer ces $3n$ équations différentielles; chacune d'elles donnant, par l'intégration, deux constantes arbitraires, on aura en tout $6n$ arbitraires qui seront les éléments des orbites des différents corps; mais les $3n$ intégrales finies, avec leurs premières différences, donneront $6n$ équations au moyen desquelles on pourra déterminer toutes ces arbitraires en fonctions de x, $\frac{dx}{dt}$, y, $\frac{dy}{dt}$, z, $\frac{dz}{dt}$, x', $\frac{dx'}{dt}$, $\ldots$ et, par conséquent, en fonctions des quantités α, θ, ρ, $\frac{d\alpha}{dt}$, $\frac{d\theta}{dt}$, $\frac{d\rho}{dt}$, α', θ', ρ', $\ldots$, que l'on connait par ce qui précède; on aura donc, par cette méthode, les éléments des orbites de tous ces corps.

IV.

Appliquons maintenant ce que nous venons de dire au mouvement
des comètes; pour cela, nous observerons que la force principale qui
les anime est l'attraction du Soleil; nous pouvons ainsi faire abstraction de toute autre force : cependant, si la comète passait assez près
d'une grosse planète, telle que Jupiter, pour en éprouver un dérangement sensible, la méthode précédente ferait connaître encore sa vitesse
et sa distance à la Terre; mais, ce cas étant excessivement rare, nous
n'aurons égard dans les recherches suivantes qu'à l'action du Soleil.

Si l'on prend toujours pour unité de masse celle du Soleil, et pour
unité de distance sa moyenne distance à la Terre; si, de plus, on
nomme r le rayon vecteur de la comète et que l'on fixe au centre du
Soleil l'origine des coordonnées x, y, z, on aura les trois équations
différentielles

$$0 = \frac{d^2 x}{dt^2} + \frac{x}{r^3},$$

$$0 = \frac{d^2 y}{dt^2} + \frac{y}{r^3},$$

$$0 = \frac{d^2 z}{dt^2} + \frac{z}{r^3}.$$

Supposons que le plan des x et des y soit le plan même de l'écliptique,
que l'axe des x soit la ligne menée du centre du Soleil au premier
point d'Ariès à une époque donnée, que l'axe des y soit la ligne menée
du centre du Soleil au premier point du Cancer; enfin, que les z positifs soient du même côté que le pôle boréal de l'écliptique; nommons
ensuite x' et y' les coordonnées de la Terre, et désignons toujours par
ρ la distance de la comète à la Terre, et par α et θ sa longitude et sa
latitude géocentriques, nous aurons

$$x = x' + \rho \cos\theta \cos\alpha,$$

$$y = y' + \rho \cos\theta \sin\alpha,$$

$$z = \rho \sin\theta;$$

en substituant ces valeurs dans les trois équations différentielles précédentes, elles se changeront dans celles-ci

$$
(1)\quad
\begin{cases}
0 = \dfrac{d^2 x'}{dt^2} + \dfrac{x'}{r^3} \\[2ex]
\quad + \dfrac{d^2 \rho}{dt^2} \cos\theta \cos\alpha - 2 \dfrac{d\rho}{dt}\dfrac{d\theta}{dt}\sin\theta\cos\alpha \\[2ex]
\quad - 2 \dfrac{d\rho}{dt}\dfrac{d\alpha}{dt}\cos\theta\sin\alpha \\[2ex]
\quad - \rho\dfrac{d^2\theta}{dt^2}\sin\theta\cos\alpha - \rho\left(\dfrac{d\theta}{dt}\right)^2\cos\theta\cos\alpha \\[2ex]
\quad + 2\rho\dfrac{d\theta}{dt}\dfrac{d\alpha}{dt}\sin\theta\sin\alpha \\[2ex]
\quad - \rho\dfrac{d^2\alpha}{dt^2}\cos\theta\sin\alpha - \rho\left(\dfrac{d\alpha}{dt}\right)^2\cos\theta\cos\alpha \\[2ex]
\quad + \rho\dfrac{\cos\theta\cos\alpha}{r^3}\,,
\end{cases}
$$

$$
(2)\quad
\begin{cases}
0 = \dfrac{d^2 x}{dt^2} + \dfrac{x'}{r^3} \\[2ex]
\quad + \dfrac{d^2\rho}{dt^2}\cos\theta\sin\alpha - 2\dfrac{d\rho}{dt}\dfrac{d\theta}{dt}\sin\theta\sin\alpha \\[2ex]
\quad + 2\dfrac{d\rho}{dt}\dfrac{d\alpha}{dt}\cos\theta\cos\alpha \\[2ex]
\quad - \rho\dfrac{d^2\theta}{dt^2}\sin\theta\sin\alpha - \rho\left(\dfrac{d\theta}{dt}\right)^2\cos\theta\sin\alpha \\[2ex]
\quad - 2\rho\dfrac{d\theta}{dt}\dfrac{d\alpha}{dt}\sin\theta\cos\alpha \\[2ex]
\quad + \rho\dfrac{d^2\alpha}{dt^2}\cos\theta\cos\alpha - \rho\left(\dfrac{d\alpha}{dt}\right)^2\cos\theta\sin\alpha \\[2ex]
\quad + \rho\dfrac{\cos\theta\sin\alpha}{r^3}\,,
\end{cases}
$$

$$
(3)\quad
\begin{cases}
0 = \dfrac{d^2\rho}{dt^2}\sin\theta + 2\dfrac{d\rho}{dt}\dfrac{d\theta}{dt}\cos\theta \\[2ex]
\quad + \rho\dfrac{d^2\theta}{dt^2}\cos\theta - \rho\left(\dfrac{d\theta}{dt}\right)^2\sin\theta + \dfrac{\rho\sin\theta}{r^3}\,.
\end{cases}
$$

Il ne s'agit plus maintenant que de tirer de ces équations les valeurs de ρ et de $\frac{d\rho}{dt}$. Si l'on nomme R le rayon vecteur de la Terre, on aura, par la théorie des forces centrales,

$$o = \frac{d^2 x'}{dt^2} + \frac{x'}{R^3}, \qquad o = \frac{d^2 y'}{dt^2} + \frac{y'}{R^3},$$

ce qui donne

$$\frac{d^2 x'}{dt^2} + \frac{x'}{r^3} = x'\left(\frac{1}{r^3} - \frac{1}{R^3}\right),$$

$$\frac{d^2 y'}{dt^2} + \frac{y'}{r^3} = y'\left(\frac{1}{r^3} - \frac{1}{R^3}\right).$$

Si l'on désigne ensuite par A la longitude de la Terre vue du Soleil, on aura

$$x' = R\cos A, \qquad y' = R\sin A.$$

Cela posé, on multipliera l'équation (1) par $\sin A$ et l'on en retranchera l'équation (2) multipliée par $\cos A$, et, comme on a

$$\left(\frac{d^2 x'}{dt^2} + \frac{x'}{r^3}\right)\sin A - \left(\frac{d^2 y'}{dt^2} + \frac{y'}{r^3}\right)\cos A$$

$$= \left(\frac{1}{r^3} - \frac{1}{R^3}\right)(x'\sin A - y'\cos A)$$

$$= \left(\frac{1}{r^3} - \frac{1}{R^3}\right)(R\cos A\sin A - R\sin A\cos A) = o,$$

on aura l'équation suivante

$$o = \frac{d^2\rho}{dt^2}\cos\theta\sin(A - \alpha) - 2\frac{d\rho}{dt}\frac{d\theta}{dt}\sin\theta\sin(A - \alpha)$$

$$- 2\frac{d\rho}{dt}\frac{d\alpha}{dt}\cos\theta\cos(A - \alpha) - \rho\frac{d^2\theta}{dt^2}\sin\theta\sin(A - \alpha)$$

$$- \rho\left(\frac{d\theta}{dt}\right)^2\cos\theta\sin(A - \alpha) + 2\rho\frac{d\theta}{dt}\frac{d\alpha}{dt}\sin\theta\cos(A - \alpha)$$

$$- \rho\frac{d^2\alpha}{dt^2}\cos\theta\cos(A - \alpha) - \rho\left(\frac{d\alpha}{dt}\right)^2\cos\theta\sin(A - \alpha)$$

$$+ \frac{\rho\cos\theta\sin(A - \alpha)}{r^3}.$$

Si l'on multiplie cette équation par $\sin\theta$ et que l'on en retranche l'équation (3), multipliée par $\cos\theta\sin(A-\alpha)$, on aura

$$0 = -2\frac{d\rho}{dt}\left[\frac{d\alpha}{dt}\sin\theta\cos\theta\cos(A-\alpha) + \frac{d\theta}{dt}\sin(A-\alpha)\right]$$
$$-\rho\begin{cases}\dfrac{d^2\theta}{dt^2}\sin(A-\alpha) - 2\dfrac{d\theta}{dt}\dfrac{d\alpha}{dt}\sin^2\theta\cos(A-\alpha)\\[2mm] \quad + \dfrac{d^2\alpha}{dt^2}\sin\theta\cos\theta\cos(A-\alpha)\\[2mm] \quad + \left(\dfrac{d\alpha}{dt}\right)^2\sin\theta\cos\theta\sin(A-\alpha)\end{cases};$$

donc, si l'on fait $\dfrac{d\rho}{dt} = u\rho$, on aura

$$u = -\frac{1}{2}\,\frac{\begin{cases}\dfrac{d^2\alpha}{dt^2}\sin\theta\cos\theta\cos(A-\alpha) + \left(\dfrac{d\alpha}{dt}\right)^2\sin\theta\cos\theta\sin(A-\alpha)\\[2mm] \quad -2\dfrac{d\alpha}{dt}\dfrac{d\theta}{dt}\sin^2\theta\cos(A-\alpha) + \dfrac{d^2\theta}{dt^2}\sin(A-\alpha)\end{cases}}{\dfrac{d\alpha}{dt}\sin\theta\cos\theta\cos(A-\alpha) + \dfrac{d\theta}{dt}\sin(A-\alpha)},$$

expression dans laquelle on peut observer que le numérateur est égal au produit de la différence du dénominateur par $-\dfrac{1}{2\,dt}$, A étant regardé comme constant.

Si l'on multiplie maintenant l'équation (1) par $\sin\alpha$ et que l'on en retranche l'équation (2) multipliée par $\cos\alpha$; si l'on observe d'ailleurs que

$$\left(\frac{d^2x'}{dt^2} + \frac{x'}{r^3}\right)\sin\alpha - \left(\frac{d^2y'}{dt^2} + \frac{y'}{r^3}\right)\cos\alpha = R\left(\frac{1}{r^3} - \frac{1}{R^3}\right)(\sin\alpha\cos A - \cos\alpha\sin A).$$

on aura

$$-2\frac{d\rho}{dt}\frac{d\alpha}{dt}\cos\theta + \rho\left(2\frac{d\theta}{dt}\frac{d\alpha}{dt}\sin\theta - \frac{d^2\alpha}{dt^2}\cos\theta\right) = R\sin(A-\alpha)\left(\frac{1}{r^3} - \frac{1}{R^3}\right).$$

Si l'on substitue dans cette équation, au lieu de $\dfrac{d\rho}{dt}$, sa valeur $u\rho$, et, au lieu de u, l'expression que nous venons d'en trouver; si l'on fait de plus pour abréger

$$\mu = \frac{\frac{d\alpha}{dt}\frac{d^2\vartheta}{dt^2}\cos\vartheta - \frac{d\vartheta}{dt}\frac{d^2\alpha}{dt^2}\cos\vartheta + \left(\frac{d\alpha}{dt}\right)^3\sin\vartheta\cos^2\vartheta + 2\frac{d\alpha}{dt}\left(\frac{d\vartheta}{dt}\right)^2\sin\vartheta}{\frac{d\alpha}{dt}\sin\vartheta\cos\vartheta\cos(A-\alpha) + \frac{d\vartheta}{dt}\sin(A-\alpha)},$$

on aura l'équation suivante

$$(4) \qquad \rho = \frac{R}{\mu}\left(\frac{1}{r^3} - \frac{1}{R^3}\right);$$

pour la réduire à ne renfermer que ρ, nous observerons que

$$r^2 = x^2 + y^2 + z^2,$$

ce qui donne, en substituant pour x, y et z leurs valeurs,

$$r^2 = x'^2 + y'^2 + 2\rho.x'\cos\vartheta\cos\alpha + 2\rho.y'\cos\vartheta\sin\alpha + \rho^2;$$

or on a

$$x'^2 + y'^2 = R^2;$$

d'ailleurs

$$x' = R\cos A \qquad \text{et} \qquad y' = R\sin A,$$

partant

$$r^2 = \rho^2 + 2R\rho\cos\vartheta\cos(A-\alpha) + R^2.$$

Si l'on met l'équation (4) sous cette forme

$$r^3(\mu R^2\rho + 1) = R^3,$$

on aura, en carrant ses deux membres et en substituant au lieu de r^2 sa valeur,

$$(5) \qquad [\rho^2 + 2R\rho\cos\vartheta\cos(A-\alpha) + R^2]^3\,(\mu R^2\rho + 1)^2 = R^6,$$

équation dans laquelle il n'y a d'inconnues que ρ et qui monte au septième degré seulement, parce que, le terme tout connu du premier membre étant égal à R^6, l'équation entière est divisible par ρ (¹).

____

(¹) L'équation (5) est un peu différente de celle à laquelle M. de la Grange est parvenu dans son second Mémoire sur la détermination des orbites des comètes (*Mémoires de Berlin*, année 1778, p. 140); il trouve pour ρ une équation du huitième degré, et qui ne s'abaisse au septième qu'en négligeant l'excentricité de l'orbite terrestre; cette différence entre nos résultats tient à une légère méprise de calcul échappée à ce grand analyste. Je

Remarque I. — L'équation (5) a généralement lieu quelle que soit la nature de la section conique que décrit la comète; toutes les racines réelles et positives de cette équation donneront autant de sections coniques différentes qui satisferont à trois observations voisines, en sorte que, pour déterminer l'orbite véritable, il faudra employer une nouvelle observation.

Il est facile de conclure de l'équation (4) que, si μ est positif, le rayon vecteur r de la comète sera moindre que R; qu'il lui sera égal si $\mu = 0$, et qu'il sera plus grand si μ est négatif. Le signe de μ fera donc connaitre si la comète est plus ou moins éloignée du Soleil que la Terre.

Remarque II. — La valeur de ρ, tirée de l'équation (5), serait rigoureuse si α, $\frac{d\alpha}{dt}$, $\frac{d^2\alpha}{dt^2}$, θ, $\frac{d\theta}{dt}$ et $\frac{d^2\theta}{dt^2}$ étaient exactement connus; mais ces quantités ne le sont qu'à peu près. Nous avons, à la vérité, donné dans l'article II une méthode pour en approcher de plus en plus, en faisant usage d'un grand nombre d'observations, et cette méthode a, comme nous l'avons remarqué, l'avantage de considérer d'assez grands intervalles et de compenser les unes par les autres les erreurs des observations; elle a cependant l'inconvénient analytique d'employer plus de trois observations dans un problème où trois suffisent. Mais on peut obvier à cet inconvénient de la manière suivante et rendre notre solution aussi approchée que l'on voudra en ne considérant que trois observations.

Pour cela, supposons que α et θ représentent la longitude et la latitude de l'observation intermédiaire; il s'agit d'avoir les quatre quantités $\frac{d\alpha}{dt}$, $\frac{d^2\alpha}{dt^2}$, $\frac{d\theta}{dt}$ et $\frac{d^2\theta}{dt^2}$ par des formules de plus en plus approchées.

<hr>

lui communiquai, dans une Lettre datée du 21 mai 1781, l'extrait de ce Mémoire, et il me fit l'honneur de me répondre que, cet extrait l'ayant fait revenir sur sa première solution, il était parvenu aux mêmes résultats que moi, sur la vérité de cette équation du septième degré et sur l'existence d'une seconde équation du sixième degré, dans le cas de l'orbite parabolique : les réflexions qu'il a faites à ce sujet ont donné lieu à un nouveau Mémoire qu'il a lu à l'Académie de Berlin et dont il a bien voulu m'envoyer l'extrait d'avance.

Or, si l'on prend les différences des équations (1), (2) et (3), on aura trois nouvelles équations qui donneront $\frac{d^2\rho}{dt^2}$, $\frac{d^2\alpha}{dt^2}$ et $\frac{d^2\theta}{dt^2}$ en fonctions de ρ, α et θ et de leurs différences inférieures. En différentiant encore ces nouvelles équations, on aura trois autres équations, au moyen desquelles on déterminera $\frac{d^3\rho}{dt^3}$, $\frac{d^3\alpha}{dt^3}$ et $\frac{d^3\theta}{dt^3}$ en fonctions de ρ, α et θ et de leurs différences inférieures, et l'on pourra, en y substituant, au lieu des différences troisièmes $\frac{d^3\rho}{dt^3}$, $\frac{d^3\alpha}{dt^3}$ et $\frac{d^3\theta}{dt^3}$, leurs valeurs, réduire ces fonctions à ne renfermer que les quantités ρ, α et θ et leurs différences premières et secondes. En continuant ainsi, on aura les différences quelconques de ρ, α et θ en fonctions de ces quantités et de leurs premières et secondes différences; on pourra même en éliminer les quantités $\frac{d\rho}{dt}$ et $\frac{d^2\rho}{dt^2}$ au moyen des équations (1), (2) et (3), et les réduire à n'être fonctions que de ρ, $\frac{d\alpha}{dt}$, $\frac{d^2\alpha}{dt^2}$, $\frac{d\theta}{dt}$ et $\frac{d^2\theta}{dt^2}$ et de quantités connues.

Cela posé, soient L, L', L'' les trois longitudes géocentriques observées de la comète; l, l', l'' les trois latitudes correspondantes; soient i le nombre des jours qui séparent les deux premières observations; i' celui des jours qui séparent la seconde de la troisième, et nommons q l'arc que décrit la Terre en un jour, par son moyen mouvement; on fera $\alpha = L'$, $\theta = l'$, et l'on aura

$$L = L' - iq\frac{d\alpha}{dt} + \frac{i^2q^2}{1.2}\frac{d^2\alpha}{dt^2} - \frac{i^3q^3}{1.2.3}\frac{d^3\alpha}{dt^3} + \dots,$$

$$L'' = L' + i'q\frac{d\alpha}{dt} + \frac{i'^2q^2}{1.2}\frac{d^2\alpha}{dt^2} + \frac{i'^3q^3}{1.2.3}\frac{d^3\alpha}{dt^3} + \dots,$$

$$l = l' - iq\frac{d\theta}{dt} + \frac{i^2q^2}{1.2}\frac{d^2\theta}{dt^2} - \frac{i^3q^3}{1.2.3}\frac{d^3\theta}{dt^3} + \dots,$$

$$l'' = l' + i'q\frac{d\theta}{dt} + \frac{i'^2q^2}{1.2}\frac{d^2\theta}{dt^2} + \frac{i'^3q^3}{1.2.3}\frac{d^3\theta}{dt^3} + \dots,$$

iq et $i'q$ étant de petits arcs. Si l'on substitue présentement dans ces séries, au lieu de $\frac{d^2\alpha}{dt^2}$, $\frac{d^2\theta}{dt^2}$, $\frac{d^3\alpha}{dt^3}$, $\frac{d^3\theta}{dt^3}$, $\dots$, leurs valeurs trouvées par ce qui précède, on aura quatre équations entre les cinq inconnues

ρ, $\dfrac{d\alpha}{dt}$, $\dfrac{d^2\alpha}{dt^2}$, $\dfrac{d\theta}{dt}$ et $\dfrac{d^2\theta}{dt^2}$, et ces quatre équations seront d'autant plus approchées que l'on aura considéré un plus grand nombre de termes dans les séries précédentes; on aura ainsi $\dfrac{d\alpha}{dt}$, $\dfrac{d^2\alpha}{dt^2}$, $\dfrac{d\theta}{dt}$ et $\dfrac{d^2\theta}{dt^2}$ en fonctions de ρ et de quantités connues; μ sera donc une fonction de ρ et de quantités connues; d'où il suit que l'équation (5) ne renfermera point d'autres inconnues que ρ; mais au lieu d'être, comme ci-dessus, du septième degré, elle sera d'un degré supérieur.

Au reste, cette méthode, que je n'expose ici que pour faire voir comment on peut, en ne considérant que trois observations, avoir des valeurs de plus en plus approchées de ρ et de $\dfrac{d\rho}{dt}$, exigerait dans la pratique des calculs très pénibles; mais, comme il ne s'agit, dans ce problème, que d'avoir les premières valeurs de ces quantités que l'on pourra ensuite facilement corriger par les méthodes connues, on peut négliger, dans les séries précédentes, les termes multipliés par les différences troisièmes de α et de θ et par leurs différences supérieures. Or, si l'on multiplie la première série par i'^2 et la seconde par i^2, et qu'on les retranche l'une de l'autre, on aura

$$\frac{d\alpha}{dt} = \frac{(\mathrm{L}''-\mathrm{L})i^2 + (\mathrm{L}'-\mathrm{L})i'^2}{ii'(i+i')q} - \frac{ii'q^2}{1.2.3}\frac{d^3\alpha}{dt^3} + \ldots$$

Si l'on multiplie ensuite la première série par i' et la seconde par i, et qu'on les ajoute l'une à l'autre, on aura

$$\frac{d^2\alpha}{dt^2} = 2\frac{(\mathrm{L}''-\mathrm{L}')i - (\mathrm{L}'-\mathrm{L})i'}{ii'(i+i')q^2} - \frac{2(i'-i)}{1.2.3}q\frac{d^3\alpha}{dt^3} + \ldots$$

On aura les valeurs de $\dfrac{d\theta}{dt}$ et $\dfrac{d^2\theta}{dt^2}$ en changeant dans ces équations L en l et α en θ. En négligeant donc les différences troisièmes de α, on aura

$$\frac{d\alpha}{dt} = \frac{(\mathrm{L}''-\mathrm{L}')i^2 + (\mathrm{L}'-\mathrm{L})i'^2}{ii'(i+i')q},$$

et cette expression sera exacte aux quantités près de l'ordre q^2; on aura pareillement

$$\frac{d^{2}\alpha}{dt^{2}} = 2\,\frac{(L'-L')i - (L'-L)i'}{ii'(i+i')q^{2}},$$

et cette expression sera exacte aux quantités près de l'ordre q, excepté lorsque $i = i'$, auquel cas elle devient exacte aux quantités près de l'ordre q^{2}; d'où il suit qu'il y a de l'avantage à employer des observations équidistantes, comme nous l'avons déjà observé dans l'article II. Mais, si cette précision ne parait pas encore suffisante, la méthode la plus sûre et tout à la fois la plus simple d'avoir des valeurs plus approchées de $\frac{d\alpha}{dt}$ et $\frac{d^{2}\alpha}{dt^{2}}$ est de combiner un plus grand nombre d'observations par la méthode de l'article II.

V.

L'équation (5) de l'article précédent fera connaitre la valeur de ρ, et l'on aura celle de $\frac{d\rho}{dt}$ au moyen de l'équation $\frac{d\rho}{dt} = u\rho$, u étant connu par ce qui précède : de là on tirera facilement les valeurs de x, y, z, $\frac{dx}{dt}$, $\frac{dy}{dt}$ et $\frac{dz}{dt}$; pour cela, on se rappellera que

$$x = R\cos A + \rho\cos\theta\cos\alpha,$$
$$y = R\sin A + \rho\cos\theta\sin\alpha,$$
$$z = \rho\sin\theta,$$

ce qui donne par la différentiation

$$\frac{dx}{dt} = \frac{dR}{dt}\cos A - R\frac{dA}{dt}\sin A + \frac{d\rho}{dt}\cos\theta\cos\alpha - \rho\frac{d\theta}{dt}\sin\theta\cos\alpha - \rho\frac{d\alpha}{dt}\cos\theta\sin\alpha,$$

$$\frac{dy}{dt} = \frac{dR}{dt}\sin A + R\frac{dA}{dt}\cos A + \frac{d\rho}{dt}\cos\theta\sin\alpha - \rho\frac{d\theta}{dt}\sin\theta\sin\alpha + \rho\frac{d\alpha}{dt}\cos\theta\cos\alpha,$$

$$\frac{dz}{dt} = \frac{d\rho}{dt}\sin\theta + \rho\frac{d\theta}{dt}\cos\theta.$$

Les valeurs de $\frac{dA}{dt}$ et $\frac{dR}{dt}$ sont données par la théorie du mouvement de la Terre. Pour en faciliter le calcul, soient E l'excentricité de l'orbite terrestre et Π la longitude de son aphélie; on a, par la nature du mouvement elliptique,

$$R^2 \frac{dA}{dt} = \sqrt{1 - E^2},$$

partant

$$\frac{dA}{dt} = \frac{\sqrt{1 - E^2}}{R^2};$$

on a ensuite

$$R = \frac{1 - E^2}{1 - E \cos(A - \Pi)},$$

d'où l'on tire

$$\frac{dR}{dt} = - \frac{E(1 - E^2) \sin(A - \Pi)}{[1 - E \cos(A - \Pi)]^2} \frac{dA}{dt}$$

$$= - \frac{ER^2 \frac{dA}{dt} \sin(A - \Pi)}{1 - E^2} = - \frac{E \sin(A - \Pi)}{\sqrt{1 - E^2}}.$$

Si l'on nomme R' le rayon vecteur de la Terre correspondant à la longitude $90° + A$, on aura

$$R' = \frac{1 - E^2}{1 + E \sin(A - \Pi)},$$

ce qui donne

$$E \sin(A - \Pi) = \frac{1 - E^2 - R'}{R'},$$

partant

$$\frac{dR}{dt} = \frac{R' + E^2 - 1}{R' \sqrt{1 - E^2}}.$$

Soit R'' le rayon vecteur de la Terre qui répond à $90°$ d'anomalie vraie, on aura

$$R'' = 1 - E^2;$$

donc

$$\frac{dA}{dt} = \frac{\sqrt{R''}}{R^2}, \qquad \frac{dR}{dt} = \frac{R'' - R'}{R' \sqrt{R''}};$$

ces expressions ont l'avantage d'être données directement par les Tables du Soleil.

Si l'on néglige le carré de l'excentricité de l'orbite terrestre, qui est très peu considérable, on aura $R'' = 1$, partant

$$\frac{dA}{dt} = \frac{1}{R^2} \qquad \text{et} \qquad \frac{dR}{dt} = R' - 1;$$

moyennant quoi, les valeurs précédentes de $\frac{dx}{dt}$, $\frac{dy}{dt}$ et $\frac{dz}{dt}$ deviendront

$$\frac{dx}{dt} = (R'-1)\cos A - \frac{\sin A}{R} + \frac{dp}{dt}\cos\theta\cos\alpha - \rho\left(\frac{d\theta}{dt}\sin\theta\cos\alpha + \frac{d\alpha}{dt}\cos\theta\sin\alpha\right),$$

$$\frac{dy}{dt} = (R'-1)\sin A + \frac{\cos A}{R} + \frac{dp}{dt}\cos\theta\sin\alpha - \rho\left(\frac{d\theta}{dt}\sin\theta\sin\alpha - \frac{d\alpha}{dt}\cos\theta\cos\alpha\right),$$

$$\frac{dz}{dt} = \frac{dp}{dt}\sin\theta + \rho\frac{d\theta}{dt}\cos\theta.$$

R, R' et A étant donnés immédiatement par les Tables du Soleil, le calcul des six quantités x, y, z, $\frac{dx}{dt}$, $\frac{dy}{dt}$ et $\frac{dz}{dt}$ sera très facile lorsque ρ sera connu, et l'on en tirera les éléments de l'orbite de la comète de la manière suivante.

Le mouvement de la comète autour du Soleil étant renfermé dans les trois équations différentielles du second ordre

$$\frac{d^2 x}{dt^2} + \frac{x}{r^3} = 0, \qquad \frac{d^2 y}{dt^2} + \frac{y}{r^3} = 0, \qquad \frac{d^2 z}{dt^2} + \frac{z}{r^3} = 0,$$

leurs intégrales renferment six constantes arbitraires qui sont les éléments de son orbite; de plus, ces intégrales avec leurs premières différences forment six équations, au moyen desquelles on pourra déterminer chacune des constantes arbitraires en fonctions de x, y, z, $\frac{dx}{dt}$, $\frac{dy}{dt}$ et $\frac{dz}{dt}$, et par conséquent en quantités connues : on aura donc ainsi la nature et la position de l'orbite de la comète. Développons cette méthode.

Le petit secteur décrit, durant l'élément de temps dt, par la projection du rayon vecteur de la comète sur le plan de l'écliptique, est $\frac{x\,dy - y\,dx}{2}$, et il est visible que le mouvement de la comète sera direct ou rétrograde, selon que ce secteur sera positif ou négatif; on formera donc d'abord la quantité $x\dfrac{dy}{dt} - y\dfrac{dx}{dt}$, dont le signe indiquera si le mouvement de la comète est direct ou rétrograde.

Pour déterminer ensuite la position du plan de son orbite, nous observerons que, ce plan passant par le centre du Soleil, son équation sera de cette forme

$$z = fx + hy,$$

f et h étant deux constantes inconnues qu'il faut déterminer; en différentiant cette équation, on aura

$$\frac{dz}{dt} = f\frac{dx}{dt} + h\frac{dy}{dt};$$

d'où il est facile de conclure

$$f = -\frac{z\dfrac{dy}{dt} - y\dfrac{dz}{dt}}{x\dfrac{dy}{dt} - y\dfrac{dx}{dt}},$$

$$h = \frac{x\dfrac{dz}{dt} - z\dfrac{dx}{dt}}{x\dfrac{dy}{dt} - y\dfrac{dx}{dt}}.$$

Nommons présentement φ l'inclinaison de l'orbite; s la longitude du nœud qui serait ascendant si le mouvement de la comète était direct; ce nœud serait descendant si le mouvement de la comète était rétrograde et, dans ce cas, la longitude du nœud ascendant serait $180^{\circ} + s$. Cela posé, on aura

$$z = y\cos s\,\tang\varphi - x\sin s\,\tang\varphi;$$

d'où l'on tire, en comparant cette équation avec celle-ci, $z = fx + hy$,

$$\sin s\,\tang\varphi = -\frac{y\dfrac{dz}{dt} - z\dfrac{dy}{dt}}{x\dfrac{dy}{dt} - y\dfrac{dx}{dt}},$$

$$\cos s\,\tang\varphi = \frac{x\dfrac{dz}{dt} - z\dfrac{dx}{dt}}{x\dfrac{dy}{dt} - y\dfrac{dx}{dt}},$$

partant

$$\tan g\, s = \frac{y\dfrac{dz}{dt} - z\dfrac{dy}{dt}}{x\dfrac{dz}{dt} - z\dfrac{dx}{dt}},$$

$$\tan g\, \varphi = \frac{x\dfrac{dz}{dt} - z\dfrac{dx}{dt}}{\cos s\left(x\dfrac{dy}{dt} - y\dfrac{dx}{dt}\right)}.$$

La tangente de s pouvant appartenir également aux deux angles s et $180° + s$, il faudra choisir le premier de ces angles si $y\dfrac{dz}{dt} - z\dfrac{dy}{dt}$ est de même signe que $x\dfrac{dy}{dt} - y\dfrac{dx}{dt}$, et choisir le second si ces deux quantités sont de signe contraire. De là il est facile de conclure que la longitude du nœud ascendant de l'orbite sera le plus petit des angles positifs qui ont pour tangente $\dfrac{y\dfrac{dz}{dt} - z\dfrac{dy}{dt}}{x\dfrac{dz}{dt} - z\dfrac{dy}{dt}}$, si $y\dfrac{dz}{dt} - z\dfrac{dy}{dt}$ est une quantité positive, ou qu'elle sera égale à ce même angle augmenté de $180°$, si cette quantité est négative; quant à l'angle φ, sa tangente sera toujours positive, et il faut prendre le plus petit des angles auxquels appartient cette tangente. On aura donc, par ce qui précède, le sens du mouvement de la comète, la position de son nœud ascendant et l'inclinaison de son orbite.

Pour avoir les autres éléments, supposons que la comète décrive une ellipse dont le grand axe soit $2a$; p le demi-paramètre; e l'excentricité; v l'angle formé par le rayon vecteur de la comète et par le périhélie, à l'instant où sa longitude géocentrique est α; enfin r son rayon vecteur correspondant; on a, par la nature de l'ellipse,

$$p = a(1 - e^2),$$

$$r = \frac{p}{1 + e\cos v};$$

on a ensuite, par la théorie des forces centrales,

$$r^2\, dv = dt\sqrt{p}.$$

et la relation connue entre la vitesse de la comète, le grand axe et le rayon vecteur donne

$$\frac{1}{a} = \frac{2}{r} - V^2,$$

V étant la vitesse de la comète. Maintenant $\frac{1}{2} r^2 dv$ est le secteur infiniment petit décrit par le rayon vecteur de la comète dans l'instant dt, et sa projection sur le plan de l'écliptique est $\frac{1}{2} r^2 dv \cos\varphi$; mais cette projection est égale à $\frac{x\,dy - y\,dx}{2}$, partant

$$r^2 \frac{dv}{dt} = \frac{x\dfrac{dy}{dt} - y\dfrac{dx}{dt}}{\cos\varphi},$$

d'où l'on tire

$$p = \frac{\left(x\dfrac{dy}{dt} - y\dfrac{dx}{dt}\right)^2}{\cos^2\varphi}.$$

La vitesse V de la comète étant égale à $\dfrac{\sqrt{dx^2 + dy^2 + dz^2}}{dt}$, on a

$$(6) \qquad \frac{1}{a} = \frac{2}{r} - \left(\frac{dx}{dt}\right)^2 - \left(\frac{dy}{dt}\right)^2 - \left(\frac{dz}{dt}\right)^2,$$

r étant égal à $\sqrt{x^2 + y^2 + z^2}$; on aura ainsi le grand axe et le paramètre de l'orbite, et l'on déterminera l'excentricité au moyen de l'équation

$$e = \sqrt{1 - \frac{p}{a}}.$$

L'équation $\cos v = \dfrac{p - r}{re}$ donnera la distance de la comète à son périhélie, et le signe de $r\dfrac{dr}{dt}$, ou, ce qui revient au même, de $x\dfrac{dx}{dt} + y\dfrac{dy}{dt} + z\dfrac{dz}{dt}$ fera connaitre si la comète a déjà passé par ce point, car elle y tend ou elle s'en éloigne, suivant que cette quantité est négative ou positive.

Le temps du passage par le périhélie se déterminera au moyen de l'équation

$$dt\sqrt{p} = r^2 dv = \frac{p^2 dv}{(1 + e\cos v)^2},$$

ce qui donne

$$t = p^{\frac{3}{2}} \int \frac{dv}{(1 + e \cos v)^2},$$

l'intégrale étant prise depuis $v = 0$ jusqu'à v égal à l'angle dont le cosinus est $\frac{p-r}{re}$; ce temps, ajouté ou retranché de celui de l'observation, suivant que la comète a ou n'a pas encore passé par le périhélie, donnera l'instant de son passage par ce point.

Enfin on aura la position du périhélie relativement au nœud ascendant, en déterminant la position de la comète sur son orbite relativement à ce nœud, et en lui ajoutant l'angle v, si, le mouvement de la comète étant direct, elle n'a pas encore passé par son périhélie, ou si, son mouvement étant rétrograde, elle y a déjà passé; dans les autres cas, il faudra retrancher l'angle v de la position de la comète ; nous supposons toujours que les degrés se comptent suivant l'ordre des signes.

VI.

Tous les éléments de l'orbite de la comète étant donnés, par ce qui précède, en fonctions de ρ, si l'un de ces éléments était connu, on aurait une nouvelle équation au moyen de laquelle on pourrait déterminer ρ. Cette équation aurait un diviseur commun avec l'équation (5) de l'article IV, et, en cherchant ce diviseur par les méthodes connues, on parviendrait à une équation du premier degré en ρ. On aurait de plus une équation de condition entre les observations, et cette équation serait celle qui doit avoir lieu pour que l'élément donné puisse appartenir à l'orbite de la comète. Appliquons maintenant cette considération à la nature; pour cela, nous observerons que les orbites que décrivent les comètes sont très allongées et se confondent sensiblement avec une parabole dans la partie dans laquelle ces astres sont visibles; on peut donc supposer, sans erreur sensible, $a = \infty$, partant $\frac{1}{a} = 0$; l'équation (6) de l'article précédent deviendra ainsi

$$0 = \frac{2}{r} - \frac{dx^2 + dy^2 + dz^2}{dt^2};$$

si l'on y substitue, au lieu de $\frac{dx}{dt}$, $\frac{dy}{dt}$ et $\frac{dz}{dt}$, leurs valeurs trouvées dans l'article précédent, et ensuite $u\rho$ au lieu de $\frac{d\rho}{dt}$, u étant connu par l'article IV, on aura, après toutes les réductions et en négligeant le carré de $R' - 1$,

$$(7) \quad \left\{ \begin{aligned} 0 = {}& \rho^2\left[u^2 + \left(\frac{d\vartheta}{dt}\right)^2 + \left(\frac{d\alpha}{dt}\right)^2\cos^2\vartheta\right] \\ & + \left(2\rho u\cos\vartheta - 2\rho\frac{d\vartheta}{dt}\sin\vartheta\right)\left[(R'-1)\cos(\Lambda-\alpha) - \frac{\sin(\Lambda-\alpha)}{R}\right] \\ & + 2\rho\frac{d\alpha}{dt}\cos\vartheta\left[(R'-1)\sin(\Lambda-\alpha) + \frac{\cos(\Lambda-\alpha)}{R}\right] + \frac{1}{R^2} - \frac{2}{r}. \end{aligned}\right.$$

Soit, pour abréger,

$$u^2 + \left(\frac{d\vartheta}{dt}\right)^2 + \left(\frac{d\alpha}{dt}\right)^2\cos^2\vartheta = m,$$

$$\begin{aligned}\left(2u\cos\vartheta - 2\frac{d\vartheta}{dt}\sin\vartheta\right)&\left[(R'-1)\cos(\Lambda-\alpha) - \frac{\sin(\Lambda-\alpha)}{R}\right] \\ &+ 2\frac{d\alpha}{dt}\cos\vartheta\left[(R'-1)\sin(\Lambda-\alpha) + \frac{\cos(\Lambda-\alpha)}{R}\right] = n,\end{aligned}$$

l'équation précédente donnera

$$r^2\left(m\rho^2 + n\rho + \frac{1}{R^2}\right)^2 = 4,$$

partant

$$(8) \quad 0 = [\rho^2 + 2R\rho\cos\vartheta\cos(\Lambda-\alpha) + R^2]\left(m\rho^2 + n\rho + \frac{1}{R^2}\right)^2 - 4;$$

cette équation, qui n'est que du sixième degré, présente, sous ce rapport, une plus grande simplicité que l'équation (5) de l'article IV. Ces deux équations, ayant lieu à la fois, ont un commun diviseur, et, en le cherchant par les méthodes connues, on aura sans tâtonnement la valeur de ρ. En effet, si l'on suppose $\frac{1}{r} = x$, on parviendra facilement l'équation suivante

$$
0 = \frac{2mR}{\mu} x^4 + \frac{R}{\mu} x^3 \left\{ \left(n - \frac{m}{\mu R^2}\right)[n - 2mR\cos\theta\cos(A-\alpha)] + m^2 R^2 - \frac{m}{R^2} \right.
$$
$$
\left. - x\left[2n - 4mR\cos\theta\cos(A-\alpha) + \frac{m^2 R}{\mu}\right] \right.
$$
$$
+ \left(\frac{m}{\mu^2 R^4} - \frac{u}{\mu R^2} + \frac{1}{R^3}\right)[n - 2mR\cos\theta\cos(A-\alpha)];
$$

cette équation, n'étant que du quatrième degré, est résoluble par les
méthodes connues, et on peut l'abaisser encore et parvenir à déterminer x par une équation du premier degré; on aura ensuite ρ au
moyen de l'équation

$$
\rho = \frac{R}{\mu} x^3 - \frac{1}{\mu R^2}.
$$

Au reste, il sera plus commode dans la pratique de chercher par des
essais à satisfaire à l'équation (8).

VII.

Puisque le problème de la détermination des orbites paraboliques
des comètes conduit à plus d'équations que d'inconnues, on peut, en
combinant diversement ces équations, former autant de méthodes différentes pour calculer ces orbites. Examinons celles dont on doit
attendre le plus de précision dans les résultats ou qui participent le
moins aux erreurs des observations. C'est principalement sur les
valeurs des différences secondes $\frac{d^2\alpha}{dt^2}$ et $\frac{d^2\theta}{dt^2}$ que ces erreurs ont une
influence sensible, parce que, pour les déterminer, il faut prendre
les différences secondes finies des longitudes et des latitudes géocentriques de la comète, observées dans un petit intervalle de temps; or,
ces différences étant moindres que les différences premières, les
erreurs des observations en sont une plus grande partie aliquote. Il
suit de là qu'une méthode qui n'emploierait que la plus grande des
deux quantités $\frac{d^2\alpha}{dt^2}$ et $\frac{d^2\theta}{dt^2}$ mériterait à cet égard la préférence. Supposons, conséquemment, que l'on rejette la quantité $\frac{d^2\theta}{dt^2}$, et reprenons

l'équation

$$-2\frac{d\rho}{dt}\frac{d\alpha}{dt}\cos\theta + \rho\left(2\frac{d\theta}{dt}\frac{d\alpha}{dt}\sin\theta - \frac{d^2\alpha}{dt^2}\cos\theta\right) = R\sin(A-\alpha)\left(\frac{1}{r^3}-\frac{1}{R^3}\right)$$

trouvée dans l'article IV. Si, au lieu de la distance réelle ρ de la comète à la Terre, on prend pour inconnue la projection $\rho\cos\theta$ de cette distance sur le plan de l'écliptique, en nommant ρ' cette projection, on aura

$$(9) \qquad -2\frac{d\rho'}{dt}\frac{d\alpha}{dt} - \rho'\frac{d^2\alpha}{dt^2} = R\sin(A-\alpha)\left(\frac{1}{r^3}-\frac{1}{R^3}\right),$$

r^2 étant égal à

$$\frac{\rho'^2}{\cos\theta^2} + 2R\rho'\cos(A-\alpha) + R^2;$$

l'équation (7) de l'article précédent deviendra

$$(10)\quad\begin{cases} 0 = \left(\frac{d\rho'}{dt}\right)^2 + \rho'^2\left(\frac{d\alpha}{dt}\right)^2 + \left(\frac{d\rho'}{dt}\tan\theta + \frac{\rho'\frac{d\theta}{dt}}{\cos^2\theta}\right)^2 \\[2ex] \qquad + 2\frac{d\rho'}{dt}\left[(R'-1)\cos(A-\alpha) - \frac{\sin(A-\alpha)}{R}\right] \\[2ex] \qquad + 2\rho'\frac{d\alpha}{dt}\left[(R'-1)\sin(A-\alpha) + \frac{\cos(A-\alpha)}{R}\right] + \frac{1}{R^3} - \frac{2}{r}; \end{cases}$$

si l'on éliminait $\frac{d\rho'}{dt}$ de cette équation, au moyen de l'équation (9), on aurait une équation qui, délivrée de fractions, renfermerait un terme multiplié par $r^6\rho'^2$ et d'autres termes multipliés par les puissances impaires de r au-dessous de 6. En mettant donc dans un seul membre tous les termes affectés de ces puissances impaires, et élevant les deux membres au carré pour n'avoir que des puissances paires de r; en substituant ensuite au lieu de r^2 sa valeur en ρ', le terme multiplié par $r^6\rho'^2$ en produira un multiplié par $r^{12}\rho'^4$, ce qui donnera un terme multiplié par ρ'^{16}, en sorte que l'équation finale en ρ' sera du seizième degré; mais, au lieu de former cette équation, il sera beaucoup plus simple de satisfaire par des essais aux équations (9) et (10).

Supposons maintenant que, au lieu de rejeter la quantité $\frac{d^2\theta}{dt^2}$, on rejette celle-ci $\frac{d^2\alpha}{dt^2}$; si l'on reprend les équations (1), (2) et (3) de l'article IV, que l'on multiplie la première par $\cos\alpha$ et qu'on l'ajoute à la seconde multipliée par $\sin\alpha$; si l'on observe ensuite que

$$\left(\frac{d^2x'}{dt^2} + \frac{x'}{r^3}\right)\cos\alpha + \left(\frac{d^2y'}{dt^2} + \frac{y'}{r^3}\right)\sin\alpha = R\cos(A - \alpha)\left(\frac{1}{r^3} - \frac{1}{R^3}\right),$$

on aura

$$o = R\cos(A - \alpha)\left(\frac{1}{r^3} - \frac{1}{R^3}\right) + \frac{d^2\rho}{dt^2}\cos\theta$$
$$- 2\frac{d\rho}{dt}\frac{d\theta}{dt}\sin\theta - \rho\frac{d^2\theta}{dt^2}\sin\theta - \rho\left(\frac{d\theta}{dt}\right)^2\cos\theta - \rho\left(\frac{d\alpha}{dt}\right)^2\cos\theta + \frac{\rho\cos\theta}{r^3}.$$

Si l'on multiplie cette équation par $\sin\theta$, et qu'on en retranche l'équation (3) multipliée par $\cos\theta$, on aura

$$2\frac{d\rho}{dt}\frac{d\theta}{dt} + \rho\left[\frac{d^2\theta}{dt^2} + \left(\frac{d\alpha}{dt}\right)^2\sin\theta\cos\theta\right] = R\sin\theta\cos(A - \alpha)\left(\frac{1}{r^3} - \frac{1}{R^3}\right),$$

équation qui, en y substituant $\frac{\rho'}{\cos\theta}$ au lieu de ρ, devient

$$(11) \quad \begin{cases} 2\dfrac{d\theta}{dt}\dfrac{d\rho'}{dt} + \rho'\left[\dfrac{d^2\theta}{dt^2} + \left(\dfrac{d\alpha}{dt}\right)^2\sin\theta\cos\theta + 2\left(\dfrac{d\theta}{dt}\right)^2\tan\theta\right] \\[2mm] = R\sin\theta\cos\theta\cos(A - \alpha)\left(\dfrac{1}{r^3} - \dfrac{1}{R^3}\right). \end{cases}$$

On déterminera, au moyen des deux équations (10) et (11), les valeurs de ρ' et $\frac{d\rho'}{dt}$; l'équation finale en ρ', à laquelle conduirait l'élimination, serait encore du seizième degré; il sera donc beaucoup plus simple de parvenir à déterminer ρ' par quelques essais.

Remarque I. — Les deux méthodes fondées sur les équations (9), (10) et (11) me paraissent être les plus exactes que l'on puisse employer dans la détermination approchée des orbites des comètes; il faudra faire usage des deux premières équations, si les différences secondes de la longitude géocentrique sont plus considérables que celles de la latitude géocentrique; mais, si elles sont moindres, il faudra faire usage des équations (10) et (11). Si l'orbite de la comète était peu inclinée à l'écliptique, les méthodes fondées sur les équations (5) et (8) ne seraient pas exactes; elles cesseraient même d'avoir lieu si l'orbite de la comète était sur le plan de l'écliptique, car ces équations dépendent des valeurs de u et de μ de l'article IV; or ces valeurs deviennent $\frac{o}{o}$ lorsque $\theta = o$ et $\frac{d\theta}{dt} = o$; elles deviennent encore $\frac{o}{o}$ lorsque la comète est en opposition et paraît monter perpendiculairement à l'écliptique, c'est-à-dire lorsque $A = \alpha$ et $\frac{d\alpha}{dt} = o$. Il faut recourir, dans le premier cas, aux équations (9) et (10), et, dans le second cas, aux équations (10) et (11); ainsi, quand même ces équations n'auraient pas l'avantage de s'appuyer moins sur les observations que les autres, elles mériteraient la préférence en ce qu'elles ont lieu généralement, quel que soit le mouvement apparent de la comète, pourvu que son orbite soit parabolique. Il est essentiel, dans leur usage, de bien déterminer toutes les valeurs réelles et positives qu'elles donnent pour ρ; en supposant, par exemple, que les équations (9) et (10) donnent pour cette inconnue plusieurs racines réelles et positives, il faudra choisir celle qui satisfait à l'équation (11); mais, si l'orbite de la comète est très peu inclinée à l'écliptique, auquel cas l'équation (11) cesse d'avoir lieu, il faut nécessairement recourir à une quatrième observation; d'où il suit que, dans ce cas, trois observations sont insuffisantes pour déterminer cette orbite. Pareillement, si les équations (10) et (11) donnent plusieurs valeurs positives de ρ, il faudra choisir celle qui satisfait à l'équation (9).

Remarque II. — Il est facile de se convaincre que la méthode fondée sur les équations (9) et (10) n'est qu'une traduction analytique de la méthode du troisième Livre des *Principes* de Newton, en y supposant les intervalles entre les observations infiniment petits. Ce grand géomètre étend à la vérité cette méthode à des intervalles finis assez considérables, au moyen de quelques corrections qu'il indique; mais, sans examiner ici jusqu'à quel point ces corrections sont exactes, nous observerons qu'elles rendent l'usage de cette méthode assez difficile, et qu'il est beaucoup plus simple de chercher, comme nous l'avons fait, par l'interpolation de plusieurs observations, des valeurs de plus en plus approchées de $\frac{d\alpha}{dt}$, $\frac{d^2\alpha}{dt^2}$, $\frac{d\theta}{dt}$ et $\frac{d^2\theta}{dt^2}$. D'ailleurs, la forme analytique sous laquelle elle est ici présentée en simplifie l'usage, et l'équation (11), que Newton n'a point donnée, offre un moyen facile de reconnaitre parmi les valeurs réelles et positives de p celle qui doit être employée.

Remarque III. — Lorsqu'on a, par ce qui précède, les éléments approchés de l'orbite d'une comète, on peut, par un grand nombre de moyens, corriger ces éléments; il suffit pour cela de choisir trois observations éloignées et de calculer ces observations, en supposant connues, à peu près, deux quantités relatives au mouvement de la comète, telles que les rayons vecteurs correspondants à deux de ces observations ou l'inclinaison de l'orbite et la position du nœud, etc.; on fera ensuite varier très peu ces deux quantités et l'on calculera les observations dans ces nouvelles hypothèses; la loi des différences entre les résultats du calcul et les observations fera aisément connaitre les véritables variations que ces quantités doivent subir. Mais, parmi les combinaisons deux à deux des quantités relatives au mouvement des comètes, il en est une qui doit offrir le calcul le plus simple et le plus facile, et qui, par cette raison, mérite d'être recherchée; or il m'a paru que les deux éléments dont la variation présente cet avantage sont la distance périhélie et l'instant du passage de la comète par ce point. J'exposerai donc ici le procédé qu'il faut suivre pour corriger l'orbite, en supposant ces éléments à peu près connus; mais auparavant je vais tirer immédiatement leurs valeurs de celles de ρ' et $\frac{d\rho'}{dt}$. Pour cela, on observera que, si l'on nomme D la distance périhélie, on a, par la nature du mouvement parabolique,

$$D = r - \frac{(r\,dr)^2}{2\,dt^2};$$

or l'équation

$$r^2 = \frac{\rho'^2}{\cos^2\theta} + 2R\rho'\cos(A - \alpha) + R^2$$

donne, en la différentiant et en substituant, au lieu de $\frac{dA}{dt}$ et $\frac{dR}{dt}$, leurs valeurs $\frac{1}{R^2}$ et $R'-1$,

$$\frac{r\,dr}{dt} = \frac{\rho'}{\cos^2\vartheta}\left(\frac{d\rho'}{dt} + \rho'\frac{d\vartheta}{dt}\tan g\,\vartheta\right) + R\frac{d\rho'}{dt}\cos(A-\alpha)$$

$$+ \rho'\left[(R'-1)\cos(A-\alpha) - \frac{\sin(A-\alpha)}{R}\right] + \rho'R\frac{d\alpha}{dt}\sin(A-\alpha) + R(R'-1).$$

Soit P cette quantité; si elle est négative, la comète tend vers son périhélie, mais elle s'en éloigne si P est positif; on aura ensuite

$$D = r - \tfrac{1}{2}P^2.$$

On aura v ou la distance de la comète à son périhélie au moyen de l'équation

$$\cos v = \frac{2D}{r} - 1.$$

Enfin on aura le temps employé à décrire cet angle, par la Table du mouvement des comètes, et ce temps ajouté ou retranché de celui de l'observation, suivant que P sera négatif ou positif, donnera l'instant du passage de la comète par le périhélie.

De là résulte la méthode suivante pour déterminer les orbites des comètes.

VIII.

MÉTHODE GÉNÉRALE POUR DÉTERMINER LES ORBITES DES COMÈTES.

Cette méthode sera divisée en deux Parties : dans la première, nous donnerons le moyen d'avoir à peu près la distance périhélie et l'instant du passage de la comète par ce point; dans la seconde, nous déterminerons exactement tous les éléments de l'orbite, en supposant ceux-ci à peu près connus.

Détermination approchée de la distance périhélie et de l'instant du passage de la comète par ce point.

1º On choisira trois, ou quatre, ou cinq, ... observations d'une comète, également éloignées les unes des autres, autant qu'il sera possible, et, pour la commodité du calcul, on les réduira toutes à la

même heure du jour, temps moyen, quoique cela ne soit pas nécessaire. On pourra embrasser avec quatre observations un intervalle
de 3o°; avec cinq observations, un intervalle de 36° ou 4o°, et ainsi
du reste. Mais il faudra toujours que l'intervalle compris entre les
observations soit d'autant plus grand qu'elles sont en plus grand
nombre, afin de déterminer l'influence de leurs erreurs. Cela posé,
soient 6, $6'$, $6''$, $6'''$, ... les ascensions droites successives de la comète;
γ, γ', γ'', γ''', ... les déclinaisons boréales correspondantes, les déclinaisons australes devant être supposées négatives. On divisera la dif-
férence $6' - 6$ par le nombre des jours qui séparent la première de la
seconde observation; on divisera pareillement la différence $6'' - 6'$ par
le nombre des jours qui séparent la troisième de la seconde observation; on divisera encore la différence $6''' - 6''$ par le nombre des jours
qui séparent la quatrième de la troisième observation, et ainsi de
suite. Soient $\delta 6$, $\delta 6'$, $\delta 6''$, $\delta 6'''$, ... la suite de ces quotients.

On divisera la différence $\delta 6' - \delta 6$ par le nombre des jours qui séparent la troisième de la première observation; on divisera pareillement la différence $\delta 6'' - \delta 6'$ par le nombre des jours qui séparent la
quatrième de la seconde observation; on divisera encore la différence $\delta 6''' - \delta 6''$ par le nombre des jours qui séparent la cinquième de
la troisième observation, et ainsi du reste; soient $\delta^2 6$, $\delta^2 6'$, $\delta^2 6''$, ...
la suite de ces quotients.

On divisera la différence $\delta^2 6' - \delta^2 6$ par le nombre des jours qui
séparent la quatrième de la première observation; on divisera pareillement la différence $\delta^2 6'' - \delta^2 6'$ par le nombre des jours qui séparent
la cinquième de la seconde observation, et ainsi du reste. Soient $\delta^3 6$,
$\delta^3 6'$, ... la suite de ces quotients; on continuera ainsi jusqu'à ce que
l'on parvienne à former $\delta^{n-1} 6$, n étant le nombre des observations
employées; cela fait :

2° On prendra une époque moyenne, ou à peu près moyenne, entre
les instants des deux observations extrêmes, et, en nommant i, i', i'',
i''', ... le nombre de jours dont elle précède chaque observation, i,
i', ... devant être supposés négatifs pour toutes les observations anté-

rieures à cette époque, l'ascension droite de la comète, après un petit nombre z de jours comptés depuis l'époque, sera exprimée par la formule

$$(p)\quad \left\{ \begin{aligned}
&\alpha - i\,\delta\alpha + ii'\,\delta^2\alpha - ii'i''\,\delta^3\alpha + ii'i''i'''\,\delta^4\alpha - \ldots \\[4pt]
&+ z\left\{ \begin{aligned} &\delta\alpha - (i+i')\,\delta^2\alpha + (ii'+ii''+i'i'')\,\delta^3\alpha \\ &\qquad - (ii'i''+ii'i'''+ii''i'''+i'i''i''')\,\delta^4\alpha \\ &\qquad + \ldots\ldots\ldots\ldots\ldots\ldots\ldots\ldots\ldots \end{aligned}\right. \\[4pt]
&+ z^2\left\{ \begin{aligned} &\delta^2\alpha - (i+i'+i'')\,\delta^3\alpha \\ &\qquad + (ii'+ii''+ii'''+i'i''+i'i'''+i''i''')\,\delta^4\alpha \\ &\qquad - \ldots\ldots\ldots\ldots\ldots\ldots\ldots\ldots\ldots \end{aligned}\right.
\end{aligned}\right.$$

Les coefficients de $-\delta\alpha$, $+\delta^2\alpha$, $-\delta^3\alpha$, ... dans la partie indépendante de z sont : 1º le nombre i; 2º le produit des deux nombres i et i'; 3º le produit des trois nombres i, i' et i'', ...

Les coefficients de $-\delta^2\alpha$, $+\delta^3\alpha$, $-\delta^4\alpha$, ... dans la partie multipliée par z sont : 1º la somme des deux nombres i et i'; 2º la somme des produits deux à deux des trois nombres i, i', i''; 3º la somme des produits trois à trois des quatre nombres i, i', i'', i''', ...

Les coefficients de $-\delta^3\alpha$, $+\delta^4\alpha$, $-\delta^5\alpha$, ... dans la partie multipliée par z^2 sont : 1º la somme des trois nombres i, i', i''; 2º la somme des produits deux à deux des quatre nombres i, i', i'', i'''; 3º la somme des produits trois à trois des cinq nombres i, i', i'', i''', i'''', ...

En opérant de la même manière sur les déclinaisons de la comète, sa déclinaison après le nombre z de jours depuis l'époque sera représentée par la formule suivante

$$(q)\quad \left\{ \begin{aligned}
&\gamma - i\,\delta\gamma + ii'\,\delta^2\gamma - ii'i''\,\delta^3\gamma + ii'i''i''\,\delta^4\gamma - \ldots \\[4pt]
&+ z\left\{ \begin{aligned} &\delta\gamma - (i+i')\,\delta^2\gamma + (ii'+ii''+i'i'')\,\delta^3\gamma \\ &\qquad - (ii'i''+ii'i'''+ii''i'''+i'i''i''')\,\delta^4\gamma \\ &\qquad + \ldots\ldots\ldots\ldots\ldots\ldots\ldots\ldots\ldots \end{aligned}\right. \\[4pt]
&+ z^2\left\{ \begin{aligned} &\delta^2\gamma - (i+i'+i'')\,\delta^3\gamma \\ &\qquad + (ii'+ii''+ii'''+i'i''+i'i'''+i''i''')\,\delta^4\gamma \\ &\qquad - \ldots\ldots\ldots\ldots\ldots\ldots\ldots\ldots\ldots \end{aligned}\right.
\end{aligned}\right.$$

On supposera ensuite z égal à un petit nombre de jours, de manière que les termes multipliés par z^2 ne montent qu'à un petit nombre de minutes, par exemple à quatre ou cinq minutes. Soit q ce nombre de jours, on fera successivement $z = -q$, $z = 0$ et $z = q$; on aura ainsi trois ascensions droites et trois déclinaisons correspondantes de la comète, éloignées l'une de l'autre d'un même intervalle de temps. Au moyen de ces positions on calculera avec soin les trois longitudes et les trois latitudes correspondantes, en portant la précision jusqu'aux secondes. Soient α_1, α et α' les trois longitudes; θ_1, θ et θ' les trois latitudes boréales, les latitudes australes devant être supposées négatives. On réduira en secondes la quantité $\dfrac{\alpha' - \alpha_1}{2q}$ et, du logarithme de ce nombre de secondes, on retranchera le logarithme $3,5500081$; on aura le logarithme d'un nombre que nous désignerons par a.

On réduira pareillement en secondes la quantité $\dfrac{\alpha' - 2\alpha + \alpha_1}{q^2}$ et, du logarithme de ce nombre de secondes, on retranchera le logarithme $1,7855911$; on aura le logarithme d'un nombre que nous désignerons par b.

En réduisant pareillement en secondes la quantité $\dfrac{\theta' - \theta_1}{2q}$ et en retranchant du logarithme de ce nombre de secondes le logarithme $3,5500081$, on aura le logarithme d'un nombre que nous désignerons par h.

Enfin on réduira en secondes la quantité $\dfrac{\theta' - 2\theta + \theta_1}{q^2}$ et, en retranchant du logarithme de ce nombre de secondes le logarithme $1,7855911$, on aura le logarithme d'un nombre que nous désignerons par l.

C'est de la précision des valeurs de a, b, h, l que dépend l'exactitude des résultats suivants, et, comme leur formation est très simple, il faut choisir et multiplier les observations de manière à les obtenir avec toute la rigueur que ces observations comportent.

Si le nombre des observations employées est impair, on pourra fixer l'époque à l'instant de l'observation moyenne, ce qui simplifie les formules précédentes et ce qui dispensera de calculer les parties indépendantes de z dans ces formules; car il est visible que ces parties sont respectivement égales à l'ascension droite et à la déclinaison de l'observation moyenne.

3° La détermination des quantités a, b, h et l serait plus simple si l'on avait réduit d'avance en longitude et en latitude les observations dont on fait usage. Dans ce cas, on supposera, dans les formules (p) et (q), que ε, ε', ε'', ... représentent les longitudes géocentriques observées et que γ, γ', γ'', ... représentent les latitudes correspondantes; en nommant toujours α et θ la longitude et la latitude géocentrique de la comète, à l'instant que l'on a choisi pour époque, on aura :

α égal à la partie indépendante de z dans la formule (p);

Le logarithme de a, en réduisant en secondes le coefficient de z et en retranchant du logarithme de ce nombre de secondes le logarithme $3,5500081$;

Le logarithme de b, en réduisant en secondes le coefficient de z^2, en prenant ensuite le logarithme du double de ce nombre de secondes et en retranchant de ce logarithme le suivant $1,7855911$.

On aura pareillement θ égal à la partie indépendante de z dans la formule (q).

On aura le logarithme de h en réduisant en secondes le coefficient de z dans cette formule et en retranchant $3,5500081$ du logarithme de ce nombre de secondes.

Enfin on aura l en réduisant en secondes le coefficient de z^2 dans cette même formule et en retranchant $1,7855911$ du logarithme du double de ce nombre de secondes.

4° Pour éclaircir ce que nous venons de dire par un exemple, nous choisirons la comète de 1773, dont les observations faites par M. Messier sont consignées dans le Volume des *Mémoires de l'Académie* pour l'année 1774. En réduisant à 17^h, temps moyen à Paris, les observations du 13 octobre, du 31 octobre, du 25 novembre et du 14 décembre 1773, on a :

indépendantes de z dans ces formules; car il est visible que ces parties sont respectivement égales à l'ascension droite et à la déclinaison de l'observation moyenne.

3° La détermination des quantités a, b, h et l serait plus simple si l'on avait réduit d'avance en longitude et en latitude les observations dont on fait usage. Dans ce cas, on supposera, dans les formules (p) et (q), que 6, $6'$, $6''$, ... représentent les longitudes géocentriques observées et que γ, γ', γ'', ... représentent les latitudes correspondantes; en nommant toujours α et θ la longitude et la latitude géocentrique de la comète, à l'instant que l'on a choisi pour époque, on aura :

α égal à la partie indépendante de z dans la formule (p);

Le logarithme de a, en réduisant en secondes le coefficient de z et en retranchant du logarithme de ce nombre de secondes le logarithme 3,5500081;

Le logarithme de b, en réduisant en secondes le coefficient de z^2, en prenant ensuite le logarithme du double de ce nombre de secondes et en retranchant de ce logarithme le suivant 1,7855911.

On aura pareillement θ égal à la partie indépendante de z dans la formule (q).

On aura le logarithme de h en réduisant en secondes le coefficient de z dans cette formule et en retranchant 3,5500081 du logarithme de ce nombre de secondes.

Enfin on aura l en réduisant en secondes le coefficient de z^2 dans cette même formule et en retranchant 1,7855911 du logarithme du double de ce nombre de secondes.

4° Pour éclaircir ce que nous venons de dire par un exemple, nous choisirons la comète de 1773, dont les observations faites par M. Messier sont consignées dans le Volume des *Mémoires de l'Académie* pour l'année 1774. En réduisant à 17ʰ, temps moyen à Paris, les observations du 13 octobre, du 31 octobre, du 25 novembre et du 14 décembre 1773, on a :

5° On déterminera la longitude de la Terre vue du Soleil, à l'instant que l'on a choisi pour époque; soient

A cette longitude;
R la distance correspondante de la Terre au Soleil;
R′ la distance qui répond à la longitude A + 90° de la Terre.

On formera les trois équations

$$(1) \qquad r^2 = \frac{x^2}{\cos^2\theta} + 2\,\mathrm{R}.x\cos(\mathrm{A} - \alpha) + \mathrm{R}^2,$$

$$(2) \qquad y = \frac{\mathrm{R}\sin(\mathrm{A} - \alpha)}{2a}\left(\frac{1}{\mathrm{R}^3} - \frac{1}{r^3}\right) - \frac{b.x}{2a},$$

$$(3) \qquad \left\{ \begin{aligned} 0 = {} & y^2 + a^2 x^2 + \left(y\,\mathrm{tang}\,\theta + \frac{h.x}{\cos^2\theta}\right)^2 \\ & + 2y\left[(\mathrm{R}'-1)\cos(\mathrm{A} - \alpha) - \frac{\sin(\mathrm{A} - \alpha)}{\mathrm{R}}\right] \\ & + 2a.x\left[(\mathrm{R}'-1)\sin(\mathrm{A} - \alpha) + \frac{\cos(\mathrm{A} - \alpha)}{\mathrm{R}}\right] + \frac{1}{\mathrm{R}^2} - \frac{2}{r}. \end{aligned} \right.$$

Pour tirer de ces équations les valeurs des trois inconnues x, y et r, il sera beaucoup plus commode d'employer, au lieu des coefficients connus, leurs logarithmes. On fera une première supposition pour x: on le supposera, par exemple, égal à l'unité, et l'on en tirera, au moyen des équations (1) et (2), les valeurs de r et de y; on substituera ensuite ces valeurs dans l'équation (3), et, si le reste est nul, ce sera une preuve que la valeur de x a été bien choisie; mais, si ce reste est négatif, on augmentera la valeur de x, et on la diminuera si le reste est positif; on aura ainsi, au moyen d'un petit nombre d'essais, les véritables valeurs de x, y et r; mais, comme ces inconnues peuvent être susceptibles de plusieurs valeurs, il faudra choisir celle qui satisfait exactement, ou à peu près, à l'équation

$$(4) \qquad \left\{ \begin{aligned} y = {} & -x\left(h\,\mathrm{tang}\,\theta + \frac{l}{2h} + \frac{a^2\sin\theta\cos\theta}{2h}\right) \\ & + \frac{\mathrm{R}\sin\theta\cos\theta}{2h}\cos(\mathrm{A} - \alpha)\left(\frac{1}{r^3} - \frac{1}{\mathrm{R}^3}\right). \end{aligned} \right.$$

Il faudra même employer cette équation de préférence à l'équation (2), si l'on a $l > b$; et alors ce sera l'équation (2) qui servira de vérification.

Ayant ainsi les valeurs de x, y et r, on formera la quantité

$$P = \frac{x}{\cos^2 \theta}(y + h.x \tan g\,\theta) + R y \cos(A - x)$$
$$+ x\left[(R'-1)\cos(A - x) - \frac{\sin(A - x)}{R}\right] + R a x \sin(A - x) + R(R'-1).$$

La distance périhélie D de la comète sera

$$D = r - \tfrac{1}{2}P^2;$$

le cosinus de l'anomalie v de la comète sera

$$\cos v = \frac{2D}{r} - 1;$$

d'où l'on conclura, par la Table du mouvement des comètes, le temps employé à parcourir l'angle v; et, pour avoir l'instant du passage par le périhélie, il faudra ajouter ce temps à l'époque si P est négatif, et le soustraire si P est positif, parce que, dans le premier cas, la comète s'approche du périhélie, et que, dans le second cas, elle s'en éloigne.

6° Relativement à la comète de 1773, l'époque étant fixée comme ci-dessus au 13 novembre, à 17^h temps moyen, on a

$$A = 52°11'7',$$
$$R = 0,98837,$$
$$R' = 0,98816.$$

Les équations (1), (2) et (3) deviennent

$$r^2 = 1,06794 x^2 - 0,818337 x + 0,976877,$$
$$y = -1,39304 + 0,384923 x + \frac{1,24749}{r^3},$$
$$0 = y^2 - 0,130036 x^2 + (0,260646 y + 0,654355 x)^2$$
$$+ 1,85179 y - 0,294309 x + 1,02367 - \frac{2}{r}.$$

Je trouve, avec peu d'essais,

$$x = 1,60115,$$
$$y = -0,34113,$$
$$\log r = 0,1905079.$$

Ces valeurs satisfaisant à très peu près à l'équation (4), j'en conclus qu'elles doivent être adoptées; je forme donc à leur moyen la quantité P, et je trouve

$$P = 0,9448,$$

ce qui donne

$$D = 1,10434,$$
$$\upsilon = 64°53'19''.$$

Le signe de P étant positif, la comète a déjà passé par son périhélie : d'où je conclus que ce passage a eu lieu le 5 septembre à 21^h14^m, temps moyen à Paris.

Détermination exacte des éléments de l'orbite lorsque l'on connaît à peu près la distance périhélie et l'instant du passage de la comète par ce point.

7° On choisira trois observations éloignées de la comète; en partant ensuite de la distance périhélie et de l'instant du passage par ce point, déterminés par ce qui précède, on calculera facilement les trois anomalies de la comète et les trois rayons vecteurs correspondants aux instants des trois observations. Soient υ, υ', υ'' ces anomalies, celles qui sont de côtés différents du périhélie devant être supposées de signes contraires; soient, de plus, r, r', r'' les rayons vecteurs correspondants de la comète; on aura les angles compris entre r et r', et entre r et r'', en soustrayant l'une de l'autre les anomalies correspondantes. Soient U le premier de ces angles et U' le second.

Nommons encore

α, α', α'' les trois longitudes géocentriques observées de la comète;
θ, θ', θ'' ses trois latitudes géocentriques;

C, C′, C″ les trois longitudes correspondantes du Soleil;

R, R′, R″ ses trois distances à la Terre;

$\mathcal{E}$, $\mathcal{E}'$, $\mathcal{E}''$ les trois longitudes héliocentriques de la comète;

ϖ, ϖ', ϖ'' ses trois latitudes héliocentriques.

Cela posé :

On imaginera la lettre S au centre du Soleil, la lettre T au centre de la Terre, la lettre C au centre de la comète, et la lettre C′ à sa projection sur le plan de l'écliptique. On aura l'angle STC′ en prenant la différence des longitudes géocentriques de la comète et du Soleil; en multipliant ensuite le cosinus de cet angle par celui de la latitude géocentrique θ de la comète, on aura le cosinus de l'angle STC; dans le triangle rectiligne STC, on connaîtra donc l'angle STC, le côté ST ou R, et le côté SC ou r; on aura ainsi, par les règles de la Trigonométrie rectiligne, l'angle CST. On aura ensuite la latitude héliocentrique ϖ de la comète, au moyen de l'équation

$$\sin\varpi = \frac{\sin\theta\,\sin CST}{\sin CTS}.$$

L'angle TSC′ est le côté d'un triangle sphérique rectangle dont l'hypoténuse est l'angle TSC, et dont un des côtés est l'angle ϖ; d'où l'on tire aisément TSC′ et, par conséquent, la longitude héliocentrique $\mathcal{E}$ de la comète. On aura de la même manière ϖ', $\mathcal{E}'$, ϖ'' et $\mathcal{E}''$, et les valeurs de $\mathcal{E}$, $\mathcal{E}'$, $\mathcal{E}''$ feront aisément connaître si le mouvement de la comète est direct ou rétrograde.

Si l'on conçoit les deux arcs de latitude ϖ et ϖ' réunis au pôle de l'écliptique, ils y formeront un angle égal à $\mathcal{E}' - \mathcal{E}$, et, dans le triangle sphérique formé par cet angle et par les côtés $90^{\circ} - \varpi$ et $90^{\circ} - \varpi'$, le côté opposé à l'angle $\mathcal{E}' - \mathcal{E}$ sera l'angle au Soleil compris entre les deux rayons vecteurs r et r'. On le déterminera facilement par les analogies connues de la Trigonométrie sphérique ou par la formule suivante

$$\cos V = \cos(\mathcal{E}' - \mathcal{E})\cos\varpi\,\cos\varpi' + \sin\varpi\,\sin\varpi',$$

dans laquelle V représente cet angle.

En nommant pareillement V' l'angle formé par les deux rayons vecteurs r et r'', on aura

$$\cos V' = \cos(6' - 6) \cos \varpi \cos \varpi'' + \sin \varpi \sin \varpi''.$$

Maintenant, si la distance périhélie et l'instant du passage de la comète par ce point étaient exactement déterminés, on aurait

$$V = U \quad \text{et} \quad V' = U';$$

mais, comme cela n'arrivera presque jamais, on supposera

$$m = U - V, \qquad n = U' - V'.$$

Nous observerons ici que le calcul du triangle STC donne, pour l'angle CST, deux valeurs différentes, savoir CST et $180° - 2\,\text{STC} - \text{CST}$. On aura ainsi deux valeurs différentes pour chacune des quantités 6, ϖ, $6'$, ϖ', $6''$, ϖ''. Le plus souvent, la nature du mouvement de la comète fera connaître la valeur de CST dont on doit faire usage, surtout si ces deux angles sont très différents; car alors l'un d'eux placera la comète plus loin que l'autre de la Terre, et il sera facile de reconnaître par le mouvement apparent de la comète, à l'instant de l'observation, lequel des deux angles doit être préféré; dans un grand nombre de cas, l'un d'eux sera négatif et devra par conséquent être rejeté; mais, s'il restait de l'incertitude à cet égard, on pourra toujours déterminer les véritables valeurs de 6, $6'$, $6''$, en observant de prendre pour 6 et $6'$ les deux angles qui rendent V très peu différent de U, et de prendre pour 6 et $6''$ les deux angles qui rendent V' très peu différent de U'.

On fera ensuite une seconde hypothèse, dans laquelle, en conservant le même instant du passage par le périhélie que ci-dessus, on fera varier la distance périhélie d'une petite quantité, par exemple de la cinquantième partie de sa valeur, et l'on cherchera, dans cette hypothèse, les valeurs de $U - V$ et de $U' - V'$. Soient alors

$$m' = U - V, \qquad n' = U' - V'.$$

Enfin on formera une troisième hypothèse, dans laquelle, en conservant la même distance périhélie que dans la première, on fera varier d'un demi-jour ou d'un jour, plus ou moins, l'instant du passage par le périhélie. On cherchera, dans cette nouvelle hypothèse, les valeurs de $U - V$ et de $U' - V'$. Soient alors

$$m'' = U - V, \qquad n'' = U' - V'.$$

Cela posé, si l'on nomme u le nombre par lequel on doit multiplier la variation supposée dans la distance périhélie pour avoir la véritable, et t le nombre par lequel on doit multiplier la variation supposée dans l'instant du passage par le périhélie pour avoir ce véritable instant ; on aura les deux équations

$$u(m - m') + t(m - m'') = m,$$
$$u(n - n') + t(n - n'') = n;$$

d'où l'on tirera u et t, et, par conséquent, la distance périhélie corrigée et le véritable instant du passage de la comète par ce point.

8° Si l'on nomme j la position du nœud qui serait ascendant si le mouvement de la comète était direct, et φ l'inclinaison de l'orbite, on aura

$$\tan g\, j = \frac{\tan g\, \varpi' \sin \delta - \tan g\, \varpi \sin \delta'}{\tan g\, \varpi' \cos \delta - \tan g\, \varpi \cos \delta'},$$

$$\tan g\, \varphi = \frac{\tan g\, \varpi'}{\sin(\delta' - j)}$$

ou

$$\tan g\, j = \frac{\tan g\, \varpi'' \sin \delta - \tan g\, \varpi \sin \delta''}{\tan g\, \varpi' \cos \delta - \tan g\, \varpi \cos \delta''},$$

$$\tan g\, \varphi = \frac{\tan g\, \varpi'}{\sin(\delta' - j)}.$$

Supposons que, pour déterminer les angles j et φ, on se serve des deux dernières formules, il est visible que la tangente de j peut également appartenir aux deux angles j et $180° + j$, j étant le plus petit des angles positifs auxquels elle puisse appartenir. Pour déterminer lequel de ces deux angles il faut employer, on observera que φ et $\tan g\, \varphi$ doivent être positifs, et qu'ainsi $\sin(\delta'' - j)$ doit être de même signe que $\tan g\, \varpi''$; cette condition déterminera l'angle j, et cet angle sera la position du nœud ascendant, si le mouvement de la comète est direct; mais, si ce mouvement est rétrograde, il faut lui ajouter 180° pour avoir la position de ce nœud.

L'hypoténuse du triangle sphérique rectangle, dont $\mathcal{E}'' - j$ et ϖ'' sont les côtés, est la distance de la comète au nœud dans la troisième observation, et la différence entre cette hypoténuse et ϖ'' est l'intervalle entre le nœud et le périhélie, compté sur l'orbite; d'où l'on conclura facilement la position du périhélie sur l'orbite.

9° Appliquons cette méthode à la comète de 1773; pour cela, nous choisirons les trois positions suivantes de la comète, savoir : celle du 13 octobre à 17^h, temps moyen à Paris; celle du 30 décembre à 18^h, temps moyen; et celle du 1er avril 1774 à midi, temps moyen. Les observations donnent, pour ces instants,

$$\alpha = 153.40.22, \qquad \theta = -3.21.19,$$
$$\alpha' = 176.\ 6.23, \qquad \theta' = 43.45.46,$$
$$\alpha'' = 137.25.32, \qquad \theta'' = 61.45.26;$$

on a d'ailleurs

$$C = 6.21.\ 7.41, \qquad \log R = 9,9983500,$$
$$C' = 9.\ 9.59.\ 3, \qquad \log R' = 9,9925630,$$
$$C'' = 0.11.48.36, \qquad \log R'' = 0,0002301.$$

On formera une première hypothèse, dans laquelle la distance périhélie sera, comme on l'a trouvée ci-dessus, égale à 1,10434; et le passage par ce point a eu lieu le 5 septembre 1773 à $21^h 14^m$, temps moyen à Paris. On trouvera, dans cette hypothèse,

$$v = 41°26'59', \qquad v' = 86°22'38'', \qquad v'' = 106°57'8',$$
$$\log r = 0,1012104, \qquad \log r' = 0,3175230, \qquad \log r'' = 0,4938384;$$

d'où l'on conclura d'abord

$$U = 44°55'39, \qquad U' = 65°30'9'$$

et ensuite

$$\varpi = -4°31'\ 2'', \qquad \varpi' = 33°43'47', \qquad \varpi'' = 49°28'15'',$$
$$\theta = 117°59'51'', \qquad \theta' = 142°34'38'', \qquad \theta'' = 161°\ 5'44',$$

ce qui donne
$$V = 44°44'50'', \qquad V' = 65°35'47'',$$
partant
$$m = 10'49'', \qquad n = -5'38'';$$

la suite des valeurs de ε, ε', ε'' indique un mouvement direct.

On formera une seconde hypothèse, dans laquelle on conservera le même instant du passage par le périhélie que dans la première, et l'on augmentera la distance périhélie de 0,012; et l'on trouvera, dans cette hypothèse,
$$m' = 14'7'', \qquad n' = 6'12''.$$

Enfin on formera une troisième hypothèse, dans laquelle, en conservant la même distance périhélie que dans la première, on fera varier d'un jour l'instant du passage par le périhélie, en le fixant au 5 septembre à 21^h14^m, temps moyen; cette hypothèse donnera
$$m'' = -35'29'', \qquad n'' = -44'18''.$$

Au moyen de ces valeurs de m, m', ..., on formera les deux équations
$$2178t - 198u = 649,$$
$$2320t - 710u = -338;$$
d'où l'on tire
$$t = 0,48547, \qquad u = 2,0624.$$

La variation supposée dans l'instant du passage par le périhélie étant d'un jour, on aura le véritable instant en retranchant du 5 septembre 21^h14^m un jour multiplié par 0,48547, ce qui donnera, pour cet instant, le 5 septembre à $9^h34^m55^s$, temps moyen à Paris.

Pareillement, la variation supposée dans la distance périhélie étant 0,012, on aura la véritable correction de cette distance en multipliant 0,012 par 2,0624, ce qui donnera 1,12909 pour la distance périhélie corrigée.

Au moyen de ces éléments, on trouvera
$$\varpi = -\ 4°.30'.36'', \qquad \varpi' = 49°.27'.47'',$$
$$\varepsilon = \ 118.42.36, \qquad \varepsilon' = 161.\ 6.18,$$
$$v'' = 105.58.50.$$

D'où l'on conclut le lieu j du nœud ascendant dans $4^s 1° 11' 27''$ et l'inclinaison de l'orbite de $61° 14' 43''$. On aura la distance de la comète au nœud dans la dernière observation, en prenant l'hypoténuse du triangle rectangle dont $6'' - j$ et ϖ'' sont les côtés, ce qui donne $60° 5' 56''$ pour la distance de la comète à son nœud sur l'orbite. Sa distance au périhélie étant $105° 58' 50''$, le périhélie est moins avancé que le nœud, sur l'orbite, de $45° 52' 54''$; en retranchant cette quantité du lieu j du nœud, on aura pour le lieu du périhélie sur l'orbite $2^s 15° 18' 33''$. On a donc, pour les véritables éléments de l'orbite de la comète de 1773 :

Distance périhélie 1,12909

5 septembre.	Instant du passage par le périhélie.	$9^h 34^m 55^s$, temps moyen à Paris
	Lieu du périhélie sur l'orbite	$2^s 15° 18' 33''$
	Lieu du nœud ascendant	$4.\ 1.11.27$
	Inclinaison de l'orbite.	$61.14.43$

Le sens du mouvement de la comète est direct.

*Application de la méthode précédente à la seconde comète de 1781,
par M. MÉCHAIN.*

10° Les observations que l'on a choisies pour calculer l'orbite de cette comète sont réduites en longitude et latitude. Elles sont, de plus, rapportées à la même heure du jour, savoir à $8^h 29^m 44^s$, temps moyen à Paris. Voici ces observations :

	Longitude de la comète.	Latitude boréale.
14 novembre	$307.14.45 = 6$	$55.17.\ 9 = \gamma$
17　　o　.	$306.57.32 = 6'$	$44.17.12 = \gamma'$
19　　»　.	$306.51.26 = 6''$	$39.14.48 = \gamma''$
22　　o　.	$306.44.53 = 6'''$	$33.49.\ 1 = \gamma'''$
25　　»　.	$306.41.37 = 6^{iv}$	$29.58.43 = \gamma^{iv}$

Il faut ici faire usage de la méthode du 3°.

En prenant pour époque le 19 novembre à $8^h 29^m 44^s$, on a

$$i = -5, \quad i' = -2, \quad i'' = 0, \quad i''' = 3, \quad i^{IV} = 6,$$

ce qui donne

$$\delta\delta = -5.44,33, \qquad \delta\gamma = -3.29.54,0,$$
$$\delta\delta' = -3.\ 3,0, \qquad \delta\gamma' = -2.31.12,0,$$
$$\delta\delta'' = -2.11,0, \qquad \delta\gamma'' = -1.48.35,667,$$
$$\delta\delta''' = -1.\ 5,53, \qquad \delta\gamma''' = -1.16.46,0;$$

$$\delta^2\delta = 32,266, \qquad \delta^2\gamma = 13.45,4,$$
$$\delta^2\delta' = 10,4, \qquad \delta^2\gamma' = 8.31,267,$$
$$\delta^2\delta'' = 10,945, \qquad \delta^2\gamma'' = 5.18,278;$$

$$\delta^3\delta = -2'',733, \qquad \delta^3\gamma = -39'',2666,$$
$$\delta^3\delta' = 0,0681, \qquad \delta^3\gamma' = -24'',1236;$$

$$\delta^4\delta = 0'',2546, \qquad \delta^4\gamma = 1'',3766.$$

La formule (p) du 2° devient ainsi

$$306^\circ 51'26'' - 153'',46\,z + 10'',54\,z^2,$$

et la formule (q) du même numéro devient

$$39^\circ 14'48'' - 7855'',16\,z + 535'',4\,z^2,$$

d'où l'on a conclu

$$\alpha = 306^\circ 51'26'',$$
$$a = -0,0432501, \qquad b = 0,345366,$$
$$\theta = 39^\circ 14'48'',$$
$$h = -2,213844, \qquad l = 17,54354;$$

on a ensuite, à l'époque,

$$A = 57^\circ 57'4'',$$
$$R = 0,987248, \qquad R' = 0,988820.$$

De plus, la variation du mouvement de la comète en latitude étant considérablement plus grande que celle de son mouvement en longitude, il faut ici faire usage de l'équation (4), préférablement à l'équation (2); les équations (1), (3) et (4) du 5° deviennent ainsi

(1)
$$r^2 = 1,667387\,x^2 - 0,7106137\,x + 0,974653,$$

(3)
$$\begin{cases} 0 = y^2 + 0,00187057\,x^2 + (0,8169372\,y - 3,691334\,x)^2 \\[4pt] \qquad - 1,8820446\,y + 0,0324357\,x + 1,026006 - \dfrac{2}{r}, \end{cases}$$

(4)
$$y = 5,771014\,x + \frac{0,03931687}{r^3} - 0,04086053.$$

Ces trois équations ont donné

$$x = 0,39107,$$
$$y = 2,258835,$$
$$r = 0,9755798.$$

Ces valeurs satisfont encore à l'équation (2) aussi bien qu'on doit l'attendre d'une équation qui ne peut être fort exacte, à cause du peu de mouvement de la comète en longitude. En les substituant dans l'expression de P, on a trouvé

$$P = - 0,185628.$$

Le signe négatif de P fait connaitre que la comète n'a pas encore atteint son périhélie; on a trouvé ensuite la distance périhélie

$$D = 0,9583509,$$

l'anomalie v de la comète égale à $15° 16' 24''$, ce qui répond à $10^{jours},4034$; d'où l'on a conclu que le passage au périhélie a eu lieu le 29 novembre à $18^h 10^m 34^s$, temps moyen à Paris.

Pour corriger ces éléments par la méthode du 7°, on a fait usage des trois observations suivantes :

Temps moyen
à Paris.

		h m s		
1781.	9 oct. à	16.50. 0...	$\alpha = 124.27.42$	$\theta = 0.11.40$
	17 nov. à	8.29.44...	$\alpha' = 306.57.32$	$\theta' = 44.17.12$
	20 déc. à	6. 6.30...	$\alpha'' = 306.17.59$	$\theta'' = 17.34.25$

De plus, on a

$$C = 197^\circ.13.44, \qquad \text{Log} R = 9,998864,$$
$$C' = 235.55.43, \qquad \text{Log} R' = 9,994602,$$
$$C'' = 269.20.35, \qquad \text{Log} R'' = 9,992748.$$

Cela posé, on a formé une première hypothèse, dans laquelle la distance périhélie est la même que celle qui vient d'être déterminée, c'est-à-dire égale à 0,9583509, et le passage par le périhélie a eu lieu le 29 novembre à $18^h 10^m 34^s$, temps moyen à Paris; on a trouvé, dans cette hypothèse,

$$m = 17'49'',$$
$$n = 16'56'',$$

et la suite des valeurs de ε, ε' et ε'' a indiqué un mouvement rétrograde.

On a formé une seconde hypothèse, dans laquelle on a augmenté la distance périhélie de 0,003, et l'on a conservé l'instant du passage par ce point. Cette hypothèse a donné

$$m' = -33'53'',$$
$$n' = -12'54''.$$

Enfin on a formé une troisième hypothèse, dans laquelle, en conservant la même distance périhélie que dans la première, on a fait varier de $0^s,25$ l'instant du passage par le périhélie, que l'on a ainsi fixé au 29 novembre à $12^h 10^m 31^s$, et l'on a trouvé, dans cette dernière hypothèse,

$$m'' = 48'16'',$$
$$n'' = 27'13''.$$

De ces valeurs on a tiré les deux équations

$$3102 u - 1829 t = 1069,$$
$$1790 u - 617 t = 1016,$$

ce qui a donné

$$u = 0,881406, \qquad t = 0,910400,$$

d'où l'on a conclu

La vraie distance périhélie $= 0,9609951$,

Le véritable instant du passage par le périhélie, le 29 novembre
à $12^h 42^m 46^s$, temps moyen à Paris.

Avec ces valeurs, on a trouvé

$$\varpi = 10'33''\tfrac{1}{2}, \qquad \varpi'' = 27°11'56''\tfrac{3}{4},$$
$$\theta = 77°2'22'', \qquad \theta'' = 346°38'53'',$$
$$\upsilon'' = 29°19'22'',$$

d'où l'on a tiré, par le 8°,

Lieu du nœud ascendant.............................. $77.22.55$
Inclinaison de l'orbite.............................. $27.12.4$
Lieu du périhélie................................. $16.3.7$

En rassemblant donc tous ces éléments, on a eu, pour les véritables
éléments de l'orbite de la seconde comète de 1781 :

Distance périhélie................... 0.9609951
29 nov. Temps moyen du passage au périhélie........ $12^h.42^m.46^s$
Lieu du périhélie sur l'orbite............... $16°\ 3'\ 7''$
Position du nœud ascendant................ $77.22.55$
Inclinaison de l'orbite..................... $27.12.4$

Le mouvement de la comète est rétrograde.

Remarque. — Lorsqu'une comète commence à paraître, on est curieux de connaître à peu près ses éléments pour savoir si elle res-
semble à quelques-unes des comètes déjà observées; d'ailleurs, la
connaissance approchée de sa route apparente peut être utile aux
astronomes pour les diriger dans leurs observations. Or il sera facile,
par la méthode des n°s 1° et suivants, de déterminer à peu près sa distance périhélie et l'instant de son passage par ce point, au moyen des
premières observations de la comète; mais il faudra, pour corriger
ces éléments, attendre des observations éloignées entre elles. Les
n°s 7° et suivants renferment une méthode facile pour y parvenir et
pour en déduire les autres éléments de l'orbite; mais, si l'on veut

avoir ceux qui résultent de la distance et de l'instant du périhélie,
trouvés par la première approximation, on les obtiendra de cette manière :

On choisira les deux observations les plus éloignées que l'on ait
déjà, et l'on déterminera par le n° 7°, et en faisant usage de la distance
et de l'instant du périhélie, trouvés par la première approximation, la
longitude et la latitude héliocentrique de la comète, aux instants de
ces observations. Soient δ et ϖ ces quantités relativement à la première observation; δ'' et ϖ'' ces mêmes quantités relativement à la
seconde, et v'' l'anomalie de la comète correspondante à cette seconde
observation. Les valeurs de δ et δ'' feront connaitre si le mouvement
de la comète est direct ou rétrograde; et les formules du n° 8° donneront l'inclinaison de l'orbite, la position de son nœud ascendant et
celle du périhélie.

Je terminerai ce Mémoire en invitant les observateurs à déterminer
au moins quatre positions de chaque comète, à peu près équidistantes,
et les plus éloignées qu'il est possible, avec toute la précision que l'on
doit attendre de la perfection actuelle de l'Astronomie; il serait bon
de rapporter, dans ces observations, la comète à la même étoile, ou à
des étoiles dont on vérifierait de nouveau la position. Non seulement
ces observations fixeraient exactement les éléments de son orbite, sur
lesquels les erreurs des Catalogues, relativement aux étoiles placées
hors du zodiaque, laissent quelquefois beaucoup d'incertitude, mais
elles nous donneraient encore des lumières sur le retour périodique
de la comète et sur les altérations qu'elle a pu éprouver par l'action
des planètes, ce qu'il est impossible de reconnaitre au milieu des
erreurs des observations, lorsqu'elles sont rapportées à des étoiles
dont la position est incertaine.

MÉMOIRE SUR LA CHALEUR.

MÉMOIRE SUR LA CHALEUR[1]

Mémoires de l'Académie royale des Sciences de Paris, année 1780; 1784 (2).

Ce Mémoire est le résultat des expériences sur la chaleur, que nous avons faites en commun, M. de Lavoisier et moi, pendant l'hiver dernier; le froid peu considérable de cette saison ne nous a pas permis d'en faire un plus grand nombre; nous nous étions d'abord proposé d'attendre, avant que de rien publier sur cet objet, qu'un hiver plus froid nous eût mis à portée de les répéter avec tout le soin possible et de les multiplier davantage; mais nous nous sommes déterminés à rendre public ce travail, quoique très imparfait, par cette considération que la méthode dont nous avons fait usage peut être de quelque utilité dans la théorie de la chaleur, et que sa précision et sa généralité pourront la faire adopter par d'autres physiciens qui, placés au nord de l'Europe, ont des hivers très favorables à ce genre d'expériences.

Nous diviserons ce Mémoire en quatre articles : dans le premier, nous exposerons un moyen nouveau pour mesurer la chaleur; nous présenterons, dans le second, le résultat des principales expériences que nous avons faites par ce moyen; dans le troisième, nous examinerons les conséquences qui suivent de ces expériences; enfin, dans le quatrième article, nous traiterons de la combustion et de la respiration.

(1) Par MM. Lavoisier et de la Place.
(2) Lu à l'Académie le 18 juin 1783.

ARTICLE I.

Exposition d'un nouveau moyen pour mesurer la chaleur.

Quelle que soit la cause qui produit la sensation de la chaleur, elle est susceptible d'accroissement et de diminution, et sous ce point de vue elle peut être soumise au calcul; il ne paraît pas que les anciens aient eu l'idée de mesurer ses rapports, et ce n'est que dans le dernier siècle que l'on a imaginé des moyens pour y parvenir. En partant de cette observation générale, qu'une chaleur plus ou moins grande fait varier sensiblement le volume des corps, et principalement celui des fluides, on a construit des instruments propres à déterminer ces changements de volume; plusieurs physiciens de ce siècle ont perfectionné ces instruments, soit en déterminant avec précision des points fixes de chaleur, tels que le degré de la glace et celui de l'eau bouillante à une pression donnée de l'atmosphère, soit en cherchant le fluide dont les variations de volume approchent le plus d'être proportionnelles aux variations de la chaleur; en sorte qu'il ne reste plus à désirer, relativement à sa mesure, qu'un moyen sûr d'en apprécier les degrés extrêmes.

Mais la connaissance des lois que suit la chaleur, lorsqu'elle se répand dans les corps, est loin de cet état de perfection nécessaire pour soumettre à l'analyse les problèmes relatifs à la communication et aux effets de la chaleur, dans un système de corps inégalement échauffés, surtout quand leur mélange les décompose et forme de nouvelles combinaisons. On a déjà fait un grand nombre d'expériences intéressantes, d'où il résulte que dans le passage de l'état solide à l'état fluide, et de ce dernier état à celui de vapeurs, une grande quantité de chaleur est absorbée, soit qu'elle se combine dans ce passage, soit que la capacité de la matière pour la contenir augmente; on a de plus observé qu'à température égale les différents corps ne renferment point, sous le même volume, une égale quantité de chaleur, et qu'il y a entre eux, à cet égard, des différences indépendantes de leurs densités respectives;

on a même déterminé les rapports des capacités de plusieurs substances pour contenir la chaleur, et comme, à la surface de la terre, les corps même les plus froids n'en sont pas entièrement privés, on a cherché à connaître les rapports de la chaleur absolue, à ses variations indiquées par les degrés du thermomètre; mais toutes ces déterminations, quoique fort ingénieuses, sont fondées sur des hypothèses qui demandent encore à être vérifiées par un grand nombre d'expériences.

Avant que d'aller plus loin, il importe de fixer d'une manière précise ce que nous entendons par ces mots : *chaleur libre, capacité de chaleur* ou *chaleur spécifique des corps.*

Les physiciens sont partagés sur la nature de la chaleur; plusieurs d'entre eux la regardent comme un fluide répandu dans toute la nature et dont les corps sont plus ou moins pénétrés, à raison de leur température et de leur disposition particulière à le retenir; il peut se combiner avec eux, et, dans cet état, il cesse d'agir sur le thermomètre et de se communiquer d'un corps à l'autre; ce n'est que dans l'état de liberté, qui lui permet de se mettre en équilibre dans les corps, qu'il forme ce que nous nommons *chaleur libre.*

D'autres physiciens pensent que la chaleur n'est que le résultat des mouvements insensibles des molécules de la matière. On sait que les corps, même les plus denses, sont remplis d'un grand nombre de pores ou de petits vides, dont le volume peut surpasser considérablement celui de la matière qu'ils renferment; ces espaces vides laissent à leurs parties insensibles la liberté d'osciller dans tous les sens, et il est naturel de penser que ces parties sont dans une agitation continuelle qui, si elle augmente jusqu'à un certain point, peut les désunir et décomposer les corps; c'est ce mouvement intestin qui, suivant les physiciens dont nous parlons, constitue la chaleur.

Pour développer cette hypothèse, nous observerons que, dans tous les mouvements dans lesquels il n'y a point de changement brusque, il existe une loi générale que les géomètres ont désignée sous le nom de *principe de la conservation des forces vives;* cette loi consiste en ce que, dans un système de corps qui agissent les uns sur les autres d'une manière quelconque, la force vive, c'est-à-dire la somme des produits de chaque masse par le carré de sa vitesse, est constante. Si les corps sont animés par des forces accélératrices, la force vive est égale à ce qu'elle était à l'origine du mouvement, plus à la somme des masses multipliées par les carrés des vitesses dues à l'action des forces accélératrices. Dans l'hypothèse que nous examinons, la chaleur est la force vive qui résulte des mouvements insensibles des molécules d'un corps; elle est la somme des produits de la masse de chaque molécule par le carré de sa vitesse.

Si l'on met en contact deux corps dont la température soit différente, les quantités de mouvement qu'ils se communiqueront réciproquement seront d'abord inégales; la force vive du plus froid augmentera de la même quantité dont la force vive de l'autre diminuera, et cette augmentation aura lieu jusqu'à ce que les quantités de mouvement communiquées de part et d'autre soient égales; dans cet état, la température des corps sera parvenue à l'uniformité.

Cette manière d'envisager la chaleur explique facilement pourquoi l'impulsion directe des rayons solaires est inappréciable, tandis qu'ils produisent une grande chaleur. Leur impulsion est le produit de leur masse par leur simple vitesse; or, quoique cette vitesse soit excessive, leur masse est si petite que ce produit est presque nul; au lieu que, leur force vive étant le produit de leur masse par le carré de leur vitesse, la chaleur qu'elle représente est d'un ordre très supérieur à celui de leur impulsion directe. Cette impulsion sur un corps blanc qui réfléchit abondamment la lumière est plus grande que sur un corps noir, et cependant les rayons solaires communiquent au premier une moindre chaleur, parce que ces rayons, en se réfléchissant, emportent leur force vive qu'ils communiquent au corps noir qui les absorbe.

Nous ne déciderons point entre les deux hypothèses précédentes; plusieurs phénomènes paraissent favorables à la dernière : tel est, par exemple, celui de la chaleur que produit le frottement de deux corps

solides; mais il en est d'autres qui s'expliquent plus simplement dans
la première; peut-être ont-elles lieu toutes deux à la fois. Quoi qu'il
en soit, comme on ne peut former que ces deux hypothèses sur la
nature de la chaleur, on doit admettre les principes qui leur sont communs : or, suivant l'une et l'autre, *la quantité de chaleur libre reste
toujours la même dans le simple mélange des corps*. Cela est évident si
la chaleur est un fluide qui tend à se mettre en équilibre, et, si elle
n'est que la force vive qui résulte du mouvement intestin de la matière, le principe dont il s'agit est une suite de celui de la conservation
des forces vives. La conservation de la chaleur libre, dans le simple
mélange des corps, est donc indépendante de toute hypothèse sur la
nature de la chaleur; elle a été généralement admise par les physiciens, et nous l'adopterons dans les recherches suivantes.

Si la chaleur est un fluide, il est possible que dans la combinaison
de plusieurs substances elle se combine avec elles ou qu'elle s'en
dégage; ainsi rien n'indique *a priori* que la chaleur libre est la même
avant et après la combinaison; rien ne l'indique encore dans l'hypothèse où la chaleur n'est que la force vive des molécules des corps,
car les substances qui se combinent agissant l'une sur l'autre en
vertu de leurs affinités réciproques, leurs molécules sont soumises
à l'action de forces attractives qui peuvent changer la quantité de
leur force vive et, par conséquent, celle de la chaleur; mais on doit
admettre le principe suivant comme étant commun aux deux hypothèses :

*Si dans une combinaison ou dans un changement d'état quelconque.
il y a une diminution de chaleur libre, cette chaleur reparaîtra tout
entière lorsque les substances reviendront à leur premier état; et réciproquement, si dans la combinaison ou dans le changement d'état, il y
a une augmentation de chaleur libre, cette nouvelle chaleur disparaîtra
dans le retour des substances à leur état primitif.*

Ce principe est d'ailleurs confirmé par l'expérience, et la détonation
du nitre nous en fournira dans la suite une preuve sensible. On peut

le généraliser encore et l'étendre à tous les phénomènes de la chaleur
de la manière suivante : *Toutes les variations de chaleur soit réelles, soit
apparentes, qu'éprouve un système de corps en changeant d'état, se repro-
duisent dans un ordre inverse lorsque le système repasse à son premier
état.* Ainsi les changements de la glace en eau et de l'eau en vapeurs
font disparaître au thermomètre une quantité considérable de chaleur
qui reparaît dans le changement de l'eau en glace et dans la condensation des vapeurs. En général, on fera rentrer la première hypothèse
dans la seconde en y changeant les mots de *chaleur libre, chaleur combinée* et *chaleur dégagée,* dans ceux de *force vive, perte de force vive* et
augmentation de force vive.

Dans l'ignorance où nous sommes sur la nature de la chaleur, il ne
nous reste qu'à bien observer ses effets dont les principaux consistent
à dilater les corps, à les rendre fluides et à les convertir en vapeurs.
Parmi ces effets, il faut en choisir un, facile à mesurer, et qui soit
proportionnel à sa cause; cet effet représentera la chaleur, de même
qu'en Dynamique nous représentons la force par le produit de la
masse et de la vitesse, quoique nous ignorions la nature de cette
modification singulière, en vertu de laquelle un corps répond successivement à différents points de l'espace. L'effet par lequel on mesure
ordinairement la chaleur est la dilatation des fluides et principalement celle du mercure : la dilatation de ce dernier fluide est, suivant
les expériences intéressantes de M. de Luc, à très peu près proportionnelle à la chaleur, dans tout l'intervalle compris entre le degré de
la glace et celui de l'eau bouillante; elle peut suivre une loi différente
dans des degrés fort éloignés. Nous indiquerons dans la suite un autre
effet de la chaleur, qui lui est constamment proportionnel, quelle que
soit son intensité.

Nous ferons usage du thermomètre de mercure, divisé en quatre-
vingts parties égales, depuis la température de la glace fondante jusqu'à celle de l'eau bouillante à la pression d'une colonne de 28 pouces
de mercure; chaque partie forme un degré, et l'origine des degrés, ou
le zéro du thermomètre, est le terme de la glace fondante, en sorte que

les degrés inférieurs doivent être considérés comme étant négatifs : nous supposerons l'échelle de ce thermomètre prolongée indéfiniment au-dessous du zéro et au-dessus du degré de l'eau bouillante et divisée proportionnellement à la chaleur. Ces divisions, qui sont à peu près égales depuis zéro jusqu'à 80°, peuvent être fort inégales dans les parties éloignées de l'échelle; mais, quelles qu'elles soient, chaque degré mesurera toujours une quantité constante de chaleur.

Si l'on suppose deux corps égaux en masse et réduits à la même température, la quantité de chaleur nécessaire pour élever d'un degré leur température peut n'être pas la même pour ces deux corps; et, si l'on prend pour unité celle qui peut élever d'un degré la température d'une livre d'eau commune, on conçoit facilement que toutes les autres quantités de chaleur, relatives aux différents corps, peuvent être exprimées en parties de cette unité. Nous entendrons dans la suite par *capacités de chaleur* ou *chaleurs spécifiques* ces rapports des quantités de chaleur nécessaires pour élever d'un même nombre de degrés leur température à égalité de masse. Ces rapports peuvent varier suivant les différents degrés de température; si, par exemple, les quantités de chaleur nécessaires pour élever une livre de fer et une livre de mercure de zéro à 1° sont dans le rapport de 3 à 1, celles qu'il faut employer pour élever ces mêmes substances de 200° à 201° peuvent être dans un rapport plus grand ou moindre; mais on peut supposer ces rapports à peu près constants depuis zéro jusqu'à 80°, du moins l'expérience ne nous y a point fait apercevoir de différence sensible. C'est pour cet intervalle que nous déterminerons les chaleurs spécifiques des diverses substances.

On a fait usage de la méthode suivante pour avoir ces quantités. Considérons une livre de mercure à zéro et une livre d'eau à 34°; en les mêlant ensemble, la chaleur de l'eau se communiquera au mercure et, après quelques instants, le mélange prendra une température uniforme : supposons qu'elle soit de 33° et que, en général, dans le mélange de plusieurs substances qui n'ont point d'action chimique les unes sur les autres, la quantité de chaleur reste toujours la même;

dans ces suppositions, le degré de chaleur perdu par l'eau aura élevé
la température du mercure de 33°, d'où il suit que, pour élever le
mercure à une température donnée, il ne faut que la trente-troisième
partie de la chaleur nécessaire pour élever l'eau à la même température, ce qui revient à dire que la chaleur spécifique du mercure est
trente-trois fois moindre que celle de l'eau.

On peut de là tirer une règle générale et fort simple pour déterminer, par la voie des mélanges, la chaleur spécifique des corps; car,
si l'on nomme m la masse du corps le plus échauffé, exprimée en
parties de la livre prise pour unité; a le degré du thermomètre qui
indique sa température; q la chaleur nécessaire pour élever d'un
degré la température d'une livre de cette substance; si l'on désigne
par m', a', q' les mêmes quantités, relativement au corps le moins
échauffé; et qu'enfin l'on nomme b le degré du thermomètre qui
indique la température du mélange lorsqu'elle est parvenue à l'uniformité, il est visible que la chaleur perdue par le corps m est en
raison de sa masse m et du nombre de degrés $a - b$ dont sa température a été diminuée, multiplié par la quantité q de chaleur qui peut
élever d'un degré la température d'une livre de cette substance; on
aura donc $mq(a - b)$ pour l'expression de cette quantité de chaleur
perdue.

Par la même raison, la quantité de chaleur acquise par le corps m'
est, en raison de sa masse m' et du nombre de degrés $b - a'$ dont sa
température a été augmentée, multiplié par la quantité q', ce qui
donne $m'q'(b - a')$ pour l'expression de cette quantité de chaleur.
Mais, puisque l'on suppose que, après le mélange, la quantité de chaleur est la même qu'auparavant, il faut égaler la chaleur perdue par
le corps m à la chaleur acquise par le corps m', d'où l'on tire

$$mq(a - b) = m'q'(b - a');$$

cette équation ne fait connaitre ni q, ni q', mais elle donne pour leur
rapport

$$\frac{q}{q'} = \frac{m'(b - a')}{m(a - b)}.$$

On aura donc ainsi le rapport des chaleurs spécifiques des deux corps m et m', en sorte que, si l'on compare les diverses substances de la nature à une même substance, par exemple à l'eau commune, on pourra déterminer par ce moyen les chaleurs spécifiques de ces substances, en parties de la chaleur spécifique de la substance à laquelle on les rapporte.

Cette méthode, dans la pratique, est sujette à un grand nombre d'inconvénients qui peuvent occasionner des erreurs sensibles dans les résultats; le mélange des substances dont la pesanteur spécifique est très différente, telle que l'eau et le mercure, est difficile à faire de manière à être assuré que toutes ses parties ont la même température. Il faut ensuite avoir égard à la chaleur dérobée par les vases et par l'atmosphère, tandis que la température du mélange parvient à l'uniformité, ce qui exige un calcul délicat et sujet à erreur. On ne peut, d'ailleurs, comparer directement par cette voie les substances qui ont une action chimique les unes sur les autres; il faut alors les comparer à une troisième substance sur laquelle elles n'aient aucune action, et, s'il n'existe point de semblable substance, il faut les comparer avec deux corps et même avec un plus grand nombre, ce qui, en multipliant les rapports à déterminer les uns par les autres, multiplie les erreurs des résultats. Cette méthode serait encore d'un usage presque impossible pour avoir le froid ou la chaleur produits par les combinaisons, et elle est absolument insuffisante pour déterminer celle que la combustion et la respiration dégagent. L'observation de ces phénomènes étant la partie la plus intéressante de la théorie de la chaleur, nous avons pensé qu'une méthode propre à les déterminer avec précision serait d'une grande utilité dans cette théorie puisque, sans son secours, on ne formerait sur leur cause que des hypothèses dont il serait impossible de faire voir l'accord avec l'expérience. Cette considération nous a déterminés à nous en occuper d'abord, et nous allons exposer ici celle à laquelle nous sommes parvenus et les réflexions qui nous y ont conduits.

Si l'on transporte une masse de glace refroidie à un degré quel-

conque dans une atmosphère dont la température soit au-dessus du
zéro du thermomètre, toutes ses parties éprouveront l'action de la
chaleur de l'atmosphère jusqu'à ce que leur température soit parvenue à zéro. Dans ce dernier état, la chaleur de l'atmosphère s'arrêtera à la surface de la glace sans pouvoir pénétrer dans l'intérieur;
elle sera uniquement employée à fondre une première couche de glace
qui l'absorbera en se résolvant en eau; un thermomètre placé dans
cette couche se maintiendra au même degré, et le seul effet sensible
de la chaleur sera le changement de la glace en fluide. Lorsqu'ensuite la glace viendra à recevoir un nouveau degré de chaleur, une
nouvelle couche se fondra et absorbera ainsi toute la chaleur qui lui
sera communiquée; en vertu de cette fonte continuelle de la glace,
tous les points intérieurs de sa masse se présenteront successivement
à la surface, et ce n'est que dans cette position qu'ils commenceront à
éprouver de nouveau l'action de la chaleur des corps environnants.

Que l'on imagine présentement, dans une atmosphère dont la température soit au-dessus de zéro, une sphère de glace creuse à la température de 0° et dans l'intérieur de laquelle on place un corps échauffé
à un degré quelconque : il suit de ce que nous venons de dire que la
chaleur extérieure ne pénétrera point dans la cavité de la sphère et
que la chaleur du corps ne se perdra point au dehors et s'arrêtera à
la surface intérieure de la cavité, dont elle fondra continuellement de
nouvelles couches, jusqu'à ce que la température de ce corps soit parvenue à zéro. On n'a point à craindre que la fonte de la glace intérieure soit due à d'autres causes qu'à la chaleur perdue par le corps,
puisque cette glace est garantie de l'impression de toute autre chaleur par l'épaisseur de glace qui la sépare de l'atmosphère; et, par
la même raison, on doit être assuré que toute la chaleur du corps,
en se dissipant, est arrêtée par la glace intérieure et uniquement
employée à la fondre. De là il résulte que, si l'on recueille avec soin
l'eau renfermée dans la cavité de la sphère lorsque la température du
corps sera parvenue à zéro, son poids sera exactement proportionnel
à la chaleur que ce corps aura perdue en passant de sa température

primitive à celle de la glace fondante, car il est clair qu'une double quantité de chaleur doit fondre deux fois plus de glace, en sorte que la quantité de glace fondue est une mesure très précise de la chaleur employée à produire cet effet.

Maintenant, rien n'est plus simple que la détermination des phénomènes de la chaleur : veut-on, par exemple, connaître la chaleur spécifique d'un corps solide, on élèvera sa température d'un nombre quelconque de degrés; en le plaçant ensuite dans l'intérieur de la sphère dont nous venons de parler, on l'y laissera jusqu'à ce que sa température soit réduite à zéro, et l'on recueillera l'eau que son refroidissement aura produite; cette quantité d'eau, divisée par le produit de la masse du corps et du nombre de degrés dont sa température primitive était au-dessus de zéro, sera proportionnelle à sa chaleur spécifique.

Quant aux fluides, on les renfermera dans des vases dont on aura soin de déterminer les capacités de chaleur, et l'opération sera la même que pour les solides, à cela près que, pour avoir les quantités d'eau qui sont dues au refroidissement des fluides, il faudra soustraire des quantités d'eau recueillies celles que les vases ont dû produire.

Veut-on connaître la chaleur qui se dégage dans la combinaison de plusieurs substances, on les réduira toutes, ainsi que le vase qui doit les renfermer, à la température de zéro; ensuite on mettra leur mélange dans l'intérieur de la sphère de glace, en ayant soin de l'y conserver jusqu'à ce que sa température soit nulle; la quantité d'eau recueillie dans cette expérience sera la mesure de la chaleur qui aura été dégagée.

Pour mesurer le degré de froid produit dans certaines combinaisons, telles que les dissolutions des sels, on élèvera chacune des substances à une même température, que nous désignerons par m degrés du thermomètre; ensuite on les mêlera dans l'intérieur de la sphère, et l'on observera la quantité de glace fondue par le refroidissement du mélange jusqu'à zéro. Soit a cette quantité; pour connaître le nombre de degrés dont la température des substances est abaissée par leur mélange au-dessous de leur température primitive m, on élèvera la température de ce mélange à un nombre quelconque m' de degrés, et l'on observera la quantité de glace fondue par son refroidissement jusqu'à zéro; soit a' cette quantité. Cela posé, puisqu'à une quantité a' de glace fondue répond une température m' du mélange, il est clair qu'à la quantité a de glace fondue doit répondre une température égale à $\frac{a}{a'}m'$; cette température est donc celle qui résulte du mélange des substances élevées à la température m; en la retranchant conséquemment de m, on aura $\frac{a'm - am'}{a'}$ pour le nombre des degrés de froid produits par le mélange.

On sait que les corps, en passant de l'état solide à l'état fluide, absorbent de la chaleur, et que, en repassant de l'état fluide à l'état solide, ils la restituent à l'atmosphère et aux corps environnants : pour la déterminer, représentons par m le degré du thermomètre auquel un corps commence à se fondre; en l'échauffant au degré $m - n$ et en le plaçant ensuite dans l'intérieur de la sphère, il fera fondre, en se refroidissant jusqu'à zéro, une quantité de glace que nous désignerons par a; en l'échauffant jusqu'au degré $m + n'$, il fera fondre, en se refroidissant, une quantité de glace que nous désignerons par a'; enfin, en l'échauffant au degré $m + n''$, il fera fondre, par son refroidissement, une quantité de glace que nous désignerons par a''. Cela posé, on aura $a'' - a'$ pour la quantité de glace que peut fondre le corps dans l'état fluide, en se refroidissant de $n'' - n'$ degrés; d'où il suit que, en se refroidissant de n' degrés, il fera fondre une quantité de glace égale à $\frac{n'(a'' - a')}{n'' - n'}$. On trouvera pareillement que le corps, en se refroidissant de m degrés dans l'état solide, fera fondre la quantité de glace $\frac{ma}{m - n}$; en nommant donc x la quantité de glace que peut fondre la chaleur dégagée par le corps dans son passage de l'état fluide à l'état solide, on aura, pour la quantité totale de glace que doit fondre le corps échauffé à $m + n'$ degrés,

$$\frac{n'(a'' - a')}{n'' - n'} + x + \frac{ma}{m - n},$$

le premier terme de cette quantité étant dû à la chaleur dégagée par
le corps avant qu'il passe à l'état solide ; le second terme étant l'effet
de la chaleur qui se développe au moment de ce passage, et le troisième terme étant dû à la chaleur perdue par le corps dans son état
solide, en se refroidissant jusqu'à zéro. Si l'on égale la quantité précédente à la quantité observée a' de glace fondue, on aura

$$\frac{n'(a''-a')}{n''-n'} + x + \frac{ma}{m-n} = a',$$

d'où l'on tire

$$x = \frac{n''a'-n'a''}{n''-n'} - \frac{ma}{m-n} ;$$

pour l'exactitude du résultat, il est avantageux de faire n et n' peu
considérables.

Non seulement la valeur de x sera donnée par cette expérience ; on
aura de plus les chaleurs spécifiques du corps dans ses deux états de
solidité et de fluidité, puisque l'on connait les quantités de glace qu'il
peut fondre dans ces deux états, en se refroidissant d'un nombre
donné de degrés.

La détermination de la chaleur que développent la combustion et la
respiration n'offre pas plus de difficulté : on brûlera les corps combustibles dans l'intérieur de la sphère ; on y laissera respirer les animaux ;
mais, comme le renouvellement de l'air est indispensable dans ces
deux opérations, il sera nécessaire d'établir une communication entre
l'intérieur de la sphère et l'atmosphère qui l'environne, et, pour que
l'introduction d'un nouvel air ne cause aucune erreur sensible dans
les résultats, il faudra faire ces expériences à une température très
peu différente de zéro, ou du moins réduire à cette température l'air
que l'on introduit.

La recherche de la chaleur spécifique des différents gaz est plus difficile à cause de leur peu de densité, car, si l'on se contentait de les
renfermer dans des vases comme les autres fluides, la quantité de
glace fondue serait si peu considérable, que le résultat de l'expérience
en deviendrait fort incertain ; mais, si dans l'intérieur de la sphère

on place un tuyau recourbé en forme de serpentin, que l'on établisse dans ce tuyau un courant d'air d'une nature quelconque, et que, au moyen de deux thermomètres placés dans ce courant, l'un à son entrée et l'autre à sa sortie de l'intérieur de la sphère, on détermine le nombre de degrés dont l'air se refroidit dans son passage, on pourra refroidir ainsi une masse d'air considérable et déterminer avec précision sa chaleur spécifique. Le même procédé peut être employé pour avoir la quantité de chaleur qui se dégage dans la condensation des vapeurs des différents fluides.

On voit, par le détail dans lequel nous venons d'entrer, que la méthode précédente s'étend à tous les phénomènes dans lesquels il y a développement ou absorption de chaleur. On pourra toujours, dans ces différents cas, déterminer les quantités de chaleur qui se dégagent ou qui s'absorbent, et les rapporter à une unité commune, par exemple à la chaleur nécessaire pour élever une livre d'eau de zéro à 80° : ainsi l'on pourra connaitre et comparer entre elles les quantités de chaleur que produisent les combinaisons de l'huile de vitriol avec l'eau, de celle-ci avec la chaux vive, de la chaux vive avec l'acide nitreux, etc.; celles qui se dissipent dans les combustions du phosphore, du soufre, du charbon, du pyrophore, etc.; dans la détonation du nitre, dans la respiration des animaux, etc., ce qui était impossible par les moyens jusqu'ici connus.

Nous n'avons considéré une sphère de glace que pour mieux faire entendre la méthode dont nous avons fait usage. Il serait très difficile de se procurer de semblables sphères, mais nous y avons suppléé au moyen de la machine suivante.

La *fig.* 1 de la *Pl. I* représente cette machine vue en perspective; la *fig.* 3 représente sa coupe horizontale; la coupe verticale, représentée dans la *Pl. II, fig.* 1, découvre son intérieur. Sa capacité est divisée en trois parties; pour nous mieux faire entendre, nous les distinguerons par les noms de *capacité intérieure, capacité moyenne* et *capacité extérieure.* La capacité intérieure *ffff* (*fig.* 1 et 3, *Pl. II*) est formée d'un grillage de fil de fer soutenu par quelques montants du même métal :

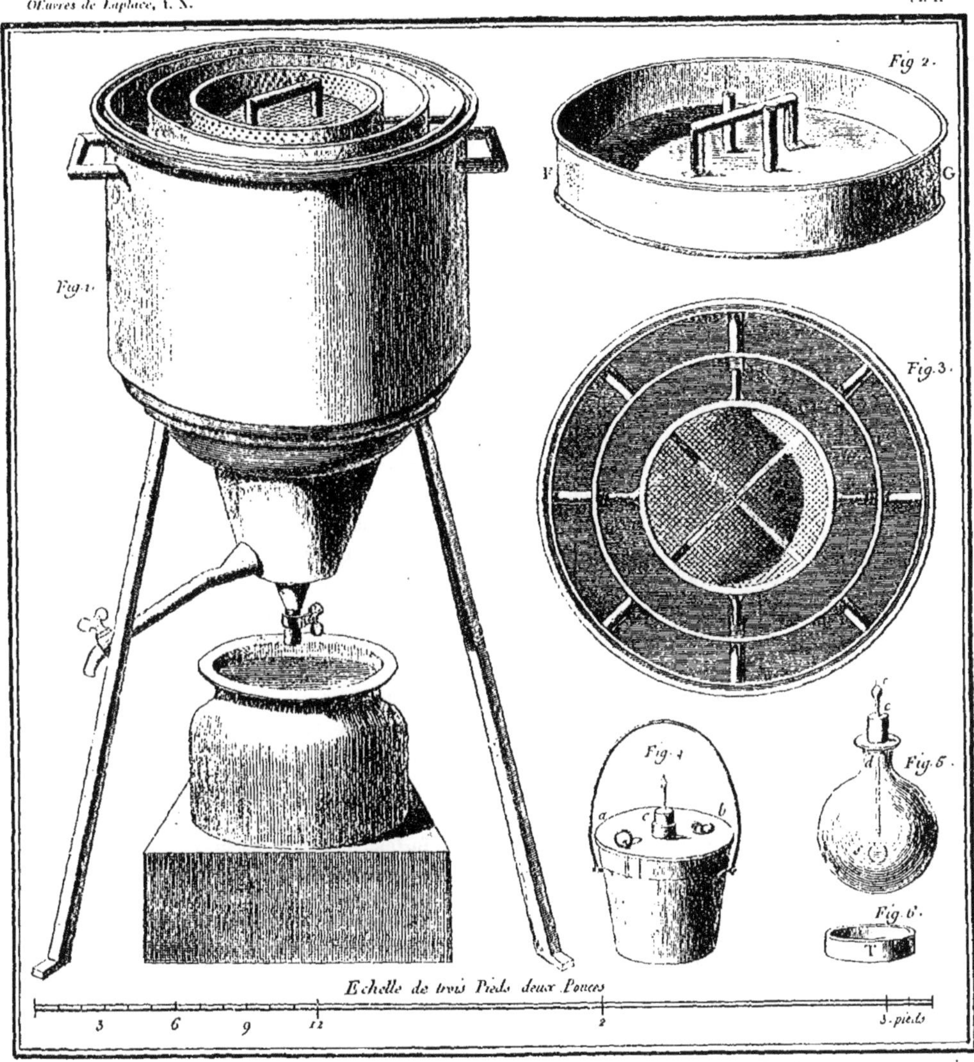

Reproduction d'une planche originale des *Mémoires de l'Académie royale des Sciences*, année 1780.

c'est dans cette capacité que l'on place les corps soumis à l'expérience. Sa partie supérieure LM se ferme au moyen d'un couvercle HG, représenté séparément (*Pl. II, fig. 2*); il est entièrement ouvert par dessus, et le dessous est formé d'un grillage de fil de fer.

La capacité moyenne *bbbb* (*fig. 1, Pl. II*) est destinée à contenir la glace qui doit environner la capacité intérieure et que doit fondre la chaleur du corps mis en expérience; cette glace est supportée et retenue par une grille *mm*, sous laquelle est un tamis *nn*; l'un et l'autre sont représentés séparément (*Pl. II, fig. 4 et 5*). A mesure que la glace est fondue par la chaleur du corps placé dans la capacité intérieure, l'eau coule à travers la grille et le tamis; elle tombe ensuite le long du cône *ccd* (*Pl. II, fig. 1*) et du tuyau *xy*, et se rassemble dans le vase P placé au-dessous de la machine; *k* est un robinet au moyen duquel on peut arrêter à volonté l'écoulement de l'eau intérieure. Enfin la capacité extérieure *aaaaa* est destinée à recevoir la glace qui doit arrêter l'effet de la chaleur de l'air extérieur et des corps environnants; l'eau que produit la fonte de cette glace coule le long du tuyau ST, que l'on peut ouvrir ou fermer au moyen du robinet *r*. Toute la machine est recouverte par le couvercle FG (*Pl. I, fig. 2*), entièrement ouvert dans sa partie supérieure et fermé dans sa partie inférieure; elle est composée de fer-blanc peint à l'huile pour le garantir de la rouille.

Pour la mettre en expérience, on remplit de glace pilée la capacité moyenne et le couvercle III de la capacité intérieure, la capacité extérieure et le couvercle FG de toute la machine. On laisse ensuite égoutter la glace intérieure (nous nommons ainsi celle qui est renfermée dans la capacité moyenne et dans le couvercle intérieur, et qu'il faut avoir soin de bien piler et de presser fortement dans la machine); lorsqu'elle est suffisamment égouttée, on ouvre la machine pour y placer le corps que l'on veut mettre en expérience, et on la referme sur-le-champ. On attend que le corps soit entièrement refroidi et que la machine soit suffisamment égouttée; ensuite on pèse l'eau rassemblée dans le vase P. Son poids mesure exactement la chaleur dégagée par le corps, car il est visible que ce corps est dans la même position qu'au centre de la sphère dont nous venons de parler, puisque toute sa chaleur est arrêtée par la glace intérieure, et que cette glace est garantie de l'impression de toute autre chaleur par la glace renfermée dans le couvercle et dans la capacité extérieure.

Les expériences de ce genre durent quinze, dix-huit ou vingt heures; quelquefois, pour les accélérer, nous plaçons de la glace bien égouttée dans la capacité intérieure, et nous en couvrons les corps que nous voulons refroidir.

La *fig.* 4 de la *Pl. I* représente un seau de tôle destiné à recevoir les corps sur lesquels on veut opérer; il est garni d'un couvercle *ab*, percé dans son milieu et fermé avec un bouchon de liège *c*, traversé par le tube d'un petit thermomètre.

La *fig.* 5 de la *Pl. I* représente un matras de verre, dont le bouchon est traversé par le tube *cd* du petit thermomètre *rs*; il faut se servir de semblables matras toutes les fois que l'on opère sur les acides, et en général sur les substances qui peuvent avoir quelque action sur ces métaux.

T (*fig.* 6, *Pl. I*) est un petit cylindre creux que l'on place au fond de la capacité intérieure pour soutenir les matras.

Il est essentiel que, dans cette machine, il n'y ait aucune communication entre la capacité moyenne et la capacité extérieure, ce que l'on éprouvera facilement en remplissant d'eau la capacité extérieure. S'il existait une communication entre ces capacités, la glace fondue par l'atmosphère, dont la chaleur agit sur l'enveloppe de la capacité extérieure, pourrait passer dans la capacité moyenne, et alors l'eau qui s'écoule de cette dernière capacité ne serait plus la mesure de la chaleur perdue par le corps mis en expérience.

Lorsque la température de l'atmosphère est au-dessus de zéro, sa chaleur ne peut parvenir que très difficilement jusque dans la capacité moyenne, puisqu'elle est arrêtée par la glace du couvercle et de la capacité extérieure; mais, si la température extérieure était au-dessous de zéro, l'atmosphère pourrait refroidir la glace intérieure; il est donc

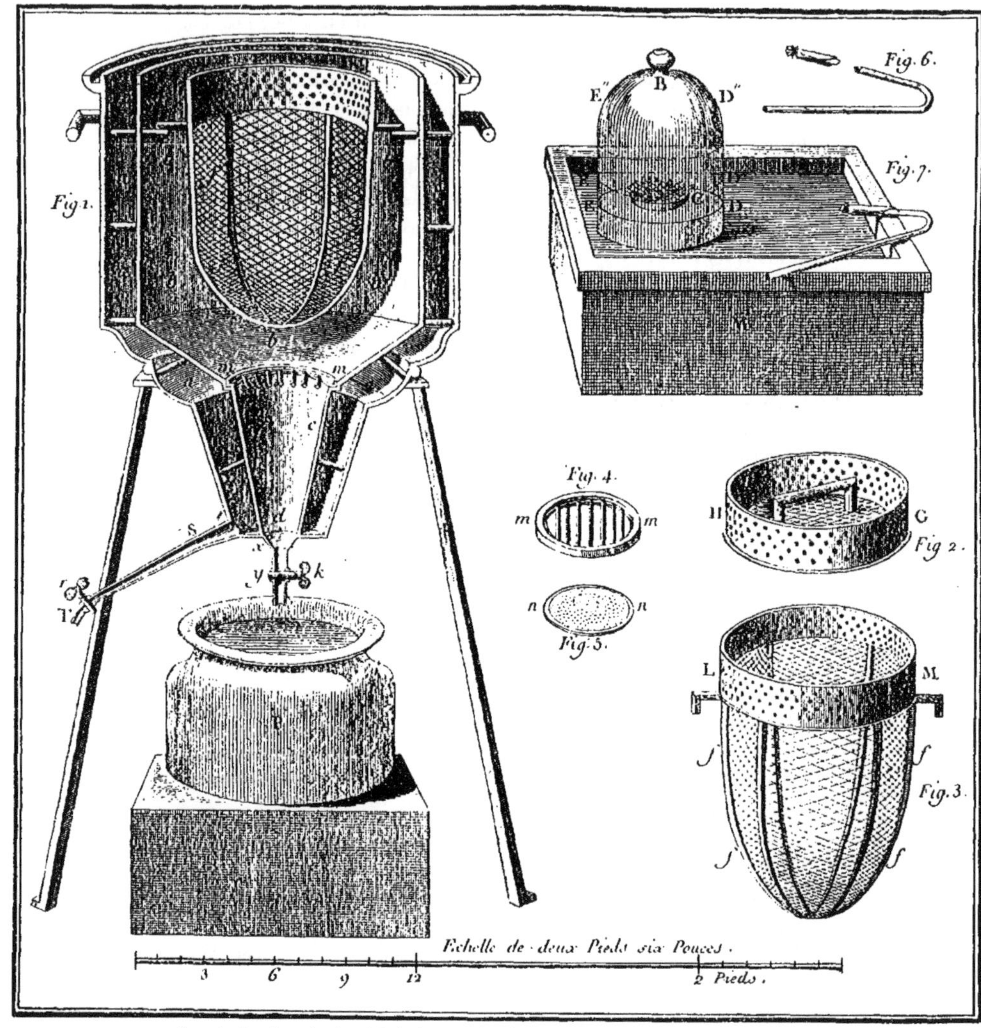

Reproduction d'une planche originale des *Mémoires de l'Académie royale des Sciences*, année 1780.

essentiel d'opérer dans une atmosphère dont la température ne soit
pas au-dessous de zéro; ainsi, dans un temps de gelée, il faudra renfermer la machine dans un appartement dont on aura soin d'échauffer
l'intérieur; il est encore nécessaire que la glace dont on fait usage ne
soit pas au-dessous de zéro; si elle était dans ce cas, il faudrait la
piler, l'étendre par couches fort minces et la tenir ainsi pendant
quelque temps dans un lieu dont la température soit au-dessus de
zéro.

La glace intérieure retient toujours une petite quantité d'eau qui
adhère à sa surface, et l'on pourrait croire que cette eau doit entrer
dans le résultat de nos expériences; mais il faut observer que, au
commencement de chaque expérience, la glace est déjà imbibée de
toute la quantité d'eau qu'elle peut ainsi retenir, en sorte que, si une
petite partie de la glace fondue par le corps reste adhérente à la glace
intérieure, la même quantité, à très peu près, d'eau primitivement
adhérente à la surface de la glace, doit s'en détacher et couler dans le
vase P, car la surface de la glace intérieure change extrêmement peu
dans l'expérience.

Quelques précautions que nous ayons prises, il nous a été impossible d'empêcher l'air extérieur de pénétrer dans la capacité intérieure; lorsque la température est de 9° à 10°, l'air renfermé dans
cette capacité est spécifiquement plus pesant que l'air extérieur; il
s'écoule par le tuyau xy, et il est remplacé par l'air extérieur qui
entre par la partie supérieure de la machine et qui dépose une partie
de sa chaleur sur la glace intérieure; il s'établit donc ainsi dans la
machine un courant d'air d'autant plus rapide, que la température
extérieure est plus considérable, ce qui fond continuellement la glace
intérieure; on peut arrêter en grande partie l'effet de ce courant en
fermant le robinet k; mais il vaut beaucoup mieux n'opérer que lorsque
la température extérieure ne surpasse pas 3° ou 4°, car nous avons
observé qu'alors la fonte de la glace intérieure, occasionnée par l'atmosphère, est insensible, en sorte que nous pouvons, à cette température, répondre de l'exactitude de nos expériences sur les chaleurs

spécifiques des corps à $\frac{1}{15}$ près, et même à $\frac{1}{60}$ près si la température
extérieure n'est que de 1° ou 2°.

Nous avons fait construire deux machines pareilles à celle que nous
venons de décrire; l'une d'elles est destinée aux expériences dans
lesquelles il n'est pas nécessaire de renouveler l'air intérieur; l'autre
machine sert aux expériences dans lesquelles le renouvellement de
l'air est indispensable, telles que celles de la combustion et de la respiration; cette seconde machine ne diffère de la première qu'en ce
que les deux couvercles sont percés de deux trous à travers lesquels
passent deux petits tuyaux qui servent de communication entre l'air
intérieur et l'air extérieur; on peut à leur moyen souffler de l'air
atmosphérique sur les corps combustibles; ces tuyaux sont représentés dans la *fig.* 2 de la *Pl. I.*

Nous allons présentement exposer le résultat des principales expériences que nous avons faites au moyen de ces machines (¹).

ARTICLE II.

Expériences sur la chaleur faites par la méthode précédente.

Nous rapporterons les chaleurs spécifiques de tous les corps à celle
de l'eau commune prise pour unité; par un milieu pris entre plusieurs
expériences qui s'accordent à peu près entre elles, nous avons trouvé

(¹) Depuis la lecture de ce Mémoire, nous avons vu dans une dissertation fort intéressante de M. Vilke, sur la chaleur, qui est imprimée dans les *Mémoires de Stockholm*
pour l'année 1781, que ce savant physicien avait eu avant nous l'idée d'employer la fonte
de la neige par les corps pour mesurer leur chaleur; mais la difficulté de recueillir l'eau
produite par la fonte de la neige, le temps considérable que les corps emploient à perdre
ainsi leur chaleur, et qui, suivant nos expériences, peut être de douze heures et même
davantage, la chaleur que la neige reçoit durant cet intervalle de l'atmosphère et des
autres corps qui l'environnent; toutes ces raisons l'ont forcé d'abandonner ce moyen et de
recourir à la méthode des mélanges, parce qu'il n'a pas essayé d'environner la neige que
les corps doivent fondre d'une couche extérieure de neige ou de glace, qui la garantisse
de la chaleur de l'atmosphère. C'est dans cette enveloppe extérieure que consiste le
principal avantage de nos machines, avantage qui nous a mis à portée de mesurer des
quantités de chaleur qui jusqu'à présent n'avaient pu l'être, telles que la chaleur qui se
dégage dans la combustion et dans la respiration; au reste, dans ces expériences, la glace
est préférable à la neige.

que la chaleur nécessaire pour fondre une livre de glace pouvait élever de 60° la température d'une livre d'eau; en sorte que, si l'on mêle ensemble 1 livre de glace à zéro et 1 livre d'eau à 60°, on aura 2 livres d'eau à zéro, pour le résultat du mélange; il suit de là que la glace absorbe 60° de chaleur en devenant fluide; ce que l'on peut énoncer de cette manière, indépendamment des divisions arbitraires des poids et du thermomètre : *la chaleur nécessaire pour fondre la glace est égale aux $\frac{3}{4}$ de celle qui peut élever le même poids d'eau de la température de la glace fondante à celle de l'eau bouillante.* En partant de ce résultat et des expériences que nous avons faites sur plusieurs substances solides et fluides, nous avons formé la Table suivante de leurs chaleurs spécifiques.

Chaleurs spécifiques.

De l'eau commune	1
De la tôle ou du fer battu	0,10998
Du verre sans plomb ou du cristal	0,1929
Du mercure	0,29
De la chaux vive du commerce	0,21689
Du mélange d'eau et de chaux vive dans le rapport de 9 à 16	0,43916
De l'huile de vitriol, dont la pesanteur spécifique est 1,87058	0,33459
Du mélange de cette huile avec l'eau, dans le rapport de 1 à 3	0,60416
Du mélange de la même huile de vitriol avec l'eau, dans le rapport de 1 à 5	0,66310
De l'acide nitreux non fumant, dont la pesanteur spécifique est 1,29895	0,66139
Du mélange de cet acide avec la chaux vive, dans le rapport de $9\frac{1}{2}$ à 1	0,61895
Du mélange d'une partie de nitre avec 8 parties d'eau	0,8167

Nous nous proposons de continuer cette Table en y comprenant un plus grand nombre de substances; il serait intéressant d'avoir dans un même Tableau les pesanteurs spécifiques des corps, les variations qu'occasionne la chaleur dans ces pesanteurs, ou, ce qui revient au même, les dilatabilités respectives des corps et leurs chaleurs spécifiques; la comparaison de ces quantités ferait peut-être découvrir entre elles des rapports remarquables; nous avons fait, dans cette vue, un grand nombre d'expériences sur les dilatations, que nous nous proposons de publier lorsqu'elles seront entièrement terminées.

Comme la Table précédente ne renferme que les résultats de nos expériences, nous allons montrer par quelques exemples comment nous les avons tirés des expériences elles-mêmes. Pour déterminer, par exemple, la chaleur spécifique de la tôle, nous avons mis 5 livres 15 onces 4 gros 33 grains de tôle roulée dans un vase de tôle, dont le poids était de 1 livre 4 onces 4 gros 60 grains, et dont le couvercle fait de la même matière pesait 7 onces 1 gros 15 grains; ainsi le poids entier de la masse de tôle était de 7 livres 11 onces 2 gros 36 grains, ou de $7^{\#},7070319$; nous avons échauffé cette masse dans un bain d'eau bouillante, dans lequel elle a pris environ 78^{u} de chaleur, nous l'avons ensuite transportée dans une de nos machines; onze heures après, toute la masse était refroidie jusqu'à zéro, et la machine bien égouttée a fourni 17 onces 5 gros 4 grains ou $1^{\#},109795$ de glace fondue; cette quantité de glace, divisée par le produit de la masse de la tôle exprimée en parties de la livre et du nombre de degrés dont sa température a été élevée au-dessus de zéro, c'est-à-dire par le produit $7,7070319 \times 78$, donne la quantité de glace qu'une livre de tôle peut fondre en se refroidissant de 1°; en multipliant ensuite cette dernière quantité par 60, on a celle qu'une livre de tôle échauffée à 60^{u} peut fondre en se refroidissant jusqu'à zéro; on trouve ainsi $0^{\#},109985$ pour cette quantité dans notre expérience; mais une livre d'eau, en se refroidissant de 60°, peut fondre une livre de glace; la chaleur spécifique de la tôle est donc à celle de l'eau comme $0,109985$ est à 1, en sorte que, si l'on prend celle-ci pour unité, la chaleur spécifique de la tôle sera $0,109985$; une seconde expérience nous a donné, à $\frac{1}{90}$ près, le même résultat.

. Pour déterminer la chaleur spécifique des fluides, de l'acide nitreux par exemple, nous avons mis 4 livres de cet acide dans un matras de verre sans plomb, qui pesait 8 onces 4 gros, et nous avons échauffé la masse entière dans un bain d'eau bouillante; un petit thermomètre placé dans l'intérieur du matras indiquait 80°. En plaçant ensuite ce matras dans une de nos machines, nous avons observé qu'au bout de vingt heures le tout était refroidi jusqu'à zéro. La machine bien égouttée a fourni 3 livres 10 onces 5 gros ou $3^{\#},6640625$ de glace

fondue; il faut en ôter la glace que la chaleur du vase a dû fondre;
or la chaleur spécifique du verre étant 0,1929, une livre de verre,
en se refroidissant de 60°, doit fondre 0″,1929 de glace; d'où il est
facile de conclure que le matras de verre dont nous avons fait usage
a dû fondre, en se refroidissant de 80°, 0″,1366420 de glace; ainsi la
quantité fondue par l'acide a été de 3″,5274205. En divisant cette
quantité par le produit de la masse de l'acide et du nombre de degrés
dont sa température a été élevée au-dessus de zéro, et multipliant le
quotient par 60, on trouve qu'une livre d'acide nitreux, en se refroidissant de 60°, peut fondre 0″,661391 de glace; d'où il suit que la chaleur spécifique de cet acide est 0,661391. C'est ainsi que nous avons
formé la Table précédente : elle suppose que la glace, en se résolvant
en eau, absorbe 60° de chaleur; voici les expériences d'après lesquelles
nous nous sommes arrêté à ce résultat.

Dans un vase de tôle, qui, avec son couvercle fait de la même matière, pesait 1″,7347, nous avons mis 2″,74349 d'eau, et, après avoir
échauffé le tout à 79°½, nous l'avons placé dans une de nos machines;
seize heures après, toute la masse étant refroidie jusqu'à zéro, la
machine bien égouttée a fourni 3″,966797 de glace fondue; le vase
en a dû fondre 0″,252219; la quantité de glace fondue par l'eau a
donc été de 3″,714578; maintenant, si 3″,714578 répondent à 79°½,
2″,74349 répondront à 58°,716; c'est le nombre des degrés que doit
avoir l'eau, d'après cette expérience, pour fondre un poids égal de
glace.

Nous avons ensuite déterminé ce nombre d'une autre manière : en
versant, dans une de nos machines, 4 livres 8 onces d'eau à 70°, nous
en avons tiré 9 livres 12 onces d'eau au degré de la congélation; dans
cette expérience, 4 livres 8 onces d'eau à 70° ont fondu 5 livres
4 onces de glace; d'où il suit que, pour en fondre 4 livres 8 onces,
l'eau devrait être à 60°; une pareille expérience nous a donné 60,856
pour ce même nombre; c'est en prenant un milieu entre ces résultats
et quelques autres semblables que nous avons fixé à 60 le nombre des
degrés de chaleur que la glace absorbe en se résolvant en eau : d'où il

suit que réciproquement le changement de l'eau en glace développe 60° de chaleur.

Les expériences sur la chaleur dégagée dans les combinaisons nous ont donné les résultats suivants :

Quantité de glace fondue par une livre du mélange.

	livres	onces	gros	grains
De l'huile de vitriol, dont la pesanteur spécifique est 1,87058 avec l'eau, dans le rapport de 4 à 3......	o	14	2	62
De la même huile avec l'eau, dans le rapport de 4 à 5.	o	12	6	48
De l'eau avec la chaux vive du commerce, dans le rapport de 9 à 16............................	1	8	3	60
De l'acide nitreux non fumant, dont la pesanteur spécifique est 1,29895 avec la chaux vive, dans le rapport de $9\frac{1}{3}$ à 1............................	1	o	2	o

Ces quantités de glace fondue sont le produit de la seule combinaison des substances. Nous les avons mêlées ensemble à la température de 0° dans des vases réduits à la même température, et la chaleur produite par leur mélange, en se refroidissant jusqu'à zéro dans nos machines, a fondu les quantités précédentes de glace. Nous avons réduit tous nos résultats à ce que donne une livre du mélange de ces substances, afin qu'ils soient plus facilement comparables ; mais, pour donner plus de précision à nos expériences, nous avons employé des masses plus considérables ; nous avons combiné, par exemple, 2 livres d'huile de vitriol à zéro avec 1 livre $\frac{1}{2}$ d'eau à zéro, et la chaleur résultant de cette combinaison a fondu 3 livres 2 onces 2 gros de glace ; d'où nous avons conclu qu'une livre de ce mélange doit fondre 14 onces 2 gros 62 grains de glace.

Enfin nous avons obtenu les résultats suivants sur la combustion des corps et sur la chaleur animale :

Quantité de glace fondue.

	livres	onces	gros	grains
Par la détonation d'une once de nitre avec un tiers d'once de charbon............................	o	12	o	o
Par la détonation d'une once de nitre avec une once de fleur de soufre............................	2	o	o	o
Par la combustion d'une once de phosphore.........	6	4	o	48
Par la combustion d'une once d'éther vitriolique.....	4	10	2	36
Par la combustion d'une once de charbon...........	6	2	o	o
Par la chaleur d'un cochon d'Inde en dix heures.....	o	13	1	$13\frac{1}{2}$

Ces quantités sont le résultat des expériences suivantes.

Nous avons fait détoner dans une de nos machines 1 once 4 gros de nitre avec 4 gros de charbon, et nous avons obtenu 1 livre 2 onces de glace fondue : ce qui donne, pour 1 once de nitre, 12 onces de glace fondue.

La détonation d'une once de nitre avec une once de fleurs de soufre nous a donné 2 livres de glace fondue.

Nous avons pris quatre petits vases de terre, et dans chacun d'eux nous avons mis 1 gros de phosphore; en plaçant ensuite ces vases dans une de nos machines, nous avons successivement enflammé avec un fer rouge le phosphore qu'ils renfermaient, en laissant un intervalle de vingt-cinq à trente minutes entre chaque inflammation; le thermomètre extérieur était entre 0° et 1°, en sorte que la chaleur de l'air atmosphérique qui a pénétré dans la machine, pour remplacer celui qui a été absorbé par le phosphore dans la combustion, n'a pu causer aucune erreur sensible dans cette expérience : tout le phosphore n'a pas brûlé, il en est resté 24 grains environ; la machine bien égouttée a fourni 2 livres 13 onces 7 gros de glace fondue, et cette quantité, qui est due à la combustion de 3 gros 48 grains de phosphore, donne 6 livres 4 onces 48 grains pour la quantité de glace que peut fondre une once de phosphore en brûlant.

Le thermomètre extérieur étant à 2°, nous avons mis dans une de nos machines un flacon rempli d'éther, que nous avons ensuite allumé; pour entretenir la combustion, nous introduisions de l'air frais dans la machine au moyen d'un soufflet; nous avons brûlé de cette manière 5 gros 60 grains d'éther; la machine égouttée a fourni 3 livres 6 onces 1 gros 36 grains de glace fondue, ce qui donne 4 livres 10 onces 2 gros 36 grains pour la quantité de glace que peut fondre une once d'éther.

Nous avons pris un petit vase de terre que nous avons fait sécher; après l'avoir placé sur une balance et l'avoir taré fort exactement, nous y avons mis des charbons ardents, en soufflant dessus pour les entretenir rouges; nous avons saisi l'instant où leur poids était d'une

once, et nous les avons renfermés sur-le-champ dans une de nos machines; leur combustion dans l'intérieur de cette machine a été entre-
tenue au moyen d'un soufflet; ils ont été consumés en 32 minutes.
Au commencement de l'expérience, le thermomètre extérieur était
à $1°\frac{1}{3}$; il est monté jusqu'à $2°\frac{1}{2}$ pendant l'expérience. La machine bien
égouttée a fourni 6 livres 2 onces de glace fondue : c'est le produit de
la combustion d'une once de charbon.

Le thermomètre extérieur étant à $1°\frac{1}{2}$, nous avons mis dans une de
nos machines un cochon d'Inde, dont la chaleur intérieure était d'environ 32°, et par conséquent peu différente de celle du corps humain :
pour qu'il ne souffrit pas durant l'expérience, nous l'avions placé dans
un petit panier garni de coton, et dont la température était à zéro.
L'animal est resté cinq heures trente-six minutes dans la machine;
pendant cet intervalle, nous lui avons donné quatre ou cinq fois de
nouvel air au moyen d'un soufflet; en le retirant, nous avons laissé le
panier dans la machine, et nous avons attendu qu'il fût refroidi; la
machine bien égouttée a fourni 7 onces environ de glace fondue.

Dans une seconde expérience, le thermomètre extérieur étant
encore à $1°\frac{1}{2}$, le même cochon d'Inde est resté pendant dix heures
trente-six minutes dans la machine, et l'air n'a été renouvelé que trois
fois; la machine a fourni 14 onces 5 gros de glace fondue; l'animal
n'a point paru souffrir dans ces expériences.

Suivant la première, la quantité de glace que peut fondre l'animal
pendant dix heures est de 12 onces 4 gros; cette quantité, par la
seconde expérience, est, dans le même intervalle, de 13 onces 6 gros
27 grains; le milieu entre ces deux résultats est 13 onces 1 gros
13 grains et demi.

ARTICLE III.

*Examen des expériences précédentes, et réflexions sur la théorie
de la chaleur.*

Pour former une théorie complète de la chaleur, il faudrait avoir un
thermomètre divisé proportionnellement aux quantités de chaleur

renfermées dans le fluide qui le compose, et qui pût mesurer tous les
degrés possibles de température.

Il faudrait ensuite connaître la loi qui existe entre la chaleur des
différentes substances et les degrés correspondants de ce thermomètre,
de sorte que, en prenant les nombres de ces degrés pour les abscisses
d'une courbe, et les chaleurs correspondantes d'un corps pour ses
ordonnées, on pût tracer la courbe qui passe par leurs extrémités. Si
le corps est le fluide même qui forme le thermomètre, cette courbe
sera une ligne droite, puisque le thermomètre est supposé indiquer
par ses divisions la chaleur de ce fluide; mais il est possible que les
degrés de chaleur ne croissent pas proportionnellement dans les différents corps et qu'ainsi la courbe précédente ne soit pas la même
pour chacun d'eux.

Il serait, de plus, nécessaire de connaître les quantités absolues de
chaleur renfermées dans les corps à une température donnée.

Enfin il faudrait avoir les quantités de chaleur libre qui se forment
ou qui se perdent dans les combinaisons et dans les décompositions.

Au moyen de ces données, on serait en état de résoudre tous les
problèmes relatifs à la chaleur dans les changements divers que les
corps éprouvent par leur action les uns sur les autres; mais ces données ne peuvent être que le résultat d'un nombre presque infini d'expériences très délicates et faites à des degrés fort différents de température. Nous sommes bien loin encore de les connaître; ainsi nous
nous bornerons à l'examen de quelques problèmes intéressants sur la
chaleur.

Les expériences rapportées dans l'article précédent ne donnent pas
les rapports des quantités absolues de chaleur des corps : elles ne font
connaître que les rapports des quantités de chaleur nécessaires pour
élever d'un même nombre de degrés leur température, en sorte que
la chaleur spécifique que nous avons déterminée précédemment n'est,
à proprement parler, que le rapport des différentielles des quantités
absolues de chaleur; pour qu'elle exprimât le rapport de ces quantités elles-mêmes, il faudrait les supposer proportionnelles à leurs

différences; or cette hypothèse est au moins très précaire et ne doit être admise qu'après un grand nombre d'expériences. Un moyen facile de s'en assurer est d'observer si les quantités de glace fondue par les corps, en se refroidissant de 300° ou 400°, sont dans le même rapport que lorsque leur refroidissement n'est que de 60° ou 80°; c'est un objet que nous nous proposons d'examiner dans un autre Mémoire.

Tous les corps sur la Terre, et cette planète elle-même, sont pénétrés d'une grande quantité de chaleur dont il nous est impossible de les priver entièrement, à quelque degré que nous abaissions leur température. Le zéro du thermomètre indique conséquemment une chaleur considérable, et il est intéressant de connaitre en degrés du thermomètre cette chaleur commune au système entier des corps terrestres. Ce problème se réduit à déterminer le rapport de la quantité absolue de chaleur renfermée dans un corps dont la température est zéro à l'accroissement de chaleur qui élève d'un degré sa température. Le simple mélange des substances ne peut nous faire découvrir ce rapport, parce que, les corps ne s'échauffant mutuellement qu'en vertu de leur excès de température, celle qui leur est commune doit rester inconnue, de même que le mouvement général qui nous transporte dans l'espace est insensible dans les mouvements que les corps se communiquent à la surface de la Terre. La chaleur qui se dégage dans les combinaisons n'étant pas l'effet d'une inégalité de température dans les substances que l'on combine, elle pourrait peut-être nous conduire au rapport que nous cherchons; voyons donc quel parti on peut tirer de ces phénomènes.

Soit x le rapport de la chaleur contenue dans l'eau à zéro à celle qui peut élever d'un degré sa température; x exprimera le nombre des degrés du thermomètre qui représente la chaleur de l'eau à zéro, et puisque 60° de chaleur d'une livre d'eau peuvent fondre une livre de glace, la chaleur entière contenue dans une livre d'eau à zéro en pourra fondre $\dfrac{x}{60}$; cela posé :

Considérons deux substances quelconques réduites à zéro de température; soient m et n leurs poids exprimés en parties de la livre prise pour unité; a et b les rapports des quantités de chaleur renfermées dans une livre de chacune de ces substances à zéro à celle que contient une livre d'eau à la même température; supposons ensuite que, en les combinant ensemble à zéro, leur mélange s'échauffe et fonde, en se refroidissant jusqu'à zéro, le nombre g de livres de glace; supposons encore que la chaleur libre qui se produit dans l'opération même de la combinaison puisse fondre le nombre y de livres de glace, y devant être supposé négatif s'il y a perte de chaleur libre; enfin, nommons c le rapport de la chaleur contenue dans une livre du mélange à zéro à celle que renferme une livre d'eau à la même température.

La quantité de glace que peut fondre toute la chaleur contenue dans une livre de la première substance est visiblement égale à $\frac{ax}{6o}$; ainsi, pour le nombre m de livres, cette quantité sera $\frac{ma}{6o}$; pareillement $\frac{nb.x}{6o}$ sera la quantité de glace que peut fondre la chaleur contenue dans le nombre n de livres de la seconde substance; en ajoutant la somme de ces deux quantités à y, on aura $\frac{(ma+nb)x}{6o}+y$ pour l'expression de la quantité entière de glace que peut fondre la chaleur libre existante après la combinaison. Mais la quantité de glace fondue par le refroidissement du mélange est g, et celle que peut fondre la chaleur qui reste encore dans le mélange est $\frac{(m+n)cx}{6o}$; ainsi $\frac{(m+n)cx}{6o}+g$ est une seconde expression de la quantité de glace que peut fondre toute la chaleur libre existante après la combinaison. En égalant cette expression à la précédente, on aura

$$\frac{(ma+nb)x}{6o}+y=\frac{(m+n)cx}{6o}+g,$$

d'où l'on tire

$$x=\frac{6o(g-y)}{m(a-c)+n(b-c)}.$$

Voilà donc une expression fort simple du nombre des degrés aux-

quels répond la chaleur de l'eau à zéro; mais elle suppose que l'on
connaît a, b, c, y, et nous avons vu l'incertitude qui règne à cet
égard.

Dans quelques essais que l'on a déjà faits pour établir une théorie
de la chaleur, on a supposé que la quantité de chaleur libre est toujours la même avant et après les combinaisons; on a de plus supposé
que les chaleurs spécifiques des corps expriment les rapports de leurs
quantités absolues de chaleur ou, ce qui revient au même, que leurs
accroissements de chaleur correspondants à des accroissements égaux
de température sont proportionnels à leurs quantités absolues de chaleur; dans ces deux hypothèses, les plus simples que l'on puisse faire,
$y = 0$, et l'on peut prendre pour a, b, c les chaleurs spécifiques que
nous avons déterminées dans l'article précédent; on aura ainsi

$$x = \frac{60g}{m(a - c) + n(b - c)}.$$

Il ne s'agit plus maintenant que d'appliquer cette formule aux
résultats de diverses combinaisons; car, si l'on trouve constamment
la même valeur de x, quelle que soit la nature des substances que
l'on combine, ce sera une preuve de la vérité de ces hypothèses.
C'est dans la vue de vérifier un point aussi intéressant de la théorie
de la chaleur que nous avons fait plusieurs expériences rapportées
ci-dessus.

Considérons d'abord la combinaison de l'eau et de la chaux vive;
en les mêlant ensemble à la température de 0°, dans le rapport de
9 à 16, nous avons observé qu'une livre de ce mélange en se refroidissant jusqu'à zéro fondait 1 livre 8 onces 3 gros 62 grains ou
1,52995 livre de glace; ainsi, dans ce cas, $g = 1,52995$. On a ensuite

$$m = \frac{9}{15}, \qquad n = \frac{16}{25};$$

la chaleur spécifique a de l'eau est égale à 1; la chaleur spécifique b de la
chaux vive, 0,21689; et la chaleur spécifique c du mélange, 0,439116.

Ces valeurs, substituées dans la formule précédente, donnent

$$x = 1537,8;$$

ainsi, dans cette expérience, la chaleur de l'eau à zéro répond à $1537°\frac{1}{3}$ du thermomètre, c'est-à-dire qu'elle est quinze cent trente-huit fois environ plus grande que celle qui élève d'un degré sa température.

Le mélange d'huile de vitriol et d'eau, dans le rapport de 4 à 3, calculé de la même manière, donne

$$x = 3241,9.$$

Le mélange d'huile de vitriol et d'eau, dans le rapport de 4 à 5, donne

$$x = 1169,1.$$

On trouve enfin, par le mélange d'acide nitreux et de chaux vive, dans le rapport de $9\frac{1}{3}$ à 1,

$$x = \frac{1889}{-0,01783}.$$

Ce dénominateur négatif donne à x une valeur physiquement impossible; il prouverait conséquemment la fausseté des hypothèses dont nous sommes partis si les chaleurs spécifiques que nous avons employées étaient rigoureusement exactes.

On peut joindre à ces valeurs de x celle que M. Kirven a tirée de la comparaison des chaleurs spécifiques de l'eau et de la glace. Suivant cet excellent physicien, la chaleur spécifique de l'eau étant 1, celle de la glace est 0,9; or, si l'on conçoit qu'une livre d'eau à zéro se gèle tout à coup, elle développera, par ce qui précède, une quantité de chaleur capable de fondre une livre de glace. On pourra donc appliquer à ce cas la formule précédente, en y faisant $g = 1$; la masse m de l'eau est égale à 1, sa chaleur spécifique $a = 1$, et la chaleur spécifique c du résultat qui, dans ce cas, est une livre de glace, égale à 0,9. Enfin, comme dans cette opération il n'entre point d'autre substance que

l'eau, qui est supposée se convertir en glace, on doit faire $n = 0$; la
formule précédente donne ainsi

$$x = 600.$$

Le peu d'accord qui existe entre ces cinq valeurs de x parait entièrement détruire la théorie fondée sur les deux hypothèses précédentes; mais on doit observer qu'une altération peu considérable et
tout au plus de $\frac{1}{10}$ dans les valeurs des chaleurs spécifiques dont nous
avons fait usage suffit pour faire coïncider tous nos résultats. Or nous
ne pouvons pas répondre qu'une erreur aussi petite ne s'est pas glissée
dans nos expériences; elles ne sont donc ni favorables, ni contraires à
cette théorie, et tout ce que l'on en peut conclure, c'est que, si la théorie
dont il s'agit est véritable, on doit porter au moins à 600° la chaleur
absolue des corps dont la température est au zéro du thermomètre,
car, pour réduire les valeurs de x à des nombres au-dessous de 600,
il faudrait supposer, dans nos expériences, des erreurs plus grandes
que celles dont elles sont susceptibles.

La précision avec laquelle il est nécessaire de connaitre les chaleurs
spécifiques des corps rend très difficile la vérification de la théorie précédente, du moins par les combinaisons que nous avons employées,
ce qui vient de ce que la chaleur absolue des corps étant fort considérable relativement à celle qu'ils développent dans ces combinaisons,
une petite erreur sur les chaleurs spécifiques en produit de très
grandes sur la quantité absolue de chaleur. On peut obvier à cet
inconvénient en faisant usage des combinaisons dans lesquelles la
chaleur dégagée est une partie considérable de la chaleur absolue :
telles sont les combinaisons de l'air pur, soit avec le phosphore dans
la formation de l'acide phosphorique, soit avec le soufre dans la formation de l'acide vitriolique. On pourrait encore faire usage des combinaisons dans lesquelles il y a un refroidissement produit; si l'on
s'en rapporte à quelques expériences déjà faites sur ces combinaisons, on ne peut se dispenser de reconnaitre, ou que la quantité de
chaleur libre n'est pas la même avant et après les combinaisons, ou

que les chaleurs spécifiques n'indiquent pas les rapports des quantités absolues de chaleur.

Pour le faire voir, reprenons la formule

$$x = \frac{60\,g}{m(a-c)+n(b-c)};$$

quoique nous ne l'ayons appliquée qu'aux combinaisons dans lesquelles il y a dégagement de chaleur, elle peut néanmoins servir pour celles dans lesquelles il y a un refroidissement produit, en faisant dans ce cas g négatif, et, puisque la valeur de x est nécessairement positive, le dénominateur doit être du même signe que g, c'est-à-dire qu'il doit être positif s'il y a un dégagement de chaleur, et négatif dans le cas contraire; ainsi, dans le premier cas, c est moindre que $\frac{ma+nb}{m+n}$, et, dans le second cas, il est plus grand.

Maintenant on sait que, dans les dissolutions du nitre et du sel marin, il y a un refroidissement produit; ainsi, relativement à ces dissolutions, la chaleur spécifique c du mélange doit être plus grande que $\frac{ma+nb}{m+n}$; or, en mêlant 1 livre de nitre avec 8 livres d'eau, on a $m = 1$, $n = 8$ et $b = 1$, d'où l'on tire

$$c > \frac{8}{9} + \frac{a}{9} \qquad \text{ou} \qquad c > 0{,}88889 + \frac{a}{9},$$

a étant la chaleur spécifique du nitre. L'expérience nous a donné $c = 0{,}8167$, ce qui diffère trop du résultat précédent pour que l'on puisse rejeter cet écart sur les erreurs de notre expérience. Celles que M. Kirven a faites sur les dissolutions du nitre et du sel marin s'éloignent encore plus de la théorie dont il s'agit; il y a donc lieu de penser qu'elle n'est pas généralement vraie, et que, dans plusieurs cas, elle souffre des exceptions considérables. La connaissance des chaleurs spécifiques des substances et de leurs combinaisons ne peut conséquemment nous conduire à celle de la chaleur qu'elles doivent développer en se combinant; l'expérience peut seule nous éclairer sur cet objet : nous la prendrons pour guide dans la détermination des

phénomènes de la chaleur que dégagent les combinaisons de l'air pur
avec les corps, phénomènes importants, dont dépendent la combustion et la chaleur animale.

La glace, en se résolvant en eau, absorbe, comme on l'a vu dans
l'article précédent, 60° de chaleur; cette propriété d'absorber de la
chaleur en devenant fluide n'est pas particulière à cette substance, et
l'on peut assurer généralement que, dans le passage de tous les corps
à l'état fluide, il y a absorption de chaleur; car, si dans ce passage un
corps développait de la chaleur, il faudrait la soustraire pour le rendre
fluide; il deviendrait donc solide par la chaleur et fluide par le froid,
ce qui répugne à ce que l'expérience nous apprend sur la fusion des
corps. Le cas dans lequel il n'y aurait dans le passage à l'état fluide
ni développement ni absorption de chaleur, quoique mathématique-
ment possible, est infiniment peu probable; on doit le considérer
comme la limite des quantités de chaleur absorbées dans ces passages. De là nous pouvons nous élever à un principe beaucoup plus
général, et qui s'étend à tous les phénomènes produits par la chaleur :
*Dans les changements causés par la chaleur à l'état d'un système de
corps, il y a toujours absorption de chaleur; en sorte que l'état qui suc-
cède immédiatement à un autre, par une addition suffisante de chaleur,
absorbe cette chaleur, sans que le degré de température du système augmente.* Par exemple, dans le changement de l'eau en vapeurs, il y a
sans cesse de la chaleur absorbée, et le thermomètre, placé dans l'eau
bouillante où dans les vapeurs qui s'en élèvent, reste constamment
au même degré; la même chose doit avoir lieu dans toutes les décompositions qui sont uniquement l'effet de la chaleur, et, si quelques-
unes en développent, ce développement est dû à des causes particulières; ainsi, dans la détonation du nitre avec le charbon, le nitre, en
se décomposant, absorbe de la chaleur; mais, comme au même instant, la base de l'air fixe contenue dans le charbon s'empare de l'air
pur du nitre, cette combinaison produit une chaleur considérable.

Puisque la dilatation, la fusion et la vaporisation sont autant d'effets
de la chaleur, on peut présumer avec beaucoup de vraisemblance que,

dans la production du premier de ces effets, comme dans celle des deux autres, il y a une quantité de chaleur qui s'absorbe, et qui, par conséquent, cesse d'être sensible au thermomètre; mais, le passage d'un corps à ses divers états de dilatation se faisant par des nuances insensibles, on ne peut connaître les quantités de chaleur ainsi absorbées que par les accroissements de sa chaleur spécifique; il est donc très probable que les chaleurs spécifiques des corps augmentent avec leur température, mais suivant des lois différentes pour chacun d'eux, et dépendantes de leur constitution particulière, ce qui est une nouvelle raison de rejeter le principe qui suppose les quantités absolues de chaleur proportionnelles aux chaleurs spécifiques.

Le passage des corps d'un état à un autre par l'action de la chaleur doit présenter des phénomènes très singuliers, qui tiennent aux lois de l'équilibre de la chaleur, et sur lesquelles nous allons faire ici quelques réflexions.

Dans un système de corps animés par des forces quelconques, il y a souvent plusieurs états d'équilibre; ainsi un parallélépipède rectangle soumis à l'action de la pesanteur sera en équilibre sur chacune de ses faces. On peut l'y concevoir encore en le posant sur un de ses angles, pourvu que la verticale qui passe par son centre de gravité rencontre le sommet de cet angle; mais cet état d'équilibre diffère des précédents, en ce qu'il n'est point *ferme*, la plus légère secousse suffisant pour le détruire. Il en est de même de l'équilibre du parallélépipède sur une de ses faces, si elle est extrêmement petite relativement aux autres; cela posé:

Imaginons en contact deux corps de température différente, et faisons abstraction des autres corps qui peuvent augmenter ou enlever leur chaleur; il est visible que la chaleur ne peut se mettre en équilibre que d'une seule manière, savoir, en se répandant dans les deux corps, de sorte que leur température soit la même; mais si, par une augmentation ou par une diminution de chaleur, les corps peuvent changer d'état, il existe alors plusieurs états d'équilibre de la chaleur. Pour le faire voir, considérons une livre d'eau dont toutes les

parties soient à une température de c degrés au-dessous de zéro; dans
cet état, la chaleur sera en équilibre et l'eau se maintiendra fluide, si
c est un nombre peu considérable; car alors les molécules d'eau ne
peuvent se disposer de manière à former de la glace, sans un dégagement de chaleur qui, par conséquent, opposera d'autant plus de résistance à la formation de la glace, qu'elle éprouvera plus de difficulté à
se répandre. Supposons maintenant que la $n^{\text{ième}}$ partie de cette livre
d'eau vienne à se geler, elle développera une chaleur égale à $\dfrac{60°}{n}$; cette
chaleur se distribuera dans la glace et dans l'eau, de manière que, si
l'on nomme q le rapport de la chaleur spécifique de la glace à celle de
l'eau, il en résultera dans toute la masse un accroissement de température égal à $\dfrac{60°}{n+q-1}$; il y aura donc encore équilibre de chaleur,
comme précédemment, avec cette différence que la température de la
masse, qui auparavant était de c degrés au-dessous de zéro, ne sera
plus que de $c - \dfrac{60°}{n+q-1}$ au-dessous du même point.

n étant indéterminé, on peut le faire varier à volonté, ce qui donne
une infinité d'états possibles d'équilibre de la chaleur. Cette quantité
a cependant une limite, déterminée par cette condition que la température de la masse ne peut jamais surpasser le zéro du thermomètre;
puisqu'à ce degré la glace commence à se fondre. Il faut conséquemment que $c - \dfrac{60°}{n+q-1}$ soit positif ou zéro; en le supposant nul, on
aura, pour la limite de la fraction $\dfrac{1}{n}$,

$$\frac{1}{n} = \frac{c}{60 + c - cq},$$

et cette valeur exprime la plus grande quantité d'eau qui peut être
convertie en glace à une température primitive de c degrés au-dessous
de zéro. Si l'on veut que la masse entière de l'eau puisse se changer
en glace, il faut supposer $\dfrac{1}{n} = 1$, ce qui donne

$$c = \frac{60°}{q},$$

et si l'on fait, avec M. Kirven, $q = 0{,}9$, on aura

$$c = 66°\tfrac{1}{3}.$$

Tel est donc le plus petit degré de froid qu'une masse d'eau doit avoir pour pouvoir se glacer en entier, dans la supposition où toute la chaleur développée par la formation de la glace ne se répand que sur cette masse ; mais ce degré est beaucoup moindre dans la nature, où les corps environnants dérobent une grande partie de cette chaleur.

Les molécules de l'eau ont entre elles, dans l'état de glace, une position différente que dans l'état de fluidité ; or, si l'on imagine une masse d'eau à une température au-dessous de zéro et que, par une agitation quelconque, on dérange la position de ses molécules, on conçoit que, dans cette variété infinie de mouvements, quelques-unes d'entre elles doivent tendre à se rencontrer dans la position nécessaire pour former de la glace, et, puisque cette position est une de celles où la chaleur est en équilibre, elles pourront la prendre si la chaleur qui les en écarte se répand assez promptement sur les molécules voisines ; en sorte que l'état de fluidité de l'eau sera d'autant moins *ferme*, que sa température sera plus abaissée au-dessous de zéro.

Maintenant, si l'on compare la théorie précédente avec l'expérience, on trouvera qu'elle y est parfaitement conforme, car on sait que l'on peut conserver l'eau fluide à une température de plusieurs degrés au-dessous de zéro et que, dans cet état, une légère commotion suffit souvent pour la convertir en glace. Il y a lieu de présumer que plusieurs autres passages des corps d'un état à un autre par la diminution de la chaleur offriront des phénomènes semblables.

L'affinité des molécules de l'eau tend à les réunir et à dégager la chaleur qui les écarte ; or il est très probable que leur disposition dans l'état de glace est celle dans laquelle cette force d'affinité s'exerce avec le plus d'avantage ; d'où il suit qu'un des moyens les plus propres à congeler une masse d'eau dont la température est au-dessous de zéro est de la mettre en contact avec de la glace. Le même résultat doit s'étendre à toutes les cristallisations et se trouve confirmé par l'expérience.

L'équilibre entre la chaleur qui tend à écarter les molécules des corps, et leurs affinités réciproques qui tendent à les réunir, peut fournir un moyen très précis de comparer entre elles ces affinités; si l'on mêle, par exemple, à une température quelconque au-dessous de zéro, un acide avec de la glace, il la fondra jusqu'à ce qu'il soit assez affaibli pour que sa force attractive sur les molécules de la glace soit égale à la force qui fait adhérer ces molécules les unes aux autres, et qui est d'autant plus grande que le froid est plus considérable. Ainsi le degré de concentration auquel l'acide cessera de dissoudre la glace sera d'autant plus fort, que la température du mélange sera plus abaissée au-dessous de zéro, et l'on pourra rapporter aux degrés du thermomètre les affinités de l'acide avec l'eau, suivant ses divers degrés de concentration. Il suit de là réciproquement que, si l'on expose un acide affaibli à un degré de froid supérieur à celui dans lequel il cesse de dissoudre la glace, les molécules d'eau ayant alors plus d'affinité entre elles qu'avec lui, elles doivent s'en séparer et former de la glace jusqu'à ce qu'il ait acquis le degré de concentration correspondant à cette température. En comparant ainsi les différents acides, on aura, par une suite d'expériences faites à diverses températures, leurs affinités respectives avec l'eau, et si l'on considère de la même manière toutes les autres dissolutions, on pourra mesurer avec précision les forces d'affinités des corps les uns avec les autres; mais cette théorie ne peut être développée en aussi peu de mots, et nous en ferons l'objet d'un Mémoire particulier.

Si le mélange d'un acide avec une quantité donnée d'eau produit de la chaleur, en mêlant cet acide avec la même quantité de glace, il produira de la chaleur ou du froid, suivant que la chaleur qui résulte de son mélange avec l'eau est plus ou moins considérable que celle qui est nécessaire pour fondre la glace; on peut donc supposer à cet acide un degré de concentration que nous nommerons K, tel que, en le mêlant avec une partie infiniment petite de glace, il ne produise ni froid ni

chaleur. Cela posé, le plus grand froid que puisse produire le mélange
de l'acide avec la glace est celui auquel l'acide concentré au degré K
cesse de dissoudre la glace ; on peut déterminer ce maximum de froid,
sans le produire, en observant, à des degrés de froid moindres, la loi
qui existe entre les degrés du thermomètre et les degrés correspondants de concentration auxquels l'acide cesse de dissoudre la glace.

ARTICLE IV.

De la combustion et de la respiration.

Jusqu'à ces derniers temps, on n'avait eu que des idées vagues et
très imparfaites sur les phénomènes de la chaleur qui se dégage dans
la combustion et dans la respiration. L'expérience avait fait connaître
que les corps ne peuvent brûler et les animaux respirer sans le concours de l'air atmosphérique ; mais on ignorait la manière dont il
influe dans ces deux grandes opérations de la nature et les changements qu'elles lui font subir. L'opinion la plus généralement
répandue n'attribuait à ce fluide d'autres usages que ceux de rafrai-
chir le sang lorsqu'il traverse les poumons et de retenir par sa pression la matière du feu à la surface des corps combustibles. Les découvertes importantes que l'on a faites depuis peu d'années sur la nature
des fluides aériformes ont beaucoup étendu nos connaissances sur
cette matière ; il en résulte qu'une seule espèce d'air, connu sous les
noms d'*air déphlogistiqué*, d'*air pur* ou d'*air vital*, est propre à la combustion, à la respiration et à la calcination des métaux ; que l'air de
l'atmosphère n'en renferme que $\frac{1}{4}$ environ et que cette portion d'air
est alors ou absorbée, ou altérée, ou convertie en air fixe par l'addition d'un principe que nous nommerons *base de l'air fixe*, pour éviter
toute discussion sur sa nature : ainsi l'air n'agit point dans ces opérations comme une simple cause mécanique, mais comme principe de
nouvelles combinaisons. M. Lavoisier, ayant observé ces phénomènes,
soupçonna que la chaleur et la lumière qui s'en dégagent étaient dues,

au moins en grande partie, aux changements que l'air pur éprouve. Tout ce qui tient à la combustion et à la respiration s'explique d'une manière si naturelle et si simple dans cette hypothèse, qu'il ne balança point à la proposer, sinon comme une vérité démontrée, du moins comme une conjecture très vraisemblable et digne à tous égards de l'attention des physiciens : c'est ce qu'il fit dans un Mémoire *Sur la combustion*, imprimé dans le Volume de l'Académie pour l'année 1777 (p. 592). M. Craford a présenté une explication à peu près semblable dans un Ouvrage sur ce sujet, publié à Londres en 1779. Ces deux physiciens s'accordent à regarder l'air pur comme la source principale de la chaleur qui se développe dans la combustion et dans la respiration ; il y a cependant une différence essentielle entre leurs opinions et qui consiste en ce que M. Lavoisier pense que la chaleur dégagée dans ces deux phénomènes est combinée dans l'air pur, et que ce fluide doit à la force expansive de la chaleur ainsi combinée son état aériforme ; au lieu que, suivant M. Craford, la matière de la chaleur est libre dans l'air pur : elle ne s'en dégage que parce que l'air pur, en se combinant, perd une grande partie de sa chaleur spécifique. M. Craford appuie cette assertion sur des expériences d'après lesquelles il trouve la chaleur spécifique de l'air pur quatre-vingt-sept fois plus grande que celle de l'eau commune ; si ces expériences étaient exactes, il serait aisé de voir que la chaleur libre existante dans l'air pur est plus que suffisante pour produire tous les phénomènes de la chaleur et que, dans les combustions même où il se dégage le plus de chaleur, telle que celle du phosphore, une partie considérable de la chaleur libre existante dans l'air pur doit se combiner ; mais ces expériences sont si délicates qu'il faut les avoir répétées un grand nombre de fois avant que de les admettre. Ainsi nous nous abstiendrons de prononcer sur leur exactitude, jusqu'à ce que nous ayons déterminé par notre méthode les chaleurs spécifiques des différents airs ; nous nous bornerons ici à comparer les quantités de chaleur qui se dégagent dans la combustion et dans la respiration avec les altérations correspondantes de l'air pur, sans examiner si

cette chaleur vient de l'air ou des corps combustibles et des animaux
qui respirent. Dans la vue de déterminer ces altérations, nous avons
fait les expériences suivantes :

M (*Pl. II, fig.* 7) représente une grande cuvette remplie de mercure
et au-dessus de laquelle nous avons placé une cloche B pleine d'air
déphlogistiqué; cet air n'était pas parfaitément pur : sur 19 parties, il
en contenait 16 d'air pur et il renfermait $\frac{1}{37}$ environ de son volume
d'air fixe. Nous avons introduit sous la cloche un petit vase de terre C
rempli de braise que nous avions auparavant dépouillée de tout son
air inflammable, par une forte chaleur, et qui était à peu près semblable à celle que nous avons employée dans l'expérience sur la chaleur dégagée par la combustion du charbon; au-dessus de la braise,
nous avons placé un peu d'amadou sur lequel était une très petite
molécule de phosphore pesant tout au plus $\frac{1}{10}$ dé grain; le vase de
terre avec tout ce qu'il contenait avait été pesé fort exactement; nous
avons ensuite élevé le mercure dans la cloche jusqu'en E, par la suc-
cion de l'air intérieur, afin que la dilatation de l'air occasionnée par
la combustion du charbon n'abaissât pas le mercure trop au-dessous
du niveau du mercure extérieur, ce qui aurait pu faire sortir l'air renfermé sous la cloche. Cela fait, au moyen d'un fer rouge que nous avons
fait passer rapidement à travers le mercure, nous avons enflammé le
phosphore qui a allumé l'amadou et par son moyen la braise. La combustion a duré pendant vingt ou vingt-cinq minutes, et, lorsque la
braise s'est éteinte et que tout l'air intérieur a été refroidi à la température de l'atmosphère, nous avons marqué un second trait en E' où
le mercure s'est élevé par la diminution du volume de l'air intérieur.
Nous avons ensuite introduit de l'alcali caustique sous la cloche; tout
l'air fixe a été absorbé et, après un temps suffisant pour cet objet,
lorsque le mercure a cessé de monter dans la cloche, nous avons
marqué un trait en E″ au niveau de la surface de l'alcali caustique;
nous avons eu soin d'observer dans les trois positions E, E', E″ les
hauteurs du mercure dans la cloche au-dessus de son niveau dans la
cuvette : l'air de l'atmosphère introduit sous la cloche, au moyen d'un

tube de verre, en a fait baisser le mercure jusqu'au niveau du mercure extérieur. Nous avons ensuite retiré le vase C, que nous avons fait sécher et que nous avons pesé fort exactement; la diminution de son poids nous a fait connaître la quantité de charbon consommée. Le degré de température extérieure a très peu varié dans l'intervalle de l'expérience, et la hauteur du baromètre était de 28 pouces environ.

Pour déterminer les volumes d'air contenus dans les espaces EBD, E'BD', E"BD", nous les avons remplis d'eau commune dont les poids respectifs nous ont donné en pouces cubes les volumes de ces espaces; mais, comme l'air qui y était renfermé était inégalement pressé à raison des différentes hauteurs du mercure dans la cloche, nous avons réduit, au moyen de ces hauteurs observées, le volume de l'air à celui qu'il aurait occupé s'il avait été comprimé par une colonne de mercure de 28 pouces; enfin nous avons réduit tous les résultats de nos expériences à ceux qui auraient eu lieu si la température extérieure avait été de 10°, en partant de cette donnée, que vers la température de 10° l'air se dilate de $\frac{1}{215}$ à chaque degré d'accroissement dans sa température; ainsi les airs dont nous donnerons dans la suite les volumes doivent être supposés à la température de 10° et comprimés par une colonne de 28 pouces de mercure.

Dans l'expérience précédente, il y avait dans la cloche $202^{po},35$ d'air déphlogistiqué; son volume, par la seule combustion du charbon, s'est réduit à $170^{po},59$, et, après l'absorption de l'air fixe par l'alcali caustique, le volume de l'air restant n'était plus que de $73^{po},93$. Le poids du charbon consommé, indépendamment de sa cendre, a été de $17^{grains},2$; ceux de l'amadou et du phosphore réunis pouvaient être de $\frac{1}{2}$ grain. D'ailleurs nous avons trouvé, par plusieurs expériences, que le poids de la cendre formée par la braise est d'environ 10 grains par once; on peut donc supposer, à très peu près, que dans cette expérience il y a eu 18 grains de charbon consommé, en y comprenant sa cendre.

L'air déphlogistiqué dont nous avons fait usage contenait environ $\frac{1}{57}$ de son volume d'air fixe qui n'avait point été absorbé par l'eau au-

dessus de laquelle il avait séjourné pendant plusieurs mois; cette
adhésion intime de l'air fixe à l'air pur nous porte à croire que, même
après l'absorption de l'air fixe par l'alcali caustique dans nos expériences, l'air restant contenait encore un peu d'air fixe, que nous
pouvons, sans erreur sensible, évaluer à $\frac{1}{37}$ de son volume total. Dans
cette hypothèse, pour avoir le volume de tout l'air pur consommé par
le charbon, il faut prendre la différence du volume de l'air avant la
combustion au volume de l'air restant après l'absorption par l'alcali
caustique et diminuer cette différence de sa $\frac{1}{37}$ partie; en retranchant
pareillement cette même quantité du volume de l'air absorbé par
l'alcali caustique, on aura le volume de l'air fixe formé par la combustion : on trouvera ainsi qu'une once de charbon, en brûlant, consomme 4037po,5 d'air pur et forme 3021po,1 d'air fixe, et, si l'on
désigne par l'unité le volume de l'air pur consommé, son volume après
la combustion sera réduit à 0,74828.

Pour évaluer en poids ces volumes d'air pur et d'air fixe, il faut
connaître ce que pèse un pouce cube de l'un et de l'autre de ces airs;
or on a observé que l'air pur est un peu plus pesant que l'air atmosphérique, environ dans le rapport de 187 à 185. Le poids de l'air
atmosphérique a été déterminé fort exactement par M. de Luc. En
partant de ces déterminations, on trouve qu'à 10° de température et à
la pression de 28 pouces du baromètre un pouce cube d'air déphlogistiqué pèse 0grain,47317. M. Lavoisier a observé qu'à la même température et à la même pression 1 pouce cube d'air fixe pèse à très peu
près $\frac{7}{10}$ de grain. D'après ces résultats, une once de charbon en brûlant
consomme 3onces,3167 d'air pur et forme 3onces,6715 d'air fixe. Ainsi,
sur 10 parties d'air fixe, il y a 9 parties environ d'air pur et 1 partie
d'un principe fourni par le charbon et qui est la base de l'air fixe; mais
une détermination aussi délicate exige un plus grand nombre d'expériences.

On a vu précédemment qu'une once de charbon en brûlant fond
6 livres 2 onces de glace; d'où il est facile de conclure que, dans la
combustion du charbon, l'altération d'une once d'air pur peut fondre

$29^{onces},547$ de glace, et que la formation d'une once d'air fixe en peut fondre $26^{onces},692$.

C'est avec la plus grande circonspection que nous présentons ces résultats sur les quantités de chaleur que dégage l'altération d'une once d'air pur par la combustion du charbon. Nous n'avons pu faire qu'une expérience sur la chaleur dégagée dans cette combustion, et, quoiqu'elle ait été faite dans des circonstances assez favorables, cependant nous ne serons bien assurés de son exactitude qu'après l'avoir répétée plusieurs fois. Nous l'avons déjà dit, et nous ne pouvons trop insister sur cet objet : c'est moins le résultat de nos expériences que la méthode dont nous nous sommes servis que nous présentons aux physiciens, en les invitant, si cette méthode parait avoir quelque avantage, à vérifier ces expériences que nous nous proposons nous-même de répéter avec le plus grand soin.

En brûlant du phosphore dans l'appareil précédent dont la cloche était remplie d'air pur, nous avons observé que 45 grains de phosphore ont absorbé, dans leur combustion, $65^{grains},62$ d'air pur, et, comme le résultat de cette combustion est de l'acide phosphorique, on doit en conclure que, dans la formation de cet acide, 1 partie $\frac{1}{2}$ environ, ou plus exactement 1 partie $\frac{4}{9}$ d'air pur se combine avec 1 partie de phosphore, ce qui s'accorde avec le résultat que M. Lavoisier a trouvé le premier (*Mémoires de l'Académie*, année 1777, p. 69) et que M. Berthollet a depuis confirmé par la méthode des combinaisons chimiques.

Il suit de là qu'une once de phosphore, en brûlant, absorbe $\dfrac{65^{onces},62}{45}$ d'air pur; or on a vu précédemment qu'elle peut fondre 6 livres 4 onces 48 grains de glace; ainsi, une once d'air pur, en s'absorbant dans le phosphore, peut fondre $68^{onces},634$ de glace; mais la même quantité d'air, en devenant air fixe par la combustion du charbon, en peut fondre 29 onces $\frac{1}{2}$, d'où l'on tire ce résultat assez remarquable, savoir : *que la chaleur dégagée par l'air pur, lorsqu'il est absorbé par le phosphore, est à peu près* $2\frac{1}{3}$ *plus grande que lorsqu'il est changé en air fixe.*

Dans les *Mémoires de l'Académie* pour l'année 1777, page 597,
M. Lavoisier a été conduit à un résultat semblable par sa théorie
générale de la formation des airs et des vapeurs. Suivant cette
théorie, l'air pur, l'air fixe et généralement tous les airs et toutes
les vapeurs doivent leur état aériforme à la grande quantité de chaleur qui y est combinée; l'air pur paraît surtout la renfermer en
grande abondance; il l'abandonne presque en entier lorsqu'il passe
à l'état concret dans la calcination des métaux et dans les combustions du soufre, du phosphore, etc., mais il en retient une partie
considérable dans l'état d'air fixe.

L'absorption de l'air pur par l'air nitreux fait une exception à cette
théorie générale des combinaisons de l'air pur : la quantité de chaleur dégagée dans cette combinaison particulière est très petite et
incomparablement moindre que celle qui se développe dans l'absorption d'un pareil volume d'air pur par le phosphore; il faut donc
supposer dans l'acide nitreux, et conséquemment dans le nitre, une
grande quantité de chaleur combinée qui doit reparaître tout entière
dans la détonation de cette substance, et c'est, en effet, ce que donne
l'expérience.

En distillant le nitre, M. Berthollet est parvenu à convertir en air
pur presque tout l'acide nitreux qu'il renferme. Ce savant chimiste a
de plus observé que, dans la détonation du nitre avec le charbon, une
grande partie de son acide se change en air fixe. Or une once de nitre
renferme environ 3 gros $\frac{2}{3}$ d'acide nitreux; en supposant donc que cet
acide soit tout air pur et qu'il soit en entier converti en air fixe, on
trouve, d'après les résultats précédents sur la combustion du charbon,
qu'une once de nitre, en détonant avec le charbon, doit fondre
13 onces $\frac{1}{3}$ de glace : l'expérience ne nous a donné que 12 onces de
glace fondue; mais, si l'on fait attention à l'incertitude des éléments
dont nous sommes parti et aux erreurs inévitables dans les expériences, on verra qu'il n'est pas possible d'espérer un plus parfait
accord entre ces résultats. On peut donc ainsi concevoir le phénomène de la détonation du nitre : l'air pur renfermé dans cette sub-

stance s'y est combiné sans un dégagement très sensible de chaleur; il doit, par conséquent, occasionner un froid peu considérable en reprenant son état aériforme. A mesure qu'il le reprend, la base de l'air fixe que contient le charbon s'en empare et le convertit en air fixe; il doit donc se développer dans cette circonstance une quantité de chaleur à peu près égale à celle qui se dégage dans la combinaison directe du charbon avec l'air pur. Le froid occasionné par le passage de l'air pur à l'état aériforme, dans la détonation du nitre, produit une petite différence entre ces quantités de chaleur, et cette différence est égale à la quantité de chaleur que dégage l'air pur en se combinant dans l'acide nitreux; on pourrait la déterminer par l'expérience précédente si les éléments dont nous sommes partis étaient exacts, et l'on trouverait que, dans la combinaison d'une once d'air pur pour former l'acide nitreux, la quantité de chaleur qui se développe peut fondre 3 onces $\frac{1}{7}$ de glace; mais ces éléments sont trop incertains pour pouvoir ainsi déterminer avec précision cette quantité de chaleur. Quoi qu'il en soit, on peut conjecturer avec vraisemblance que le nitre doit à la chaleur qui y est combinée sa propriété de détoner avec les substances qui peuvent s'unir à l'air pur, propriété que n'ont point d'autres substances, telles que les sels phosphoriques qui cependant renferment une grande quantité du même air, mais qui ne se combinent avec lui qu'en dégageant une chaleur considérable.

Pour déterminer les altérations que la respiration des animaux occasionne à l'air pur, nous avons rempli de ce gaz la cloche B de l'appareil précédent, et nous y avons introduit différents cochons d'Inde, à peu près de la même grosseur que celui qui nous a servi dans notre expérience sur la chaleur animale. Dans une de ces expériences, la cloche renfermait, avant que l'on y mit le cochon d'Inde, 248^{po},o1 d'air pur; cet animal y est resté pendant une heure et un quart. Pour l'introduire sous la cloche, nous l'avions fait passer à travers le mercure; nous l'en avons retiré de la même manière, et, après avoir laissé refroidir l'air intérieur jusqu'au degré de température de l'atmosphère, son volume a été un peu diminué et s'est réduit à $240^{po},25$; enfin, après avoir absorbé l'air fixe par l'alcali caustique, il est resté $200^{po},56$ d'air. Dans cette expérience, il y a eu $46^{po},62$ d'air pur altéré et $37^{po},96$ d'air fixe produit, en faisant la correction due à la petite quantité d'air fixe que renfermait l'air déphlogistiqué de la cloche. Si l'on désigne par l'unité le volume de l'air pur altéré, $0,814$ sera son volume diminué par la respiration. Dans la combustion du charbon, le volume de l'air est diminué dans le rapport de 1 à $0,74828$; cette différence peut tenir en partie aux erreurs des mesures, mais elle dépend encore d'une cause que nous n'avions pas soupçonnée d'abord et dont il est bon d'avertir ceux qui voudront répéter ces expériences.

Pour rendre la cloche stable dans la cuvette, nous avons un peu élevé le mercure intérieur au-dessus du niveau du mercure extérieur; or, en introduisant l'animal et en le retirant de dessous la cloche, nous avons observé que l'air extérieur pénétrait un peu dans l'intérieur, le long du corps de l'animal, quoique plongé en partie dans le mercure : ce fluide ne s'applique pas assez exactement contre la surface des poils et de la peau pour empêcher toute communication entre l'air extérieur et l'air intérieur de la cloche. Ainsi l'air doit paraître moins diminué par la respiration qu'il ne l'est en effet.

Le poids de l'air fixe produit dans l'expérience précédente est de $26^{grains},572$; d'où il suit que, dans l'intervalle de dix heures, l'animal aurait produit $212^{grains},576$ d'air fixe.

Au commencement de l'expérience, l'animal, respirant un air beaucoup plus pur que celui de l'atmosphère, formait peut-être dans le même temps une plus grande quantité d'air fixe, mais sur la fin il respirait avec difficulté, parce que l'air fixe, se déposant par sa pesanteur dans la partie inférieure de la cloche où était l'animal, en chassait l'air pur qui s'élevait au haut de la cloche, et probablement encore parce que l'air fixe est par lui-même nuisible aux animaux. On peut donc supposer, sans erreur sensible, que la quantité d'air fixe produit est la même que si l'animal eût respiré dans l'air de l'atmosphère, dont la bonté est à peu près moyenne entre celles de l'air à la partie inférieure de la cloche au commencement et à la fin de l'expérience.

Nous avons ensuite déterminé exactement la quantité d'air fixe produite par un cochon d'Inde lorsqu'il respire l'air même de l'atmosphère; pour cela, nous en avons mis un sous un bocal à travers lequel nous avons établi un courant d'air atmosphérique. L'air, comprimé dans un appareil fort commode pour cet objet, entrait sous le bocal par un tube de verre et en sortait par un second tube recourbé, dont la partie concave plongeait dans le mercure et dont l'extrémité inférieure aboutissait dans un flacon rempli d'alcali caustique; il en sortait ensuite par un troisième tube qui lui-même aboutissait dans un second flacon plein d'alcali caustique, et de là se répandait dans l'atmosphère : l'air fixe formé par l'animal dans l'intérieur de la cloche était retenu en grande partie par l'alcali caustique du premier flacon, et celui qui échappait à cette combinaison était absorbé par l'alcali du second flacon; l'augmentation du poids des flacons nous faisait connaître le poids de l'air fixe qui s'y était combiné. Dans l'intervalle de trois heures, le poids du premier flacon a augmenté de 63 grains, celui du second flacon a augmenté de 8 grains; ainsi le poids total des deux flacons a augmenté de 71 grains. En supposant cette quantité d'air fixe uniquement due à la respiration de l'animal, il aurait pendant dix heures formé 236^{grains},667 d'air fixe, ce qui diffère de $\frac{1}{9}$ environ du résultat de l'expérience précédente; cette différence peut tenir à la différence de grosseur et de force des deux animaux et à leur état momentané durant l'expérience.

Si les vapeurs de la respiration emportées par le courant d'air se fussent déposées dans les flacons, l'augmentation de poids de l'alcali caustique n'aurait pas donné la quantité d'air fixe produite par l'animal; c'est pour obvier à cet inconvénient que nous avons employé un tube recourbé, dont la partie concave plongeait dans le mercure; les vapeurs de la respiration se condensaient contre les parois de cette partie du tube et se rassemblaient dans sa concavité, en sorte qu'à son entrée dans le premier flacon l'air n'en était pas sensiblement chargé, car la transparence de la partie du tube qui descendait dans le flacon n'a point été altérée; on peut donc supposer que, si le poids des flacons a été augmenté par ces vapeurs, cette augmentation a été compensée par l'évaporation de l'eau de l'alcali qu'ils renfermaient. On pouvait craindre encore qu'une partie de l'air fixe qui était combiné ne fût due à l'air même de l'atmosphère; pour nous rassurer à cet égard, nous avons répété la même expérience, en ne mettant point de cochon d'Inde sous le bocal; il n'y a point eu alors d'augmentation dans le poids des flacons : celui du second flacon a diminué de 4 ou 5 grains, sans doute par l'évaporation de l'eau de son alcali.

Une troisième expérience, faite sur un cochon d'Inde dans l'air déphlogistiqué, nous a donné 226 grains pour la quantité d'air fixe produite en dix heures.

En prenant un milieu entre ces expériences et quelques autres semblables, faites sur plusieurs cochons d'Inde, tant dans l'air déphlogistiqué que dans celui de l'atmosphère, nous avons évalué à 224 grains la quantité d'air fixe produite en dix heures par le cochon d'Inde que nous avons mis en expérience dans une de nos machines pour déterminer sa chaleur animale.

Comme ces expériences ont été faites à la température de 14° ou 15°, il est possible que la quantité d'air fixe produite par la respiration soit un peu moindre qu'à la température de 0°, qui est celle de l'intérieur de nos machines; il faudrait donc, pour plus d'exactitude, déterminer les produits d'air fixe à cette dernière température : c'est une attention que nous nous proposons d'avoir dans les nouvelles expériences que nous ferons sur cet objet.

Les expériences précédentes sont contraires à ce que MM. Schéele et Priestley ont avancé sur les altérations de l'air pur par la respiration des animaux. Elle produit, suivant ces deux excellents physiciens, très peu d'air fixe et une grande quantité d'air vicié, que ce dernier a désigné sous le nom d'air *phlogistiqué*; mais, en examinant avec tout le soin possible, par un grand nombre d'expériences, l'effet

de la respiration des oiseaux et des cochons d'Inde sur l'air pur, nous
avons constamment observé que le changement de ce gaz en air fixe
est l'altération la plus considérable qu'il reçoit de la respiration des
animaux. En faisant respirer une grande quantité d'air pur par des
cochons d'Inde, et en absorbant, au moyen de l'alcali caustique, l'air
fixe produit par leur respiration ; en faisant ensuite respirer le résidu
de l'air par des oiseaux, et absorbant de nouveau, par l'alcali caustique, le nouvel air fixe qui s'était formé, nous sommes parvenus à
convertir ainsi en air fixe une grande partie de l'air pur que nous
avions employé : ce qui restait d'air avait à peu près la même bonté
qu'il devait avoir dans la supposition où le changement de l'air pur en
air fixe est le seul effet de la respiration sur l'air. Il nous paraît donc
certain que, si la respiration produit d'autres altérations à l'air pur,
elles sont peu considérables, et nous ne doutons point que les physiciens, qui, avec de grands appareils à mercure, feront les mêmes expériences, ne soient conduits au même résultat.

On a vu précédemment que, dans la combustion du charbon, la
formation d'une once d'air fixe peut fondre 26^{onces},692 de glace ; en
partant de ce résultat, on trouve que la formation de 224 grains d'air
fixe doit en fondre 10^{onces},38. Cette quantité de glace fondue représente conséquemment la chaleur produite par la respiration d'un cochon d'Inde durant dix heures.

Dans l'expérience sur la chaleur animale d'un cochon d'Inde, cet
animal est sorti de notre machine à peu près avec la même chaleur
avec laquelle il y était entré, car on sait que la chaleur intérieure des
animaux est toujours à peu près la même : sans le renouvellement con-
tinuel de sa chaleur, toute celle qu'il avait d'abord se serait insensi-
blement dissipée, et nous l'aurions retiré froid de l'intérieur de la
machine, comme tous les corps inanimés que nous y avons mis en
expérience ; mais ses fonctions vitales lui restituent sans cesse la chaleur qu'il communique à tout ce qui l'environne, et qui, dans notre
expérience, s'est répandue sur la glace intérieure dont elle a fondu

13 onces en dix heures. Cette quantité de glace fondue représente
donc à peu près la chaleur renouvelée, dans le même intervalle de
temps, par les fonctions vitales du cochon d'Inde : il faut peut-être la
diminuer d'une ou deux onces, ou même davantage, par cette considération que les extrémités du corps de l'animal se sont refroidies
dans la machine, quoique l'intérieur du corps ait conservé à peu près
la même température; d'ailleurs, les humeurs que sa chaleur intérieure a évaporées ont fondu en se refroidissant une petite quantité
de glace, et se sont réunies à l'eau qui s'est écoulée de la machine.

En diminuant de $2^{onces}, 5$ environ cette quantité de glace, on aura la
quantité fondue par l'effet de la respiration de l'animal sur l'air; or,
si l'on considère les erreurs inévitables dans ces expériences et dans
les éléments dont nous sommes partis pour les calculer, on verra qu'il
n'est pas possible d'espérer un plus parfait accord entre ces résultats.
Ainsi on peut regarder la chaleur qui se dégage dans le changement
de l'air pur en air fixe par la respiration comme la cause principale de
la conservation de la chaleur animale, et, si d'autres causes concou-
rent à l'entretenir, leur effet est peu considérable.

La respiration est donc une combustion, à la vérité fort lente, mais
d'ailleurs parfaitement semblable à celle du charbon; elle se fait dans
l'intérieur des poumons sans dégager de lumière sensible, parce que
la matière du feu devenue libre est aussitôt absorbée par l'humidité
de ces organes : la chaleur développée dans cette combustion se communique au sang qui traverse les poumons, et de là se répand dans
tout le système animal. Ainsi l'air que nous respirons sert à deux
objets, également nécessaires à notre conservation : il enlève au sang
la base de l'air fixe dont la surabondance serait très nuisible, et la
chaleur que cette combinaison dépose dans les poumons répare la
perte continuelle de chaleur que nous éprouvons de la part de l'atmosphère et des corps environnants.

La chaleur animale est à peu près la même dans les différentes parties du corps; cet effet paraît dépendre des trois causes suivantes :

la première est la rapidité de la circulation du sang, qui transmet promptement jusqu'aux extrémités du corps la chaleur qu'il reçoit dans les poumons; la seconde cause est l'évaporation que la chaleur produit dans ces organes, et qui diminue le degré de leur température; enfin, la troisième tient à l'augmentation observée dans la chaleur spécifique du sang, lorsque, par le contact de l'air pur, il se dépouille de la base de l'air fixe qu'il renferme : une partie de la chaleur spécifique développée dans la formation de l'air fixe est ainsi absorbée par le sang, sa température restant toujours la même; mais, lorsque dans la circulation le sang vient à reprendre la base de l'air fixe, sa chaleur spécifique diminue, et il développe de la chaleur; et, comme cette combinaison se fait dans toutes les parties du corps, la chaleur qu'elle produit contribue à entretenir la température des parties éloignées des poumons, à peu près au même degré que celle de ces organes. Au reste, quelle que soit la manière dont la chaleur animale se répare, celle que dégage la formation de l'air fixe en est la cause première ; ainsi nous pouvons établir la proposition suivante :

Lorsqu'un animal est dans un état permanent et tranquille, lorsqu'il peut vivre pendant un temps considérable sans souffrir dans le milieu qui l'environne, en général, lorsque les circonstances dans lesquelles il se trouve n'altèrent point sensiblement son sang et ses humeurs, de sorte que, après plusieurs heures, le système animal n'éprouve point de variation sensible, la conservation de la chaleur animale est due, au moins en grande partie, à la chaleur que produit la combinaison de l'air pur respiré par les animaux avec la base de l'air fixe que le sang lui fournit.

La méthode qui vient de nous conduire à ce résultat est indépendante de toute hypothèse, et c'est là son principal avantage : soit que la chaleur vienne de l'air pur, soit qu'elle vienne des corps qui se combinent avec lui, on ne peut douter que, dans la combinaison de l'air pur avec la base de l'air fixe, il ne se développe une quantité considérable de chaleur; cette combinaison présente, relativement à la chaleur, des phénomènes entièrement semblables à ceux que nous offrent beaucoup d'autres combinaisons chimiques, et, en particulier, celle de l'eau avec la chaux vive; et, ce qui rend l'identité plus parfaite, c'est que dans cette dernière combinaison il y a dégagement de lumière. En comparant la chaleur dégagée par la combustion du charbon avec la quantité d'air fixe qui se forme dans cette combustion, on a la chaleur développée dans la formation d'une quantité donnée d'air fixe; si l'on détermine ensuite la quantité d'air fixe qu'un animal produit dans un temps donné, on aura la chaleur qui résulte de l'effet de sa respiration sur l'air. Il ne s'agira plus que de comparer cette chaleur avec celle qui entretient sa chaleur animale, et que mesure la quantité de glace qu'il fond dans l'intérieur de nos machines; et si, comme nous l'avons trouvé par les expériences précédentes, ces deux quantités de chaleur sont à peu près les mêmes, on peut en conclure, directement et sans hypothèse, que c'est au changement de l'air pur en air fixe par la respiration qu'est due, au moins en grande partie, la conservation de la chaleur animale. Nous nous proposons de répéter et de varier ces expériences, en déterminant les quantités de chaleur renouvelées par diverses espèces d'animaux, et en examinant si dans tous cette quantité de chaleur est constamment proportionnelle aux quantités d'air fixe produites par la respiration. Les oiseaux paraissent préférables aux quadrupèdes pour ce genre d'expériences, en ce qu'ils forment dans le même temps, et à volume égal, une plus grande quantité d'air fixe; ainsi, par exemple, nous avons observé que deux moineaux francs consomment à peu près autant d'air pur qu'un cochon d'Inde.

Pour compléter cette théorie de la chaleur animale, il resterait à expliquer pourquoi les animaux, quoique placés dans des milieux de température et de densités très différentes, conservent toujours à peu près la même chaleur, sans cependant convertir en air fixe des quantités d'air pur proportionnelles à ces différences; mais l'explication de ces phénomènes tient à l'évaporation plus ou moins grande des humeurs, à leur altération et aux lois suivant lesquelles la chaleur se communique des poumons aux extrémités du corps; ainsi nous attendrons pour nous occuper de cet objet que l'analyse, éclairée par un grand nombre d'expériences, nous ait fait connaître les lois du mouvement de la chaleur dans les corps homogènes et dans ses passages d'un corps à un autre d'une nature différente.

MÉMOIRE

SUR

L'ÉLECTRICITÉ QU'ABSORBENT LES CORPS

QUI SE RÉDUISENT EN VAPEURS.

MÉMOIRE

SUR

L'ÉLECTRICITÉ QU'ABSORBENT LES CORPS

QUI SE RÉDUISENT EN VAPEURS (¹).

Mémoires de l'Académie royale des Sciences de Paris, année 1781; 1784.

Lorsque nous avons annoncé à l'Académie, à sa séance du 6 mars dernier, que les corps, en passant de l'état de solides ou de liquides à celui de vapeurs, et réciproquement en revenant de l'état de vapeurs à l'état liquide ou solide, donnaient des signes non équivoques d'électricité négative ou positive, nous nous proposions d'attendre, pour l'entretenir particulièrement de cet objet, que notre travail fût entièrement complet; cependant, comme nous avons déjà obtenu des résultats que nous croyons dignes de son attention, que nous sommes informés d'ailleurs que nos expériences ont acquis quelque publicité et que d'autres physiciens s'occupent du même objet, nous avons cru devoir ne pas attendre plus longtemps.

Nous nous sommes servis pour nos expériences de deux sortes d'appareils; dans tous les deux, les corps d'où s'élevaient les vapeurs, ou qui se convertissaient en vapeurs, étaient isolés au moyen de supports de verre enduits de cire d'Espagne. Lorsque nous avions lieu de croire que le dégagement ou l'absorption de matière électrique seraient peu considérables et instantanés, nous faisions communiquer les corps directement avec l'électromètre, par le moyen d'une chaine ou d'un fil

(¹) Par MM. Lavoisier et de la Place.

d'archal; dans le cas, au contraire, où nous jugions que le dégagement ou l'absorption seraient successifs et dureraient un certain temps, nous nous servions du condensateur électrique imaginé par M. de Volta; on sait que cet appareil, qu'il a présenté depuis peu à l'Académie et dont il lui a développé la théorie, a la propriété d'accumuler la matière électrique et d'en rendre sensible de très petites quantités qui auraient échappé si l'on eût employé tout autre instrument; nous nous sommes également servis, dans nos dernières expériences, de l'électromètre que M. de Volta a présenté à l'Académie, et qui est à peu près le même que celui de M. Cavallo; il a l'avantage, non seulement d'être très sensible, mais encore de faire connaitre si l'électricité est positive ou négative.

Ayant mis dans un bocal à large ouverture de la limaille de fer, nous avons versé dessus de l'acide vitriolique étendu d'environ trois parties d'eau. Il y a eu une vive effervescence, un dégagement rapide et abondant d'air inflammable, et, au bout de quelques minutes, le condensateur électrique de M. de Volta a été tellement chargé d'électricité, que nous en avons tiré une assez vive étincelle; l'électromètre nous a fait connaitre que l'électricité était négative.

Ayant versé pareillement de l'acide vitriolique un peu plus faible dans quelques bocaux qui contenaient de la craie en poudre, il s'est fait un dégagement d'air fixe très rapide; le condensateur et l'électromètre nous ont indiqué une électricité négative, moindre cependant que dans l'expérience précédente, et sans étincelle sensible.

La production de l'air nitreux nous a donné un résultat semblable : pour augmenter l'effet, nous avons opéré, dans cette expérience, sur six bocaux à la fois qui contenaient de la limaille de fer, et nous avons versé dessus de l'acide nitreux, affaibli avec environ deux parties d'eau; l'effervescence et la production d'air ont été extrêmement rapides, et nous avons eu en même temps des signes non équivoques d'une électricité négative; mais, comme les circonstances dans lesquelles nous avons fait cette dernière expérience n'étaient pas favorables, elle était très faible.

Trois petits réchauds remplis de charbon allumé, que nous avions isolés et que nous avions fait communiquer avec le condensateur de M. de Volta, ont donné une électricité négative très sensible, et qu'il serait aisé de porter au point de tirer l'étincelle, en augmentant la quantité de charbon mise en combustion.

Il était naturel de penser, d'après ces résultats, que les corps qui se réduisent en vapeurs enlèvent de l'électricité à ceux qui les environnent, ce qui paraît d'ailleurs conforme à l'analogie observée entre l'électricité et la chaleur; nous nous attendions, en conséquence, que l'eau, en se vaporisant, nous donnerait des signes de l'électricité négative. Ayant fait chauffer quatre poêles de fer battu, les ayant isolés et les ayant fait communiquer avec l'électromètre, et ayant versé de l'eau dessus, ils nous ont donné, dans trois expériences successives, des signes non équivoques d'électricité, qui nous a paru négative dans la première, mais qui, dans les autres, était incontestablement positive; nous soupçonnons que le refroidissement, qui accompagne l'évaporation de l'eau, a pu augmenter dans ces expériences les signes d'électricité positive plus que l'évaporation ne les a diminués; mais c'est une conjecture qui demande à être vérifiée par des expériences, et que nous nous proposons d'examiner avec attention, à raison de son importance, dans la théorie de l'électricité naturelle et de la formation du tonnerre.

M. de Volta a bien voulu assister à nos dernières expériences et nous y être utile; la présence et le témoignage de cet excellent physicien ne peuvent qu'inspirer de la confiance dans nos résultats.

MÉMOIRE

SUR LES

APPROXIMATIONS DES FORMULES

QUI SONT FONCTIONS DE TRÈS GRANDS NOMBRES.

MÉMOIRE

SUR LES

APPROXIMATIONS DES FORMULES

QUI SONT FONCTIONS DE TRÈS GRANDS NOMBRES.

Mémoires de l'Académie royale des Sciences de Paris, année 1782; 1785.

On est souvent conduit dans l'Analyse, et principalement dans celle des hasards, à des formules dont l'usage devient impossible lorsqu'on y substitue des nombres considérables. La solution numérique des problèmes dont elles sont la solution analytique présente alors de grandes difficultés que l'on n'est encore parvenu à vaincre que dans quelques cas particuliers, dont les deux principaux sont relatifs au produit des nombres naturels 1, 2, 3, 4, ... et au terme moyen du binôme élevé à une grande puissance. Si l'on suppose cette puissance paire et égale à $2s$, ce terme sera, comme l'on sait,

$$\frac{2s(2s-1)(2s-2)(2s-3)\ldots(s+1)}{1.2.3.4\ldots s}.$$

Quoique cette expression soit fort simple, cependant si s est très considérable, par exemple égal à $10\,000$, il devient très difficile de la réduire en nombres, à cause de la multiplicité de ses facteurs. M. Stirling est heureusement parvenu à la transformer dans des séries d'autant plus convergentes que s est un plus grand nombre (*voir* son bel Ouvrage *De summatione et interpolatione serierum*). Cette transformation, que l'on peut regarder comme une des découvertes les plus ingénieuses que l'on ait faites dans la théorie des suites, est surtout remarquable en ce que dans une recherche, qui semble n'admettre que des quantités algébriques, elle introduit une quantité transcendante : savoir la racine carrée du rapport de la demi-circonférence au rayon. Mais la méthode de M. Stirling, fondée sur l'interpolation des suites et sur quelques théorèmes de Wallis, laisse à désirer une méthode directe qui s'étende à toutes les fonctions composées d'un grand nombre de termes et de facteurs. J'ai donné, dans nos *Mémoires* pour l'année 1778, p. 289 ([1]), un moyen général de réduire en séries convergentes les intégrales des fonctions différentielles qui renferment des facteurs élevés à de grandes puissances; mais, occupé d'un objet différent, je me suis alors contenté de tirer de cette méthode les beaux théorèmes de M. Stirling, en me réservant de la reprendre et de l'approfondir dans un autre Mémoire. De nouvelles réflexions m'ont conduit à l'étendre généralement aux fonctions quelconques de très grands nombres et à réduire ces fonctions dans des suites d'autant plus convergentes que ces nombres sont plus considérables, en sorte que cette méthode est d'autant plus approchée qu'elle devient plus nécessaire. Je me propose de la développer dans ce Mémoire avec tout le détail dû à la nouveauté du sujet et à son importance dans les applications de l'Analyse.

La difficulté que présente la réduction en nombres des formules analytiques très composées vient de la multiplicité de leurs termes et de leurs facteurs : on la fera donc disparaître, si l'on parvient à réduire ces formules dans des suites assez convergentes pour que l'on n'ait besoin d'en considérer que les premiers termes, et si, de plus, chacun de ces termes ne renferme qu'un petit nombre de facteurs qui peuvent d'ailleurs être élevés à de grandes puissances. Il sera facile alors d'avoir ces facteurs et leurs produits, par les artifices connus, pour obtenir, au moyen des Tables, les logarithmes de très grands nombres et les nombres de très grands logarithmes. La question se réduit ainsi à transformer les fonctions composées en séries convergentes. Cela paraît impossible lorsqu'on les considère sous leur forme

[1] *Œuvres de Laplace*, T. IX. p. 445.

naturelle; mais, pour peu que l'on soit versé dans l'Analyse infinitésimale, on a souvent observé des fonctions différentielles d'une forme très simple, et qui renferment des facteurs élevés à de grandes puissances, produire, par leur intégration, des fonctions très composées, ce qui donne lieu de penser que toute fonction composée est réductible à de semblables intégrales qu'il ne s'agira plus ensuite que de convertir en séries convergentes. Le problème que nous nous proposons de résoudre, considéré sous ce point de vue, se partage ainsi en deux autres, dont l'un consiste à intégrer par approximation les fonctions différentielles qui renferment des facteurs très élevés, et dont l'autre a pour objet de ramener à ce genre d'intégrales les fonctions dont on cherche des valeurs approchées.

Dans l'article I de ce Mémoire, je donne la solution du premier problème, qui, par lui-même, est très utile dans cette branche de l'Analyse des hasards, où l'on se propose de remonter des événements observés à leurs causes et de reconnaître, par ces événements, la probabilité des événements futurs (*voir* les *Mémoires de l'Académie* pour l'année 1778). Cette solution me conduit à différentes séries qui se servent de supplément les unes aux autres, les premières devant être employées pour les points de l'intégrale éloignés du maximum de la fonction différentielle, et les secondes devant servir pour les points voisins de ce maximum : ces dernières suites renferment des quantités transcendantes qui, le plus souvent, se réduisent à celle-ci

$$\int dt\, e^{-t},$$

e étant le nombre dont le logarithme hyperbolique est l'unité; et, comme cette intégrale, prise depuis $t = 0$ jusqu'à $t = \infty$, est la moitié de la racine carrée du rapport de la demi-circonférence au rayon, il en résulte que la valeur approchée des intégrales déterminées des fonctions différentielles qui renferment des facteurs très élevés dépend presque toujours de cette racine, dans le cas même où ces intégrales sont algébriques; ainsi cette quantité transcendante que M. Stirling a le premier introduite dans la valeur approchée du terme moyen du binôme ne lui est pas particulière, mais elle entre également dans les valeurs approchées d'un grand nombre d'autres fonctions algébriques.

Je considère dans l'article II le problème qui consiste à ramener les fonctions dont on cherche des valeurs approchées à l'intégration de fonctions différentielles multipliées par des facteurs élevés à de grandes puissances; pour y parvenir d'une manière générale, je représente par y_s, y'_s, y''_s, ... des fonctions de s, très composées et dans lesquelles s est un grand nombre. Je suppose ces fonctions données par des équations linéaires aux différences, soit finies, soit infiniment petites, dont les coefficients sont des fonctions rationnelles de s; en faisant ensuite, dans ces équations,

$$y_s = \int x^s \varphi \, dx, \qquad y'_s = \int x^s \varphi' \, dx, \qquad \ldots,$$

et en les préparant d'une manière convenable, chacune d'elles se divise en deux parties, dont l'une est affectée du signe intégral $\int$ et dont l'autre est hors de ce signe : l'égalité à zéro des parties sous le signe donne autant d'équations linéaires aux différences infiniment petites qu'il y a de variables φ, φ', φ'', ... On peut, conséquemment, déterminer à leur moyen ces variables en fonctions de x; quant aux parties hors du signe intégral, en les égalant à zéro et en éliminant les constantes arbitraires des valeurs de φ, φ', φ'', ..., on parvient à une équation finale en x, dont les racines servent à déterminer les limites dans lesquelles on doit prendre les intégrales $\int x^s \varphi \, dx$, $\int x^s \varphi' \, dx$, ... Une remarque très importante dans cette analyse, et qui donne les moyens de l'étendre à des fonctions d'un fréquent usage, est que les séries que l'on obtient pour y_s, y'_s, ... ont lieu généralement en y changeant le signe des constantes qu'elles renferment, quoique, par ce changement, l'équation finale en x, qui détermine les limites des intégrales, cesse d'avoir plusieurs racines réelles. Le principal obstacle que l'on rencontre dans l'application de cette méthode vient de la nature des équations différentielles en φ, φ', φ'', ..., qui peuvent n'être pas intégrables : on pourra souvent obvier à cet inconvénient en représentant les fonctions y_s, y'_s, ... par des

intégrales multiples telles que $\int x^s x'^{s'} \varphi \, dx \, dx'$, $\int x^s x'^{s'} \varphi' \, dx \, dx'$, ...;
on parviendra ainsi à déterminer φ, φ', ... par des équations d'un
ordre moins élevé et susceptibles d'être intégrées par les méthodes
connues.

L'analyse précédente, appliquée aux équations linéaires à différentielles partielles, donne pareillement leurs intégrales en séries convergentes, en sorte qu'elle s'étend généralement aux fonctions très
composées qui peuvent être représentées par des équations différentielles linéaires aux différences ordinaires ou partielles, finies ou infiniment petites, ou en partie finies et en partie infiniment petites, ce
qui embrasse toutes les fonctions qui se rencontrent dans l'usage
ordinaire de l'Analyse.

Dans l'article III, j'applique la méthode précédente à diverses équations différentielles; j'en tire les valeurs, en séries très convergentes,
du produit des nombres naturels 1, 2, 3, 4, ... du terme moyen du
binôme, de celui du trinôme, etc., des différences très élevées, soit
finies, soit infiniment petites des fonctions ou d'une partie quelconque de ces différences.

Enfin, dans l'article IV, je donne la solution de plusieurs problèmes intéressants de l'Analyse des hasards, qu'il serait impossible
de résoudre numériquement par les moyens connus.

Article I.

De l'intégration par approximation des fonctions différentielles
qui renferment des facteurs élevés à de grandes puissances.

I.

Si l'on désigne par u, u', u'', ... et φ des fonctions quelconques
de x, et par s, s', s'', ... des nombres considérables, toute fonction
différentielle qui renferme des facteurs élevés à de grandes puis-
sances sera comprise dans cette forme $u^s u'^{s'} u''^{s''} \ldots \varphi \, dx$. Pour avoir
en série convergente son intégrale prise depuis $x = \theta$ jusqu'à $x = \theta'$,

on fera $u'u''\ldots\varphi = y$, et, en désignant par Y ce que devient y lorsqu'on y change x en 0, on supposera $y = Y e^{-t}$, e étant le nombre dont le logarithme hyperbolique est l'unité; on aura ainsi

$$\log \frac{Y}{y} = t.$$

Si l'on considère x comme une fonction de t donnée par cette équation, on aura, en supposant dt constant,

$$x = 0 + t \frac{dx}{dt} + \frac{t^2}{1.2} \frac{d^2 x}{dt^2} + \frac{t^3}{1.2.3} \frac{d^3 x}{dt^3} + \ldots,$$

t devant être supposé nul, après les différentiations, dans les valeurs de $\frac{dx}{dt}$, $\frac{d^2 x}{dt^2}$, $\ldots$ Or on a généralement

$$\frac{d^n x}{dt^n} = \frac{1}{dt} d \frac{1}{dt} d \frac{1}{dt} \ldots d \frac{dx}{dt},$$

la caractéristique différentielle d se rapportant à tout ce qui la suit, et dt pouvant varier d'une manière quelconque dans le second membre de cette formule; de plus, si l'on différentie l'équation $\log \frac{Y}{y} = t$, et que l'on désigne $-\frac{y \, dx}{dy}$ par v, on aura

$$dt = \frac{dx}{v};$$

partant, on aura

$$\frac{d^n x}{dt^n} = \frac{v \, d[v \, d(v \ldots dv)]}{dx^{n-1}},$$

dx étant supposé constant dans le second membre de cette équation. En nommant donc U ce que devient v lorsqu'on y change x en 0, la valeur de $\frac{d^n x}{dt^n}$, qui répond à $x = 0$, ou, ce qui revient au même, à $t = 0$, sera égale à $\frac{U \, d[U \, d(U \ldots dU)]}{d0^{n-1}}$; on aura ainsi

$$x = 0 + U t + \frac{U \, dU}{1.2 \, d0} t^2 + \frac{U \, d(U \, dU)}{1.2.3 \, d0^2} t^3 + \ldots,$$

d'où l'on tire

$$dx = U \, dt \left[1 + \frac{dU}{d0} t + \frac{d(U \, dU)}{1.2 \, d0^2} t^2 + \ldots \right]$$

et, par conséquent,

$$\int y\,dx = U Y \int dt\, e^{-t}\left[1 + \frac{dU}{d\theta}\,t + \frac{d(U\,dU)}{1.2\,d\theta^2}\,t^2 + \ldots\right].$$

Si l'on prend l'intégrale depuis $t = 0$ jusqu'à $t = \infty$, on aura généralement

$$\int t^n\, dt\, e^{-t} = 1.2.3\ldots n,$$

partant

$$\int y\,dx = U Y \left\{ 1 + \frac{dU}{d\theta} + \frac{d(U\,dU)}{d\theta^2} + \frac{d[U\,d(U\,dU)]}{d\theta^3} + \ldots \right\},$$

l'intégrale relative à x étant prise depuis $x = 0$ jusqu'à la valeur de x qui convient à t infini.

Nommons Y' et U' ce que deviennent y et v lorsqu'on y change x en θ'; nous aurons pareillement

$$\int y\,dx = U'Y'\left\{ 1 + \frac{dU'}{d\theta'} + \frac{d(U'\,dU')}{d\theta'^2} + \frac{d[U'\,d(U'\,dU')]}{d\theta'^3} + \ldots \right\}.$$

l'intégrale relative à x étant prise depuis $x = \theta'$ jusqu'à la valeur de x qui convient à t infini ; en retranchant donc ces deux expressions l'une de l'autre, on aura

$$(\mathrm{A})\ \begin{cases} \displaystyle\int y\,dx = \quad U Y \left\{ 1 + \frac{dU}{d\theta} + \frac{d(U\,dU)}{d\theta^2} + \frac{d[U\,d(U\,dU)]}{d\theta^3} + \ldots \right\} \\[2ex] \qquad\qquad - U'Y'\left\{ 1 + \frac{dU'}{d\theta'} + \frac{d(U'\,dU')}{d\theta'^2} + \frac{d[U'\,d(U'\,dU')]}{d\theta'^3} + \ldots \right\}, \end{cases}$$

l'intégrale relative à x étant prise depuis $x = \theta$ jusqu'à $x = \theta'$, en sorte que la considération de t disparaît dans cette formule. Si θ et θ' étaient primitivement renfermés dans y, il ne faudrait faire varier que les quantités θ et θ' qu'introduisent dans U et U' les changements de x en θ et en θ' dans la fonction v.

La formule (A) sera très convergente si v ou $- \dfrac{y\,dx}{dy}$ est une très petite quantité; or, y étant, par la supposition, égal à $u^s u'^{s'} u''^{s''}\ldots\varrho$, on a

$$v = - \cfrac{1}{\dfrac{s\,du}{u\,dx} + s'\,\dfrac{du'}{u'\,dx} + \ldots + \dfrac{d\varrho}{\varrho\,dx}};$$

ainsi, dans le cas où s, s', s'', ... seront de très grands nombres, v sera
fort petit; et, si l'on fait $\frac{1}{s} = \alpha$, α étant un très petit coefficient, la fonction v sera de l'ordre α et les termes successifs de la formule (A) seront
respectivement des ordres α, α^2, α^3, ...

Cette formule cesserait d'être convergente si la supposition de $x = 0$
rendait très petit le dénominateur de l'expression de v. Supposons, par
exemple, que $(x - a)^\mu$ soit un facteur de ce dénominateur; il est clair
que les termes successifs de la série qui, dans la formule (A), multiplie UY, seront divisés respectivement par $(\theta - a)^\mu$, $(\theta - a)^{2\mu+1}$,
$(\theta - a)^{3\mu+2}$, ... et deviendront très considérables si θ est peu différent de a. La convergence de cette formule exige donc que $(\theta - a)^\mu$
et $(\theta' - a)^\mu$ soient plus grands que α; elle ne peut, conséquemment,
être employée dans l'intervalle où $(x - a)^\mu$ est égal ou moindre que α;
mais, dans ce cas, on pourra faire usage de la méthode suivante.

II.

Si l'on nomme Y ce que devient y lorsqu'on y change x en a, il est
visible que, $(x - a)^\mu$ étant un facteur de $-\dfrac{dy}{y\,dx}$ ou, ce qui revient
au même, de $-\dfrac{d\log\dfrac{Y}{y}}{dx}$, $(x - a)^{\mu+1}$ sera un facteur de $\log\dfrac{Y}{y}$. Soit donc

$$y = Y e^{-t^{\mu+1}}$$

et

$$v = \frac{x - a}{(\log Y - \log y)^{\frac{1}{\mu+1}}};$$

on aura

$$x - a = vt,$$

v ne devenant point infini par la supposition de $x = a$. Si l'on désigne
ensuite par U, $\dfrac{dU^2}{dx}$, $\dfrac{d^2U^3}{dx^2}$, ... ce que deviennent v, $\dfrac{dv^2}{dx}$, $\dfrac{d^2v^3}{dx^2}$, ... lorsqu'on y change x en a, après les différentiations, on aura

$$x = a + Ut + \frac{dU^2}{1.2\,dx}t^2 + \frac{d^2U^3}{1.2.3\,dx^2}t^3 + \dots,$$

d'où il est facile de conclure

$$(B) \qquad \int y\, dx = Y \int dt\, e^{-t^{\mu+1}} \left[U + \frac{dU^2}{dx} t + \frac{d^2 U^3}{1.2\, dx^2} t^2 + \frac{d^3 U^4}{1.2.3\, dx^3} t^3 + \ldots \right].$$

Cette formule pourra être employée dans tout l'intervalle où x diffère très peu de a; elle peut conséquemment servir de supplément à la formule (A) du numéro précédent; mais, au lieu d'être ordonnée comme elle par rapport aux puissances de α, elle ne le sera que relativement aux puissances de $\alpha^{\frac{1}{\mu+1}}$, car il est visible que, dans ce dernier cas, t n'est que de l'ordre $\alpha^{\frac{1}{\mu+1}}$.

Pour déterminer plus facilement les quantités U, $\dfrac{dU^2}{dx}$, $\dfrac{d^2 U^3}{dx^2}$, $\ldots$, supposons

$$\log Y - \log y = (x - a)^{\mu+1} [A + B(x - a) + C(x - a)^2 + \ldots];$$

nous aurons, en changeant x en a, après les différentiations,

$$A = - \frac{d^{\mu+1} \log y}{1.2.3\ldots(\mu+1)\, dx^{\mu+1}},$$

$$B = - \frac{d^{\mu+2} \log y}{1.2.3\ldots(\mu+2)\, dx^{\mu+2}},$$

$$\ldots \ldots \ldots \ldots \ldots \ldots \ldots \ldots \ldots \ldots$$

Nous aurons ensuite, quel que soit r,

$$v^r = [A + B(x - a) + C(x - a)^2 + \ldots]^{-\frac{r}{\mu+1}}$$

$$= A^{-\frac{r}{\mu+1}} - \frac{r}{\mu+1} A^{-\frac{r+\mu+1}{\mu+1}} B(x - a)$$

$$+ \left[\frac{r(r+\mu+1)}{1.2(\mu+1)^2} A^{-\frac{r+2\mu+2}{\mu+1}} B^2 - \frac{r}{\mu+1} A^{-\frac{r+\mu+1}{\mu+1}} C \right] (x - a)^2 + \ldots.$$

Si l'on fait successivement dans cette formule $r = 1$, $r = 2$, $r = 3$, $\ldots$, il sera facile d'en conclure les valeurs de U, $\dfrac{dU^2}{dx}$, $\dfrac{d^2 U^3}{dx^2}$, $\ldots$, et la formule (B) ne présentera plus d'autres difficultés que celles qui résultent de l'intégration des quantités de cette forme $\int t^n \, dt \, e^{-t^{\mu+1}}$; or on a

$$\int t^n \, dt \, e^{-t^{\mu+1}}$$

$$= \frac{-e^{-t^{\mu+1}}}{\mu+1}\left[t^{n-\mu} + \frac{n-\mu}{\mu+1} t^{n-2\mu-1} + \frac{(n-\mu)(n-2\mu-1)}{(\mu+1)^2} t^{n-3\mu-2} + \ldots \right.$$

$$\left. + \frac{(n-\mu)(n-2\mu-1)(n-3\mu-2)\ldots(n-r\mu+\mu-r+2)t^{n-r\mu-r+1}}{(\mu+1)^{r-1}} \right]$$

$$+ \frac{(n-\mu)(n-2\mu-1)\ldots(n-r\mu-r+1)}{(\mu+1)^r} \int t^{n-r\mu-r} \, dt \, e^{-t^{\mu+1}},$$

r étant égal au quotient de la division de n par $\mu+1$ si la division est possible, ou au nombre entier immédiatement inférieur si elle ne l'est pas. La détermination de l'intégrale $\int y \, dx$ dépend donc des intégrales de cette forme

$$\int dt \, e^{-t^{\mu+1}}, \quad \int t \, dt \, e^{-t^{\mu+1}}, \quad \ldots, \quad \int t^{\mu-1} \, dt \, e^{-t^{\mu+1}};$$

il n'est pas possible d'obtenir exactement ces intégrales par les méthodes connues; mais il sera facile dans tous les cas d'avoir leurs valeurs approchées.

III.

Nous aurons principalement besoin dans la suite de la valeur de $\int y \, dx$ pour tout l'intervalle compris entre deux valeurs consécutives de x qui rendent y nul; nous allons conséquemment exposer les simplifications dont cette valeur est alors susceptible. y ayant été supposé dans le numéro précédent égal à $Y e^{-t^{\mu+1}}$, il est visible que les deux valeurs de x qui rendent y nul rendent pareillement nulle la quantité $e^{-t^{\mu+1}}$, ce qui suppose que $\mu+1$ est un nombre pair, et que l'une de ces valeurs de x répond à $t = -\infty$ et l'autre à $t = \infty$; Y est donc alors le maximum de y compris entre ces valeurs. Soit $\mu+1 = 2i$; si l'on prend l'intégrale $\int t^{2n+1} \, dt \, e^{-t^{2i}}$ depuis $t = -\infty$ jusqu'à $t = \infty$, sa valeur sera nulle, car il est clair que les éléments de cette intégrale qui répondent aux valeurs de t négatives sont égaux et de signe contraire à ceux qui répondent aux valeurs de t positives. L'intégrale $\int t^{2n} \, dt \, e^{-t^{2i}}$ sera égale à $2 \int t^{2n} \, dt \, e^{-t^{2i}}$, cette dernière intégrale étant prise depuis

$t = 0$ jusqu'à $t = \infty$, et, dans ce cas, on a, par le numéro précédent,

$$\int t^{2n} dt\, e^{-t^i} = \frac{(2n-2i+1)(2n-4i+1)\ldots(2n-2ri+1)}{(2i)^r}\int t^{2n-2ri} dt\, e^{-t^i},$$

r étant égal au quotient de la division de n par i si la division est possible, ou au nombre entier immédiatement plus petit si la division n'est pas possible. Soit donc

$$
\begin{aligned}
\mathrm{K} &= \int dt\, e^{-t^i},\\
\mathrm{K}^{(1)} &= \int t^2 dt\, e^{-t^i},\\
\mathrm{K}^{(2)} &= \int t^4 dt\, e^{-t^i},\\
&\ldots\ldots\ldots\ldots\ldots,\\
\mathrm{K}^{(i-1)} &= \int t^{2i-2} dt\, e^{-t^i};
\end{aligned}
$$

la formule (B) du numéro précédent deviendra

$$
\begin{aligned}
\text{(C)}\quad \int y\, dx = {}&2\mathrm{K}\mathrm{Y}\left(\mathrm{U} + \frac{1}{2i}\,\frac{d^{2i}\mathrm{U}^{2i+1}}{1.2.3\ldots 2i\, d.x^{2i}} + \frac{2i+1}{4i^2}\,\frac{d^{4i}\mathrm{U}^{4i+1}}{1.2.3\ldots 4i\, d.x^{4i}} + \ldots\right)\\
&+ 2\mathrm{K}^{(1)}\mathrm{Y}\left[\frac{d^2\mathrm{U}^3}{1.2\, dx^2} + \frac{3}{2i}\,\frac{d^{2i+2}\mathrm{U}^{2i+3}}{1.2.3\ldots(2i+3)\, dx^{2i+2}}\right.\\
&\qquad\qquad \left.+ \frac{3(2i+3)}{4i^2}\,\frac{d^{4i+2}\mathrm{U}^{4i+3}}{1.2.3\ldots(4i+3)\, dx^{4i+2}} + \ldots\right]\\
&+ \ldots\ldots\ldots\ldots\ldots\ldots\ldots\ldots\ldots\ldots\ldots\ldots\ldots\ldots\\
&+ 2\mathrm{K}^{(i-1)}\mathrm{Y}\left[\frac{d^{2i-2}\mathrm{U}^{2i-1}}{1.2.3\ldots(2i-2)\, dx^{2i-2}} + \frac{2i-1}{2i}\,\frac{d^{4i-2}\mathrm{U}^{4i-1}}{1.2.3\ldots(4i-2)\, dx^{4i}}\right.\\
&\qquad\qquad \left.+ \frac{(2i-1)(4i-1)}{4i^2}\,\frac{d^{6i-2}\mathrm{U}^{6i-1}}{1.2.3\ldots(6i-2)\, dx^{6i-2}} + \ldots\right].
\end{aligned}
$$

Cette formule est la somme d'un nombre i de suites différentes, décroissantes comme les puissances de α, puisque U est de l'ordre $\alpha^{\frac{1}{2i}}$, et multipliées respectivement par les transcendantes K, $\mathrm{K}^{(1)}$, $\mathrm{K}^{(2)}$, ... qu'il est par conséquent important de connaître. Voyons ce que l'analyse nous apprend à cet égard.

IV.

Considérons généralement l'intégrale

$$\int ds\, dx\, dx^{(1)}\, dx^{(2)} \ldots dx^{(r-2)}\, e^{-s\left(1+x^n+x^{(1)^n}+\ldots+x^{(r-2)^n}\right)},$$

les intégrales successives étant prises depuis s, x, $x^{(1)}$, $x^{(2)}$, …, égaux à zéro jusqu'aux valeurs infinies de ces variables. En intégrant d'abord par rapport à s, on réduira l'intégrale précédente à celle-ci

$$\int \frac{dx\, dx^{(1)}\, dx^{(2)}+\ldots+dx^{(r-2)}}{1+x^n+x^{(1)^n}+x^{(2)^n}+\ldots+x^{(r-2)^n}}.$$

Soit

$$\frac{x}{\left(1+x^{(1)^n}+x^{(2)^n}+\ldots+x^{(r-2)^n}\right)^{\frac{1}{n}}} = z;$$

on aura

$$\int \frac{dx}{1+x^n+x^{(1)^n}+\ldots+x^{(r-2)^n}}$$
$$= \frac{1}{\left(1+x^{(1)^n}+x^{(2)^n}+\ldots+x^{(r-2)^n}\right)^{\frac{n-1}{n}}} \int \frac{dz}{1+z^n},$$

l'intégrale relative à z étant prise depuis $z = 0$ jusqu'à $z = \infty$. Soit encore

$$\frac{x^{(1)}}{\left(1+x^{(2)^n}+\ldots+x^{(r-2)^n}\right)^{\frac{1}{n}}} = z^{(1)};$$

on aura

$$\int \frac{dx^{(1)}}{\left(1+x^{(1)^n}+\ldots+x^{(r-2)^n}\right)^{\frac{n-1}{n}}}$$
$$= \frac{1}{\left(1+x^{(2)^n}+\ldots+x^{(r-2)^n}\right)^{\frac{n-2}{n}}} \int \frac{dz^{(1)}}{\left(1+z^{(1)^n}\right)^{\frac{n-1}{n}}},$$

l'intégrale relative à $z^{(1)}$ étant prise depuis $z^{(1)} = 0$ jusqu'à $z^{(1)} = \infty$. En continuant d'opérer ainsi, on trouvera

$$\int ds\, dx\, dx^{(1)} \ldots dx^{(r-2)}\, e^{-s\left(1+x^n+x^{(1)^n}+\ldots+x^{(r-1)^n}\right)}$$
$$= \int \frac{dz}{1+z^n} \int \frac{dz}{\left(1+z^n\right)^{\frac{n-1}{n}}} \int \frac{dz}{\left(1+z^n\right)^{\frac{n-2}{n}}} \ldots \int \frac{dz}{\left(1+z^n\right)^{\frac{n-r+2}{n}}},$$

les intégrales relatives à z étant prises depuis $z = 0$ jusqu'à $z = \infty$.

Intégrons présentement, d'une autre manière, la différentielle

$$ds\,dx\,dx^{(1)}\ldots e^{-s\left(1+x^n+x^{(1)^n}+\ldots\right)},$$

et, au lieu de commencer les intégrations par s, terminons-les par cette variable; pour cela, nous observerons que l'on a

$$\int dx\,e^{-sx^n} = \frac{1}{s^{\frac{1}{n}}} \int s^{\frac{1}{n}} dx\,e^{-sx^n} = \frac{1}{s^{\frac{1}{n}}} \int dt\,e^{-t^n},$$

t étant supposé égal à $s^{\frac{1}{n}}x$. L'intégrale relative à x devant être prise depuis $x = 0$ jusqu'à $x = \infty$, l'intégrale relative à t doit être prise depuis $t = 0$ jusqu'à $t = \infty$. Soit donc $\int dt\,e^{-t^n} = \mathrm{K}$, on aura

$$\int dx\,e^{-sx^n} = \frac{\mathrm{K}}{s^{\frac{1}{n}}};$$

on aura pareillement

$$\int dx^{(1)}\,e^{-sx^{(1)^n}} = \frac{\mathrm{K}}{s^{\frac{1}{n}}},$$

et ainsi de suite; partant,

$$\int ds\,dx\,dx^{(1)}\ldots dx^{(r-2)}\,e^{-s\left(1+x^n+x^{(1)^n}+\ldots+x^{(r-2)^n}\right)}$$
$$= \mathrm{K}^{r-1} \int \frac{ds\,e^{-s}}{s^{\frac{r-1}{n}}} = n\,\mathrm{K}^{r-1} \int t^{n-r}\,dt\,e^{-t},$$

t étant ici égal à $s^{\frac{1}{n}}$, et l'intégrale relative à t étant prise, comme l'intégrale relative à s, depuis la valeur nulle de cette variable jusqu'à sa valeur infinie. En comparant les deux expressions de

$$\int ds\,dx\,dx^{(1)}\ldots e^{-s\left(1+x^n+x^{(1)^n}-\ldots\right)}$$

et en observant que

$$\int \frac{dz}{1+z^n} = \frac{\pi}{n\sin\frac{\pi}{n}},$$

π étant le rapport de la demi-circonférence au rayon, on aura

$$n^2 K^{r-1} \int t^{n-r} dt\, e^{-t}$$
$$= \frac{\pi}{\sin\frac{\pi}{n}} \int \frac{dz}{(1+z^n)^{\frac{n-1}{n}}} \int \frac{dz}{(1+z^n)^{\frac{n-2}{n}}} \cdots \int \frac{dz}{(1+z^n)^{\frac{n-r+1}{n}}},$$

toutes les intégrales étant prises depuis les valeurs nulles des variables jusqu'à leurs valeurs infinies.

Si l'on fait $1 + z^n = \dfrac{1}{1-u^n}$, on aura

$$dz = \frac{du}{(1-u^n)^{\frac{n+1}{n}}};$$

la formule précédente deviendra ainsi

$$(\mathrm{Z}) \quad \left\{ \begin{aligned} & n^2 K^{r-1} \int t^{n-r} dt\, e^{-t} \\ & = \frac{\pi}{\sin\frac{\pi}{n}} \int \frac{du}{(1-u^n)^{\frac{2}{n}}} \int \frac{du}{(1-u^n)^{\frac{3}{n}}} \cdots \int \frac{du}{(1-u^n)^{\frac{r-1}{n}}}, \end{aligned} \right.$$

les intégrales relatives à u étant prises depuis $u = 0$ jusqu'à $u = 1$, parce que la supposition de $z = 0$ donne $u = 0$ et que celle de $z = \infty$ donne $u = 1$. Il faut dans cette formule prendre autant de facteurs affectés du signe intégral qu'il y a d'unités dans $r - 2$.

La formule (Z) offre plusieurs corollaires intéressants que nous allons développer; si l'on y suppose $r = n$, l'intégrale $\int t^{n-r} dt\, e^{-t}$ se changera en K, et l'on aura

$$(\mathrm{V}) \quad n^2 K^n = \frac{\pi}{\sin\frac{\pi}{n}} \int \frac{du}{(1-u^n)^{\frac{2}{n}}} \int \frac{du}{(1-u^n)^{\frac{3}{n}}} \cdots \int \frac{du}{(1-u^n)^{\frac{n-1}{n}}}.$$

Ainsi K ou $\int dt\, e^{-t}$ sera donné par cette équation en fonctions d'intégrales algébriques, et la formule (Z) donnera la valeur de $\int t^{n-r} dt\, e^{-t}$ en fonctions semblables, r étant un nombre quelconque entier positif et moindre que n; ces valeurs dépendent des $n - 2$ intégrales algébriques

$$\int \frac{du}{(1 - u^n)^{\frac{2}{n}}}, \quad \int \frac{du}{(1 - u^n)^{\frac{3}{n}}}, \quad \ldots, \quad \int \frac{du}{(1 - u^n)^{\frac{n-1}{n}}};$$

mais on peut diminuer de moitié le nombre de ces intégrales par la méthode suivante.

Si, dans la formule (Z), on fait $r = 2$, elle donnera

$$n^2 \int dt\, e^{-t} \int t^{n-1} dt\, e^{-t} = \frac{\pi}{\sin \frac{\pi}{n}}.$$

Cette équation est généralement vraie, quel que soit n, en le supposant même fractionnaire; partant, si l'on y change n dans $\frac{n}{r-1}$, on aura

$$n^2 \int dt\, e^{-t^{\frac{n}{r-1}}} \int t^{\frac{n}{r-1}-1} dt\, e^{-t^{\frac{n}{r-1}}} = \frac{(r-1)^2 \pi}{\sin \frac{(r-1)\pi}{n}},$$

et, si dans cette nouvelle équation on change t dans t^{r-1}, elle deviendra

$$\text{(T)} \qquad n^2 \int t^{r-1} dt\, e^{-t^r} \int t^{n-r} dt\, e^{-t^r} = \frac{\pi}{\sin \frac{(r-1)\pi}{n}}.$$

Si, dans cette équation, on suppose $r - 2 = n - r$, ce qui donne $r = \frac{n}{2} + 1$, on aura

$$n^2 \left(\int t^{\frac{n}{2}-1} dt\, e^{-t^n} \right)^2 = \pi,$$

et, si l'on change $t^{\frac{n}{2}}$ dans t, on aura ce résultat remarquable

$$\int dt\, e^{-t} = \tfrac{1}{2}\sqrt{\pi},$$

c'est-à-dire que l'intégrale $\int dt\, e^{-t}$, prise depuis $t = 0$ jusqu'à t infini, est la moitié de la racine carrée du rapport de la demi-circonférence au rayon.

Supposons maintenant n pair et égal à $2i$; si l'on fait $r = i + 1$ dans la formule (Z), elle donnera

$$i^2 K^i \int t^{i-1} dt\, e^{-t^2} = \frac{\pi}{\sin \frac{\pi}{2i}} \int \frac{du}{(1 - u^{2i})^{\frac{1}{2i}}} \int \frac{du}{(1 - u^{2i})^{\frac{2}{2i}}} \cdots \int \frac{du}{(1 - u^{2i})^{\frac{i}{2i}}}.$$

Or, en changeant t' en t, l'intégrale $\int t^{i-1} dt\, e^{-t^i}$ deviendra

$$\frac{1}{i} \int dt\, e^{-t^2} = \frac{\sqrt{\pi}}{2i};$$

on aura donc

(R)
$$2i K^i = \frac{\sqrt{\pi}}{\sin \frac{\pi}{2i}} \int \frac{du}{(1 - u^{2i})^{\frac{1}{2i}}} \cdots \int \frac{du}{(1 - u^{2i})^{\frac{i}{2i}}};$$

ainsi K sera donné en fonction des $i - 1$ premières intégrales algébriques de la formule (Z), et cette même formule donnera les valeurs de toutes les intégrales transcendantes $\int t^{2i-r} dt\, e^{-t^i}$, en fonctions de ces mêmes intégrales, lorsque r sera égal ou moindre que $i + 1$ ou, ce qui revient au même, lorsque l'exposant $2i - r$ sera égal ou plus grand que $i - 1$. Si cet exposant est moindre, alors $r - 2$ sera plus grand que $i - 1$, et la formule (T) donnant la valeur de l'intégrale $\int t^{2i-r} dt\, e^{-t^i}$, au moyen de celle-ci $\int t^{r-2} dt\, e^{-t^i}$, cette valeur ne dépendra que des $i - 1$ premières intégrales algébriques de la formule (Z); ainsi toutes les valeurs de l'intégrale $\int t^{2i-r} dt\, e^{-t^i}$ ne dépendront, quel que soit r, que de ces i premières intégrales algébriques, et, comme les valeurs correspondantes à r plus grand que i sont données par la formule (Z) en fonctions de ces intégrales et des suivantes

$$\int \frac{du}{(1 - u^{2i})^{\frac{i-1}{2i}}}, \quad \int \frac{du}{(1 - u^{2i})^{\frac{i+2}{2i}}}, \quad \cdots, \quad \int \frac{du}{(1 - u^{2i})^{\frac{2i-1}{2i}}},$$

il en résulte que chacune de ces dernières intégrales sera donnée en fonction des $i - 1$ premières intégrales algébriques de la formule (Z).

Si n est impair et égal à $2i + 1$, la formule (Z) donnera, en y faisant successivement $r = i + 1$ et $r = i + 2$,

$$(2i+1)^2 K^i \int t^i \, dt \, e^{-t^{i+1}}$$
$$= \frac{\pi}{\sin \frac{\pi}{2i+1}} \int \frac{du}{(1-u^{2i+1})^{\frac{2}{2i+1}}} \int \frac{du}{(1-u^{2i+1})^{\frac{3}{2i+1}}} \cdots \int \frac{du}{(1-u^{2i+1})^{\frac{i}{2i+1}}},$$

$$(2i+1)^2 K^{i+1} \int t^{i-1} \, dt \, e^{-t^{i+1}}$$
$$= \frac{\pi}{\sin \frac{\pi}{2i+1}} \int \frac{du}{(1-u^{2i+1})^{\frac{2}{2i+1}}} \cdots \int \frac{du}{(1-u^{2i+1})^{\frac{i+1}{2i+1}}};$$

en multipliant ces deux équations l'une par l'autre et en observant
que l'équation (T) donne, en y faisant $r = i + 1$,

$$(2i+1)^2 \int t^{i-1} \, dt \, e^{-t^{i+1}} \int t^i \, dt \, e^{-t^{i+1}} = \frac{\pi}{\sin \frac{i\pi}{2i+1}},$$

on aura

$$(2i+1)^2 K^{2i+1}$$
$$= \frac{\pi \sin \frac{i\pi}{2i+1}}{\left(\sin \frac{\pi}{2i+1}\right)^2} \left[\int \frac{du}{(1-u^{2i+1})^{\frac{2}{2i+1}}} \cdots \int \frac{du}{(1-u^{2i+1})^{\frac{i}{2i+1}}} \right]^2 \int \frac{du}{(1-u^{2i+1})^{\frac{i+1}{2i+1}}}.$$

K sera ainsi donné en fonction des i premières intégrales algébriques
de la formule (Z), et cette même formule donnera les valeurs de
$\int t^{2i+1-r} \, dt \, e^{-t^{i+1}}$, en fonction des mêmes intégrales, lorsque r sera égal
ou moindre que $i + 2$; la formule (T) donnera ensuite les valeurs de
cette intégrale transcendante lorsque r sera plus grand que $i + 2$, d'où
l'on peut conclure que chacune des intégrales

$$\int \frac{du}{(1-u^{2i+1})^{\frac{i+1}{2i+1}}}, \quad \int \frac{du}{(1-u^{2i+1})^{\frac{i+2}{2i+1}}}, \quad \cdots, \quad \int \frac{du}{(1-u^{2i+1})^{\frac{2i}{2i+1}}}$$

sera donnée en fonction des i premières intégrales algébriques de la
formule (Z).

De là il suit généralement que toutes les valeurs de $\int t^r \, dt \, e^{-t^n}$ ne dépendront; quel que soit r, que de $\frac{n}{2} - 1$ intégrales algébriques prises dans la formule (Z) si n est pair, ou de $\frac{n-1}{2}$ de ces mêmes intégrales si n est impair.

V.

Reprenons maintenant la formule (C) du n° III; si l'on y fait $i = 1$, elle ne renfermera que la seule transcendante K ou $\int dt e^{-t}$, qui, par le numéro précédent, est égale à $\frac{1}{2}\sqrt{\pi}$ ou à $0,886227$.

Si l'on y fait $i = 2$, cette formule renfermera les deux transcendantes K et $K^{(1)}$, qui sont respectivement égales à $\int dt e^{-t}$ et à $\int t^2 dt e^{-t}$; or la formule (R) du numéro précédent donne, en y faisant $i = 2$ et en observant qu'alors $\sin\frac{\pi}{2i} = \frac{1}{\sqrt{2}}$,

$$4\left(\int dt e^{-t}\right)^2 = \sqrt{2\pi}\int \frac{du}{(1 - u^4)^{\frac{1}{2}}}.$$

Cette dernière intégrale représente la longueur de la courbe élastique que M. Stirling a trouvée égale à

$$1,31102877714605987;$$

en désignant donc par π' cette valeur, on aura

$$K = \int dt e^{-t} = \frac{1}{2}\sqrt{\pi'\sqrt{2\pi}};$$

la formule (Z) donnera ensuite, en y faisant $n = 4$ et $r = 2$,

$$16\int dt e^{-t} \int t^2 dt e^{-t} = \pi\sqrt{2},$$

partant

$$K^{(1)} = \int t^2 dt e^{-t} = \frac{\pi^{\frac{3}{2}}}{4\sqrt{2\pi'\sqrt{2}}}.$$

Nous ne pousserons pas plus loin cet examen des valeurs de K, $K^{(1)}$, ... correspondantes aux différentes valeurs de i, parce que les cas où i surpasse l'unité sont très rares dans les applications de l'Analyse.

VI.

Le cas dans lequel $i = 1$ étant le plus ordinaire, nous allons exposer ici les formules les plus simples pour déterminer dans ce cas la valeur approchée de l'intégrale $\int y\, dx$.

Si l'on suppose $v = -\dfrac{y\, dx}{dy}$ et que l'on nomme Y et U ce que deviennent y et v lorsqu'on y change x en 0, et Y' et U' ce que deviennent ces mêmes quantités lorsqu'on y change x en $0'$, on aura

$$(a) \quad \begin{cases} \displaystyle\int y\, dx = YU \left\{ 1 + \frac{dU}{d\theta} + \frac{d(U\, dU)}{d\theta^2} + \frac{d[U\, d(U\, dU)]}{d\theta^3} + \dots \right\} \\[2ex] - Y'U' \left\{ 1 + \frac{dU'}{d\theta'} + \frac{d(U'\, dU')}{d\theta'^2} + \frac{d[U'\, d(U'\, dU')]}{d\theta'^3} + \dots \right\}, \end{cases}$$

l'intégrale $\int y\, dx$ étant prise depuis $x = 0$ jusqu'à $x = 0'$. Cette formule sera très convergente toutes les fois que $\dfrac{dy}{dx}$ sera très grand par rapport à y, ce qui a lieu lorsque, les facteurs de y étant élevés à de grandes puissances, l'intégrale $\int y\, dx$ est prise dans des intervalles éloignés du maximum de y.

Pour avoir cette même intégrale dans les intervalles voisins de ce maximum, supposons qu'il réponde à $x = a$, et nommons Y le maximum de y ou ce qu'il devient lorsqu'on y change x en a; supposons encore, comme cela arrive le plus souvent, que la valeur a de x ne fasse disparaitre que la première différence de y : dans ce cas, on fera

$$t = \sqrt{\log Y - \log y}, \qquad v = \frac{x - a}{\sqrt{\log Y - \log y}},$$

et, en désignant par U, $\dfrac{dU^2}{dx}$, $\dfrac{d^2U^3}{dx^2}$, $\dots$ ce que deviennent v, $\dfrac{dv^2}{dx}$, $\dfrac{d^2v^3}{dx^2}$, $\dots$ lorsqu'on y change x en a, on aura

$$(b) \quad \int y\, dx = Y \int dt\, e^{-t^2} \left(U + \frac{dU^2}{dx}\, t + \frac{d^2U^3}{1.2\, dx^2}\, t^2 + \frac{d^3U^4}{1.2.3\, dx^3}\, t^3 + \dots \right).$$

Si dans la formule (a) on suppose $\log y$, et par conséquent $-\dfrac{y\,dx}{dy}$ très petit de l'ordre α, cette formule ne pourra pas servir dans tout l'intervalle où $(x-a)^2$ est moindre que α; dans ce cas, on peut faire usage de la formule (b), qui cesse elle-même d'être convergente lorsque et ou, ce qui revient au même, $x-a$ n'est pas une quantité très petite de l'ordre α^λ, λ étant positif; mais, dans l'intervalle où cela n'est pas, la série (a) peut être employée, en sorte que ces deux séries se servent de supplément l'une à l'autre; il y a même des intervalles où toutes les deux peuvent être d'usage, car, puisque la convergence de la série (a) exige que $x-a$ soit de l'ordre $\alpha^{\frac{1}{2}-\lambda}$, λ étant positif, et que celle de la série (b) exige que $\frac{1}{2}-\lambda$ soit positif, ces deux séries peuvent servir à la fois pour toutes les valeurs positives de λ moindres que $\frac{1}{2}$. La première sera ordonnée par rapport aux puissances de $\alpha^{2\lambda}$, et la seconde le sera par rapport aux puissances de $\alpha^{\frac{1}{2}-\lambda}$; il faudra donc préférer la première ou la seconde, suivant que 2λ sera plus grand ou moindre que $\frac{1}{2}-\lambda$, c'est-à-dire suivant que l'on aura λ plus grand ou plus petit que $\frac{1}{2}$.

La formule (b) donne, en intégrant depuis $t=\mathrm{T}$ jusqu'à $t=\mathrm{T}'$,

$$(c)\quad
\begin{cases}
\displaystyle\int y\,dx = \mathrm{Y}\left(\mathrm{U}+\frac{1}{2}\frac{d^2\mathrm{U}^3}{1.2\,dx^2}+\frac{1.3}{2^2}\frac{d^4\mathrm{U}^5}{1.2.3.4\,dx^4}+\dots\right)\int dt\,e^{-t^2} \\[2.5ex]
\qquad +\dfrac{\mathrm{Y}}{2}e^{-\mathrm{T}^2}\left[\dfrac{d\mathrm{U}^2}{dx}+\mathrm{T}\dfrac{d^2\mathrm{U}^3}{1.2\,dx^2}+(\mathrm{T}^2+1)\dfrac{d^3\mathrm{U}^4}{1.2.3\,dx^3}+\dots\right] \\[2.5ex]
\qquad -\dfrac{\mathrm{Y}}{2}e^{-\mathrm{T}'^2}\left[\dfrac{d\mathrm{U}^2}{dx}+\mathrm{T}'\dfrac{d^2\mathrm{U}^3}{1.2\,dx^2}+(\mathrm{T}'^2+1)\dfrac{d^3\mathrm{U}^4}{1.2.3\,dx^3}+\dots\right],
\end{cases}$$

l'intégrale $\int y\,dx$ étant prise depuis la valeur de x qui convient à $t=\mathrm{T}$ jusqu'à celle qui convient à $t=\mathrm{T}'$.

Si l'on suppose $\mathrm{T}=-\infty$ et $\mathrm{T}'=\infty$, on aura généralement

$$\mathrm{T}'e^{-\mathrm{T}^2}=0,\qquad \mathrm{T}'^re^{-\mathrm{T}'^2}=0;$$

on a d'ailleurs dans ce cas (n° IV)

$$\int dt\,e^{-t^2}=\sqrt{\pi}.$$

La formule précédente devient ainsi

$$(d) \qquad \int y\, dx = Y \sqrt{\pi}\left(U + \frac{1}{2}\frac{d^2 U^2}{1.2\, dx^2} + \frac{1.3}{2^2}\frac{d^4 U^4}{1.2.3.4\, dx^4} + \ldots \right),$$

l'intégrale $\int y\, dx$ étant prise entre les deux valeurs consécutives de x qui rendent y nul, et Y étant le maximum de y compris entre ces valeurs. Les différents termes de cette formule se détermineront facilement en observant que, si l'on fait

$$A = -\frac{d^2 \log y}{1.2\, dx^2}, \qquad B = -\frac{d^3 \log y}{1.2.3\, dx^3}, \qquad C = -\frac{d^4 \log y}{1.2.3.4\, dx^4}, \qquad \ldots,$$

x étant changé en a, après les différentiations, on aura généralement

$$v^r = A^{-\frac{r}{2}} - \frac{r}{2} A^{-\frac{r}{2}-1} B(x-a)$$

$$+ \left[\frac{r(r+2)}{8} A^{-\frac{r}{2}-2} B^2 - \frac{r}{2} A^{-\frac{r}{2}-1} C \right] (x-a)^2 + \ldots.$$

On a

$$d^2 \log y = \frac{d^2 y}{y} - \frac{dy^2}{y^2};$$

la supposition de $x = a$ fait disparaître dy : on aura donc

$$\frac{d^2 \log y}{dx^2} = -2A = \frac{d^2 Y}{Y\, dx^2},$$

Y et $\frac{d^2 Y}{dx^2}$ étant ce que deviennent y et $\frac{d^2 y}{dx^2}$ lorsqu'on y fait $x = a$; partant, si dans la formule (d) on ne considère que le premier terme de la série, on aura à très peu près

$$\int y\, dx = \frac{Y^{\frac{3}{2}} \sqrt{2\pi}}{\sqrt{-\dfrac{d^2 Y}{dx^2}}} \qquad \text{ou} \qquad \left(\int y\, dx\right)^2 = \frac{2\pi Y^3}{-\dfrac{d^2 Y}{dx^2}},$$

l'intégrale $\int y\, dx$ étant prise entre les deux valeurs consécutives de x qui font disparaître y, Y et $\frac{d^2 Y}{dx^2}$ étant les valeurs de y et $\frac{d^2 y}{dx^2}$ correspondantes à la valeur intermédiaire de x qui fait disparaître dy.

Cette expression de $\int y\,dx$ sera d'autant plus approchée que les facteurs de y seront élevés à de plus hautes puissances.

La formule (c) renferme l'intégrale indéfinie $\int dt\,e^{-t^2}$, qu'il n'est pas possible d'obtenir en termes finis; mais on peut, dans tous les cas, la déterminer d'une manière fort approchée par les méthodes connues. Si t est peu considérable, on pourra faire usage de la série suivante

$$\int dt\,e^{-t^2} = T - \tfrac{1}{3}T^3 + \frac{1}{1.2}\frac{T^5}{5} - \frac{1}{1.2.3}\frac{T^7}{7} + \frac{1}{1.2.3.4}\frac{T^9}{9} - \dots,$$

l'intégrale étant prise depuis $t = 0$ jusqu'à $t = T$.

Si t est considérable, on pourra se servir de cette série

$$\int dt\,e^{-t^2} = \frac{e^{-T^2}}{2T}\left(1 - \frac{1}{2T^2} + \frac{1.3}{2^2 T^4} - \frac{1.3.5}{2^3 T^6} + \dots\right),$$

l'intégrale $\int dt\,e^{-t^2}$ étant prise depuis $t = T$ jusqu'à $t = \infty$, en sorte que, pour avoir la valeur de cette intégrale depuis $t = 0$ jusqu'à $t = T$, il faut retrancher la valeur précédente de $\frac{1}{2}\sqrt{\pi}$. Cette série est alternativement plus grande et plus petite que l'intégrale $\int dt\,e^{-t^2}$, de manière que la valeur de cette intégrale, prise depuis $t = T$ jusqu'à $t = \infty$, est toujours comprise entre la somme d'un nombre fini quelconque de ses termes et cette même somme augmentée du terme suivant. Ce genre de série, que l'on peut nommer *séries de limites*, a l'avantage de faire connaître avec précision les limites des erreurs des approximations. Dans un grand nombre de cas, les formules (a), (b), (c) et (d) conduisent à des séries de cette nature.

VII.

On peut facilement étendre l'analyse précédente aux doubles, triples, ... intégrales; pour cela, considérons la double intégrale $\int y\,dx\,dx'$, y étant une fonction de x et de x' qui renferme des facteurs élevés à de grandes puissances. Supposons que l'intégrale relative à x' doive être prise depuis une fonction X de x jusqu'à une autre fonction X' de la même variable; en faisant $x' = X + uX'$, l'intégrale $\int y\, dx\, dx'$ se changera dans celle-ci $\int y X'\, dx\, du$, l'intégrale relative à u devant être prise depuis $u = 0$ jusqu'à $u = 1$. On peut donc ainsi réduire l'intégrale $\int y\, dx\, dx'$ à des limites constantes et indépendantes des variables qu'elle renferme; nous supposerons conséquemment qu'elle a cette forme et que l'intégrale relative à x est prise depuis $x = 0$ jusqu'à $x = \varpi$, tandis que l'intégrale relative à x' est prise depuis $x' = 0'$ jusqu'à $x' = \varpi'$. Cela posé, en nommant Y ce que devient y lorsqu'on y change x et x' dans 0 et $0'$, on fera

$$y = Y e^{-t-t'};$$

en supposant ensuite $x = 0 + u$ et $x' = 0' + u'$, on réduira la fonction $\log \dfrac{Y}{y}$ dans une suite ordonnée par rapport aux puissances de u et de u', et l'on aura une équation de cette forme

$$M u + M' u' = t + t',$$

dans laquelle M est la partie du développement de $\log \dfrac{Y}{y}$ qui renferme tous les termes multipliés par u, et M' est l'autre partie qui renferme les termes multipliés par u' et qui sont indépendants de u. On partagera l'équation précédente dans les deux suivantes

$$M u = t, \qquad M' u' = t',$$

d'où l'on tirera celles-ci, par le retour des suites,

$$u = N t, \qquad u' = N' t',$$

N étant une suite ordonnée par rapport aux puissances de t et de t', et N' étant uniquement ordonnée par rapport aux puissances de t' et indépendante de t. Ces deux suites seront très convergentes si y renferme des facteurs très élevés. Maintenant on a

$$dx\, dx' = du\, du',$$

et il est aisé de s'assurer que ce dernier produit est égal à $\dfrac{\partial u}{\partial t}\, \dfrac{\partial u'}{\partial t'}\, dt\, dt'$.

c'est-à-dire à $\dfrac{\partial(Nt)}{\partial t}\cdot\dfrac{\partial(N't')}{\partial t'}\,dt\,dt'$, partant

$$\int y\,dx\,dx' = Y\int \frac{\partial(Nt)}{\partial t}\,\frac{\partial(N't')}{\partial t'}\,dt\,dt'\,e^{-t-t'}.$$

Il sera facile d'intégrer les différents termes du second membre de cette équation, puisqu'il ne s'agira que d'intégrer des termes de cette forme $\int t^n\,dt\,e^{-t}$ ou $\int t'^n\,dt'\,e^{-t'}$.

Si l'on prend l'intégrale relative à t' depuis $t'=o$ jusqu'à $t'=\infty$, et que l'on nomme Q le résultat de l'intégration, on aura

$$\int y\,dx' = YQ,$$

l'intégrale étant prise depuis $x'=0'$ jusqu'à la valeur de x' qui convient à t' infini; si l'on change ensuite, dans Y et Q, $0'$ dans ϖ', et que l'on nomme Y' et Q' ce que deviennent alors ces quantités, on aura

$$\int y\,dx' = Y'Q',$$

l'intégrale étant prise depuis $x'=\varpi'$ jusqu'à la valeur de x' qui convient à t' infini; on aura donc

$$\int y\,dx = YQ - Y'Q',$$

l'intégrale relative à x' étant prise depuis $x'=0'$ jusqu'à $x'=\varpi'$.

En nommant R et R' les intégrales $\int Q\,dt$ et $\int Q'\,dt$, prises depuis $t=o$ jusqu'à $t=\infty$, on aura

$$\int y\,dx\,dx' = YR - Y'R',$$

l'intégrale relative à x' étant prise depuis $x'=0'$ jusqu'à $x'=\varpi'$, et l'intégrale relative à x étant prise depuis $x=0$ jusqu'à la valeur de x qui convient à t infini. Si dans Y, R, Y', R' on change 0 dans ϖ, et que l'on nomme Y_1, R_1, Y'_1, R'_1 ce que deviennent alors ces quantités, on aura

$$\int y\,dx\,dx' = Y_1 R_1 - Y'_1 R'_1,$$

l'intégrale relative à x' étant prise entre les limites $0'$ et ϖ', et l'intégrale relative à x étant prise depuis $x = \varpi$ jusqu'à la valeur x qui convient à $t = \infty$; partant

$$\int y\, dx\, dx' = \mathrm{YR} - \mathrm{Y'R'} - \mathrm{Y_1 R_1} + \mathrm{Y'_1 R'_1},$$

l'intégrale relative à x étant prise entre les limites 0 et ϖ, et l'intégrale relative à x' étant prise entre les limites $0'$ et ϖ'. Cette formule répond à la formule (A) du n° I, qui n'est relative qu'à une seule variable. Elle a le même inconvénient, celui de ne pouvoir s'étendre aux intervalles voisins du maximum de y; il faut pour ces intervalles employer une méthode analogue à celle du n° II. Ainsi, en supposant que, dans l'intervalle compris entre 0 et ϖ, y devienne un maximum et que la condition du maximum ne fasse disparaître que la première différence de y, au lieu de faire, comme précédemment, $y = \mathrm{Y}e^{-t-t'}$, on fera

$$y = \mathrm{Y}e^{-t^2-t'};$$

et si, dans l'intervalle compris entre $0'$ et ϖ', y devient un maximum, on fera

$$y = \mathrm{Y}e^{-t-t'^2}.$$

Comme nous aurons principalement besoin dans la suite de l'intégrale $\int y\, dx\, dx'$, prise entre les limites de x et de x' qui rendent y nul, nous allons discuter ce cas d'une manière générale.

Considérons l'intégrale $\int y\, dx\, dx'\, dx''\ldots$, y étant une fonction des r variables x, x', x'', $\ldots$ qui renferme des facteurs élevés à de grandes puissances. Si l'on nomme a, a', a'', $\ldots$ les valeurs de x, x', x'', $\ldots$ qui répondent au maximum de y, et que l'on désigne par Y ce maximum, on fera

$$y = \mathrm{Y}e^{-t^2-t'^2-t''^2-\ldots};$$

en supposant ensuite

$$x = a + \theta, \qquad x' = a' + \theta', \qquad x'' = a'' + \theta'', \qquad \ldots,$$

on substituera ces valeurs dans la fonction $\log\dfrac{\mathrm{Y}}{y}$, et, en la développant dans une suite ordonnée par rapport aux puissances de θ, θ', θ'', $\ldots$,

, on aura une équation de cette forme

$$M \theta^2 + M' \theta'^2 + M'' \theta''^2 + \ldots = t^2 + t'^2 + t''^2 + \ldots,$$

M étant la partie du développement de $\log \dfrac{Y}{y}$ multipliée par θ^2; M' étant la partie de ce développement multipliée par θ'^2 et indépendante de θ; M'' étant la partie multipliée par θ''^2 et indépendante de θ et de θ', et ainsi du reste. On partagera cette équation dans les suivantes

$$M \theta^2 = t^2, \qquad M' \theta'^2 = t'^2, \qquad M'' \theta''^2 = t''^2, \qquad \ldots,$$

d'où l'on tirera celles-ci, par le retour des suites,

$$\theta = N t, \qquad \theta' = N' t', \qquad \theta'' = N'' t'', \qquad \ldots,$$

N étant une suite ordonnée par rapport aux puissances de $t, t', t'', \ldots$; N' étant une suite ordonnée par rapport aux puissances de $t', t'', \ldots$; N'' étant une suite ordonnée par rapport aux puissances de $t'', \ldots$. Ces suites seront d'autant plus convergentes que les facteurs de y seront élevés à de plus hautes puissances.

Maintenant on a

$$dx \, dx' \, dx'' \ldots = d\theta \, d\theta' \, d\theta'' \ldots,$$

et il est facile de s'assurer que ce dernier produit est égal à

$$\frac{d(Nt)}{dt} \frac{d(N't')}{dt'} \frac{d(N''t'')}{dt''} \ldots dt \, dt' \, dt'' \ldots;$$

partant

$$\int y \, dx \, dx' \, dx'' \ldots = Y \int \frac{d(Nt)}{dt} \frac{d(N't')}{dt'} \frac{d(N''t'')}{dt''} \ldots dt \, dt' \, dt'' \ldots e^{-t^2 - t'^2 - t''^2 - \ldots},$$

les intégrales relatives à $t, t', t'', \ldots$ étant prises depuis ces variables égales à $-\infty$ jusqu'à ces variables égales à $+\infty$. Il sera facile d'avoir les intégrales des différents termes du second membre de cette équation en observant que l'on a généralement

$$\int t^n t'^{n'} t''^{n''} \ldots dt \, dt' \, dt'' \ldots e^{-t^2 - t'^2 - t''^2 - \ldots} = 0,$$

lorsque l'un quelconque des nombres n, n', n'', ... est impair, et

$$\int t^{2i} t'^{2i'} t''^{2i''} \ldots dt\, dt'\, dt'' \ldots e^{-t^2-t'^2-t''^2-\ldots}$$
$$= \frac{1.3.5\ldots(2i-1).1.3.5\ldots(2i'-1).1.3.5\ldots(2i''-1)\ldots\pi^{\frac{r}{2}}}{2^{i+i'+i''+\ldots}}.$$

Si les puissances auxquelles les facteurs de y sont élevés sont très considérables, on aura à très peu près

$$M = -\frac{\frac{\partial^2 Y}{\partial x^2}}{Y}, \qquad M' = -\frac{\frac{\partial^2 Y}{\partial x'^2}}{Y}, \qquad M'' = -\frac{\frac{\partial^2 Y}{\partial x''^2}}{Y}, \qquad \ldots,$$

$\frac{\partial^2 Y}{\partial x^2}$, $\frac{\partial^2 Y}{\partial x'^2}$, $\frac{\partial^2 Y}{\partial x''^2}$, ... étant ce que deviennent $\frac{\partial^2 y}{\partial x^2}$, $\frac{\partial^2 y}{\partial x'^2}$, $\frac{\partial^2 y}{\partial x''^2}$, ... lorsqu'on y change x, x', x'', ... dans a, a', a'', ... On aura ainsi à très peu près

$$\theta = \frac{Y^{\frac{1}{2}}}{\sqrt{-\frac{\partial^2 Y}{\partial x^2}}}, \qquad \theta' = \frac{Y^{\frac{1}{2}}}{\sqrt{-\frac{\partial^2 Y}{\partial x'^2}}}, \qquad \theta'' = \frac{Y^{\frac{1}{2}}}{\sqrt{-\frac{\partial^2 Y}{\partial x''^2}}}, \qquad \ldots,$$

d'où l'on tire ce théorème général :

L'intégrale $\int y\, dx\, dx'\, dx''$, ..., prise entre les valeurs consécutives de x, x', x'', ... qui rendent y nul, est à très peu près égale à

$$\frac{(-2\pi)^{\frac{r}{2}}\, Y^{\frac{r+2}{2}}}{\sqrt{\frac{\partial^2 Y}{\partial x^2}\frac{\partial^2 Y}{\partial x'^2}\frac{\partial^2 Y}{\partial x''^2}\ldots}},$$

si les facteurs de y sont élevés à de grandes puissances.

ARTICLE II.

De l'intégration par approximation des équations linéaires aux différences finies et infiniment petites.

VIII.

Considérons l'équation linéaire aux différences finies

$$(1) \qquad S = A\, y_s + B\, \Delta y_s + C\, \Delta^2 y_s + \ldots,$$

S étant une fonction de s; A, B, C étant des fonctions rationnelles et entières de la même variable, et la caractéristique Δ étant celle des différences finies, en sorte que $\Delta y_s = y_{s+1} - y_s$. Soit

$$A = a + a^{(1)}s + a^{(2)}s^2 + a^{(3)}s^3 + \ldots,$$
$$B = b + b^{(1)}s + b^{(2)}s^2 + b^{(3)}s^3 + \ldots,$$
$$C = c + c^{(1)}s + c^{(2)}s^2 + c^{(3)}s^3 + \ldots,$$
$$\ldots\ldots\ldots\ldots\ldots\ldots\ldots\ldots\ldots\ldots\ldots,$$

et représentons la valeur de y_s par l'intégrale $\int e^{-sx}\varphi\,dx$, φ étant une fonction de x, indépendante de s, et l'intégrale étant prise entre des limites indépendantes de cette variable; on aura

$$\Delta y_s = \int e^{-sx}(e^{-x}-1)\varphi\,dx,$$
$$\Delta^2 y_s = \int e^{-sx}(e^{-x}-1)^2\varphi\,dx,$$
$$\ldots\ldots\ldots\ldots\ldots\ldots\ldots\ldots\ldots$$

De plus, si l'on désigne e^{-sx} par ∂y, on aura

$$se^{-sx} = -\frac{d\,\partial y}{dx}, \qquad s^2 e^{-sx} = \frac{d^2\,\partial y}{dx^2}, \qquad s^3 e^{-sx} = -\frac{d^3\,\partial y}{dx^3}, \qquad \ldots;$$

l'équation (1) deviendra ainsi

$$S = \int \varphi\,dx\bigg\{ \quad \partial y\,[a \quad + b \quad (e^{-x}-1) + c \quad (e^{-x}-1)^2 + \ldots]$$
$$- \frac{d\,\partial y}{dx}\,[a^{(1)} + b^{(1)}(e^{-x}-1) + c^{(1)}(e^{-x}-1)^2 + \ldots]$$
$$+ \frac{d^2\,\partial y}{dx^2}\,[a^{(2)} + b^{(2)}(e^{-x}-1) + c^{(2)}(e^{-x}-1)^2 + \ldots]$$
$$+ \ldots\ldots\ldots\ldots\ldots\ldots\ldots\ldots\ldots\ldots\ldots\ldots\ldots\bigg\}.$$

Si l'on représentait y_s par l'intégrale $\int x^s\varphi\,dx$, on aurait, en désignant x^s par ∂y,

$$s x^s = x\frac{d\,\partial y}{dx}, \qquad s(s-1)x^s = x^2\frac{d^2\,\partial y}{dx^2}, \qquad \ldots;$$

on aurait ensuite

$$\Delta y_s = \int \partial y\,(x-1)\varphi\,dx, \qquad \Delta^2 y_s = \int \partial y\,(x-1)^2\varphi\,dx, \qquad \ldots.$$

Partant, si dans ce cas on met les valeurs de A, B, C, ... sous cette forme

$$A = a + a^{(1)}s + a^{(2)}s(s-1) + a^{(3)}s(s-1)(s-2) + \ldots,$$
$$B = b + b^{(1)}s + b^{(2)}s(s-1) + b^{(3)}s(s-1)(s-2) + \ldots,$$
$$C = c + c^{(1)}s + c^{(2)}s(s-1) + c^{(3)}s(s-1)(s-2) + \ldots,$$
$$\ldots\ldots\ldots\ldots\ldots\ldots\ldots\ldots\ldots\ldots\ldots\ldots\ldots\ldots,$$

l'équation (1) deviendra

$$S = \int \varphi\,dx \left\{ \begin{aligned} &\delta y\,[a \quad + b \quad (x-1) + c \quad (x-1)^2 + \ldots] \\ &+ x\,\frac{d\,\delta y}{dx}\,[a^{(1)} + b^{(1)}(x-1) + c^{(1)}(x-1)^2 + \ldots] \\ &+ x^2\frac{d^2\delta y}{dx^2}\,[a^{(2)} + b^{(2)}(x-1) + c^{(2)}(x-1)^2 + \ldots] \\ &+ \ldots\ldots\ldots\ldots\ldots\ldots\ldots\ldots\ldots\ldots\ldots\ldots \end{aligned} \right..$$

En représentant généralement y_s par $\int \delta y\,\varphi\,dx$, les deux formes précédentes que l'équation (1) prend dans les suppositions de $\delta y = e^{-sx}$ et de $\delta y = x^s$ seront comprises dans la suivante

$$S = \int \varphi\,dx \left(M\,\delta y + N\frac{d\,\delta y}{dx} + P\frac{d^2\delta y}{dx^2} + Q\frac{d^3\delta y}{dx^3} + \ldots \right),$$

M, N, P, Q, ... étant des fonctions de x indépendantes de la variable s, qui n'entre dans le second membre de cette équation qu'autant que δy et ses différences en sont fonctions.

Maintenant, pour y satisfaire, on intégrera par parties ses différents termes; or on a

$$\int N\varphi\,dx\,\frac{d\,\delta y}{dx} = \delta y\,N\varphi - \int \delta y\,\frac{d(N\varphi)}{dx}\,dx,$$
$$\int P\varphi\,dx\,\frac{d^2\delta y}{dx^2} = \frac{d\,\delta y}{dx}\,P\varphi - \delta y\,\frac{d(P\varphi)}{dx} + \int \delta y\,\frac{d^2(P\varphi)}{dx^2}\,dx,$$
$$\ldots\ldots\ldots\ldots\ldots\ldots\ldots\ldots\ldots\ldots\ldots\ldots\ldots\ldots$$

L'équation précédente devient ainsi

$$S = \int \delta y\, dx \left[M\varphi - \frac{d(N\varphi)}{dx} + \frac{d^2(P\varphi)}{dx^2} - \frac{d^3(Q\varphi)}{dx^3} + \dots \right]$$
$$+ C + \delta y \left[N\varphi - \frac{d(P\varphi)}{dx} + \frac{d^2(Q\varphi)}{dx^2} - \dots \right]$$
$$+ \frac{d\,\delta y}{dx} \left[P\varphi - \frac{d(Q\varphi)}{dx} + \dots \right]$$
$$+ \frac{d^2\,\delta y}{dx^2} [Q\varphi - \dots]$$
$$+ \dots\dots\dots\dots\dots\dots,$$

C étant une constante arbitraire.

Puisque la fonction φ doit être indépendante de s et, par conséquent, de δy, on doit séparément égaler à zéro la partie de cette équation affectée du signe $\int$, ce qui produit les deux équations suivantes :

$$(2) \qquad o = M\varphi - \frac{d(N\varphi)}{dx} + \frac{d^2(P\varphi)}{dx^2} - \frac{d^3(Q\varphi)}{dx^3} + \dots,$$

$$(3) \qquad \left\{ \begin{aligned} S = C + &\ \delta y \left[N\varphi - \frac{d(P\varphi)}{dx} + \frac{d^2(Q\varphi)}{dx^2} - \dots \right] \\ &+ \frac{d\,\delta y}{dx} \left[P\varphi - \frac{d(Q\varphi)}{dx} + \dots \right] \\ &+ \frac{d^2\,\delta y}{dx^2} [Q\varphi - \dots] \\ &+ \dots\dots\dots\dots\dots \end{aligned} \right.$$

La première équation sert à déterminer la fonction φ, et la seconde détermine les limites dans lesquelles l'intégrale $\int \delta y\varphi\, dx$ doit être comprise.

On peut observer ici que l'équation (2) est l'équation de condition qui doit avoir lieu pour que la fonction différentielle

$$\varphi\, dx \left(M\,\delta y + N\frac{d\,\delta y}{dx} + P\frac{d^2\,\delta y}{dx^2} + \dots \right)$$

soit une différence exacte, quel que soit δy, et, dans ce cas, l'intégrale de cette fonction est égale au second membre de l'équation (3);

φ est donc le facteur en x seul qui doit multiplier l'équation

$$0 = \mathrm{M}\,\partial y + \mathrm{N}\,\frac{d\,dy}{dx} + \mathrm{P}\,\frac{d^2\,\partial y}{dx^2} + \dots$$

pour la rendre intégrable. Si φ était connu, on pourrait abaisser cette équation d'un degré, et réciproquement; si cette équation était abaissée d'un degré, le coefficient de ∂y, dans sa différentielle, divisé par M dx, donnerait une valeur de φ; cette équation et l'équation (2) sont conséquemment liées entre elles, de manière que l'intégrale de l'une des deux donne une intégrale de l'autre.

IX.

Considérons particulièrement l'équation (3), et faisons d'abord $\mathrm{S} = 0$; si l'on suppose que ∂y, $\frac{d\,\partial y}{dx}$, $\frac{d^2\,\partial y}{dx^2}$, $\dots$ deviennent nuls, au moyen d'une même valeur de x, que nous désignerons par h, et qui soit indépendante de s, il est clair qu'en supposant $\mathrm{C} = 0$ cette valeur satisfera à l'équation (3), et qu'ainsi elle sera une des limites entre lesquelles on doit prendre l'intégrale $\int \partial y\,\varphi\,dx$. La supposition précédente a lieu visiblement dans les deux cas de $\partial y = x^s$ et de $\partial y = e^{-sx}$; car, dans le premier cas, l'équation $x = 0$, et, dans le second cas, l'équation $x = \infty$, rendent nulles les quantités ∂y, $\frac{d\,\partial y}{dx}$, $\frac{d^2\,\partial y}{dx^2}$, $\dots$ Pour avoir d'autres limites de l'intégrale $\int \partial y\,\varphi\,dx$, on observera que, ces limites devant être indépendantes de s, par le numéro précédent, il faut, dans l'équation (3), égaler séparément à zéro les coefficients de ∂y, $\frac{d\,\partial y}{dx}$, $\frac{d^2\,\partial y}{dx^2}$, $\dots$, ce qui donne les équations suivantes :

$$0 = \mathrm{N}\,\varphi - \frac{d(\mathrm{P}\varphi)}{dx} + \frac{d^2(\mathrm{Q}\varphi)}{dx^2} - \dots,$$

$$0 = \mathrm{P}\,\varphi - \frac{d(\mathrm{Q}\varphi)}{dx} + \dots,$$

$$0 = \mathrm{Q}\,\varphi - \dots,$$

$$\dots\dots\dots\dots\dots$$

Ces équations seront au nombre i si i est l'ordre de l'équation différentielle (2); on pourra donc éliminer, à leur moyen, toutes les constantes arbitraires de la valeur de φ, moins une, et l'on aura une équation finale en x, dont les racines seront autant de limites de l'intégrale $\int \delta y \, \varphi \, dx$; on cherchera, au moyen de cette équation, un nombre de valeurs différentes de x, égal au degré de l'équation différentielle (1). Soient q, $q^{(1)}$, $q^{(2)}$, ... ces valeurs, elles donneront autant de valeurs différentes de φ, puisque les constantes arbitraires de φ, moins une, sont déterminées en fonctions de ces valeurs. On pourra ainsi représenter les valeurs de φ, correspondantes aux limites q, $q^{(1)}$, $q^{(2)}$, ..., par $B\lambda$, $B^{(1)}\lambda^{(1)}$, $B^{(2)}\lambda^{(2)}$, ...; B, $B^{(1)}$, $B^{(2)}$, ... étant des constantes arbitraires, et l'on aura pour la valeur complète de y,

$$y_{\prime} = B \int \delta y \lambda \, dx + B^{(1)} \int \delta y \lambda^{(1)} \, dx + B^{(2)} \int \delta y \lambda^{(2)} \, dx + \ldots,$$

l'intégrale du premier terme étant prise depuis $x = h$ jusqu'à $x = q$, celle du second terme étant prise depuis $x = h$ jusqu'à $x = q^{(1)}$, celle du troisième terme étant prise depuis $x = h$ jusqu'à $x = q^{(2)}$, ..., et ainsi du reste. On déterminera les constantes arbitraires B, $B^{(1)}$, $B^{(2)}$, ... au moyen d'autant de valeurs particulières de $y_{\prime}$.

X.

Supposons maintenant que dans l'équation (3) S ne soit pas nul; si l'on prend l'intégrale $\int \delta y \, \varphi \, dx$ depuis $x = h$ jusqu'à x égal à une quantité quelconque p, il est clair que l'on aura $C = o$ et que S sera ce que devient la fonction

$$\delta y \left[N\varphi - \frac{d(P\varphi)}{dx} + \ldots \right] + \frac{d\delta y}{dx} (P\varphi - \ldots) + \ldots$$

lorsqu'on y change x en p; ainsi, pour le succès de la méthode précédente, il est nécessaire que S ait la forme de cette fonction. Supposons, par exemple, $\delta y = x^s$, et

$$S = p^s [l + l^{(1)}s + l^{(2)}s(s - 1) + l^{(3)}s(s - 1)(s - 2) + \ldots];$$

en comparant cette valeur de S à la précédente, on aura

$$l \quad = N\varphi - \frac{d(P\varphi)}{dx} + \ldots,$$
$$l^{(1)}p = P\varphi - \ldots,$$
$$\ldots\ldots\ldots\ldots\ldots,$$

x devant être changé en p dans les seconds membres de ces équations dont le nombre est égal au degré de l'équation différentielle (2) : on pourra donc, à leur moyen, déterminer toutes les constantes arbitraires de la valeur de φ; et, si l'on désigne par ψ ce que devient φ lorsqu'on a ainsi déterminé ses constantes arbitraires, on aura

$$y_s = \int x^s \psi \, dx.$$

De là, et de ce que l'équation (1) est linéaire, il est facile de conclure que, si S est égal à

$$p^s[\, l + l^{(1)}s + l^{(2)}s(s-1) + l^{(3)}s(s-1)(s-2) + \ldots]$$
$$+ p_1^s[\, l_1 + l_1^{(1)}s + l_1^{(2)}s(s-1) + l_1^{(3)}s(s-1)(s-2) + \ldots]$$
$$+ p_2^s[\, l_2 + l_2^{(1)}s + l_2^{(2)}s(s-1) + l_2^{(3)}s(s-1)(s-2) + \ldots]$$
$$+ \ldots\ldots\ldots\ldots\ldots\ldots\ldots\ldots\ldots\ldots\ldots\ldots,$$

en nommant ψ_1, ψ_2, ... ce que devient ψ lorsqu'on y change successivement p, l, $l^{(1)}$, ... dans p_1, l_1, $l_1^{(1)}$, ..., p_2, l_2, $l_2^{(1)}$, ..., on aura

$$y_s = \int x^s \psi \, dx + \int x^s \psi_1 \, dx + \int x^s \psi_2 \, dx + \ldots,$$

la première intégrale étant prise depuis $x = 0$ jusqu'à $x = p$, la seconde intégrale étant prise depuis $x = 0$ jusqu'à $x = p_1$, etc. Cette valeur de y_s ne renferme aucune constante arbitraire; mais, en la joignant à celle que nous avons trouvée dans le numéro précédent, pour le cas de S $= 0$, on aura pour l'expression complète de y_s

$$(4) \quad \left\{ \begin{aligned} y_s &= B\int x^s \lambda \, dx + B^{(1)}\int x^s \lambda^{(1)} \, dx + B^{(2)}\int x^s \lambda^{(2)} \, dx + \ldots \\ &\quad + \int x^s \psi \, dx + \int x^s \psi_1 \, dx + \int x^s \psi_2 \, dx + \ldots. \end{aligned} \right.$$

Il sera facile, par les méthodes du n° VI, d'avoir en séries convergentes les différents termes de cette expression lorsque s sera un nombre considérable.

XI.

Pour déterminer la fonction y_s de s, que l'on parvient ainsi à réduire en séries convergentes, reprenons l'équation (1) du n° VIII et supposons qu'elle soit différentielle de l'ordre n; si l'on désigne par u_s, ^1u_s, ^2u_s, ... les n valeurs particulières qui y satisfont, lorsqu'on y fait $S = 0$, en sorte que son intégrale complète soit alors

$$y_s = H u_s + {}^1H\,{}^1u_s + {}^2H\,{}^2u_s + \ldots + {}^{n-1}H\,{}^{n-1}u_s;$$

si l'on forme ensuite les quantités suivantes

$$u_s^1 = u_s \,\Delta\, \frac{{}^1u_{s-1}}{u_{s-1}},$$

$$^1u_s^1 = u_s \,\Delta\, \frac{{}^2u_{s-1}}{u_{s-1}},$$

$$^2u_s^1 = u_s \,\Delta\, \frac{{}^3u_{s-1}}{u_{s-1}},$$

$$\ldots\ldots\ldots\ldots,$$

$$u_s^2 = u_s^1 \,\Delta\, \frac{{}^1u_{s-1}^1}{u_{s-1}^1},$$

$$^1u_s^2 = u_s^1 \,\Delta\, \frac{{}^2u_{s-1}^1}{u_{s-1}^1},$$

$$^2u_s^2 = u_s^1 \,\Delta\, \frac{{}^3u_{s-1}^1}{u_{s-1}^1},$$

$$\ldots\ldots\ldots\ldots,$$

$$u_s^3 = u_s^2 \,\Delta\, \frac{{}^1u_{s-1}^2}{u_{s-1}^1},$$

$$\ldots\ldots\ldots\ldots;$$

en continuant ainsi jusqu'à ce que l'on parvienne à former u_s^{n-1}, soit

$$u_s^{n-1} = \frac{1}{{}^{n-1}\sigma_{x-n}},$$

et nommons $\dfrac{1}{{}^{n-1}\sigma_{x-n}}$, $\dfrac{1}{{}^{n-1}\sigma_{x-n}}$, $\ldots$ ce que devient u_s^{n-1} lorsqu'on y change successivement $^{n-1}u_s$ dans $^{n-2}u_s$, $^{n-3}u_s$, ... et réciproquement; enfin désignons par L le coefficient de $\Delta^n y_s$ dans l'équation (1). L'intégrale complète de cette équation sera, comme je l'ai fait voir ailleurs (t. VII des *Mémoires des Savants étrangers*, p. 56) (¹).

$$y_s = u_s\left(\mathrm{H} + \sum \frac{\mathrm{S}}{\mathrm{L}} z_x\right) + {}^1u_s\left(\mathrm{H} + \sum \frac{\mathrm{S}}{\mathrm{L}} {}^1z_x\right) + \ldots + {}^{n-1}u_s\left({}^{n-1}\mathrm{H} + \sum \frac{\mathrm{S}}{\mathrm{L}} {}^{n-1}z_x\right),$$

la caractéristique Σ étant celle des intégrales finies; on pourra donc toujours réduire en séries convergentes toutes les fonctions de cette nature, pourvu que S ait la forme que nous lui avons assignée dans le numéro précédent.

XII.

Considérons généralement le cas où l'on a un nombre quelconque d'équations linéaires aux différences finies, entre un pareil nombre de variables y_s, y'_s, y''_s, ..., et dont les coefficients soient des fonctions rationnelles et entières de s. Si l'on suppose

$$y_s = \int x^s \varphi \, dx,$$
$$y'_s = \int x^s \varphi' \, dx,$$
$$y''_s = \int x^s \varphi'' \, dx,$$
$$\ldots\ldots\ldots\ldots,$$

ces différentes intégrales étant toutes étendues dans les mêmes limites indépendantes de s, on aura

$$\Delta\, y_s = \int x^s (x - 1)\, \varphi \, dx,$$
$$\Delta^2 y_s = \int x^s (x - 1)^2 \varphi \, dx,$$
$$\ldots\ldots\ldots\ldots\ldots\ldots,$$
$$\Delta\, y'_s = \int x^s (x - 1)\, \varphi' \, dx,$$
$$\Delta^2 y'_s = \int x^s (x - 1)^2 \varphi' \, dx,$$
$$\ldots\ldots\ldots\ldots\ldots\ldots$$

(¹) *OEuvres de Laplace*, t. VIII, p. 87.

On pourra donc mettre les équations dont il s'agit sous les formes suivantes

$$S = \int x^i z \, dx,$$
$$S' = \int x^i z' \, dx,$$
$$S'' = \int x^i z'' \, dx,$$
$$\ldots\ldots\ldots\ldots,$$

S, S', S'', ... étant fonctions de s, et z, z', z'', ... étant des fonctions rationnelles et entières de la même variable, et de x, φ, φ', φ'', ..., dans lesquelles φ, φ', φ'', ... sont sous une forme linéaire.

Considérons d'abord l'équation

$$S = \int x^i z \, dx;$$

on a

$$z = Z + s\,\Delta Z + \frac{s(s-1)}{1.2}\Delta^2 Z + \frac{s(s-1)(s-2)}{1.2.3}\Delta^3 Z + \ldots,$$

Z, ΔZ, $\Delta^2 Z$, ... étant ce que deviennent z, Δz, $\Delta^2 z$, ... lorsqu'on y suppose $s = 0$. Partant, on aura

$$S = \int x^i \, dx \left[Z + s\,\Delta Z + \frac{s(s-1)}{1.2}\Delta^2 Z + \ldots \right].$$

Or, si l'on fait $x^i = \delta y$, on aura

$$s.x^i = x\frac{d\delta y}{dx}, \qquad s(s-1).x^i = x^2 \frac{d^2 \delta y}{dx^2}, \qquad \ldots$$

L'équation précédente deviendra ainsi

$$S = \int dx \left(Z\,\delta y + x\,\Delta Z \frac{d\delta y}{dx} + \frac{x^2\,\Delta^2 Z}{1.2}\frac{d^2 \delta y}{dx^2} + \ldots \right),$$

d'où l'on tire, en intégrant par parties comme dans le n° VIII, les deux équations suivantes :

$$(a) \qquad 0 = Z - \frac{d(x\,\Delta Z)}{dx} + \frac{d^2(x^2\,\Delta^2 Z)}{1.2\,dx^2} - \ldots,$$

$$(b) \quad
\left\{
\begin{aligned}
S =\ & C + \partial y\left[x\,\Delta Z - \frac{d(x^2\,\Delta^2 Z)}{1.2\,dx} + \frac{d^2(x^3\,\Delta^3 Z)}{1.2.3\,dx^2} - \ldots\right] \\
& + \frac{d\partial y}{dx}\left[\frac{x^2\,\Delta^2 Z}{1.2} - \frac{d(x^3\,\Delta^3 Z)}{1.2.3\,dx} + \ldots\right] \\
& + \frac{d^2\partial y}{dx^2}\left(\frac{x^3\,\Delta^3 Z}{1.2.3} - \ldots\right) \\
& + \ldots\ldots\ldots\ldots\ldots\ldots\ldots
\end{aligned}
\right.$$

L'équation

$$S' = \int x^s z'\,dx,$$

traitée de la même manière, donnera les deux suivantes :

$$(a') \qquad 0 = Z' - \frac{d(x\,\Delta Z')}{dx} + \frac{d^2(x^2\,\Delta^2 Z')}{1.2\,dx^2} - \ldots,$$

$$(b') \quad
\left\{
\begin{aligned}
S' =\ & C' + \partial y\left[x\,\Delta Z' - \frac{d(x^2\,\Delta^2 Z')}{1.2\,dx} + \ldots\right] \\
& + \frac{d\partial y}{dx}\left(\frac{x^2\,\Delta^2 Z'}{1.2} - \ldots\right) \\
& + \ldots\ldots\ldots\ldots\ldots\ldots\ldots
\end{aligned}
\right.$$

Les équations

$$S' = \int x^s z''\,dx, \qquad S'' = \int x^s z''\,dx, \qquad \ldots$$

produiront des équations semblables que nous désignerons par (a''), (b''), (a'''), (b'''), ...

Les équations (a), (a'), (a''), ... détermineront les variables φ, φ', φ'', ... en x, et les équations (b), (b'), (b''), ... détermineront les limites dans lesquelles on doit prendre les intégrales $\int x^s\varphi\,dx$, $\int x^s\varphi'\,dx$, ... Pour cela, on supposera d'abord S, S', S'', ... nuls; en faisant ensuite C, C', C'', ... nuls dans les équations (b), (b'), (b''), ..., et en égalant séparément à zéro les coefficients de ∂y,

$\frac{d\delta y}{dx}$, … dans ces équations, on aura les suivantes :

$$o = x\,\Delta Z - \frac{d(x^2\,\Delta^2 Z)}{1.2\,dx} + \ldots,$$

$$o = \frac{x^2\,\Delta^2 Z}{1.2} - \ldots,$$

$$\ldots\ldots\ldots\ldots\ldots,$$

$$o = x\,\Delta Z' - \frac{d(x^2\,\Delta^2 Z')}{1.2\,dx} + \ldots,$$

$$o = \frac{x^2\,\Delta^2 \dot{Z}^2}{1.2} - \ldots,$$

$$\ldots\ldots\ldots\ldots\ldots$$

On éliminera au moyen de ces équations toutes les constantes arbitraires, moins une, des valeurs de φ, φ', φ'', …, et l'on arrivera à une équation finale en x dont les racines seront les limites des intégrales $\int x^s\varphi\,dx$, $\int x^s\varphi'\,dx$, …; on déterminera autant de ces limites qu'il sera nécessaire pour que les valeurs de y_i, y_i', … soient complètes.

Supposons maintenant que S ne soit pas nul et qu'il soit égal à

$$p^s[\,l + l^{(1)}s + l^{(2)}s(s-1) + \ldots\,];$$

en faisant $C = o$ dans l'équation (b) et en y mettant x^s au lieu de δy, on aura

$$p^s[\,l + l^{(1)}s + l^{(2)}s(s-1) + \ldots\,]$$
$$= x^s\Big[\,x\,\Delta Z - \frac{d(x^2\,\Delta^2 Z)}{1.2\,dx} + \ldots\,\Big] + s\,x^s\Big(\frac{x^2\,\Delta^2 Z}{1.2} - \ldots\Big) + \ldots,$$

d'où l'on tire d'abord $x = p$, en sorte que les intégrales $\int x^s\varphi\,dx$, $\int x^s\varphi'\,dx$, … doivent être prises depuis $x = o$ jusqu'à $x = p$. La comparaison des coefficients de s, $s(s-1)$, … donnera autant d'équations entre les constantes arbitraires des valeurs de φ, φ', φ'', …; l'égalité à zéro de ces mêmes coefficients dans les équations (b'), (b''), … donnera de nouvelles équations entre ces arbitraires, que l'on pourra conséquemment déterminer au moyen de toutes ces équations. On aura ainsi les valeurs particulières de y_i qui satisfont au cas où, S', S'', …

étant nuls, S a la forme que nous venons de lui supposer, ou, plus généralement, est égal à un nombre quelconque de fonctions de la même forme. Pareillement, si l'on suppose que, S, S″, … étant nuls, S′ est la somme d'un nombre quelconque de fonctions semblables, on déterminera les valeurs particulières de y_s, y'_s, y''_s, … qui satisfont à ce cas, et ainsi du reste. En réunissant ensuite toutes ces valeurs à celles que nous avons déterminées dans le cas où S, S′, S″, … sont zéro, on aura les expressions complètes de ces variables correspondantes au cas où S, S′, S″ ont la forme précédente.

XIII.

Il est facile d'étendre la méthode du numéro précédent aux équations linéaires aux différences infiniment petites, ou en partie finies, et en partie infiniment petites et dans lesquelles les coefficients des variables principales sont des fonctions rationnelles et entières de s; car, si l'on désigne, comme précédemment, par y_s, y'_s, y''_s, … ces variables principales, on fera

$$y_s = \int x^s \varphi\, dx, \qquad y'_s = \int x^s \varphi'\, dx, \qquad y''_s = \int x^s \varphi''\, dx, \qquad \dots,$$

ce qui donne

$$\frac{dy_s}{ds} = \int x^s \varphi\, dx \log x, \qquad \frac{d^2 y_s}{ds^2} = \int x^s \varphi\, dx (\log x)^2, \qquad \dots,$$

$$\Delta y_s = \int x^s (x-1)\varphi\, dx, \qquad \Delta^2 y_s = \int x^s (x-1)^2 \varphi\, dx, \qquad \dots,$$

$$\dots\dots\dots\dots\dots\dots\dots, \qquad \dots\dots\dots\dots\dots\dots\dots, \qquad \dots,$$

$$\frac{dy'_s}{ds} = \int x^s \varphi'\, dx \log x, \qquad \dots\dots\dots\dots\dots\dots\dots, \qquad \dots,$$

$$\dots\dots\dots\dots\dots\dots, \qquad \dots\dots\dots\dots\dots\dots\dots, \qquad \dots.$$

Les équations proposées prendront ainsi les formes suivantes

$$S = \int x^s z\, dx, \qquad S' = \int x^s z'\, dx, \qquad S'' = \int x^s z''\, dx, \qquad \dots,$$

z, z', z''…. étant des fonctions rationnelles de s, dans lesquelles φ, φ', φ'', … sont sous une forme linéaire. En les traitant donc comme

dans le numéro précédent, on déterminera les valeurs de φ, φ', φ'', ...
et les limites des intégrales $\int x'\varphi\,dx$, $\int x'\varphi'\,dx$, ... Ainsi la méthode
exposée dans ce numéro s'étend à toutes les équations différentielles
linéaires dont les coefficients sont rationnels.

En faisant $y_s = \int e^{-sx}\varphi\,dx$, $y'_s = \int e^{-sx}\varphi'\,dx$, ..., on parviendrait
à des résultats semblables. Dans plusieurs circonstances, ces formes
de y_s, y'_s, ... seront plus commodes que les précédentes.

XIV.

La principale difficulté que présente l'application de la méthode
précédente consiste dans l'intégration des équations différentielles
linéaires qui déterminent φ, φ', φ'', ... en x. Le degré de ces équations
ne dépend point de celui des équations proposées en y_s, y'_s, y'_s, ...: il
dépend uniquement des puissances les plus élevées de s dans leurs
coefficients. Ainsi, relativement à l'équation différentielle finie du
premier ordre,

$$o = A\,y_s + B\,\Delta y_s,$$

dans laquelle A et B sont des fonctions rationnelles et entières de s, si
l'on suppose $y_s = \int x'\varphi\,dx$, et que l'on détermine par le n° VIII la
valeur de φ en x, on parviendra à une équation différentielle d'un
ordre égal au plus haut exposant de s dans A et B.

On pourra, dans ce cas particulier, obvier à cet inconvénient en décomposant l'équation proposée aux différences finies. Pour y parvenir,
on la mettra sous cette forme

$$y_{s+1} = \frac{q(s+a)(s+a')(s+a'')\ldots}{(s+b)(s+b')(s+b'')\ldots}\,y_s.$$

Si l'on suppose ensuite

$$z_{s+1} = q(s+a)z_s, \qquad z'_{s+1} = (s+a')z'_s, \qquad z''_{s+1} = (s+a'')z''_s, \qquad \ldots,$$
$$t_{s+1} = (s+b)t_s, \qquad t'_{s+1} = (s+b')t'_s, \qquad t''_{s+1} = (s+b'')t''_s, \qquad \ldots,$$

on aura

$$y_s = \frac{z_s\,z'_s\,z''_s\ldots}{t_s\,t'_s\,t''_s\ldots}.$$

Il sera facile d'avoir $z_{,}$, $z_{,}'$, $z_{,}''$, ..., $t_{,}$, $t_{,}'$, $t_{,}''$, ... en séries convergentes, et l'on n'aura besoin pour cela que d'intégrer des équations linéaires aux différences infiniment petites du premier ordre. Toutes les fois que l'on pourra décomposer ainsi une équation proposée en d'autres équations linéaires, dans lesquelles la variable s ne passera pas le premier degré, on aura toujours en séries convergentes la valeur de son intégrale, si s est un grand nombre.

Dans plusieurs cas où l'on est conduit à une équation différentielle en φ, d'un ordre supérieur au premier, on pourra faire usage des intégrales multiples en représentant $y_{,}$ par la double intégrale $\int x'x''\varphi\, dx\, dx'$, dans laquelle φ est une fonction de x et de x', ou par la triple intégrale $\int x'x''x'''\varphi\, dx\, dx'\, dx''$, φ étant fonction de x, x', x'', et ainsi de suite. On parviendra souvent à déterminer φ directement ou par une équation du premier ordre; nous en verrons des exemples dans l'article suivant.

XV.

Le cas dans lequel l'équation qui détermine la valeur de φ est différentielle du premier ordre étant le seul qui soit généralement résoluble, nous allons le développer ici en y appliquant directement la méthode d'approximation de l'article I.

Supposons que l'on ait une équation linéaire d'un ordre quelconque aux différences finies ou infiniment petites, ou en partie finies et en partie infiniment petites, dans les coefficients de laquelle la variable s ne passe pas le premier degré; cette équation aura la forme suivante

$$0 = \mathrm{V} + s\mathrm{T},$$

V et T étant des fonctions linéaires de la variable principale $y_{,}$ et de ses différences. Si l'on y fait $y_{,} = \int \delta y \varphi\, dx$, δy étant égal à x^s ou à e^{-sx}, elle deviendra

$$0 = \int \varphi\, dx \left(\mathrm{M} + \mathrm{N}\frac{d\delta y}{dx} \right),$$

M et N étant des fonctions de x; on aura donc, par la méthode du n° VIII, les deux équations

$$o = M\varphi - \frac{d(N\varphi)}{dx},$$

$$o = C + \delta y\, N\varphi.$$

La première donne, en l'intégrant,

$$\varphi = \frac{H}{N} e^{\int \frac{M}{N} dx},$$

H étant une constante arbitraire. Supposons, dans la seconde équation, $C = o$; si l'on désigne par a la valeur de x donnée par l'équation

$$o = d(N\varphi\, \delta y),$$

et par Q ce que devient la fonction $N\varphi\,\delta y$ lorsqu'on y change x en a, on fera

$$N\varphi\,\delta y = Qe^{-t};$$

on aura ainsi

$$t = \sqrt{\log Q - \log(N\varphi) - \log \delta y}.$$

$\log \delta y$ étant de l'ordre s, si l'on fait $\frac{1}{s} = \alpha$, α étant un très petit coefficient, la quantité sous le radical prendra cette forme $\frac{(x-a)^2}{\alpha} X$, X étant fonction de $x - a$; on aura donc, par le retour des suites, la valeur de x en t par une série de cette forme

$$x = a + \alpha^{\frac{1}{2}} ht + \alpha h^{(1)} t^2 + \alpha^{\frac{3}{2}} h^{(2)} t^3 + \ldots$$

Maintenant, y_t étant égal à $\int \delta y\varphi\, dx$, si l'on substitue dans cette intégrale au lieu de $\delta y\varphi$ sa valeur $\frac{Qe^{-t}}{N}$, elle deviendra $Q\int \frac{dx}{N} e^{-t}$, et si dans $\frac{dx}{N}$ on met au lieu de x sa valeur précédente en t, on aura y_t par une suite de cette forme

$$y_t = \alpha^{\frac{1}{2}} Q \int dt\, e^{-t}\left(l + \alpha^{\frac{1}{2}} l^{(1)} t + x l^{(2)} t^2 + \alpha^{\frac{3}{2}} l^{(3)} t^3 + \ldots\right).$$

Les limites de l'intégrale relative à t doivent se déterminer par cette condition, qu'à ces limites la quantité $N \varphi \, \delta y$ ou son équivalente $Q e^{-t}$ soit nulle; d'où il suit que ces limites sont $t = -\infty$ et $t = \infty$. On aura donc, par l'article I,

$$y_s = \alpha^{\frac{1}{2}} \, Q \sqrt{\pi} \left(t + \frac{1}{2} \alpha \, l^{(2)} + \frac{1.3}{2^2} x^2 \, l^{(4)} + \frac{1.3.5}{2^3} x^3 \, l^{(6)} + \dots \right).$$

Cette expression a l'avantage d'être indépendante de la détermination des limites en x qui rendent nulle la fonction $N \varphi \, \delta y$, en sorte qu'elle subsisterait toujours dans le cas même où cette fonction égalée à zéro n'aurait pas plusieurs racines réelles. Cette remarque est importante dans cette analyse et donne les moyens de l'étendre à un grand nombre de cas auxquels elle semble d'abord se refuser.

La valeur précédente de y_s ne renferme qu'une constante arbitraire H, et par conséquent, si l'équation proposée est différentielle de l'ordre n, elle n'en sera qu'une valeur particulière. Pour avoir l'intégrale complète, il faudra chercher n valeurs différentes de x dans l'équation

$$o = d(N \varphi \, \delta y).$$

Soient $a, a', a'', \dots$ ces n valeurs; on changera successivement, dans l'expression précédente de y_s, a en $a', a'', \dots$ et H en H', H'', …; on aura ainsi n valeurs particulières de y_s, qui renfermeront chacune une constante arbitraire; leur somme sera l'expression complète de cette variable.

XVI.

On peut obtenir directement par la méthode précédente la valeur de y_s dans l'équation différentielle $o = V + sT$, au moyen d'intégrales définies; pour le faire voir par un exemple très général, considérons l'équation différentielle

$$o = (a + bs)\, y_s + (a' + b's)\frac{dy_s}{ds} + (a'' + b's)\frac{d^2 y_s}{ds^2} + (a'' + b''s)\frac{d^3 y_s}{ds^3} + \dots;$$

si l'on y suppose

$$y_s = \int \delta y \varphi \, dx,$$

δy étant égal à c^{-sc}, on aura

$$o = \int \varphi \, dx \left[\delta y (a - a'x + a''x^2 - a'''x^3 + \ldots) \right.$$
$$\left. - \frac{d \, \delta y}{dx} (b - b'x + b''x^2 - \ldots) \right],$$

d'où l'on tire les deux équations

$$o = \varphi (a - a'x + a''x^2 - a'''x^3 + \ldots) + \frac{d[\varphi(b - b'x + b''x^2 - \ldots)]}{dx},$$
$$o = c^{-sx} \varphi (b - b'x + b''x^2 - \ldots).$$

Décomposons la fonction $b - b'x + b''x^2 - \ldots$ dans ses facteurs, et supposons qu'elle soit égale à

$$b(1 - qx)(1 - q'x)(1 - q''x)\ldots,$$

la première équation donnera pour φ une expression de cette forme

$$\varphi = He^{lx}(1 - qx)^r (1 - q'x)^{r'} (1 - q''x)^{r''}\ldots,$$

H étant une constante arbitraire; partant

$$y_s = H \int e^{-(s-l)x} dx (1 - qx)^r (1 - q'x)^{r'} (1 - q''x)^{r''}\ldots,$$

et l'équation qui déterminera les limites de l'intégrale sera

$$o = e^{-(s-l)x} (1 - qx)^{r+1} (1 - q'x)^{r'+1} (1 - q''x)^{r''+1}\ldots.$$

Ces limites seront conséquemment $x = \frac{1}{q}$ et $x = \infty$, ou $x = \frac{1}{q'}$ et $x = \infty$, etc., en sorte que l'expression complète de y_s sera

$$y_s = \quad H \int e^{-(s-l)x} dx (1 - qx)^r (1 - q'x)^{r'} (1 - q''x)^{r''}\ldots$$
$$+ H' \int e^{-(s-l)x} dx (1 - qx)^r (1 - q'x)^{r'} (1 - q''x)^{r''}\ldots$$
$$+ H'' \int e^{-(s-l)x} dx (1 - qx)^r (1 - q'x)^{r'} (1 - q''x)^{r''}\ldots$$
$$+ \ldots\ldots\ldots\ldots\ldots\ldots\ldots\ldots\ldots\ldots\ldots\ldots\ldots,$$

la première intégrale étant prise depuis $x = \frac{1}{q}$ jusqu'à $x = \infty$; la seconde intégrale étant prise depuis $x = \frac{1}{q'}$ jusqu'à $x = \infty$; la troisième étant prise depuis $x = \frac{1}{q'}$ jusqu'à $x = \infty$, et ainsi de suite, H, H', H'', ... étant des constantes arbitraires.

Il peut arriver que les nombres $s - l$, $r + 1$, $r' + 1$, ... soient négatifs et, dans ce cas, l'équation

$$0 = e^{-(s-l)x}(1 - qx)^{r+1}(1 - q'x)^{r'+1}\ldots$$

n'est pas satisfaite en y faisant $x = \infty$, $x = \frac{1}{q}$, $x = \frac{1}{q'}$, ...; mais on peut observer que les résultats obtenus dans la supposition où ces nombres sont positifs ont également lieu lorsque ces mêmes nombres sont négatifs. Ainsi, en désignant par S l'intégrale, soit finie, soit réduite en série, par la méthode de l'article I, de la fonction différentielle

$$e^{-(s-l)x}dx(1 - qx)^{r}(1 - q'x)^{r'}\ldots,$$

intégrée depuis $x = \frac{1}{q}$ jusqu'à $x = \infty$ dans le cas où $s - l$ et r sont positifs, si l'on change, dans S, r dans $- r$, et que l'on désigne par S' ce que devient S, la fonction HS' sera une valeur particulière de y_s dans le cas où le nombre r, au lieu d'être positif, est négatif et égal à $- r$; car il est visible que l'équation $y_s = $ HS, satisfaisant à l'équation proposée, r étant positif et quelconque, l'équation $y_s = $ HS' doit pareillement y satisfaire, r étant négatif et quelconque. Ainsi, nous ne balancerons point dans la suite à étendre généralement à tous les cas possibles les résultats obtenus dans le cas où l'équation qui détermine les limites des intégrales est satisfaite.

Il est facile d'étendre la méthode précédente à l'équation aux différences finies

$$0 = (a + bs)y_s + (a' + b's)\Delta y_s + (a'' + b''s)\Delta^2 y_s + \ldots$$

ou à l'équation aux différences en partie finies et en partie infiniment petites,

$$0 = (a + bs)y_s + (a' + b's)\Delta y_s + (a'' + b''s)\Delta^2 y_s + \ldots$$
$$+ (a''' + b'''s)\frac{dy_s}{ds} + (a^{\text{iv}} + b^{\text{iv}}s)\Delta\frac{dy_s}{ds} + \ldots$$
$$+\ldots\ldots\ldots\ldots\ldots\ldots$$

On pourra toujours obtenir, par la méthode précédente, l'intégrale de
ces équations en intégrales définies, et sa valeur approchée par des
séries qui seront très convergentes lorsque s sera un grand nombre.

XVII.

La même méthode peut être encore étendue aux équations linéaires
aux différentielles partielles, soit finies, soit infiniment petites. Pour
cela, considérons d'abord l'équation linéaire aux différences partielles
dont les coefficients sont constants; en désignant par $y_{s,s'}$ la variable
principale, s, s' étant les deux variables dont elle est fonction, on
pourra représenter cette équation par celle-ci $o = V$, V étant une
fonction linéaire de $y_{s,s'}$ et de ses différences partielles, soit finies,
soit infiniment petites. Supposons maintenant

$$y_{s,s'} = \int x^s u^{s'} \varphi \, dx;$$

en substituant cette valeur dans l'équation précédente, elle deviendra

$$o = \int M x^s u^{s'} \varphi \, dx,$$

M étant une fonction de x et de u, sans s ni s'; en l'égalant donc à zéro,
on aura la valeur de u en x, et cette valeur, substituée dans l'intégrale
$\int x^s u^{s'} \varphi \, dx$, donnera l'expression générale de $y_{s,s'}$, φ étant une fonction arbitraire de x, et les limites de l'intégrale étant indéterminées.
Si l'équation proposée $o = V$ est de l'ordre n, il faudra, au moyen de
l'équation $M = o$, déterminer n valeurs de u en x, et la somme des
n intégrales $\int x^s u^{s'} \varphi \, dx$ qui en résulteront sera l'expression complète
de $y_{s,s'}$.

Considérons présentement l'équation aux différences partielles

$$o = V + sT + s'R,$$

dans laquelle V, T, R sont des fonctions quelconques linéaires de $y_{s,s'}$
et de ses différences partielles finies et infiniment petites. Si l'on y
suppose

$$y_{s,s'} = \int x^s x'^{s'} \varphi \, dx,$$

x' étant une fonction de x qu'il s'agit de déterminer, on aura une équation de cette forme

$$0 = \int x^s x'^{s'} \varphi \, dx (M + Ns + Ps'),$$

M, N, P étant des fonctions de x et x', sans s ni s'; or on a

$$\frac{d(x^s x'^{s'})}{dx} = x^s x'^{s'} \left(\frac{s}{x} + \frac{s' dx'}{x' dx} \right).$$

Donc, si l'on détermine x' par cette équation

$$\frac{dx'}{x'} = \frac{P \, dx}{N x},$$

on aura

$$x^s x'^{s'} (Ns + Ps') = N x \frac{d(x^s x'^{s'})}{dx};$$

par conséquent, si l'on désigne $x^s x'^{s'}$ par δy, on aura

$$0 = \int \varphi \, dx \left(M \, \delta y + N x \frac{d \, \delta y}{dx} \right).$$

Cette équation donne les deux suivantes

$$0 = M \varphi - \frac{d(N x \varphi)}{dx},$$
$$0 = N x \varphi \, \delta y;$$

la première détermine la fonction φ en x, et la seconde détermine les limites de l'intégrale $\int \delta y \varphi \, dx$. Cette valeur de $y_{s,s'}$ ne renfermant point de fonction arbitraire, n'est qu'une intégrale particulière de l'équation proposée aux différences partielles; pour la rendre complète, on observera que l'intégrale de l'équation $\frac{dx'}{x'} = \frac{P \, dx}{N x}$, qui détermine x' en x, est

$$x' = u Q,$$

Q étant une fonction de x et u étant une constante arbitraire. En désignant donc par ψ une fonction arbitraire de u, on aura

$$y_{s,s'} = \int \int u^{s'} Q^{s'} x^s \varphi \psi \, dx \, du,$$

l'intégrale relative à x étant prise entre les limites déterminées par l'équation $\mathrm{o} = \mathrm{N}x\varphi\,\delta y$, et l'intégrale relative à u étant prise entre des limites quelconques. Cette valeur de $y_{s,s'}$ sera, à cause de l'arbitraire ψ, l'intégrale complète de l'équation proposée si cette équation est du premier ordre; mais, si elle est d'un ordre supérieur, il faudra, au moyen de l'équation $\mathrm{o} = \mathrm{N}x\varphi\,\delta y$, déterminer autant de valeurs de x en u qu'il y a d'unités dans cet ordre; et la somme des expressions de $y_{s,s'}$ auxquelles on parviendra sera la valeur complète de $y_{s,s'}$.

XVIII.

En considérant avec attention la forme des séries auxquelles la méthode précédente conduit pour déterminer y_s, on voit qu'elle peut toujours se réduire à la suivante

$$\mathrm{H}p^{is}s^{is+r}\left(1 + \frac{q}{s^{r'}} + \frac{q'}{s^{r''}} + \dots\right),$$

H étant une constante arbitraire et les nombres r', r'', … étant positifs et formant une suite croissante. Si l'équation proposée en y_s est aux différences infiniment petites, alors $i = \mathrm{o}$, parce que, sans cela, les différences de y_s introduiraient les quantités logarithmiques $\log s$, $(\log s)^2$, …, qui, par la supposition, ne se rencontrent point dans les coefficients de cette équation; on aura donc alors

$$y_s = \mathrm{H}p^s s^r\left(1 + \frac{q}{s^{r'}} + \frac{q'}{s^{r''}} + \dots\right),$$

et il sera facile, par les méthodes connues, de déterminer les exposants r, r', r'', … et les constantes p, q, p', q', ….

Si l'équation proposée en y_s est aux différences finies, i peut n'être pas nul, et la détermination des quantités r, r', r'', …; p, q, q', … peut alors présenter quelques difficultés que nous allons résoudre.

Pour cela, nous observerons que

$$\log(s+n)^{is+in+r} = (is + in + r)\left[\log s + \log\left(1 + \frac{n}{s}\right)\right]$$

$$= (is + in + r)\left(\log s + \frac{n}{s} - \frac{n^2}{2s^2} + \frac{n^3}{3s^3} - \dots\right),$$

ce qui donne

$$(s+n)^{is+in+r} = s^{is+in+r} e^{in + \frac{in^2 + 2rn}{2s} + \ldots}.$$

On peut mettre le second membre de cette équation sous cette forme

$$s^{is+in+r} e^{in}\left(1 + \frac{a_n}{s} + \frac{b_n}{s^2} + \ldots\right),$$

a_n, b_n, ... étant des fonctions de n; on aura donc

$$y_{s+n} = \Pi\, p^{s+n} s^{is+in+r} e^{in}\left(1 + \frac{a_n}{s} + \frac{b_n}{s} + \ldots\right)\left[1 + \frac{q}{s^r}\left(1 - \frac{s}{r'n} + \ldots\right)\right.$$
$$\left. + \frac{q'}{s^{r'}}\left(1 - \frac{s}{r''n} + \ldots\right) + \ldots\right],$$

d'où il est facile de conclure les valeurs de y_{s+1}, y_{s+2}, y_{s+3}, ..., en faisant successivement dans cette expression $n = 1$, $n = 2$, $n = 3$, ...
Maintenant, si l'on substitue ces valeurs dans l'équation proposée aux différences finies, on déterminera facilement par les méthodes connues les exposants i, r, r', ... et les constantes p, q, q', ...

Cette nouvelle méthode a l'avantage d'être indépendante de toute intégration et de s'étendre au cas où les coefficients de l'équation proposée en y_s seraient irrationnels; mais les constantes arbitraires Π, Π', ... qu'elle introduit ne peuvent alors être déterminées qu'au moyen de valeurs données de y_s, lorsque s est déjà un grand nombre, au lieu que, suivant la méthode exposée dans les numéros précédents, ces constantes peuvent être déterminées au moyen des premières valeurs de y_s, ce qui donne les moyens de connaître ce que devient cette fonction lorsque s est très grand ou même infini, en supposant qu'elle ait commencé d'une manière déterminée; c'est en cela que consiste le principal avantage de cette méthode.

ARTICLE III.

*Application de la méthode précédente à l'approximation
de diverses fonctions de très grands nombres.*

XIX.

Proposons-nous d'intégrer par approximation l'équation aux différences finies

$$o = (s + 1)y_s - y_{s+1}.$$

Si l'on y suppose

$$y_s = \int x^s \varphi\, dx,$$

on aura, en désignant x^s par ∂y,

$$o = \int \varphi\, dx \left[(1 - x)\, \partial y + x \frac{d\partial y}{dx} \right],$$

d'où l'on tire, par l'article précédent, les deux équations suivantes :

$$o = \varphi(1 - x) - \frac{d(x\varphi)}{dx},$$

$$o = \varphi.x^{s+1}.$$

La première équation donne, en l'intégrant,

$$\varphi = A e^{-x},$$

et la seconde donne, pour déterminer les limites de l'intégrale $\int x^s \varphi\, dx$,

$$o = x^{s+1} e^{-x};$$

ces limites sont, par conséquent, $x = o$ et $x = \infty$. Ainsi l'on a

$$y_s = A \int x^s e^{-x}\, dx,$$

l'intégrale étant prise depuis $x = o$ jusqu'à $x = \infty$.

Pour avoir cette intégrale en série, on fera, suivant la méthode de
l'article I,

$$x^s e^{-x} = s^s e^{-s} e^{-t'},$$

s étant la valeur de x qui répond au maximum de la fonction $x^s e^{-x}$; si l'on suppose ensuite $x = s + \theta$, on aura

$$\left(1 + \frac{\theta}{s}\right)^s e^{-\theta} = e^{-t^2},$$

partant

$$t^2 = -s \log\left(1 + \frac{\theta}{s}\right) + \theta = \frac{\theta^2}{2s} - \frac{\theta^3}{3s^2} + \frac{\theta^4}{4s^3} - \ldots,$$

ce qui donne, par le retour des suites,

$$\theta = t\sqrt{2s} + \frac{2t^2}{3} + \frac{t^3}{9\sqrt{2s}} + \ldots$$

et, conséquemment,

$$dx = d\theta = dt\left(\sqrt{2s} + \frac{4t}{3} + \frac{t^2}{3\sqrt{2s}} + \ldots\right);$$

la fonction $\int x^s\, dx\, e^{-x}$ deviendra donc

$$s^s e^{-s} \int dt\, e^{-t^2}\left(\sqrt{2s} + \frac{4t}{3} + \frac{t^2}{3\sqrt{2s}} + \ldots\right),$$

l'intégrale étant prise depuis $t = -\infty$ jusqu'à $t = \infty$. En intégrant par la méthode de l'article I, on aura

$$\int x^s\, dx\, e^{-x} = s^{s+\frac{1}{2}} e^{-s} \sqrt{2\pi}\left(1 + \frac{1}{12s} + \ldots\right),$$

partant

$$y_s = A s^{s+\frac{1}{2}} e^{-s} \sqrt{2\pi}\left(1 + \frac{1}{12s} + \ldots\right).$$

On déterminera la constante arbitraire A au moyen d'une valeur particulière de y_s; en supposant, par exemple, que, s étant égal à μ, on ait $y_s = Y$, on aura

$$Y = A \int x^\mu\, dx\, e^{-x},$$

ce qui donne

$$A = \frac{Y}{\int x^\mu\, dx\, e^{-x}}$$

et, par conséquent,

$$(q) \qquad y_s = Y\, \frac{s^{s+\frac{1}{2}}e^{-s}\sqrt{2\pi}\left(1 + \frac{1}{12s} + \dots\right)}{\int x^\mu\, dx\, e^{-x}};$$

si μ est un nombre considérable, on aura

$$\int x^\mu\, dx\, e^{-x} = \mu^{\mu+\frac{1}{2}}e^{-\mu}\sqrt{2\pi}\left(1 + \frac{1}{12\mu} + \dots\right),$$

ce qui donne

$$(q') \qquad y_s = Y\, \frac{s^{s+\frac{1}{2}}}{\mu^{\mu+\frac{1}{2}}}\, e^{\mu-s}\left(1 + \frac{\mu-s}{12\mu s} + \dots\right);$$

ainsi, dans ce cas, le rapport de la demi-circonférence au rayon disparaît, et il ne reste que la seule quantité transcendante e.

Voyons maintenant de quelle nature est la fonction y_s; pour cela il faut intégrer l'équation aux différences finies

$$0 = (s+1)y_s - y_{s+1};$$

or on trouvera facilement que son intégrale est

$$y_s = Y(\mu+1)(\mu+2)(\mu+3)\dots s.$$

On aura donc, en comparant cette expression avec celle de la formule (q),

$$(q') \qquad (\mu+1)(\mu+2)(\mu+3)\dots s = \frac{s^{s+\frac{1}{2}}e^{-s}\sqrt{2\pi}\left(1 + \frac{1}{12s} + \dots\right)}{\int x^\mu\, dx\, e^{-x}}.$$

Si l'on suppose $\mu = 0$, on aura

$$\int x^\mu\, dx\, e^{-x} = 1,$$

partant

$$1.2.3\dots s = s^{s+\frac{1}{2}}e^{-s}\sqrt{2\pi}\left(1 + \frac{1}{12s} + \dots\right).$$

Si l'on fait $\mu = \frac{m}{n}$, m étant moindre que n, on aura

$$s = s' + \frac{m}{n},$$

s' étant un nombre entier; ainsi

$$s^{s+\frac{1}{2}} = \left(s' + \frac{m}{n}\right)^{s'+\frac{m}{n}+\frac{1}{2}};$$

or il est facile de s'assurer par le numéro précédent que, si s' est un grand nombre, on a

$$\left(s' + \frac{m}{n}\right)^{s'+\frac{m}{n}+\frac{1}{2}} = s'^{s'+\frac{m}{n}+\frac{1}{2}} e^{\frac{m}{n}}\left(1 + \frac{nm+m^2}{2n^2 s'} + \dots\right).$$

On a d'ailleurs, en faisant $x = t^n$,

$$\int x^{\frac{m}{n}} dx\, e^{-x} = n \int t^{m+n-1} dt\, e^{-t^n} = m \int t^{m-1} dt\, e^{-t^n},$$

l'intégrale relative à t étant prise depuis $t = 0$ jusqu'à $t = \infty$; la formule (q'') donnera donc

$$m(m+n)(m+2n)(m+3n)\dots(m+s'n)$$
$$= n^{s'}\frac{s'^{s'+\frac{m}{n}+\frac{1}{2}}e^{-s'}\sqrt{2\pi}\left(1 + \frac{n^2+6nm+6m^2}{12n^2 s'} + \dots\right)}{\int t^{m-1} dt\, e^{-t^n}},$$

en sorte que la valeur approchée du produit de tous les termes de la progression arithmétique m, $m+n$, $m+2n$, ..., $m+s'n$ dépend des trois transcendantes e, π et $\int t^{m-1} dt\, e^{-t^n}$.

XX.

Les expressions de y_s, données par les formules (q) et (q'), ont encore lieu, suivant la remarque du n° XVI, dans le cas où s et μ sont négatifs, quoique, dans ce cas, l'équation $0 = x^{s+1} e^{-x}$, qui détermine les limites de l'intégrale $\int x^s \varphi\, dx$, n'ait pas plusieurs racines réelles; on peut s'en assurer d'ailleurs en supposant la fonction $x^{s+1} e^{-x}$, qui doit devenir nulle aux deux extrémités de cette intégrale, égale à $Q e^{-t'}$, suivant la méthode du n° XV, car alors on parviendrait à des expressions de y_s facilement réductibles aux formules (q) et (q').

et nous avons observé dans le numéro cité que, en suivant cette méthode, la considération des racines de l'équation $o = x^{s+1} e^{-x}$ devient inutile.

Maintenant, si dans la formule (q) on change s dans $- s$ et μ dans $- \mu$, on aura

$$y_{-s} = Y \frac{\sqrt{-1}\, e^{s} \sqrt{2\pi} \left(1 - \frac{1}{12\,s} + \dots \right)}{(-1)^{s} s^{s-\frac{1}{2}} \int \frac{d x\, e^{-x}}{x^{\mu}}},$$

Y étant la valeur de y, qui répond à $s = - \mu$; toute la difficulté se réduit donc à intégrer la fonction différentielle $\frac{e^{-x}\, dx}{x^{\mu}}$. Pour y parvenir, il faut suivre une méthode semblable à celle dont on a fait usage pour réduire en série l'intégrale $\int \frac{d x\, e^{-x}}{x^{s}}$. On fera donc

$$x = - \mu + \varpi \sqrt{-1},$$

$- \mu$ étant la valeur de x donnée par la condition $o = d\frac{e^{-x}}{x^{\mu}}$ du maximum ou du minimum de $\frac{e^{-x}}{x^{\mu}}$; on aura ainsi

$$\int \frac{e^{-x}\, dx}{x^{\mu}} = \frac{e^{\mu} \sqrt{-1}}{(-1)^{\mu}} \int \frac{d\varpi\, e^{-\varpi \sqrt{-1}}}{(\mu - \varpi \sqrt{-1})^{\mu}}.$$

L'intégrale relative à x devant s'étendre entre les deux limites qui rendent nulle la quantité $\frac{e^{-x}}{x^{\mu}}$, il est clair que l'intégrale relative à ϖ doit s'étendre depuis $\varpi = - \infty$ jusqu'à $\varpi = \infty$: en réunissant donc les deux quantités $\frac{e^{-\varpi \sqrt{-1}}}{(\mu - \varpi \sqrt{-1})^{\mu}}$ et $\frac{e^{\varpi \sqrt{-1}}}{(\mu + \varpi \sqrt{-1})^{\mu}}$ qui répondent aux mêmes valeurs de ϖ affectées de signes contraires, on aura

$$\int \frac{e^{-x}\, dx}{x^{\mu}} = \frac{e^{\mu} \sqrt{-1}}{(-1)^{\mu}} \int d\varpi \frac{\{\cos \varpi [(\mu + \varpi \sqrt{-1})^{\mu} + (\mu - \varpi \sqrt{-1})^{\mu}] + \sqrt{-1} \sin \varpi [(\mu - \varpi \sqrt{-1})^{\mu} - (\mu + \varpi \sqrt{-1})^{\mu}]\}}{(\mu^{2} + \varpi^{2})^{\mu}},$$

l'intégrale relative à ϖ étant prise depuis $\varpi = o$ jusqu'à $\varpi = \infty$. Si l'on développe les quantités sous le signe $\int$, les imaginaires disparaîtront, et il ne restera qu'une fonction réelle que nous désignerons par $Q\, dx$;

on aura ainsi

$$\int \frac{e^{-x}\,dx}{x^{\mu}} = \frac{e^{\mu}\sqrt{-1}}{(--1)^{\mu}} \int Q\,d\varpi,$$

partant

$$y_{-s} = \frac{Y e^{s-\mu}\sqrt{2\pi}\left(1 - \frac{1}{12s} + \dots\right)}{(-1)^{s-\mu}s^{s-\frac{1}{2}}\int Q\,d\varpi}.$$

Voyons présentement quelle fonction de s est y_{-s}. Pour cela, reprenons l'équation proposée

$$0 = (s+1)y_s - y_{s+1};$$

en y changeant s dans $-s$, elle devient

$$0 = (1-s)y_{-s} - y_{1-s}.$$

Soit $y_{-s} = u_s$; on aura

$$0 = (s-1)u_s + u_{s-1},$$

équation dont l'intégrale est

$$u_s = \frac{(-1)^{s-\mu}\,Y}{\mu(\mu+1)(\mu+2)\dots(s-1)},$$

Y étant égal à $y_{-\mu}$. On aura donc

$$y_{-s} = \frac{(-1)^{s-\mu}\,Y}{\mu(\mu+1)(\mu+2)\dots(s-1)}.$$

Si l'on compare cette expression de y_{-s} à la précédente, on aura, en observant que $(-1)^{2s-2\mu} = 1$,

$$\frac{1}{(\mu+1)(\mu+2)\dots(s-1)} = \frac{e^{s-\mu}\mu\sqrt{2\pi}\left(1 - \frac{1}{12s} + \dots\right)}{s^{s-\frac{1}{2}}\int Q\,d\varpi};$$

en divisant les deux membres de cette équation par s et en les renversant, on aura

$$(\mu+1)(\mu+2)\dots s = \frac{s^{s+\frac{1}{2}}e^{\mu-s}}{\mu\sqrt{2\pi}}\left(1 + \frac{1}{12s} + \dots\right)\int Q\,d\varpi.$$

En comparant cette équation à la formule (q'') du numéro précédent, on aura ce résultat assez remarquable

$$\int Q\, d\varpi = \frac{2\pi e^{-\mu}\mu}{\int x^{\mu} e^{-x}\, dx};$$

supposons, par exemple, $\mu = 1$, on aura

$$\int Q\, d\varpi = 2\int d\varpi\, \frac{\cos\varpi + \varpi\sin\varpi}{1+\varpi^2} = 2\int \frac{\varpi\, d\varpi\, \sin\varpi(3+\varpi^2)}{(1+\varpi^2)^2},$$

ces intégrales étant prises depuis $\varpi = 0$ jusqu'à $\varpi = \infty$; partant,

$$\int \frac{d\varpi \sin\varpi(3+\varpi^2)}{(1+\varpi^2)^2} = \frac{\pi}{e}.$$

On peut observer encore que, $\int \frac{e^{-x}\, dx}{x^{\mu}}$ étant égal à $\frac{e^{-\mu}\sqrt{-1}}{(-1)^{\mu}}\int Q\, d\varpi$, on a

$$\int \frac{e^{-x}\, dx}{x^{\mu}} = \frac{2\pi\mu(-1)^{\mu-\frac{1}{2}}}{\int x^{\mu}\, dx\, e^{-x}} = \frac{2\pi(-1)^{\mu-\frac{1}{2}}}{\int x^{\mu-1}\, dx\, e^{-x}},$$

l'intégrale du premier membre de cette équation étant prise entre les deux valeurs imaginaires de x qui rendent nulle la quantité $\frac{e^{-x}}{x^{\mu}}$, et l'intégrale du second membre étant prise entre les deux valeurs réelles de x qui rendent nulle la quantité $x^{\mu}e^{-x}$, c'est-à-dire depuis $x = 0$ jusqu'à $x = \infty$.

On pourrait facilement parvenir aux résultats précédents, en considérant l'équation aux différences finies

$$0 = y_s - s\, y_{s+1};$$

mais j'ai voulu faire voir, par un exemple fort simple, que les mêmes expressions, trouvées dans le cas de s positif, subsistent encore lorsque s est négatif.

XXI.

Considérons l'équation aux différences finies

$$p^s = s\, y_s - (m-s)\, y_{s+1};$$

en y supposant

$$y_s = \int x^s \varphi \, dx \qquad \text{et} \qquad x^s = \delta y,$$

elle deviendra

$$p^s = \int \varphi \, dx \left[-m x \, \delta y + x(1+x) \frac{d \delta y}{dx} \right];$$

d'où l'on tire les deux équations

$$0 = m x \varphi + \frac{d[x(1+x)\varphi]}{dx},$$

$$p^s = x^{s+1}(1+x)\varphi.$$

La première donne, en l'intégrant,

$$\varphi = \frac{A}{x(1+x)^{m+1}},$$

ce qui change la seconde dans celle-ci

$$\frac{A x^s}{(1+x)^m} = p^s.$$

Supposons d'abord $p = 0$, on aura $x = 0$ et $x = \infty$ pour les limites de l'intégrale $\int x^s \varphi \, dx$, s étant supposé moindre que m; ainsi, dans ce cas, l'intégrale $\int x^s \varphi \, dx$ doit s'étendre depuis $x = 0$ jusqu'à $x = \infty$, et l'on aura, avec cette condition,

$$y_s = A \int \frac{x^{s-1} \, dx}{(1+x)^{m+1}},$$

A étant une constante arbitraire.

Si p n'est pas nul, les deux limites de x seront $x = 0$ et $x = p$; on aura ensuite

$$A = (1+p)^m,$$

partant

$$y_s = (1+p)^m \int \frac{x^{s-1} \, dx}{(1+x)^{m+1}},$$

l'intégrale étant prise depuis $x = 0$ jusqu'à $x = p$. En réunissant cette valeur à celle que nous venons de trouver dans le cas de $p = 0$, on aura, pour l'expression complète de y_s,

$$y_s = A \int \frac{x^{s-1} dx}{(1+x)^{m+1}} + (1+p)^m \int \frac{x^{s-1} dx}{(1+x)^{m+1}},$$

l'intégrale du premier terme étant prise depuis $x = 0$ jusqu'à $x = \infty$, et celle du second terme étant prise depuis $x = 0$ jusqu'à $x = p$. On peut donner encore à l'expression de y_s cette forme

$$y_s = A' \int \frac{x^{s-1} dx}{(1+x)^{m+1}} - (1+p)^m \int \frac{x^{s-1} dx}{(1+x)^{m+1}},$$

l'intégrale du premier terme étant prise depuis $x = 0$ jusqu'à $x = \infty$, et celle du second terme étant prise depuis $x = p$ jusqu'à $x = \infty$; A' est une constante arbitraire égale à $A + 1$.

Maintenant, l'intégrale de l'équation proposée

$$p^s = s y_s - (m - s) y_{s+1}$$

est

$$y_s = \frac{1 \cdot 2 \cdot 3 \ldots (s-1)}{m(m-1)(m-2)\ldots(m-s+1)} \left[Q - \sum \frac{m(m-1)\ldots(m-s+1)p^s}{1 \cdot 2 \cdot 3 \ldots s} \right].$$

Q étant une arbitraire et $\sum$ étant la caractéristique des intégrales finies, en sorte que $\sum \dfrac{m(m-1)\ldots(m-s+1)p^s}{1 \cdot 2 \cdot 3 \ldots s}$ est égal à

$$1 + mp + \frac{m(m-1)}{1 \cdot 2} p^2 + \ldots + \frac{m(m-1)(m-2)\ldots(m-s+2)}{1 \cdot 2 \cdot 3 \ldots (s-1)} p^{s-1},$$

c'est-à-dire à la somme des s premiers termes du développement du binôme $(1+p)^m$. Si l'on compare cette expression de y_s avec celle que nous venons de trouver en intégrales définies, on aura

$$A' \int \frac{x^{s-1} dx}{(1+x)^{m+1}} - (1+p)^m \int \frac{x^{s-1} dx}{(1+x)^{m+1}}$$
$$= \frac{1 \cdot 2 \cdot 3 \ldots (s-1)}{m(m-1)\ldots(m-s+1)} \left[Q - \sum \frac{m(m-1)\ldots(m-s+1)}{1 \cdot 2 \cdot 3 \ldots s} p^s \right].$$

Si l'on fait $s = 1$ dans cette équation, on aura $A' = Q$; ainsi, A' étant arbitraire, cette équation se partage dans les deux suivantes

$$\frac{1.2.3\ldots(s-1)}{m(m-1)\ldots(m-s+1)} = \int \frac{x^{s-1}\,dx}{(1+x)^{m+1}},$$

$$\frac{1.2.3\ldots(s-1)}{m(m-1)\ldots(m-s+1)} \sum \frac{m(m-1)\ldots(m-s+1)}{1.2.3\ldots s} p^s$$

$$= (1+p)^m \int \frac{x^{s-1}\,dx}{(1+x)^{m+1}},$$

d'où l'on tire

$$\sum \frac{m(m-1)\ldots(m-s+1)}{1.2.3\ldots s} p^s = (1+p)^m \frac{\displaystyle\int \frac{x^{s-1}\,dx}{(1+x)^{m+1}}}{\displaystyle\int \frac{x^{s-1}\,dx}{(1+x)^{m+1}}},$$

l'intégrale du numérateur étant prise depuis $x = p$ jusqu'à $x = \infty$, et celle du dénominateur étant prise depuis $x = 0$ jusqu'à $x = \infty$. Il sera facile de réduire en séries ces deux intégrales par la méthode de l'article I. on aura ainsi la somme des s premiers termes du binôme $(1+p)^m$, par une suite d'autant plus convergente que s et m seront de plus grands nombres.

XXII.

Proposons-nous encore d'intégrer, par approximation, l'équation aux différences finies

$$0 = (2+4s)y_s - (s+1)y_{s+1}.$$

Si l'on y fait

$$y_s = \int x^s \varphi\, dx,$$

et que l'on suppose $x^s = \delta y$, on aura

$$0 = \int \varphi\, dx \left[(2-x)\,\delta y + (4x - x^2)\frac{d\,\delta y}{dx} \right],$$

d'où l'on tire les deux équations

$$0 = (2-x)\varphi - \frac{d[x\varphi(4-x)]}{dx},$$

$$0 = x^{s+1}\varphi(4-x).$$

La première équation donne, en l'intégrant,

$$\varphi = \frac{\Lambda}{\sqrt{4x - x^2}};$$

la seconde devient ainsi

$$0 = x^{s+\frac{1}{2}}\sqrt{4 - x}.$$

Les limites de l'intégrale $\int x^s \varphi\, dx$ ou $\Lambda \int \frac{x^{s-\frac{1}{2}}dx}{\sqrt{4-x}}$ seront, par conséquent, $x = 0$ et $x = 4$. Soit $\sqrt{4 - x} = 2u$, on aura

$$y_s = \Lambda\, 2^{2s+1}\int (1 - u^2)^{s-\frac{1}{2}}du,$$

cette dernière intégrale étant prise depuis $u = 0$ jusqu'à $u = 1$.

Pour la déterminer par approximation, nous ferons

$$\frac{1}{s-\frac{1}{2}} = \alpha \qquad \text{et} \qquad 1 - u^2 = e^{-\alpha t},$$

ce qui donne

$$u = \sqrt{1 - e^{-\alpha t}}$$

et

$$\int (1 - u^2)^{s-\frac{1}{2}}du = \int du\, e^{-t}.$$

Supposons

$$\sqrt{1 - e^{-\alpha t}} = \alpha^{\frac{1}{2}} t(1 + \alpha q^{(1)} t^2 + \alpha^2 q^{(2)} t^4 + \alpha^3 q^{(3)} t^6 + \alpha^4 q^{(4)} t^8 + \dots);$$

en prenant les différences logarithmiques des deux membres de cette
équation, on aura

$$\frac{1 + 3\alpha q^{(1)} t^2 + 5\alpha^2 q^{(2)} t^4 + 7\alpha^3 q^{(3)} t^6 + \dots}{t + \alpha q^{(1)} t^3 + \alpha^2 q^{(2)} t^5 + \alpha^3 q^{(3)} t^7 + \dots}$$

$$= \frac{\alpha t e^{-\alpha t}}{1 - e^{-\alpha t}} = \frac{1 - \alpha t^2 + \dfrac{1}{1.2}\alpha^2 t^4 - \dfrac{1}{1.2.3}\alpha^3 t^6 + \dots}{t - \dfrac{\alpha t^3}{1.2} + \dfrac{\alpha^2 t^5}{1.2.3} - \dfrac{\alpha^3 t^7}{1.2.3.4} + \dots};$$

ce qui donne l'équation générale

$$0 = 2iq^{(i)} - \frac{2i-3}{1.2}q^{(i-1)} + \frac{2i-6}{1.2.3}q^{(i-2)}$$
$$- \frac{2i-9}{1.2.3.4}q^{(i-3)} + \frac{2i-12}{1.2.3.4.5}q^{(i-4)} - \ldots,$$

$q^{(0)}$ étant égal à l'unité. Si l'on fait successivement, dans cette équation, $i = 1$, $i = 2$, $i = 3$, ..., on formera autant d'équations, au moyen desquelles il sera facile de déterminer les coefficients $q^{(1)}$, $q^{(2)}$, $q^{(3)}$, ... Cela posé, on aura

$$\int du(1-u^2)^{s-\frac{1}{2}} = x^{\frac{1}{2}}\int dt\, e^{-t^2}(1 + 3\alpha q^{(1)}t^2 + 5x^2 q^{(2)}t^4 + 7x^3 q^{(3)}t^6 + \ldots).$$

L'intégrale relative à u doit être prise depuis $u = 0$ jusqu'à $u = 1$; ainsi $-\alpha t^2$ étant égal à $\log(1 - u^2)$, l'intégrale relative à t doit être prise depuis $t = 0$ jusqu'à $t = \infty$; or on a, dans ce cas,

$$\int t_{2r}\, dt\, e^{-t^2} = \frac{1.3.5\ldots(2r-1)}{2^r} \quad \int dt\, e^{-t^2} = \frac{1.3.5\ldots(2r-1)}{2^{r+1}}\sqrt{\pi};$$

donc

$$\int du(1-u^2)^{s-\frac{1}{2}}$$
$$= \frac{1}{2}\sqrt{\alpha\pi}\left(1 + \frac{1.3}{2}\alpha q^{(1)} + \frac{1.3.5}{2^2}\alpha^2 q^{(2)} + \frac{1.3.5.7}{2^3}x^3 q^{(3)} + \ldots\right)$$

et, par conséquent,

$$y_s = A\, 2^{2s}\sqrt{\alpha\pi}\left(1 + \frac{1.3}{2}\alpha q^{(1)} + \frac{1.3.5}{2^2}x^2 q^{(2)} + \ldots\right).$$

Maintenant, si s est un nombre entier positif, l'intégrale de l'équation proposée

$$0 = (2 + 4s)y_s - (s+1)y_{s+1}$$

est

$$y_s = \frac{y_1}{2}\frac{(s+1)(s+2)\ldots 2s}{1.2.3\ldots s};$$

mais l'équation

$$y_1 = A\, 2^{2s+1}\int du(1-u^2)^{s-\frac{1}{2}}$$

donne

$$y_1 = 8\mathrm{A} \int du\,(1-u^2)^{\frac{1}{2}} = 2\mathrm{A}\pi,$$

d'où l'on tire

$$\mathrm{A} = \frac{y_1}{2\pi};$$

en comparant donc les deux valeurs précédentes de y_s, on aura

$$\frac{2^{2s}}{\sqrt{(s-\frac{1}{2})\pi}}\left(1+\frac{1.3}{2}\alpha q^{(1)}+\frac{1.3.5}{2^2}\,x^2 q^{(2)}+\frac{1.3.5.7}{2^3}\alpha^3 q^{(3)}+\dots\right)$$
$$=\frac{(s+1)(s+2)(s+3)\dots 2s}{1.2.3\dots s}.$$

Cette dernière quantité est le terme moyen du binôme $(1+1)^{2s}$; la formule précédente donnera donc ce terme par une suite très convergente, lorsque s sera un grand nombre. Il suit de là que le rapport du terme moyen du binôme $(1+1)^{2s}$ à la somme de tous ses termes est égal à

$$\frac{1}{\sqrt{(s-\frac{1}{2})\pi}}\left(1+\frac{1.3}{2}\alpha q^{(1)}+\dots\right),$$

et par conséquent, lorsque s est très considérable, ce rapport est à très peu près égal à $\frac{1}{\sqrt{s\pi}}$.

XXIII.

On peut parvenir plus simplement aux résultats précédents de la manière suivante : pour cela, nommons y_s le terme moyen du binôme $(1+1)^{2s}$; il est visible que ce terme est égal au terme indépendant de $e^{\varpi\sqrt{-1}}$ dans le développement du binôme $(e^{\varpi\sqrt{-1}}+e^{-\varpi\sqrt{-1}})^{2s}$; or, si l'on multiplie ce binôme par $d\varpi$, et que l'on en prenne ensuite l'intégrale depuis $\varpi=0$ jusqu'à $\varpi=180°$, il est clair que cette intégrale sera égale à πy_s; on aura donc, en substituant $2\cos\varpi$ au lieu de $e^{\varpi\sqrt{-1}}+e^{-\varpi\sqrt{-1}}$,

$$y_s = \frac{2^{2s}}{\pi}\int d\varpi\,\cos^{2s}\varpi.$$

Cette intégrale, prise depuis $\varpi=0$ jusqu'à $\varpi=180°$, est évidemment le double de cette même intégrale, prise depuis $\varpi = 0$ jusqu'à $\varpi = 90°$, ce qui donne

$$y_s = \frac{2^{2s+1}}{\pi} \int d\varpi \cos^{2s}\varpi,$$

cette dernière intégrale étant prise depuis $\varpi = 0$ jusqu'à $\varpi = 90°$; si l'on y suppose $\sin\varpi = u$, on aura

$$y_s = \frac{2^{2s+1}}{\pi} \int du (1 - u^2)^{s - \frac{1}{2}},$$

l'intégrale étant prise depuis $u = 0$ jusqu'à $u = 1$, ce qui est conforme à ce que nous avons trouvé dans le numéro précédent.

Cette méthode a l'avantage de s'étendre à la détermination du terme moyen du trinôme $(1 + 1 + 1)^s$, de celui du quadrinôme $(1 + 1 + 1 + 1)^{2s}$, et ainsi de suite. Considérons le trinôme $(1 + 1 + 1)^s$, et nommons y_s son terme moyen; y_s sera égal au terme indépendant de $e^{\varpi\sqrt{-1}}$ dans le développement du trinôme

$$\left(e^{\varpi\sqrt{-1}} + 1 + e^{-\varpi\sqrt{-1}}\right)^s;$$

on aura conséquemment

$$y_s = \frac{1}{\pi} \int d\varpi (2\cos\varpi + 1)^s,$$

l'intégrale étant prise depuis $\varpi = 0$ jusqu'à $\varpi = \pi$. La condition du maximum de la fonction $(2\cos\varpi + 1)^s$ donne $\sin\varpi = 0$, en sorte que les deux limites $\varpi = 0$ et $\varpi = \pi$ répondent aux deux maxima de cette fonction; on partagera donc l'intégrale précédente en deux autres

$$\int d\varpi (2\cos\varpi + 1)^s \quad \text{et} \quad (-1)^s \int d\varpi (2\cos\varpi - 1)^s,$$

la première de ces deux intégrales étant prise depuis $\varpi = 0$ jusqu'à la valeur de ϖ qui rend nulle la quantité $2\cos 2\varpi + 1$, et la seconde intégrale étant prise depuis $\varpi = 0$ jusqu'à la valeur de ϖ qui rend nulle la quantité $2\cos\varpi - 1$.

Pour obtenir la première intégrale en série convergente, on fera

$$(2\cos\varpi + 1)^s = 3^s e^{-t},$$

et, en supposant $\alpha = \frac{1}{s}$, on aura

$$3 - \varpi^2 + \frac{\varpi^4}{12} - \ldots = 3 - 3\alpha t^2 + \frac{3\alpha^2 t^4}{2} - \ldots,$$

d'où l'on tire, par le retour des suites,

$$\varpi = \alpha^{\frac{1}{2}} t\sqrt{3}\left(1 - \frac{\alpha t^2}{8} + \ldots\right),$$

partant

$$\int d\varpi\,(2\cos\varpi + 1)^s = \alpha^{\frac{1}{2}} 3^{s+\frac{1}{2}} \int dt\, e^{-t^2}\left(1 - \tfrac{3}{8}\alpha t^2 + \ldots\right).$$

L'intégrale relative à t devant être prise depuis $t = 0$ jusqu'à $t = \infty$, on aura

$$\int d\varpi\,(2\cos\varpi + 1)^s = \frac{\alpha^{\frac{1}{2}} 3^{s+\frac{1}{2}}\sqrt{\pi}}{2}\left(1 - \frac{3\alpha}{16} + \ldots\right);$$

on trouvera de la même manière

$$\int d\varpi\,(2\cos\varpi - 1)^s = \frac{\alpha^{\frac{1}{2}}\sqrt{\pi}}{2}\left(1 - \frac{5\alpha}{16} + \ldots\right).$$

On aura donc

$$y_s = \frac{3^{s+\frac{1}{2}}}{2\sqrt{s\pi}}\left(1 - \frac{3\alpha}{16} + \ldots\right) + \frac{(-1)^s}{2\sqrt{s\pi}}\left(1 - \frac{5\alpha}{16} + \ldots\right);$$

s étant un très grand nombre, cette quantité se réduit à très peu près à $\dfrac{3^{s+\frac{1}{2}}}{2\sqrt{s\pi}}$; le rapport du terme moyen du trinôme $(1 + 1 + 1)^s$ à la somme de tous les termes est donc alors à très peu près égal à $\dfrac{\sqrt{3}}{2\sqrt{s\pi}}$.

On pourra déterminer de la même manière le terme moyen du polynôme $1 + 1 + 1 + 1 + \ldots$, élevé à une très grande puissance; nous nous contenterons de présenter ici le premier terme de sa valeur en série, auquel il se réduit lorsque l'exposant de la puissance est infini.

Si le polynôme est composé d'un nombre de termes pair et égal à $2n$, il n'aura de terme moyen qu'autant que la puissance à laquelle il est élevé sera paire; soit $2s$ cette puissance et y_s le terme moyen du polynôme élevé à cette puissance, on aura à très peu près, en supposant n plus grand que l'unité,

$$y_s = \frac{(2n)^{2s}\sqrt{3}}{\sqrt{(2n+1)(n+1)2s\pi}};$$

le rapport de ce terme à la somme de tous les termes sera conséquemment à très peu près égal à

$$\frac{\sqrt{3}}{\sqrt{(2n+1)(n+1)2s\pi}}.$$

Si le polynôme est composé d'un nombre de termes impair et égal à $2n+1$, en nommant s la puissance à laquelle il est élevé, et y_s son terme moyen, on aura à très peu près

$$y_s = \frac{(2n+1)^s\sqrt{3}}{\sqrt{n(n+1)2s\pi}};$$

ainsi le rapport de ce terme à la somme de tous les termes du polynôme est, dans ce cas, à très peu près égal à $\dfrac{\sqrt{3}}{\sqrt{n(n+1)2s\pi}}.$

XXIV.

Proposons-nous maintenant de déterminer par approximation les termes fort éloignés du développement d'une fonction quelconque de u. En représentant cette fonction développée par la série suivante

$$y_0 + y_1 u + y_2 u^2 + y_3 u^3 + \ldots + y_s u^s + y_{s+1} u^{s+1} + \ldots,$$

on cherchera la loi qui existe entre les coefficients $y_s,\ y_{s-1},\ y_{s-2},\ \ldots$, et, si cette loi peut être exprimée par une équation linéaire aux différences finies ou infiniment petites, dont les coefficients soient des fonctions rationnelles et entières de s, on aura, par l'article II, la valeur de y_s en série très convergente lorsque s sera un grand nombre.

Supposons, par exemple, que la fonction proposée soit

$$(a + bu + cu^2 + hu^3 + \ldots)^\mu;$$

en prenant les différences logarithmiques des deux membres de l'équation

$$(a + bu + cu^2 + hu^3 + \ldots)^\mu = y_0 + y_1 u + y_2 u^2 + \ldots + y_s u^s + \ldots,$$

on aura

$$\frac{\mu(b + 2cu + 3hu^2 + \ldots)}{a + bu + cu^2 + hu^3 + \ldots} = \frac{y_1 + 2y_2 u + \ldots + s y_s u^{s-1} + \ldots}{y_0 + y_1 u + y_2 u^2 + \ldots + y_s u^s + \ldots}.$$

Si l'on délivre cette équation de fractions et que l'on égale à zéro les coefficients des puissances semblables de u, on aura l'équation générale

$$0 = a s y_s + b(s - 1 - \mu) y_{s-1} + c(s - 2 - 2\mu) y_{s-2} + \ldots;$$

si l'on y suppose

$$y_s = \int x^{s-1} \varphi \, dx$$

et que l'on désigne x^{s-1} par δy, on aura

$$0 = \int \varphi \, dx \left[a - \frac{\mu b}{x} - (2\mu + 1) \frac{c}{x^2} - \ldots + \frac{d \, \delta y}{dx} \left(a x + b + \frac{c}{x} + \ldots \right) \right],$$

d'où l'on tire les deux équations

$$0 = \varphi \, dx \left[a - \frac{\mu b}{x} - (2\mu + 1) \frac{c}{x^2} - \ldots \right] - d \left[\varphi \left(a x + b + \frac{c}{x} + \ldots \right) \right],$$

$$0 = x^s \varphi \left(a + \frac{b}{x} + \frac{c}{x^2} + \ldots \right).$$

La première donne, en l'intégrant,

$$\varphi = A \left(a + \frac{b}{x} + \frac{c}{x^2} + \frac{h}{x^3} + \ldots \right)^\mu,$$

en sorte que l'on aura φ en changeant, dans la fonction proposée, u dans $\frac{1}{x}$, et en la multipliant par une constante arbitraire A, ce qui est généralement vrai, quelle que soit cette fonction.

La seconde équation deviendra

$$0 = x^s \left(a + \frac{b}{x} + \frac{c}{x^2} + \frac{h}{x^3} + \ldots \right)^{\mu+1};$$

d'où il suit que les limites de l'intégrale $\int x^{s-1}\varphi\,dx$ sont $x = o$, et x égal à l'une quelconque des racines de l'équation

$$o = a + \frac{b}{x} + \frac{c}{x^2} + \dots$$

Le nombre de ces racines étant égal au degré de l'équation différentielle

$$o = asy_s + b(s - 1 - \mu)y_{s-1} + \dots,$$

on aura autant de valeurs particulières de y_s qu'il y a d'unités dans ce degré, et leur somme sera l'expression complète de cette variable.

Cette méthode peut servir encore à déterminer les différences infiniment petites très élevées de la fonction $(a + bz + cz^2 + hz^3 + \dots)^\mu$, prises relativement à z; car, si l'on nomme s le degré de cette différence, on aura

$$\frac{d^s(a + bz + cz^2 + hz^3 + \dots)^\mu}{dz^s} = \frac{d^s[a + b(z + u) + c(z + u)^2 + h(z + u)^3 + \dots]^\mu}{du^s},$$

pourvu que l'on suppose $u = o$ après les différentiations dans le second membre de cette équation. Maintenant, si l'on désigne par y_s le coefficient de u^s dans le développement de $[a + b(z + u) + c(z + u)^2 + \dots]^\mu$, le second membre de l'équation précédente sera évidemment égal à $1.2.3\dots sy_s$; on aura donc

$$\frac{d^s(a + bz + cz^2 + hz^3 + \dots)^\mu}{dz^s} = 1.2.3\dots sy_s.$$

s étant un très grand nombre, on aura, par le n° XIX, le produit $1.2.3\dots s$ en série très convergente; on a d'ailleurs, par ce qui précède,

$$y_s = A\int x^{s-1}dx\left[a + b\left(z + \frac{1}{x}\right) + c\left(z + \frac{1}{x}\right)^2 + h\left(z + \frac{1}{x}\right)^3 + \dots\right]^\mu,$$

en prenant autant de termes semblables qu'il y a d'unités dans le degré de la fonction $a + bz + cz^2 + \dots$ et en les intégrant depuis

$x = 0$ jusqu'à x successivement égal aux différentes racines de l'équation

$$0 = a + b\left(z + \frac{1}{x}\right) + c\left(z + \frac{1}{x}\right)^2 + \dots$$

On aura facilement ces intégrales en séries convergentes par la méthode de l'article I.

Déterminons, par cette méthode, la différence $(s+1)^{\text{ième}}$ de l'angle dont z est le sinus; si l'on nomme θ cet angle, on aura $\frac{d\theta}{dz} = \frac{1}{\sqrt{1 - z^2}}$, partant

$$\frac{d^{s+1}\theta}{dz^{s+1}} = \frac{d^s(1 - z^2)^{-\frac{1}{2}}}{dz^s};$$

en développant cette différence, on a

$$\frac{d^{s+1}\theta}{dz^{s+1}} = \frac{1.2.3\dots s}{(1-z^2)^{s+\frac{1}{2}}}\left[z^s + \frac{1}{2}\frac{s(s-1)}{1.2}z^{s-2} + \frac{1.3}{2.4}\frac{s(s-1)(s-2)(s-3)}{1.2.3.4}z^{s-4} \right.$$
$$\left. + \frac{1.3.5}{2.4.6}\frac{s(s-1)(s-2)(s-3)(s-4)(s-5)}{1.2.3.4.5.6}z^{s-6} \right.$$
$$\left. + \dots\dots\dots\dots\dots\dots\dots\dots\dots\dots\dots\dots\dots \right].$$

La loi de cette expression est facile à saisir; mais le calcul en serait impraticable si s était un grand nombre tel que dix mille. Pour avoir, dans ce cas, sa valeur par une suite très convergente, nommons y_i le coefficient de u^i dans le développement de la fonction $\left[1 - (z+u)^2\right]^{-\frac{1}{2}}$; on aura

$$\frac{d^s(1 - z^2)^{-\frac{1}{2}}}{dz^s} = 1.2.3\dots s\, y_s;$$

on a d'ailleurs, par le numéro précédent,

$$y_s = A \int x^{s-1} dx \left[1 - \left(z + \frac{1}{x}\right)^2\right]^{-\frac{1}{2}} + A' \int x^{s-1} dx \left[1 - \left(z + \frac{1}{x}\right)^2\right]^{-\frac{1}{2}},$$

la première intégrale étant prise depuis $x = 0$ jusqu'à l'une des valeurs de x qui rendent nulle la fonction $\left[1 - \left(z + \frac{1}{x}\right)^2\right]^{-\frac{1}{2}}$, et la seconde intégrale étant prise depuis $x = 0$ jusqu'à l'autre valeur de x qui rend cette même fonction nulle. Ces deux valeurs sont

$$x = -\frac{1}{1+z} \qquad \text{et} \qquad x = \frac{1}{1-z};$$

en supposant donc $x = \dfrac{z + \cos\varpi}{1 - z^2}$, on transformera l'expression précédente de y, dans celle-ci

$$y_s = \frac{B}{(1-z^2)^s} \int d\varpi (z + \cos\varpi)^s + \frac{B'}{(1-z^2)^s} \int d\varpi (z + \cos\varpi)^s,$$

la première intégrale étant prise depuis $\varpi = 0$ jusqu'à la valeur de ϖ, dont le cosinus est $- z$, et la seconde intégrale étant prise depuis cette valeur jusqu'à $\varpi = \pi$. Pour déterminer les deux arbitraires B et B', on observera que

$$y_0 = \frac{1}{\sqrt{(1-z^2)}} = B \int d\varpi + B' \int d\varpi,$$

$$y_1 = \frac{z}{(1-z^2)^{\frac{3}{2}}} = \frac{B}{1-z^2} \int d\varpi (z + \cos\varpi) + \frac{B'}{1-z^2} \int d\varpi (z + \cos\varpi);$$

d'où il est facile de conclure

$$B = B' = \frac{1}{\pi\sqrt{1-z^2}},$$

partant

$$y_s = \frac{1}{\pi(1-z^2)^{s+\frac{1}{2}}} \left[\int d\varpi (z + \cos\varpi)^s + (-1)^s \int d\varpi (\cos\varpi - z)^s \right],$$

la première intégrale étant prise depuis $\varpi = 0$ jusqu'à $z + \cos\varpi = 0$, et la seconde intégrale étant prise depuis $\varpi = 0$ jusqu'à $z - \cos\varpi = 0$. Soient

$$\frac{1}{s} = \varkappa \qquad \text{et} \qquad (z + \cos\varpi)^s = (1 + z)^s e^{-t^2};$$

on aura

$$\varpi = \varkappa^{\frac{1}{2}} t \sqrt{2(1+z)} \left[1 - \frac{\alpha(3 - z)}{12} t^2 + \dots \right],$$

d'où il est facile de conclure

$$\int d\varpi (z + \cos\varpi)^s = \frac{\alpha^{\frac{1}{2}}(1-z)^{s+\frac{1}{2}}\sqrt{2\pi}}{2}\left[1 - \frac{\alpha(2-z)}{8} + \dots\right].$$

En changeant z dans $-z$, on aura

$$\int d\varpi (\cos\varpi - z)^s = \frac{\alpha^{\frac{1}{2}}(1-z)^{s+\frac{1}{2}}\sqrt{2\pi}}{2}\left[1 - \frac{\alpha(2+z)}{8} + \dots\right].$$

partant

$$y_s = \frac{1}{(1-z)^{s+\frac{1}{2}}\sqrt{2s\pi}}\left[1 - \frac{\alpha(3-z)}{8} + \dots\right]$$

$$+ \frac{(-1)^s}{(1+z)^{s+\frac{1}{2}}\sqrt{2s\pi}}\left[1 - \frac{\alpha(2+z)}{8} + \dots\right].$$

En multipliant cette valeur par le produit $1.2.3\dots s$, qui, par le n° XIX, est égal à

$$s^{s+\frac{1}{2}}e^{-s}\sqrt{2\pi}\left(1 + \frac{\alpha}{12} + \dots\right),$$

on aura la valeur en série de $\frac{d^{s+1}y}{dz^{s+1}}$, et l'on trouvera que, s étant fort grand, cette valeur se réduit à très peu près à $\frac{s^s e^{-s}}{(1-z)^{s+\frac{1}{2}}}$. Il est remarquable que l'expression que nous avons donnée ci-dessus de cette différence, et qui devient très composée lorsque s est un grand nombre, se réduise alors à une valeur approchée aussi simple.

XXV.

Voici maintenant une méthode générale pour avoir en séries convergentes les différences et les intégrales fort élevées, soit finies, soit infiniment petites d'une fonction y_s. On commencera par réduire cette fonction à des termes de l'une ou de l'autre de ces deux formes $A\int x^s\varphi\,dx$, $A\int e^{-sx}\varphi\,dx$; on observera ensuite que la différence infiniment petite $n^{\text{ième}}$ de $A\int x^s\varphi\,dx$ est $A\int x^s\,ds^n\varphi\,dx(\log x)^n$, et que sa différence finie $n^{\text{ième}}$ est $A \int x^s \varphi \, dx (x - 1)^n$. On aura donc

$$\frac{d^n y_s}{ds^n} = A \int x^s \varphi \, dx (\log x)^n + \ldots,$$

$$\Delta^n y_s = A \int x^s \varphi \, dx (x - 1)^n + \ldots,$$

le signe $+$ étant relatif aux autres termes de la forme $A \int x^s \varphi \, dx$ qui peuvent entrer dans l'expression de y_s. Si l'on fait usage de la forme $A \int e^{-sx} \varphi \, dx$, on aura

$$\frac{d^n y_s}{ds^n} = (-1)^n A \int x^n \varphi \, dx \, e^{-sx} + \ldots,$$

$$\Delta^n y_s = A \int \varphi \, dx \, e^{-sx} (e^{-x} - 1)^n + \ldots.$$

Pour avoir les intégrales $n^{\text{ièmes}}$, soit finies, soit infiniment petites de y_s, il suffira de faire n négatif dans ces expressions; on peut observer qu'elles sont généralement vraies quel que soit n, en le supposant même fractionnaire, en sorte qu'elles offrent un moyen très simple d'interpoler les différences et les intégrales des fonctions.

Comme on est principalement conduit dans l'analyse des hasards à des expressions qui ne sont que les différences finies très élevées des fonctions ou une partie quelconque de ces différences, nous allons y appliquer la méthode précédente et déterminer leur valeur en séries convergentes.

XXVI.

Considérons d'abord la fonction $\frac{1}{s^i}$; en la désignant par y_s, elle sera déterminée par l'équation aux différences infiniment petites

$$o = s \frac{dy_s}{ds} + i y_s.$$

Si l'on suppose dans cette équation

$$y_s = \int e^{-sx} \varphi \, dx \qquad \text{et} \qquad e^{-sx} = \partial y,$$

elle deviendra

$$o = \int \varphi \, dx \left(i \, \partial y + x \frac{d \partial y}{dx} \right),$$

d'où l'on tire les deux équations

$$0 = i\varphi - \frac{d(x\varphi)}{dx}, \qquad 0 = x\varphi\, \delta y.$$

La première donne, en l'intégrant,

$$\varphi = A.x^{i-1},$$

et la seconde donne, pour les limites de l'intégrale $\int e^{-sx}\varphi\, dx$,

$$x = 0 \quad \text{et} \quad x = \infty;$$

on aura donc ainsi

$$\frac{1}{s^i} = A \int x^{i-1}\, dx\, e^{-sx}.$$

Pour déterminer la constante arbitraire A, nous observerons que, s étant 1, le premier membre de cette équation se réduit à l'unité, ce qui donne

$$A = \frac{1}{\int x^{i-1}\, dx\, e^{-x}},$$

partant

$$\frac{1}{s^i} = \frac{\int x^{i-1}\, dx\, e^{-sx}}{\int x^{i-1}\, dx\, e^{-x}};$$

on aura donc

$$(\mu) \qquad \Delta^n \frac{1}{s^i} = \frac{\int x^{i-1}\, dx\, e^{-sx}(e^{-x} - 1)^n}{\int x^{i-1}\, dx\, e^{-x}},$$

les intégrales du numérateur et du dénominateur étant prises depuis $x = 0$ jusqu'à $x = \infty$. La considération de cette formule va nous fournir quelques remarques intéressantes sur cette analyse.

Pour la développer en série, supposons

$$x^{i-1}e^{-sx}(e^{-x} - 1)^n = a^{i-1}e^{-sa}(e^{-a} - 1)^n e^{-t},$$

a étant la valeur de x qui répond au maximum du premier membre de cette équation. Si l'on fait $x = a + 0$, on aura, en prenant les logarithmes de chaque membre et en développant le logarithme du premier dans une suite ordonnée par rapport aux puissances de θ,

$$h\theta^2 + h'\theta^3 + h''\theta^4 + \ldots = t,$$

les quantités a, h, h', h'', ... étant données par les équations suivantes :

$$0 = \frac{i-1}{a} - s - \frac{ne^{-a}}{e^{-a}-1},$$

$$h = \frac{i-1}{3a^2} - \frac{n}{2}\frac{e^{-a}}{e^{-a}-1} + \frac{n}{2}\left(\frac{e^{-a}}{e^{-a}-1}\right)^2,$$

$$h' = -\frac{i-1}{3a^3} + \frac{n}{6}\frac{e^{-a}}{e^{-a}-1} - \frac{n}{2}\left(\frac{e^{-a}}{e^{-a}-1}\right)^2 + \frac{n}{3}\left(\frac{e^{-a}}{e^{-a}-1}\right)^3,$$

$$h'' = \frac{i-1}{4a^4} - \frac{n}{24}\frac{e^{-a}}{e^{-a}-1} + \frac{7n}{24}\left(\frac{e^{-a}}{e^{-a}-1}\right)^2 - \frac{n}{2}\left(\frac{e^{-a}}{e^{-a}-1}\right)^3 + \frac{n}{4}\left(\frac{e^{-a}}{e^{-a}-1}\right)^4,$$

$$\ldots\ldots\ldots\ldots\ldots\ldots\ldots\ldots\ldots\ldots\ldots\ldots\ldots\ldots$$

On aura donc, par le retour des suites,

$$\theta = \frac{t}{\sqrt{h}}\left(1 - \frac{h't}{2h\sqrt{h}} + \frac{5h'^2 - 4hh''}{8h^3}t^2 + \ldots\right),$$

et cette suite sera d'autant plus convergente que l'un des nombres n ou i sera plus considérable. En substituant cette valeur de θ dans la fonction $\int d\theta\, e^{-t}$ et en prenant l'intégrale depuis $t = -\infty$ jusqu'à $t = \infty$, on aura

$$\int x^{i-1}\, dx\, e^{-sx}(e^{-x}-1)^n = a^{i-1}e^{-sa}(e^{-a}-1)^n \frac{\sqrt{\pi}}{\sqrt{h}}\left(1 + \frac{15h'^2 - 12hh''}{16h^3} + \ldots\right);$$

on a d'ailleurs

$$\int x^{i-1}\, dx\, e^{-x} = \frac{1}{i}\int x^i\, dx\, e^{-x},$$

et par le n° XIX

$$\int x^i\, dx\, e^{-x} = i^{i+\frac{1}{2}}e^{-i}\sqrt{2\pi}\left(1 + \frac{1}{12i} + \ldots\right).$$

En divisant donc l'une par l'autre les deux valeurs de

$$\int x^{i-1}\, dx\, e^{-sx}(e^{-x}-1)^n \quad \text{et de} \quad \int x^{i-1}\, dx\, e^{-x},$$

on aura

$$\Delta^n \frac{1}{s^i} = \frac{\left(\frac{a}{i}\right)^{i-1} e^{i-si}(e^{-i}-1)^i}{\sqrt{2hi}} \left(1 + \frac{15h'^2 - 12hh''}{16h^3} + \ldots - \frac{1}{12i} + \ldots\right).$$

XXVII.

Pour avoir la différence finie n^{ieme} de la puissance positive s^i, il suffit (n° XVI) de changer dans cette équation i dans $-i$, et l'on aura

$$(\mu')
\begin{cases}
\Delta^n s^i = (s+n)^i - n(s+n-1)^i \\[2mm]
\quad + \dfrac{n(n-1)}{1.2}(s+n-2)^i - \dfrac{n(n-1)(n-2)}{1.2.3}(s+n-3)^i + \ldots \\[4mm]
\quad = \dfrac{\left(\dfrac{i}{a}\right)^{i+1} e^{si-i}(e^{i}-1)^i}{\sqrt{\dfrac{i(i+1)}{a^2} - ni \dfrac{e^a}{(e^i-1)^2}}} \left(1 + \dfrac{15l'^2 - 12ll''}{16l^3} + \ldots + \dfrac{1}{12i} + \ldots\right),
\end{cases}$$

a, l, l', l'', ... étant donnés par les équations suivantes :

$$0 = \frac{i+1}{a} - s - \frac{ne^a}{e^a - 1},$$

$$l = -\frac{i+1}{2a^2} - \frac{n}{2}\frac{e^a}{e^i - 1} + \frac{n}{2}\left(\frac{e^i}{e^i - 1}\right)^2,$$

$$l' = -\frac{i+1}{3a^3} + \frac{n}{6}\frac{e^i}{e^a - 1} - \frac{n}{2}\left(\frac{e^i}{e^a - 1}\right)^2 + \frac{n}{3}\left(\frac{e^a}{e^i - 1}\right)^3,$$

$$l'' = -\frac{i+1}{4a^4} - \frac{n}{24}\frac{e^a}{e^i - 1} + \frac{7n}{24}\left(\frac{e^a}{e^i - 1}\right)^2 - \frac{n}{2}\left(\frac{e^i}{e^a - 1}\right)^3 + \frac{n}{4}\left(\frac{e^a}{e^i - 1}\right)^4,$$

$$\dotfill$$

On arriverait au même résultat en résolvant directement, par la méthode du n° XV, l'équation aux différences finies et infiniment petites

$$0 = \Delta^n \left(iy_s - s\frac{dy_s}{ds}\right)$$

ou celle-ci

$$0 = (s+n)\Delta\frac{dy'_s}{ds} + n\frac{dy'_s}{ds} - i\Delta y'_s,$$

dans laquelle $y'_i = \Delta^{n-1} y_s$.

Supposons $i+1$ assez grand, relativement à $n+s$, pour que $e^{\frac{i+1}{n+s}}$ soit du même ordre que i; l'équation

$$0 = \frac{i+1}{a} - s - \frac{ne^{a}}{e^{a}-1}$$

donnera à très peu près

$$a = \frac{i+1}{n+s}\left(1 - \frac{n}{n+s}\,e^{\frac{-i}{n+s}}\right),$$

et si, pour abréger, on fait $e^{\frac{-i}{n+s}} = q$, on trouvera, en ne considérant que le premier terme de l'expression de $\Delta^n s^i$ et en faisant toutes les réductions convenables, cette expression fort simple

$$\Delta^n s^i = (n+s)^i e^{-nq},$$

en sorte que, si i est infini relativement à $n+s$, ce qui donne $q=0$, on aura

$$\Delta^n s^i = (s+n)^i;$$

il est facile d'ailleurs de s'en assurer *a priori* en considérant que la quantité $(s+n)^i - n(s+n-1)^i + \dots$ se réduit alors à son premier terme.

XXVIII.

La série (μ') cesse d'être convergente lorsque a est un très petit nombre de l'ordre $\frac{1}{n}$, car alors il est visible que, les quantités $l, l,$ $l', \dots$ formant une progression croissante, chaque terme de la série est du même ordre que celui qui le précède. Pour déterminer dans quel cas a est très petit, reprenons l'équation

$$0 = \frac{i+1}{a} - s - \frac{ne^{a}}{e^{a}-1};$$

on peut la transformer dans la suivante

$$0 = \frac{i+1}{a} - s - \frac{n}{a}\left(1 + \frac{a}{2} + \dots\right),$$

d'où l'on tire à très peu près, dans la supposition de a peu considérable,

$$a = \frac{i+1-n}{s+\frac{n}{2}}.$$

Ainsi a sera très petit toutes les fois que la différence $i-n$ sera peu considérable relativement à $s+\frac{n}{2}$; dans ce cas, on déterminera $\Delta^n s^i$ par la méthode suivante.

Reprenons l'équation

$$\Delta^n s^i = \frac{\displaystyle\int \frac{dx}{x^{i+1}} e^{-sx}(e^{-x}-1)^n}{\displaystyle\int \frac{dx}{x^{i+1}} e^{-x}},$$

dans laquelle se change la formule (μ) du n° XXVI lorsqu'on y fait i négatif et égal à $-i$; on peut mettre le facteur $(e^{-x}-1)^n$ sous cette forme

$$e^{-\frac{nx}{2}}\left(e^{-\frac{x}{2}}-e^{+\frac{x}{2}}\right)^n = (-1)^n e^{-\frac{nx}{2}} x^n \left(1 + \frac{1}{1.2.3}\frac{x^2}{2^2} + \frac{1}{1.2.3.4.5}\frac{x^4}{2^4} + \dots\right)^n$$

$$= (-1)^n e^{-\frac{nx}{2}} x^n \left[1 + \frac{nx^2}{24} + \frac{n(5n-2)}{15.16.24} x^4 + \dots\right];$$

on aura donc

$$\int \frac{dx}{x^{i+1}} e^{-sx}(e^{-x}-1)^n = (-1)^n \int \frac{dx}{x^{i+1-n}} e^{-\left(s+\frac{n}{2}\right)x}\left(1 + \frac{nx^2}{24} + \dots\right).$$

Si l'on fait $\left(s+\frac{n}{2}\right)x = x'$, on aura généralement

$$\int \frac{dx}{x^r} e^{-\left(s+\frac{n}{2}\right)x} = \left(s+\frac{n}{2}\right)^{r-1} \int \frac{dx' e^{-x'}}{x'^r},$$

et par le n° XX on a

$$\int \frac{dx' e^{-x'}}{x'^r} = \frac{2\pi(-1)^{r-\frac{1}{2}}}{\displaystyle\int x'^{r-1} dx' e^{-x'}} = \frac{2\pi(-1)^{r-\frac{1}{2}}}{(r-1)(r-2)(r-3)\dots};$$

partant, on aura

$$(\mu') \quad \begin{cases} \Delta^n s^i = (i-n+1)(i-n+2)\ldots i\left(s+\dfrac{n}{2}\right)^{i-n} \\[2mm] \times \left[1 + (i-n)(i-n-1)\dfrac{n}{24\left(s+\dfrac{n}{2}\right)^2} \right. \\[2mm] \left. + (i-n)(i-n-1)(i-n-2)(i-n-3)\dfrac{n(5n-2)}{15.16.24\left(s+\dfrac{n}{2}\right)^4} + \ldots \right]. \end{cases}$$

Cette série est très convergente si $i-n$ est peu considérable relativement à $s+\dfrac{n}{2}$; elle peut d'ailleurs être employée dans le cas où i est fractionnaire; quant au produit $(i-n+1)(i-n+2)\ldots i$, il sera facile de l'obtenir en série par le n° XIX.

Dans le cas où $i=n$, la formule précédente donne

$$\Delta^n s^i = 1.2.3\ldots i,$$

ce qui est conforme à ce que l'on sait d'ailleurs.

XXIX.

Les formules (μ') et (μ'') des deux numéros précédents supposent n égal ou moindre que i; en effet, si l'on considère l'expression

$$\Delta^n s^i = \frac{\displaystyle\int \frac{dx}{x^{i+1}} e^{-sx}(e^{-x}-1)^n}{\displaystyle\int \frac{dx}{x^{i+1}} e^{-x}},$$

dont le développement a produit ces formules, on voit que les limites des intégrales du numérateur et du dénominateur étant déterminées en égalant à zéro les quantités sous les signes $\int$, ces limites seront toutes imaginaires lorsque $i+1$ sera plus grand que n; au lieu que, dans le cas où $i+1$ sera moindre que n, les limites de l'intégrale du numérateur seront réelles, tandis que celles de l'intégrale du dénominateur seront imaginaires; il faut donc alors ramener ces dernières

limites à l'état réel. Pour y parvenir, nous observerons que l'on a
généralement

$$\int x^{i-1}\,dx\,e^{-x} = \frac{\int x^{i+r}\,dx\,e^{-x}}{i(i+1)(i+2)\ldots(i+r)};$$

si l'on fait dans cette expression i négatif et égal à $-r-\frac{m}{n}$, m étant
moindre que n, on aura

$$\int \frac{dx\,e^{-x}}{x^{i+1}} = \frac{(-1)^{r+1}\int x^{-\frac{m}{n}}\,dx\,e^{-x}}{\frac{m}{n}\left(1+\frac{m}{2}\right)\left(2+\frac{m}{n}\right)\ldots i}.$$

Or on a, par le n° XIX,

$$\left(1+\frac{m}{n}\right)\left(2+\frac{m}{n}\right)\ldots i = \frac{\int x^i\,dx\,e^{-x}}{\int x^{\frac{m}{n}}\,dx\,e^{-x}},$$

partant

$$\int \frac{dx\,e^{-x}}{x^{i+1}} = \frac{(-1)^{r+1}n\int x^{-\frac{m}{n}}\,dx\,e^{-x}\int x^{\frac{m}{n}}\,dx\,e^{-x}}{m\int x^i\,dx\,e^{-x}};$$

c'est l'expression de $\int \frac{dx\,e^{-x}}{x^{i+1}}$ dont on doit faire usage dans le cas que
nous examinons ici.

Si l'on fait $x = t^n$, on aura

$$\frac{m}{n}\int x^{-\frac{m}{n}}\,dx\,e^{-x}\int x^{\frac{m}{n}}\,dx\,e^{-x} = \frac{n}{m}\int t^{n-m-1}\,dt\,e^{-t^n}\int t^{n+m-1}\,dt\,e^{-t^n}$$

$$= n^2\int t^{n-m-1}\,dt\,e^{-t^n}\int t^{m-1}\,dt\,e^{-t^n},$$

et l'équation (T) du n° IV donnera, en y changeant r dans $m+1$,

$$n^2\int t^{m-1}\,dt\,e^{-t^n}\int t^{n-m-1}\,dt\,e^{-t^n} = \frac{\pi}{\sin\frac{m\pi}{n}};$$

on aura donc

$$\int \frac{dx\,e^{-x}}{x^{i+1}} = \frac{(-1)^{r+1}\pi}{\sin\frac{m\pi}{n}\cdot\int x^i\,dx\,e^{-x}},$$

d'où l'on tire, en substituant cette valeur dans l'expression précédente de $\Delta^n s^i$,

$$(\mu'') \qquad \Delta^n s^i = (-1)^{r+1} \frac{\sin \frac{m\pi}{n}}{\pi} \int x^i dx\, e^{-x} \int \frac{dx}{x^{i+1}} e^{-sx} (e^{-x} - 1)^n,$$

les deux intégrales étant prises depuis $x = 0$ jusqu'à $x = \infty$. Si i est un très grand nombre, on aura la première en série convergente par le n° XIX, et la méthode du n° XXVI donnera la seconde dans une série pareillement convergente lorsque la différence $n - i$ sera considérable; dans le cas où elle sera peu considérable relativement à $s + \frac{n}{2}$, la méthode du n° XXVIII donnera pour l'expression de $\Delta^n s^i$ une suite convergente analogue à la série (μ''). On peut observer que, si i est un nombre entier, on aura $m = 0$; la formule (μ'') donnera donc alors $\Delta^n s^i = 0$, ce qui s'accorde avec ce que l'on sait d'ailleurs.

Supposons $i = \frac{m}{n} = 0$, on aura, r étant égal à zéro,

$$r = 0, \qquad \sin \frac{m}{n}\pi = \frac{m}{n}\pi = i\pi$$

et

$$\Delta^n s^i = \Delta^n \frac{s^i - 1}{i} = \Delta^n \log s;$$

la formule (μ'') donnera donc

$$\Delta^n \log s = - \int \frac{e^{-sx}\, dx}{x} (e^{-x} - 1)^n.$$

d'où il est aisé de conclure, par le n° XXVII,

$$\Delta^n \log s = \log(s + n) - n \log(s + n - 1) + \frac{n(n-1)}{1.2} \log(s + n - 2) - \dots$$
$$= \frac{e^{sa}(e^a - 1)^n \sqrt{2\pi}}{\sqrt{\dfrac{na^2 e^a}{(e^a - 1)^2} - 1}} (1 + \dots),$$

a étant donné par l'équation

$$0 = \frac{1}{a} - s - \frac{ne^a}{e^a - 1}.$$

XXX.

On peut étendre la méthode des numéros précédents à la détermination de la différence $n^{ième}$ d'une puissance quelconque d'une fonction rationnelle de s; il suffit pour cela de réduire cette fonction à la forme $\int x^s \varphi\, dx$; or, en la désignant par y_s, on aura entre y_s et sa différence dy_s une équation de cette forme

$$\frac{dy_s}{ds} = M y_s,$$

M étant une fonction rationnelle de s. En appliquant donc à cette équation les méthodes de l'article II, on aura φ par une équation différentielle, d'un degré égal au plus haut exposant de s dans M; cette dernière équation ne sera généralement intégrable que dans le cas où l'exposant de s dans M ne surpasse pas l'unité; mais on aura dans tous les cas la différence finie $n^{ième}$ de y_s, au moyen des multiples intégrales, de la manière suivante.

Considérons la fonction $\dfrac{1}{(s+p)^i (s+p')^{i'}\ldots}$, à laquelle on peut ramener toutes les puissances des fonctions rationnelles de s et leurs produits, les exposants i, i', ... pouvant être supposés négatifs. Si, dans l'intégrale $\int x^{i-1}\, dx\, e^{-(s+p)x}$, prise depuis $x = 0$ jusqu'à $x = \infty$, on suppose $(s+p)x = x'$, elle deviendra

$$\frac{1}{(s+p)^i} \int x'^{i-1}\, dx'\, e^{-x'},$$

l'intégrale relative à x' étant prise pareillement depuis $x' = 0$ jusqu'à $x' = \infty$; en comparant ces deux intégrales, on aura

$$\frac{1}{(s+p)^i} = \frac{\int x^{i-1}\, dx\, e^{-(s+p)x}}{\int x^{i-1}\, dx\, e^{-x}},$$

les intégrales du numérateur et du dénominateur étant prises depuis $x = 0$ jusqu'à $x = \infty$.

Il suit de là que

$$\frac{1}{(s+p)^i (s+p')^{i'}\ldots} = \frac{\int x^{i-1} x'^{i'-1} \ldots dx\, dx' \ldots e^{-px-p'x'-\ldots-s(x+x'+\ldots)}}{\int x^{i-1} x'^{i'-1} \ldots dx\, dx' \ldots e^{-x-x'-\ldots}},$$

les intégrales relatives à x, x', ... étant prises depuis les valeurs nulles de ces variables jusqu'à leurs valeurs infinies; on aura donc

$$\Delta^n \frac{1}{(s+p)^i (s+p')^{i'}\ldots}$$
$$= \frac{\int x^{i-1} x'^{i'-1} \ldots dx\, dx' \ldots e^{-px-p'x'-\ldots-s(x+x'+\ldots)} (e^{-x-x'-\ldots} - 1)^n}{\int x^{i-1} x'^{i'-1} \ldots dx\, dx' \ldots e^{-x-x'-\ldots}}.$$

On réduira facilement en séries convergentes le numérateur et le dénominateur de cette expression par la méthode du n° VII; et, si l'on change dans ces séries les signes de i, i', ..., on aura les valeurs approchées de $\Delta^n (s+p)^i (s+p')^{i'}\ldots$, sur lesquelles on doit faire des remarques analogues à celles que nous avons faites dans les numéros précédents sur la valeur approchée de $\Delta^n s^i$.

Si l'on suppose n, i, i', ... de très grands nombres, on trouvera facilement, par le n° VII, que l'on a à très peu près

$$\Delta^n (s+p)^i (s+p')^{i'}\ldots$$
$$= \frac{\left(\frac{i}{a}\right)^{i+1} \left(\frac{i'}{a'}\right)^{i'+1} \ldots e^{(s+p)a+(s+p')a'+\ldots-i-i'-\ldots} (e^{a+a'+\ldots} - 1)^n}{\sqrt{\left[\frac{i(i+1)}{a^2} - \frac{ni\, e^{a+a'+\ldots}}{(e^{a+a'+\ldots}-1)^2}\right] \left[\frac{i'(i'+1)}{a'^2} - \frac{ni'\, e^{a+a'+\ldots}}{(e^{a+a'+\ldots}-1)^2}\right] \ldots}},$$

a, a', ... étant déterminés par les équations

$$0 = \frac{i+1}{a} - s - p - \frac{n\, e^{a+a'+\ldots}}{e^{a+a'+\ldots}-1},$$
$$0 = \frac{i'+1}{a'} - s - p' - \frac{n\, e^{a+a'+\ldots}}{e^{a+a'+\ldots}-1},$$
$$\ldots\ldots\ldots\ldots\ldots\ldots\ldots\ldots\ldots\ldots\ldots\ldots$$

XXXI.

La différence finie $n^{ième}$ de $\dfrac{1}{(s+p)^i (s+p')^{i'}\ldots}$ est égale au produit de $(-1)^n$ par

$$\frac{1}{(s+p)^i (s+p')^{i'}\ldots} - \frac{n}{(s+p+1)^i (s+p'+1)^{i'}\ldots}$$
$$+ \frac{n(n-1)}{1.2.(s+p+2)^i (s+p'+2)^{i'}\ldots} - \ldots;$$

on a souvent besoin, dans l'analyse des hasards, de ne considérer que la somme d'un nombre quelconque des premiers termes de cette fonction; voyons donc comment on peut l'obtenir en série convergente.

Nommons S la somme des r premiers termes de la fonction précédente; il est facile de s'assurer par le numéro précédent que, si l'on nomme Q la somme des r premiers termes du binôme $(1 - e^{-x-x'-\ldots})^s$, on aura

$$S = \frac{\int x^{i-1} x'^{i'-1}\ldots dx\, dx'\ldots e^{-px-p'x'-\ldots-s(x+x'+\ldots)} Q}{\int x^{i-1} x'^{i'-1}\ldots dx\, dx'\ldots e^{-x-x'-\ldots}}.$$

On a, par le n° XXI,

$$Q = \frac{(1 - e^{-x-x'-\ldots})^n \int \dfrac{u^{r-1} du}{(1+u)^{n+1}}}{\int \dfrac{u^{r-1} du}{(1+u)^{n+1}}},$$

l'intégrale du numérateur étant prise depuis $u = -e^{-x-x'-\ldots}$ jusqu'à $u = \infty$, et celle du dénominateur étant prise depuis $u = 0$ jusqu'à $u = \infty$, en sorte que l'on pourra mettre cette expression de Q sous la forme suivante

$$Q = (-1)^{r-1} \frac{(1 - e^{-x-x'-\ldots})^n e^{-rx-rx'-\ldots} \int \dfrac{(1-u)^{r-1} du}{[1 - e^{-x-x'-\ldots}(1-u)]^{n+1}}}{\int \dfrac{u^{r-1} du}{(1+u)^{n+1}}},$$

les intégrales du numérateur et du dénominateur étant prises depuis

$u = 0$ jusqu'à $u = \infty$; on aura donc

$$S = (-1)^{r-1} \cdot \frac{\int x^{i-1} x'^{i'-1} \ldots du\, dx\, dx' \ldots e^{\,px - p'x' - \ldots - (t + t')(x + x' + \ldots)} (1 - e^{-x - x' - \ldots})^q \frac{(1 - u)^{r-1}}{[1 - e^{-x - x' - \ldots}(1 - u)]^{i+1}}}{\int x^{i-1} x'^{i'-1} \ldots du\, dx\, dx' \ldots e^{-x - x' - \ldots} \frac{u^{r-1}}{(1 + u)^{i+1}}}.$$

toutes les intégrales étant prises depuis les valeurs nulles des variables jusqu'à leurs valeurs infinies. Il ne s'agit plus maintenant que de réduire, par la méthode du n° VII, le numérateur et le dénominateur de cette expression en séries convergentes. Les applications que nous ferons, dans l'article suivant, de ces recherches, à divers problèmes sur les hasards, répandront un nouveau jour sur cette analyse.

MÉMOIRE

SUR LES

APPROXIMATIONS DES FORMULES

QUI SONT FONCTIONS DE TRÈS GRANDS NOMBRES

(SUITE).

MÉMOIRE

SUR LES

APPROXIMATIONS DES FORMULES

QUI SONT FONCTIONS DE TRÈS GRANDS NOMBRES

(SUITE).

Mémoires de l'Académie royale des Sciences de Paris, année 1783; 1786

Ce Mémoire étant une suite de celui qui a paru sur le même objet dans le Volume précédent, je conserverai l'ordre des articles et des numéros. J'ai donné, dans le premier article, une méthode générale pour réduire en séries très convergentes les fonctions différentielles qui renferment des facteurs élevés à de grandes puissances. Dans le second article, j'ai ramené à ce genre d'intégrales toutes les fonctions données par des équations linéaires aux différences ordinaires ou partielles, finies et infiniment petites; et je suis ainsi parvenu, dans le troisième article, à déterminer les valeurs approchées de plusieurs formules qui se rencontrent fréquemment dans l'Analyse, mais dont l'application devient très pénible lorsque les nombres dont elles sont fonctions sont considérables. Il me reste présentement à faire voir l'usage de cette analyse dans la théorie des hasards.

ARTICLE IV.

Application de l'analyse précédente à la théorie des hasards.

XXXII.

Tous les événements, ceux même qui par leur petitesse et leur irrégularité semblent ne pas tenir au système général de la nature, en sont une suite aussi nécessaire que les révolutions du Soleil. Nous les attribuons au hasard, parce que nous ignorons les causes qui les produisent et les lois qui les enchainent aux grands phénomènes de l'univers; ainsi l'apparition et le mouvement des comètes, que nous savons aujourd'hui dépendre de la même loi qui ramène les saisons, étaient regardés autrefois comme l'effet du hasard par ceux qui rangeaient ces astres parmi les météores. Le mot *hasard* n'exprime donc que notre ignorance sur les causes des phénomènes que nous voyons arriver et se succéder sans aucun ordre apparent.

La probabilité est relative en partie à cette ignorance, en partie à nos connaissances. Nous savons, par exemple, que sur trois, ou un plus grand nombre d'événements, un seul doit exister; mais rien ne porte à croire que l'un d'eux arrivera plutôt que les autres. Dans cet état d'indécision, il est impossible de prononcer avec certitude sur leur existence. Il nous parait cependant probable qu'un de ces événements, pris à volonté, n'existera pas, parce que nous voyons plusieurs cas également possibles qui excluent son existence, tandis qu'un seul la favorise.

La théorie des hasards consiste donc à réduire tous les événements qui peuvent avoir lieu relativement à un objet, dans un certain nombre de cas également possibles, c'est-à-dire tels que nous soyons également indécis sur leur existence, et à déterminer le nombre des cas favorables à l'événement dont on cherche la probabilité. Le rapport de ce nombre à celui de tous les cas possibles est la mesure de cette probabilité.

Tous nos jugements sur les choses qui ne sont que vraisemblables sont fondés sur un pareil rapport : la différence des données que chaque homme a sur elles et les erreurs que l'on commet en évaluant ce rapport donnent naissance à cette foule d'opinions que l'on voit régner sur les mêmes objets; les combinaisons en ce genre sont si délicates et les illusions si fréquentes, qu'il faut souvent une grande attention pour échapper à l'erreur.

La théorie des hasards offre un grand nombre d'exemples, dans lesquels les résultats de l'Analyse sont entièrement contraires à ceux qui se présentent au premier coup d'œil, ce qui prouve combien il est utile d'appliquer le calcul aux objets importants de la vie civile; et, quand même la possibilité de ces applications obligerait de faire des hypothèses qui ne seraient qu'approchées, la précision de l'analyse en rendrait toujours les résultats préférables aux raisonnements vagues que l'on emploie souvent pour traiter ces objets.

La notion précédente de la probabilité donne une solution fort simple d'une question agitée par quelques philosophes, et qui consiste à savoir si les événements passés influent sur la probabilité des événements futurs. Supposons qu'au jeu de *croix et pile* on ait amené *croix* plus souvent que *pile*; par cela seul nous serons portés à croire que, soit dans la constitution de la pièce, soit dans la manière de la projeter, il existe une cause constante qui favorise le premier de ces événements; les coups passés ont alors une influence sur la probabilité des coups futurs; mais, si nous sommes assurés que les deux faces de la pièce sont parfaitement semblables, et si d'ailleurs les circonstances de sa projection sont à chaque coup variées, de manière que nous soyons ramenés sans cesse à l'état d'une indécision absolue sur ce qui doit arriver, le passé ne peut avoir aucune influence sur la probabilité de l'avenir, et il serait évidemment absurde d'en tenir compte.

Lorsque la possibilité des événements simples est connue, la probabilité des événements composés peut souvent se déterminer par la seule théorie des combinaisons; mais la méthode la plus générale pour y parvenir consiste à observer la loi des variations qu'elle éprouve par la multiplication des événements simples, et à la faire dépendre d'une équation aux différences finies ordinaires ou partielles : l'intégrale de cette équation donnera l'expression analytique de la probabilité cherchée. Si l'événement est tellement composé que l'usage de cette expression devienne impossible, à cause du grand nombre de ses termes et de ses facteurs, on aura sa valeur approchée par la méthode exposée dans les articles précédents. Nous en verrons un exemple à la fin de ce Mémoire.

Dans un grand nombre de cas, et ce sont les plus intéressants de l'analyse des hasards, les possibilités des événements simples sont inconnues, et nous sommes réduits à chercher dans les événements passés quelques indices qui puissent nous guider dans nos conjectures sur l'avenir. Mais de quelle manière ces événements nous dévoilent-ils, en se développant, leur possibilité respective? Suivant quelles lois influent-ils sur la probabilité des événements futurs? Ce sont des questions difficiles, dont la solution exige des considérations métaphysiques très délicates et une analyse épineuse. La difficulté de les résoudre se fait principalement sentir lorsqu'il s'agit de constater de légères différences par les observations, car alors un nombre considérable d'événements observés peut n'indiquer ces différences qu'avec une très petite probabilité; et, si l'on emploie ces événements en très grand nombre, on est conduit à des formules dont il est impossible de faire usage. Il est donc indispensable alors d'avoir un moyen simple d'obtenir la loi suivant laquelle la probabilité d'un résultat indiqué par les observations croît avec elles, et le nombre auquel les événements observés doivent s'élever pour que, ce résultat acquérant une grande vraisemblance, on soit fondé à rechercher les causes qui le produisent. J'ai donné ailleurs les principes et la méthode nécessaires pour cet objet, et cette méthode a l'avantage d'être d'autant plus précise que les événements observés sont en plus grand nombre : l'analyse exposée dans les articles précédents m'ayant conduit à la généraliser et à la simplifier, je vais la présenter ici dans un nouveau jour, en donnant des formules très commodes pour déterminer, d'après l'observation de résultats composés d'un grand nombre d'événements simples, les possibilités de ces événements, les différences que le temps, le climat, ou d'autres causes peuvent y produire, et la probabilité des événements futurs.

Pour éclaircir cette méthode par un exemple, je l'appliquerai à quelques problèmes sur les naissances : c'est un objet important dans l'histoire naturelle de l'homme, et l'observation offre à cet égard des variétés remarquables relativement à la différence des sexes et des climats; mais elles sont si petites en elles-mêmes qu'elles ne peuvent devenir sensibles que par un grand nombre de naissances. En comparant celles qui ont été observées dans les grandes villes, je trouve que du nord au midi de l'Europe elles indiquent une plus grande possibilité dans les naissances des garçons que dans celles des filles, avec une probabilité si fort approchante de la certitude qu'il n'existe dans la philosophie naturelle aucun résultat mieux établi par les observations. Cette supériorité dans la possibilité des naissances des garçons est donc une loi générale de la nature, du moins dans la partie du globe que nous habitons; et, si l'on considère qu'elle subsiste malgré la grande variété des climats et des productions, qui a lieu de Naples à Pétersbourg, il paraîtra vraisemblable que cette loi s'étend à la Terre entière.

Un résultat également intéressant et que les observations indiquent avec beaucoup de vraisemblance est que la possibilité des naissances des garçons, relativement à celle des naissances des filles, n'est pas partout la même. C'est ici surtout qu'il importe d'avoir une méthode facile pour comparer un très grand nombre de naissances et pour déterminer la probabilité qui en résulte que les différences observées ne sont pas dues au hasard : ces différences sont si peu considérables qu'il faut souvent plusieurs millions de naissances pour constater qu'elles sont le résultat de causes toujours agissantes et qu'on doit les distinguer de ces petites variétés que le hasard seul amène dans la succession des événements également possibles. Je donne, pour obtenir cette probabilité, des formules très simples, au moyen desquelles on pourra sur-le-champ juger de sa grandeur : ces formules, appliquées aux naissances observées à Londres et à Paris, donnent une probabilité de plus de quatre cent mille contre un que la possibilité des naissances des garçons comparée à celle des naissances des filles est plus grande dans la première de ces deux villes que dans la seconde; d'où il suit qu'il existe très probablement à Londres une cause de plus qu'à Paris qui rend les naissances des garçons supérieures à celles des filles. Les naissances observées dans le royaume de Naples semblent indiquer pareillement dans ce royaume une plus grande possibilité qu'à Paris dans les naissances des garçons; mais, quoique la somme des naissances observées dans ces deux endroits s'élève à plus de deux millions, ce résultat est à peine indiqué avec une probabilité de cent contre un. Ainsi, pour prononcer irrévocablement sur cet objet, il faut attendre un plus grand nombre de naissances.

XXXIII.

Quelle que soit la manière dont deux événements sont liés l'un à l'autre, il est clair que la probabilité de leur somme est égale à la probabilité du premier, multipliée par la probabilité que, celui-ci ayant lieu, le second doit pareillement exister; on aura donc cette dernière probabilité en déterminant *a priori* la probabilité de la somme de deux événements et en la divisant par la probabilité du premier événement déterminée *a priori*.

Pour exprimer analytiquement ce résultat, nommons E et e les deux événements; E + e leur somme; V la probabilité de E; v celle de E + e; et p la probabilité de e, en supposant que E existe. Nous aurons, cela posé,

$$p = \frac{v}{V}.$$

Cette équation fort simple est la base des recherches suivantes, et toute la théorie de la probabilité des causes et des événements futurs, prise des événements passés, en découle avec une grande facilité. Voyons d'abord comment elle donne les probabilités respectives des différentes causes auxquelles on peut attribuer un événement observé.

XXXIV.

Soit E cet événement et supposons qu'il puisse être attribué aux n causes e, $e^{(1)}$, $e^{(2)}$, ..., $e^{(n-1)}$; si l'on nomme $p^{(r)}$ la probabilité de la cause $e^{(r)}$, prise de l'événement E, V la probabilité de E et v celle de

E $+ c^{(r)}$, on aura, par le numéro précédent,

$$p^{(r)} = \frac{v}{V}.$$

Il faut maintenant déterminer v et V; pour cela nous observerons que la probabilité *a priori* de l'existence de la cause $c^{(r)}$ est $\frac{1}{n}$; en nommant donc a, $a^{(1)}$, $a^{(2)}$, ..., $a^{(n-1)}$ les probabilités respectives que, les causes c, $c^{(1)}$, $c^{(2)}$, ... étant supposées exister, l'événement E aura lieu, $\frac{a^{(r)}}{n}$ sera la probabilité de E $+ c^{(r)}$ déterminée *a priori* : c'est la quantité que nous avons nommée v.

La somme de toutes ces probabilités relatives à chacune de n causes sera évidemment la probabilité de E, puisque cet événement ne peut arriver que par une de ces causes; on aura donc

$$V = \frac{1}{n}(a + a^{(1)} + \ldots + a^{(n-1)}),$$

partant

$$p^{(r)} = \frac{a^{(r)}}{a + a^{(1)} + a^{(2)} + \ldots + a^{(n-1)}},$$

c'est-à-dire que l'on aura la probabilité d'une cause, prise de l'événement, en divisant la probabilité de l'événement, prise de cette cause, par la somme de toutes les probabilités semblables.

Supposons, par exemple, qu'une urne renferme trois boules qui ne puissent être que blanches ou noires; qu'après en avoir tiré une boule on la remette dans l'urne pour procéder à un nouveau tirage et qu'après m tirages on n'ait amené que des boules blanches : il est visible que l'on ne peut faire *a priori* que quatre hypothèses, car les boules seront toutes blanches ou toutes noires, ou deux seront blanches et une noire, ou deux seront noires et une blanche. Si l'on considère ces hypothèses comme autant de causes différentes c, $c^{(1)}$, $c^{(2)}$, $c^{(3)}$ de l'événement observé, les probabilités respectives de cet événement, prises de ces causes, seront 1, $\left(\frac{2}{3}\right)^m$, $\left(\frac{1}{3}\right)^m$, 0; ce sont les quantités que nous avons nommées a, $a^{(1)}$, $a^{(2)}$, $a^{(3)}$. Les probabilités respectives de ces hypothèses, prises de l'événement, seront donc, par la formule précédente,

$$\frac{3^m}{3^m + 2^m + 1}, \quad \frac{2^m}{3^m + 2^m + 1}, \quad \frac{1}{3^m + 2^m + 1}, \quad 0.$$

On voit, au reste, qu'il est inutile d'avoir égard aux hypothèses qui excluent l'événement, parce que, la probabilité de l'événement résultante de ces hypothèses étant nulle, leur omission ne change point la valeur de $p^{(r)}$.

XXXV.

La possibilité de la plupart des événements simples est inconnue et, considérée *a priori,* elle nous parait également susceptible de toutes les valeurs depuis zéro jusqu'à l'unité; mais, si l'on a observé un résultat composé de plusieurs de ces événements, la manière dont ils y entrent rend quelques-unes de ces valeurs plus probables que les autres. Ainsi, à mesure que le résultat observé se compose par le développement des événements simples, leur vraie possibilité se fait de plus en plus connaitre, et il devient de plus en plus probable qu'elle tombe dans des limites qui se resserrent sans cesse et finissent par coïncider lorsque le nombre des événements simples est infini. Pour déterminer les lois suivant lesquelles cette possibilité se découvre, nous la nommerons x. La théorie connue des hasards donnera la probabilité du résultat observé en fonction de x; soit y cette fonction. Si l'on regarde les différentes valeurs de x comme autant de causes du résultat observé, la probabilité de x sera, par le n° XXXIV, égale à une fraction dont le numérateur est y et dont le dénominateur est la somme de toutes les valeurs de y. En multipliant donc les deux termes de cette fraction par dx, cette probabilité sera $\dfrac{y\,dx}{\int y\,dx}$, l'intégrale du dénominateur étant prise depuis $x = 0$ jusqu'à $x = 1$.

La probabilité que x est compris entre les deux limites $x = 0$ et $x = 0'$ est, par conséquent, égale à $\dfrac{\int y\,dx}{\int y\,dx}$, l'intégrale du numérateur étant prise depuis $x = 0$ jusqu'à $x = \theta'$ et celle du dénominateur étant prise depuis $x = 0$ jusqu'à $x = 1$.

La valeur de x la plus probable est celle qui rend y un maximum : nous la désignerons par a : les valeurs les moins probables sont celles qui rendent y nul. Dans presque tous les cas, cela arrive aux deux limites $x = 0$ et $x = 1$. Ainsi nous supposerons y nul à ces limites, et alors chaque valeur de y aura une valeur correspondante qui lui sera égale de l'autre côté du maximum.

Si les valeurs de x, considérées indépendamment du résultat observé, ne sont pas toutes également possibles, mais que leur probabilité soit exprimée par une fonction z de x, il suffira de changer, dans les formules précédentes, y dans yz, ce qui revient à supposer toutes les valeurs de x également possibles et à considérer le résultat observé comme étant formé de deux résultats indépendants, dont les probabilités sont y et z. On peut donc ramener de cette manière tous les cas à celui où l'on suppose une égale possibilité aux différentes valeurs de x et, par cette raison, nous adopterons cette hypothèse dans les recherches suivantes.

XXXVI.

Considérons un résultat composé d'un très grand nombre d'événements simples et supposons que, d'après l'observation de ce résultat, on veuille avoir la probabilité que la possibilité x de ces événements ne surpasse pas une quantité quelconque θ moindre que a; cette probabilité est, par le numéro précédent, égale à la fraction $\dfrac{\int y\,dx}{\int y\,dx}$, l'intégrale du numérateur étant prise depuis $x = 0$ jusqu'à $x = \theta$ et celle du dénominateur étant prise depuis $x = 0$ jusqu'à $x = 1$. On aura ces intégrales en séries très convergentes par les formules du n° VI. Si l'on fait d'abord $-\dfrac{y\,dx}{dy} = v$, et que l'on désigne par U et J ce que deviennent v et y lorsqu'on y change x en θ, la formule (a) de ce numéro donnera, pour l'expression en série de l'intégrale $\int y\,dx$ prise depuis $x = 0$ jusqu'à $x = \theta$,

$$\int y\,dx = -\,UJ\left[1 + \frac{dU}{d\theta} + \frac{d(U\,dU)}{d\theta^2} + \dots\right].$$

Si l'on nomme ensuite Y le maximum de y ou ce que devient cette fonction lorsqu'on y change x en a, que l'on fasse

$$\frac{x-a}{\sqrt{\log Y - \log y}} = u,$$

ces logarithmes étant hyperboliques, et que l'on désigne par v, $\frac{dv^2}{dx}$, $\frac{d^2v^3}{dx^2}$, $\dots$ ce que deviennent u, $\frac{du^2}{dx}$, $\frac{d^2u^3}{dx^2}$, $\dots$ lorsqu'on y change x en a, la formule (d) du même numéro donnera pour l'expression en série de l'intégrale $\int y\,dx$, prise depuis $x = 0$ jusqu'à $x = 1$,

$$\int y\,dx = Y\sqrt{\pi}\left(v + \frac{1}{2}\frac{d^2v^3}{1.2\,dx^2} + \frac{1.3}{2^2}\frac{d^4v^5}{1.2.3.4\,dx^4} + \dots\right),$$

π étant le rapport de la demi-circonférence au rayon. La probabilité que x est égal ou moindre que θ sera donc

$$(a')\qquad \frac{-\,UJ\left[1 + \frac{dU}{d\theta} + \frac{d(U\,dU)}{d\theta^2} + \dots\right]}{Y\sqrt{\pi}\left(v + \frac{1}{2}\frac{d^2v^3}{dx^2} + \frac{1.3}{2^2}\frac{d^4v^5}{dx^4} + \dots\right)}.$$

Le numérateur de cette série forme une suite divergente si θ est très voisin de a; dans ce cas, on aura l'intégrale $\int y\,dx$ depuis $x = 0$ jusqu'à $x = \theta$ par la formule (c) du n° VI, et l'on trouvera pour l'expression en série de cette intégrale

$$\int y\,dx = Y\left(v + \frac{1}{2}\frac{d^2v^3}{1.2\,dx^2} + \frac{1.3}{2^2}\frac{d^4v^5}{dx^4} + \dots\right)\int dt\,e^{-t}$$
$$-\,\frac{Ye^{-T^2}}{2}\left(\frac{dv^2}{dx} + T\frac{d^2v^3}{1.2\,dx^2} + \dots\right),$$

l'intégrale relative à t étant prise depuis $t = T$ jusqu'à $t = \infty$, T étant donné par l'équation

$$T^2 = \log Y - \log J,$$

dans laquelle les logarithmiques sont hyperboliques, et e étant le nombre dont le logarithmique hyperbolique est l'unité. La probabilité que x est égal ou moindre que 0 sera donc alors donnée par cette formule

$$(b') \qquad \frac{\int dt\, e^{-t^2}}{\sqrt{\pi}} - \frac{e^{-T^2}\left(\dfrac{dv^2}{dx} + T\,\dfrac{d^2 v^3}{1.2\, dx^2} + \dots\right)}{2\sqrt{\pi}\left(v + \dfrac{1}{2}\,\dfrac{d^2 v^3}{1.2\, dx^2} + \dots\right)}.$$

On pourra, dans tous les cas, déterminer au moyen des formules (a') et (b') la probabilité que x est égal ou moindre que 0, 0 étant plus petit que a.

Si 0 surpasse a, on fera $1 - 0 = 0'$, $1 - x = x'$ et, en nommant y' ce que devient y, on cherchera la probabilité que x' est égal ou moindre que $0'$ par la formule $\dfrac{\int y'\, dx'}{\int y'\, dx'}$, dans laquelle l'intégrale du numérateur est prise depuis $x' = 0$ jusqu'à $x' = 0'$, celle du dénominateur étant prise depuis $x' = 0$ jusqu'à $x' = 1$. Les formules (a') et (b') donneront cette probabilité, en changeant y, u, v, 0 en y', u', v', $0'$; en la retranchant ensuite de l'unité, on aura la probabilité que x est égal ou moindre que 0.

L'intégrale $\int dt\, e^{-t^2}$ se rencontre fréquemment dans cette analyse, et, par cette raison, il serait très utile de former une Table de ses valeurs, depuis $t = \infty$ jusqu'à $t = 0$. Lorsque cette intégrale est prise depuis $t = T$ jusqu'à $t = \infty$, T étant égal ou plus grand que 3, on pourra faire usage de la formule

$$(c') \qquad \int dt\, e^{-t^2} = \frac{e^{-T^2}}{2T}\left(1 - \frac{1}{2T^2} + \frac{1.3}{4T^4} - \frac{1.3.5}{8T^6} + \dots\right),$$

qui donnera une valeur alternativement plus grande et plus petite que la véritable.

XXXVII.

Déterminons maintenant la probabilité que la valeur de x est comprise entre les deux limites $a - 0$ et $a + 0'$, qui embrassent la valeur

de a correspondante au maximum de y. Cette probabilité est égale à
$\dfrac{\int y\,dx}{\int y\,dx}$, l'intégrale du numérateur étant prise depuis $x = a - \theta$ jusqu'à $x = a + \theta'$, et celle du dénominateur étant prise depuis $x = 0$ jusqu'à $x = 1$.

Supposons θ et θ' très petits et tels que les deux valeurs de y, correspondantes à $x = a - \theta$ et à $x = a + \theta'$, soient égales à une même quantité que nous désignerons par J; la formule (c) du n° VI donnera, à très peu près,

$$\int y\,dx = \mathrm{Y}\,\upsilon \int dt\,e^{-t^2},$$

l'intégrale relative à x étant prise depuis $x = a - \theta$ jusqu'à $x = a + \theta'$, et l'intégrale relative à t étant prise depuis $t = -\sqrt{\log \mathrm{Y} - \log \mathrm{J}}$ jusqu'à $t = \sqrt{\log \mathrm{Y} - \log \mathrm{J}}$; la probabilité cherchée sera donc égale à

$$\frac{\int dt\,e^{-t^2}}{\sqrt{\pi}}.$$

y étant supposé avoir pour facteurs des puissances très élevées, les exposants de ces puissances deviennent coefficients dans son logarithme, en sorte que, si l'on désigne par α une très petite fraction, $\log y$ sera de l'ordre $\dfrac{1}{\alpha}$, et $\sqrt{\log \mathrm{Y} - \log \mathrm{J}}$ sera de l'ordre $\dfrac{1}{\alpha^{\frac{1}{2}}}$, à moins que J ne soit très peu différent de Y.

Supposons qu'il en diffère assez peu pour que $\sqrt{\log \mathrm{Y} - \log \mathrm{J}}$ soit égal à $\dfrac{1}{\alpha^{\frac{1}{2}}\lambda}$, λ étant positif et moindre que l'unité; si l'on réduit $\log \mathrm{J}$ dans une suite ordonnée par rapport aux puissances de θ, la fonction $\sqrt{\log \mathrm{Y} - \log \mathrm{J}}$ deviendra de cette forme $\dfrac{\theta \mathrm{Q}}{\alpha^{\frac{1}{2}}}$; ainsi, pour qu'elle soit de l'ordre $\dfrac{1}{\alpha^{\frac{1}{2}}\lambda}$, il faut que θ soit fort petit de l'ordre $\alpha^{\frac{1-\lambda}{2}}$; on prouvera la même chose relativement à θ'. L'intervalle $\theta + \theta'$ compris entre les deux limites $a - \theta$ et $a + \theta'$ sera donc de l'ordre $\alpha^{\frac{1-\lambda}{2}}$; il sera par conséquent d'autant moindre que les événements se multiplieront davantage, en sorte qu'il deviendra nul si leur nombre est infini, et, dans ce cas, les deux limites se confondront avec la valeur de a qui répond au maximum de y.

Pour avoir la probabilité que la valeur de x est comprise dans ces limites, il faut déterminer l'intégrale $\int dt\, e^{-t}$ depuis $t = -\dfrac{1}{\alpha^{\frac{3}{2}}}$ jusqu'à $t = \dfrac{1}{\alpha^{\frac{3}{2}}}$. Cette intégrale est évidemment le double de l'intégrale $\int dt\, e^{-t}$, prise depuis $t = 0$ jusqu'à $t = \infty$, moins le double de cette même intégrale prise depuis $t = \dfrac{1}{\alpha^{\frac{3}{2}}}$ jusqu'à $t = \infty$; or on a, par le n° IV,

$$\int dt\, e^{-t} = \tfrac{1}{2}\sqrt{\pi},$$

l'intégrale étant prise depuis $t = 0$ jusqu'à $t = \infty$; on a d'ailleurs, par la formule (c') du numéro précédent,

$$\int dt\, e^{-t} = \tfrac{1}{2}\,\alpha^{\frac{3}{2}}\,e^{-\frac{1}{\alpha^{\lambda}}}\left(1 - \frac{\alpha^{\lambda}}{2} + \frac{3\,\alpha^{2\lambda}}{4} - \dots\right);$$

l'intégrale $\int dt\, e^{-t}$, prise depuis $t = -\dfrac{1}{\alpha^{\frac{3}{2}}}$ jusqu'à $t = \dfrac{1}{\alpha^{\frac{3}{2}}}$, sera donc

$$\sqrt{\pi} - \alpha^{\frac{3}{2}}\,e^{-\frac{1}{\alpha^{\lambda}}} + \dots.$$

En la divisant par $\sqrt{\pi}$, on aura la probabilité que x est compris entre les limites $a - \theta$ et $a + \theta'$; l'expression de cette probabilité sera, par conséquent,

$$(d') \qquad\qquad 1 - \frac{\alpha^{\frac{3}{2}}}{\sqrt{\pi}}\,e^{-\frac{1}{\alpha^{\lambda}}} + \dots.$$

Lorsque $\dfrac{1}{\alpha}$ est un grand nombre, cette formule converge rapidement vers l'unité, principalement à cause du facteur $e^{-\frac{1}{\alpha^{\lambda}}}$, qui devient très petit lorsque α est une très petite fraction; de là résulte ce théorème :

La probabilité que la possibilité des événements simples est comprise entre des limites qui se resserrent de plus en plus approche sans cesse de l'unité, de manière que, dans la supposition d'un nombre infini d'événements simples, ces deux limites venant à se réunir, et la probabilité se confondant avec la certitude, la véritable possibilité des événements simples est exactement égale à celle qui rend le résultat observé le plus probable.

On voit ainsi comment les événements, en se multipliant, nous découvrent leur possibilité respective ; mais on doit observer qu'il y a dans cette analyse deux approximations, dont l'une est relative aux limites qui comprennent la valeur de x et qui se resserrent de plus en plus, et dont l'autre est relative à la probabilité que x se trouve entre ces limites, probabilité qui approche sans cesse de l'unité ou de la certitude. C'est en cela que ces approximations diffèrent des approximations ordinaires, dans lesquelles on est toujours assuré que le résultat est compris dans les limites qu'on lui assigne.

Il importe principalement, dans ces recherches, de pouvoir juger sur-le-champ si un résultat est indiqué par les observations avec une grande vraisemblance, car il suffit souvent d'être assuré qu'il est très probable, sans qu'il soit besoin de connaitre avec beaucoup de précision la valeur de sa probabilité ; en supposant donc qu'il s'agisse de déterminer s'il est très probable que la possibilité d'un événement simple est comprise dans des limites données, on pourra facilement y parvenir par la formule suivante.

On a, par ce qui précède,

$$\log Y - \log J = \frac{1}{a^{\lambda}}.$$

D'ailleurs, si l'on suppose θ très petit, on a

$$\log J = \log Y + \theta \frac{d \log Y}{dx} + \frac{\theta^2}{1 \cdot 2} \frac{d^2 \log Y}{dx^2} + \ldots;$$

mais la condition du maximum donne

$$\frac{d \log Y}{dx} = 0, \qquad \frac{d^2 \log Y}{dx^2} = \frac{d^2 Y}{Y \, dx^2};$$

on aura donc

$$- \theta^2 \frac{d^2 Y}{Y\, dx^2} = \frac{1}{\alpha^\lambda};$$

ainsi la probabilité que la possibilité x de l'événement simple est comprise entre les limites $a - \theta$ et $a + \theta$ sera, par la formule (d'),

$$1 - \frac{1}{\theta \sqrt{- \pi \frac{d^2 Y}{Y\, dx^2}}}\, e^{\theta^2 \frac{d^2 Y}{Y\, dx^2}} + \ldots;$$

d'où l'on voit que cette probabilité sera fort grande si $- \theta^2 \frac{d^2 Y}{Y\, dx^2}$ est un nombre un peu considérable, tel que 11 ou 12, ce qui donne un moyen très simple de juger de la grandeur de cette probabilité.

XXXVIII.

La possibilité des événements simples peut n'être pas la même à différentes époques ou dans des pays différents : le climat, les productions et mille autres causes physiques ou morales peuvent y produire des différences qu'un grand nombre d'observations rend sensibles ; mais, comme les seules combinaisons du hasard suffisent pour introduire de légères différences dans le résultat des observations, on voit qu'il en faut un très grand nombre pour être assuré que les différences observées, lorsqu'elles sont très petites, sont dues à des causes toujours agissantes. Ce problème, un des plus importants de la théorie des hasards, exige une analyse délicate ; en voici une solution fort simple.

Supposons que l'on ait observé, dans deux lieux différents, deux résultats composés d'un très grand nombre d'événements simples du même genre. Soient

x la possibilité de l'événement simple dans le premier lieu ;

y la fonction de x qui exprime la probabilité du résultat observé dans ce lieu ;

a la valeur de x qui répond au maximum de y.

Soient pareillement

x' la possibilité de l'événement simple dans le second lieu;

y' la fonction de x' qui exprime la probabilité du résultat observé dans
ce lieu;

a' la valeur de x' qui répond au maximum de y';

a et a' sont les possibilités des événements simples qui rendent les
résultats observés les plus probables, et ces quantités seraient, par le
numéro précédent, les vraies possibilités des événements simples, si
les résultats observés étaient composés d'un nombre infini de ces événements. Supposons a' très peu différent de a, et qu'il soit un peu
plus grand; enfin nommons P la probabilité que la possibilité de
l'événement simple est plus grande dans le premier lieu que dans le
second. Cela posé, on aura, par des considérations analogues à celle du
n° XXXV,

$$P = \frac{\int\int yy' \, dx \, dx'}{\int\int yy' \, dx \, dx'},$$

les intégrales du numérateur étant prises depuis $x' = 0$ jusqu'à $x' = x$,
et depuis $x = 0$ jusqu'à $x = 1$; celles du dénominateur étant prises
depuis $x' = 0$ jusqu'à $x' = 1$, et depuis $x = 0$ jusqu'à $x = 1$.

Pour avoir ces intégrales, nous supposerons $x' = ux$, et nous nommerons z ce que devient alors xyy'; nous aurons

$$P = \frac{\int\int z \, dx \, du}{\int\int z \, dx \, du},$$

les intégrales du numérateur étant prises depuis $u = 0$ jusqu'à $u = 1$,
et depuis $x = 0$ jusqu'à $x = 1$; celles du dénominateur étant prises
depuis $u = 0$ jusqu'à $u = \frac{1}{x}$, et depuis $x = 0$ jusqu'à $x = 1$. Déterminons d'abord les intégrales du numérateur.

Pour cela, nous observerons que, y étant nul aux deux limites $x = 0$
et $x = 1$, z est pareillement nul à ces deux limites; soit donc Z ce que
devient cette fonction lorsqu'on y substitue pour x sa valeur en u,

donnée par l'équation $o = \dfrac{\partial z}{\partial x}$; on aura à très peu près, par le n° VI.

$$\int z\,dx = \frac{\sqrt{2\pi}\,Z}{\sqrt{-\dfrac{d^2 Z}{Z\,dx^2}}},$$

partant

$$\int\!\int z\,du\,dx = \sqrt{2\pi}\int \frac{Z\,du}{\sqrt{-\dfrac{d^2 Z}{Z\,dx^2}}}.$$

L'intégrale relative à u doit être prise depuis $u = 0$ jusqu'à $u = 1$; mais, au maximum de la fonction différentielle $yy'\,dx\,dx'$, on a

$$x = a \qquad \text{et} \qquad x' = a'$$

et, par conséquent,

$$u = \frac{a'}{a}.$$

La valeur de u, correspondante à ce maximum, excède donc très peu l'unité; ainsi l'on doit, dans ce cas, faire usage de la formule (e) du n° VI. Soit

$$du' = \frac{du}{\sqrt{-\dfrac{d^2 Z}{Z\,dx^2}}},$$

et nommons Z′ ce que devient Z au point où l'on a

$$o = \frac{\partial Z}{\partial u'};$$

nommons ensuite S ce que devient Z lorsqu'on y fait $u = 1$; la formule citée donnera, à fort peu près,

$$\int Z\,du' = \frac{Z'\int dt\,e^{-t}}{\sqrt{-\dfrac{1}{2}\dfrac{\partial^2 Z'}{Z'\,\partial u'^2}}},$$

l'intégrale relative à t étant prise depuis $t = T$ jusqu'à $t = \infty$, T étant donné par l'équation

$$T^2 = \log Z' - \log S.$$

L'équation $o = \dfrac{\partial Z}{\partial u'}$ peut être mise sous cette forme

$$o = \frac{\partial Z}{\partial u}\,\frac{\partial u}{\partial u'},$$

d'où l'on tire

$$o = \frac{\partial Z}{\partial u}$$

et

$$\frac{\partial^2 Z'}{\partial u'^2} = \frac{\partial^2 Z'}{\partial u^2}\,\frac{du^2}{du'^2} = -\,\frac{\dfrac{\partial^2 Z'}{\partial u^2}\,\dfrac{\partial^2 Z'}{\partial x^2}}{Z'};$$

on aura donc

$$\int Z\,du' = -\frac{Z'}{\sqrt{\dfrac{1}{2}\,\dfrac{\partial^2 Z'}{Z'\,\partial u^2}\,\dfrac{\partial^2 Z'}{Z'\,\partial x^2}}}\int dt\,e^{-t}.$$

Le numérateur de l'expression de P sera, par conséquent, à très peu près égal à

$$\frac{2\sqrt{\pi}\,Z'}{\sqrt{\dfrac{\partial^2 Z'}{Z'\,\partial x^2}\,\dfrac{\partial^2 Z'}{Z'\,\partial u^2}}}\int dt\,e^{-t};$$

déterminons maintenant son dénominateur.

y' étant nul aux deux limites $x' = o$ et $x' = 1$, il est clair que z est nul aux deux limites $u = o$ et $u = \dfrac{1}{x}$; il est pareillement nul aux deux limites $x = o$ et $x = 1$. En nommant donc U ce que devient z lorsqu'on y substitue pour u et pour x leurs valeurs données par les équations

$$o = \frac{\partial z}{\partial u}, \qquad o = \frac{\partial z}{\partial x},$$

on aura, par le n° VII,

$$\iint z\,du\,dx = \frac{2\pi U}{\sqrt{\dfrac{\partial^2 U}{U\,\partial u^2}\,\dfrac{\partial^2 U}{U\,\partial x^2}}};$$

c'est la valeur très approchée du dénominateur de P. Il est aisé de voir que $Z' = U$, puisque l'une et l'autre de ces quantités est ce que devient z lorsqu'on y substitue pour u et x leurs valeurs tirées des équations

$$o = \frac{\partial z}{\partial u}, \qquad o = \frac{\partial z}{\partial x};$$

la valeur de P sera, par conséquent, donnée par cette formule très simple

$$P = \frac{\int dt\, e^{-t^2}}{\sqrt{\pi}}.$$

Les deux limites entre lesquelles l'intégrale relative à t doit s'étendre sont $t = T$ et $t = \infty$, T^2 étant égal à $\log Z' - \log S$. Le maximum de z ou de xyy' est Z; le maximum de y répond à $x = a$; celui de xy répond à une valeur de x qui n'en diffère que d'une quantité de l'ordre α, et comme, au point du maximum, les grandeurs ne varient que d'une manière insensible, on peut supposer $x = a$ au maximum de xy. Soit Y ce que devient y dans ce cas, le maximum de xy sera aY. Le maximum de y' répond à $x' = a'$; soit Y' ce que devient alors y', on aura donc $Z' = a$YY'. S est le maximum de xyy' lorsque $u = 1$, ou, ce qui revient au même, lorsqu'on fait $x' = x$ dans y'; soit a'' la valeur de x qui dans ce cas rend yy' un maximum, et nommons Y'' ce maximum, on aura $S = a''$Y'' : partant

$$T^2 = \log Y + \log Y' - \log Y'' + \log \frac{a}{a''}.$$

La valeur de a'' est moyenne entre a et a', et puisque ces deux dernières quantités sont supposées très peu différer entre elles, on aura à très peu près $\frac{a}{a''} = 1$, et par conséquent on pourra négliger le terme $\log \frac{a}{a''}$.

Si T^2 est un nombre un peu grand, (tel que 11 ou 12, P sera une très petite fraction moindre que $\frac{1}{500000}$; il sera donc très peu probable que la possibilité de l'événement simple est plus grande dans le premier lieu que dans le second, ou, ce qui revient au même, il sera très probable que, dans le second lieu où a' surpasse a, la possibilité des événements simples est plus grande que dans le premier. Les observations indiqueront alors, avec beaucoup de vraisemblance, qu'il existe dans le second lieu une cause de plus que dans le premier, qui y facilite la production de l'événement simple. L'analyse suivante donnera la loi suivant laquelle cette probabilité croît par le développement des événements simples.

Pour cela, nous observerons que, a'' étant très peu différent de a et de a', on aura à fort peu près

$$\log Y^2 = \log Y + \log Y' + \frac{1}{2}(a''-a)^2 \frac{d^2 Y}{Y\,dx^2} + \frac{1}{2}(a''-a')^2 \frac{d^2 Y'}{Y'\,dx'^2},$$

ce qui donne

$$T^2 = -\frac{1}{2}(a''-a)^2 \frac{d^2 Y}{Y\,dx^2} - \frac{1}{2}(a''-a')^2 \frac{d^2 Y'}{Y'\,dx'^2};$$

mais a'' est donné par l'équation

$$o = \frac{dy}{y\,dx} + \frac{dy'}{y'\,dx'},$$

x' devant être changé en x dans $\frac{dy'}{y'\,dx'}$. Si l'on suppose ensuite $x = a'' = a + (a''-a)$, on a

$$\frac{dy}{y\,dx} = \frac{dY}{Y\,dx} + (a''-a) \frac{d^2 Y}{Y\,dx^2};$$

d'ailleurs on a $o = \frac{dY}{dx}$. On aura donc

$$\frac{dy}{y\,dx} = (a''-a) \frac{d^2 Y}{Y\,dx^2};$$

on trouvera pareillement

$$\frac{dy'}{y'\,dx'} = (a''-a') \frac{d^2 Y'}{Y'\,dx'^2}.$$

On aura donc

$$o = (a''-a) \frac{d^2 Y}{Y\,dx^2} + (a''-a') \frac{d^2 Y'}{Y'\,dx'^2},$$

d'où l'on tire

$$a'' = \frac{a\,\dfrac{d^2 Y}{Y\,dx^2} + a'\,\dfrac{d^2 Y'}{Y'\,dx'^2}}{\dfrac{d^2 Y}{Y\,dx^2} + \dfrac{d^2 Y'}{Y'\,dx'^2}};$$

on aura ainsi à peu près

$$T^2 = -\frac{\frac{1}{2}(a'-a)^2\,\dfrac{d^2 Y}{Y\,dx^2}\,\dfrac{d^2 Y'}{Y'\,dx'^2}}{\dfrac{d^2 Y}{Y\,dx^2} + \dfrac{d^2 Y'}{Y'\,dx'^2}}.$$

On pourra facilement juger, par cette valeur de T^2, de la probabilité avec laquelle les observations indiquent une différence entre les possibilités des événements simples; car, cette probabilité étant, par ce qui précède, égale à $1 - \dfrac{\int dt\, e^{-t^2}}{\sqrt{\pi}}$, l'intégrale étant prise depuis $t = T$ jusqu'à $t = \infty$, une Table des valeurs de cette intégrale, depuis $t = \infty$ jusqu'à $t = 0$, donnera sur-le-champ la probabilité cherchée avec une précision suffisante.

Les événements simples, en se développant, font croître les valeurs de $\dfrac{d^2 Y}{Y\,dx^2}$ et de $\dfrac{d^2 Y'}{Y'\,dx'^2}$, et par conséquent aussi celle de T^2, ce qui montre clairement la loi qui existe entre leur développement et la probabilité des résultats qu'ils paraissent indiquer. La valeur de T^2 fait voir encore que plus les différences entre a et a' sont petites, plus il faut d'événements simples observés pour constater que ces différences ne sont pas l'effet du hasard, ce qui d'ailleurs est évident *a priori*, et il en résulte que, pour une différence deux fois moindre, il faut environ quatre fois plus d'observations.

XXXIX.

Appliquons les formules des numéros précédents aux naissances; pour cela supposons que, sur $p + q$ naissances observées, il y ait eu p garçons et q filles, p étant plus grand que q, et cherchons la probabilité que la possibilité des naissances des garçons ne surpasse pas une quantité quelconque θ. Il faut, dans ce cas, faire usage des formules du n° XXXVI. Si l'on désigne par x la possibilité des naissances des garçons et que l'on nomme 6 la quantité $\frac{1.2..3...(p+q)}{1.2.3...p.1.2.3...q}$, la probabilité que sur $p+q$ naissances il y aura p garçons et q filles sera $6x^p(1-x)^q$: c'est la quantité que nous avons nommée y dans le numéro cité; la quantité que nous avons nommée v deviendra ainsi $\frac{x(1-x)}{(p+q)x-p}$, et la fonction

$$UJ\left(1+\frac{dU}{d\theta}+\ldots\right)$$

deviendra

$$\frac{6\theta^{p+1}(1-\theta)^{q+1}}{(p+q)\theta-p}\left\{1-\frac{(p+q)\theta^2+p(1-2\theta)}{[(p+q)\theta-p]^2}+\ldots\right\}.$$

Maintenant, la quantité que nous avons nommée U dans le n° XXXVI est, par le n° VI, égale à $\sqrt{-\frac{2Y\,dx^2}{d^2Y}}$, Y et d^2Y étant ce que deviennent y et d^2y lorsque $x=a$; d'ailleurs, a étant la valeur de x qui répond au maximum de y, il est déterminé par l'équation $0=\frac{dy}{y\,dx}$, d'où l'on tire $a=\frac{p}{p+q}$, et par conséquent

$$Y=\frac{6p^pq^q}{(p+q)^{p+q}},\qquad -\frac{d^2Y}{Y\,dx^2}=\frac{(p+q)^3}{pq}.$$

La fonction

$$Y\sqrt{\pi}\left(U+\frac{1}{2}\,\frac{d^2U^3}{1.2\,dx^2}+\ldots\right)$$

deviendra donc, en observant qu'elle se réduit à très peu près à son premier terme, lorsque p et q sont de grands nombres,

$$\frac{6p^{p+\frac{1}{2}}q^{q+\frac{1}{2}}\sqrt{2\pi}}{(p+q)^{p+q+\frac{3}{2}}};$$

la formule (a') du numéro cité donnera ainsi pour la probabilité que x ne surpasse pas θ

$$\frac{\theta^{p+1}(1-\theta)^{q+1}(p+q)^{p+q+\frac{3}{2}}}{\sqrt{2\pi}\,[p-(p+q)\theta]\,p^{p+\frac{1}{2}}q^{q+\frac{1}{2}}}\left\{1-\frac{(p+q)\theta^2+p(1-2\theta)}{[p-(p+q)\theta]^2}+\ldots\right\}.$$

Si l'on fait $\theta = \frac{1}{2}$, on aura pour la probabilité que x ne surpasse pas $\frac{1}{2}$ ou, ce qui revient au même, que la possibilité des naissances des garçons est moindre que celle des naissances des filles,

$$(e') \qquad \frac{(p+q)^{p+q+\frac{3}{2}}}{(p-q)\,2^{p+q+\frac{3}{2}}\,p^{p+\frac{1}{2}}\,q^{q+\frac{1}{2}}\sqrt{\pi}}\left[1 - \frac{p+q}{(p-q)^2} + \dots\right];$$

en retranchant cette formule de l'unité, on aura la probabilité avec laquelle les naissances observées indiquent une plus grande possibilité dans les naissances des garçons que dans celles des filles.

Parmi les naissances observées en Europe, nous considérerons celles qui l'ont été à Londres, à Paris et dans le royaume de Naples.

Dans l'espace des quatre-vingt-quinze années écoulées depuis le commencement de 1664 jusqu'à la fin de 1758, il est né à Londres 737 629 garçons et 698 958 filles, ce qui donne à peu près $\frac{12}{13}$ pour le rapport des naissances des garçons à celles des filles.

Dans l'espace des vingt-six années écoulées depuis le commencement de 1745 jusqu'à la fin de 1770, il est né à Paris 251 527 garçons et 241 945 filles, ce qui donne $\frac{26}{25}$ à peu près pour le rapport des naissances des garçons à celles des filles.

Enfin, dans l'espace des neuf années écoulées depuis le commencement de 1774 jusqu'à la fin de 1782, il est né dans le royaume de Naples, la Sicile non comprise, 782 352 garçons et 746 821 filles, ce qui donne $\frac{22}{21}$ à peu près pour le rapport des naissances des garçons à celles des filles.

Le moins considérable de ces trois nombres de naissances est celui des naissances observées à Paris; d'ailleurs c'est dans cette ville que les naissances des garçons et des filles s'éloignent le moins de l'égalité : par ces deux raisons, la probabilité que la possibilité des naissances des garçons surpasse $\frac{1}{2}$ doit y être moindre qu'à Londres et dans le royaume de Naples. Déterminons numériquement cette probabilité.

Il est nécessaire pour cela d'avoir jusqu'à douze décimales les logarithmes tabulaires de p, q, $p+q$ et 2, parce que ces nombres sont élevés dans la formule (e') à de grandes puissances; or on a

$$\log p = \log 251527 = 5,4005\ 8461\ 0947,$$
$$\log q = \log 241945 = 5,3837\ 1665\ 1469,$$
$$\log (p+q) = \log 493472 = 5,6932\ 6251\ 5480,$$
$$\log 2 = 0,3010\ 2999\ 5664,$$

ce qui donne

$$\log \frac{(p+q)^{p+q+\frac{3}{2}}}{(p-q)\,p^{p+\frac{1}{2}}q^{q+\frac{1}{2}}2^{p+q+\frac{3}{2}}\sqrt{\pi}} = -41,9384918.$$

En nommant donc μ le nombre auquel ce logarithme appartient, et qui est excessivement petit, puisqu'il est égal à une fraction dont le numérateur étant l'unité, le dénominateur est le nombre 8 suivi de 41 chiffres, la formule (e') deviendra

$$\mu(1 - 0,0033747 + \ldots).$$

En la retranchant de l'unité, on aura la probabilité qu'à Paris la possibilité des naissances des garçons surpasse celle des filles, d'où l'on voit que cette probabilité diffère si peu de l'unité, que l'on peut regarder comme certain que l'excès des naissances des garçons sur celles des filles, observé à Paris, est dû à une plus grande possibilité dans les naissances des garçons.

Si l'on applique pareillement la formule (e') aux naissances des garçons observées dans les principales villes de l'Europe, on trouvera que la supériorité dans les naissances des garçons, comparées à celles des filles, observée partout, depuis Naples jusqu'à Pétersbourg, indique une plus grande possibilité dans les naissances des garçons, avec une probabilité très approchante de la certitude. Ce résultat paraît donc être une loi générale, du moins en Europe, et si, dans quelques petites villes où l'on n'a observé qu'un nombre peu considérable de naissances, la nature semble s'en écarter, il y a tout lieu de croire que cet écart n'est qu'apparent et qu'à la longue les naissances observées dans ces villes offriraient, en se multipliant, un résultat semblable à celui des grandes villes. Plusieurs philosophes, trompés par ces anomalies apparentes, ont cherché les causes de phénomènes qui ne sont que l'effet du hasard; ce qui prouve la nécessité de faire précéder de semblables recherches, par celle de la probabilité avec laquelle le phénomène dont on veut déterminer la cause est indiqué par les observations : l'exemple suivant confirmera cette remarque.

Sur 415 naissances observées durant cinq ans dans la petite ville de Viteaux, en Bourgogne, il y a eu 203 garçons et 212 filles, ce qui donne à peu près $\frac{22}{21}$ pour le rapport des naissances des filles à celles des garçons. L'ordre naturel paraît ici renversé, puisque les naissances des filles surpassent celles des garçons; voyons avec quelle probabilité ces observations indiquent une plus grande possibilité dans les naissances des filles.

p ayant été supposé plus grand que q, dans les formules précédentes, il représente dans ce cas le nombre des filles et q celui des garçons; la formule (c') donnera la probabilité que les naissances des garçons surpassent celles des filles; mais, cette formule étant divergente, il faut employer la formule (b') du n° XXXVI, et l'on trouvera, après toutes les réductions, que, si l'on y fait $y = 6x^p(1 - x)^q$ et $\theta = \frac{1}{2}$, elle deviendra

$$\frac{\int dt\, e^{-t^2}}{\sqrt{\pi}} + \frac{(p - q)e^{-T^2}}{3\sqrt{\frac{1}{2}\pi pq(p + q)}},$$

l'intégrale étant prise depuis $t = T$ jusqu'à $t = \infty$, T^2 étant donné par l'équation

$$T^2 = p \log p + q \log q - (p + q) \log \frac{p + q}{2},$$

dans laquelle les logarithmes sont hyperboliques. Cette formule est l'expression de la probabilité que la possibilité des naissances des garçons l'emporte sur celle des naissances des filles; si l'on y substitue, au lieu de p et de q, leurs valeurs précédentes relatives à la ville de Viteaux, on trouvera $0,329802$ pour cette probabilité; en la retranchant de l'unité, la différence $0,670198$ sera la probabilité qu'à

Viteaux la possibilité des naissances des filles est supérieure à celle
des naissances des garçons; cette plus grande possibilité n'est donc
indiquée qu'avec une probabilité de deux contre un, ce qui est beaucoup trop faible pour balancer l'analogie qui nous porte à penser qu'à
Viteaux, comme dans toutes les villes où l'on a observé un nombre
considérable de naissances, la possibilité des naissances des garçons
est plus grande que celle des filles.

XL.

On a vu, dans le numéro précédent, que le rapport des naissances
des garçons à celles des filles est environ $\frac{19}{18}$ à Londres, tandis qu'il
n'est à Paris que $\frac{26}{25}$; cette différence semble indiquer, dans la première
ville, une possibilité dans les naissances des garçons plus grande que
dans la seconde ville. Déterminons avec quelle vraisemblance les
observations indiquent ce résultat.

Ce problème est un cas particulier de celui que nous avons résolu
dans le n° XXXVIII; ainsi nous ferons usage des formules que nous y
avons données; pour cela, il faut connaître les quantités que nous
avons nommées y et y'. Soient p le nombre des naissances des garçons
observé à Paris, q celui des naissances des filles, et x la possibilité des
naissances des garçons dans cette ville; si l'on fait

$$6 = \frac{1.2.3\ldots(p+q)}{1.2.3\ldots p.1.2.3\ldots q},$$

la probabilité du résultat observé à Paris sera

$$6x^p(1-x)^q;$$

c'est la quantité y.

Si l'on nomme pareillement p' le nombre des naissances des garçons
observé à Londres, q' celui des naissances des filles, et x' la possibilité des naissances des garçons dans cette ville; si l'on fait ensuite

$$6' = \frac{1.2.3\ldots(p'+q')}{1.2.3\ldots p'.1.2.3\ldots q'};$$

la probabilité du résultat observé à Londres sera

$$6'.x'^{p'}(1 - x')^{q'};$$

c'est la quantité y'.

En désignant donc par P la probabilité qu'à Paris la possibilité des naissances des garçons est plus grande qu'à Londres, on aura, par le n° XXXVIII,

$$P = \frac{\int dt\, e^{-t^2}}{\sqrt{\pi}},$$

l'intégrale étant prise depuis $t = T$ jusqu'à $t = \infty$. Voyons ce que devient T dans le cas présent.

On a, par le numéro cité,

$$T^2 = \log Y + \log Y' - \log Y'' + \log \frac{a}{a''}.$$

Y est le maximum de y ou de $6\,x^p(1 - x)^q$; la valeur de x qui répond à ce maximum est $\frac{p}{p+q}$; c'est la quantité que nous avons nommée a. On aura donc

$$Y = \frac{6\,p^p q^q}{(p + q)^{p+q}};$$

on aura de la même manière

$$Y' = \frac{6'\,p'^{p'}\,q'^{q'}}{(p' + q')^{p'+q'}}.$$

Y'' est le maximum de yy' lorsqu'on fait $x' = x$ dans y', ce qui donne

$$yy' = 66'\,x^{p+p'}(1 - x)^{q+q'};$$

la valeur de x correspondante au maximum de cette fonction est $\frac{p + p'}{p + p' + q + q'}$; c'est la quantité que nous avons nommée a''. On aura ainsi

$$Y'' = \frac{66'(p + p')^{p+p'}(q + q')^{q+q'}}{(p + p' + q + q')^{p+p'+q+q'}};$$

ces valeurs donnent

$$
\begin{aligned}
T^2 = {} & (p + p' + q + q' + 1)\log(p + p' + q + q') \\
& - (p + p' + 1)\log(p + p') - (q + q')\log(q + q') \\
& + (p + 1)\log p + q\log q - (p + q + 1)\log(p + q) \\
& + p'\log p' + q'\log q' - (p' + q')\log(p' + q').
\end{aligned}
$$

Maintenant on a, par le numéro précédent,

$$
\begin{aligned}
p &= 251527, & p' &= 737629, \\
q &= 241945, & q' &= 698958,
\end{aligned}
$$

d'où l'on tire, en logarithmes tabulaires,

$$
\begin{aligned}
\log p &= 5,4005\ 8461\ 0947, \\
\log q &= 5,3837\ 1665\ 1469, \\
\log(p + q) &= 5,6932\ 6251\ 5480, \\
\log p' &= 5,8678\ 3798\ 2735, \\
\log q' &= 5,8444\ 5108\ 0009, \\
\log(p' + q') &= 6,1573\ 3193\ 2083, \\
\log(p' + p) &= 5,9952\ 6474\ 1371, \\
\log(q + q') &= 5,9735\ 4485\ 3243, \\
\log(p + p' + q + q') &= 6,2855\ 7058\ 5161.
\end{aligned}
$$

En faisant usage de ces logarithmes, on aurait

$$T^2 = 4,5357576;$$

mais, ces logarithmes étant tabulaires, il faut, comme l'on sait, les multiplier par le nombre 2,3025851, pour les réduire en logarithmes hyperboliques; on aura donc la vraie valeur de T^2 en multipliant la précédente par le même nombre, ce qui donne

$$T^2 = 10,4439679.$$

Cela posé, si l'on détermine l'intégrale $\int dt\, e^{-t}$ par la formule (c') du n° XXXVI on aura

$$P = 0,0000025422\,(1 - 0,047875 + 0,0068759 - \ldots).$$

Les trois premiers termes de cette expression donnent

$$P = 0,0000024\overline{3}797 = \frac{1}{410178}.$$

Cette valeur de P est un peu trop grande; mais, comme, en prenant un terme de plus, on aurait une valeur trop petite, sans l'altérer de $\frac{1}{230}$, on voit qu'elle est fort approchée, et qu'ainsi il y a plus de 400 000 à parier contre 1 qu'il existe à Londres une cause de plus qu'à Paris, qui y facilite les naissances des garçons.

Le calcul numérique de T^2 suppose que l'on a les logarithmes tabulaires de p, q, $p+q$, p', q', ... jusqu'à douze décimales; les Tables de Gardiner, qui sont celles dont on fait le plus d'usage, renferment les logarithmes des 1161 premiers nombres jusqu'à vingt décimales, et l'on peut en conclure les logarithmes des nombres supérieurs; mais le calcul que cela suppose est assez long; on peut y suppléer fort simplement par la considération de l'expression de T^2, et déterminer la valeur de cette quantité sans recourir aux logarithmes des nombres supérieurs à 1161.

Pour cela, nous la mettrons sous cette forme

$$
\begin{aligned}
T^2 &= (p+1)\log\frac{p}{p+q} + q\log\left(1 - \frac{p}{p+q}\right) \\
&\quad + p'\log\frac{p'}{p'+q'} + q'\log\left(1 - \frac{p'}{p'+q'}\right) \\
&\quad - (p+p'+1)\log\frac{p+p'}{p+p'+q+q'} \\
&\quad - (q+q')\log\left(1 - \frac{p+p'}{p+p'+q+q'}\right).
\end{aligned}
$$

Si l'on fait varier d'une très petite quantité α le rapport $\frac{p}{p+q}$ dans la fonction

$$(p+1)\log\frac{p}{p+q} + q\log\left(1 - \frac{p}{p+q}\right),$$

elle ne changera pas sensiblement de valeur, car elle devient alors

$$(p+1)\log\left(\frac{p}{p+q} + \alpha\right) + q\log\left(1 - \frac{p}{p+q} - \alpha\right);$$

en réduisant $\log\left(\dfrac{p}{p+q}+\alpha\right)$ et $\log\left(1-\dfrac{p}{p+q}-\alpha\right)$ dans des suites ordonnées par rapport aux puissances de α, et en rejetant les quantités de l'ordre α qui ne sont pas multipliées par les grands nombres p et q, elle se réduit à

$$(p+1)\log\frac{p}{p+q}+q\log\left(1-\frac{p}{p+q}\right).$$

Cela posé, on cherchera, par la méthode des fractions continues, la fraction qui, ayant un dénominateur égal ou moindre que 1161, approche le plus de $\dfrac{p}{p+q}$; la différence de cette fraction et de $\dfrac{p}{p+q}$ n'étant que de l'ordre α, on pourra employer cette fraction au lieu de $\dfrac{p}{p+q}$, et, comme les Tables donnent avec vingt décimales les logarithmes de son numérateur et de son dénominateur, ainsi que les logarithmes du numérateur et du dénominateur de la nouvelle fraction que l'on a en retranchant la précédente de l'unité, on aura facilement la valeur tabulaire de

$$(p+1)\log\frac{p}{p+q}+q\log\left(1-\frac{p}{p+q}\right).$$

On trouvera de la même manière les valeurs tabulaires des autres parties de l'expression de T^2; on aura ainsi l'expression tabulaire de T^2, et cette expression, prise en moins, sera le logarithme tabulaire de e^{-T^2}; on aura ensuite la vraie valeur de T^2 en multipliant la précédente par $2,3025851$.

On pourra presque toujours employer, sans erreur sensible, la formule du n° XXXVIII

$$T^2=-\frac{\frac{1}{2}(a'-a)^2\dfrac{d^2Y}{Ydx^2}\dfrac{d^2Y'}{Y'dx'^2}}{\dfrac{d^2Y}{Ydx^2}+\dfrac{d^2Y'}{Y'dx'^2}};$$

et, comme on a, dans ce cas,

$$a=\frac{p}{p+q},\qquad a'=\frac{p'}{p'+q'},$$

$$-\frac{d^2Y}{Ydx^2}=\frac{(p+q)^3}{pq},\qquad -\frac{d^2Y'}{Y'dx'^2}=\frac{(p'+q')^3}{p'q'},$$

on aura

$$T^2 = \frac{\left(\dfrac{p'}{p'+q'} - \dfrac{p}{p+q}\right)^2 (p+q)^3 (p'+q')^3}{2 p'q'(p+q)^3 + 2 pq(p'+q')^3}.$$

Si l'on applique cette formule aux naissances observées à Paris et dans le royaume de Naples, il faudra supposer

$$p = 251527, \qquad q = 241945,$$
$$p' = 782352, \qquad q' = 746821.$$

ce qui donne

$$T = 2,7206;$$

on trouve alors la probabilité P, que la possibilité des naissances des garçons à Paris est plus grande que dans le royaume de Naples, égale à $\frac{1}{100}$ environ ; il est donc vraisemblable qu'il existe dans ce royaume, comme à Londres, une cause de plus qu'à Paris, qui y facilite les naissances des garçons ; mais la probabilité avec laquelle elle est indiquée par les observations est trop peu considérable encore pour prononcer irrévocablement sur cet objet.

XLI.

Considérons maintenant la probabilité des événements futurs, prise des événements passés, et supposons que, ayant observé un résultat composé d'un nombre quelconque d'événements simples, on veuille déterminer la probabilité d'un résultat futur composé des mêmes événements.

Si l'on désigne par x la possibilité des événements simples, par y la probabilité correspondante du résultat observé, et par z celle du résultat futur, y et z étant fonctions de x ; si l'on nomme ensuite P la probabilité du résultat futur, prise du résultat observé, il est aisé de conclure du n° XXXIV

$$P = \frac{\int y z \, dx}{\int y \, dx},$$

les intégrales du numérateur et du dénominateur étant prises depuis $x = o$ jusqu'à $x = 1$.

Cette formule renferme la loi suivant laquelle les événements passés influent sur la probabilité des événements futurs; examinons cette influence dans quelques cas particuliers. Pour cela, supposons qu'une urne renferme une infinité de boules blanches et noires, et que, après en avoir tiré une boule blanche, on cherche la probabilité d'amener une boule semblable au tirage suivant. Si l'on nomme x le rapport des boules blanches de l'urne au nombre total des boules, il est clair que x sera la probabilité, tant de l'événement observé que de l'événement futur; on aura donc

$$\mathrm{P} = \frac{\int x^2\,dx}{\int x\,dx} = \tfrac{2}{3},$$

c'est-à-dire qu'il y a deux contre un à parier que l'on amènera au second tirage une boule semblable à celle du premier tirage.

En supposant toujours que l'on ait amené une boule blanche au premier tirage, si l'on cherche la probabilité d'amener ensuite n boules noires, x sera la probabilité du résultat observé, et $(1 - x)^n$ celle du résultat futur; on aura donc alors

$$\mathrm{P} = \frac{\int x(1 - x)^n\,dx}{\int x\,dx} = \frac{2}{(n+1)(n+2)}.$$

Si les boules blanches et noires étaient en nombre égal dans l'urne, on aurait $\mathrm{P} = \frac{1}{2^n}$; cette valeur de P est plus petite que la précédente lorsque n est égal ou plus grand que 4; d'où il résulte que, quoique le premier tirage rende probable que les boules blanches sont en plus grand nombre que les noires, cependant la probabilité d'amener quatre boules noires dans les quatre tirages suivants est plus considérable que si l'on supposait le nombre des boules noires égal à celui des boules blanches. Ce résultat, qui semble paradoxe, tient à ce que la probabilité d'amener n boules noires est égale à la probabilité d'en amener une, multipliée par la probabilité qu'en ayant amené une première on en amènera une seconde, multipliée encore par la probabilité qu'en ayant amené deux on en amènera une troisième, et ainsi de suite ; et il est visible que ces probabilités partielles vont toujours en croissant et finissent par se réduire à l'unité lorsque n est infini.

XLII.

Supposons le résultat observé composé d'un très grand nombre d'événements simples ; soient a la valeur de x, qui rend y un maximum ; Y ce maximum ; a' la valeur de x qui rend yz un maximum ; Y' et Z' ce que deviennent alors y et z ; on aura à très peu près, par le n° VI,

$$\int y\,dx = \frac{Y^{\frac{3}{2}}\sqrt{2\pi}}{\sqrt{-\dfrac{d^2 Y}{dx^2}}},$$

$$\int yz\,dx = \frac{(Y'Z')^{\frac{3}{2}}\sqrt{2\pi}}{\sqrt{-\dfrac{d^2(Y'Z')}{dx^2}}};$$

l'expression de P du numéro précédent devient donc

$$P = \frac{(Y'Z')^{\frac{3}{2}}\sqrt{-\dfrac{d^2 Y}{dx^2}}}{Y^{\frac{3}{2}}\sqrt{-\dfrac{d^2(Y'Z')}{dx^2}}}.$$

Cette expression sera très approchée si le résultat observé est fort composé.

Si ce résultat était composé d'une infinité d'événements simples, la possibilité de ces événements serait, par le n° XXXVII, égale à celle qui rend le résultat observé le plus probable ; on peut donc sans erreur sensible calculer la probabilité d'un résultat futur peu composé, en supposant la possibilité des événements simples égale à celle qui rend la probabilité d'un événement très composé un maximum ; mais cette supposition cesserait d'être exacte si le résultat futur était lui-même très composé. Voyons jusqu'à quel point on peut en faire usage.

Le résultat observé étant composé d'un très grand nombre d'événements simples, supposons que le résultat futur soit beaucoup moins composé; l'équation qui donne la valeur de a' correspondante au maximum de yz est

$$0 = \frac{dy}{y\,dx} + \frac{dz}{z\,dx};$$

$\frac{dy}{y\,dx}$ est une quantité très grande de l'ordre $\frac{1}{\alpha}$, et, puisque le résultat futur est très peu composé par rapport au résultat observé, $\frac{dz}{z\,dx}$ sera d'un ordre moindre que nous supposerons égal à $\frac{1}{\alpha^{1-\lambda}}$; ainsi, a étant la valeur de x qui satisfait à l'équation $0 = \frac{dy}{y\,dx}$, la différence entre a et a' sera de l'ordre α^λ, et l'on pourra supposer

$$a' = a + \alpha^\lambda \mu.$$

Cette supposition donne

$$Y' = Y + \alpha^\lambda \mu \frac{dY}{dx} + \frac{\alpha^{2\lambda} \mu^2}{1.2} \frac{d^2 Y}{dx^2} + \dots;$$

mais on a $\frac{dY}{dx} = 0$, d'où il est facile de conclure que $\frac{d^n Y}{dx^n}$ est d'un ordre égal ou moindre que $\frac{1}{\alpha^{\frac{n}{2}}}$; le terme $\frac{\alpha^{n\lambda} \mu^n}{1.2.3\dots n} \frac{d^n Y}{dx^n}$ sera par conséquent de l'ordre $\alpha^{n\left(\lambda - \frac{1}{2}\right)}$. Ainsi la convergence de l'expression en série de Y' suppose $\lambda > \frac{1}{2}$, et dans ce cas Y' se réduit à peu près à Y.

Si l'on nomme Z ce que devient z lorsqu'on y fait $x = a$, on s'assurera de la même manière que Z' se réduit à Z.

Enfin on prouvera, par un raisonnement semblable, que $\frac{d^2(Z'Y')}{dx^2}$ se réduit à très peu près à $Z\frac{d^2 Y}{dx^2}$; en substituant ces valeurs dans l'expression de P, on aura

$$P = Z,$$

c'est-à-dire que l'on peut dans ce cas déterminer la probabilité du résultat futur, en supposant x égal à la valeur qui rend le résultat observé le plus probable; mais il faut pour cela que le résultat futur soit assez peu composé pour que les exposants des facteurs de z soient d'un ordre moindre que la racine carrée des exposants des facteurs de y; si cela n'est pas, la supposition précédente expose à des erreurs sensibles.

Si le résultat futur est une fonction du résultat observé, z sera une fonction de y, que nous représenterons par $\varphi(y)$; la valeur de x qui rend yz un maximum est dans ce cas la même que celle qui répond au maximum de y; on aura ainsi $a' = a$, et, si l'on désigne $\dfrac{d\varphi(y)}{dy}$ par $\varphi'(y)$, l'expression de P donnera, en observant que $\dfrac{dY}{dx} = 0$,

$$P = -\frac{\varphi(Y)}{\sqrt{1 + Y\dfrac{\varphi'(Y)}{\varphi(Y)}}}.$$

Soit $\varphi(y) = y^n$, en sorte que l'événement futur soit n fois la répétition de l'événement observé, on aura

$$P = \frac{Y^n}{\sqrt{n+1}}.$$

Cette probabilité, déterminée dans la supposition que la possibilité des événements simples est égale à celle qui rend le résultat observé le plus probable, est égale à Y^n; on voit par là que les petites erreurs qui résultent de cette supposition s'accumulent en raison des événements simples qui entrent dans le résultat futur et deviennent très sensibles lorsque ces événements y sont en grand nombre.

XLIII.

Depuis 1745, où l'on a commencé à distinguer à Paris les naissances des garçons de celles des filles, on a constamment observé que le nombre des premières était supérieur à celui des secondes, ce qui peut donner lieu de rechercher combien il est probable que cette supériorité se maintiendra dans l'espace d'un siècle.

Soient p le nombre observé des naissances des garçons à Paris; q celui des filles; $2n$ le nombre annuel des naissances; x la possibilité des naissances des garçons. Le binôme $(x + 1 - x)^{2n}$ donne par son développement

$$x^{2n} + 2n x^{2n-1}(1 - x) + \frac{2n(2n-1)}{1.2} x^{2n-2}(1 - x)^2 + \ldots,$$

et la somme des n premiers termes sera la probabilité que le nombre des garçons l'emportera, chaque année, sur celui des filles. Nommons z cette somme; z^i sera la probabilité que cette supériorité se maintiendra durant le nombre i d'années consécutives. Partant, si P désigne la vraie probabilité que cela aura lieu, on aura, par le n° XLI,

$$\mathrm{P} = \frac{\int x^p\,dx\,z^i(1 - x)^q}{\int x^p\,dx(1 - x)^q},$$

les intégrales du numérateur et du dénominateur étant prises depuis $x = 0$ jusqu'à $x = 1$.

Si l'on nomme a la valeur de x qui répond au maximum de $x^p z^i (1 - x)^q$, et que l'on désigne par Z, $\frac{dZ}{dx}$, $\frac{d^2Z}{dx^2}$ ce que deviennent z, $\frac{dz}{dx}$, $\frac{d^2z}{dx^2}$ lorsqu'on y change x en a, on aura, par le n° VI,

$$\int x^p z^i dx(1 - x)^q = \frac{a^{p+1}(1 - a)^{q+1} Z^i \sqrt{2\pi}}{\sqrt{p(1 - a)^2 + qa^2 + ia^2(1 - a)^2 \frac{dZ^2 - Z.d^2Z}{Z^2 dx^2}}} .$$

z étant la somme des n premiers termes de la fonction

$$x^{2n}\left[1 + 2n \frac{1 - x}{x} + \frac{2n(2n-1)}{1.2} \left(\frac{1 - x}{x}\right)^2 + \ldots \right],$$

on a, par le n° XXI,

$$z = \frac{\int \frac{u^{n-1}\,du}{(1 + u)^{2n+1}}}{\int \frac{u^{n-1}\,du}{(1 + u)^{2n+1}}},$$

l'intégrale du numérateur étant prise depuis $u = \dfrac{1 - x}{x}$ jusqu'à $u = \infty$, et celle du dénominateur étant prise depuis $u = 0$ jusqu'à $u = \infty$. Soit $u = \frac{1-s}{s}$, cette valeur de z deviendra

$$z = \frac{\int s^n \, ds (1-s)^{n-1}}{\int s^n \, ds (1-s)^{n-1}},$$

l'intégrale du numérateur étant prise depuis $s = 0$ jusqu'à $s = x$, et celle du dénominateur étant prise depuis $s = 0$ jusqu'à $s = 1$; de là il est aisé de conclure

$$\frac{dz}{z \, dx} = \frac{x^n (1-x)^{n-1}}{\int s^n \, ds (1-s)^{n-1}}, \qquad \frac{d^2 z}{z \, dx^2} = \frac{dz}{z \, dx} \frac{n - (2n-1)x}{x(1-x)},$$

l'intégrale étant prise depuis $s = 0$ jusqu'à $s = x$. En changeant x en a, on aura les valeurs de Z, $\frac{dZ}{Z \, dx}$, $\frac{d^2 Z}{Z \, dx^2}$; toute la difficulté se réduit donc à déterminer a.

Sa valeur est donnée par l'équation

$$0 = \frac{p}{a} - \frac{q}{1-a} + i \frac{dZ}{Z \, dx},$$

d'où l'on tire, en substituant au lieu de $\frac{dZ}{Z \, dx}$ sa valeur précédente

$$a = \frac{p}{p+q} + \frac{i a^{n+1}(1-a)^n}{(p+q)\int s^n \, ds(1-s)^{n-1}},$$

l'intégrale étant prise depuis $s = 0$ jusqu'à $s = a$; c'est l'équation d'après laquelle il faut déterminer a. Pour cela, nous observerons que, a étant plus grand que $\frac{p}{p+q}$, il surpasse sensiblement la valeur de s, qui répond au maximum de $s^n(1-s)^{n-1}$; ainsi, n étant un grand nombre, on pourra supposer, dans l'équation précédente, que l'intégrale est prise depuis $s = 0$ jusqu'à $s = 1$, ce qui donne, par le n° VI,

$$\int s^n \, ds(1-s)^{n-1} = \frac{n^{n+\frac{1}{2}}(n-1)^{n-\frac{1}{2}}\sqrt{2\pi}}{(2n-1)^{2n+\frac{1}{2}}} = \frac{\sqrt{\pi}}{2^{2n}\sqrt{n}}.$$

L'équation qui détermine a deviendra ainsi, à très peu près,

$$a = \frac{p}{p+q} + \frac{ia^{n+1}(1-a)^n 2^{2n}\sqrt{n}}{(p+q)\sqrt{\pi}}.$$

Pour la résoudre, nous observerons que a diffère très peu de $\dfrac{p}{p+q}$, en sorte que, si l'on suppose $a = \dfrac{p}{p+q} + \mu$, μ sera fort petit, et l'on aura, d'une manière très approchée,

$$\mu = \frac{i\sqrt{n}\,2^{2n}\left(\dfrac{p}{p+q}\right)^{n+1}\left(\dfrac{q}{p+q}\right)^n}{(p+q)\sqrt{\pi}}\, e^{-n\mu\frac{(p+q)(p-q)}{pq}}.$$

Maintenant, si l'on divise par 26 la somme des naissances observées à Paris depuis 1745 jusqu'en 1770, on aura, à très peu près, 19000 pour le nombre annuel des naissances; nous supposerons ainsi $n = 9500$, $i = 100$; on a d'ailleurs

$$p = 251527, \qquad q = 241915.$$

L'équation précédente deviendra donc

$$\mu = 0,000157929\, e^{-\mu.738,114},$$

d'où l'on tire

$$\mu = 0,00014222$$

et, par conséquent,

$$a = 0,5098509.$$

Le radical

$$\sqrt{p(1-a)^2 + qa^2 + ia^2(1-a)^2 \frac{dZ^2 - Z\,d^2Z}{Z^2\,d.x^2}}$$

devient, en substituant, au lieu de $\dfrac{d^2Z}{Z\,d.x}$, sa valeur $\dfrac{dZ}{Z\,d.x}\dfrac{n-(2n-1)a}{a(1-a)}$, et, au lieu de $\dfrac{dZ}{Z\,d.x}$, sa valeur $\dfrac{(p+q)a-p}{ia(1-a)}$ ou $\dfrac{(p+q)\mu}{ia(1-a)}$, donnée par l'équation du maximum,

$$\sqrt{p(1-a)^2 + qa^2 + \mu(p+q)\left[\frac{(p+q)\mu}{i} + (2n-1)a - n\right]} = 369,119;$$

d'ailleurs on a, à très peu près,

$$a^p(1-a)^q = \left(\frac{p}{p+q}\right)^p \left(\frac{q}{p+q}\right)^q e^{-\frac{\mu^2(p+q)^2}{2pq}}$$

et

$$e^{-\frac{\mu^2(p+q)^2}{2pq}} = 0,980229;$$

on aura donc

$$\int x^p z^{100}\, dx (1-x)^q = 0,00066319\sqrt{2\pi}\left(\frac{p}{p+q}\right)^p \left(\frac{q}{p+q}\right)^q Z^{100}.$$

On a ensuite par le n° VI, en prenant l'intégrale depuis $x = 0$ jusqu'à $x = 1$,

$$\int x^p\, dx (1-x)^q = \frac{p^{p+\frac{1}{2}}q^{q+\frac{1}{2}}\sqrt{2\pi}}{(p+q)^{p+q+\frac{3}{2}}} = 0,00071163\sqrt{2\pi}\left(\frac{p}{p+q}\right)^p \left(\frac{q}{p+q}\right)^q,$$

d'où l'on tire

$$P = 0,931938\, Z^{100},$$

en sorte qu'il ne s'agit plus que d'avoir Z.

On a

$$Z = \frac{\int s^n\, ds(1-s)^{n-1}}{\int s^n\, ds(1-s)^{n-1}},$$

l'intégrale du numérateur étant prise depuis $s = 0$ jusqu'à $s = a$, celle du dénominateur étant prise depuis $s = 0$ jusqu'à $s = 1$; il est aisé d'en conclure que, si l'on fait $1 - s = s'$, on aura

$$Z = 1 - \frac{\int s'^{n-1}\, ds'(1-s')^n}{\int s'^{n-1}\, ds'(1-s')^n},$$

l'intégrale du numérateur étant prise depuis $s' = 0$ jusqu'à $s' = 1 - a$, celle du dénominateur étant prise depuis $s' = 0$ jusqu'à $s' = 1$. On aura ainsi, à fort peu près, par le n° VI,

$$Z = 1 - \frac{\int dt\, e^{-t^2}}{\sqrt{\pi}},$$

l'intégrale relative à t étant prise depuis $t = T$ jusqu'à $t = \infty$, T étant donné par l'équation

$$T^2 = (n-1) \log \frac{1}{2(1-a)} + n \log \frac{1}{2a},$$

ces logarithmes étant hyperboliques. On peut donner à cette expression de T^2 cette forme très approchée

$$T^2 = (n-1) \log \frac{p+q}{2q} + n \log \frac{p+q}{2p} + \frac{n\mu(p+q)(p-q)}{pq},$$

et l'on en tirera

$$T^2 = 3,66793.$$

Si l'on fait usage de la formule (c') du n° XXXVII, on aura

$$\int dt\, e^{-t^2} = \frac{e^{-T^2}}{2T} (1 - 0,136317 + 0,055747 - 0,037996 + 0,036256 - \ldots).$$

Cette série est peu convergente, mais elle a l'avantage de donner alternativement une somme plus grande et plus petite que la véritable, suivant que l'on s'arrête à un nombre de termes pair ou impair; en ajoutant donc à la somme des quatre premiers termes la moitié du cinquième, l'erreur sera moindre que cette moitié et, par conséquent, au-dessous de $\frac{1}{30}$ de la somme entière; on aura ainsi

$$\int dt\, e^{-t^2} = \frac{e^{-T^2}}{2T} 0,899562,$$

ce qui donne

$$Z = 0,9966174$$

et, par conséquent,

$$P = 0,664;$$

il y a donc, à très peu près, deux contre un à parier que, dans l'espace d'un siècle, les naissances des garçons l'emporteront chaque année à Paris sur celles des filles.

XLIV.

Les recherches précédentes suffisent pour faire voir les avantages de l'analyse exposée au commencement de ce Mémoire, dans la partie de la théorie des hasards, où il s'agit de remonter des événements observés à leurs possibilités respectives et de déterminer la probabilité des événements futurs. Cette analyse n'est pas moins utile dans la solution des problèmes où l'on cherche la probabilité d'un résultat formé d'un grand nombre d'événements simples, dont les possibilités sont connues : pour en donner un exemple, nous supposerons que l'on se propose d'avoir la probabilité que tous les numéros d'une loterie composée de n numéros, et dont il en sort un à chaque tirage, seront tous sortis après le nombre i de tirages.

J'ai donné, dans le Tome VI des *Mémoires des Savants étrangers* (¹), la solution de ce problème, quel que soit le nombre de numéros que l'on amène à chaque tirage, et il en résulte que, dans le cas où il ne sort à chaque tirage qu'un seul numéro, si l'on nomme y_i la probabilité que tous les numéros seront sortis après le nombre i de tirages, on aura

$$y_i = \frac{\Delta^n s^i}{n^i},$$

la caractéristique Δ étant celle des différences finies, et s devant être supposé nul dans le résultat final. Cette expression, fort simple en apparence, conduirait à des calculs impraticables si n et i étaient de très grands nombres; il serait beaucoup plus difficile encore d'en conclure le nombre i, auquel répond une valeur donnée de y_i; mais on peut aisément déterminer ce nombre par les formules du n° XXVII.

La formule (μ') de ce numéro donne, à très peu près,

$$\Delta^n s^i = -\frac{\left(\dfrac{i}{a}\right)^{i+1} c^{sn-i}(c^i-1)^n}{\sqrt{\dfrac{i(i+1)}{a^i} - \dfrac{nic^a}{(c^a-1)^2}}} \left(1 + \frac{15\,l'^2 - 12\,ll''}{16\,l^3} + \frac{1}{13\,i}\right),$$

a, l, l', l'' étant donnés par les équations suivantes :

$$o = \frac{i+1}{a} - s - \frac{nc^i}{c^i-1},$$

$$l = -\frac{i+1}{3a^2} - \frac{n}{3}\frac{c^i}{c^i-1} + \frac{n}{2}\left(\frac{c^i}{c^a-1}\right)^2,$$

$$l' = -\frac{i+1}{3a^3} + \frac{n}{6}\frac{c^i}{c^a-1} - \frac{n}{2}\left(\frac{c^i}{c^a-1}\right)^2 + \frac{n}{3}\left(\frac{c^a}{c^a-1}\right)^3,$$

$$l'' = -\frac{i+1}{4a^4} - \frac{n}{24}\frac{c^i}{c^i-1} + \frac{7n}{24}\left(\frac{c^a}{e^a-1}\right)^2 - \frac{n}{2}\left(\frac{c^i}{e^a-1}\right)^3 + \frac{n}{4}\left(\frac{c^a}{e^a-1}\right)^4.$$

(¹) *OEuvres de Laplace*, t. VIII, p. 17.

Si l'on suppose $s = 0$ et e^a de l'ordre n ou i, ces équations deviendront

$$a = \frac{i+1}{n}(1 - e^{-a}),$$

$$l = -\frac{i+1}{2a^2}, \qquad l' = -\frac{i+1}{3a^3}, \qquad l'' = -\frac{i+1}{4a^4};$$

la formule précédente donnera donc, dans ce cas,

$$\frac{\Delta^n s^i}{n^i} = \frac{\left(\dfrac{i}{i+1}\right)^{i+\frac{1}{2}} e^{na-i}(1 - e^{-a})^{n-i}}{\sqrt{1 - \dfrac{i+1-na}{n}}}.$$

Or on a

$$\left(\frac{i}{i+1}\right)^{i+\frac{1}{2}} = e^{-1},$$

et si l'on fait $e^{-a} = z$, z étant supposé une très petite fraction de l'ordre $\frac{1}{i}$, on aura

$$(1 - e^{-a})^{n-i} = e^{(i-n)z}\left(1 + \frac{i-n}{2} z^2\right);$$

on a ensuite

$$i + 1 - na = (i+1)z.$$

On aura donc, à très peu près,

$$\frac{\Delta^n s^i}{n^i} = e^{-nz}\left(1 + \frac{i - 2n + 1}{2n} z + \frac{i-n}{2} z^2\right) = y_i.$$

Pour déterminer z, nous observerons que l'équation $a = \frac{i+1}{n}(1 - z)$ donne, pour première valeur de a,

$$a = \frac{i}{n};$$

en désignant donc $e^{\frac{-i}{n}}$ par q, nous aurons, pour une première valeur de z,

$$z = q;$$

cette valeur substituée dans l'expression de a donne, pour seconde valeur de cette quantité,

$$a = \frac{i+1}{n} - \frac{i}{n}q;$$

en la substituant dans l'équation $z = e^{-a}$, on aura, pour seconde valeur de z,

$$z = q\left(1 - \frac{i}{n} + \frac{i}{n}q\right),$$

d'où il est aisé de conclure

$$y_i = e^{-nq}\left(1 + \frac{i}{2n}q - \frac{i+n}{2}q^2\right).$$

Cette valeur de y_i sera très approchée si, n et i étant de fort grands nombres, q est de l'ordre $\frac{1}{n}$; et c'est ce qui aura toujours lieu lorsque y_i ne sera pas une fraction très petite, car alors e^{-nq} ne sera pas un très petit nombre, ce qui suppose q de l'ordre $\frac{1}{n}$.

Soit $y_i = \frac{1}{2}$, et cherchons le nombre i de tirages auquel cette probabilité correspond. Nous aurons, pour la déterminer, les deux équations suivantes

$$q - \frac{i}{2n^2}q + \frac{i+n}{2n}q^2 = \frac{\log 2}{n},$$

$$i = -n\log q,$$

ces logarithmes étant hyperboliques.

Soit $n = 10\,000$, on a

$$\text{log hyperb. } 2 = 0,6931472;$$

la première des deux équations précédentes donne, pour première valeur de q, en négligeant les termes $-\frac{i}{2n^2}q$ et $\frac{i+n}{2n}q^2$,

$$q = 0,00006931472.$$

Cette valeur étant de l'ordre $\frac{1}{n}$, on voit que c'est ici le cas d'employer l'expression précédente de y_i. La seconde équation donne

$$i = 95768,5.$$

Cette valeur peut différer encore de quelques unités de la véritable ; mais, en corrigeant la valeur de q par son moyen, on aura

$$q = 0,00006932250,$$

ce qui donnera, pour seconde valeur de i,

$$i = 95767,41;$$

d'où il suit qu'il y a un peu moins d'un contre un à parier que tous les numéros sortiront après 95 767 tirages, et qu'il y a un peu plus d'un contre un à parier qu'ils sortiront après 95 768 tirages.

THÉORIE

DES

ATTRACTIONS DES SPHÉROÏDES

ET DE LA

FIGURE DES PLANÈTES.

THÉORIE

DES

ATTRACTIONS DES SPHÉROIDES

ET DE LA

FIGURE DES PLANÈTES.

Mémoires de l'Académie royale des Sciences de Paris, année 1782; 1785.

La matière qui fait l'objet de ces recherches a, depuis Newton, occupé un grand nombre de géomètres, et les résultats auxquels ils sont parvenus sont également intéressants par l'analyse délicate qu'ils exigent et par leur importance dans le Système du Monde. Mais, en considérant attentivement les méthodes dont ils ont fait usage, on voit qu'elles laissent plusieurs choses à désirer encore : elles sont, pour la plupart, restreintes à des sphéroïdes particuliers, et celles qui sont plus générales manquent de cette simplicité si désirable dans la manière de traiter les objets compliqués; il m'a paru que, sous ce point de vue, on pouvait perfectionner cette branche importante de la Physique céleste, et j'ose me flatter de présenter aux géomètres, dans cet Ouvrage, une théorie des attractions des sphéroïdes et de la figure des planètes plus générale et plus simple que celles qui sont déjà connues.

Il est partagé en cinq Sections : dans la première, je donne une théorie complète des attractions des sphéroïdes terminés par des surfaces du second ordre; cette théorie a déjà paru dans l'Ouvrage que j'ai publié sur le mouvement et sur la figure elliptique des planètes;

mais elle est ici représentée d'une manière plus directe et plus simple.

Je considère dans la seconde Section les attractions des sphéroïdes quelconques, et je les fais dépendre d'une équation aux différences partielles du second ordre : cette équation est la base de mes recherches sur la figure des planètes; elle me conduit d'abord à quelques résultats généraux sur l'expression en série des attractions des sphéroïdes. En supposant ensuite les sphéroïdes fort approchants de la sphère et en combinant ces résultats avec une équation différentielle qui a lieu à leur surface, et dont j'ai tiré autrefois les lois de la pesanteur sur les sphéroïdes homogènes en équilibre, je parviens à une expression en séries, générale et simple, des attractions des sphéroïdes quelconques très peu différents de la sphère, expression qui se termine toutes les fois que l'équation de leur surface est finie et rationnelle. Il est assez remarquable que cette expression, qui, par les méthodes ordinaires, exigerait des intégrations très compliquées, soit donnée sans aucune intégration et par la seule différentiation des fonctions. Ces recherches sont l'objet de la troisième Section; toute la théorie de la figure des planètes et de la loi de la pesanteur à leur surface en est un simple corollaire; il en résulte que, si la planète est homogène, elle ne peut être en équilibre que d'une seule manière, quelles que soient les forces qui l'animent, et qu'ainsi la Terre est nécessairement, dans cette hypothèse, un ellipsoïde de révolution; mais ce résultat, fondé sur le développement en série des attractions des sphéroïdes, pouvant laisser quelques doutes, je le démontre, *a priori*, indépendamment des suites, et je fais voir en même temps que, dans un grand nombre de cas, un fluide qui recouvre une sphère est susceptible de plusieurs états d'équilibre. La méthode des séries conduit aux mêmes résultats, d'où il suit que cette méthode a toute la généralité possible, et qu'il n'est point à craindre qu'aucune figure d'équilibre lui échappe.

Si la planète est hétérogène, sa figure dépend de celle de ses couches et de la loi de leurs densités; la pesanteur à sa surface dépend des mêmes données; mais, en combinant les équations qui déterminent la pesanteur à la surface du sphéroïde et sa figure, je parviens à une relation entre ces deux quantités, indépendante de la constitution intérieure du sphéroïde, et qui, lorsqu'on aura un nombre suffisant d'observations sur la grandeur des degrés terrestres et sur la longueur du pendule, pourra fournir une nouvelle confirmation du principe de la pesanteur universelle. Je fais voir que, dans l'état actuel de nos connaissances, ce principe satisfait, aussi bien qu'on peut le désirer, à tous les phénomènes qui dépendent de la figure de la Terre.

Pour compléter cette théorie de la figure des planètes, il reste à déterminer les conditions qui donnent un équilibre ferme ; dans cette vue, je considère les oscillations d'un fluide de peu de profondeur qui recouvre une sphère. M. d'Alembert en a fait l'objet de ses savantes recherches sur la cause des vents; mais cet illustre auteur n'a résolu que le cas où le fluide est tiré de l'état de repos par l'attraction d'un astre immobile. Environ trente ans après, aidé des progrès que l'Analyse et la théorie des fluides avaient faits dans cet intervalle, je repris le même problème et j'en donnai la solution, en supposant à l'astre attirant un mouvement quelconque dans l'espace; mais l'imperfection de la théorie des attractions des sphéroïdes ne me permit pas alors de m'élever à la considération générale des oscillations du fluide, quels que fussent son état et son ébranlement primitifs. Les nouvelles recherches dont je viens de parler m'ont conduit à une solution complète de ce problème; les conditions de la stabilité de l'équilibre du fluide étant données par celles qui rendent ses oscillations périodiques, je trouve que cette stabilité exige que la densité du fluide soit moindre que celle de la sphère qu'il recouvre, condition différente de celle que les géomètres ont donnée pour cet objet, mais qui s'accorde avec ce que j'ai trouvé dans nos *Mémoires* pour l'année 1776, en ayant égard au mouvement de rotation du sphéroïde. L'équilibre des eaux de la mer, que les vents et un grand nombre d'autres causes agitent d'une manière fort irrégulière, ne serait donc pas ferme si leur densité était égale ou plus grande que celle du globe terrestre; ainsi,

quand même les observations faites sur l'attraction des montagnes ne
nous auraient pas appris que cette densité est plus petite, la stabilité
de l'équilibre de la mer eût suffi pour nous en convaincre.

Cet Ouvrage est entièrement fondé sur le calcul aux différences partielles; j'ai montré, dans nos *Mémoires* pour l'année 1777, son utilité
dans le développement des fonctions en séries; les nouveaux usages
que je présente ici de ce même calcul serviront à faire voir de plus en
plus son importance dans l'Analyse.

Première Section.

*Des attractions des sphéroïdes terminés par des surfaces
du second ordre.*

I.

L'équation générale des surfaces du second ordre, rapportées à trois
coordonnées orthogonales, est

$$0 = A + Bx + Cy + Ez + Fx^2 + Hxy + Ly^2 + Mxz + Nyz + Oz^2.$$

Le changement de l'origine des coordonnées introduit trois arbitraires, puisque la position de cette nouvelle origine par rapport à la
première dépend de trois coordonnées arbitraires; le changement de
la position des coordonnées autour de leur origine introduit trois
angles arbitraires; en faisant donc changer à la fois, dans l'équation
précédente, les coordonnées d'origine et de position, on aura une
nouvelle équation du second degré, dont les coefficients seront fonctions des précédents et de six arbitraires; si l'on égale ensuite à zéro
les coefficients des premières puissances des coordonnées et de leurs
produits deux à deux, on déterminera ces arbitraires; et l'équation
générale du second ordre prendra cette forme très simple

$$x^2 + m y^2 + n z^2 = k^2;$$

c'est sous cette forme que nous allons la considérer.

Nous n'aurons égard dans ces recherches qu'aux solides terminés par des surfaces finies, ce qui suppose m et n positifs, et, dans ce cas, le solide est un ellipsoïde dont les trois demi-axes sont égaux aux variables x, y, z, lorsqu'on suppose deux d'entre elles égales à zéro; on aura ainsi k, $\dfrac{k}{\sqrt{m}}$ et $\dfrac{k}{\sqrt{n}}$ pour ces trois demi-axes respectivement parallèles aux x, aux y et aux z, et la solidité de l'ellipsoïde sera $\dfrac{4\pi k^3}{3\sqrt{mn}}$, en désignant par π, comme nous le ferons toujours dans la suite, le rapport de la demi-circonférence au rayon.

II.

Pour déterminer l'attraction d'un pareil sphéroïde sur un point quelconque, soient

A l'attraction du sphéroïde sur ce point, décomposée parallèlement à l'axe des x;

B cette attraction décomposée parallèlement à l'axe des y;

C cette même attraction décomposée parallèlement à l'axe des z.

Soient encore

a, b, c les trois coordonnées du point attiré, parallèlement à ces axes;

x, y, z celles d'une molécule dM du sphéroïde;

r un rayon mené de cette molécule au point attiré;

p le complément de l'angle que forme ce rayon avec le plan des y et des z;

q l'angle que forme la projection de ce rayon sur ce plan avec l'axe des y.

On aura
$$x = a - r\cos p,$$
$$y = b - r\sin p\cos q,$$
$$z = c - r\sin p\sin q.$$

La molécule dM est égale au parallélépipède rectangle dont les trois dimensions sont dr, $r\,dp$ et $r\,dq\sin p$, et dont la masse est, par conséquent, $r^2\,dr\,dp\,dq\sin p$; pour avoir son attraction parallèlement aux axes des x, des y et des z, il faut la multiplier respectivement par $\cos p$, $\sin p\cos q$, $\sin p\sin q$, et diviser ces produits par r^2 : on aura ainsi, en prenant la somme de toutes les attractions relatives à chaque molécule du sphéroïde,

$$A = \iiint dr\,dp\,dq \sin p\cos p,$$

$$B = \iiint dr\,dp\,dq \sin^2 p\cos q,$$

$$C = \iiint dr\,dp\,dq \sin^2 p\sin q.$$

Les intégrations sont faciles relativement à r, mais elles sont différentes, suivant que le point attiré est dans l'intérieur ou au dehors du sphéroïde; dans le premier cas, la droite, qui, passant par le point attiré, traverse le sphéroïde, est divisée en deux parties par ce point, et, si l'on nomme r et r' ces deux parties, on aura

$$A = \iint (r'+r)\,dp\,dq \sin p\cos p,$$

$$B = \iint (r'+r)\,dp\,dq \sin^2 p\cos q,$$

$$C = \iint (r'+r)\,dp\,dq \sin^2 p\sin q,$$

les intégrales relatives à p et à q devant être prises depuis p et q égaux à zéro jusqu'à p et q égaux à $180°$. Dans le second cas, si l'on nomme toujours r le rayon r à son entrée dans le sphéroïde et r' ce même rayon à sa sortie, on aura

$$A = \iint (r'-r)\,dp\,dq \sin p\cos p,$$

$$B = \iint (r'-r)\,dp\,dq \sin^2 p\cos q,$$

$$C = \iint (r'-r)\,dp\,dq \sin^2 p\sin q,$$

les limites des intégrales relatives à p et à q devant être fixées aux points où l'on a $r'-r=0$, c'est-à-dire où le rayon r est tangent à la surface du sphéroïde. Il ne s'agit plus maintenant que de substituer dans ces expressions, au lieu de r et de r', leurs valeurs en p et en q, données par l'équation du sphéroïde.

Pour cela, nous observerons que, si l'on met dans l'équation générale $x^2 + my^2 + nz^2 = k^2$, au lieu de x, y, z, leurs valeurs précédentes, on aura

$$r^2(\cos^2 p + m \sin^2 p \cos^2 q + n \sin^2 p \sin^2 q)$$
$$- 2r(a \cos p + mb \sin p \cos q + nc \sin p \sin q)$$
$$= k^2 - a^2 - mb^2 - nc^2,$$

en sorte que, si l'on suppose

$$L = \cos^2 p + m \sin^2 p \cos^2 q + n \sin^2 p \sin^2 q,$$
$$I = a \cos p + mb \sin p \cos q + nc \sin p \sin q,$$
$$R = I^2 + (k^2 - a^2 - mb^2 - nc^2)L,$$

on aura

$$r = \frac{I \pm \sqrt{R}}{L},$$

d'où l'on tire r' en prenant le radical en plus, et r en le prenant en moins; on aura donc

$$r' + r = \frac{2I}{L}, \qquad r' - r = \frac{2\sqrt{R}}{L},$$

ce qui donne, relativement aux points intérieurs du sphéroïde,

$$A = 2 \int \int \frac{dp\, dq\, I \sin p \cos p}{L},$$
$$B = 2 \int \int \frac{dp\, dq\, I \sin^2 p \cos q}{L},$$
$$C = 2 \int \int \frac{dp\, dq\, I \sin^2 p \sin q}{L},$$

et, relativement aux points extérieurs,

$$A = 2 \int \int \frac{dp\, dq\, \sin p \cos p \sqrt{R}}{L},$$
$$B = 2 \int \int \frac{dp\, dq\, \sin^2 p \cos q \sqrt{R}}{L},$$
$$C = 2 \int \int \frac{dp\, dq\, \sin^2 p \sin q \sqrt{R}}{L},$$

ces trois dernières intégrales étant prises entre les limites qui correspondent à $\sqrt{R} = 0$.

Si l'on nomme V la somme de toutes les molécules du sphéroïde
divisées par leurs distances à un point extérieur, on aura

$$V = \int \frac{dM}{r} = \int\int\int r\, dr\, dp\, dq \sin p = \tfrac{1}{2} \int\int (r'^2 - r^2)\, dp\, dq \sin p,$$

et, si l'on substitue, au lieu de r et de r', leurs valeurs, on aura

$$V = 2 \int\int \frac{dp\, dq \sin p\, l\sqrt{R}}{L^2}.$$

III.

Les expressions relatives aux points intérieurs étant les plus simples, nous allons commencer par les considérer. Nous observerons
d'abord que le demi-axe k du sphéroïde n'entre point dans les valeurs
de l et de L; les valeurs de A, B, C en sont par conséquent indépendantes; d'où il suit que l'on peut augmenter à volonté les couches du
sphéroïde supérieures au point attiré, sans changer l'attraction du
sphéroïde sur ce point, pourvu que les valeurs de m et n soient constantes. De là résulte ce théorème :

*Un point placé dans l'intérieur d'une couche elliptique, dont les sur-
faces intérieure et extérieure sont semblables et semblablement situées,
est également attiré de toutes parts.*

Reprenons maintenant la valeur de A; si l'on y substitue, au lieu de
l et de L, leurs valeurs, elle devient

$$A = 2 \int\int \frac{dp\, dq \sin p \cos p (a \cos p + mb \sin p \cos q + nc \sin p \sin q)}{\cos^2 p + m \sin^2 p \cos^2 q + n \sin^2 p \sin^2 q}.$$

Les intégrales relatives à p et à q étant prises depuis p et q égaux à
zéro jusqu'à p et q égaux à $180°$, il est clair que l'on a généralement

$$\int P\, dp \cos p = 0,$$

P étant une fonction rationnelle de $\sin p$ et de $\cos^2 p$, parce que, à égale distance de 90°, les valeurs de $P\cos p$ sont égales et de signes contraires ; on aura donc

$$A = 2a \int\int \frac{dp\,dq \sin p \cos^2 p}{\cos^2 p + m \sin^2 p \cos^2 q + n \sin^2 p \sin^2 q};$$

et, si l'on intègre par rapport à q, on trouvera, par les méthodes connues,

$$A = \frac{2a\pi}{\sqrt{mn}} \int \frac{dp \sin p \cos^2 p}{\sqrt{\left(1 + \frac{1-m}{m}\cos^2 p\right)\left(1 + \frac{1-n}{n}\cos^2 p\right)}},$$

l'intégrale devant être prise depuis $\cos p = 1$ jusqu'à $\cos p = -1$. Si l'on fait $\cos p = x$ et que l'on observe que, la masse M du sphéroïde étant $\frac{4\pi k^3}{3\sqrt{mn}}$, on a

$$\frac{4\pi}{\sqrt{mn}} = \frac{3M}{k^3},$$

on aura

$$A = \frac{3aM}{k^3} \int \frac{x^2\,dx}{\sqrt{\left(1 + \frac{1-m}{m}x^2\right)\left(1 + \frac{1-n}{n}x^2\right)}},$$

l'intégrale étant prise depuis $x = 0$ jusqu'à $x = 1$.

En intégrant de la même manière les expressions de B et de C, on les réduirait à de simples intégrales ; mais il est plus facile de conclure ces intégrales de l'expression de A ; pour cela, on observera qu'elle peut être considérée comme une fonction des quatre quantités a, k^2, $\frac{k^2}{m}$, $\frac{k^2}{n}$, et que, en nommant k^2 le carré du demi-axe parallèle à b, et, par conséquent, k^2m et $\frac{k'^2m}{n}$ les carrés des deux autres demi-axes. B est pareille fonction de b, k'^2, k'^2m, $\frac{k'^2m}{n}$. Il faut donc, pour avoir B, changer dans l'expression de A, a en b, k en k' ou $\frac{k}{\sqrt{m}}$, m dans $\frac{1}{m}$ et n dans $\frac{n}{m}$, ce qui donne

$$B = \frac{3bM}{k^3} \int \frac{m^{\frac{3}{2}}x^2\,dx}{\sqrt{\left[1 + (m-1)x^2\right]\left(1 + \frac{m-n}{n}x^2\right)}}.$$

Soit $x = \dfrac{t}{\sqrt{m + (1 - m)t^2}}$, on aura

$$B = \frac{3bM}{k^3} \int \frac{t^2\, dt}{\left(1 + \dfrac{1 - m}{m} t^2\right)^{\frac{3}{2}} \left(1 + \dfrac{1 - n}{n} t^2\right)^{\frac{1}{2}}},$$

l'intégrale relative à t devant être prise, comme l'intégrale relative à x, depuis $t = 0$ jusqu'à $t = 1$, parce que $x = 0$ donne $t = 0$, et que $x = 1$ donne $t = 1$. Il suit de là que, si l'on suppose

$$\frac{1 - m}{m} = \mu^2, \qquad \frac{1 - n}{n} = \mu'^2,$$

$$F = \int \frac{x^2\, dx}{\sqrt{(1 + \mu^2 x^2)(1 + \mu'^2 x^2)}},$$

on aura

$$B = \frac{3bM}{k^3} \frac{\partial(F\mu)}{\partial \mu}.$$

Si l'on change, dans cette expression, b en c et μ en μ', on aura la valeur de C; les attractions A, B, C du sphéroïde, parallèlement à ses trois axes, seront ainsi données par les formules suivantes :

$$A = \frac{3aM}{k^3} F, \qquad B = \frac{3bM}{k^3} \frac{\partial(F\mu)}{\partial \mu}, \qquad C = \frac{3cM}{k^3} \frac{\partial(F\mu')}{\partial \mu'}.$$

On doit observer que ces expressions ayant lieu pour tous les points intérieurs et, par conséquent, pour les points infiniment voisins de la surface, elles ont lieu pour ceux de la surface elle-même. La détermination de ces attractions ne dépend que de la valeur de F; mais, quoique cette valeur soit une intégrale définie, elle a cependant toute la difficulté de l'intégrale indéfinie lorsque μ et μ' sont indéterminés; car, si l'on représente l'intégrale définie, prise depuis $x = 0$ jusqu'à $x = 1$, par $\varphi(\mu^2, \mu'^2)$, il est facile de s'assurer que l'intégrale indéfinie sera $x^3 \varphi(\mu^2 x^2, \mu'^2 x^2)$, en sorte que, la première étant donnée, la seconde l'est pareillement. L'intégrale indéfinie n'est possible que lorsque l'une des quantités μ et μ' est nulle ou lorsqu'elles sont égales;

dans ces deux cas, l'ellipsoïde est de révolution, et k sera son demi-axe de révolution si μ et μ' sont égaux; on a, dans ce dernier cas,

$$F = \int \frac{x^2\,dx}{1 + \mu^2 x^2} = \frac{1}{\mu^3}(\mu - \text{arc tang}\,\mu).$$

Pour en conclure les différences partielles $\dfrac{\partial(F\mu)}{\partial\mu}$ et $\dfrac{\partial(F\mu')}{\partial\mu'}$ qui entrent dans les expressions de B et de C, on observera que

$$dF = \frac{\partial F}{\partial\mu}\,d\mu + \frac{\partial F}{\partial\mu'}\,d\mu' = \frac{1}{\mu}\,\frac{\partial(F\mu)}{\partial\mu}\,d\mu + \frac{1}{\mu'}\,\frac{\partial(F\mu')}{\partial\mu'} - F\left(\frac{d\mu}{\mu} + \frac{d\mu'}{\mu'}\right);$$

or on a, lorsque $\mu = \mu'$,

$$\frac{\partial(F\mu)}{\partial\mu} = \frac{\partial(F\mu')}{\partial\mu'},$$

partant

$$\frac{\partial(F\mu)}{\partial\mu}\,d\mu = \tfrac{1}{2}\,\mu\,dF + F\,d\mu = \frac{1}{2\mu}\,d(F\mu^2).$$

En substituant au lieu de F sa valeur, on aura

$$\frac{\partial(F\mu)}{\partial\mu} = \frac{1}{2\mu^3}\left(\text{arc tang}\,\mu - \frac{\mu}{1 + \mu^2}\right);$$

on aura donc, relativement aux ellipsoïdes de révolution,

$$A = \frac{3aM}{k^3\mu^3}(\mu - \text{arc tang}\,\mu),$$

$$B = \frac{3bM}{2k^3\mu^3}\left(\text{arc tang}\,\mu - \frac{\mu}{1 + \mu^2}\right),$$

$$C = \frac{3cM}{2k^3\mu^3}\left(\text{arc tang}\,\mu - \frac{\mu}{1 + \mu^2}\right).$$

IV.

Considérons maintenant l'attraction du sphéroïde sur un point extérieur; cette recherche présente de plus grandes difficultés que la précédente, à cause du radical $\sqrt{R}$ qui entre dans l'expression des attrac-

tions et qui rend les intégrations impossibles; il faut recourir alors
à des artifices particuliers : celui dont je vais faire usage m'a paru
mériter l'attention des géomètres, tant par sa singularité que par
l'utilité dont il peut être dans des circonstances semblables.

Si l'on désigne par V la somme de toutes les molécules du sphéroïde, divisées par leurs distances respectives au point attiré, que
l'on nomme x, y, z les coordonnées d'une molécule dM du sphéroïde,
et a, b, c celles du point attiré, on aura

$$V = \int \frac{dM}{\sqrt{(a-x)^2 + (b-y)^2 + (c-z)^2}}.$$

En désignant ensuite par A, B, C les attractions du sphéroïde, parallèlement aux axes des x, des y et des z, on aura

$$A = \int \frac{(a-x)\,dM}{[(a-x)^2 + (b-y)^2 + (c-z)^2]^{\frac{3}{2}}} = -\frac{\partial V}{\partial a};$$

on aura pareillement

$$B = -\frac{\partial V}{\partial b}, \qquad C = -\frac{\partial V}{\partial c},$$

d'où il suit généralement que, si l'on connait V, il sera facile d'en conclure, par la seule différentiation, l'attraction du sphéroïde, parallèlement à une droite quelconque a, en considérant cette droite comme
une des coordonnées rectangles du point attiré.

La valeur précédente de V, réduite en série, devient

$$V = \int \frac{dM}{\sqrt{a^2 + b^2 + c^2}} \left[1 + \frac{1}{2} \frac{2ax + 2by + 2cz - x^2 - y^2 - z^2}{a^2 + b^2 + c^2} \right.$$
$$\left. + \frac{3}{8} \frac{(2ax + 2by + 2cz - x^2 - y^2 - z^2)^2}{(a^2 + b^2 + c^2)^2} \right.$$
$$\left. + \dots\dots\dots\dots\dots\dots\dots\dots\dots \right];$$

cette suite est ascendante relativement aux dimensions du sphéroïde
et descendante relativement aux coordonnées du point attiré, et si
l'on n'a égard qu'à son premier terme, ce qui suffit lorsque le point

attiré est à une très grande distance, on aura $V = \dfrac{M}{\sqrt{a^2 + b^2 + c^2}}$, M étant
la masse entière du sphéroïde. Cette expression sera plus exacte
encore si l'on place l'origine des coordonnées au centre de gravité du
sphéroïde, car on a, par la propriété de ce centre,

$$\int x\,dM = 0, \qquad \int y\,dM = 0, \qquad \int z\,dM = 0;$$

en sorte que, si l'on considère le rapport des dimensions du sphéroïde
à sa distance au point attiré comme une très petite quantité du premier ordre, l'équation

$$V = \frac{M}{\sqrt{a^2 + b^2 + c^2}}$$

sera exacte aux quantités près du troisième ordre. Nous allons présentement chercher une expression rigoureuse de V, relativement aux
sphéroïdes elliptiques.

V.

Pour cela, reprenons les valeurs de V, A, B et C de l'article II :

$$V = 2 \int \int \frac{dp\,dq\,\sin p\, \mathrm{l}\,\sqrt{R}}{L^2},$$

$$A = 2 \int \int \frac{dp\,dq\,\sin p\,\cos p\,\sqrt{R}}{L},$$

$$B = 2 \int \int \frac{dp\,dq\,\sin^2 p\,\cos q\,\sqrt{R}}{L},$$

$$C = 2 \int \int \frac{dp\,dq\,\sin^2 p\,\sin q\,\sqrt{R}}{L}.$$

Puisqu'aux limites de ces intégrales on a $\sqrt{R} = 0$, il est clair qu'en
prenant les premières différences de V, A, B et C, par rapport à l'une
quelconque des six quantités a, b, c, k, m et n, on peut se dispenser
d'avoir égard aux variations des limites, en sorte que l'on a, par
exemple,

$$\frac{\partial V}{\partial a} = 2 \int \int dp\,dq\,\sin p\,\frac{\partial}{\partial a}\frac{\mathrm{l}\,\sqrt{R}}{L^2};$$

cela posé, il est facile de s'assurer par la différentiation que si, pour abréger, on fait $a\mathrm{A} + b\mathrm{B} + c\mathrm{C} = \mathrm{F}$, on aura entre les quatre quantités F, B, C et V l'équation suivante aux différences partielles :

$$
0 = (a^2 + b^2 + c^2)\left[\mathrm{V} - \frac{1}{2}\left(a\frac{\partial \mathrm{V}}{\partial a} + b\frac{\partial \mathrm{V}}{\partial b} + c\frac{\partial \mathrm{V}}{\partial c}\right) - \mathrm{F} + \frac{1}{2}\left(a\frac{\partial \mathrm{F}}{\partial a} + b\frac{\partial \mathrm{F}}{\partial b} + c\frac{\partial \mathrm{F}}{\partial c}\right)\right]
$$

$$
+ \tfrac{1}{2}k^2\frac{\partial \mathrm{F}}{\partial k} - k^2\left[\mathrm{F} - \frac{1}{2}\left(a\frac{\partial \mathrm{V}}{\partial a} + b\frac{\partial \mathrm{V}}{\partial b} + c\frac{\partial \mathrm{V}}{\partial c}\right)\right] + k^2\frac{m-1}{m}b\left(\frac{\partial \mathrm{F}}{\partial b} - \frac{1}{2}\frac{\partial \mathrm{V}}{\partial b} - \mathrm{B}\right)
$$

$$
+ k^2\frac{n-1}{n}c\left(\frac{\partial \mathrm{F}}{\partial c} - \frac{1}{2}\frac{\partial \mathrm{V}}{\partial c} - \mathrm{C}\right) - k^2(m-1)\frac{\partial \mathrm{F}}{\partial m} - k^2(n-1)\frac{\partial \mathrm{F}}{\partial n}.
$$

On peut éliminer de cette équation les quantités B, C et F, en y substituant leurs valeurs $-\dfrac{\partial \mathrm{V}}{\partial b}$, $-\dfrac{\partial \mathrm{V}}{\partial c}$ et $-a\dfrac{\partial \mathrm{V}}{\partial a} - b\dfrac{\partial \mathrm{V}}{\partial b} - c\dfrac{\partial \mathrm{V}}{\partial c}$; on aura ainsi une équation aux différences partielles en V seul. Soit donc

$$
\mathrm{V} = \frac{4\pi k^3}{3\sqrt{mn}}\,v = \mathrm{M}v,
$$

M étant, par l'article I, la masse du sphéroïde elliptique, et, au lieu des variables m et n, introduisons celles-ci θ et ϖ, qui sont telles que

$$
\theta = k^2\frac{1-m}{m}, \qquad \varpi = k^2\frac{1-n}{n},
$$

nous aurons

$$
\frac{\partial \theta}{\partial k} = \frac{2\theta}{k}, \qquad \frac{\partial \varpi}{\partial k} = \frac{2\varpi}{k}, \qquad \frac{\partial \theta}{\partial m} = -\frac{k^2}{m^2}, \qquad \frac{\partial \varpi}{\partial n} = -\frac{k^2}{n^2},
$$

ce qui donne

$$
k\frac{\partial \mathrm{V}}{\partial k} = \mathrm{M}\left(2\theta\frac{\partial v}{\partial \theta} + 2\varpi\frac{\partial v}{\partial \varpi} + 3v + k\frac{\partial v}{\partial k}\right),
$$

$$
\frac{\partial \mathrm{V}}{\partial m} = -\mathrm{M}\left(\frac{k^2}{m^2}\frac{\partial v}{\partial \theta} + \frac{v}{2m}\right),
$$

$$
\frac{\partial \mathrm{V}}{\partial n} = -\mathrm{M}\left(\frac{k^2}{n^2}\frac{\partial v}{\partial \varpi} + \frac{v}{2n}\right).
$$

Cela posé, l'équation précédente deviendra, en y substituant $\dfrac{k^2}{k^2+\theta}$

au lieu de m, $\dfrac{k^2}{k^2+\varpi}$ au lieu de n et en supposant

$$Q = a\frac{\partial v}{\partial a} + b\frac{\partial v}{\partial b} + c\frac{\partial v}{\partial c},$$

$$(1)\quad\left\{\begin{aligned}
0 ={}& (a^2 + b^2 + c^2)\left[v + \tfrac{1}{2}Q - \tfrac{1}{2}\left(a\frac{\partial Q}{\partial a} + b\frac{\partial Q}{\partial b} + c\frac{\partial Q}{\partial c}\right)\right]\\
&+ \theta^2\frac{\partial Q}{\partial\theta} + \varpi^2\frac{\partial Q}{\partial\varpi} - \frac{k^3}{2}\frac{\partial Q}{\partial k} + \tfrac{1}{2}(\theta + \varpi)Q\\
&+ b\theta\frac{\partial Q}{\partial b} + c\varpi\frac{\partial Q}{\partial c} - \tfrac{1}{2}b\theta\frac{\partial v}{\partial b} - \tfrac{1}{2}c\varpi\frac{\partial v}{\partial c}.
\end{aligned}\right.$$

VI.

Concevons maintenant la fonction v réduite dans une suite ascendante par rapport aux dimensions k, $\sqrt{\theta}$ et $\sqrt{\varpi}$ du sphéroïde, et par conséquent descendante relativement aux quantités a, b et c; cette suite sera de la forme suivante

$$v = U^{(0)} + U^{(1)} + U^{(2)} + U^{(3)} + \ldots,$$

$U^{(0)}$, $U^{(1)}$, $U^{(2)}$, ... étant des fonctions homogènes de a, b, c, k, $\sqrt{\theta}$, $\sqrt{\varpi}$, et séparément homogènes relativement aux trois premières et aux trois dernières de ces six quantités, les dimensions relatives aux trois premières allant toujours en diminuant et les dimensions relatives aux trois dernières croissant sans cesse. Ces fonctions sont toutes de la même dimension que v; or, V étant la somme des molécules du sphéroïde, divisées par leurs distances au point attiré, et chaque molécule étant de trois dimensions, V est de deux dimensions; donc, v étant égal à V divisé par la masse M du sphéroïde, il sera de la dimension -1.

Si l'on substitue dans l'équation (1) au lieu de v sa valeur précédente en série, que l'on nomme s la dimension de $U^{(i)}$ en k, $\sqrt{\theta}$ et $\sqrt{\varpi}$, et par conséquent $-s-1$ sa dimension en a, b, c; si l'on nomme pareillement s' la dimension de $U^{(i+1)}$ en k, $\sqrt{\theta}$ et $\sqrt{\varpi}$, et par conséquent $-s'-1$ sa dimension en a, b et c; si l'on considère ensuite que, par la nature des fonctions homogènes, on a

$$a\,\frac{\partial U^{(i)}}{\partial a} + b\,\frac{\partial U^{(i)}}{\partial b} + c\,\frac{\partial U^{(i)}}{\partial c} = -(s+1)U^{(i)},$$

$$a\,\frac{\partial U^{(i+1)}}{\partial a} + b\,\frac{\partial U^{(i+1)}}{\partial b} + c\,\frac{\partial U^{(i+1)}}{\partial c} = -(s'+1)U^{(i+1)},$$

on aura, en rejetant les termes d'une dimension en k, $\sqrt{\vartheta}$ et $\sqrt{\varpi}$, supérieure à celle des termes que l'on conserve

$$(2)\qquad U^{(i+1)} = \frac{\left\{\begin{array}{l} \tfrac{1}{2}(s+1)k^3\,\dfrac{\partial U^{(i)}}{\partial k} - (s+1)\vartheta^2\,\dfrac{\partial U^{(i)}}{\partial \vartheta} \\[2mm] -(s+1)\varpi^2\,\dfrac{\partial U^{(i)}}{\partial \varpi} - \dfrac{s+1}{2}(\vartheta+\varpi)U^{(i)} \\[2mm] -(s+\tfrac{3}{2})b\vartheta\,\dfrac{\partial U^{(i)}}{\partial b} - (s+\tfrac{3}{2})c\varpi\,\dfrac{\partial U^{(i)}}{\partial c} \end{array}\right\}}{s'\,\dfrac{s'+3}{2}(a^2+b^2+c^2)}.$$

Cette équation donne la valeur de $U^{(i+1)}$ au moyen de $U^{(i)}$ et de ses différences partielles ; or on a

$$U^{(0)} = \frac{1}{(a^2+b^2+c^2)^{\frac{1}{2}}},$$

puisque, en n'ayant égard qu'au premier terme de la série, nous avons trouvé dans l'article IV

$$V = \frac{M}{(a^2+b^2+c^2)^{\frac{1}{2}}}.$$

En substituant donc cette valeur de $U^{(0)}$ dans la formule précédente, on aura celle de $U^{(1)}$; au moyen de $U^{(1)}$ on aura $U^{(2)}$, et ainsi de suite ; mais il est remarquable qu'aucune de ces quantités ne renferme k, car il est clair, par la formule (2), que $U^{(0)}$ ne renfermant point k, $U^{(1)}$ ne le renfermera pas ; que $U^{(1)}$ ne le renfermant point, $U^{(2)}$ ne le renfermera pas, et ainsi du reste ; en sorte que la série entière $U^{(0)} + U^{(1)} + U^{(2)} + U^{(3)} + \ldots$ est indépendante de k ou, ce qui revient au même, $\frac{\partial v}{\partial k} = 0$. Les valeurs de v, $-\frac{\partial v}{\partial a}$, $-\frac{\partial v}{\partial b}$ et $-\frac{\partial v}{\partial c}$ sont donc les mêmes pour tous les sphéroïdes elliptiques semblablement situés et qui ont les mêmes excentricités $\sqrt{\vartheta}$ et $\sqrt{\varpi}$; or $-\,\mathrm{M}\dfrac{\partial \upsilon}{\partial a}$, $-\,\mathrm{M}\dfrac{\partial \upsilon}{\partial b}$ et $-\,\mathrm{M}\dfrac{\partial \upsilon}{\partial c}$ expriment, par l'article IV, les attractions du sphéroïde parallèlement à ses trois axes; donc les attractions de différents sphéroïdes elliptiques qui ont le même centre, la même position des axes et les mêmes excentricités, sur un même point extérieur, sont entre elles comme leurs masses.

Il est aisé de voir, par l'inspection de la formule (2), que les dimensions de $\mathrm{U}^{(0)}$, $\mathrm{U}^{(1)}$, $\mathrm{U}^{(2)}$, ... en $\sqrt{\vartheta}$ et $\sqrt{\varpi}$ croissent de deux en deux unités, en sorte que $s = 2i$ et $s' = 2i + 2$; on a d'ailleurs, par la nature des fonctions homogènes,

$$\varpi\,\frac{\partial \mathrm{U}^{(i)}}{\partial \varpi} = i\,\mathrm{U}^{(i)} - \vartheta\,\frac{\partial \mathrm{U}^{(i)}}{\partial \vartheta}.$$

Cette formule deviendra donc

$$(3)\quad \mathrm{U}^{(i+1)} = \frac{(2i+1)\vartheta(\varpi-\vartheta)\dfrac{\partial \mathrm{U}^{(i)}}{\partial \vartheta} - (2i+\tfrac{3}{2})b\vartheta\dfrac{\partial \mathrm{U}^{(i)}}{\partial b} - (2i+\tfrac{3}{2})c\varpi\dfrac{\partial \mathrm{U}^{(i)}}{\partial c} - \tfrac{1}{2}(2i+1)[\vartheta+(2i+1)\varpi]\,\mathrm{U}^{(i)}}{(i+1)(2i+5)(a^2+b^2+c^2)};$$

on aura au moyen de cette équation la valeur de υ, dans une série qui sera convergente toutes les fois que les excentricités $\sqrt{\vartheta}$ et $\sqrt{\varpi}$ seront fort petites, ou que la distance $\sqrt{a^2+b^2+c^2}$ du point attiré au centre du sphéroïde sera fort grande relativement aux dimensions du sphéroïde.

Si le sphéroïde est une sphère, on aura

$$\vartheta = 0 \qquad \text{et} \qquad \varpi = 0,$$

ce qui donne

$$\mathrm{U}^{(1)} = 0, \qquad \mathrm{U}^{(2)} = 0, \qquad \dots,$$

partant

$$\upsilon = \mathrm{U}^{(0)} = \frac{1}{\sqrt{a^2+b^2+c^2}} \qquad \text{et} \qquad \mathrm{V} = \frac{\mathrm{M}}{\sqrt{a^2+b^2+c^2}};$$

d'où il suit que la valeur de V est la même que si toute la masse de la sphère était réunie à son centre, et qu'ainsi une sphère attire un point quelconque extérieur comme si toute sa masse était réunie à son centre. Les planètes s'attirent donc, à très peu près, comme si leurs masses étaient réunies à leurs centres de gravité, non seulement parce que leurs distances respectives sont très grandes par rapport aux dimensions de leurs masses, mais encore parce que leurs figures sont très peu différentes de la sphère.

VII.

La propriété de la fonction v d'être indépendante de k fournit un moyen de réduire sa valeur sous la forme la plus simple dont elle est susceptible, car, puisque l'on peut faire varier à volonté k sans changer cette valeur, pourvu que l'on conserve au sphéroïde les mêmes excentricités $\sqrt{\theta}$ et $\sqrt{\varpi}$, on pourra supposer k tel que le sphéroïde soit infiniment aplati, ou que sa surface passe par le point attiré; dans ces deux cas, la recherche des attractions du sphéroïde se simplifie; mais, comme nous avons déterminé précédemment les attractions des sphéroïdes elliptiques sur des points placés à leur surface, nous supposerons k tel que la surface du sphéroïde passe par le point attiré.

Si l'on nomme k', m' et n', relativement à ce nouveau sphéroïde, ce que nous avons nommé k, m, n dans l'article I, par rapport au sphéroïde que nous avons considéré jusqu'ici, la condition que le point attiré est à sa surface, et qu'ainsi a, b, c sont les coordonnées d'un point de cette surface, donnera

$$a^2 + m'b^2 + n'c^2 = k'^2;$$

et, puisque l'on suppose que les excentricités $\sqrt{\theta}$ et $\sqrt{\varpi}$ restent les mêmes, on aura

$$k'^2 \frac{1-m'}{m'} = \theta, \qquad k'^2 \frac{1-n'}{n'} = \varpi,$$

d'où l'on tire

$$m' = \frac{k'^2}{k'^2 + \theta}, \qquad n' = \frac{k'^2}{k'^2 + \varpi};$$

on aura donc pour déterminer k' l'équation

$$(4) \qquad a^2 + \frac{k'^2}{k'^2 + \theta} b^2 + \frac{k'^2}{k'^2 + \varpi} c^2 = k'^2.$$

Il est aisé d'en conclure qu'il n'y a qu'un seul sphéroïde elliptique dont la surface passe par le point attiré, θ et ϖ restant les mêmes, car, si l'on suppose, comme cela se peut toujours en choisissant convenablement l'axe k, que θ et ϖ soient positifs, il est clair que, en faisant croître k'^2 dans l'équation (4) d'une quantité quelconque que nous pouvons considérer comme une partie aliquote de k'^2, chacun des termes du premier membre de cette équation croîtra dans un rapport moindre que k'^2; donc, si dans le premier état de k'^2 il y avait égalité entre les deux membres de l'équation, cette égalité ne subsistera plus dans le second état; d'où il suit que k'^2 n'est susceptible que d'une seule valeur réelle et positive.

Maintenant, soient M' la masse du nouveau sphéroïde; A', B', C' ses attractions parallèlement aux axes des a, des b et des c. Si l'on fait

$$\frac{1 - m'}{m'} = \mu^2, \qquad \frac{1 - n'}{n'} = \mu'^2,$$

$$F = \int \frac{x^2 \, dx}{\sqrt{(1 + \mu^2 x^2)(1 + \mu'^2 x^2)}},$$

l'intégrale étant prise depuis $x = 0$ jusqu'à $x = 1$, on aura, par l'article III,

$$A' = \frac{3a M'}{k'^3} F, \qquad B' = \frac{3b M'}{k'^3} \frac{\partial F \mu}{\partial \mu}, \qquad C' = \frac{3c M'}{k'^3} \frac{\partial F \mu'}{\partial \mu'}.$$

En divisant ces valeurs de A', B', C' par M' et en les multipliant ensuite par M, on aura, par ce qui précède, les valeurs de A, B, C relatives au premier sphéroïde; or on a

$$k'^2 \frac{1 - m'}{m'} = \theta, \qquad k'^2 \frac{1 - n'}{n'} = \varpi,$$

$\sqrt{\theta}$, $\sqrt{\varpi}$ étant les excentricités des sphéroïdes, d'où l'on tire

$$\mu^2 = \frac{\theta}{k'^2}, \qquad \mu'^2 = \frac{\varpi}{k'^2},$$

k'^2 étant donné par l'équation (4) que l'on peut mettre sous cette forme

$$0 = k'^6 - (a^2 + b^2 + c^2 - \theta - \varpi)k'^4$$
$$- [(a^2 + c^2)\theta + (a^2 + b^2)\varpi - \theta\varpi]k'^2 - a^2\theta\varpi;$$

on aura donc

$$A = \frac{3aM}{k'^3}F, \qquad B = \frac{3bM}{k'^3}\frac{\partial F\mu}{\partial\mu}, \qquad C = \frac{3cM}{k'^3}\frac{\partial F\mu'}{\partial\mu'}.$$

Ces valeurs ont lieu relativement à tous les points extérieurs au sphéroïde et, pour les étendre aux points intérieurs ou à ceux de la surface, il suffit d'y changer k' en k.

Si le sphéroïde est de révolution, en sorte que $\varpi = 0$, l'équation (4) donnera

$$2k'^2 = a^2 + b^2 + c^2 - \theta + \sqrt{(a^2 + b^2 + c^2 - \theta)^2 + 4a^2\theta},$$

et l'on aura, par l'article III,

$$A = \frac{3aM}{k'^3\mu^3}(\mu - \text{arc tang}\,\mu),$$

$$B = \frac{3bM}{2k'^3\mu^3}\left(\text{arc tang}\,\mu - \frac{\mu}{1 + \mu^2}\right),$$

$$C = \frac{3cM}{2k'^3\mu^3}\left(\text{arc tang}\,\mu - \frac{\mu}{1 + \mu^2}\right).$$

Nous voilà donc parvenus à une théorie complète des attractions des sphéroïdes elliptiques, car la seule chose qui reste à désirer est l'intégration de la valeur de F, et cette intégration est impossible, non seulement par les méthodes connues, mais encore en elle-même. Je me suis assuré, par une méthode qu'il n'est pas de mon objet d'exposer ici, que la valeur de F ne peut être exprimée en termes finis, au moyen de quantités algébriques, logarithmiques et circulaires, ou, ce qui revient au même, par une fonction algébrique de quantités dont les exposants soient constants, nuls ou variables; or, les fonctions de ce genre étant les seules que l'on puisse exprimer indépendamment du signe $\int$, toutes les intégrales qui ne peuvent se ramener à des fonctions semblables sont impossibles en termes finis.

Si le sphéroïde elliptique n'est pas homogène, mais qu'il soit composé de couches elliptiques variables de position, d'excentricité et de densité, suivant des lois quelconques, on aura l'attraction d'une de ses couches, en déterminant, par ce qui précède, la différence des attractions de deux sphéroïdes elliptiques homogènes de même densité que cette couche, dont l'un aurait pour surface la surface extérieure de la couche, et dont l'autre aurait pour surface la surface intérieure de cette même couche; en sommant ensuite cette attraction différentielle, on aura l'attraction du sphéroïde entier.

DEUXIÈME SECTION.

Du développement en série des attractions des sphéroïdes quelconques.

VIII.

Considérons généralement les attractions des sphéroïdes quelconques. Nous avons vu dans l'article IV que l'expression V de la somme des molécules d'un sphéroïde, divisées par leurs distances à un point attiré, a l'avantage de donner, par sa différentiation, l'attraction de ce sphéroïde parallèlement à une droite quelconque; nous verrons d'ailleurs, en parlant de la figure des planètes, que l'attraction de leurs molécules se présente sous cette forme dans l'équation de leur équilibre; ainsi nous allons nous occuper particulièrement de la recherche de V. Soient, comme ci-dessus, a, b, c les coordonnées du point attiré; x, y, z celles d'une molécule du sphéroïde; nommons, de plus, r la distance $\sqrt{a^2 + b^2 + c^2}$ du point attiré, à l'origine des coordonnées que nous supposerons dans l'intérieur du sphéroïde; θ l'angle que forme le rayon r avec l'axe des x; ϖ l'angle que forme le plan qui passe par l'axe des x et par le point attiré avec un plan invariable passant par les axes des x et des y. Nous aurons

$$a = r\cos\theta, \qquad b = r\sin\theta\cos\varpi, \qquad c = r\sin\theta\sin\varpi.$$

Nommons ensuite R la distance $\sqrt{x^2 + y^2 + z^2}$ de la molécule à l'ori-

gine des coordonnées, et supposons que θ' et ϖ' soient ce que deviennent les angles θ et ϖ relativement à cette molécule; nous aurons

$$x = R\cos\theta', \qquad y = R\sin\theta'\cos\varpi', \qquad z = R\sin\theta'\sin\varpi'.$$

La distance

$$\sqrt{(a-x)^2+(b-y)^2+(c-z)^2}$$

de la molécule au point attiré sera donc égale à

$$\sqrt{r^2 - 2rR[\cos\theta\cos\theta'+\sin\theta\sin\theta'\cos(\varpi-\varpi')]+R^2}\,;$$

d'ailleurs la molécule du sphéroïde est égale à

$$R^2\,dR\,d\theta'\,d\varpi'\sin\theta'.$$

Nous aurons donc

$$V = \int \frac{R^2\,dR\,d\varpi'\,d\theta'\sin\theta'}{\sqrt{r^2 - 2rR[\cos\theta\cos\theta'+\sin\theta\sin\theta'\cos(\varpi-\varpi')]+R^2}},$$

l'intégrale relative à R devant être prise depuis $R = o$ jusqu'à la valeur
de R à la surface du sphéroïde; l'intégrale relative à ϖ' devant être
prise depuis $\varpi' = o$ jusqu'à $\varpi' = 360°$, et celle qui est relative à θ' devant être prise depuis $\theta' = o$ jusqu'à $\theta' = 180°$.

J'ai observé, dans nos *Mémoires* pour l'année 1779 (¹), que les intégrales des équations linéaires aux différences partielles du second
ordre n'étaient souvent possibles qu'au moyen d'intégrales définies,
semblables à l'expression de V; ainsi, lorsqu'on a de semblables intégrales, il est facile, dans un grand nombre de cas, d'en tirer des équations aux différences partielles, dont la considération peut fournir des
remarques intéressantes et faciliter la réduction des intégrales en
séries. Dans le cas présent, il est facile de s'assurer, par la différentiation, que, si l'on fait $\cos\theta = \mu$, on aura l'équation suivante aux
différences partielles

$$(5) \qquad o = \frac{\partial\left[(1-\mu^2)\dfrac{\partial V}{\partial\mu}\right]}{\partial\mu} + \frac{\dfrac{\partial^2 V}{\partial\varpi^2}}{1-\mu^2} + r\frac{\partial^2(rV)}{\partial r^2};$$

(¹) Ci-dessus, p. 54 et suivantes.

nous verrons dans la Section suivante toute la théorie des attractions des sphéroïdes très peu différents de la sphère découler de cette équation fondamentale.

IX.

Supposons d'abord le point attiré extérieur au sphéroïde; si l'on réduit V en série, elle doit être, dans ce cas, descendante par rapport aux puissances de r, et par conséquent de cette forme

$$V = \frac{U^{(0)}}{r} + \frac{U^{(1)}}{r^2} + \frac{U^{(2)}}{r^3} + \frac{U^{(3)}}{r^4} + \ldots$$

Si l'on substitue cette valeur de V dans l'équation précédente aux différences partielles, on aura, quel que soit i,

$$0 = \frac{\partial\left[(1-\mu^2)\frac{\partial U^{(i)}}{\partial\mu}\right]}{\partial\mu} + \frac{\frac{\partial^2 U^{(i)}}{\partial\varpi^2}}{1-\mu^2} + i(i+1)U^{(i)},$$

et il est visible, par la seule inspection de l'expression intégrale de V, que $U^{(i)}$ est une fonction rationnelle et entière de μ, $\sqrt{1-\mu^2}\sin\varpi$ et $\sqrt{1-\mu^2}\cos\varpi$, dépendante de la nature du sphéroïde. Voyons comment on peut la déterminer.

Nommons T le radical

$$\frac{1}{\sqrt{r^2 - 2rR[\cos\theta\cos\theta' + \sin\theta\sin\theta'\cos(\varpi-\varpi')] + R^2}}$$

nous aurons

$$0 = \frac{\partial\left[(1-\mu^2)\frac{\partial T}{\partial\mu}\right]}{\partial\mu} + \frac{\frac{\partial^2 T}{\partial\varpi^2}}{1-\mu^2} + r\frac{\partial^2(rT)}{\partial r^2};$$

cette équation subsisterait encore en y changeant θ en θ', ϖ en ϖ', et réciproquement, parce que T est une pareille fonction de θ' et de ϖ', que de θ et de ϖ. Si l'on réduit T dans une suite descendante relativement à r, on aura

$$T = \frac{Q^{(0)}}{r} + \frac{Q^{(1)}R}{r^2} + \frac{Q^{(2)}R^2}{r^3} + \frac{Q^{(3)}R^3}{r^4} + \ldots,$$

$Q^{(i)}$ étant, quel que soit i, donné par cette équation

$$0 = \frac{\partial\left[(1-\mu^2)\frac{\partial Q^{(i)}}{\partial\mu}\right]}{\partial\mu} + \frac{\frac{\partial^2 Q^{(i)}}{\partial\varpi^2}}{1-\mu^2} + i(i+1)Q^{(i)},$$

et, de plus, il est visible que $Q^{(i)}$ est une fonction rationnelle et entière de μ et de $\sqrt{1-\mu^2}\cos(\varpi-\varpi')$. $Q^{(i)}$ étant connu, on aura $U^{(i)}$ au moyen de l'équation

$$U^{(i)} = \int R^{i+2}\,d R\, Q^{(i)}\,d\varpi'\,d\theta'\sin\theta' = \frac{1}{i+3}\int R'^{i+3}\,Q^{(i)}\,d\varpi'\,d\theta'\sin\theta',$$

R' étant le rayon R prolongé jusqu'à la surface du sphéroïde; or on a, par la nature du sphéroïde, R' en fonction de θ' et de ϖ'; en substituant donc cette fonction dans la valeur de $U^{(i)}$, il ne s'agira plus que d'exécuter, par les méthodes connues, les intégrations relatives à ϖ' et θ'; mais pour cela il est nécessaire de déterminer $Q^{(i)}$.

Développons cette quantité suivant les cosinus de l'angle $\varpi-\varpi'$ et de ses multiples, et nommons $\mathcal{C}$ le coefficient de $\cos n(\varpi-\varpi')$; en substituant dans l'équation précédente aux différences partielles en $Q^{(i)}$ le terme $\mathcal{C}\cos n(\varpi-\varpi')$, on aura pour déterminer $\mathcal{C}$ l'équation aux différences ordinaires

$$0 = \frac{\partial\left[(1-\mu^2)\frac{\partial\mathcal{C}}{\partial\mu}\right]}{\partial\mu} - \frac{n^2\mathcal{C}}{1-\mu^2} + i(i+1)\mathcal{C},$$

$\mathcal{C}$ étant une fonction rationnelle et entière de μ et de $\cos\theta'$, si n est pair ou zéro, et étant égal à une pareille fonction multipliée par $\sin\theta'\sqrt{1-\mu^2}$, si n est impair.

L'équation précédente ne renfermant point l'angle θ', il est clair que cet angle ne peut se trouver que dans les deux constantes arbitraires de l'intégrale; de plus, cette équation étant linéaire, elle a deux valeurs particulières, qui, étant respectivement multipliées par des constantes arbitraires et ensuite ajoutées, donnent l'intégrale complète; or il n'y a qu'une seule de ces deux valeurs qui puisse être une fonction rationnelle et entière de μ; il n'y en a pareillement qu'une seule

qui puisse être égale au produit de $\sqrt{1-\mu^2}$ par une fonction rationnelle et entière de μ : car, si l'on substitue de pareilles fonctions pour $\mathcal{E}$
dans l'équation précédente, on verra facilement que, en partant de la
plus haute puissance de μ, tous les coefficients des puissances successives de cette variable seront entièrement déterminés par ceux qui
précèdent, en sorte qu'il ne restera que le premier d'arbitraire. En désignant donc par λ cette valeur particulière de $\mathcal{E}$, qui est rationnelle et
entière en μ, si n est pair, ou celle qui est égale à $\sqrt{1-\mu^2}$ multiplié
par une fonction rationnelle et entière en μ, si n est impair, on aura
$\mathcal{E} = \mathrm{H}\lambda$, H étant une fonction de θ'. Pour la déterminer, on observera
que, les deux angles θ et θ' entrant de la même manière dans T, si l'on
fait $\cos\theta' = \mu'$, les équations différentielles en $\mathrm{Q}^{(i)}$ et $\mathcal{E}$ subsisteront
encore en y changeant μ en μ'; $\mathcal{E}$ est donc une pareille fonction de μ'
que de μ; partant, si l'on désigne par λ' ce que devient λ lorsqu'on y
change μ en μ', on aura $\mathrm{H} = \gamma\lambda'$, γ étant une fonction de i et de n indépendante de μ et de μ'. On aura donc

$$\mathcal{E} = \gamma\lambda\lambda',$$

c'est-à-dire que $\mathcal{E}$ peut se décomposer en trois facteurs, dont le premier est une fonction de i et de n sans μ ni μ', dont le second est fonction de μ, et dont le troisième est une fonction semblable en μ'.

X.

Cherchons d'abord la valeur de $\mathcal{E}$ lorsque $n = 0$. Pour cela, nous
observerons que, si dans l'expression de T on suppose $\sin\theta' = 0$, elle
deviendra

$$\frac{1}{\sqrt{r^2 - 2r\mathrm{R}\mu + \mathrm{R}^2}},$$

d'où l'on tire

$$Q^{(i)} = \frac{1.3.5\ldots(2i-1)}{1.2.3\ldots i}\left[\mu^i - \frac{i(i-1)}{2(2i-1)}\mu^{i-2}\right.$$
$$\left. + \frac{i(i-1)(i-2)(i-3)}{2.4(2i-1)(2i-3)}\mu^{i-4} - \ldots\right];$$

et, comme cette valeur de $Q^{(i)}$ est indépendante de l'angle $\varpi - \varpi'$, elle sera égale à ce que devient $\mathcal{6}$ lorsque $n = 0$, et lorsqu'on y fait d'ailleurs $\mu' = 1$. Maintenant, si l'on prend pour la fonction λ cette valeur même de $Q^{(i)}$, puisqu'elle est égale à $\gamma\lambda\lambda'$ lorsqu'on fait $\mu' = 1$ dans λ', il est clair que l'on aura, dans ce cas, $\gamma\lambda' = 1$. Or, si dans l'expression de T on fait à la fois $\mu = 1$ et $\mu' = 1$, elle devient $\dfrac{1}{r - R}$; partant $Q^{(i)}$ se réduit à l'unité, ou, ce qui revient au même, on a $\gamma\lambda\lambda' = 1$; mais on a $\gamma\lambda' = 1$: donc λ se réduit à l'unité lorsqu'on y fait $\mu = 1$, ce qui a lieu également pour λ' lorsqu'on y fait $\mu' = 1$. On aura ainsi

$$\gamma = 1$$

et

$$\lambda = \frac{1.3.5\ldots(2i-1)}{1.2.3\ldots i}\left[\mu^l - \frac{i(i-1)}{2(2i-1)}\mu^{l-2} + \frac{i(i-1)(i-2)(i-3)}{2.4(2i-1)(2i-3)}\mu^{l-4} \right.$$
$$\left. - \frac{i(i-1)(i-2)(i-3)(i-4)(i-5)}{2.4.6(2i-1)(2i-3)(2i-5)}\mu^{l-6} + \ldots\right].$$

En changeant μ en μ' dans cette valeur de λ, on aura λ'; on aura ensuite $\mathcal{6} = \lambda\lambda'$: ce sera la partie de $Q^{(i)}$ indépendante de l'angle $\varpi - \varpi'$.

Cette partie est la seule à laquelle on doit avoir égard, relativement aux sphéroïdes de révolution, dont l'axe des x est l'axe même de révolution, car alors, R' étant indépendant de ϖ', le terme $\mathcal{6}\cos n(\varpi - \varpi')$, substitué pour $Q^{(i)}$ dans l'intégrale $\int R'^{i+3}Q^{(i)}d\varpi'd\theta'\sin\theta'$, donne un résultat nul, excepté lorsque $n = 0$; on aura donc alors

$$U^{(i)} = \frac{1}{i+3}\int R'^{i+3}Q^{(i)}d\varpi'd\theta'\sin\theta' = -\frac{2\pi\lambda}{i+3}\int R'^{i+3}\lambda'd\mu',$$

λ et λ' étant déterminés par ce qui précède, et l'intégrale relative à μ' devant être prise depuis $\mu' = 1$ jusqu'à $\mu = -1$. Il suit de là que, si l'on suppose

$$A^{(i)} = -\frac{2\pi}{i+3}\int R'^{i+3}\lambda'd\mu',$$

et que l'on nomme $\lambda^{(0)}$, $\lambda^{(1)}$, $\lambda^{(2)}$, ... les valeurs de λ lorsqu'on y fait successivement $i = 0$, $i = 1$, $i = 2$, ..., l'expression de V relative aux sphéroïdes de révolution sera

$$V = \frac{\lambda^{(0)} A^{(0)}}{r} + \frac{\lambda^{(1)} A^{(1)}}{r^2} + \frac{\lambda^{(2)} A^{(2)}}{r^3} + \frac{\lambda^{(3)} A^{(3)}}{r^4} + \ldots$$

Si l'on fait $\mu = 1$, on aura la valeur de V relative à un point placé sur le prolongement de l'axe de révolution, à la distance r de l'origine des coordonnées; et, comme alors on a, par ce qui précède,

$$\lambda^{(i)} = 1,$$

on aura

$$V = \frac{A^{(0)}}{r} + \frac{A^{(1)}}{r^2} + \frac{A^{(2)}}{r^3} + \frac{A^{(3)}}{r^4} + \ldots$$

Ainsi, lorsqu'on aura déterminé en série la valeur de V relative à un point placé sur le prolongement de l'axe de révolution, on aura cette même valeur relativement à un point quelconque placé à la même distance de l'origine des coordonnées, mais sur un rayon qui fait avec l'axe de révolution un angle dont μ est le cosinus, en multipliant les termes de la première série respectivement par $\lambda^{(0)}$, $\lambda^{(1)}$, $\lambda^{(2)}$, ….

Lorsque le point attiré est placé sur le prolongement de l'axe de révolution, il est aisé de voir que, en nommant x l'abscisse et y l'ordonnée du méridien du sphéroïde, et en représentant par $y = X$ l'équation de ce méridien, on aura

$$V = 2\pi \int dx \left[x - r + \sqrt{(r - x)^2 + X^2} \right],$$

l'intégrale devant s'étendre à l'axe entier de révolution; cette intégrale réduite, dans une suite descendante par rapport aux puissances de r, donnera les valeurs de $A^{(0)}$, $A^{(1)}$, $A^{(2)}$, ….

XI.

Considérons maintenant l'expression générale de $\mathcal{E}$ lorsque n n'est pas nul. Si l'on fait, dans l'expression de T, $\cos\theta' = 0$, on aura

$$T = \frac{1}{\sqrt{r^2 - 2 r R \sin\theta \cos(\varpi - \varpi') + R^2}},$$

ce qui donne, dans ce cas,

$$Q^{(i)} = \frac{1.3.5\ldots(2i-1)}{1.2.3\ldots i}\left[(1-\mu^2)^{\frac{i}{2}}\cos^i(\varpi-\varpi') \right.$$
$$- \frac{i(i-1)}{2(2i-1)}(1-\mu^2)^{\frac{i}{2}-1}\cos^{i-2}(\varpi-\varpi')$$
$$+ \frac{i(i-1)(i-2)(i-3)}{2.4(2i-1)(2i-3)}(1-\mu^2)^{\frac{i}{2}-2}\cos^{i-4}(\varpi-\varpi')$$
$$\left. - \ldots\ldots\ldots\ldots\ldots\ldots\ldots\ldots\ldots\ldots\ldots \right].$$

En développant cette fonction en cosinus de l'angle $\varpi-\varpi'$ et de ses multiples, il est aisé de voir que l'on n'aura que des multiples pairs ou impairs, suivant que i sera lui-même pair ou impair, et que le coéfficient de $\cos n(\varpi-\varpi')$ sera égal à

$$2\,\frac{1.3.5\ldots(2i-1)}{2.4.6\ldots(i+n).2.4.6\ldots(i-n)}\left[(1-\mu^2)^2 - \frac{i^2-n^2}{2(2i-1)}(1-\mu^2)^{\frac{i}{2}-1} \right.$$
$$+ \frac{(i^2-n^2)[(i-2)^2-n^2]}{2.4(2i-1)(2i-3)}(1-\mu^2)^{\frac{i}{2}-2}$$
$$\left. - \ldots\ldots\ldots\ldots\ldots\ldots\ldots\ldots\ldots\ldots\ldots \right];$$

ce sera la valeur de $\mathcal{C}$ ou de $\gamma\lambda\lambda'$ lorsqu'on fait $\mu'=0$ dans λ'. En prenant donc pour λ la partie de ce coéfficient qui est comprise entre les deux parenthèses, on aura

$$\gamma\lambda' = 2\,\frac{1..3.5\ldots(2i-1)}{2.4.6\ldots(i+n).2.4.6\ldots(i-n)},$$

μ' étant supposé nul dans λ'. Cette équation donnera γ, mais on l'obtiendra plus simplement de cette manière.

Si l'on fait à la fois, dans T, μ et μ' égaux à zéro, on aura

$$T = \frac{1}{\left(r - R\,e^{(\varpi-\varpi')\sqrt{-1}}\right)^{\frac{i}{2}}\left(r - R\,e^{-(\varpi-\varpi')\sqrt{-1}}\right)^{\frac{i}{2}}},$$

e étant le nombre dont le logarithme hyperbolique est l'unité. Le coefficient de

$$\frac{R^i}{r^{i+1}} \frac{e^{n(\varpi - \varpi')\sqrt{-1}} + e^{-n(\varpi - \varpi')\sqrt{-1}}}{2}$$

ou, ce qui revient au même, de

$$\frac{R^i}{r^{i+1}} \cos n(\varpi - \varpi')$$

dans le développement de cette fonction, est égal à

$$2 \frac{1.3.5\ldots(i+n-1).1.3.5\ldots(i-n-1)}{2.4.6\ldots(i+n).2.4.6\ldots(i-n)};$$

c'est la valeur de $\mathcal{E}$ ou de $\gamma\lambda\lambda'$ lorsqu'on y fait μ et μ' nuls; or on a, dans cette hypothèse, $\lambda = \lambda'$: on aura donc ainsi la valeur de $\gamma\lambda'^2$. En la combinant avec celle que nous venons de trouver pour $\gamma\lambda'$, il est facile d'en conclure

$$\gamma = \frac{2(i+n+1)(i+n+3)\ldots(2i-1)(i-n+1)(i-n+3)\ldots(2i-1)}{2.4.6\ldots(i+n).2.4.6\ldots(i-n)};$$

la valeur générale de $\mathcal{E}$ sera, par conséquent,

$$\mathcal{E} = \frac{2(i+n+1)\ldots(2i-1)(i-n+1)\ldots(2i-1)}{2.4\ldots(i+n).2.4\ldots(i-n)}$$
$$\times \left[(1-\mu^2)^{\frac{i}{2}} - \frac{i^2-n^2}{2(2i-1)}(1-\mu^2)^{\frac{i}{2}-1} + \ldots \right]$$
$$\times \left[(1-\mu'^2)^{\frac{i}{2}} - \frac{i^2-n^2}{2(2i-1)}(1-\mu'^2)^{\frac{i}{2}-1} + \ldots \right].$$

Si l'on fait successivement, dans le terme $\mathcal{E}\cos n(\varpi - \varpi')$,

$$n = 1, \qquad n = 2, \qquad \ldots, \qquad n = i,$$

la somme de ces termes sera la partie de $Q^{(i)}$ dépendante de l'angle $\varpi - \varpi'$; en lui ajoutant la partie qui en est indépendante, et que nous avons déterminée dans l'article précédent, on aura la valeur entière de $Q^{(i)}$, d'où l'on tirera celle de $U^{(i)}$, et par conséquent la valeur de V en série.

XII.

Cette valeur est relative aux points extérieurs; mais, si le point attiré est placé dans l'intérieur du sphéroïde, il faut alors développer l'expression de V de l'article VIII dans une suite ascendante par rapport à r, ce qui donne

$$V = v^{(0)} + v^{(1)} r + v^{(2)} r^2 + v^{(3)} r^3 + \dots.$$

Pour déterminer $v^{(i)}$, on observera que l'expression de T, réduite dans une suite ascendante par rapport à r, devient

$$T = \frac{Q^{(0)}}{R} + \frac{Q^{(1)} r}{R^2} + \frac{Q^{(2)} r^2}{R^3} + \frac{Q^{(3)} r^3}{R^4} + \dots,$$

les quantités $Q^{(0)}$, $Q^{(1)}$, $Q^{(2)}$ étant les mêmes que ci-dessus; on aura donc, par l'article VIII,

$$v^{(i)} = \int \frac{Q^{(i)} dR\, d\varpi'\, d\vartheta' \sin\vartheta'}{R^{i-1}};$$

mais, comme l'expression précédente de T en série n'est convergente qu'autant que R est plus grand que r, nous ne considérerons la valeur de $v^{(i)}$ que relativement à une couche dont la surface intérieure est sphérique et d'un rayon quelconque a plus grand que r, et dont le rayon de la surface extérieure est R', ce qui revient à prendre l'intégrale relative à R depuis $R = a$ jusqu'à $R = R'$. Nous aurons ainsi la valeur de V relative à cette couche, et, pour avoir celle qui est relative au sphéroïde entier, il suffit de lui ajouter la valeur de V relative à une sphère de rayon a, valeur que l'on trouvera facilement être égale à $2\pi a^2 - \frac{2}{3}\pi r^2$.

Si le sphéroïde est de révolution, il est aisé de voir, par l'analyse de l'article X, que l'on aura la valeur de V relative à la couche dont nous venons de parler, en déterminant cette valeur lorsque le point attiré est situé dans l'axe de révolution, en la réduisant dans une série ascendante par rapport aux puissances de r, et en multipliant ses termes respectivement par $\lambda^{(0)}$, $\lambda^{(1)}$, $\lambda^{(2)}$, ….

Troisième Section.

Des attractions des sphéroïdes très peu différents de la sphère.

XIII.

Les résultats que nous venons de présenter sur les attractions des sphéroïdes quelconques se simplifient relativement aux sphéroïdes très peu différents de la sphère, et donnent une théorie complète de leurs attractions, en les supposant même hétérogènes.

Considérons d'abord le cas où le point attiré est extérieur au sphéroïde, et reprenons la formule de l'article VIII

$$V = \int \frac{R^2\, dR\, d\varpi'\, d\theta' \sin\theta'}{\sqrt{r^2 - 2rR[\cos\theta\cos\theta' + \sin\theta\sin\theta'\cos(\varpi - \varpi')] + R^2}}.$$

Supposons que le rayon R', mené du centre du sphéroïde à sa surface, soit très peu différent de la constante a, en sorte que l'on ait

$$R' = a(1 + \alpha y),$$

α étant un très petit coefficient dont nous négligerons le carré et les puissances supérieures, et y étant une fonction quelconque de μ ou de $\cos\theta$ et de l'angle ϖ.

Cela posé, si l'on conçoit une sphère dont le centre soit celui du sphéroïde et dont le rayon soit $a(1 + \alpha y)$, μ et ϖ étant supposés constants dans y, il est clair que la valeur de V relative au sphéroïde sera égale à sa valeur relativement à cette sphère, plus à la valeur de V relative à l'excès du sphéroïde sur la sphère. La première de ces deux valeurs étant, par l'article VI, égale à la masse de la sphère divisée par r, sera $\frac{1}{3}\pi \frac{a^3(1 + \alpha y)^3}{r}$. Quant à la seconde, on la déterminera en faisant, dans l'expression intégrale de V,

$$R = a \qquad \text{et} \qquad dR = \alpha a(y' - y),$$

y' étant ce que devient y lorsqu'on y change θ et ϖ en θ' et ϖ'; on aura ainsi, pour la valeur de V relative à un sphéroïde très peu différent de la sphère,

$$V = \tfrac{1}{3}\pi\,\frac{a^3(1+\alpha y)^3}{r} + \alpha a^3 \int \frac{(y'-y)\,d\varpi'\,d\theta'\sin\theta'}{\sqrt{r^2 - 2ar[\cos\theta\cos\theta' + \sin\theta\sin\theta'\cos(\varpi-\varpi')] + a^2}}.$$

Si l'on différentie cette équation par rapport à r, on aura

$$-\frac{\partial V}{\partial r} = \tfrac{1}{3}\pi\,\frac{a^3(1+\alpha y)^3}{r^2}$$
$$+ \alpha a^3 \int \frac{(y'-y)\,d\varpi'\,d\theta'\sin\theta'\{r - a[\cos\theta\cos\theta' + \sin\theta\sin\theta'\cos(\varpi-\varpi')]\}}{\{r^2 - 2ar[\cos\theta\cos\theta' + \sin\theta\sin^2\theta\cos(\varpi-\varpi')] + a^2\}^{\frac{3}{2}}},$$

ce qui donne à la surface du sphéroïde, où $r = a(1+\alpha y)$,

$$-\frac{\partial V}{\partial r} = \tfrac{1}{3}\pi a(1+\alpha y) + \alpha a \int \frac{(y'-y)\,d\varpi'\,d\theta'\sin\theta'}{2^{\frac{3}{2}}\sqrt{1 - \cos\theta\cos\theta' - \sin\theta\sin\theta'\cos(\varpi-\varpi')}};$$

mais la valeur de V devient dans ce cas

$$V = \tfrac{1}{3}\pi a^2(1 + 2\alpha y) + \alpha a^2 \int \frac{(y'-y)\,d\varpi'\,d\theta'\sin\theta'}{2^{\frac{1}{2}}\sqrt{1 - \cos\theta\cos\theta' - \sin\theta\sin\theta'\cos(\varpi-\varpi')}};$$

on a donc à la surface du sphéroïde cette équation remarquable

$$(6)\qquad\qquad -a\frac{\partial V}{\partial r} = \tfrac{1}{3}\pi a^2 + \tfrac{1}{2}V.$$

Reprenons maintenant la formule de l'article IX

$$V = \frac{U^{(0)}}{r} + \frac{U^{(1)}}{r^2} + \frac{U^{(2)}}{r^3} + \frac{U^{(3)}}{r^4} + \dots.$$

Puisque le sphéroïde diffère très peu d'une sphère du rayon a, il est évident que l'on aura, aux quantités près de l'ordre α, $V = \tfrac{1}{3}\pi\frac{a^3}{r}$, d'où il suit que dans la formule précédente : 1° la quantité $U^{(0)}$ est égale à $\tfrac{1}{3}\pi a^3$, plus à une très petite quantité de l'ordre α, et que nous désignerons par $U'^{(0)}$; 2° les quantités $U^{(1)}$, $U^{(2)}$, … sont très petites de l'ordre α. Si l'on différentie cette formule par rapport à r, on aura

$$-\frac{\partial V}{\partial r} = \tfrac{1}{3}\pi\frac{a^3}{r^2} + \frac{U'^{(0)}}{r^2} + \frac{2U^{(1)}}{r^3} + \frac{3U^{(2)}}{r^4} + \dots;$$

on aura par conséquent, à la surface où $r = a(1 + \alpha y)$,

$$-a\frac{\partial V}{\partial r} = \tfrac{1}{3}\pi a^2(1 - 2\alpha y) + \frac{U'^{(0)}}{a} + \frac{2U^{(1)}}{a^2} + \frac{3U^{(2)}}{a^3} + \dots.$$

La valeur précédente de V donne à cette surface

$$\tfrac{1}{a}V = \tfrac{1}{3}\pi a^2(1 - \alpha y) + \frac{U'^{(0)}}{2a} + \frac{U^{(1)}}{2a^2} + \frac{U^{(2)}}{2a^3} + \dots;$$

en substituant donc ces valeurs dans l'équation (6), on aura

$$4\pi a^2 y = \frac{U'^{(0)}}{a} + \frac{3U^{(1)}}{a^2} + \frac{5U'^{(2)}}{a^3} + \dots.$$

Partant, si l'on conçoit y sous cette forme

$$y = Y^{(0)} + Y^{(1)} + Y^{(2)} + Y^{(3)} + \dots,$$

les quantités $Y^{(0)}$, $Y^{(1)}$, $Y^{(2)}$, ... étant, ainsi que $U'^{(0)}$, $U^{(1)}$, $U^{(2)}$, ..., assujetties à cette équation aux différences partielles,

$$0 = \frac{\partial\left[(1 - \mu^2)\dfrac{\partial Y^{(i)}}{\partial\mu}\right]}{\partial\mu} + \frac{\dfrac{\partial^2 Y^{(i)}}{\partial\varpi^2}}{1 - \mu^2} + i(i+1)Y^{(i)};$$

on aura généralement, en comparant les fonctions semblables,

$$U^{(i)} = \frac{4\pi}{2i+1}\,a^{i+3}Y^{(i)},$$

d'où l'on tire

$$(7) \qquad V = \tfrac{1}{3}\pi\frac{a^3}{r} + 4\pi\frac{a^3}{r}\left(Y^{(0)} + \frac{a}{3r}Y^{(1)} + \frac{a^2}{5r^2}Y^{(2)} + \frac{a^3}{7r^3}Y^{(3)} + \dots\right).$$

Il ne s'agit donc plus, pour avoir V, que de réduire y sous la forme que nous venons de lui supposer. Nous allons donner pour cet objet une méthode fort simple, lorsque l'équation de la surface du sphé-

roïde, rapportée à trois coordonnées orthogonales, est une fonction
rationnelle et entière de ces coordonnées.

XIV.

Si l'on nomme x'', y'', z'' ces coordonnées, l'équation de la surface
du sphéroïde pourra être mise sous cette forme

$$x''^2 + y''^2 + z''^2 = a^2[1 + 2\alpha\,\varphi(x'', y'', z'')],$$

$\varphi(x'', y'', z'')$ étant une fonction rationnelle et entière de x'', y'', z''.
Soit i le degré de cette fonction : comme elle est multipliée par α, on
pourra y substituer, au lieu de z'', sa valeur $\sqrt{a^2 - x''^2 - y''^2}$, qui est
approchée aux quantités près de l'ordre α; elle sera ainsi composée
de deux parties : l'une rationnelle et entière, en x'' et y'', de l'ordre i,
et l'autre rationnelle et entière de l'ordre $i - 1$ et multipliée par
$\sqrt{a^2 - x''^2 - y''^2}$. Le nombre des coefficients de la première partie est
$\frac{(i+1)(i+2)}{2}$, et celui des coefficients de la seconde est $\frac{i(i+1)}{2}$, en
sorte que le nombre de coefficients de la fonction entière est $(i + 1)^2$.

Cela posé, si l'on nomme, comme ci-dessus, $a(1 + \alpha y)$ le rayon du
sphéroïde; θ l'angle que forme ce rayon avec l'axe des x''; ϖ l'angle
que forme avec le plan des x'' et des y'' celui qui passe par l'axe des x''
et par le point de la surface déterminé par les coordonnées x'', y''
et z''; on aura, en faisant $\cos\theta = \mu$,

$$x'' = a(1 + \alpha y)\mu,$$
$$y'' = a(1 + \alpha y)\sqrt{1 - \mu^2}\cos\varpi,$$
$$z'' = a(1 + \alpha y)\sqrt{1 - \mu^2}\sin\varpi;$$

l'équation précédente donnera donc, en négligeant les quantités de
l'ordre α^2,

$$y = \varphi(a\mu,\ a\sqrt{1 - \mu^2}\cos\varpi,\ a\sqrt{1 - \mu^2}\sin\varpi).$$

Cette dernière fonction peut être mise sous la forme

$$Y^{(0)} + Y^{(1)} + Y^{(2)} + \ldots + Y^{(i)},$$

car, $Y^{(i)}$ étant une fonction rationnelle et entière de μ, $\sqrt{(1-\mu^2)}\cos\varpi$ et $\sqrt{(1-\mu^2)}\sin\varpi$, qui satisfait à l'équation aux différences partielles

$$0 = \frac{\partial\left[(1-\mu^2)\dfrac{\partial Y^{(i)}}{\partial\mu}\right]}{\partial\mu} + \frac{\dfrac{\partial^2 Y^{(i)}}{\partial\varpi^2}}{1-\mu^2} + i(i+1)Y^{(i)},$$

il est visible qu'elle sera composée : 1° d'une partie indépendante de ϖ et qui aura un coefficient indéterminé ; 2° de parties multipliées par

$$\cos\varpi, \quad \cos 2\varpi, \quad \cos 3\varpi, \quad \ldots, \quad \cos i\varpi,$$

qui auront chacune un coefficient indéterminé ; 3° de parties multipliées par

$$\sin\varpi, \quad \sin 2\varpi, \quad \sin 3\varpi, \quad \ldots, \quad \sin i\varpi,$$

et qui auront chacune un coefficient indéterminé. Le nombre des coefficients indéterminés de $Y^{(i)}$ sera donc $2i+1$, et par conséquent celui des coefficients indéterminés de la fonction $Y^{(0)}+Y^{(1)}+Y^{(2)}+\ldots+Y^{(i)}$ sera $(i+1)^2$; il sera donc le même que celui des coefficients de la fonction $\varphi(a\mu,\, a\sqrt{1-\mu^2}\cos\varpi,\, a\sqrt{1-\mu^2}\sin\varpi)$, d'où il suit que l'on peut transformer la seconde de ces deux fonctions dans la première. Cette possibilité étant une fois démontrée, on pourra exécuter la transformation de la manière suivante.

L'équation précédente aux différences partielles donne celle-ci

$$\frac{\partial(1-\mu^2)\partial(Y^{(0)}+Y^{(1)}+\ldots+Y^{(i)})}{\partial\mu^2} + \frac{\dfrac{\partial^2(Y^{(0)}+Y^{(1)}+\ldots+Y^{(i)})}{\partial\varpi^2}}{1-\mu^2}$$
$$= -1.2\,Y^{(1)} - 2.3\,Y^{(2)} - \ldots - i(i+1)\,Y^{(i)}$$

ou, ce qui revient au même,

$$\frac{\partial\left[(1-\mu^2)\dfrac{\partial y}{\partial\mu}\right]}{\partial\mu} + \frac{\dfrac{\partial^2 y}{\partial\varpi^2}}{1-\mu^2}$$
$$= -1.2\,Y^{(1)} - 2.3\,Y^{(2)} - 3.4\,Y^{(3)} + \ldots - i(i+1)\,Y^{(i)}.$$

En suivant ce procédé, il est aisé de voir que, si l'on fait

$$\frac{\partial\left[(1-\mu^2)\dfrac{\partial y}{\partial\mu}\right]}{\partial\mu}+\frac{\dfrac{\partial^2 y}{\partial\varpi^2}}{1-\mu^2}=y^{(1)},$$

$$\frac{\partial\left[(1-\mu^2)\dfrac{\partial y^{(1)}}{\partial\mu}\right]}{\partial\mu}+\frac{\dfrac{\partial^2 y^{(1)}}{\partial\varpi^2}}{1-\mu^2}=y^{(2)},$$

$$\frac{\partial\left[(1-\mu^2)\dfrac{\partial y^{(2)}}{\partial\mu}\right]}{\partial\mu}+\frac{\dfrac{\partial^2 y^{(2)}}{\partial\varpi^2}}{1-\mu^2}=y^{(3)},$$

$$\dots\dots\dots\dots\dots\dots\dots\dots\dots\dots\dots,$$

on aura les $i+1$ équations

$$Y^{(0)}+Y^{(1)}+Y^{(2)}+\dots+Y^{(i)}=y,$$

$$1.2\,Y^{(1)}+2.3\,Y^{(2)}+\dots+i(i+1)Y^{(i)}=-y^{(1)},$$

$$(1.2)^2\,Y^{(1)}+(2.3)^2\,Y^{(2)}+\dots+[i(i+1)]^2\,Y^{(i)}=y^{(2)},$$

$$\dots\dots\dots\dots\dots\dots\dots\dots\dots\dots\dots\dots\dots,$$

$$(1.2)^i\,Y^{(1)}+(2.3)^i\,Y^{(2)}+\dots+[i(i+1)]^i\,Y^{(i)}=(-1)^i y^{(i)}.$$

On déterminera, au moyen de ces équations, les $i+1$ quantités $Y^{(0)}$, $Y^{(1)}$, $Y^{(2)}$, ..., ce qui sera d'autant plus facile que chaque inconnue étant, dans ces diverses équations, multipliée par les puissances successives d'un même nombre, il existe des méthodes très simples pour avoir, dans ce cas, les inconnues.

Les expressions de $y^{(1)}$, $y^{(2)}$, ... se présentent sous une forme fractionnaire; mais, puisqu'elles sont égales à la somme des fonctions entières $Y^{(0)}$, $Y^{(1)}$, $Y^{(2)}$, ..., multipliées par des constantes, on voit, *a priori*, qu'elles doivent être, ainsi que y, des fonctions rationnelles et entières de

$$\mu,\quad \sqrt{1-\mu^2}\cos\varpi\quad\text{et}\quad \sqrt{1-\mu^2}\sin\varpi.$$

Le nombre des quantités $Y^{(0)}$, $Y^{(1)}$, ... est fini toutes les fois que l'équation du sphéroïde est une fonction finie et rationnelle de x'', y'', z''. Dans ce cas, la formule (7) de l'article précédent se termine, et le nombre de ses termes est égal au degré de l'équation du sphéroïde, augmenté de deux unités. Si cette équation était telle que l'on eût $y = Y^{(i)}$, la valeur de V relative à l'excès du sphéroïde sur la sphère dont le rayon est a, ou, ce qui revient au même, à une couche sphérique dont le rayon est a et l'épaisseur $\alpha a y$, serait $\frac{4\alpha\pi a^{i+3}}{(2i+1)r^{i+1}} Y^{(i)}$; cette valeur serait, par conséquent, proportionnelle à y, et il est visible que ce n'est que dans ce cas que cette proportionnalité peut avoir lieu.

Lorsque la surface du sphéroïde est du second ordre, on peut, en déterminant convenablement l'origine des coordonnées, réduire son équation à cette forme $y = Y^{(2)}$; ainsi la valeur de V, relative à l'excès de ce sphéroïde sur une sphère dont le rayon est a, est proportionnelle à l'excès du rayon du sphéroïde sur celui de la sphère.

XV.

Supposons maintenant le point attiré dans l'intérieur du sphéroïde; nous aurons, par l'article XII,

$$V = 2\pi a^2 - \tfrac{2}{3}\pi r^2 + v^{(0)} + v^{(1)} r + v^{(2)} r^2 + v^{(3)} r^3 + \dots,$$

$v^{(i)}$ étant égal à $\int \frac{Q^{(i)}}{R'^{i-1}} dR\, d\varpi'\, d\theta' \sin\theta'$, et cette valeur étant relative à une couche dont la surface intérieure est sphérique et de rayon a, et dont le rayon de la surface extérieure est R', en sorte que, si l'on fait $R' = a(1 + \alpha y')$, y' étant une fonction de ϖ' et de θ', semblable à celle de y en ϖ et θ, on aura, aux quantités près de l'ordre α^2,

$$v^{(i)} = \frac{\alpha}{a^{i-2}} \int y' Q^{(i)} d\varpi'\, d\theta' \sin\theta'.$$

Maintenant on a, par l'article XIII, relativement aux points extérieurs,

$$V = \tfrac{4}{3}\pi \frac{a^3}{r} + \frac{U'^{(0)}}{r} + \frac{U^{(1)}}{r^2} + \frac{U^{(2)}}{r^3} + \dots,$$

et il est clair que, $\tfrac{4}{3}\pi \frac{a^3}{r}$ étant la valeur de V relative à une sphère dont le rayon est a, la partie $\frac{U'^{(0)}}{r} + \frac{U^{(1)}}{r^2} + \dots$ de l'expression précédente de V est relative à une couche dont le rayon intérieur est a, et dont le rayon extérieur est $a(1 + \alpha y)$. Or on a, par l'article IX,

$$U^{(i)} = \int R^{i+2}\, dR\, Q^{(i)}\, d\varpi'\, d\theta'\, \sin\theta';$$

ainsi, pour que cette valeur soit uniquement relative à la couche dont nous venons de parler, il faut que, en ne prenant l'intégrale relative à R que depuis $R = 0$ jusqu'à $R = a$, on ait $U^{(i)} = 0$. On aura la partie de $U^{(i)}$ qui dépend de l'intégrale prise depuis $R = a$ jusqu'à $R = R'$ ou $R = a(1 + \alpha y')$ en faisant dans cette expression $R = a$ et $dR = \alpha a y'$, d'où l'on tire

$$U^{(i)} = \alpha a^{i+3} \int y'\, Q^{(i)}\, d\varpi'\, d\theta'\, \sin\theta',$$

partant

$$c^{(i)} = \frac{U^{(i)}}{a^{2i+1}};$$

mais on a, par l'article XIII,

$$U^{(i)} = \frac{4\alpha\pi a^{i+3}}{2i+1}\, Y^{(i)};$$

donc

$$c^{(i)} = \frac{4\alpha\pi}{(2i+1)a^{i-2}}\, Y^{(i)}.$$

La valeur de V relative à un point intérieur sera ainsi

$$(8) \quad V = 2\pi a^2 - \tfrac{2}{3}\pi r^2 + 4\alpha\pi a^2 \left(Y^{(0)} + \frac{r}{3a}\, Y^{(1)} + \frac{r^2}{5a^2}\, Y^{(2)} + \frac{r^3}{7a^3}\, Y^{(3)} + \ldots \right).$$

XVI.

Cette formule et la formule (7) de l'article XIII embrassent toute la théorie des attractions des sphéroïdes homogènes; il est facile d'en tirer celle des attractions des sphéroïdes hétérogènes, quelle que soit la loi de la variation de la figure et de la densité de leurs couches. Pour cela, soit $a(1 + \alpha y')$ le rayon d'une des couches d'un sphéroïde hétérogène, et supposons que y soit sous cette forme $Y^{(0)} + Y^{(1)} + Y^{(2)} + \ldots$, les coefficients qui entrent dans les quantités $Y^{(0)}$, $Y^{(1)}$, ... étant des fonctions de a, et par conséquent variables d'une couche à l'autre. Si l'on prend la différentielle en a de la valeur de V donnée par la for-

mule (7) de l'article XIII, et que l'on nomme ρ la densité de la couche
dont le rayon est $a(1 + \alpha y)$, ρ étant une fonction de a, la valeur de V
correspondante à cette couche sera, pour un point extérieur,

$$\frac{4\pi}{3r}\rho\,da^3 + \frac{4\alpha\pi}{r}\rho\,d\left(a^3 Y^{(0)} + \frac{a^4}{3r} Y^{(1)} + \frac{a^5}{5r^2} Y^{(2)} + \dots\right);$$

cette valeur sera donc, relativement au sphéroïde entier,

$$(9)\quad V = \frac{4\pi}{3r}\int\rho\,da^3 + \frac{4\alpha\pi}{r}\int\rho\,d\left(a^3 Y^{(0)} + \frac{a^4}{3r} Y^{(1)} + \frac{a^5}{5r^2} Y^{(2)} + \frac{a^6}{7r^3} Y^{(3)} + \dots\right),$$

les intégrales étant prises depuis $a = 0$ jusqu'à la valeur de a qui a
lieu à la surface du sphéroïde et que nous désignerons par a.

Pour avoir la valeur de V relative à un point intérieur, on déterminera d'abord la partie de cette valeur qui est relative à toutes les
couches dans l'intérieur desquelles ce point se trouve, on lui ajoutera
ensuite l'autre partie de cette valeur, qui est relative à toutes les
couches auxquelles ce point est extérieur.

On aura la première de ces deux parties en différentiant la formule (8) par rapport à a; en multipliant ensuite cette différentielle
par ρ et en en prenant l'intégrale depuis $a = a$ jusqu'à $a = $ a, a étant
la valeur de a relative à la couche sur laquelle se trouve le point attiré.
On aura ainsi pour cette première partie de V

$$2\pi\int\rho\,da^2 + 4\alpha\pi\int\rho\,d\left(a^2 Y^{(0)} + \frac{ar}{3} Y^{(1)} + \frac{r^2}{5} Y^{(2)} + \frac{r^3}{7a} Y^{(3)} + \dots\right).$$

La seconde partie de V sera, par ce qui précède,

$$\frac{4\pi}{3r}\int\rho\,da^3 + \frac{4\alpha\pi}{r}\int\rho\,d\left(a^3 Y^{(0)} + \frac{a^4}{3r} Y^{(1)} + \dots\right),$$

ces dernières intégrales étant prises depuis $a = 0$ jusqu'à $a = a$. On
aura donc, pour la valeur entière de V relative à un point intérieur,

$$(10)\left\{\begin{aligned}
V &= 2\pi\int\rho\,da^2 + 4\alpha\pi\int\rho\,d\left(a^2 Y^{(0)} + \frac{ar}{3} Y^{(1)} + \frac{r^2}{5} Y^{(2)} + \frac{r^3}{7a} Y^{(3)} + \dots\right)\\
&\quad + \frac{4\pi}{3r}\int\rho\,da^3 + \frac{4\alpha\pi}{r}\int\rho\,d\left(a^3 Y^{(0)} + \frac{a^4}{3r} Y^{(1)} + \frac{a^5}{5r^2} Y^{(2)} + \dots\right).
\end{aligned}\right.$$

les deux premières intégrales étant prises depuis $a = a$ jusqu'à $a = \mathrm{a}$, et les deux dernières étant prises depuis $a = o$ jusqu'à $a = a$. Il faut, de plus, après les intégrations, substituer a au lieu de r dans les termes multipliés par α, et $\dfrac{1 - \alpha y}{a}$ au lieu de $\dfrac{1}{r}$ dans le terme $\dfrac{4\pi}{3r} \int \rho \, da^3$.

QUATRIÈME SECTION.

De la figure des planètes.

XVII.

L'observation nous apprend que les planètes sont des sphéroïdes très peu différents de la sphère, et l'analogie nous porte à penser que, semblables à la Terre, elles sont recouvertes, au moins en partie, d'un fluide en équilibre : ce sont les conditions de cet équilibre qui déterminent leurs figures et, par cette raison, nous allons rappeler ici l'équation générale de l'équilibre d'une masse fluide sollicitée par des forces quelconques.

Si l'on nomme ρ la densité d'une molécule fluide; Π la pression qu'elle éprouve; F, F', F'', ... les forces dont elle est animée; df, df', df'', ... les éléments des directions de ces forces, l'équation générale de l'équilibre de la masse fluide sera, comme l'on sait,

$$\frac{d\Pi}{\rho} = F\,df + F'\,df' + F''\,df' + \dots .$$

Supposons que le second membre de cette équation soit une différence exacte, Π sera nécessairement fonction de ρ; ainsi, relativement aux couches de densité constante, on aura $d\Pi = o$ et, par conséquent,

$$o = F\,df + F'\,df' + F''\,df' + \dots,$$

équation qui indique que la résultante de toutes les forces F', F', F'', ... est perpendiculaire à la surface de ces couches, en sorte qu'elles sont en même temps *couches de niveau*. Π étant nul à la surface extérieure, ρ doit y être constant, et la résultante de toutes les forces qui animent chaque molécule de cette surface lui est perpendiculaire; cette résultante est ce que l'on nomme *pesanteur*. Les conditions générales de l'équilibre d'une masse fluide sont donc : 1° que la direction de la pesanteur soit perpendiculaire à chaque point de sa surface extérieure; 2° que, dans l'intérieur de la masse, les directions de la pesanteur de chaque molécule soient perpendiculaires à la surface des couches de densité constante. Comme on peut, dans l'intérieur d'une masse homogène, prendre telles couches que l'on veut pour couches de densité constante, la seconde des deux équations précédentes de l'équilibre est toujours satisfaite, et il suffit pour l'équilibre que la première soit remplie, c'est-à-dire que la résultante de toutes les forces qui animent chaque molécule de la surface extérieure soit perpendiculaire à cette surface.

Relativement aux planètes, les forces F, F', F", ... sont produites par l'attraction de leurs molécules, par la force centrifuge due à leur mouvement de rotation et par l'attraction de corps étrangers. Il est facile de s'assurer que, dans ce cas, la différence $F\,df + F'\,df' + \ldots$ est exacte; mais on le verra clairement par l'analyse que nous allons faire de ces différentes forces, en déterminant la partie de l'intégrale $\int (F\,df + F'\,df' + \ldots)$ qui est relative à chacune d'elles.

Si l'on nomme dM une molécule quelconque du sphéroïde et f sa distance à la molécule attirée, son action sur cette dernière molécule sera $\dfrac{dM}{f^2}$; en multipliant cette action par l'élément de sa direction, qui est $-df$, puisqu'elle tend à diminuer f, on aura, relativement à l'action de la molécule dM,

$$\int F\,df = \frac{dM}{f},$$

d'où il suit que la partie de l'intégrale $\int (F\,df + F'\,df' + \ldots)$ qui dépend de l'attraction des molécules du sphéroïde est égale à la somme de toutes ces molécules divisée par leurs distances respectives à la molécule attirée : nous représenterons cette somme par V, comme nous l'avons fait précédemment.

Dans la théorie de la figure des planètes, on ne se propose point de déterminer leur équilibre dans l'espace absolu, mais seulement l'équilibre de toutes leurs parties autour de leurs centres de gravité ; il faut donc transporter, en sens contraire à la molécule attirée, toutes les forces dont ce centre est animé en vertu de l'action réciproque de toutes les parties du sphéroïde ; mais on sait que, par la propriété de ce centre, la résultante de toutes ces actions sur ce point est nulle ; il n'y a donc rien à ajouter à V pour avoir l'effet total de l'attraction du sphéroïde sur la molécule attirée.

Pour déterminer l'effet de la force centrifuge, nous supposerons la position de la molécule déterminée par les trois coordonnées x'', y'' et z'', dont nous fixerons l'origine au centre même de gravité du sphéroïde ; nous supposerons ensuite que l'axe des x'' est l'axe de rotation et que g exprime la force centrifuge due à la vitesse de rotation, à la distance 1 de l'axe. Cette force sera nulle dans le sens des x'' et égale à gy'' et gz'' dans le sens des y'' et des z'' ; en multipliant donc ces deux dernières forces respectivement par les éléments dy'' et dz'' de leurs directions, on aura $\frac{1}{2}g(y''^2 + z''^2)$ pour la partie de l'intégrale $\int(F\,df + F'\,df' + \ldots)$, qui est due à la force centrifuge du mouvement de rotation.

Si l'on nomme, comme ci-dessus, r la distance de la molécule attirée au centre de gravité du sphéroïde ; θ l'angle que forme le rayon r avec l'axe des x'', et ϖ l'angle que forme le plan qui passe par l'axe des x'' et par cette molécule avec le plan des x'' et des y'' ; enfin, si l'on fait $\cos\theta = \mu$, on aura

$$x'' = r\mu, \qquad y'' = r\sqrt{1 - \mu^2}\cos\varpi, \qquad z'' = r\sqrt{1 - \mu^2}\sin\varpi,$$

d'où l'on tire

$$\tfrac{1}{2}g(y''^2 + z''^2) = \tfrac{1}{2}gr^2(1 - \mu^2).$$

Nous mettrons cette dernière quantité sous la forme suivante

$$\tfrac{1}{3}gr^2 - \tfrac{1}{2}gr^2(\mu^2 - \tfrac{1}{3})$$

pour assimiler ses termes à ceux de V, c'est-à-dire pour leur donner la propriété de satisfaire à l'équation aux différences partielles

$$0 = \frac{\partial\left[(1-\mu^2)\frac{\partial P}{\partial\mu}\right]}{\partial\mu} + \frac{\frac{\partial^2 P}{\partial\varpi^2}}{1-\mu^2} + i(i+1)P,$$

dans laquelle P est un terme quelconque et i l'exposant de sa plus haute puissance en μ, car il est clair que chacun des deux termes $\frac{1}{3}gr^2$ et $-\frac{1}{2}gr^2(\mu^2 - \frac{1}{3})$ satisfait à l'équation précédente. Il nous reste présentement à déterminer la partie de l'intégrale

$$\int(F\,df + F'\,df' + \ldots)$$

qui résulte de l'action des corps étrangers.

Soient S la masse d'un de ces corps; f sa distance à la molécule attirée, et s la distance au centre de gravité du sphéroïde. Son attraction sur la molécule sera $\frac{S}{f^2}$; en la multipliant par l'élément $-df$ de sa direction et en l'intégrant ensuite, on aura $\frac{S}{f}$. Ce n'est pas la partie entière de l'intégrale $\int(F\,df + F'\,df' + \ldots)$ due à l'action de S; il faut encore transporter en sens contraire à la molécule l'action de ce corps sur le centre de gravité du sphéroïde : pour cela, nommons ν l'angle que forme s avec l'axe des x'', et ψ l'angle que forme le plan qui passe par cet axe et par le corps S avec le plan des x'' et des y''; l'action $\frac{S}{s^2}$ de ce corps sur le centre de gravité du sphéroïde, décomposée parallèlement aux axes des x'', des y'' et des z'', produira les trois forces suivantes (¹) :

$$\frac{S}{s^2}\cos\nu, \quad \frac{S}{s^2}\sin\nu\cos\psi, \quad \frac{S}{s^2}\sin\nu\sin\psi.$$

En les transportant en sens contraire à la molécule attirée, ce qui

---

(¹) Laplace avait pris pour ces forces des expressions inexactes, savoir

$$\frac{S}{s^3}(s\cos\nu - x''), \quad \frac{S}{s^3}(s\sin\nu\cos\psi - y''), \quad \frac{S}{s^3}(s\sin\nu\sin\psi - z'').$$

Il a corrigé cette méprise dans la *Mécanique céleste*. Nous avons cru pouvoir faire la correction dans le Mémoire actuel. *(Note de l'Éditeur.)*

revient à les faire précéder du signe —, en les multipliant ensuite respectivement par les éléments dx'', dy'' et dz'' de leurs directions et en les intégrant, la somme de ces intégrales sera

$$-\frac{S}{s^2}(x''\cos\nu + y''\sin\nu\cos\psi + z''\sin\nu\sin\psi) + \text{const.}$$

La partie entière de l'intégrale $\int(F\,df + F'\,df' + \dots)$ due à l'action du corps S sera donc

$$\frac{S}{f} - \frac{S}{s^2}(x''\cos\nu + y''\sin\nu\cos\psi + z''\sin\nu\sin\psi) + \text{const.},$$

et comme cette quantité doit être nulle par rapport au centre de gravité du sphéroïde, que nous supposons immobile, et que, relativement à ce point, f devient s, et x'', y'', z'' sont nuls, on a

$$\text{const.} = -\frac{S}{s}.$$

Maintenant f est égal à

$$\sqrt{(s\cos\nu - x'')^2 + (s\sin\nu\cos\psi - y'')^2 + (s\sin\nu\sin\psi - z'')^2},$$

ce qui donne, en substituant pour x'', y'' et z'' leurs valeurs,

$$\frac{S}{f} = \frac{S}{\sqrt{s^2 - 2sr[\cos\theta\cos\nu + \sin\theta\sin\nu\cos(\varpi - \psi)] + r^2}}.$$

Si l'on réduit cette quantité dans une suite descendante par rapport aux puissances de s, et que l'on représente cette suite par la suivante

$$\frac{S}{s}\left(P^{(0)} + \frac{r}{s}P^{(1)} + \frac{r^2}{s^2}P^{(2)} + \dots\right),$$

il est aisé de voir, par l'article X, que, en faisant

$$\cos\theta\cos\nu + \sin\theta\sin\nu\cos(\varpi - \psi) = \delta,$$

on aura généralement

$$P^{(i)} = \frac{1.3.5\dots(2i-1)}{1.2.3\dots i}\left[\delta^i - \frac{i(i-1)}{2(2i-1)}\delta^{i-2} + \frac{i(i-1)(i-2)(i-3)}{2.4(2i-1)(2i-3)}\delta^{i-4} - \dots\right].$$

Il résulte d'ailleurs de l'article IX que l'on a

$$0 = \frac{\partial\left[(1 - \mu^2)\frac{\partial P^{(i)}}{\partial \mu}\right]}{\partial \mu} + \frac{\frac{\partial^2 P^{(i)}}{\partial \varpi^2}}{1 - \mu^2} + i(i+1)P^{(i)};$$

en sorte que les termes de la série précédente ont cette propriété commune avec ceux de V. On aura, cela posé,

$$\frac{S}{f} - \frac{S}{s^2}(x'' \cos \nu + y'' \sin \nu \cos \psi + z'' \sin \nu \sin \psi) - \frac{S}{s}$$
$$= \frac{S r^2}{s^3}\left(P^{(2)} + \frac{r}{s}P^{(3)} + \frac{r^2}{s^2}P^{(4)} + \ldots\right).$$

S'il y a d'autres corps S', S'', …, en désignant par s', ν', ψ', P', s'', ν'', ψ'', P'', … relativement à ces différents corps, ce que nous avons nommé s, ν, ψ, P, relativement au corps S, on aura les parties de l'intégrale

$$\int(\mathrm{F}\,df + \mathrm{F}'\,df' + \ldots)$$

dues à leur action, en marquant successivement d'un trait, de deux traits, etc. les lettres s, ν, ψ, P dans l'expression précédente de la partie de cette intégrale qui est due à l'action du corps S.

Si l'on rassemble toutes les parties de cette intégrale et que l'on fasse

$$\frac{g}{3} = \alpha Z^{(0)},$$

$$\frac{S}{s^3}P^{(1)} + \frac{S'}{s'^3}P'^{(1)} + \ldots - \frac{g}{2}(\mu^2 - \tfrac{1}{3}) = \alpha Z^{(2)},$$

$$\frac{S}{s^4}P^{(3)} + \frac{S'}{s'^4}P'^{(3)} + \ldots = \alpha Z^{(3)},$$

$$\ldots\ldots\ldots\ldots\ldots\ldots\ldots\ldots\ldots$$

α étant un très petit coefficient, parce que la condition d'un sphéroïde très peu différent de la sphère exige que les forces perturbatrices soient très petites, on aura

$$\int(\mathrm{F}\,df + \mathrm{F}'\,df' + \ldots) = \mathrm{V} + \alpha r^2(Z^{(0)} + Z^{(2)} + r Z^{(3)} + r^2 Z^{(4)} + \ldots),$$

$Z^{(i)}$ satisfaisant, quel que soit i, à l'équation aux différences partielles

$$ 0 = \frac{\partial\left[(1-\mu^2)\dfrac{\partial Z^{(i)}}{\partial\mu}\right]}{\partial\mu} + \frac{\dfrac{\partial^2 Z^{(i)}}{\partial\varpi^2}}{1-\mu^2} + i(i+1)Z^{(i)}. $$

L'équation générale de l'équilibre sera donc

$$ (11) \qquad \int\frac{d\Pi}{\rho} = V + \alpha r^2(Z^{(0)} + Z^{(2)} + rZ^{(3)} + r^2Z^{(4)} + \ldots). $$

Si les corps étrangers sont très éloignés du sphéroïde, on pourra négliger les quantités $r^3Z^{(3)}$, $r^4Z^{(4)}$, ..., parce que, les différents termes de ces quantités étant divisés respectivement par s^4, s^5, ..., s'^4, s'^5, ..., ces termes deviennent très petits lorsque s est très grand par rapport à r. Ce cas a lieu pour les planètes et pour les satellites, à l'exception de Saturne dont l'anneau est trop près de sa surface pour n'avoir pas égard aux termes précédents. Il faut donc, dans la théorie de la figure de cette planète, prolonger indéfiniment le second membre de la formule (11), qui a l'avantage de former une série toujours convergente; et comme alors le nombre des corpuscules extérieurs au sphéroïde est infini, les valeurs de $Z^{(0)}$, $Z^{(2)}$, ... seront données en intégrales définies, dépendantes de la figure et de la constitution intérieure de l'anneau de Saturne.

On peut observer que, si le sphéroïde est formé d'un noyau solide de figure quelconque recouvert par un fluide, l'équation (11) peut servir encore à déterminer la nature des couches de la partie fluide, en considérant que Π doit toujours être fonction de ρ et qu'ainsi le second membre de cette équation doit être constant à la surface extérieure et à celles de toutes les couches de densité constante.

XVIII.

Considérons d'abord le cas où le sphéroïde est homogène. Nous avons vu dans l'article précédent qu'il suffit alors que l'on ait à la surface extérieure

$$ (12) \qquad V + \alpha r^2(Z^{(0)} + Z^{(2)} + rZ^{(3)} + r^2Z^{(4)} + \ldots) = \text{const.} $$

Si l'on substitue dans cette équation, au lieu de V, sa valeur donnée par la formule (7) de l'article XIII, on aura

$$\frac{4\pi a^3}{3r} + \frac{4\alpha\pi a^3}{r}\left(Y^{(0)} + \frac{a}{3r}Y^{(1)} + \frac{a^2}{5r^2}Y^{(2)} + \ldots\right)$$
$$+ \alpha r^2(Z^{(0)} + Z^{(1)} + rZ^{(3)} + r^2Z^{(4)} + \ldots) = \text{const.};$$

ce sera l'équation de la surface du sphéroïde, en y substituant, au lieu de r, sa valeur à la surface

$$a(1 + \alpha y) \quad \text{ou} \quad a + \alpha a(Y^{(0)} + Y^{(1)} + Y^{(2)} + \ldots).$$

On aura ainsi, en négligeant les quantités de l'ordre α^2,

$$\text{const.} = \tfrac{4}{3}\pi a^2 + \frac{8\alpha\pi a^2}{3}(Y^{(0)} - \tfrac{1}{3}Y^{(2)} - \tfrac{2}{5}Y^{(3)} - \tfrac{3}{7}Y^{(4)} - \ldots)$$
$$+ \alpha a^2 \quad (Z^{(0)} + Z^{(2)} + aZ^{(3)} + a^2Z^{(4)} + \ldots).$$

On peut supposer a tel que $\tfrac{4}{3}\pi a^2 = \text{const.}$, et, comme les fonctions $Y^{(i)}$ et $Z^{(i)}$ sont semblables, c'est-à-dire assujetties à la même équation aux différences partielles, leur comparaison dans l'équation précédente donnera généralement, i étant plus grand que l'unité,

$$Y^{(i)} = \frac{3}{8\pi}\frac{2i+1}{i-1}a^{i-2}Z^{(i)},$$

équation que l'on peut mettre sous cette forme

$$Y^{(i)} = \frac{3}{4\pi}a^{i-2}Z^{(i)} + \frac{9}{8a\pi}\int r^{i-1}\,dr\,Z^{(i)},$$

l'intégrale étant prise depuis $r = 0$ jusqu'à $r = a$. On aura de plus

$$Y^{(0)} = -\frac{3}{8\pi}Z^{(0)}.$$

De là, il est facile de conclure que le rayon $a(1 + \alpha y)$ du sphéroïde sera donné par l'équation suivante

$$(13)\left\{\begin{array}{l} a(1 + \alpha y) = \left[a - \dfrac{3\alpha a}{8\pi}Z^{(0)} + \alpha a\,Y^{(1)} + \dfrac{3\alpha a}{4\pi}(Z^{(2)} + aZ^{(3)} + a^2Z^{(4)} + \ldots)\right.\\[2mm] \left.\qquad\qquad + \dfrac{9\alpha}{8\pi}\int dr(Z^{(2)} + rZ^{(3)} + r^2Z^{(4)} + \ldots)\right]. \end{array}\right.$$

Cette équation peut être mise sous une forme finie, en observant que, par l'article précédent, on a

$$\alpha(Z^{(2)} + r Z^{(3)} + r^2 Z^{(4)} + \ldots) = -\frac{g}{2}\left(\mu^2 - \tfrac{1}{3}\right)$$
$$-\frac{S}{s r^2} - \frac{S\delta}{s^2 r} + \frac{S}{r^2\sqrt{s^2 - 2 s r \delta + r^2}}$$
$$-\frac{S'}{s' r^2} - \ldots$$
$$- \ldots\ldots\ldots,$$

en sorte que l'intégrale $\int dr(Z^{(2)} + r Z^{(3)} + \ldots)$ est facile à déterminer par les méthodes connues.

L'équation précédente du sphéroïde homogène en équilibre renferme l'indéterminée a et la fonction $Y^{(1)}$, qui, devant satisfaire à l'équation aux différences partielles

$$0 = \frac{\partial\left[(1 - \mu^2)\dfrac{\partial Y^{(1)}}{\partial\mu}\right]}{\partial\mu} + \frac{\dfrac{\partial^2 Y^{(1)}}{\partial\varpi^2}}{1 - \mu^2} + 2 Y^{(1)},$$

est de cette forme

$$H\mu + H'\sqrt{1 - \mu^2}\cos\varpi + H''\sqrt{1 - \mu^2}\sin\varpi,$$

H, H', H″ étant des coefficients indéterminés. On déterminera ces constantes par la condition que l'origine des coordonnées, d'où nous supposons partir les rayons du sphéroïde, est à son centre de gravité, et par la masse M du sphéroïde, que nous supposerons connue. Ces données fournissent les quatre équations suivantes

$$0 = \int y\mu\, d\mu\, d\varpi,$$
$$0 = \int y\, d\mu\, d\varpi\sqrt{1 - \mu^2}\cos\varpi,$$
$$0 = \int y\, d\mu\, d\varpi\sqrt{1 - \mu^2}\sin\varpi,$$
$$\tfrac{4}{3}\pi a^3 - \alpha a^3\int y\, d\mu\, d\varpi = M,$$

l'intégrale relative à μ étant prise depuis $\mu = 1$ jusqu'à $\mu = -1$, et l'intégrale relative à ϖ étant prise depuis $\varpi = 0$ jusqu'à $\varpi = 360°$.

Pour exécuter ces intégrations, nous allons démontrer un théorème très général sur les fonctions de la nature de $Y^{(i)}$:

Si $Y^{(i)}$ et $U^{(i')}$ sont des fonctions rationnelles et entières de μ, $\sqrt{1-\mu^2}\cos\varpi$ et $\sqrt{1-\mu^2}\sin\varpi$, qui satisfont aux deux équations suivantes

$$0 = \frac{\partial\left[(1-\mu^2)\dfrac{\partial Y^{(i)}}{\partial\mu}\right]}{\partial\mu} + \frac{\dfrac{\partial^2 Y^{(i)}}{\partial\varpi^2}}{1-\mu^2} + i(i+1)Y^{(i)},$$

$$0 = \frac{\partial\left[(1-\mu^2)\dfrac{\partial U^{(i')}}{\partial\mu}\right]}{\partial\mu} + \frac{\dfrac{\partial^2 U^{(i')}}{\partial\varpi^2}}{1-\mu^2} + i'(i'+1)U^{(i')},$$

on aura généralement

$$\int Y^{(i)}\, U^{(i')}\, d\mu\, d\varpi = 0,$$

lorsque i et i' seront des nombres entiers, positifs et différents entre eux, les intégrales étant prises depuis $\mu = 1$ jusqu'à $\mu = -1$ et depuis $\varpi = 0$ jusqu'à $\varpi = 360°$.

Pour démontrer ce théorème, nous observerons que, en vertu de la première des deux équations précédentes, on a

$$\int Y^{(i)}\, U^{(i')}\, d\mu\, d\varpi = -\frac{1}{i(i+1)}\int U^{(i')}\frac{\partial\left[(1-\mu^2)\dfrac{\partial Y^{(i)}}{\partial\mu}\right]}{\partial\mu}\, d\mu\, d\varpi$$

$$-\frac{1}{i(i+1)}\int U^{(i')}\frac{\dfrac{\partial^2 Y^{(i)}}{\partial\varpi^2}}{1-\mu^2}\, d\mu\, d\varpi\,;$$

or on a, en intégrant par parties relativement à μ,

$$\int U^{(i')}\frac{\partial\left[(1-\mu^2)\dfrac{\partial Y^{(i)}}{\partial\mu}\right]}{\partial\mu}\, d\mu$$

$$= \frac{\partial Y^{(i)}}{\partial\mu}(1-\mu^2)U^{(i')} - Y^{(i)}(1-\mu^2)\frac{\partial U^{(i')}}{\partial\mu} + \int Y^{(i)}\frac{\partial\left[(1-\mu^2)\dfrac{\partial U^{(i')}}{\partial\mu}\right]}{\partial\mu}\, d\mu\,;$$

et il est clair que, si l'on prend l'intégrale depuis $\mu = 1$ jusqu'à $\mu = -1$, le second membre de cette équation se réduit à son dernier terme. On a pareillement, en intégrant par parties relativement à ϖ,

$$\int U^{(i)} \frac{\partial^1 Y^{(i)}}{\partial \varpi^2}\, d\varpi = \frac{\partial Y^{(i)}}{\partial \varpi} U^{(i)} - Y^{(i)} \frac{\partial U^{(i)}}{\partial \varpi} + \int Y^{(i)} \frac{\partial^2 U^{(i)}}{\partial \varpi^2}\, d\varpi,$$

et ce second membre se réduit encore à son dernier terme lorsque l'intégrale est prise depuis $\varpi = 0$ jusqu'à $\varpi = 360°$; on aura donc ainsi

$$\int Y^{(i)} U^{(i)}\, d\mu\, d\varpi = - \frac{1}{i(i+1)} \int Y^{(i)}\, d\mu\, d\varpi \left\{ \frac{\partial \left[(1 - \mu^2) \frac{\partial U^{(i)}}{\partial \mu} \right]}{\partial \mu} + \frac{\frac{\partial^2 U^{(i)}}{\partial \varpi^2}}{1 - \mu^2} \right\},$$

d'où l'on tire, en vertu de la seconde des deux équations précédentes aux différences partielles,

$$\int Y^{(i)} U^{(i)}\, d\mu\, d\varpi = \frac{i'(i'+1)}{i(i+1)} \int Y^{(i)} U^{(i)}\, d\mu\, d\varpi.$$

On aura donc

$$0 = \int Y^{(i)} U^{(i)}\, d\mu\, d\varpi$$

lorsque i est différent de i'.

Les quantités μ, $\sqrt{1 - \mu^2} \cos\varpi$, $\sqrt{1 - \mu^2} \sin\varpi$ étant comprises dans la forme $U^{(i)}$, si l'on substitue, dans les trois équations

$$0 = \int y\, \mu\, d\mu\, d\varpi,$$

$$0 = \int y\, d\mu\, d\varpi \sqrt{1 - \mu^2} \cos\varpi,$$

$$0 = \int y\, d\mu\, d\varpi \sqrt{1 - \mu^2} \sin\varpi,$$

au lieu de y, sa valeur $Y^{(0)} + Y^{(1)} + Y^{(2)} + \ldots$, elles se réduisent par le théorème précédent aux trois suivantes :

$$0 = \int Y^{(1)} \mu\, d\mu\, d\varpi,$$

$$0 = \int Y^{(1)}\, d\mu\, d\varpi \sqrt{1 - \mu^2} \cos\varpi,$$

$$0 = \int Y^{(1)}\, d\mu\, d\varpi \sqrt{1 - \mu^2} \sin\varpi,$$

d'où il est aisé de conclure $Y^{(1)} = 0$.

L'équation

$$\tfrac{1}{3} \pi a^3 - \alpha a^3 \int y\, d\mu\, d\varpi = M$$

se réduit à celle-ci

$$\tfrac{1}{3}\pi a^3 - \alpha a^3 \int Y^{(0)} d\mu\, d\varpi = M;$$

en substituant donc, au lieu de $Y^{(0)}$, sa valeur $-\dfrac{3}{8\pi} Z^{(0)}$, on aura

$$a = \left(1 + \frac{3\alpha Z^{(0)}}{8\pi}\right) \sqrt[3]{\frac{3M}{4\pi}}.$$

XIX.

L'équation (12) de l'article précédent a non seulement l'avantage de faire connaître la figure du sphéroïde, mais encore celui de donner, par sa différentiation, la loi de la pesanteur à sa surface, car il est visible que le premier membre de cette équation étant l'intégrale de la somme de toutes les forces dont chaque molécule est animée à la surface, multipliées par les éléments de leurs directions respectives, on aura la partie de la résultante qui agit suivant le rayon r, en différentiant ce premier membre par rapport à r; ainsi, en nommant p la force dont une molécule de la surface est sollicitée vers le centre du sphéroïde, on aura

$$p = -\frac{\partial V}{\partial r} - \alpha \frac{\partial}{\partial r}(r^2 Z^{(0)} + r^2 Z^{(2)} + r^3 Z^{(3)} + \dots).$$

Si l'on substitue dans cette équation, au lieu de $-\dfrac{\partial V}{\partial r}$, sa valeur à la surface, $\tfrac{3}{2}\pi a + \dfrac{V}{3a}$, donnée par l'équation (6) de l'article XIII, et, au lieu de V, sa valeur donnée par l'équation (12); si l'on observe ensuite que nous avons supposé a tel que la constante de cette dernière équation est égale à $\tfrac{1}{3}\pi a^2$, on aura

$$(14) \quad \left\{ \begin{aligned} p &= \tfrac{1}{3}\pi a - \tfrac{1}{4}\alpha a\,(Z^{(0)} + Z^{(2)} + a Z^{(3)} + a^2 Z^{(4)} + \dots) \\ &\quad - \alpha \frac{\partial}{\partial r}(r^2 Z^{(0)} + r^2 Z^{(2)} + r^3 Z^{(3)} + \dots), \end{aligned} \right.$$

r devant être changé en a après les différentiations, dans ce second membre, qui, par l'article précédent, peut toujours se réduire à une fonction finie.

p ne représente pas exactement la pesanteur, mais seulement la partie de cette force dirigée vers le centre du sphéroïde, en la supposant décomposée en deux, dont l'une soit perpendiculaire au rayon r, et dont l'autre p soit dirigée suivant ce rayon. Le sphéroïde différant très peu de la sphère, la première force sera très petite de l'ordre α; en la désignant donc par $\alpha\gamma$, la pesanteur sera égale à $\sqrt{p^2 + \alpha^2\gamma^2}$, quantité qui, en négligeant les termes de l'ordre α^2, se réduit à p. Nous pouvons ainsi considérer p comme exprimant la pesanteur à la surface du sphéroïde, en sorte que les équations (13) et (14) déterminant et la figure des sphéroïdes homogènes et la loi de la pesanteur à leur surface, elles renferment une théorie complète de ces sphéroïdes, dans la supposition où ils diffèrent très peu d'une sphère.

Si les corps étrangers S, S′, S″, … sont nuls, et que le sphéroïde ne soit, par conséquent, sollicité que par l'attraction de ses molécules et par la force centrifuge de son mouvement de rotation, ce qui est le cas de la Terre et de toutes les planètes premières, à l'exception de Saturne, on trouvera, en désignant par φ le rapport de la force centrifuge à la pesanteur à l'équateur, rapport qui est à très peu près égal à $\dfrac{g}{\frac{4}{3}\pi}$,

$$a(1 + \alpha\gamma) = a\left(1 + \tfrac{1}{2}\varphi - \tfrac{3}{2}\varphi\mu^2\right),$$
$$p = \tfrac{4}{3}\pi a\left(1 - \tfrac{5}{2}\varphi + \tfrac{5}{2}\varphi\mu^2\right),$$
$$a = \left(1 + \tfrac{1}{6}\varphi\right)\sqrt[3]{\dfrac{M}{\tfrac{4}{3}\pi}};$$

le sphéroïde est donc alors un ellipsoïde de révolution, sur lequel les accroissements de la pesanteur et les diminutions des rayons, en allant de l'équateur aux pôles, sont proportionnels au carré du sinus de la latitude, μ étant à très peu près égal à ce sinus.

XX.

Les déterminations précédentes sont données directement par l'Analyse et indépendamment de toute hypothèse; l'équation (14) a, de plus, l'avantage d'être indépendante des séries, puisque nous en avons éliminé V et $\frac{\partial V}{\partial r}$ au moyen des équations (6) et (12) des articles XIII et XVIII; il n'en est pas ainsi de l'équation (13), et cela peut faire craindre qu'elle ne renferme pas toutes les figures d'équilibre dont le sphéroïde est susceptible : nous allons ainsi déterminer ces figures directement et indépendamment des suites.

Supposons d'abord que le sphéroïde soit de révolution, et que son rayon soit $a(1 + \alpha y)$, y étant une fonction de $\cos\theta$ ou de μ, et θ étant l'angle que forme ce rayon avec l'axe de révolution. Si l'on nomme f une droite quelconque menée de l'extrémité de ce rayon dans l'intérieur du sphéroïde; p le complément de l'angle que forme cette droite avec le plan qui passe par le rayon $a(1 + \alpha y)$ et par l'axe de révolution; q l'angle formé par la projection de f sur ce plan et par le rayon; enfin, si l'on nomme V la somme de toutes les molécules du sphéroïde divisées par leurs distances à la molécule placée à l'extrémité du rayon $a(1+\alpha y)$, chaque molécule étant égale à $f^2 df\, dp\, dq \sin p$, on aura, comme dans l'article II,

$$V = \tfrac{1}{2} \iint f'^2 dp\, dq \sin p,$$

f' étant ce que devient f à la sortie du sphéroïde. Il faut maintenant déterminer f' en fonction de p et de q.

Pour cela, nous observerons que, si l'on nomme θ' la valeur de θ relative à ce point de sortie et $a(1 + \alpha y')$ le rayon correspondant du sphéroïde, y' étant une pareille fonction de $\cos\theta'$ ou de μ' que y l'est de μ, il est facile de s'assurer, par la Trigonométrie, que le cosinus de l'angle formé par les deux droites f et $a(1 + \alpha y)$ est égal à $\sin p \cos q$, et qu'ainsi, dans le triangle rectiligne formé par les trois droites f', $a(1 + \alpha y)$ et $a(1 + \alpha y')$, on a

$$a^2(1 + \alpha y')^2 = f'^2 - 2af'(1 + \alpha y)\sin p \cos q + a^2(1 + \alpha y)^2.$$

Cette équation donne pour f'^2 deux valeurs; mais l'une d'elles étant de l'ordre α^2, elle est nulle lorsqu'on néglige les quantités de cet ordre, et l'autre devient

$$f'^2 = 4a^2 \sin^2 p \cos^2 q (1 + 2\alpha y) + 4\alpha a^2(y' - y),$$

ce qui donne

$$V = 2a^2 \int\int dp\,dq\,\sin p\,[(1 + 2\alpha y)\sin^2 p\cos^2 q + \alpha(y' - y)].$$

Il est visible que les intégrales doivent être prises depuis p et q, égaux à zéro jusqu'à p et q, égaux à 180°; on aura ainsi

$$V = \tfrac{4}{3}\pi a^2 - \tfrac{4}{3}\alpha\pi a^2 y + 2\alpha a^2 \int\int dp\,dq\,y'\sin p.$$

y' étant une fonction de $\cos\theta'$, il faut déterminer ce cosinus en fonction de p et de q; on pourra dans cette détermination négliger les quantités de l'ordre α, puisque y' est déjà multiplié par α; cela posé, on trouvera facilement

$$a\cos\theta' = (a - f'\sin p\cos q)\cos\theta + f'\sin p\sin q\sin\theta,$$

d'où l'on tire, en substituant pour f' sa valeur $2a\sin p\cos q$,

$$\mu' = \cos^2 p - \sin^2 p\cos(2q + \theta).$$

On doit observer ici, relativement à l'intégrale $\int\int y'\,dp\,dq\,\sin p$ prise par rapport à q depuis $2q = 0$ jusqu'à $2q = 360°$, que le résultat serait le même si l'on prenait cette intégrale depuis $2q = -\theta$ jusqu'à $2q = 360° - \theta$, parce que les valeurs de μ', et par conséquent celles de y', sont les mêmes depuis $2q = -\theta$ jusqu'à $2q = 0$ que depuis $2q = 360° - \theta$ jusqu'à $2q = 360°$; en supposant donc $2q + \theta = q'$, ce qui donne

$$\mu' = \mu\cos^2 p - \sin^2 p\cos q',$$

on aura

$$V = \tfrac{4}{3}\pi a^2 - \tfrac{4}{3}\alpha\pi a^2 y + \alpha a^2 \int\int y'\,dp\,dq'\sin p,$$

les intégrales étant prises depuis $p = 0$ jusqu'à $p = 180°$, et depuis $q' = 0$ jusqu'à $q' = 360°$.

Maintenant, si l'on désigne par $a^2 N$ l'intégrale de toutes les forces étrangères à l'attraction du sphéroïde et multipliées par les éléments de leurs directions, on aura par l'article XVII, dans le cas de l'équilibre,

$$\text{const.} = V + a^2 N,$$

et, en substituant au lieu de V sa valeur, on aura

$$\text{const.} = \tfrac{1}{3}\alpha\pi y - \alpha \int\int y'\,dp\,dq'\sin p - N,$$

équation qui n'est visiblement que l'équation (12) de l'article XVIII, présentée sous une autre forme. Cette équation étant linéaire, il en résulte que, si un nombre quelconque i de rayons $a(1+\alpha y)$, $a(1+\alpha v)$, … y satisfont, le rayon $a(1 + \alpha y + \alpha v + \dots)$ y satisfera pareillement ([1]).

Supposons que les forces étrangères se réduisent à la force centrifuge due au mouvement de rotation du sphéroïde, et nommons g cette force à la distance 1 de l'axe de rotation; nous aurons, par l'article XVII,

$$N = \tfrac{g}{3}(1 - \mu^2);$$

l'équation de l'équilibre sera, par conséquent,

$$\text{const.} = \tfrac{3}{4}\alpha\pi y - \alpha\int\int y'\,dp\,dq'\sin p - \tfrac{1}{4}g(1-\mu^2).$$

En la différentiant trois fois de suite relativement à μ, et en observant que $\frac{\partial\mu'}{\partial\mu} = \cos^2 p$, on aura

$$0 = \tfrac{1}{3}\pi\frac{\partial^3 y}{\partial\mu^3} - \int\int dp\,dq'\sin p\,\cos^6 p\,\frac{\partial^3 y'}{\partial\mu'^3};$$

or on a

$$\int\int dp\,dq'\sin p\,\cos^6 p = \frac{4\pi}{7}:$$

on pourra donc mettre l'équation précédente sous cette forme

$$0 = \int\int dp\,dq'\sin p\,\cos^6 p\left(\frac{7}{3}\frac{\partial^3 y}{\partial\mu^3} - \frac{\partial^3 y'}{\partial\mu'^3}\right).$$

Cette équation doit avoir lieu quel que soit μ, en sorte que μ doit disparaître avec les intégrations; or il est clair que, parmi toutes les valeurs de μ comprises depuis $\mu = 1$ jusqu'à $\mu = -1$, il en existe une que nous désignerons par h et qui est telle que, abstraction faite du

____

([1]) Il faudrait prendre la moyenne des rayons, $a\left[1 + \frac{\alpha}{i}(y + v + \dots)\right]$.

(Note de l'Éditeur.)

signe, aucune des valeurs de $\frac{\partial^3 y}{\partial \mu^3}$ ne surpassera celle qui est relative à h; en désignant donc par H cette dernière valeur, on aura encore

$$0 = \int\!\int dp\,dq' \sin p \cos^4 p \left(\tfrac{1}{3} H - \frac{\partial^3 y'}{\partial \mu'^3} \right).$$

La quantité $\tfrac{1}{3} H - \frac{\partial^3 y'}{\partial \mu'^3}$ est évidemment du même signe que H, et le facteur $\sin p \cos^4 p$ est constamment positif dans toute l'étendue de l'intégrale; les éléments de cette intégrale sont donc tous du même signe que H, d'où il suit que l'intégrale entière ne peut être nulle, à moins que H ne le soit lui-même, ce qui exige que l'on ait généralement $0 = \frac{\partial^3 y}{\partial \mu^3}$, d'où l'on tire, en intégrant,

$$y = l + m\mu + n\mu^2,$$

l, m, n étant des constantes arbitraires.

Si l'on fixe l'origine des rayons au milieu de l'axe de révolution et que l'on prenne pour a la moitié de cet axe, y sera nul lorsque $\mu = 1$ et lorsque $\mu = -1$, ce qui donne $m = 0$ et $n = -l$; y devient ainsi $l(1 - \mu^2)$. En substituant cette valeur dans l'équation de l'équilibre

$$\text{const.} = \tfrac{4}{3}\pi y - \alpha \int\!\int y'\,dp\,dq' \sin p - \tfrac{1}{2}g(1 - \mu^2),$$

on trouvera

$$\alpha l = \frac{15\,g}{16\,\pi} = \tfrac{5}{4}\varphi,$$

φ étant le rapport de la force centrifuge à la pesanteur à l'équateur, rapport qui est à très peu près égal à $\frac{3g}{4\pi}$; le rayon du sphéroïde sera donc $a\left[1 + \frac{5\varphi}{4}(1 - \mu^2) \right]$, d'où il suit que ce sphéroïde est un ellipsoïde de révolution, ce qui est conforme à ce qui précède.

Nous voilà ainsi parvenu à déterminer directement et indépendamment des suites la figure d'un sphéroïde homogène de révolution qui tourne sur son axe, et à faire voir qu'elle ne peut être que celle d'un ellipsoïde qui se réduit à une sphère lorsque $\varphi = 0$, en sorte que la sphère est la seule figure de révolution qui satisfasse à l'équilibre d'une masse fluide homogène immobile.

De là on peut généralement conclure que si la masse fluide est sollicitée par des forces quelconques très petites, il n'y a qu'une seule figure possible d'équilibre, ou, ce qui revient au même, il n'y a qu'un seul rayon $a(1 + \alpha y)$ qui puisse satisfaire à l'équation de l'équilibre

$$\text{const.} = \tfrac{1}{3}\alpha\pi y - \alpha \iint y'\, dp\, dq' \sin p - \mathrm{N},$$

y étant fonction de θ et de la longitude ϖ, et y' étant ce que devient y lorsqu'on y change θ et ϖ en θ' et ϖ'.

Supposons, en effet, qu'il y ait deux rayons différents $a(1 + \alpha y)$ et $a(1 + \alpha y + \alpha v)$ qui satisfassent à cette équation, on aura

$$\text{const.} = \tfrac{1}{3}\alpha\pi(y + v) - \alpha \iint (y' + v')\, dp\, dq' \sin p - \mathrm{N}.$$

En retranchant l'équation précédente de celle-ci, on aura

$$\text{const.} = \tfrac{1}{3}\pi v - \iint v'\, dp\, dq' \sin p.$$

Cette équation est visiblement celle d'un sphéroïde homogène en équilibre, dont le rayon est $a(1 + \alpha v)$, et qui n'est sollicité par aucune force étrangère à l'attraction de ses molécules. L'angle ϖ disparaissant de lui-même dans cette équation, le rayon $a(1 + \alpha v)$ y satisferait encore en y changeant ϖ successivement dans $\varpi + d\varpi$, $\varpi + 2\,d\varpi$, ..., d'où il suit que, si l'on nomme v_1, v_2, ... ce que devient v en vertu de ces changements, le rayon $a(1 + \alpha v\,d\varpi + \alpha v_1\,d\varpi + \alpha v_2\,d\varpi + ...)$ ou $a(1 + \alpha \int v\,d\varpi)$ satisfera à l'équation précédente. Si l'on prend l'intégrale $\int v\,d\varpi$ depuis $\varpi = 0$ jusqu'à $\varpi = 360°$, le rayon $a(1 + \alpha \int v\,d\varpi)$ devient celui d'un sphéroïde de révolution qui, par ce qui précède, ne peut être qu'une sphère. Voyons la condition qui en résulte pour v.

Supposons que a soit la plus courte distance du centre de gravité du sphéroïde, dont le rayon est $a(1 + \alpha v)$, à la surface, et que le pôle ou l'origine de l'angle θ soit à l'extrémité de a; v sera nul au pôle et positif partout ailleurs; il en sera de même de l'intégrale $\int v\,d\varpi$. Maintenant, puisque le centre de gravité du sphéroïde dont le rayon est $a(1 + \alpha v)$ est au centre de la sphère dont le rayon est a, ce point sera pareillement le centre de gravité du sphéroïde dont le rayon est $a(1 + \alpha \int v\, d\varpi)$; les différents rayons menés de ce centre à la surface de ce dernier sphéroïde sont donc inégaux entre eux si v n'est pas nul : il ne peut donc être une sphère que dans le cas où $v = 0$. Ainsi, nous sommes assuré qu'un sphéroïde homogène, sollicité par des forces quelconques très petites, ne peut être en équilibre que d'une seule manière et que, par conséquent, l'équation (13) de l'article XVIII épuise toutes les figures possibles d'équilibre.

XXI.

L'analyse précédente suppose que N est indépendant de la figure du sphéroïde ; c'est ce qui a lieu lorsque les forces étrangères à l'action des molécules fluides sont dues à la force centrifuge de son mouvement de rotation et à l'attraction des corps extérieurs au sphéroïde ; mais, si l'on conçoit au centre du sphéroïde une force finie proportionnelle à une fonction de la distance, son action sur les molécules placées à la surface du fluide dépendra de la nature de cette surface, et par conséquent N dépendra de y. Ce cas est celui d'une masse fluide homogène qui recouvre une sphère d'une densité différente de celle du fluide, car on peut considérer cette sphère comme étant de même densité que le fluide et placer à son centre une force réciproque au carré des distances, de manière que, si l'on nomme c le rayon de la sphère et ρ sa densité, celle du fluide étant prise pour unité, cette force à la distance r soit égale à $\frac{4}{3}\pi\,\frac{c^3(\rho - 1)}{r^2}$. En la multipliant par l'élément $- dr$ de sa direction, l'intégrale du produit sera $\frac{4}{3}\pi\,\frac{c^3(\rho - 1)}{r}$, quantité qu'il faut ajouter à $a^2 N$; et, comme à la surface on a $r = a(1 + \alpha y)$, il faudra dans l'équation d'équilibre de l'article précédent ajouter à N $\frac{4}{3}\pi\,\frac{(\rho - 1)c^3}{a^3}(1 - \alpha y)$. Cette équation deviendra

$$\text{const.} = \frac{4\alpha}{3}\pi\left[1 + (\rho - 1)\frac{c^3}{a^3}\right]y - \alpha\int\int y'\, dp\, dq' \sin p - N.$$

Si l'on désigne par $a(1 + \alpha y + \alpha v)$ le rayon d'un second sphéroïde en équilibre, on aura pour déterminer v l'équation

$$\text{const.} = \tfrac{1}{3}\pi\left[1 + (\rho - 1)\frac{c^3}{a^3}\right]v - \int\!\!\int v'\,dp\,dq'\sin p,$$

équation qui est celle de l'équilibre du sphéroïde en le supposant immobile et en faisant abstraction de toute force extérieure.

Si le sphéroïde est de révolution, v sera uniquement fonction de $\cos\theta$ ou de μ; or on peut, dans ce cas, le déterminer par l'analyse de l'article précédent, car, si l'on différentie cette équation $i + 1$ fois de suite, relativement à μ, on aura

$$0 = \tfrac{1}{3}\pi\left[1 + (\rho - 1)\frac{c^3}{a^3}\right]\frac{\partial^{i+1}v}{\partial\mu^{i+1}} - \int\!\!\int\frac{\partial^{i+1}v'}{\partial\mu'^{i+1}}\,dp\,dq'\sin p\cos^{2i+2}p.$$

Mais on a

$$\int\!\!\int dp\,dq'\sin p\cos^{2i+2}p = \frac{4\pi}{2i+3};$$

l'équation précédente peut donc être mise sous cette forme

$$0 = \int\!\!\int dp\,dq'\sin p\cos^{2i+2}p\left\{\frac{2i+3}{3}\left[1 + (\rho - 1)\frac{c^3}{a^3}\right]\frac{\partial^{i+1}v}{\partial\mu^{i+1}} - \frac{\partial^{i+1}v'}{\partial\mu'^{i+1}}\right\}.$$

On peut toujours prendre i tel qu'abstraction faite du signe on ait $\frac{2i+3}{3}\left[1 + (\rho - 1)\frac{c^3}{a^3}\right] > 1$; en supposant donc que i soit le plus petit nombre qui rende cette quantité plus grande que l'unité, on s'assurera, comme dans l'article précédent, que cette équation ne peut être satisfaite à moins qu'on ne suppose $\frac{\partial^{i+1}v}{\partial\mu^{i+1}} = 0$, ce qui donne

$$v = \mu^i + A\mu^{i-1} + B\mu^{i-2} + \dots.$$

En substituant dans l'équation précédente de l'équilibre au lieu de v cette valeur, et au lieu de v'

$$\mu'^i + A\mu'^{i-1} + B\mu'^{i-2} + \dots,$$

μ' étant, par l'article précédent, égal à $\mu\cos^2 p - \sin^2 p\cos q'$, on trouvera d'abord

$$1 + (\rho - 1)\frac{c^3}{a^3} = \frac{3}{2i + 1},$$

où

$$i = \frac{2a^3 + (1 - \rho)c^3}{2a^3 - 2(1 - \rho)c^3},$$

ce qui suppose ρ égal ou moindre que l'unité; ainsi, toutes les fois que a, c et ρ ne seront pas tels que le second membre de cette équation soit un nombre entier positif, le fluide ne pourra être en équilibre que d'une seule manière. On aura ensuite

$$A = 0, \qquad B = -\frac{i(i - 1)}{2(2i - 1)}, \qquad \dots,$$

en sorte que

$$v = \mu^i - \frac{i(i - 1)}{2(i - 1)}\mu^{i-2} + \frac{i(i - 1)(i - 2)(i - 3)}{2.4(2i - 1)(2i - 3)}\mu^{i-4} - \dots.$$

Il y a donc généralement deux figures d'équilibre, puisque αv est susceptible de deux valeurs, dont l'une est donnée par la supposition de $\alpha = 0$ et dont l'autre est donnée par la supposition de v égal à la fonction précédente de μ.

Si le sphéroïde est immobile et n'est sollicité par aucune force étrangère à l'action de ses molécules, la première de ces deux figures est une sphère et la seconde a pour méridien une courbe de l'ordre i. On doit cependant observer que ces deux figures coïncident lorsque $i = 1$, parce que le rayon $a(1 + \alpha\mu)$ est celui d'une sphère dans laquelle l'origine des rayons est à la distance α de son centre; mais alors il est aisé de voir que $\rho = 1$, c'est-à-dire que le sphéroïde est homogène, ce qui est conforme au résultat de l'article précédent.

Lorsqu'on a les figures de révolution qui satisfont à l'équilibre, il est facile d'en conclure celles qui ne sont pas de révolution par la méthode suivante.

Au lieu de fixer l'origine de l'angle θ à l'extrémité de l'axe de révolution, supposons qu'elle soit à une distance γ de cette extrémité, et nommons θ' la distance à cette même extrémité d'un point de la surface dont θ est la distance à la nouvelle origine de l'angle θ; nommons de plus $\varpi + \epsilon$ l'angle compris entre les deux arcs θ et γ, nous aurons, par la Trigonométrie sphérique,

$$\cos\theta' = \cos\gamma \cos\theta + \sin\gamma \sin\theta \cos(\varpi + \epsilon);$$

en désignant donc par $\psi(\cos\theta')$ la fonction

$$\cos^i\theta' - \frac{i(i-1)}{2(2i-1)} \cos^{i-2}\theta' + \ldots,$$

le rayon du sphéroïde immobile en équilibre que nous venons de voir être égal à $a + \alpha a \psi(\cos\theta')$ sera

$$a + \alpha a \psi[\cos\gamma \cos\theta + \sin\gamma \sin\theta \cos(\varpi + \epsilon)],$$

et, quoiqu'il soit fonction de l'angle ϖ, il appartient à un solide de révolution, mais dans lequel l'origine de l'angle θ n'est point à l'extrémité de l'axe de révolution.

Puisque ce rayon satisfait à l'équation de l'équilibre, quels que soient α, ϵ et γ, il y satisfera encore en changeant ces quantités en α', ϵ', γ'; α'', ϵ'', γ'', …, d'où il suit que cette équation étant linéaire, le rayon

$$a + \alpha a \psi[\cos\gamma \cos\theta + \sin\gamma \sin\theta \cos(\varpi + \epsilon)]$$
$$+ \alpha' a \psi[\cos\gamma' \cos\theta + \sin\gamma' \sin\theta \cos(\varpi + \epsilon')]$$
$$+ \ldots\ldots\ldots\ldots\ldots\ldots\ldots\ldots\ldots\ldots\ldots\ldots\ldots$$

y satisfera pareillement. Le sphéroïde auquel ce rayon appartient n'est plus de révolution : il est formé d'une sphère du rayon a et d'un nombre quelconque de couches semblables à l'excès sur la sphère du sphéroïde de révolution dont le rayon est $a + \alpha a \psi(\mu')$, ces couches étant posées arbitrairement les unes au-dessus des autres.

Si l'on compare l'expression de $\psi(\mu')$ avec celle de $Q^{(i)}$ de l'article X, on verra que ces deux fonctions ne diffèrent que par un facteur indépendant de μ; d'où il suit que l'on a

$$0 = \frac{\partial\left[(1-\mu^2)\dfrac{\partial\psi(\mu')}{\partial\mu}\right]}{\partial\mu} + \frac{\dfrac{\partial^2\psi(\mu')}{\partial\varpi^2}}{1-\mu^2} + i(i+1)\psi(\mu').$$

Il est facile d'en conclure que, si l'on représente par $\alpha Y^{(i)}$ la fonction

$$\alpha \psi [\cos\gamma \cos\theta + \sin\gamma \sin\theta \cos(\varpi + \delta)]$$
$$+ \alpha' \psi [\cos\gamma' \cos\theta + \sin\gamma' \sin\theta \cos(\varpi + \delta')]$$
$$+ \dots\dots\dots\dots\dots\dots\dots\dots\dots\dots\dots\dots\dots,$$

$Y^{(i)}$ sera une fonction rationnelle et entière de

$$\mu, \quad \sqrt{1 - \mu^2}\cos\varpi, \quad \sqrt{1 - \mu^2}\sin\varpi,$$

qui satisfera à l'équation aux différences partielles

$$0 = \frac{\partial\left[(1 - \mu^2)\dfrac{\partial Y^{(i)}}{\partial\mu}\right]}{\partial\mu} + \frac{\dfrac{\partial^2 Y^{(i)}}{\partial\varpi^2}}{1 - \mu^2} + i(i+1)Y^{(i)}.$$

En choisissant donc pour $Y^{(i)}$ la fonction la plus *générale* de cette nature, la fonction $a(1 + \alpha Y^{(i)})$ sera l'expression la plus générale du rayon du sphéroïde immobile en équilibre.

On peut parvenir au même résultat au moyen de l'expression de V en séries de l'article XIII, car l'équation de l'équilibre étant, par l'article précédent,

$$\text{const.} = V + a^2 N,$$

si l'on suppose que toutes les forces étrangères à l'action des molécules fluides se réduisent à une seule force attractive égale à $\frac{1}{3}\pi\frac{(\rho - 1)c^3}{r^2}$, placée au centre du sphéroïde, en multipliant cette force par l'élément $- dr$ de la direction et en l'intégrant ensuite, on aura

$$\tfrac{1}{3}\pi\frac{(\rho - 1)c^3}{r} = a^2 N;$$

comme à la surface $r = a(1 + \alpha y)$, l'équation précédente de l'équilibre deviendra

$$\text{const.} = V + \tfrac{1}{3}\alpha\pi\frac{c^3}{a}(1 - \rho)y.$$

En substituant dans cette équation au lieu de V sa valeur donnée par la formule (7) de l'article XIII, dans laquelle on mettra pour r sa valeur à la surface $a(1 + \alpha y)$, et en substituant pour y sa valeur

$$Y^{(0)} + Y^{(1)} + Y^{(2)} + \dots,$$

on aura

$$0 = \left[(1-\rho)\frac{c^3}{a^3} + 2 \right] Y^{(0)} + (1-\rho)\frac{c^3}{a^3} Y^{(1)}$$
$$+ \left[(1-\rho)\frac{c^3}{a^3} - \tfrac{2}{3} \right] Y^{(2)} + \ldots + \left[(1-\rho)\frac{c^3}{a^3} - \frac{2i-2}{2i+1} \right] Y^{(i)} + \ldots,$$

la constante a étant supposée telle que const. $= \tfrac{1}{3}\pi a^2$. Cette équation donne $Y^{(0)} = 0$, $Y^{(1)} = 0$, $Y^{(2)} = 0$, $\ldots$, à moins que le coefficient de l'une de ces quantités, de $Y^{(i)}$ par exemple, ne soit nul, ce qui donne

$$(1-\rho)\frac{c^3}{a^3} = \frac{2i-2}{2i+1},$$

i étant un nombre entier positif; et, dans ce cas, toutes ces quantités sont nulles, excepté $Y^{(i)}$; on aura donc alors

$$y = Y^{(i)},$$

ce qui est conforme à ce que nous venons de trouver.

On voit ainsi que les résultats obtenus par la réduction de V en série ont toute la généralité possible, et qu'il n'est point à craindre qu'aucune figure d'équilibre échappe à l'analyse fondée sur cette réduction.

XXII.

Examinons maintenant le cas où le sphéroïde est hétérogène, et pour cela reprenons l'équation (11) de l'article XVII :

$$\int \frac{d\Pi}{\rho} = V + \alpha r^2 (Z^{(0)} + Z^{(1)} + r Z^{(3)} + \ldots);$$

si l'on y substitue pour V sa valeur donnée par la formule (10) de l'article XVI, on aura

$$(15)\quad \begin{cases} \displaystyle\int \frac{d\Pi}{\rho} = 2\pi \int \rho\, da^2 + 4\alpha\pi \int \rho\, d\left(a^2 Y^{(0)} + \frac{ar}{3} Y^{(1)} + \frac{r^2}{5} Y^{(2} + \frac{r^3}{7a} Y^{(4)} + \ldots \right) \\[2mm] \displaystyle\quad + \frac{4\pi}{3r} \int \rho\, da^3 + \frac{4\alpha\pi}{r} \int \rho\, d\left(a^3 Y^{(0)} + \frac{a^4}{3r} Y^{(1)} + \frac{a^5}{5r^2} Y^{(2)} + \ldots \right) \\[2mm] \displaystyle\quad + \alpha r^2 (Z^{(0)} + Z^{(1)} + r Z^{(3)} + \ldots), \end{cases}$$

les deux premières intégrales du second membre de cette équation étant prises depuis $a = a$ jusqu'à $a = $ a, et les deux dernières étant prises depuis $a = $ o jusqu'à $a = a$, r devant être changé en $a(1 + \alpha y)$ après toutes les différentiations et les intégrations. On aura ainsi à la surface extérieure

$$(16) \quad \left\{ \begin{aligned} &\int \frac{d\Pi}{\rho} = \frac{4\pi}{3r}\int \rho\, da^3 + \frac{4\alpha\pi}{r}\int \rho\, d\left(a^3 Y^{(0)} + \frac{a^4}{3r}Y^{(1)} + \frac{a^5}{5r^2}Y^{(2)} + \frac{a^6}{7r^3}Y^{(3)} + \dots\right) \\ &\qquad\qquad + \alpha r^2(Z^{(0)} + Z^{(2)} + r Z^{(3)} + \dots), \end{aligned} \right.$$

les intégrales étant prises depuis $a = $ o jusqu'à $a = $ a. Cette équation a l'avantage de donner, par la différentiation de son second membre, la pesanteur à la surface du sphéroïde ; car, en nommant p cette force, on aura p égal à la différentielle de ce second membre, prise par rapport à r et divisée par $- dr$.

Si le sphéroïde est entièrement fluide ou formé d'un noyau solide recouvert d'un fluide, l'équation (15) donnera les valeurs de $Y^{(0)}$, $Y^{(1)}$, $Y^{(2)}$, ... relatives à chacune des couches du niveau du fluide, et, si le fluide est homogène, il suffira de satisfaire à l'équation (16).

Il est aisé de voir par la nature de ces équations, qui sont linéaires, que, si l'on y a satisfait d'une manière quelconque, on aura leur solution complète en ajoutant aux valeurs particulières de $Y^{(0)}$, $Y^{(1)}$, ..., que l'on suppose connues, celles qui ont lieu dans le cas où $Z^{(0)}$, $Z^{(1)}$, ... sont nuls; en sorte que la recherche de la figure d'équilibre des couches du fluide se réduit : 1° à déterminer une figure particulière d'équilibre lorsque le fluide est sollicité par les forces étrangères qui l'animent; 2° à déterminer toutes les figures d'équilibre qui ont lieu lorsque ces forces sont nulles, car il est clair que la somme des valeurs de y relatives à ces deux cas sera la valeur complète de y.

La figure du sphéroïde donnée par l'équation (16) dépend de la figure et de la densité de ses couches intérieures, et, si l'on compare les termes semblables en faisant, pour plus de simplicité, $a = 1$, on aura à la surface extérieure

$$\int \frac{d\Pi}{\rho} = \frac{4\pi}{3}\int \rho\, da^3$$

et, quel que soit i,

$$0 = \frac{4\pi}{3} Y^{(i)} \int \rho \, da^3 - \frac{4\pi}{2i+1} \int \rho \, d(a^{i+3} Y^{(i)}) - Z^{(i)},$$

pourvu que l'on suppose $Z^{(1)} = 0$, parce que cette fonction manque dans l'équation (16). Les intégrales doivent être prises depuis $a = 0$ jusqu'à $a = 1$.

La pesanteur p sera donnée par cette formule

$$p = \tfrac{4}{3}\pi \int \rho \, da^3 - \frac{8\alpha\pi}{3} (Y^{(0)} + Y^{(1)} + Y^{(2)} + \ldots) \int \rho \, da^3$$
$$+ 4\alpha\pi \int \rho \, d\left(a^3 Y^{(0)} + \frac{2a^4}{3} Y^{(1)} + \frac{3a^5}{5} Y^{(2)} + \ldots\right)$$
$$- \alpha(2Z^{(0)} + 2Z^{(1)} + 3Z^{(3)} + 4Z^{(4)} + \ldots).$$

Si l'on élimine les termes

$$\int \rho \, d(a^3 Y^{(0)}), \quad \int \rho \, d(a^4 Y^{(1)}), \quad \ldots$$

au moyen de l'équation précédente en $Y^{(i)}$ et que, pour abréger, l'on suppose

$$P = \frac{4\pi}{3} (1 - \alpha Y^{(0)}) \int \rho \, da^3 - 3\alpha Z^{(0)},$$

on aura

$$(17) \quad \begin{cases} p = P + \alpha P [\; Y^{(2)} + 2 Y^{(3)} + 3 Y^{(4)} + \ldots + (i-1)Y^{(i)} + \ldots] \\ \qquad - \alpha \;[5Z^{(2)} + 7Z^{(3)} + 9Z^{(4)} + \ldots + (2i+1)Z^{(i)} + \ldots]. \end{cases}$$

Cette expression est remarquable, en ce qu'elle donne la loi de la pesanteur à la surface du sphéroïde, indépendamment de la figure et de la densité de ses couches intérieures; en sorte que, si, par les mesures des degrés des méridiens et des parallèles, on a le rayon $1 + \alpha(Y^{(0)} + Y^{(1)} + Y^{(2)} + \ldots)$ du sphéroïde, et si, de plus, on connaît les quantités $Z^{(2)}$, $Z^{(3)}$, $\ldots$ relatives à la force centrifuge du mouvement de rotation et aux attractions étrangères, on aura la variation $p - P$ de la pesanteur à la surface du sphéroïde, et, réciproquement, si cette variation est donnée par les expériences sur la longueur du pendule, on aura le rayon $1 + \alpha y$ du sphéroïde; car, quoique la valeur de p ne donne point $Y^{(0)}$ et $Y^{(1)}$, cependant, comme $Y^{(0)}$ est constant, on peut le supposer compris dans la valeur de a, que nous avons prise pour l'unité, et il est toujours possible, en plaçant convenablement l'origine des rayons, de faire disparaître $Y^{(1)}$ et de réduire ainsi l'expression du rayon du sphéroïde à cette forme

$$1 + \alpha(Y^{(2)} + Y^{(3)} + Y^{(4)} + \ldots).$$

Cette correspondance entre la variation de la pesanteur et celle des rayons n'étant assujettie à aucune hypothèse sur la figure et sur la densité des couches du sphéroïde, elle offre un moyen très simple de vérifier si la loi de la gravitation universelle, qui s'accorde si bien avec les mouvements des corps célestes, s'accorde pareillement avec leurs figures.

XXIII.

Le rayon osculateur du méridien d'un sphéroïde qui a pour rayon $1 + \alpha y$ est

$$1 + \alpha \frac{\partial(\mu y)}{\partial\mu} + \alpha \frac{\partial\left[(1-\mu^2)\frac{\partial y}{\partial\mu}\right]}{\partial\mu};$$

en désignant donc par c la grandeur du degré d'un cercle dont le rayon est ce que nous avons pris pour l'unité, l'expression du degré du méridien du sphéroïde sera

$$c\left\{1 + \alpha \frac{\partial(\mu y)}{\partial\mu} + \alpha \frac{\partial\left[(1-\mu^2)\frac{\partial y}{\partial\mu}\right]}{\partial\mu}\right\}.$$

Si l'on substitue, au lieu du rayon $1 + \alpha y$, sa valeur

$$1 + \alpha(Y^{(2)} + Y^{(3)} + Y^{(4)} + \ldots + Y^{(i)} + \ldots)$$

et, au lieu de $\dfrac{\partial\left[(1-\mu^2)\frac{\partial Y^{(i)}}{\partial\mu}\right]}{\partial\mu}$, sa valeur

$$-i(i+1)Y^{(i)} - \frac{\frac{\partial^2 Y^{(i)}}{\partial\varpi^2}}{1-\mu^2},$$

l'expression précédente du degré du méridien deviendra

$$c - 6\alpha c\,Y^{(2)} - 12\alpha c\,Y^{(3)} - \ldots - i(i+1)\alpha c\,Y^{(i)} - \ldots$$
$$+ \alpha c\,\frac{\partial[\mu(Y^{(2)} + Y^{(3)} + \ldots + Y^{(i)} + \ldots)]}{\partial\mu}$$
$$- \frac{\alpha c\,\dfrac{\partial^2(Y^{(2)} + Y^{(3)} + \ldots + Y^{(i)} + \ldots)}{\partial\varpi^2}}{1 - \mu^2}.$$

Relativement à la Terre, $\alpha Z^{(2)}$ se réduit à $-\frac{g}{2}(\mu^2 - \frac{1}{3})$ ou, ce qui revient au même, à $-\frac{p}{2}P(\mu^2 - \frac{1}{3})$, p étant le rapport de la force centrifuge à la pesanteur; de plus, $Z^{(3)}$, $Z^{(4)}$, … sont nuls. En nommant donc l et L les longueurs du pendule à secondes, correspondantes à p et P, l'expression précédente de la pesanteur donnera, relativement à la Terre,

$$l = L + \alpha L[Y^{(2)} + 2Y^{(3)} + 3Y^{(4)} + \ldots + (i-1)Y^{(i)} + \ldots] + \tfrac{1}{2}L\,p(\mu^2 - \tfrac{1}{3}).$$

Si l'on compare ces trois expressions du rayon terrestre, de la longueur du pendule à secondes et du degré du méridien, on voit que le terme $\alpha Y^{(i)}$ de l'expression du rayon est multiplié par $i - 1$ dans l'expression de la longueur du pendule et par $i(i+1)$ dans celle du degré du méridien, d'où il suit que, pour peu que i soit considérable, ce terme sera plus sensible dans les observations de la longueur du pendule que dans celles de la parallaxe et plus sensible encore dans les mesures des degrés que dans celles des longueurs du pendule.

Ainsi, en supposant le rayon de la Terre égal à

$$1 + \alpha Y^{(2)} + \alpha Y^{(i)} + \alpha Y^{(i+1)} + \ldots,$$

i étant un nombre considérable et les coefficients de $Y^{(i)}$, $Y^{(i+1)}$ étant assez petits pour que ces fonctions et leurs produits par i, $i + 1$, … soient insensibles relativement à $Y^{(2)}$, mais tels cependant que les produits de ces mêmes fonctions par $i(i+1)$, $(i+1)(i+2)$, … soient comparables à $6Y^{(2)}$, la variation de la longueur du pendule ne dépendra sensiblement que de $Y^{(2)}$ et sera à très peu près proportionnelle au carré du sinus de la latitude, si $Y^{(2)}$ ne renferme point la longitude ϖ, tandis que la variation des degrés s'écartera de cette loi d'une manière sensible. Ce résultat est parfaitement conforme à ce que l'on observe sur la Terre. Les longueurs du pendule à secondes, en allant des pôles vers l'équateur, diminuent à très peu près comme le carré du sinus de la latitude; mais la diminution des degrés du méridien paraît suivre une loi différente.

Cette remarque donne l'expression du rayon terrestre dont on doit faire usage dans le calcul des parallaxes de la Lune; car, puisque les variations de la longueur du pendule à secondes s'éloignent très peu de la loi du carré du sinus de la latitude, il faut que, dans l'expression de l, la quantité

$$\alpha L[2 Y^{(3)} + 3 Y^{(4)} + \ldots + (i-1) Y^{(i)} + \ldots]$$

soit fort petite relativement à $\alpha L Y^{(2)} + \frac{5}{2} L \varphi(\mu^2 - \frac{1}{3})$, d'où il suit que, à plus forte raison, dans l'expression du rayon terrestre, la quantité $\alpha(Y^{(3)} + Y^{(4)} + \ldots + Y^{(i)} + \ldots)$ doit être négligée vis-à-vis de $\alpha Y^{(2)}$; partant, si l'on pouvait, par les observations de la parallaxe de la Lune, déterminer avec précision la variation des rayons terrestres, on la trouverait encore plus approchante que celle des longueurs du pendule de la loi du carré du sinus de la latitude.

Si l'on désigne par $L[1 + h(\mu^2 - \frac{1}{3})]$ la longueur observée du pendule à secondes, on aura

$$\alpha Y^{(2)} + \frac{5}{2} \varphi(\mu^2 - \frac{1}{3}) = h(\mu^2 - \frac{1}{3}),$$

d'où l'on tire

$$\alpha Y^{(2)} = \left(h - \frac{5\varphi}{2}\right)(\mu^2 - \frac{1}{3}).$$

Les observations donnent à très peu près

$$h = 0,0055334;$$

en sorte que l'on peut représenter dans cette hypothèse, à $\frac{1}{10}$ de ligne près tout au plus, les observations faites avec soin sur la longueur du pendule; d'ailleurs, φ étant égal à $\frac{1}{289}$, on a

$$\tfrac{5}{2}\varphi = 0,0086505.$$

Le rayon $1 + \alpha Y^{(2)}$ du sphéroïde terrestre sera donc

$$1 + \alpha Y^{(2)} = 1 - 0,0031171\left(\mu^2 - \tfrac{1}{3}\right).$$

Ainsi l'on peut, dans le calcul des parallaxes et de la pesanteur, supposer que la Terre est un ellipsoïde de révolution dont l'ellipticité est $\frac{1}{321}$; mais cette supposition, employée dans le calcul de la variation des degrés du méridien, écarterait sensiblement de la vérité.

Dans la théorie de la précession des équinoxes et de la nutation de l'axe de la Terre, non seulement l'influence des termes $\alpha Y^{(3)}$, $\alpha Y^{(4)}$, ... de l'expression du rayon d'une couche quelconque du sphéroïde terrestre est insensible, mais elle est nulle; ainsi l'on doit calculer ces phénomènes dans l'hypothèse précédente d'un ellipsoïde de révolution. J'ai fait voir dans nos *Mémoires* pour l'année 1776, page 257 (¹), que, pour satisfaire à ces phénomènes, l'ellipticité de la Terre doit être comprise entre les limites 0,001730 et 0,005135; et, comme l'ellipticité 0,0031171, donnée par les observations de la longueur du pendule, est entre ces limites, on voit que la loi de la pesanteur universelle satisfait, aussi bien qu'on peut le désirer dans l'état actuel de nos connaissances, aux divers phénomènes qui dépendent de la figure de la Terre.

CINQUIÈME SECTION.

Des oscillations d'un fluide homogène de peu de profondeur qui recouvre une sphère.

XXIV.

Après avoir donné une théorie générale de la figure des planètes, il nous reste à déterminer les conditions qui rendent cette figure

(¹) *OEuvres de Laplace*, T. IX, p. 269.

stable. Pour cela, nous allons considérer les oscillations d'un fluide très peu profond qui recouvre une sphère, en le supposant dérangé d'une manière quelconque de son état d'équilibre et soumis à l'action d'un nombre quelconque de forces étrangères, et nous chercherons dans les conditions qui rendent ces oscillations périodiques les conditions relatives à la densité et à l'ébranlement primitif du fluide qui donnent un équilibre ferme.

Soient l la profondeur du fluide dans l'état d'équilibre; 1 le rayon du sphéroïde, et, par conséquent, $1 - l$ celui du noyau sphérique que le fluide recouvre, l étant supposé très petit. Nommons ensuite ρ la densité de ce noyau, celle du fluide étant prise pour unité; soient de plus θ l'angle que forme un rayon quelconque du sphéroïde avec un rayon fixe que nous prendrons pour son demi-axe, et ϖ l'angle formé par le plan qui passe par ces deux rayons, avec un méridien fixe, l'origine des rayons étant supposée au centre du noyau sphérique. Supposons que le rayon du sphéroïde qui, dans l'état de l'équilibre, était égal à l'unité, soit $1 + \alpha y$ dans l'état de mouvement et après un temps quelconque t, α étant un coefficient très petit; que l'angle θ devienne $\theta + \alpha u$, et que l'angle ϖ devienne $\varpi + \alpha v$; y, u et v étant des fonctions de θ, ϖ et t qu'il s'agit de déterminer. Cela posé, si l'on conçoit dans l'état d'équilibre un parallélépipède rectangle fluide, dont les dimensions soient l, $d\theta$ et $d\varpi \sin\theta$, et dont par conséquent la masse soit $l\,d\theta\,d\varpi \sin\theta$, il est visible que, dans l'état de mouvement, ce parallélépipède changera de figure; mais, les molécules voisines ayant des mouvements très peu différents, il est facile de s'assurer que, si l'on calcule la solidité de cette nouvelle figure comme étant celle d'un parallélépipède rectangle dont les dimensions seraient

$$l + \alpha y, \quad d\theta\left(1 + \alpha\frac{\partial u}{\partial \theta}\right), \quad d\varpi\left(1 + \alpha\frac{\partial v}{\partial \varpi}\right)\sin(\theta + \alpha u),$$

on ne se trompera que de quantités de l'ordre α^2. On aura ainsi, pour sa masse,

$$(l + \alpha y)\,d\theta\left(1 + \alpha\frac{\partial u}{\partial \theta}\right)d\varpi\left(1 + \alpha\frac{\partial v}{\partial \varpi}\right)\sin(\theta + \alpha u);$$

en l'égalant à la précédente $l\,d\theta\,d\varpi\sin\theta$ et en faisant $\cos\theta = \mu$, on aura

$$y = l\frac{\partial\left(u\sqrt{1-\mu^{2}}\right)}{\partial\mu} - l\frac{\partial v}{\partial\varpi}.$$

Cette équation est relative à la continuité du fluide, et il en résulte que u et v sont très grands relativement à y dans la raison de 1 à l, en sorte que nous pourrons négliger y par rapport à ces quantités.

Pour avoir les équations relatives au mouvement du fluide, nous reprendrons l'équation

$$\text{const.} = \int (F\,df + F'\,df' + \ldots),$$

qui, par l'article XVII, détermine les conditions de l'équilibre d'une masse fluide à sa surface extérieure, et nous observerons que, si l'on nomme x', y', z' les trois coordonnées rectangles d'une molécule de cette surface, les trois vitesses partielles de cette molécule seront

$$\frac{dx'}{dt}, \quad \frac{dy'}{dt}, \quad \frac{dz'}{dt}$$

ou

$$\frac{dx'}{dt} + \frac{d^{2}x'}{dt} - \frac{d^{2}x'}{dt},$$

$$\frac{dy'}{dt} + \frac{d^{2}y'}{dt} - \frac{d^{2}y'}{dt},$$

$$\frac{dz'}{dt} + \frac{d^{2}z'}{dt} - \frac{d^{2}z'}{dt}.$$

Dans l'instant suivant, dt étant supposé constant, les vitesses de la molécule seront

$$\frac{dx'}{dt} + \frac{d^{2}x'}{dt},$$

$$\frac{dy'}{dt} + \frac{d^{2}y'}{dt},$$

$$\frac{dz'}{dt} + \frac{d^{2}z'}{dt};$$

il faut donc ajouter aux forces qui animent la molécule, et en vertu desquelles elle serait en équilibre, les forces nécessaires pour produire les incréments de vitesse

$$-\frac{d^2x'}{dt^2},\quad -\frac{d^2y'}{dt^2},\quad -\frac{d^2z'}{dt^2},$$

forces que l'on obtient, comme l'on sait, en divisant ces incréments de vitesse par l'élément du temps.

Il résulte de l'article XVII que l'intégrale $\int(F\,df + F'\,df' + \ldots)$, relative aux forces dont une molécule fluide est sollicitée à la surface, est égale à

$$V + \alpha(Z^{(0)} + Z^{(2)} + Z^{(3)} + \ldots),$$

V étant la somme de toutes les parties du sphéroïde divisées par leurs distances à la molécule fluide; ainsi, pour avoir la valeur entière de l'intégrale $\int(F\,df + F'\,df' + \ldots)$, il faut ajouter à la quantité précédente l'intégrale du produit des forces $-\dfrac{d^2x'}{dt^2}$, $-\dfrac{d^2y'}{dt^2}$, $-\dfrac{d^2z'}{dt^2}$ par les éléments de leurs directions, c'est-à-dire l'intégrale

$$-\int\left(dx'\frac{d^2x'}{dt^2} + dy'\frac{d^2y'}{dt^2} + dz'\frac{d^2z'}{dt^2}\right),$$

les différentielles dx', dy', dz' étant relatives aux variables θ et ϖ. On aura donc, pour l'équation générale du mouvement du fluide

$$\text{const.} = V + \alpha(Z^{(0)} + Z^{(2)} + Z^{(3)} + Z^{(1)} + \ldots)$$
$$- \int\left(dx'\frac{d^2x'}{dt^2} + dy'\frac{d^2y'}{dt^2} + dz'\frac{d^2z'}{dt^2}\right),$$

équation dans laquelle on doit observer que, le sphéroïde étant supposé sans mouvement de rotation, il faut faire $g = o$ dans les valeurs de $Z^{(0)}$ et de $Z^{(2)}$.

Maintenant on a

$$x' = (1 + \alpha r)\cos(\theta + \alpha u),$$
$$y' = (1 + \alpha r)\sin(\theta + \alpha u)\cos(\varpi + \alpha v),$$
$$z' = (1 + \alpha r)\sin(\theta + \alpha u)\sin(\varpi + \alpha v),$$

d'où il est aisé de conclure, en négligeant les quantités de l'ordre z^2 et celles de l'ordre y relativement à u et à v,

$$-\int\left(dx'\frac{d^2x'}{dt^2} + dy'\frac{d^2y'}{dt^2} + dz'\frac{d^2z'}{dt^2}\right) = z\frac{d^2}{dt^2}\int\left[\frac{u\,d\mu}{\sqrt{1-\mu^2}} - (1-\mu^2)v\,d\varpi\right];$$

l'équation précédente du mouvement du fluide deviendra ainsi

$$\text{const.} = V + \alpha(Z^{(0)} + Z^{(2)} + Z^{(3)} + \ldots) + z\frac{d^2}{dt^2}\int\left[\frac{u\,d\mu}{\sqrt{1-\mu^2}} - (1-\mu^2)v\,d\varpi\right].$$

et il est clair que la quantité sous le signe $\int$ doit être une différence exacte.

Cette équation parait supposer que le centre du noyau sphérique, où nous fixons l'origine des coordonnées, est le centre même de gravité du sphéroïde, puisque c'est relativement à ce centre que nous avons déterminé dans l'article XVII les forces qui sollicitent les molécules fluides; or l'état du fluide peut être tel que ces deux centres ne coïncident point, et alors il faut ajouter aux mouvements précédents de la molécule fluide relativement au noyau supposé immobile le mouvement du centre même de ce noyau; mais, si l'on considère que ce centre ne peut faire autour du centre de gravité de la masse entière que des oscillations de l'ordre zy, on verra facilement que les forces qui en résultent dans la molécule fluide sont de l'ordre $\alpha\frac{d^2y}{dt^2}$, et qu'ainsi nous pouvons les négliger vis-à-vis de $\frac{d^2u}{dt^2}$, d'où il suit que l'équation précédente est vraie, quel que soit l'ébranlement du fluide.

Maintenant, si l'on différentie convenablement cette équation et si l'on observe que l'on a

$$0 = \frac{\partial\left[(1-\mu^2)\frac{\partial Z^{(i)}}{\partial\mu}\right]}{\partial\mu} + \frac{\frac{\partial^2 Z^{(i)}}{\partial\varpi^2}}{1-\mu^2} + i(i+1)Z^{(i)}$$

et

$$\frac{y}{l} = \frac{\partial\left(u\sqrt{1-\mu^2}\right)}{\partial\mu} - \frac{\partial v}{\partial\varpi},$$

on aura

$$0 = l\,\frac{\partial\left[(1-\mu^2)\dfrac{\partial V}{\partial\mu}\right]}{\partial\mu} + \frac{l\,\dfrac{\partial^2 V}{\partial\varpi^2}}{1-\mu^2}$$

$$-\alpha l[6Z^{(2)} + 12Z^{(3)} + \ldots + i(i+1)Z^{(i)} + \ldots] + \alpha\frac{d^2 y}{dt^2};$$

c'est l'équation d'après laquelle il faut déterminer y.

XXV.

L'équation précédente aux différences partielles est d'un genre particulier, en ce que la variable principale y est enveloppée d'une manière déterminée sous le signe intégral dans la fonction V, en sorte que, pour avoir V en y, θ, ϖ et t et pour ramener ainsi l'équation précédente aux différences partielles ordinaires, il faudrait supposer y déjà connu. Cette équation paraît donc échapper à l'analyse et présenter des difficultés presque insurmontables. Cependant, si l'on observe que la valeur de V s'y présente sous une forme de différences partielles dont nous avons souvent fait usage, on trouvera que cette considération, jointe aux recherches précédentes sur le développement de V en série, donne un moyen fort simple d'avoir y aussi complètement qu'il est possible.

Pour cela, nous remarquerons que, V étant composé de deux parties dont l'une est relative au noyau sphérique et dont l'autre est relative au fluide qui le recouvre, on peut considérer cette fonction comme formée de deux autres parties dont la première est relative à un sphéroïde fluide de rayon $1 + \alpha y$, et dont la seconde est relative à une sphère de rayon $1 - l$ et de densité $\rho - 1$. Cette dernière partie est, par ce qui précède, égale à $\frac{1}{3}\pi\frac{(\rho-1)(1-l)^3}{1+\alpha y}$ ou à $\frac{1}{3}\pi(\rho-1)(1-l)^3(1-\alpha y)$. Pour avoir la première, il faut supposer, dans la formule (7) de l'article XIII, $a = 1$ et $r = 1 + \alpha y$, ce qui donne pour cette partie de V

$$\tfrac{1}{3}\pi(1-\alpha y) + 4\alpha\pi\left(Y^{(0)} + \tfrac{1}{3}Y^{(1)} + \tfrac{1}{5}Y^{(2)} + \ldots\right);$$

en réunissant donc ces deux parties et en faisant, pour abréger,

$$p = \tfrac{1}{3}\pi(\rho - 1)(1 - l)^2 + \tfrac{2}{3}\pi,$$

d'où l'on tire, en négligeant les quantités de l'ordre αl,

$$4\alpha\pi = \frac{3\alpha p}{\rho},$$

on aura

$$V = p - \alpha p y + \frac{3\alpha p}{\rho}\left(Y^{(0)} + \tfrac{1}{3}Y^{(1)} + \tfrac{1}{5}Y^{(2)} + \ldots\right),$$

où l'on doit observer que p est la pesanteur à la surface du sphéroïde en équilibre.

Si l'on substitue cette valeur dans l'équation précédente aux différences partielles, en observant que

$$y = Y^{(0)} + Y^{(1)} + Y^{(2)} + \ldots$$

et que l'on a

$$0 = - \frac{\partial\left[(1 - \mu^2)\dfrac{\partial Y^{(i)}}{\partial\mu}\right]}{\partial\mu} + \frac{\dfrac{\partial^2 Y^{(i)}}{\partial\varpi^2}}{1 - \mu^2} + i(i + 1)Y^{(i)},$$

on trouvera généralement, en comparant les fonctions semblables $Y^{(i)}$ et $Z^{(i)}$

$$0 = \frac{i(i + 1)\left(2i + 1 - \dfrac{3}{\rho}\right)}{2i + 1}\, lp\, Y^{(i)} - i(i + 1)\, l Z^{(i)} + \frac{\partial^2 Y^{(i)}}{\partial t^2},$$

et cette équation aura lieu, quel que soit i, pourvu que l'on suppose $Z^{(i)} = 0$, parce que cette fonction manque dans l'équation différentielle.

Pour intégrer cette équation, soit

$$\frac{i(i + 1)\left(2i + 1 - \dfrac{3}{\rho}\right)}{2i + 1}\, lp = \lambda_i^2,$$

on aura

$$Y^{(i)} = l\mathrm{M}^{(i)}\sin\lambda_i t + l\mathrm{N}^{(i)}\cos\lambda_i t + \frac{i(i + 1)}{\lambda_i}\, l\sin\lambda_i t \int Z^{(i)}\, dt \cos\lambda_i t$$

$$- \frac{i(i + 1)}{\lambda_i}\, l\cos\lambda_i t \int Z^{(i)}\, dt \sin\lambda_i t,$$

$M^{(i)}$ et $N^{(i)}$ étant des fonctions rationnelles et entières de μ, $\sqrt{1 - \mu^2} \cos\varpi$, $\sqrt{1 - \mu^2} \sin\varpi$, qui satisfont aux équations à différences partielles

$$o = \frac{\partial\left[(1 - \mu^2)\frac{\partial M^{(i)}}{\partial\mu}\right]}{\partial\mu} + \frac{\frac{\partial^2 M^{(i)}}{\partial\varpi^2}}{1 - \mu^2} + i(i+1)M^{(i)},$$

$$o = \frac{\partial\left[(1 - \mu^2)\frac{\partial N^{(i)}}{\partial\mu}\right]}{\partial\mu} + \frac{\frac{\partial^2 N^{(i)}}{\partial\varpi^2}}{1 - \mu^2} + i(i+1)N^{(i)}.$$

L'équation différentielle en $Y^{(i)}$ donne, en supposant $i = 0$,

$$\frac{\partial^2 Y^{(0)}}{\partial t^2} = o$$

et, par conséquent,

$$Y^{(0)} = lM^{(0)}t + lN^{(0)};$$

on aura donc, à cause de $y = Y^{(0)} + Y^{(1)} + \ldots,$

$$\begin{aligned}
y = {}& lM^{(0)}t + lN^{(0)} + lM^{(1)}\sin\lambda_1 t + lN^{(1)}\cos\lambda_1 t \\
& + lM^{(2)}\sin\lambda_2 t + lN^{(2)}\cos\lambda_2 t \\
& + \ldots\ldots\ldots\ldots\ldots\ldots\ldots\ldots \\
& + lM^{(i)}\sin\lambda_i t + lN^{(i)}\cos\lambda_i t \\
& + \ldots\ldots\ldots\ldots\ldots\ldots\ldots\ldots \\
& + \frac{6l}{\lambda_2}\sin\lambda_2 t \int Z^{(2)}\, dt \cos\lambda_2 t \\
& - \frac{6l}{\lambda_2}\cos\lambda_2 t \int Z^{(2)}\, dt \sin\lambda_2 t \\
& + \ldots\ldots\ldots\ldots\ldots\ldots\ldots\ldots \\
& + \frac{i(i+1)l}{\lambda_i}\sin\lambda_i t \int Z^{(i)}\, dt \cos\lambda_i t \\
& - \frac{i(i+1)l}{\lambda_i}\cos\lambda_i t \int Z^{(i)}\, dt \sin\lambda_i t \\
& + \ldots\ldots\ldots\ldots\ldots\ldots\ldots\ldots
\end{aligned}$$

On déterminera les fonctions $N^{(0)}$, $N^{(1)}$, $N^{(2)}$, ... au moyen de la figure initiale du fluide, et les fonctions $M^{(0)}$, $M^{(1)}$, $M^{(2)}$ au moyen de la vitesse initiale; ainsi l'expression précédente de y, embrassant toutes les figures et toutes les vitesses primitives dont le fluide est susceptible, elle a toute la généralité que l'on peut désirer.

XXVI.

Si la quantité $M^{(0)}$ n'était pas nulle, la valeur de y irait en croissant sans cesse, et l'équilibre ne serait pas ferme, quel que fût d'ailleurs le rapport de la densité du fluide à celle de la sphère qu'il recouvre; mais il est facile de s'assurer que les deux quantités $M^{(0)}$ et $N^{(0)}$ sont nulles, par cela seul que la masse fluide est constante, car cette condition donne $\int y \, d\mu \, d\varpi = 0$, l'intégrale étant prise depuis $\mu = 1$ jusqu'à $\mu = -1$, et depuis $\varpi = 0$ jusqu'à $\varpi = 360°$. Or on a, par l'article XVIII,

$$\int y \, d\mu \, d\varpi = 4\pi Y^{(0)} = 4\pi(M^{(0)} t + N^{(0)});$$

en égalant donc cette quantité à zéro, on aura $M^{(0)} = 0$, $N^{(0)} = 0$.

Il suit de là que la stabilité de l'équilibre dépend du signe des quantités λ_1^2, λ_2^2, ..., car il est visible que, si l'une de ces quantités telle que λ_i^2 est négative, le sinus et le cosinus de l'angle $\lambda_i t$ se changent en exponentielles, et ils se changent en arcs de cercle si $\lambda_i^2 = 0$; ils cessent par conséquent dans ces deux cas d'être périodiques, condition nécessaire pour la stabilité de l'équilibre; λ_i^2 étant égal à $\dfrac{i(i+1)\left(2i+1-\dfrac{3}{\rho}\right)}{2i+1} lp$, cette quantité ne peut être positive, à moins que l'on n'ait $\rho > \dfrac{3}{2i+1}$. Il faut donc, pour la stabilité de l'équilibre, que l'on ait généralement $\rho > \dfrac{3}{2i+1}$, i étant un nombre entier positif, égal ou plus grand que l'unité; or cette condition ne peut être remplie pour toutes les valeurs de i, qu'autant que l'on a $\rho > 1$, c'est-à-dire que la densité du noyau sphérique surpasse celle du fluide. Voilà donc la condition générale de la stabilité de l'équilibre, condition qui, si elle est remplie, rend l'équilibre ferme, quel que soit l'ébranlement primitif, mais qui, si elle ne l'est pas, fait dépendre la stabilité de l'équilibre de la nature de cet ébranlement.

Si, par exemple, l'ébranlement primitif est tel que le centre de gravité du sphéroïde coïncide avec celui du noyau sphérique et n'ait aucun mouvement autour de lui dans le premier instant, il est aisé de voir que cette coïncidence subsistera toujours, d'où il suit, par l'article XVIII, que $Y^{(i)} = o$, ce qui donne $M^{(i)} = o$, $N^{(i)} = o$. Dans ce cas, la stabilité de l'équilibre dépend du signe de λ_2^2. Pour que cette quantité soit positive, il faut que l'on ait $\rho > \frac{3}{5}$; c'est la condition que les géomètres ont exigée pour la stabilité de l'équilibre. J'ai déjà remarqué dans nos *Mémoires* pour l'année 1776, pages 227 et 228 (¹), qu'elle est insuffisante; mais je n'ai pu m'assurer alors que, la condition de $\rho > 1$ étant satisfaite, l'équilibre est nécessairement stable.

XXVII.

La valeur de y donne immédiatement celles de u et de v; en effet, si dans l'équation

$$\text{const.} = V + \alpha(Z^{(0)} + Z^{(2)} + Z^{(3)} + \ldots) + \alpha \frac{d^2}{dt^2} \int \left[\frac{u\,d\mu}{\sqrt{1-\mu^2}} - (1-\mu^2)v\,d\varpi \right]$$

on substitue au lieu de V sa valeur et que l'on observe que l'on a, par l'article XXV,

$$Z^{(i)} + \frac{\frac{3}{\rho} - 2i - 1}{2i+1}\, p\, Y^{(i)} = \frac{\frac{\partial^2 Y^{(i)}}{\partial t^2}}{i(i+1)l},$$

on aura

$$\text{const.} = p + \frac{\alpha}{2l} \frac{\partial^2 Y^{(1)}}{\partial t^2} + \frac{\alpha}{6l} \frac{\partial^2 Y^{(2)}}{\partial t^2} + \ldots + \frac{\alpha}{i(i+1)l} \frac{\partial^2 Y^{(i)}}{\partial t^2} + \ldots$$
$$+ \alpha \frac{d^2}{dt^2} \int \left[\frac{u\,d\mu}{\sqrt{1-\mu^2}} - (1-\mu^2)v\,d\varpi \right],$$

d'où l'on tire

$$u = G + Ht - \frac{\sqrt{1-\mu^2}}{l} \left[\frac{1}{2} \frac{\partial Y^{(1)}}{\partial \mu} + \frac{1}{6} \frac{\partial Y^{(2)}}{\partial \mu} + \ldots + \frac{1}{i(i+1)} \frac{\partial Y^{(i)}}{\partial \mu} + \ldots \right],$$
$$v = K + Lt + \frac{1}{l(1-\mu^2)} \left[\frac{1}{2} \frac{\partial Y^{(1)}}{\partial \varpi} + \frac{1}{6} \frac{\partial Y^{(1)}}{\partial \varpi} + \ldots + \frac{1}{i(i+1)} \frac{\partial Y^{(i)}}{\partial \varpi} + \ldots \right].$$

Si l'on substitue les valeurs de y, u et v dans l'équation

$$y = t \frac{\partial(u\sqrt{1-\mu^2})}{\partial \mu} - t \frac{\partial v}{\partial \varpi},$$

(¹) *Œuvres de Laplace*, T. IX, p. 238 et 239.

on aura, en comparant séparément les termes multipliés par t,

$$0 = \frac{\partial (\mathrm{H} \sqrt{1 - \mu^2})}{\partial \mu} - \frac{\partial \mathrm{L}}{\partial \varpi};$$

en sorte que, en vertu des vitesses H et L, la surface du fluide resterait toujours sphérique. Pour concevoir les mouvements du fluide dans cette hypothèse, imaginons qu'il ait un très petit mouvement de rotation autour de l'axe du sphéroïde; la figure sphérique du fluide n'en sera altérée que d'une quantité du second ordre, puisque la force centrifuge ne sera que de cet ordre; dans ce cas, on aura $u = 0$ et $v = kt \sqrt{1 - \mu^2}$, k étant un coefficient indépendant de μ et de ϖ. Mais nous sommes libres de faire tourner le fluide autour de tout autre axe, et, de plus, ces mouvements étant supposés fort petits, le fluide, mû en vertu de la résultante d'un nombre quelconque de mouvements semblables, conservera toujours, aux quantités près du second ordre, sa figure sphérique. Tous ces mouvements sont compris dans les formules

$$\frac{du}{dt} = \mathrm{H}, \qquad \frac{dv}{dt} = \mathrm{L},$$

H et L étant des fonctions de μ et de ϖ, qui ont entre elles la relation donnée par l'équation précédente; ils ne nuisent point à la stabilité de l'équilibre, et d'ailleurs ils doivent être bientôt anéantis par les frottements et par les résistances en tout genre que le fluide éprouve.

FIN DU TOME DIXIÈME.

EXTRAIT DU CATALOGUE

DE LA LIBRAIRIE

GAUTHIER-VILLARS ET FILS.

DIVISIONS DU CATALOGUE.

I. Ouvrages sur les Sciences mathématiques et physiques. (*Voir* page 1.)
II. Collection des Œuvres des grands Géomètres. (*Voir* page 18.)
III. Collection de traductions d'Ouvrages scientifiques. (*Voir* page 19.)
IV. Bibliothèque des Actualités scientifiques. (*Voir* p. 20.)
V. Bibliothèque photographique. (*Voir* page 20.)
VI. Journaux. (*Voir* page 24.)
VII. Recueils scientifiques paraissant annuellement ou à époques irrégulières et formant Collections (*Voir* page 26.)
VIII. Encyclopédie scientifique des Aide-Mémoire, publiée sous la direction de M. LÉAUTÉ, Membre de l'Institut. (*Voir* page 27.)

I. — OUVRAGES

SUR LES

SCIENCES MATHÉMATIQUES ET PHYSIQUES.

ABDANK-ABAKANOWICZ. — Les Intégraphes. La courbe intégrale et ses applications. *Étude sur un nouveau système d'intégrateurs mécaniques.* In-8 raisin, avec 94 figures; 1886. .... 5 fr.

ABEL (Niels-Henrik). — Œuvres complètes d'Abel. Édition, publiée aux frais de l'État norvégien, par *L. Sylow* et *S. Lie.* 2 vol. in-4; 1881. ..... 3o fr.

ANGOT (A.), Docteur ès Sciences, Météorologiste titulaire au Bureau central météorologique. — Instructions météorologiques. 3e édition, entièrement refondue. Gr. in-8, avec figures, suivi de nombreuses Tables pour la réduction des observations; 1891. ...... 3 fr. 5o c.

ANDRÉ et RAYET, Astronomes adjoints de l'Observatoire de Paris, et **ANGOT (A.).** — L'Astronomie pratique et les Observatoires en Europe et en Amérique, depuis le milieu du XVIIe siècle jusqu'à nos jours. 5 vol. in-18 jésus, avec figures et planches en couleur.

Voir, pour la vente des volumes séparés, le Catalogue général.

APPELL (Paul), Membre de l'Institut. — Traité de Mécanique rationnelle (Cours de Mécanique de la Faculté des Sciences). 3 volumes grand in-8, se vendant séparément.

TOME I. — *Statique. Dynamique du point.* 1er fascicule. 32o pages; 1893. Prix pour les souscripteurs. 14 fr.
TOME II. — *Dynamique des systèmes. Mécanique analytique.* (*En préparation.*)
TOME III. — *Hydrostatique. Hydrodynamique.* (*En pr.*)

In-4; F.

ARAGO (F.). — Astronomie populaire. 4 volumes in-8, avec un portrait d'Arago, 283 fig. et 27 pl. 3o fr. *Voir* le Catalogue général pour les *Œuvres complètes,* 17 vol. .... 127 fr. 5o c.

ARNAUDEAU (A.), ancien Élève de l'École Polytechnique, membre agrégé de l'Institut des actuaires français, chef du Bureau de Statistique de la Compagnie générale transatlantique, membre de la Société de Statistique de Paris. — Guide des Emprunts. Tables des valeurs intrinsèques et durées probables des obligations de 500^{fr} pour toutes les époques de l'emprunt et à tous les taux usuels, suivies des *Tables logarithmiques pour le calcul de l'intérêt composé, des annuités et des amortissements,* et précédés d'un *texte explicatif.* In-4, avec figures et 2 Tableaux graphiques; 1891. .... 9 fr.

BABINET, Membre de l'Institut. — Études et Lectures sur les Sciences d'observation et leurs applications pratiques. 8 vol. in-12.
Chaque Volume se vend séparément. .... 2 fr. 5o c.

BABU (L.), Ingénieur des Mines. — Précis d'analyse qualitative. *Recherche des métalloïdes et des métaux usuels dans le mélange des sels, les produits d'art et les substances minérales.* In-18 jésus; 1888. .... 2 fr.

BACHET, sieur de MÉZIRIAC. — Problèmes plaisants et délectables qui se font par les nombres. 5e éd., revue, simplifiée et augmentée par *A. Labosne.* Petit in-8, caractères elzévirs, titre en deux couleurs; 1884.
Tirage sur papier vélin. 6 fr. | Tirage sur papier vergé. 8 fr.

BAILLAUD (B.), Doyen de la Faculté des Sciences de Toulouse, Directeur de l'Observatoire. — Cours d'Astronomie à l'usage des étudiants des Facultés des Sciences. 2 volumes grand in-8, se vendant séparément.

1re PARTIE : *Quelques théories applicables à l'étude des Sciences expérimentales. Probabilités : erreurs des observations. Instruments d'Optique. Instruments d'Astronomie. Calculs numériques, interpolations,* avec 58 figures; 1893. 8 fr.

II° PARTIE : *Astronomie. Astronomie sphérique. Étude du système solaire. Détermination des éléments géographiques.* (*Sous presse.*)

BARILLOT (Ernest), Membre de la Société chimique de Paris. — Manuel de l'analyse des vins. *Dosage des éléments naturels. Recherches analytiques des falsifications.* Petit in-8°, avec fig. et Tables; 1889. 3 fr. 5o c.

BERTHELOT (M.), Membre de l'Institut, Président de la Commission des substances explosives. — Sur la force des matières explosives, d'après la Thermochimie. 2 beaux vol. gr. in-8, avec figures; 1883. 3o fr.

BERTHELOT (M.). — Leçons sur les Méthodes générales de synthèse en Chimie organique. In-8; 1864. 8 fr.

BERTRAND (J.), de l'Académie française, Secrétatre perpétuel de l'Académie des Sciences. — Thermodynamique. Grand in-8, avec figures; 1887. 1o fr.

BERTRAND (J.). — Calcul des probabilités. Grand in-8; 1889. 12 fr.

BERTRAND (J.). — Leçons sur la Théorie mathématique de l'Electricité. Grand in-8 avec fig.; 1890. 1o fr.

BERTRAND (J.). — Traité de Calcul différentiel et de Calcul intégral.

CALCUL DIFFÉRENTIEL. In-4; 1864............ (*Rare.*)

CALCUL INTÉGRAL (*Intégrales définies et indéfinies*). In-4 de 720 p. avec 88 figures; 1870. (*Rare.*)

BICHAT (E.), Professeur à la Faculté des Sciences de Nancy, et **BLONDLOT (R.)**, Maître de conférences à la Faculté des Sciences de Nancy. — Introduction à l'étude de l'Électricité statique. In-8, avec 64 figures; 1885. 4 fr.

BLATER (Joseph). — Table des quarts de carrés de tous les nombres entiers de 1 à 200000, servant à simplifier la multiplication, l'élévation au carré, ainsi que l'extraction de la racine carrée, et à rendre plus certains les résultats de ses opérations, publiée avec la collaboration de A. STEINHAUSER, Conseiller impérial à Vienne. Grand in-4; 1888.

Broché........................... 15 fr.
Cartonné, avec signets de parchemin. 2o fr.

Voir au Catalogue général les autres Ouvrages de M. Blater, *Table simplificative, Tablettes de Napier,* etc.

BLONDLOT, Professeur adjoint à la Faculté des Sciences de Nancy. — Introduction à l'étude de la Thermodynamique. Grand in-8, avec figures; 1888. 3 fr. 5o c.

BONNAMI (H.), Ingénieur directeur des usines de Pont-de-Pany et Malain, Conducteur des Ponts et Chaussées. — Fabrication et contrôle des chaux hydrauliques et ciments. Théorie et pratique. *Influences réciproques et simultanées des différentes opérations et de la composition sur la solidification.* ÉNERGIE. THERMODYNAMIQUE. THERMOCHIMIE. In-8, avec figures; 1888. 6 fr. 5o c.

BONNET (Ossian), Membre de l'Institut. — Théorie de la réfraction astronomique. In-8, avec fig.; 1888. 2 fr.

BOUCHARLAT (J.-L.). — Éléments de Calcul différentiel et de Calcul intégral. 9° édition, revue et annotée par *Laurent*, Répétiteur à l'École Polytechnique. In-8, avec planches; 1891. 8 fr.

BOULANGER (J.), Capitaine du Génie. — Sur les Progrès de la Science électrique et les nouvelles machines d'induction. In-8, avec figures; 1885. 3 fr. 5o c.

BOULANGER (J.). — Sur l'emploi de l'Électricité pour la transmission du travail à distance. In-8, avec belles figures; 1887. 2 fr. 75 c.

BOUQUET DE LA GRYE (A.), Membre de l'Institut. — Paris Port de mer. Grand in-8 de 3oo pages, avec 3 cartes dont 1 en couleur; 1892. 4 fr.

BOUR (Edm.), Ingénieur des Mines. — Cours de Mécanique et Machines, professé à l'École Polytechnique.

Cinématique. 2° édition. In-4 avec Atlas de 3o planches in-4 gravées sur cuivre; 1887. 1o fr.

Statique et travail des forces dans les machines à l'état de mouvement uniforme, publié par *Phillips,* Professeur de Mécanique à l'École Polytechnique, avec la collaboration de *Collignon* et *Kretz.* In-8, avec Atlas de 8 planches contenant 1o6 figures. 2° édition; 1891. 6 fr.

Dynamique et Hydraulique, avec 125 figures; 1874. 7 fr. 5o c.

BOURDON, ancien Examinateur d'admission à l'École Polytechnique. — Éléments d'Arithmétique. 36° édit. In-8; 1878. (*Adopté par l'Université.*) 4 fr.

BOURDON. — Application de l'Algèbre à la Géométrie, comprenant la Géométrie analytique à deux et à trois dimensions. 9° édit., revue et annotée par *G. Darboux.* In-8, avec pl.; 1880. (*Adopté par l'Université*). 9 fr.

BOURDON. — Éléments d'Algèbre, avec Notes de *Prouhet.* 17° éd. In-8; 1891. (*Adopté par l'Univ.*) 8 fr.

BOURDON. — Trigonométrie rectiligne et sphérique. 2° éd., revue et annotée par *Brisse.* In-8, avec figures; 1877. (*Adopté par l'Université.*) 3 fr.

BOUSSINESQ, Membre de l'Institut, Professeur à la Faculté des Sciences. — Cours élémentaire d'Analyse infinitésimale, à l'usage des personnes qui étudient cette Science *en vue de ses applications mécaniques et physiques.* 2° édition. 2 vol. grand in-8, avec figures.

TOME I. — Calcul différentiel; 1887... 17 fr.

TOME II. — Calcul intégral; 1890..... 23 fr. 5o c.

On vend séparément.

TOME I.

Partie élémentaire .... : fr. 5o c.
Compléments............................... 9 fr. 5o c.

TOME II.

Partie élémentaire........................... : fr. 5o c.
Compléments................................ 16 fr.

BOUSSINESQ. — Leçons synthétiques de Mécanique générale, servant d'introduction au *Cours de Mécanique physique* de la Faculté des Sciences de Paris. Publiées par les soins de MM. LECAY et VIGNERON, élèves de la Faculté. Grand in-8; 1889. 3 fr. 5o c.

BOUSSINGAULT, Membre de l'Institut. — Agronomie, Chimie agricole et Physiologie. 8 volumes in-8, avec planches sur cuivre et figures; 1886-1886-1864-1868-1874-1878-1884-1890. 45 fr.

Les TOMES I et II (3° édition) et les TOMES III à VII (2° édition) se vendent séparément. 6 fr.

Le TOME VIII, précédé d'une *Étude sur l'œuvre agricole de Boussingault,* par P.-P. DEHÉRAIN, Membre de l'Institut, termine la collection; il se vend séparément. 3 fr.

BOYS (C.-V.), Membre de la Société royale de Londres. — Bulles de Savon. Quatre conférences sur la capillarité faites devant un jeune auditoire. Traduit de l'anglais par CH.-ED. GUILLAUME, Docteur ès Sciences, avec de nouvelles Notes de l'Auteur et du Traducteur. In-18 jésus, avec 6o figures et 1 planche; 1892. 2 fr. 75 c.

BREITHOF (N.), Professeur à l'Université de Louvain. — Traités de Géométrie descriptive, de Perspective, etc. (*Voir le Catalogue général.*)

BRESSE, Membre de l'Institut, Professeur de Mécanique à l'École des Ponts et Chaussées. — Cours de Mécanique appliquée professé à l'École des Ponts et Chaussées.

I° PARTIE : *Résistance des matériaux et stabilité des constructions.* In-8, avec figures. 3° édition, revue et beaucoup augmentée; 1880. 13 fr.

II° PARTIE : *Hydraulique*. In-8, avec figures et une planche. 3° édition; 1879. 10 fr.

BRESSE. — Cours de Mécanique et Machines professé à l'Ecole Polytechnique. 2 beaux volumes in-8, se vendant séparément :

TOME I : *Cinématique. — Dynamique d'un point matériel. — Statique*. In-8, avec 236 fig. ; 1885. 12 fr.

TOME II : *Dynamique des systèmes matériels en général. — Mécanique spéciale des fluides. — Étude des machines à l'état de mouvement*. In-8, avec 154 figures; 1885. 12 fr.

BRETON (de Champ), Ingénieur des Ponts et Chaussées. — Traité du Nivellement. contenant la théorie et la pratique du nivellement ordinaire et les nivellements expéditifs dits *préparqtoires* ou de *reconnaissance*. 3° édition, revue et augmentée. In-8, avec pl.; 1873. 6 fr.

BRILLOUIN (Marcel), Maître de Conférences à l'Ecole normale sup. — Recherches récentes sur diverses questions d'Hydrodynamique. Tourbillons. Exposé des travaux de VAN HELMHOLTZ, KIRCHHOFF, Sir W. THOMSON, Lord RAYLEIGH. In-4, avec fig. ; 1891. 2 fr. 50 c.

BRIOT (Ch.), Professeur à la Faculté des Sciences de Paris. — Théorie des fonctions abéliennes. Un beau volume in-4; 1879. 15 fr.

BRIOT (Ch.). — Théorie mécanique de la chaleur. 2° édition, publiée par MASCART, Professeur au Collège de France. In-8, avec figures; 1883. 7 fr. 50 c.

BRIOT (Ch.) et BOUQUET. — Théorie des fonctions elliptiques. 2° éd. In-4, avec fig.; 1875. (*Rare*.) 40 fr.

BRISSE (Ch.), Professeur à l'Ecole Centrale et au lycée Condorcet, Répétiteur à l'Ecole Polytechnique. — Cours de Géométrie descriptive. 2 vol. grand in-8; 1891.

I° PARTIE, à l'usage des élèves de la classe de Mathématiques élémentaires; avec 230 figures. 5 fr.

II° PARTIE, à l'usage des élèves de la classe de Mathématiques spéciales; avec 209 figures. 7 fr.

BRISSE (Ch.). — Cours de Géométrie descriptive, à l'usage des *Candidats à l'École spéciale militaire*. Grand in-8, avec 328 figures ; 1891. 7 fr.

Les Tables détaillées des matières contenues dans les deux Cours de M. Brisse sont envoyées franco sur demande.

BRISSE (Ch.). — Recueil de problèmes de Géométrie analytique, à l'usage des classes de Mathématiques spéciales. *Solutions des problèmes donnés au concours d'admission à l'Ecole Centrale depuis 1861*. 2° édition. In-8, avec figures ; 1892. 5 fr.

BRISSE (Ch.), — Cours de Mécanique *à l'usage de la classe de Mathématiques spéciales*, entièrement conforme au dernier programme d'admission à l'Ecole Polytechnique. Grand in-8, avec 44 figures; 1892. 3 fr. 25 c.

BROWN (Henry-T.). — Cinq cent et sept mouvements mécaniques. Traduit de l'anglais par HENRI STEVART, ingénieur. Petit in-4 cartonné, avec 507 figures ; 1890. 2 fr. 50 c.

BUREAU CENTRAL MÉTÉOROLOGIQUE DE FRANCE — Instructions météorologiques, suivies de *Tables diverses pour la réduction des observations*. 3° édition. In-8, avec belles figures; 1891. 3 fr. 50 c.

BUREAU INTERNATIONAL DES POIDS ET MESURES.

— Travaux et Mémoires du Bureau international des Poids et Mesures, publiés par le Directeur du Bureau. 7 volumes grand in-4, avec figures et planches, Tomes I et II (*épuisés*). Tomes III à VIII, 1881-1893. Chaque Tome se vend séparément. 15 fr.

— Procès-verbaux des Séances. 14 volumes in-8. Années 1875-1876, et Années 1877 à 1892. Chaque volume. 2 fr. 50 c.

Pour faciliter la diffusion de ses Travaux dans le monde savant, le Bureau international a adopté, à partir du 15 octobre 1890, le prix de 15 francs au lieu de 20 francs pour chaque volume des Travaux et Mémoires et celui de 2 fr. 50 au lieu de 5 francs pour chaque volume des Procès-Verbaux.

CABANIÉ, Charpentier, Professeur du Trait de Charpente, de Mathématiques, etc. — Charpente générale théorique et pratique. 3 volumes in-folio avec 165 planches. 75 fr.

On vend séparément (port non compris) :

TOME I : *Bois droit*, avec 52 planches.......... 25 fr.

TOME II : *Bois croche*, avec 52 planches........ 25 fr.

TOME III : *Géométrie descriptive et Haute Charpente*, avec 61 planches. 25 fr.

CARNOT. — Réflexions sur la métaphysique du Calcul infinitésimal. 5° édition. In-8; 1882. 4 fr.

CARNOY, Professeur à l'Université de Louvain. — Cours de Géométrie analytique. 2 volumes grand in-8, avec figures.

Géométrie plane. 5° édition; 1891............ 11 fr.

Géométrie de l'espace. 4° édition; 1889..... 11 fr.

CARNOY. — Cours d'Algèbre supérieure. *Principes de la théorie des déterminants. Théorie des équations. Introduction à la théorie des formes algébriques*. Grand in-8, avec figures; 1892. 11 fr.

CASPARI (E.), Ingénieur hydrographe de la Marine. — Cours d'Astronomie pratique. Application à la Géographie et à la navigation. 2 beaux volumes grand in-8, se vendant séparément. (*Ouvrage couronné par l'Académie des Sciences*.)

I° PARTIE : *Coordonnées vraies et apparentes. Théorie des instruments*, avec figures; 1888. 9 fr.

II° PARTIE : *Détermination des éléments géographiques. Applications pratiques*, avec fig. et 1 pl.; 1889. 9 fr.

CATALAN (E.). — Cours d'Analyse de l'Université de Liège. *Algèbre, Calcul différentiel*, I° Partie du *Calcul intégral*. 2° édition, revue et augmentée. In-8, avec figures; 1879. 12 fr.

CATALOGUE DE L'OBSERVATOIRE DE PARIS. Positions observées des étoiles (1837-1881).

TOME I (0h à vih). Grand in-4; 1887. 40 fr.

TOME II (vih à xiih); 1891.......... 40 fr.

TOME III................. (*Sous presse*.)

Catalogue des étoiles observées aux instruments méridiens (1837-1881).

TOME I (0h à vih). Grand in-4; 1887. 40 fr.

TOME II (vih à xiih); 1891.......... 40 fr.

TOME III............... (*Sous presse*.)

CAUCHY (le Baron Aug.), Membre de l'Académie des Sciences. — Sa Vie et ses Travaux, par *Valson*, Professeur à la Faculté de Grenoble, avec une Préface de *Hermite*, Membre de l'Institut. 2 vol. in-8; 1868. 8 fr.

CELLÉRIER (Ch.), professeur à l'Université de Genève. — Cours de Mécanique. Grand in-8 avec nombreuses figures; 1892. 12 fr.

CHAPPUIS (J.), Agrégé, Docteur ès Sciences, Professeur de Physique générale à l'Ecole Centrale, et BERGET (A.), Docteur ès Sciences, attaché au laboratoire des Recherches physiques de la Sorbonne. — Leçons de Physique générale. *Cours professé à l'Ecole Centrale des Arts et Manufactures et complété suivant le programme de la Licence ès Sciences physiques*. 3 volumes grand in-8, se vendant séparément :

TOME I : *Instruments de mesure. Chaleur*. Avec 175 figures; 1891. 13 fr.

TOME II : *Electricité et Magnétisme*. Avec 305 figures; 1891. 13 fr.

TOME III : *Acoustique. Optique. Electro-Optique*. Avec 193 figures; 1892. 10 fr.

CHARLON (H.). — Théorie élémentaire des Opérations financières. 2° éd. Gr. in-8, avec Tables; 1887. 6 fr. 50 c.

CHASLES. — Traité de Géométrie supérieure. Deuxième édition. Grand in-8, avec 12 planches; 1880. (*Rare*). 3o fr.

CHASLES. — Aperçu historique sur l'origine et le développement des méthodes en Géométrie, particulièrement de celles qui se rapportent à la Géométrie moderne, suivi d'un *Mémoire de Géométrie sur deux principes généraux de la Science, la Dualité et l'Homographie*. 3e éd., conforme à la première. In-4 de 85o p.; 1889. 3o fr.

CHEVALLIER et MÜNTZ. — Problèmes de Physique, avec leurs solutions développées, à l'usage des Candidats au Baccalauréat ès Sciences et aux Écoles du Gouvernement. 2e édition. In-8; 1885. 6 fr.

CHEVILLARD, Professeur à l'École des Beaux-Arts. — Leçons nouvelles de Perspective. 2e édit. In-8, avec Atlas in-4 de 32 planches gravées sur acier; 1878. 12 fr.

CHEVREUL (E.). — Recherches chimiques sur les corps gras d'origine animale, précédées d'un avant-propos de M. Arnaud, aide-naturaliste au Muséum d'Histoire naturelle. Grand in-4°, 2e édition; 1889. 25 fr.

CHEVREUL (E.). — De la Loi du contraste simultané des couleurs et de l'assortiment des objets colorés. Nouvelle édition. Grand in-4, avec 4o planches, dont 36 en couleur; 1889. 4o fr.

CHEVROT (René), ancien Directeur d'Agence de la Société Générale et du Crédit lyonnais, ancien inspecteur de la Société de Crédit mobilier. — Pour devenir financier. — Traité théorique et pratique de Banque et de Bourse. In-8; 1893. 6 fr.

CHOQUET, Docteur ès Sciences. — Traité d'Algèbre. (*Autorisé*.) In-8; 1856. 7 fr. 5o c.

CHOMÉ (F.), professeur à l'École militaire de Belgique. — Cours de Géométrie descriptive de l'École militaire. Ire Partie. *Livre I*, à l'usage des candidats à l'École militaire et aux écoles spéciales des Universités. 2e édition, entièrement revue, corrigée et augmentée, contenant les prescriptions à observer pour l'exécution des épures. In-4, avec atlas de 37 pl.; 1893. 1o fr.

CINTOLESI (Dr Filippo), Professeur de Physique à l'Institut royal technique de Livourne. — Problèmes d'Electricité pratique. Traduit de l'italien par Félix Leconte. In-18 jésus; 1892. 3 fr.

CLOUÉ (Vice-Amiral), Membre du Bureau des Longitudes. — Le Filage de l'huile. Son action sur les brisants de la mer. *Aperçu historique, expériences, mode d'emploi*. 3e éd. Petit in-8, avec fig.; 1887. 2 fr. 5o c.

COLLET (A.), Capitaine de Frégate, Répétiteur à l'Ecole Polytechnique. — Navigation astronomique simplifiée. Grand in-4; 1891. 1o fr.

COLLET (J.), Professeur à la Faculté des Sciences de Grenoble. — Les Cartes topographiques. — La Carte dite de l'État-Major. *Historique. Projection. Géodésie. Hypsométrie. Topographie. Critique et lecture*. Grand in-8, avec fig. et 4 planches; 1887. 2 fr. 5o c.

COLSON (R.), Capitaine du Génie. — Traité élémentaire d'Électricité, avec les principales applications. 2e édition. In-18 jésus, avec 91 fig.; 1888. 3 fr. 75 c.

COMBEROUSSE (Charles de), Ingénieur, Professeur à l'École Centrale des Arts et Manufactures et au Conservatoire des Arts et Métiers, ancien Professeur de Mathématiques spéciales au collège Chaptal. — Cours de Mathématiques, à l'usage des Candidats à l'École Polytechnique, à l'École Normale supérieure et à l'École centrale des Arts et Manufactures. 4 vol. In-8, avec fig. et planches.

Chaque Volume se vend séparément :

Tome Ier : *Arithmétique* et *Algèbre élémentaire* (avec 38 figures). 3e édition; 1884. 1o fr.

On vend à part :

Arithmétique. 4 fr.
Algèbre élémentaire. 6 fr.

Tome II : *Géométrie élémentaire, plane et dans l'espace; Trigonométrie rectiligne et sphérique*, avec 543 figures. 3e édition, revue et augmentée; 1893. 13 fr.

On vend à part :

Géométrie élémentaire plane et dans l'espace. 8 fr.
Trigonométrie rectiligne et sphérique, suivie de Tables des valeurs des lignes trigonométriques naturelles. 5 fr.

Tome III : *Algèbre supérieure*. Ire Partie : *Compléments d'Algèbre élémentaire (Déterminants, fractions continues, etc.)*. — *Combinaisons. — Séries. — Etude des Fonctions. — Dérivées et Différentielles. — Premiers principes du Calcul intégral*. 2e édition (xxi-767 pages), avec 20 figures; 1887. 15 fr.

Tome IV : *Algèbre supérieure*. IIe Partie : *Etude des imaginaires. Théorie générale des équations*. 2e édition (xxxiv-831 pages), avec 63 figures; 1890. 15 fr.

COMBEROUSSE (Ch. de). — Algèbre supérieure, à l'usage des Candidats à l'Ecole Polytechnique, à l'Ecole Normale supérieure, à l'Ecole centrale et à la Licence ès Sciences mathématiques. 2e édition. Deux forts volumes in-8. (Ces deux volumes forment les tomes III et IV du *Cours de Mathématiques*.)

On vend séparément :

Ire Partie : *Compléments d'Algèbre élémentaire (Déterminants, fractions continues, etc.)*. — *Combinaisons. — Séries. — Etude des fonctions. — Dérivées et différentielles, Premiers principes du Calcul intégral* (xxi-767 pages), avec 20 fig.; 1887. 15 fr.

IIe Partie : *Etude des imaginaires. — Théorie générale des équations* (xxiv-832 pages), avec 63 figures; 1890. 15 fr.

COMBEROUSSE (Ch. de). — Histoire de l'École Centrale des Arts et Manufactures, depuis sa fondation jusqu'à ce jour. Un beau volume grand in-8, orné de 4 planches à l'eau-forte, tirées sur chine; 1879. 5 fr.

COMPAGNON (P.-F.). — Questions proposées sur les Éléments de Géométrie, divisées en Livres, Chapitres et paragraphes, et contenant quelques indications *Sur la manière de résoudre certaines questions*. In-8, avec figures; 1877. 5 fr.

COMPOSITIONS données aux examens de licence ès Sciences mathématiques. Grand in-8; 1884.

Ire Partie : Faculté de Paris, années 1869 à 1880, et Facultés des Départements, année 1880. 1 fr. 5o c.

IIe Partie : Faculté de Paris, années 1881 à 1883, et Facultés des Départements, année 1883. 1 fr. 25 c.

IIIe Partie : Facultés des Départements, année 1884. 1 fr.

IVe Partie : Facultés des Départements, année 1885. 1 fr. 25 c.

CRELLE (A.-L.), Docteur en Philosophie. — Tables de Calcul *où se trouvent les multiplications et divisions toutes faites de tous les nombres au-dessous de mille et qui facilitent et assurent le calcul*. Précédées d'un Avant-propos par C. Bremiker. 6e édition; 1891. 18 fr. 75 c.

CREMONA (L.) et BELTRAMI. — Collectanea mathematica, nunc primum edita cura et studio *L. Cremona* et *E. Beltrami*, in memoriam Dominici Chelini. Un beau volume in-8, avec un portrait de Chelini et un fac-similé du testament inédit de Nicolo Tartaglia; 1881. 25 fr.

CROULLEBOIS, Professeur à la Faculté des Sciences de Besançon. — Théorie des lentilles épaisses. *Interprétation géométrique et Exposition analytique des résultats de Gauss*. In-8; 1882. 3 fr. 5o c.

DARBOUX (G.), Membre de l'Institut, Professeur à la Faculté des Sciences. — Leçons sur la Théorie générale des surfaces et les applications géométriques du Calcul infinitésimal. 3 vol. gr. in-8, av. fig. se vendant séparément :

Ire Partie : *Généralités. — Coordonnées curvilignes. — Surfaces minima*; 1887. 15 fr.

IIe Partie : *Les congruences et les équations linéaires aux dérivées partielles. — Des lignes tracées sur les surfaces*; 1889. 15 fr.

IIIe Partie: *Lignes géodésiques et courbure géodésique. — Paramètres différentiels. — Déformation des surfaces*; 1890. Prix pour les souscripteurs. 15 fr.

Les deux premiers fascicules ont paru.

Cette IIIe Partie aura plus de développement que les deux premières, et le prix en sera augmenté à l'apparition.

DAVANNE. — La Photographie. Traité théorique et pratique. 2 volumes grand in-8, avec figures, se vendant séparément :

Ire Partie : *Notions élémentaires. — Historique. — Épreuves négatives. — Principes communs à tous les procédés négatifs. — Épreuves sur albumine, sur collodion, sur gélatinobromure d'argent, sur pellicule, sur papier.* Avec 120 figures et 2 planches de photographie instantanée; 1886. 16 fr.

IIe Partie : *Épreuves positives : Daguerréotype. — Épreuves sur verre et sur papier. — Épreuves aux sels de platine, de fer, de chrome. — Impressions photo-mécaniques. — Divers : Projections. — Agrandissements. — Micrographie. — Stéréoscope. — Les couleurs en Photographie. — Notions élémentaires de Chimie; Vocabulaire.* Avec 114 figures et 2 planches; 1888. 16 fr.

DECANTE, Lieutenant de vaisseau en retraite. — Tables d'azimut pour tous les points situés entre les cercles polaires et les astres dont la déclinaison est comprise entre 0° et 48°. *Variation automatique. Détermination instantanée du relèvement vrai. Contrôle de la route.* 7 volumes in-8; 1889-1892. 12 fr.

On vend séparément :

Tome I : *Latitudes* 1° à 6°; 2 fr. 25. — Tome II : 7° à 18°; 2 fr. 25. — Tome III : 19° à 28°; 2 fr. — Tome IV : 29° à 38°; 2 fr. — Tome V : 39° à 48°; 2 fr. — Tome VI : 49° à 58°; 2 fr. — Tome VII : 59° à 66°; 2 fr.

DELAISTRE (L.), Professeur de Dessin général. — Cours complet de Dessin linéaire, gradué et progressif, contenant la Géométrie pratique, élémentaire et descriptive; l'Arpentage, le Levé des Plans et le Nivellement; le Tracé des Cartes géographiques, des Notions sur l'architecture; le Dessin industriel; la Perspective linéaire et aérienne; le Tracé des ombres et l'étude du Lavis.

Atlas cartonné, in-4 oblong, contenant 60 planches et 70 pages de texte. 4e édit., revue et corrigée; 1885. 15 fr.

Ouvrage donné en prix, par la Société d'Encouragement pour l'Industrie nationale, aux CONTREMAITRES des Etablissements industriels, et choisi par le Ministre de l'Instruction publique pour les Bibliothèques scolaires.

DELAMBRE. — Œuvres de Delambre. (*Voir le Catalogue général.*)

DELBOS (Léon), Professeur à l'École navale anglaise. — Les Mathématiques aux Indes orientales. Grand in-8, avec figures; 1892. 1 fr.

DELIGNE (A.), Ingénieur civil des Mines, Directeur de l'École des Arts et Métiers d'Aix, Membre du Conseil supérieur de l'Enseignement technique. — Notions complémentaires de Mathématiques. *Géométrie analytique. Dérivées. Premiers principes de Calcul différentiel et intégral.* Rédigées conformément aux nouveaux programmes des cours des Écoles nationales d'Arts et Métiers. 2 volumes in-8, avec nombreuses figures, se vendant séparément.

Ire Partie : *Géométrie analytique*; 1887. 6 fr. 50 c.

IIe Partie : *Dérivées. Premiers principes de Calcul différentiel et intégral*; 1887. 7 fr. 50 c.

DENFER, Chef des travaux graphiques de l'École Centrale des Arts et Manufactures. — Album de Serrurerie, conforme au Cours de Constructions civiles professé à l'École Centrale par E. Müller, et contenant *l'emploi du fer dans la maçonnerie et dans la charpente en bois, la charpente en fer, les ferrements des menuiseries en bois, la menuiserie en fer, les grosses fontes et articles divers de quincaillerie.* Gr. in-4, contenant 100 planches; 1872. 13 fr.

DESFORGES (J.), Professeur de travaux manuels à l'École industrielle de Versailles; Ancien Garde d'Artillerie, Ancien Chef aux ateliers des Forges et Fonderies de la Marine de l'État, à Ruelle. — Cours pratique d'Enseignement manuel, à l'usage des candidats aux Écoles nationales d'arts et métiers et aux Écoles d'apprentis et d'Élèves mécaniciens de la flotte, des aspirants au certificat d'aptitude pour l'enseignement du travail manuel, des Élèves des écoles professionnelles industrielles. — Ajustage. — Forge. — Fonderie. — Chaudronnerie. — Menuiserie. In-4 oblong, contenant 76 planches de dessins avec texte explicatif; 1889. 5 fr.

DIEN et FLAMMARION. — Atlas céleste, comprenant toutes les Cartes de l'ancien Atlas de Ch. Dien, rectifié, augmenté et enrichi de 5 Cartes nouvelles relatives aux principaux objets d'études astronomiques, par C. Flammarion, avec une *Instruction* détaillée pour les diverses Cartes de l'Atlas. In-folio, cartonné avec luxe, de 31 planches gravées sur cuivre, dont 4 doubles. 9e édition; 1891.

Prix { En feuilles, dans une couverture imprimée.. 10 fr. { Cartonné avec luxe, toile pleine............ 15 fr.

Les Cartes composant cet Atlas sont les suivantes :

A. Constellations de l'hémisphère céleste boréal (*Carte double*).
B. Constellations de l'hémisphère céleste austral (*Carte double*).
1. Petite Ourse, Dragon, Céphée, Cassiopée, Persée.
2. Andromède, Cassiopée, Persée, Triangle.
3. Girafe, Cocher, Lynx, Télescope.
4. Grande Ourse, Petit Lion.
5. Chevelure de Bérénice, Lévriers, Bouvier, Couronne boréale.
6. Dragon, Carré d'Hercule, Lyre, Cercle mural.
7. Hercule, Ophiuchus, Serpent, Taureau de Poniatowski, Écu de Sobieski.
8. Cygne, Lézard, Céphée.
9. Aigle et Antinoüs, Dauphin, Petit Cheval, Renard, Oie, Flèche, Pégase.
10. Bélier, Taureau, Pléiades, Hyades, Mouche.
11. Gémeaux, Cancer, Petit Chien.
12. Lion, Sextant, Tête de l'Hydre.
13. Vierge.
14. Balance, Serpent, Hydre.
15. Scorpion, Ophiuchus, Serpent, Loup.
16. Sagittaire, Couronne australe.
17. Capricorne, Verseau, Poisson austral.
18. Poissons, Carré de Pégase.
19. Baleine, Atelier du Sculpteur.
20. Éridan, Lièvre, Colombe, Harpe, Sceptre, Laboratoire.
21. Orion, Licorne.
22. Grand Chien, Navire, Boussole.
23. Hydre, Coupe, Corbeau, Sextant, Chat.
24. Constellations voisines du pôle austral (*Carte double*).
25. Mouvements propres séculaires des étoiles (*Carte double*).
26. Carte générale des étoiles multiples, montrant leur distribution dans le Ciel (*Carte double*).
27. Étoiles multiples en mouvement relatif certain.
28. Orbites d'étoiles doubles et groupes d'étoiles les plus curieux du Ciel.
29. Les plus belles nébuleuses du Ciel.

On vend séparément le Fascicule contenant les 5 Cartes nouvelles (n°s 25 à 29) de l'Atlas céleste. 15 fr.

DORMOY (Émile). — Théorie mathématique des assurances sur la vie. Deux volumes grand in-8; 1878. 20 fr.

Chaque volume se vend séparément. 10 fr.

DOSTOR (G.), Docteur ès Sciences, Professeur honoraire à la Faculté des Sciences de l'Institut catholique de Paris.

— Éléments de la théorie des déterminants, avec application à l'Algèbre, la Trigonométrie et la Géométrie analytique dans le plan et dans l'espace, à l'usage des classes de Mathématiques spéciales. 2e éd. In-8; 1883. 8 fr.

DUHAMEL, Membre de l'Institut. — Éléments de Calcul infinitésimal. 4e édit., revue et annotée par *J. Bertrand,* Membre de l'Institut. 2 vol. in-8, avec planches; 1886-1887. 15 fr.

DUHAMEL. — Des Méthodes dans les sciences de raisonnement. 5 vol. in-8. 27 fr. 50 c.

Ire Partie : *Des Méthodes communes à toutes les sciences de raisonnement.* 3e édition. In-8; 1885. 2 fr. 50 c.

IIe Partie : *Application des Méthodes à la science des nombres et à la science de l'étendue.* 2e édition. In-8; 1877. 7 fr. 50 c.

IIIe Partie : *Application de la science des nombres à la science de l'étendue.* 2e édit. In-8, avec fig.; 1882. 7 fr. 50 c.

IVe Partie : *Application des Méthodes générales à la science des forces.* 2e édit. In-8, avec fig.; 1886. 7 fr. 50 c.

Ve Partie : *Essai d'une application des Méthodes à la science de l'homme moral.* 2e édit. In-8; 1879. 2 fr. 50 c.

DUHEM, Chargé d'un cours complémentaire de Physique mathématique et de Cristallographie à la Faculté des Sciences de Lille. — Leçons sur l'Électricité et le Magnétisme. 3 volumes grand in-8, avec 215 figures se vendant séparément.

Tome I : *Conducteurs à l'état permanent*; 1891. 16 fr.

Tome II : *Les aimants et les corps diélectriques*; 1892. 14 fr.

Tome III : *Les courants linéaires*; 1892. 15 fr.

DULOS (Pascal), Professeur de Mécanique à l'École d'Arts et Métiers et à l'École des Sciences d'Angers. — Cours de Mécanique, à l'usage des Écoles d'Arts et Métiers et de l'enseignement spécial des Lycées. 5 vol. in-8, avec 608 figures; 1885-1886-1887-1891-1882. (*Ouvrage honoré d'une souscription des Ministères de l'Instruction publique, de l'Agriculture et des Travaux publics.*) 37 fr. 50 c.

On vend séparément :

Tome I : *Composition des forces. — Équilibre des corps solides. — Centre de gravité. — Machines simples. — Ponts suspendus. — Travail des forces. — Principe des forces vives. — Moments d'inertie. — Force centrifuge. — Pendule simple et composé. — Centre de percussion. — Régulateur à force centrifuge. — Pendule balistique.* 2e édition. 7 fr. 50 c.

Tome II : *Résistances nuisibles ou passives. — Frottement. — Application aux machines. — Roideur des cordes. — Application du théorème des forces vives à l'établissement des machines. — Théorie du volant. — Résistance des matériaux.* 2e édition. 7 fr. 50 c.

Tome III : *Hydraulique. — Écoulement des fluides. — Jaugeage des cours d'eau. — Établissement des canaux à régime constant. — Récepteurs hydrauliques. — Travail des pompes. — Bélier hydraulique. — Vis d'Archimède. — Moulins à vent.* 2e édition. 7 fr. 50 c.

Tome IV : *Thermodynamique. — Machines à vapeur. — Principaux types de machines à vapeur. — Chaudières à vapeur. — Machines à air chaud et à gaz. — Calcul des volants. — Appareils dynamométriques.* 2e éd. 9 fr. 50 c.

Tome V : *Distribution de la vapeur dans les cylindres. — Mouvement des tiroirs. — Distributions simples. — Distributions à deux tiroirs. — Diagrammes rectangulaires. — Diagrammes polaires. — Application aux détentes les plus usuelles.* 5 fr. 50 c.

DUMAS (J.-B.), Membre de l'Académie française, Secrétaire perpétuel de l'Académie des Sciences. — Éloges et discours académiques. Deux beaux volumes in-8, avec un portrait de *Dumas*, gravé par *Henriquel Dupont*; 1885. Chaque volume se vend séparément :

Papier vélin... 6 fr. 50 c. — Papier vergé.. 8 fr.

DUMAS. — Leçons sur la Philosophie chimique professées au Collège de France en 1836, recueillies par *Bineau*. 2e édition. In-8; 1878. 7 fr.

DUPLAIS (aîné). — Traité de la fabrication des liqueurs et de la distillation des alcools, suivi du *Traité de la fabrication des eaux et boissons gazeuses.* 6e édition, revue et augmentée par *Duplais jeune.* 2 vol. in-8, avec 15 planches; 1893. 16 fr.

DUPRÉ (Ath.), Doyen de la Faculté des Sc. de Rennes. — Théorie mécanique de la Chaleur. In-8, avec figures; 1869. 8 fr.

ÉCOLE CENTRALE. — Portefeuille des travaux de vacances des élèves, *publiés par la Direction de l'École.* Année 1881. 1 volume de texte in-8 et 1 Atlas in-folio de 50 planches. 25 fr.

Dessins et Documents : Écoles mixtes. École de Chimie de Genève. Aciéries de Saint-Chamond, du Creusot, de Hayange. Usines de Saint-Chamond, de Decazeville. Houillères de Commentry. Fabrique de ciment de Portland. Travaux maritimes d'Anvers. Soudière de Chauny. Viaduc de Segré. Pont-Canal métallique de Mœslain. Grues à vapeur. locomotives, machines soufflantes verticales compound. Appareil Saulier et Farmer, etc.

ENDRÈS (E.), Inspecteur général honoraire des Ponts et Chaussées. — Manuel du Conducteur des Ponts et Chaussées, d'après le dernier *Programme officiel des examens.* Ouvrage indispensable aux Conducteurs et Employés secondaires des Ponts et Chaussées et des Compagnies de Chemins de fer, aux Gardes-Mines, aux Gardes et Sous-Officiers de l'Artillerie et du Génie, aux Agents voyers et à tous les Candidats à ces emplois. (*Honoré d'une souscription des Ministères du Commerce et des Travaux publics, et recommandé pour le service vicinal par le Ministère de l'Intérieur.*) 7e édition, modifiée conformément au Décret du 9 juin 1888. 3 vol. in-8. 27 fr.

On vend séparément :

Tome Ier, *Partie théorique*, avec 407 figures ; et Tome II, *Partie pratique*, avec 346 fig. 2 vol. in-8 ; 1884. 18 fr.

Tome III, *Partie technique.* Ce dernier volume est consacré à l'exposition des doctrines spéciales qui se rattachent à l'*Art de l'ingénieur* en général et au service des Ponts et Chaussées en particulier. In-8, avec 241 figures; 1888. 9 fr.

ERMEL. — *Voir* Fernique.

EVERETT, Professeur de Philosophie naturelle au Queen's College de Belfast. — Unités et constantes physiques. Ouvrage traduit de l'anglais par Jules RAYNAUD, Professeur à l'École supérieure de Télégraphie, avec le concours de *Thévenin, de la Touanne et Massin*, sous-ingénieurs des télégraphes. In-18 jésus; 1883. 4 fr.

EXPÉRIENCES faites à l'Exposition d'électricité par Allard, Le Blanc, Joubert, Potier et Tresca. — *Méthodes d'observations. — Machines et lampes à courant continu, à courants alternatifs. — Bougies électriques. — Lampe à incandescence. — Accumulateur. — Transport électrique du travail. — Machines diverses.* In-8 avec planches; 1883. 3 fr.

FAA DE BRUNO (le Chevalier Fr.), Docteur ès Sciences, Professeur de Mathématiques à l'Université de Turin. — Théorie des formes binaires. In-8; 1876. 16 fr.

FAA DE BRUNO (le Chevalier Fr.). — Théorie générale de l'élimination. Grand in-8; 1859. 3 fr. 50 c.

FAA DE BRUNO (le Chevalier Fr.). — Traité élémentaire du Calcul des Erreurs, avec des Tables stéréotypées. Ouvrage utile à ceux qui cultivent les Sciences d'observation. In-8; 1869. 4 fr.

FABRE (C.), Docteur ès sciences. — Traité encyclopédique de Photographie. 4 beaux volumes grand in-8, avec plus de 700 figures et 2 planches; 1889-1891. 48 fr.

Chaque volume se vend séparément 14 fr.

Tous les trois ans, un supplément destiné à exposer les progrès accomplis pendant cette période viendra compléter ce Traité et le maintenir au courant des dernières découvertes.

Premier Supplément triennal (A). Un beau volume grand in-8 de 400 pages, avec 176 figures; 1892. 14 fr.

Prix des 5 volumes ensemble. 60 fr.

FATON (le P.). — Traité d'Arithmétique théorique et pratique, en rapport avec les nouveaux *Programmes* d'enseignement, terminé par une petite Table de Logarithmes. Chaque théorie est suivie d'un choix d'Exercices gradués de calcul et d'un grand nombre de Problèmes. 11e édition, revue et corrigée. In-12; 1890. (*Autorisé par décision ministérielle.*) Broché. 2 fr. 75 c.

Cartonné. 3 fr. 10 c.

FATON (le P.). — Premiers éléments d'Arithmétique. 7e édition. In-12; 1881. Broché. 1 fr. 50 c.

Cartonné. 1 fr. 85 c.

FAYE (H.), Membre de l'Institut et du Bureau des Longitudes. — Cours d'Astronomie nautique. In-8, avec figures; 1880. 10 fr.

FAYE (H.). — Cours d'Astronomie de l'Ecole Polytechnique. 2 beaux volumes grand in-8, avec nombreuses figures et Cartes dans le texte.

  Ire PARTIE : *Astronomie sphérique.* — *Géodésie et Géographie mathématique;* 1881. 12 fr. 50 c.
  IIe PARTIE : *Astronomie solaire.* — *Théorie de la Lune.* — *Navigation;* 1883. 14 fr.

FAYE (H.). — Sur l'origine du Monde, *Théories cosmogoniques des anciens et des modernes.* 2° édition. Un beau volume in-8, avec figures; 1885. 6 fr.

FAYE (H.). — Sur les Tempêtes. *Théories et discussions nouvelles.* Grand in-8, avec figures; 1887. 2 fr. 50 c.

FERNIQUE (A.), Chef des travaux graphiques, Répétiteur du Cours de construction de machines à l'Ecole centrale des Arts et Manufactures. — Album d'Eléments et organes de machines, composé et dessiné d'après le Cours professé par *F. Ermel,* et suivi de planches relatives aux machines soufflantes, d'après des documents fournis par *Jordan.* 2° édition, revue et corrigée. Portefeuille oblong contenant 19 planches de texte explicatif ou tableaux, et 102 planches de dessins cotés; 1882. 16 fr.

FLAMMARION (Camille), Astronome. — Études et Lectures sur l'Astronomie. In-12 avec fig. et cartes, tomes I à IX; 1867 à 1880.

  Chaque volume se vend séparément. 2 fr. 50 c.

FLAMMARION (Camille). — Catalogue des Étoiles doubles et multiples en mouvement relatif certain, comprenant *toutes les observations* faites sur chaque couple depuis sa découverte et les *résultats conclus de* l'étude des mouvements. Grand in-8; 1878. 8 fr.

FLAMMARION (Camille). — La planète Mars et ses conditions d'habitabilité. *Synthèse générale de toutes les observations.* Climatologie, météorologie, aréographie, continents, mers et rivages, eaux et neiges, saisons, variations observées. Grand in-8 jésus, avec 580 dessins télescopiques et 23 cartes; 1892.

  Broché. 12 fr. | Cartonné avec luxe. 15 fr.

FONTENÉ (H.), Agrégé des Sciences mathématiques, Professeur au Collège Rollin. — L'Hyperespace à ($n-1$) dimensions. *Propriétés métriques de la corrélation générale.* Grand in-8, avec figures; 1891. 5 fr.

FOUCAULT (Léon), Membre de l'Institut. — Recueil des travaux scientifiques de Léon Foucault, publié par Mme Ve FOUCAULT, sa mère, mis en ordre par GARIEL, et précédé d'une Notice, par J. BERTRAND. In-4, avec Atlas de 19 planches; 1878. 30 fr.

FOVILLE (A. de). — L'industrie des transports dans le passé et dans le présent. *Progrès réalisés. Effets directs et indirects.* In-8, avec 2 planches; 1893. 2 fr.

FRANCŒUR (L.-B.). — Traité de Géodésie, comprenant la Topographie, l'Arpentage, le Nivellement, la Géomorphie terrestre et astronomique, la Construction des Cartes, la Navigation; augmenté de Notes sur la mesure des bases, par *Hossard,* et de deux Notes : l'une Sur la méthode et les instruments d'observation employés dans les grandes opérations géodésiques ayant pour but la mesure des arcs de méridien et de parallèle terrestres; l'autre Sur la jonction géodésique et astronomique de l'Espagne et de l'Algérie, par le Général *Perrier,* Membre de l'Institut et du Bureau des Longitudes. 7° édition. In-8, avec figures et 11 planches; 1887. 12 fr.

FRENET (F.), Professeur honoraire de la Faculté des Sciences de Lyon. — Recueil d'Exercices sur le Calcul infinitésimal. Ouvrage destiné aux Candidats à l'École Polytechnique et à l'École Normale, aux Élèves de ces Écoles et aux aspirants à la licence ès Sciences mathémati-

ques. 5° édition augmentée d'un *Appendice sur les résidus, les fonctions elliptiques, les équations aux dérivées partielles, les équations aux différentielles totales,* par H. LAURENT, Examinateur d'admission à l'École Polytechnique. In-8, avec figures; 1891. 8 fr.

FREYCINET (Charles de), Sénateur, Ingénieur en chef des Mines. — De l'Analyse infinitésimale. Étude sur la métaphysique du haut calcul. 2° édition, revue et corrigée par l'Auteur. In-8, avec fig.; 1881. 6 fr.

FREYCINET (Charles de). — Des Pentes économiques en Chemins de Fer. Recherches sur les dépenses des rampes. In-8; 1861. 6 fr.

GARÇON (Jules), Ingénieur Chimiste. Licencié ès Sciences. — Bibliographie de la technologie chimique des fibres textiles. *Propriétés. Blanchiment. Teinture. Matières colorantes. Impression. Apprête.* Grand in-8; 1893. (Ouvrage couronné par la Société industrielle de Mulhouse dans sa séance du 26 octobre 1892). 6 fr.

GAUTIER (Henri), Ancien élève de l'École Polytechnique, Professeur à l'École Monge et au Collège Sainte-Barbe, Professeur agrégé à l'École de Pharmacie, et **CHARPY (Georges),** Ancien élève de l'École Polytechnique, Professeur à l'École Monge. — Leçons de Chimie, *à l'usage des élèves de Mathématiques spéciales.* Grand in-8, avec 83 figures; 1892. 9 fr.

GÉRARD (A.), Sous-Contrôleur dans l'Administration des accises de Belgique. — Manuel complet et pratique du cubage des bois, à l'usage des négociants en bois, constructeurs, employés des douanes, de l'octroi, etc., comprenant des exemples sur toutes les méthodes de mesurage. 2° édition. Petit in-8 de 151 pages, dont 71 de Tables; 1884. 3 fr. 50 c.

GÉRARD (Eric), Directeur de l'Institut électrotechnique Montefiore. — Leçons sur l'Electricité, professées à l'Institut électrotechnique Montefiore, annexé à l'Université de Liège. 3° édition refondue et complétée. 2 vol. grand in-8, se vendant séparément :

  TOME I : *Théorie de l'électricité et du magnétisme. Électrométrie. Théorie et construction des générateurs et des transformateurs électriques.* Grand in-8, avec 266 figures; 1893. 12 fr.

  TOME II : *Canalisation et distribution de l'énergie électrique. Applications de l'électricité à la production et à la transmission de la puissance motrice, à la Télégraphie et à la Téléphonie, à la Traction, à l'Éclairage et à la Métallurgie.* Grand in-8, avec 257 fig.; 1893. 12 fr.

GEYMET. — Traité pratique de Galvanoplastie et d'Electrolyse, avec *applications pratiques fondées sur les dernières découvertes.* In-18 jésus; 1888. 4 fr.

GILBERT (Ph.), professeur à l'Université catholique de Louvain. — Cours de Mécanique analytique. *Partie élémentaire.* 3° édit. Grand in-8, avec fig.; 1891. 11 fr.

GILBERT (Ph.). — Cours d'Analyse infinitésimale. *Partie élémentaire.* 4° édition. Grand in-8; 1892. 13 fr.

GILBERT (Ph.). — Notice sur les Travaux scientifiques de Louis-Philippe Gilbert, Professeur à l'Université catholique de Louvain, Correspondant de l'Institut de France; par P. MANSION, Professeur ordinaire à l'Université de Gand, Membre de l'Académie royale de Belgique. In-8, avec un portrait de L.-P. GILBERT; 1893. 2 fr.

GIRARD (Aimé). — Recherches sur la culture de la pomme de terre industrielle. 2° édition revue et augmentée. Un volume grand in-8, avec figures et un atlas cartonné de 6 belles planches en héliogravure; 1891. 8 fr.

  On vend séparément :
  Texte...... 3 fr. 75 | Atlas...... 5 fr.

GIRARD (Aimé), Professeur au Conservatoire national des Arts et Métiers. — Amélioration de la culture de la pomme de terre industrielle et fourragère (*In-*

dd

structions pratiques). In-18 jésus, avec 1 planche frontispice; 1893. 25 c.

Franco, par la poste, 35 c.

GIRARD (L.-D.). — Chemin de fer glissant, nouveau système de locomotion à propulsion hydraulique. In-4, avec Atlas de 6 planches in-plano; 1864. 8 fr.

GIRARD (L.-D.). — Élévation d'eau pour l'alimentation des villes et distribution de force à domicile.
N° 1. Grand in-4, avec fig.; 1868. 3 fr.
N° 2. Grand in-4 (Texte seul); 1869. 2 fr. 50 c.

GOULIER (C.-M.), Colonel du Génie en retraite. — Études théoriques et pratiques sur les levers topométriques et en particulier sur la Tachéométrie. In-8, avec 170 figures et 1 portrait du Colonel Goulier; 1892. 8 fr.

GRAEFF (A.), Ancien Vice-Président du Conseil général des Ponts et Chaussées. — Traité d'Hydraulique, précédé d'une introduction sur les *principes généraux de la Mécanique*. 3 vol. in-4 reliés demi-veau; 1882-1883. 62 fr.
TOME I : *Partie théorique*; 1882. — TOME II : *Partie pratique*; 1882. — TOME III : *Notes, tables numériques et planches*; 1883.

GRAY (John), Associé de l'École Royale des Mines, de l'Institut des Ingénieurs électriciens, etc. — Les machines électriques à influence. *Exposé complet de leur histoire et de leur théorie, suivi d'Instructions pratiques sur la manière de les construire.* Traduit de l'anglais et annoté par GEORGES PÉLISSIER, Rédacteur à la *Lumière électrique*. In-8, avec 124 fig.; 1892. 5 fr.

GRÉVY (A.), Agrégé. Professeur au Lycée de Bar-le-Duc — Compositions données depuis 1872 aux Examens de Saint-Cyr. Algèbre et Géométrie. *Énoncés et solutions*. 2e édition. In-8; 1893. 2 fr. 50 c.

GUILLAUME (Ch.-Ed.), Docteur ès Sciences, attaché au Bureau international des Poids et Mesures. — Traité pratique de la Thermométrie de précision. Grand in-8, avec figures et 4 pl.; 1889. 12 fr.

GUYOU, Capitaine de frégate, Examinateur d'admission à l'École Navale. — Sur les approximations numériques. 2e édition. In-8; 1891. 75 c.

HALPHEN (G.-H.), Membre de l'Institut. — Traité de fonctions elliptiques et de leurs applications. 3 volumes grand in-8 se vendant séparément.
1re PARTIE : *Théorie des fonctions elliptiques et de leurs développements en séries*; 1886. 15 fr.
IIe PARTIE : *Applications à la Mécanique, à la Physique, à la Géodésie, à la Géométrie et au Calcul intégral*; 1888. 20 fr.
IIIe PARTIE : *Fragments (quelques applications à l'Algèbre, et, en particulier, à l'équation du 5e degré. Quelques applications à la théorie des nombres. Questions diverses.)* Publié par les soins de la Section de Géométrie de l'Académie des Sciences 1891. 8 fr. 50 c.

HÉLIE, Professeur à l'École d'Artillerie de la Marine. — Traité de Balistique expérimentale. 2e édition beaucoup augmentée, avec la collaboration de M. Hugoniot, Capitaine d'Artillerie de la Marine. 2 vol. in-8, avec figures et nombreux tableaux. Ouvrage publié sous les auspices du Ministre de la Marine; 1884. (*Honoré d'un grand prix en 1885, par l'Académie des Sciences.*) 18 fr.

HENNIQUE (P.-A.), Capitaine de frégate. — Une page d'Archéologie navale. — Les caboteurs et pêcheurs de la côte de Tunisie. *Pêche des éponges.* Grand in-8, illustré de 55 demi-planches et 8 doubles; 1888.
Prix, avec 63 planches en noir (cartonné). 10 fr.
Prix, avec 51 planches en noir et 12 planches coloriées à la main (cartonné avec luxe). 12 fr.

HIRN (G.-A.), Correspondant de l'Institut. — La Constitution de l'Espace céleste. Grand in-4, 350 pages, avec 1 planche; 1889. 20 fr.

HIRN (G.-A.). — Théorie mécanique de la Chaleur. *Exposition analytique et expérimentale de la Théorie mécanique de la Chaleur.* 3e édition. 2 vol. grand in-8, avec figures, 1875-1876, se vendant séparément. 12 fr.

HIRN (G.-A.). — Mémoire sur la Thermodynamique. In-8, avec 2 planches; 1867. 5 fr.

HIRN (G.-A.). — Mémoire sur les conditions d'équilibre et sur la nature probable des anneaux de Saturne. In-4, avec planches; 1872. 4 fr.

HIRN (G.-A.). — *Voir le Catalogue général.*

HOÜEL (J.), Professeur de Mathématiques à la Faculté des Sciences de Bordeaux. — Cours de Calcul infinitésimal. Quatre beaux volumes grand in-8, avec figures; 1878-1879-1880-1881.

On vend séparément :

TOME I : 15 fr.	TOME III : 10 fr.
TOME II : 15 fr.	TOME IV : 10 fr.

HOÜEL (J.). — Tables de Logarithmes à cinq décimales pour les nombres et les lignes trigonométriques, suivies des Logarithmes d'addition et de soustraction ou Logarithmes de Gauss et de diverses Tables usuelles. Nouvelle éd., revue et augm. Grand in-8; 1893. (*Autorisé par décision ministérielle.*) Broché 2 fr. Cartonné 2 fr. 75 c.

HOÜEL (J.). — Recueil de formules et de Tables numériques. 3e édit. Grand in-8; 1885. 4 fr. 50 c.

HOÜEL (J.). — Essai critique sur les principes fondamentaux de la Géométrie élémentaire ou Commentaire sur les XXXII premières propositions des Éléments d'Euclide. 2e édit. In-8, avec fig.; 1883. 2 fr. 50 c.

HOUZEAU (J.-C.), Directeur de l'observatoire royal de Bruxelles, et LANCASTER (A.), bibliothécaire de cet établissement. — Bibliographie générale de l'Astronomie. *Voir le Catalogue général.*

HUYGENS (C.). — Œuvres complètes de Christiaan Huygens, publiées par la Société hollandaise des Sciences. 5 volumes in-4, se vendant séparément. 35 fr.
Voir pour les détails le Catalogue général.

INSTITUT DE FRANCE. — Mémoires de l'Académie des Sciences. In-4; tomes I à XLIV; 1816 à 1889.
Chaque Volume, à l'exception des Tomes ci-après indiqués, se vend séparément. 15 fr.
Le Tome XXXIII, avec Atlas, se vend séparément. 25 fr.
Les Tomes VI et XXI ne se vendent pas séparément.

— Mémoires présentés par divers savants à l'Académie des Sciences, et imprimés par son ordre. 2e série. In-4, tomes I à XXX; 1827-1887.
Chaque volume, à l'exception des tomes I à IX, se vend séparément. 15 fr.

— Tables générales des Travaux contenus dans les Mémoires de l'Académie des Sciences et dans les Mémoires présentés par divers savants, publiées par les SECRÉTAIRES PERPÉTUELS. Ces Tables générales comprennent pour chacune des Collections (*Mémoires de l'Académie* et *Mémoires présentés par divers savants*) les Tables par *volumes*, par noms d'*auteurs* et par *ordre de matières*. 2 volumes in-4, savoir :
Tables générales des travaux contenus dans les Mémoires de l'Académie. 1re Série, tomes I à XIV (an VI-1815), et IIe Série, tomes I à XL (1816-1878); 1881. 6 fr.
Tables générales des travaux contenus dans les Mémoires présentés par divers Savants à l'Académie. 1re Série, tomes I et II (1806-1811), et IIe Série, tomes I à XXV (1827-1877); 1881. 2 fr. 50 c.

INSTITUT DE FRANCE. — Recueil de Mémoires, Rapports et Documents relatifs à l'observation du passage de Vénus sur le Soleil, en 1874. In-4; 1877-1882.
Tome I. — Iʳᵉ Partie : 12 fr. 50. — IIᵉ Partie : 12 fr. 50.
Tome II. — Iʳᵉ Partie : 25 fr. — IIᵉ Partie : 25 fr.
Tome III. — Iʳᵉ Partie : 12 fr. 50. — IIᵉ Partie : 25 fr. — IIIᵉ Partie : 12 fr. 50.
Annexe : 2 fr. 50 c.
Voir le Catalogue général.

INSTITUT DE FRANCE. — Mémoires relatifs à la nouvelle maladie de la vigne, présentés par divers savants à l'Académie des Sciences. (*Voir*, pour le détail de ces *Mémoires*, le CATALOGUE GÉNÉRAL, ou le PROSPECTUS SPÉCIAL qui est envoyé sur demande.)
La Librairie Gauthier-Villars a seule, depuis le 1ᵉʳ janvier 1877, le dépôt des diverses publications de l'Académie des Sciences.

INSTITUT DE FRANCE. — Mission du Cap Horn (Voir *Ministères de la Marine et de l'Instruction publique*).

JACQUIER, Professeur de l'Université, Membre du Conseil supérieur de l'Instruction publique. — Problèmes de Physique, de Mécanique, de Cosmographie et de Chimie, à l'usage des Candidats aux Baccalauréats ès Sciences, au Baccalauréat de l'Enseignement spécial et aux Écoles du Gouvernement. In-8, avec fig.; 1884. 6 fr.

JAMIN (J.), Secrétaire perpétuel de l'Académie des Sciences, Professeur de Physique à l'École Polytechnique, et BOUTY (E.), Professeur à la Faculté des Sciences. — Cours de Physique de l'École Polytechnique. 4ᵉ édition, augmentée et entièrement refondue par E. Bouty. 4 forts vol. in-8 de plus de 4000 pages, avec 1587 figures et 14 planches sur acier, dont 2 en couleur; 1885-1891. (*Autorisé par décision ministérielle.*) OUVRAGE COMPLET. 72 fr.

On vend séparément :

Tome I. — 9 fr.
(*) 1ᵉʳ fascicule. — *Instruments de mesure. Hydrostatique*; avec 150 figures et 1 planche; 1888. 5 fr.
2ᵉ fascicule. — *Physique moléculaire*; avec 93 figures. 1891. 4 fr.

Tome II. — CHALEUR. — 15 fr.
(*) 1ᵉʳ fascicule. — *Thermométrie. Dilatations*; avec 98 figures; 1885. 5 fr.
(*) 2ᵉ fascicule. — *Calorimétrie*; avec 48 figures et 2 planches; 1885. 5 fr.
3ᵉ fascicule. — *Thermodynamique. Propagation de la chaleur*; avec 47 figures; 1885. 5 fr.

Tome III. — ACOUSTIQUE; OPTIQUE. — 22 fr.
1ᵉʳ fascicule. — *Acoustique*; avec 123 fig.; 1887. 4 fr.
(*) 2ᵉ fascicule. — *Optique géométrique*; avec 139 fig. et 3 planches; 1886. 4 fr.
3ᵉ fascicule. — *Étude des radiations lumineuses, chimiques et calorifiques. Optique physique*; avec 249 fig. et 5 planches, dont 2 planches de spectres en couleur; 1887. 14 fr.

Tome IV (1ʳᵉ Partie). — ÉLECTRICITÉ STATIQUE ET DYNAMIQUE. — 13 fr.
1ᵉʳ fascicule. — *Gravitation universelle. Électricité statique*; avec 155 figures et 1 planche; 1890. 7 fr.

(*) Les matières du programme d'admission à l'École Polytechnique sont comprises dans les parties suivantes de l'Ouvrage : Tome I, 1ᵉʳ fascicule; Tome II, 1ᵉʳ et 2ᵉ fascicules, Tome III, 2ᵉ fascicule. Les élèves de Mathématiques spéciales qui posséderont ces quatre fascicules auront ainsi entre les mains le commencement d'un grand Traité qu'ils pourront compléter ultérieurement, si, poursuivant l'étude de la Physique, ils se préparent à la Licence ou entrent dans une des grandes Écoles du Gouvernement.
On peut aussi se procurer ces fascicules réunis en deux volumes. (Voir *Cours de Physique à l'usage de la Classe de Mathématiques spéciales.*)

In-4: F.

2ᵉ fascicule. — *La pile. Phénomènes électrothermiques et électrochimiques*, avec 161 fig. et 1 pl.; 1888. 6 fr.

Tome IV (2ᵉ Partie). — MAGNÉTISME; APPLICATIONS. — 13 fr.
3ᵉ fascicule. — *Les aimants. Magnétisme. Électromagnétisme. Induction*; avec 240 figures; 1889. 8 fr.
4ᵉ fascicule. — *Météorologie électrique. Applications de l'électricité. Théories générales*, avec 84 figures et 1 planche; 1891. 5 fr.

TABLES GÉNÉRALES.

Tables générales, par ordre de matières et par noms d'auteurs, des quatre volumes du Cours de Physique. In-8; 1891. 60 c.
Tous les trois ans, un supplément destiné à exposer les progrès accomplis pendant cette période, viendra compléter ce grand Traité et le maintenir au courant des derniers travaux.
(Un prospectus très détaillé est envoyé sur demande.)

JAMIN et BOUTY. — Cours de Physique à l'usage de la classe de Mathématiques spéciales. 2ᵉ édition. Deux beaux volumes in-8, contenant ensemble plus de 1060 pages, avec 458 figures géométriques ou ombrées et 6 planches sur acier; 1886. 20 fr.

On vend séparément :

Tome I. — *Instruments de Mesure. Hydrostatique. — Optique géométrique. Notions sur les phénomènes capillaires.* In-8, avec 312 figures et 4 planches. 10 fr.
Tome II. — *Thermométrie. Dilatations. — Calorimétrie.* In-8, avec 146 fig. et 2 pl. 10 fr.

JANET (Paul), Professeur à la Faculté des Sciences de Grenoble. — Premiers principes d'Électricité industrielle. *Piles. Accumulateurs. Dynamos. Transformateurs.* In-8, avec 173 figures; 1894. 6 fr.

JAYS (L.), Professeur de Physique, ancien Météorologiste adjoint de l'observatoire de Lyon, et ancien chef des travaux de Physique à la Faculté de Médecine de Lyon. — Problèmes de Physique et de Chimie, choisis parmi les sujets de compositions proposés dans les concours et par les diverses Facultés dans ces dernières années. In-8, avec figures; 1886. 6 fr.

JORDAN (Camille), Membre de l'Institut, Professeur à l'École Polytechnique. — Cours d'Analyse de l'École Polytechnique. 3 volumes in-8, avec figures, se vendant séparément :
Tome I. — CALCUL DIFFÉRENTIEL; 2ᵉ édition, entièrement refondue; 1893. 17 fr.
Tome II. — CALCUL INTÉGRAL (*Intégrales définies et indéfinies*). 2ᵉ édition. (*Sous presse.*)
Tome III. — CALCUL INTÉGRAL (*Équations différentielles*); 1887. 17 fr.

JOUFFRET (E.), Chef d'escadron d'Artillerie. — Introduction à la Théorie de l'énergie. Petit in-8; 1883. 3 fr. 50 c.

KŒHLER (J.), Répétiteur à l'École Polytechnique, ancien Directeur des Études à l'École préparatoire de Sainte-Barbe. — Exercices de Géométrie analytique et de Géométrie supérieure. *Questions et solutions.* A l'usage des candidats aux Écoles Polytechnique et Normale et à l'Agrégation. 2 volumes in-8, avec figures.

On vend séparément :

Iʳᵉ PARTIE : *Géométrie plane*; 1886. 9 fr.
IIᵉ PARTIE : *Géométrie de l'espace*; 1888. 9 fr.

LABOSNE. — Instruction sur la Règle à calcul, contenant les applications de cet instrument au calcul des expressions numériques, à la résolution des équations du deuxième et du troisième degré, et aux principales questions de Trigonométrie. In-8; 1872. 2 fr.

LACAILLE, Conducteur des Ponts et Chaussées. — Tables synoptiques des calculs d'intérêts composés, d'annuités et d'amortissements. Un fort vol. grand in-8;

2' édition ; 1885. (*Ouvrage honoré d'une souscription des Ministères des Travaux publics, des Finances, de l'Agriculture et du Commerce*, etc.)   15 fr.

LACOMBE. — Nouveau manuel de l'escompteur, du banquier, du capitaliste et du financier, ou Nouvelles Tables de calculs d'intérêts simples, avec le calendrier de l'escompteur. Nouvelle édition, précédée d'une *Instruction sur les Calculs d'intérêts et l'usage des Tables*, par LAAS D'AGUEN, éditeur des Tables de Violeine, et terminée par un Exposé des lois sur les intérêts, les rentes, les effets de commerce, les chèques, etc., par H., Docteur en Droit. Un fort vol. in-18 jésus ; 1877.   6 fr.

LACOUTURE (Charles). — Répertoire chromatique. *Solution raisonnée et pratique des problèmes les plus usuels dans l'étude et l'emploi des couleurs.* 29 TABLEAUX EN CHROMO représentant 952 teintes différentes et définies, groupées en plus de 600 gammes typiques. In-4, contenant un texte de XI-144 pages, vrai Traité de la science pratique des couleurs, accompagné de nombreux diagrammes, et suivi d'un Atlas de 29 Tableaux en chromo qui offrent à la fois l'illustration du texte et de nouvelles ressources pour les applications ; 1890. (Ouvrage honoré de la *Médaille d'or* de la Société des industrielle du nord de la France, 9 janvier 1891.)

    Broché.................................... 25 fr.

    Cartonné avec luxe........................ 30 fr.

Parmi les différentes branches des connaissances humaines, une des moins avancées et dont cependant le besoin se fait sentir le plus souvent, c'est la *Chromatique* ou science pratique des couleurs. Savants ou artistes, fabricants ou commerçants, sont à tout instant en demeure ici de définir les couleurs qu'ils constatent, produisent ou utilisent, la de les associer harmonieusement, ou de les reproduire à coup sûr; tous plus ou moins arrêtés, sen tiennent à des à peu près et à des tâtonnements. M. Charles Lacouture, en publiant son *Répertoire chromatique*, a voulu rendre pratique et complète l'œuvre qu'avait entreprise le regretté Chevreul. L'auteur a pleinement réussi et son livre, qui est en même temps un album, rendra les plus grands services aux savants, aux artistes, aux fabricants et aux commerçants, aux teinturiers, aux tapissiers, et aux modistes, à tous ceux qui s'occupent de décoration, à tous ceux qui utilisent l'effet des couleurs.
(Journal *La Nature*, 1er novembre 1890.)

LACROIX.—Éléments de Géométrie, suivis de *Notions sur les courbes usuelles.* 24' édition, revue par *Prouhet.* In-8, avec 220 figures ; 1890. (*Autorisé par décision ministérielle.*)   4 fr.

LACROIX. — Éléments d'Algèbre. 25' édit., revue par *Prouhet.* In-8 ; 1888.   6 fr.

LACROIX. — AUTRES OUVRAGES de *Lacroix,* voir le Catalogue général.

LAFITTE (P. de), ancien élève de l'École Polytechnique, Vice-Président de la Société de secours mutuels d'Astaffort, Lauréat d'une médaille d'or à l'Exposition universelle de 1889 (Section des Sociétés de secours mutuels). — Essai d'une théorie rationnelle des Sociétés de secours mutuels. 2' édition, entièrement refondue et augmentée de *Tables de Commutation, à divers taux d'intérêt, pour les trois assurances.* Grand in-8 ; 1892. [*Cet Ouvrage a été honoré d'une récompense de l'Académie des Sciences* (prix Leconte).]   5 fr.

— Tables de commutation à divers taux d'intérêt pour les trois assurances des Sociétés de secours mutuels. (Supplément à l'*Essai d'une théorie des Sociétés de secours mutuels.*) Grand in-8 ; 1893.   1 fr.

LA GOURNERIE (de), Membre de l'Institut. — Traité de Géométrie descriptive. 2' édition. In-4, publié en trois *Parties* avec Atlas ; 1879-1880-1885.   30 fr.

    Chaque Partie se vend séparément.   10 fr.

    La Ire PARTIE (3' édition) revue et augmentée de la *théorie de l'intersection de deux polyèdres,* par ERNEST LEBON, contient tout ce qui est exigé pour l'admission à l'École Polytechnique. Elle est suivie d'un *Supplément contenant la solution de deux problèmes et des figures cavalières pour l'explication des constructions les plus difficiles.*

    La II' PARTIE et la III' PARTIE (2' édition) sont le développement du *Cours de Géométrie descriptive* professé à l'*École Polytechnique.*

LA GOURNERIE (de). — Supplément au *Traité de Stéréotomie* de LEROY. Théorie et construction de l'appareil hélicoïdal des arches biaises ; rédigées par ERNEST LEBON, Agrégé de l'Université, Professeur de mathématiques au Lycée Charlemagne. In-4, avec 2 planches in-folio ; 1887. (On a tiré des exemplaires à part de ce Supplément pour les acquéreurs des précédentes éditions du Traité de Leroy.)   3 fr.

LA GOURNERIE (de). — Traité de perspective linéaire. 1 vol. in-4, avec atlas in-folio de 40 planches dont 8 doubles. 2' édition, entièrement revue ; 1884. 25 fr.

LA GOURNERIE (de). — Études économiques sur l'exploitation des chemins de fer. Grand in-8 ; 1880.   4 fr. 50 c.

LAGRANGE. — Mécanique analytique. 4' édition, contenant les Notes de l'édition de M. J. BERTRAND, publiée par GASTON DARBOUX, Membre de l'Institut. 2 volumes in-4 ; 1888-1889.   40 fr.

    Chaque volume se vend séparément.   20 fr.

Ces deux volumes ne sont autres que les Tomes XI et XII de la collection des *OEuvres de Lagrange.* On a imprimé pour ces exemplaires des couvertures et titres spéciaux (tomes I et II) à destination des personnes qui désirent se procurer la **Mécanique analytique** en dehors de la collection.

LAGRANGE (Ch.), Membre de l'Académie, Professeur à l'École militaire, Astronome à l'Observatoire royal. — Étude sur le système des forces du monde physique. In-4 ; 1892.   20 fr.

LAGUERRE, Membre de l'Institut. — Notes sur la résolution des équations numériques. In-8 ; 1880.   2 fr.

LAGUERRE. — Théorie des équations numériques. Ire Partie. In-4 ; 1884.   2 fr. 75 c.

LAGUERRE. — Recherches sur la Géométrie de direction. *Méthodes de transformation. Anticaustiques.* In-8 ; 1885.   2 fr.

LAISANT (C.-A.), Docteur ès Sciences. — Recueil de problèmes de Mathématiques *classés par divisions scientifiques,* contenant les énoncés avec renvoi aux solutions de tous les problèmes posés, depuis l'origine, dans divers journaux : *Nouvelles Annales de Mathématiques. Journal de Mathématiques élémentaires et de Mathématiques spéciales. Mathésis. Nouvelle Correspondance mathématique.* 7 volumes in-8, se vendant séparément.

    CLASSES DE MATHÉMATIQUES ÉLÉMENTAIRES.

    I : *Arithmétique. Algèbre élémentaire. Trigonométrie;* 1893.   2 fr. 50 c.

    II : *Géométrie à deux dimensions. Géométrie à trois dimensions. Géométrie descriptive;* 1893.   5 fr.

    CLASSES DE MATHÉMATIQUES SPÉCIALES.

    III : *Algèbre. Théorie des nombres. Probabilités. Géométrie de situation.*   (*Sous presse.*)

    IV : *Géométrie analytique à deux dimensions (et Géométrie supérieure);* 1893.   6 fr. 50 c.

    V : *Géométrie analytique à trois dimensions (et Géométrie supérieure);* 1893.   2 fr. 50 c.

    VI : *Géométrie du triangle.*   (*Sous presse.*)

    LICENCE ÈS SCIENCES MATHÉMATIQUES.

    VII : *Calcul infinitésimal et calcul des fonctions. Mécanique. Astronomie.*   (*Sous presse.*)

LAISANT (C.-A.). — Introduction à la méthode des quaternions. In-8, avec fig. ; 1881.   6 fr.

LAISANT (C.-A.). — Théorie et applications des Équipollences. In-8, avec 73 figures ; 1887.   7 fr. 50 c.

LALANDE. — Tables de Logarithmes pour les Nombres et les Sinus à CINQ DÉCIMALES ; revues par le baron Reynaud. Nouvelle édition, augmentée de *Formules pour la Résolution des Triangles,* par *Bailleul,* typographe. In-18 ; 1888. (*Autorisé par décision du Ministre de l'Instruction publique.*)   Broché.   2 fr.

    Cartonné. 2 fr. 40 c.

LALANDE. — Tables de Logarithmes, étendues à SEPT DÉCIMALES, par *Marie*, précédées d'une Instruction par le baron *Reynaud*. Nouvelle édition, augmentée de *Formules pour la Résolution des Triangles*, par *Bailleul*, typographe. In-12; 1890. Broché. 3 fr. 5o c. Cartonné. 3 fr. 9o c.

LAMÉ (G.), Membre de l'Institut. — Leçons sur les fonctions inverses des transcendantes et les Surfaces isothermes. In-8, avec figures; 1857. 5 fr.

LAMÉ (G.). — Leçons sur les Coordonnées curvilignes et leurs diverses applications. In-8, av. fig.; 1859. 5 fr.

LAMÉ (G.). — Leçons sur la théorie analytique de la chaleur. In-8, avec fig.; 1861. 6 fr. 5o c.

LAPLACE. — Essai philosophique sur les Probabilités. 6ᵉ édition. In-8; 1840. 5 fr.

LAPLACE. — Précis de l'Histoire de l'Astronomie. 2ᵉ édition. In-8; 1863. 3 fr.

LAURENT (H.), Examinateur d'admission à l'École Polytechnique. — Traité d'Analyse. 7 volumes in-8, avec figures. 73 fr.

Tome I : Calcul différentiel. *Applications analytiques et géométriques*; 1885. 1o fr.
Tome II : *Applications géométriques*; 1887. 12 fr.
Tome III : Calcul intégral. *Intégrales définies et indéfinies*; 1888. 12 fr.
Tome IV : *Théorie des fonctions algébriques et de leurs intégrales*; 1889. 12 fr.
Tome V : *Equations différentielles ordinaires*; 1890. 1o fr.
Tome VI : *Equations aux dérivées partielles*; 1890. 8 fr. 5o c.
Tome VII et dernier : *Applications géométriques de la théorie des équations différentielles*; 1891. 8 fr. 5o c.

LAURENT (H.). — Traité d'Algèbre, à l'usage des Candidats aux Ecoles du Gouvernement. Revu et mis en harmonie avec les derniers Programmes, par MARCHAND, ancien Elève de l'Ecole Polytechnique. 4ᵉ édition. 3 vol. in-8; 1887.

Iʳᵉ Partie : ALGÈBRE ÉLÉMENTAIRE, à l'usage des *Classes de Mathématiques élémentaires*. 4 fr.
IIᵉ Partie : ANALYSE ALGÉBRIQUE, à l'usage des *Classes de Mathématiques spéciales*. 4 fr.
IIIᵉ Partie : THÉORIE DES ÉQUATIONS, à l'usage des *Classes de Mathématiques spéciales*. 4 fr.

LAURENT (H.). — Théorie élémentaire des Fonctions elliptiques. In-8, avec figures; 1882. 3 fr. 5o c.

LAURENT (H.). — Traité de Mécanique rationnelle à l'usage des Candidats à l'Agrégation et à la Licence. 3ᵉ édit. 2 vol. in-8, avec figures; 1889. 12 fr.

LÉAUTEY (Eugène), Chef de service au Comptoir national d'Escompte de Paris. — L'Enseignement commercial et les Ecoles de commerce en France et dans le monde entier. 8ᵉ édition. Un beau volume in-8 cavalier de 784 pages, orné de planches et contenant 93 Tableaux statistiques et synoptiques (médailles d'or uniques aux Expositions de Paris 1889 et 1890). 7 fr. 5o c.

LÉAUTEY (Eugène). Officier de l'Instruction publique, et **GUILBAUT (Adolphe)**, Officier d'Académie. — La Science des Comptes mise à la portée de tous. Traité théorique et pratique de comptabilité domestique, commerciale, industrielle, financière et agricole (*Médailles d'or uniques. Expositions de Paris 1889 et 1892*). 7ᵉ édition, revue et complétée. Un beau volume in-8 de 53o pages. 7 fr. 5o c.

LEBON (Ernest). — (*Voir La Gournerie.*)

LECHALAS (Georges), Ingénieur en chef des Ponts et Chaussées. — Manuel de droit administratif. *Services des Ponts et Chaussées et des Chemins vicinaux*. 2 volumes grand in-8, se vendant séparément (ENCYCLOPÉDIE DES TRAVAUX PUBLICS, fondée par *M.-C. Lechalas*, Inspecteur général des Ponts et Chaussées).

Tome I : *Notions sur les trois pouvoirs. Personnel des Ponts et Chaussées. Principes d'ordre financier. Travaux intéressant plusieurs services. Expropriations. Dommages et occupations temporaires*; 1889. 2o fr.
Tome II (Iʳᵉ PARTIE) : *Participation des tiers aux dépenses des travaux publics. Adjudications. Fournitures. Régie. Entreprises. Concessions*; 1893. 1o fr.

LECOQ DE BOISBAUDRAN. — Spectres lumineux, Spectres prismatiques et en longueurs d'onde, destinés aux recherches de Chimie minérale. Grand in-8, avec atlas contenant 29 belles planches sur acier; 1874. 2o fr.

LEFÉBURE DE FOURCY. — Leçons d'Algèbre *à l'usage des classes de Mathématiques élémentaires*; 1870. 4 fr. 5o c.

LEFÉBURE DE FOURCY. — Traité de Géométrie descriptive, précédé d'une Introduction qui renferme la Théorie du plan et de la ligne droite considérée dans l'espace. 8ᵉ édition. 2 vol. in-8, dont un composé de 32 planches; 1881. 1o fr.

LEFÉBURE DE FOURCY. — Leçons de Géométrie analytique, comprenant la Trigonométrie rectiligne et sphérique, les lignes et les surfaces des deux premiers ordres. 1oᵉ édition. In-8, avec planches. 2 fr. 75 c.

LEMSTRÖM, Professeur de Physique à l'Université d'Helsingfors. — L'Aurore boréale. *Etude générale des phénomènes produits par les courants électriques de l'atmosphère.* Grand in-8, avec figures et 14 planches dont 5 en chromolithographie; 1886. 6 fr. 5o c.

LEPRIEUR, Trésorier de l'Ecole Polytechnique. — Répertoire de l'École Polytechnique de 1855 à 1865, faisant suite au *Répertoire de Marielle*. In-8; 1867. 3 fr.

LERAY (le P.), Prêtre Eudiste, Professeur à l'Ecole Saint-Jean à Versailles. — Essai sur la synthèse des forces physiques. 2 volumes in-8, se vendant séparément :

I. — *Constitution de la matière. Mécanique des atomes. Elasticité de l'éther.* In-8, avec figures; 1885. 5 fr.
II. — (COMPLÉMENT). *Chaleur et Pesanteur. Théories cinétiques. Cohésion et Affinité.* In-8, avec figures; 1892. 4 fr. 5o c.

LEROY (C.-F.-A.), ancien Professeur à l'École Polytechnique et à l'École Normale supérieure. — Traité de Géométrie descriptive, suivi de la *Méthode des plans cotés* et de la *Théorie des engrenages cylindriques et coniques*. 13ᵉ édition, revue et annotée par *Martelet*. In-4, avec Atlas de 71 pl.; 1888. 16 fr.

LEROY (C.-F.-A.). — Traité de Stéréotomie, comprenant les Applications de la Géométrie descriptive à la Théorie des Ombres, la Perspective linéaire, la Gnomonique, la Coupe des Pierres et la Charpente. 12ᵉ édition, revue et annotée par *E. Martelet*, ancien élève de l'École Polytechnique, professeur de Géométrie descriptive à l'École centrale des Arts et Manufactures. Augmentée d'un Supplément : Théorie et construction de l'appareil hélicoïdal des arches biaises, par J. DE LA GOURNERIE, rédigées par *Ernest Lebon*, Agrégé de l'Université, professeur au Lycée Charlemagne. In-4, avec Atlas de 76 pl. in-folio; 1890. 26 fr.

LÉVY (Maurice), Membre de l'Institut, Ingénieur en chef des Ponts et Chaussées, Professeur au Collège de France et à l'École Centrale des Arts et Manufactures. — La Statique graphique et ses applications aux constructions. 2ᵉ édition. 4 vol. grand in-8, avec 4 Atlas de même format. (*Ouvrage honoré d'une souscription du Ministère des travaux publics.*)

Iʳᵉ PARTIE. — *Principes et applications de Statique graphique pure.* Grand in-8 de xxviii-549 pages, avec figures et un Atlas de 2o planches; 1886. 22 fr.
IIᵉ PARTIE. — *Flexion plane. Lignes d'influence. Poutres droites.* Gr. in-8 de xiv-345 pages, avec figures et un Atlas de 6 pl.; 1886. 15 fr.

III° PARTIE. — *Arcs métalliques, Ponts suspendus rigides. Coupoles et corps de révolution.* Grand in-8 de ix-418 p., avec fig. et un Atlas de 8 pl.; 1887.   17 fr.

IV° PARTIE. — *Ouvrages en maçonnerie. Systèmes réticulaires à lignes surabondantes. Index alphabétique des quatre Parties.* Grand in-8 de ix-350 pages, avec figures et un Atlas de 4 pl.; 1888.   15 fr.

LÉVY (Maurice). — Sur le principe de l'Énergie. Petit in-8; 1883.   1 fr. 50 c.

LŒWY (M.), Membre de l'Institut et du Bureau des Longitudes. — Éphémérides des étoiles de culmination lunaire et de Longitudes, pour l'année 1893. In-4 en tableaux.   3 fr.

ANNÉES 1888 à 1892. Chaque année.   3 fr.

LONCHAMPT (A.), Préparateur aux baccalauréats ès Lettres et ès Sciences, et aux Écoles du Gouvernement.

— Recueil de Problèmes tirés des *compositions données à la Sorbonne,* de 1853 à 1875-1876, pour les *Baccalauréats ès Sciences,* suivis des compositions de Mathématiques élémentaires, de Physique, de Chimie. 2° édition. In-18 jésus, avec figures et planches; 1876-1877.

I° PARTIE : Arithmétique. — Algèbre. — Trigonométrie.

Questions.	1 fr. »
Solutions.	1 fr. 80 c.

II° PARTIE : Géométrie.

Questions.	1 fr. »
Atlas.	60 c.
Solutions.	2 fr. 80 c.

III° PARTIE : Approximations numériques (THÉORIE ET APPLICATIONS). — Maxima et minima (THÉORIE ET QUESTIONS). — Courbes usuelles, Géométrie descriptive, Cosmographie, Mécanique. *Théorie* et *Questions.* 1 fr. 50 c.

Solutions.	1 fr. 50 c.

IV° PARTIE : Physique. — Chimie. (Les *Solutions* sont précédées d'un *Précis sur la résolution des Problèmes de Physique,* par H. BERTOT, ancien Élève de l'École Polytechnique.)

Questions.	1 fr. »
Solutions.	2 fr. 50 c.

LONGCHAMPS (G. de), Professeur au Lycée Charlemagne. — Essai sur la géométrie de la règle et de l'équerre. In-8, avec 354 fig.; 1890.   6 fr.

LOYAU (Achille), Ingénieur des Arts et Manufactures. — Album de charpentes en bois, renfermant différents types de *planchers, pans de bois, combles, échafaudages, ponts provisoires,* etc. Grand in-4, contenant 120 planches de dessins cotés; 1873.   25 fr.

LUCAS (Édouard). — Récréations mathématiques. 4 volumes petit in-8, caractères elzévirs, titres en deux couleurs se vendant séparément :

TOME I. — *Les Traversées. — Les Ponts. — Les Labyrinthes. — Les Reines. — Le Solitaire. — La Numération. — Le Baguenaudier. — Le Taquin.* 2° édition; 1891. Prix : Papier hollande, 12 fr. — Vélin, 7 fr. 50

TOME II. — *Qui perd gagne. — Les Dominos. — Les Marelles. — Le Parquet. — Le Casse-tête. — Les Jeux de demoiselles. — Le Jeu icosien d'Hamilton;* 1883. Prix : Papier hollande, 12 fr. — Vélin, 7 fr. 50.

TOME III. — *Le Calcul digital. — Machines arithmétiques. — Le Caméléon. — Les jonctions de points. — Le Jeu militaire. — La prise de la Bastille. — La Patte d'oie. — Le Fer à cheval. — Le Jeu américain. — Amusements par les jetons. — L'Étoile nationale. — Rouge et Noire;* 1893. Prix : Papier hollande, 9 fr. 50. — Vélin, 6 fr. 50.

TOME IV. (*Sous presse.*)

LUCAS (Edouard). — Théorie des nombres. *Le calcul des nombres entiers. Le calcul des nombres rationnels. La divisibilité arithmétique.* Grand in-8, avec 78 figures; 1891.   15 fr.

MAGNAC (AVED de). — Traité de navigation précise pratique *mise à la hauteur des besoins de la navigation rapide.* 2 volumes grand in-8, se vendant séparément :

TOME I : *Navigation estimée,* avec fig. et pl.; 1891.   5 fr.

TOME II : *Navigation de fond.*   (*Sous presse.*)

MAHISTRE, Professeur à la Faculté de Lille. — L'art de tracer les Cadrans solaires, à l'usage des Instituteurs et des personnes qui savent manier la règle et le compas. (*Approuvé par le Conseil de l'Instruction publique.*) 4° édit. In-18, avec fig.; 1884.   1 fr. 25 c.

MALEYX (L.), Professeur de Mathématiques élémentaires au collège Stanislas. — Leçons d'Arithmétique. In-8; 1891.   4 fr.

MALEYX (L.). — Etude géométrique des propriétés des coniques d'après leur définition. In-8, avec figures; 1891.   2 fr. 75 c.

MANNHEIM (A.), Colonel d'Artillerie, Professeur à l'École Polytechnique. — Cours de Géométrie descriptive de l'École Polytechnique, comprenant les ÉLÉMENTS DE LA GÉOMÉTRIE CINÉMATIQUE. 2° édition. Grand in-8, avec 256 fig.; 1886.   17 fr.

MANNHEIM (A.). — Premiers éléments de la Géométrie descriptive. In-8; 1882.   1 fr. 25 c.

MANSION (P.), Professeur à l'Université de Gand. — Résumé du cours d'Analyse infinitésimale de l'Université de Gand. *Calcul différentiel et principes du Calcul intégral.* Grand in-8, avec fig.; 1887.   10 fr.

MANSION (P.). — Éléments de la théorie des déterminants, avec de nombreux exercices. 4° éd. In-8; 1883. 3 fr.

MARIE (Léon), Actuaire, Examinateur à l'École des Hautes Études commerciales. — Traité mathématique et pratique des opérations financières. Grand in-8, avec figures; 1890.   10 fr.

MARIE (Maximilien), Répétiteur de Mécanique et Examinateur d'admission à l'École Polytechnique. — Histoire des Sciences mathématiques et physiques. Petit in-8, caractères elzévirs, titre en deux couleurs.

TOME I : 1re Période. *De Thalès à Aristarque.* — 2° Période. *D'Aristarque à Hipparque.* — 3° Période. *D'Hipparque à Diophante;* 1883.   6 fr.

TOME II : 4° Période. *De Diophante à Copernic.* — 5° Période. *De Copernic à Viète;* 1883.   6 fr.

TOME III : 6° Période. *De Viète à Kepler.* — 7° Période. *De Kepler à Descartes;* 1883.   6 fr.

TOME IV : 8° Période. *De Descartes à Cavalieri.* — 9° Période. *De Cavalieri à Huygens;* 1884.   6 fr.

TOME V : 10° Période. *De Huygens à Newton.* — 11° Période. *De Newton à Euler;* 1884.   6 fr.

TOME VI : 11° Période. *De Newton à Euler* (suite); 1885.   6 fr.

TOME VII : 11° Période. *De Newton à Euler* (suite); 1885.   6 fr.

TOME VIII : 11° Période. *De Newton à Euler* (suite et fin). — 12° Période. *D'Euler à Lagrange;* 1886. 6 fr.

TOME IX. — 12° Période : *D'Euler à Lagrange* (fin). — 13° période : *De Lagrange à Laplace;* 1886.   6 fr.

TOME X. 13° Période : *De Lagrange à Laplace* (fin). — 14° Période : *De Laplace à Fourier;* 1887.   6 fr.

TOME XI. — 15° Période : *De Fourier à Arago;* 1887. 6 fr.

TOME XII. — 16° Période : *D'Arago à Abel et aux géomètres contemporains;* 1888.   6 fr.

MARIE (Maximilien). — Réalisation et usage des formes imaginaires en Géométrie. In-8, avec nombreuses figures; 1891.   3 fr. 50 c.

MARIE (Maximilien). — Théorie des fonctions des variables imaginaires. 3 volumes grand in-8, de 280 à 300 pages; 1874-1875-1876.   20 fr.

Chaque volume se vend séparément.   8 fr.

MARIELLE. — Répertoire de l'École Polytechnique depuis l'époque de sa création en 1794 jusqu'en 1855 inclusivement. (*Voir* LEPRIEUR, pour la suite du *Répertoire.*) In-8; 1855.   5 fr.

MASCART (E.), Membre de l'Institut, Professeur au Collège de France, Directeur du Bureau Central météorologique. — Traité d'Optique. 3 volumes grand in-8 avec Atlas, se vendant séparément.

TOME I : *Systèmes optiques. Interférences. Vibrations. Diffraction. Polarisation. Double réfraction.* Avec 199 figures et 2 pl.; 1889. 20 fr.

TOME II et ATLAS : *Propriété des cristaux. Polarisation rotatoire. Réflexion vitrée. Réflexion métallique. Réflexion cristalline. Polarisation chromatique.* Grand in-8 avec 113 figures et Atlas cartonné contenant 2 planches sur cuivre dont une en couleur. (Propriétés des cristaux. Spectre solaire. Phénomènes de polarisation chromatique et rotatoire.) 1891. Prix pour les souscripteurs. 24 fr.

le Tome II (texte) est complet. L'Atlas ne sera envoyé qu'ultérieurement aux souscripteurs, en raison des soins et du temps nécessités par la gravure.

TOME III : *Polarisation par diffraction. Propagation de la lumière. Photométrie. Réfractions astronomiques.* Un très fort volume avec 83 figures; 1893. 20 fr.

MASCART. — *Voir* Moureaux.

MATHIESEN (le général H.). — Étude sur les courants et sur la température des eaux de la mer dans l'océan Atlantique. Grand in-8, avec diagramme et une Carte; 1892. 5 fr.

MATHIEU (Emile), Professeur à la Faculté des Sciences de Nancy. — Traité de Physique mathématique comprenant les volumes suivants :

I. — Cours de Physique mathématique. *Introduction à la Physique mathématique. — Méthode d'intégration.* In-4; 1873. 15 fr.

II. — Théorie de la Capillarité. In-4; 1883. 10 fr.

III-IV. — Théorie du Potentiel et ses applications à l'Electrostatique et au Magnétisme. In-4.

Ire Partie : *Théorie du Potentiel*; 1885. 9 fr.

IIe Partie : *Électrostatique et Magnétisme*; 1886. 12 fr.

V. — Théorie de l'Électrodynamique. In-4, avec figures; 1888. 15 fr.

VI-VII. — Théorie de l'Elasticité des corps solides.

Ire Partie : *Considérations générales sur l'élasticité. — Emploi des coordonnées curvilignes. — Problèmes relatifs à l'équilibre d'élasticité. — Plaques vibrantes.* In-4; 1890. 11 fr.

IIe Partie : *Mouvements vibratoires des corps solides. — Équilibre d'élasticité des lames courbes et du prisme rectangle.* In-4; 1890. 9 fr.

MATHIEU (Émile). — Dynamique analytique. In-4; 1878. 15 fr.

MAXWELL (James Clerk), Professeur de Physique expérimentale à l'Université de Cambridge. — Traité de l'Electricité et du Magnétisme. Traduit de l'anglais sur la 2e édition, par Seligmann-Lui, Ingénieur des Télégraphes, avec *Notes et Eclaircissements,* par Cornu, Membre de l'Institut, et Potier, Professeur à l'École Polytechnique, et suivi d'un *Appendice sur la théorie des Quaternions,* par E. Sarrau, Membre de l'Institut, Professeur à l'École Polytechnique. Deux forts volumes grand in-8, avec 122 figures et 20 planches; 1885-1889. 30 fr.

Chaque volume............... 15 fr.

MÉRAY (Ch.), Professeur à la Faculté des Sciences de Dijon. — Sur la discussion et la classification des surfaces du deuxième degré. In-8; 1893. 1 fr. 25

MICHAUT, Commis principal à la Direction technique des Télégraphes de Paris, et **GILLET**, Commis principal au poste central des Télégraphes de Paris. — Leçons élémentaires de Télégraphie électrique. *Système Morse. Manipulation. Notions de Physique et de Chimie. Piles. Appareils et accessoires. Installation des postes.* In-18 jésus, avec 81 figures; 1885. 3 fr. 75 c.

MINISTÈRES DE LA MARINE ET DE L'INSTRUCTION PUBLIQUE. — Mission scientifique du Cap Horn. (1882-1883.). Tomes I à VII. (Le Tome VI comprend trois parties.) *Voir* le Catalogue général.

MIQUEL (Dr P.), Docteur ès Sciences et en Médecine, Chef du service micrographique à l'Observat. municipal de Montsouris. — Manuel pratique d'analyse bactériologique des eaux. In-18 jésus, avec figures; 1891. 2 fr. 75

MIQUEL (Dr P.). — Les Organismes vivants de l'atmosphère. Étude sur les semences aériennes des moisissures et des bactéries, sur les procédés usités pour récolter, compter et cultiver ces deux classes de microbes et sur l'application de ces recherches à l'hygiène générale des villes et des asiles hospitaliers. Gr. in-8, avec 86 fig. et 2 pl. en taille-douce; 1883. 9 fr. 50 c.

Quelques exemplaires pour bibliophiles ont été tirés sur papier vélin, *format in-4.* 20 fr.

MOUCHOT (A.), Ancien Professeur de l'Université, Lauréat de l'Académie des Sciences. — Les nouvelles bases de la Géométrie supérieure.(Géométrie de position.) In-8, avec 90 figures; 1892. 5 fr.

MOUREAUX (Th.), Météorologiste adjoint au Bureau central, chargé du service magnétique à l'observatoire du Parc de Saint-Maur. — Détermination des éléments magnétiques en France. Ouvrage accompagné de *nouvelles Cartes magnétiques* dressées pour le 1er janvier 1885. Grand in-4, avec fig. et 4 pl.; 1886. 10 fr.

MOUREAUX (Th.). — Détermination des éléments magnétiques dans le bassin occidental de la Méditerranée. Ouvrage accompagné de *nouvelles Cartes magnétiques,* dressées pour le 1er janvier 1888. In-4, avec fig. et 3 planches; 1889. 8 fr.

MOUREAUX (Th.).—La Météorologie appliquée à la prévision du temps. Leçon faite à l'École supérieure de Télégraphie par *E. Mascart,* recueillie par *Th. Moureaux.* In-18 avec 16 planches en couleur; 1881. 2 fr.

MOUTIER (J.), Examinateur de l'École Polytechnique. — La Thermodynamique et ses principales applications. Petit in-8, avec 95 figures; 1885. 12 fr.

OBSERVATOIRE DE PARIS. *Voir* Recueils.

OCAGNE (Maurice d'). Ingénieur des Ponts et Chaussées. Nomographie. — Les calculs usuels effectués au moyen des abaques. Essai d'une théorie générale. *Règles pratiques. Exemples d'application.* In-8, avec nombreuses figures et 8 planches; 1891 (*Ouvrage couronné par l'Académie des Sciences et honoré d'une souscription du Ministère des Travaux publics*). 3 fr. 50 c.

OCAGNE (Maurice d'). — Coordonnées parallèles et axiales. *Méthode de transformation géométrique et procédé nouveau de calcul graphique,* déduits de la considération des coordonnées parallèles. In-8, avec figures et 1 planche; 1885. 3 fr.

PADÉ, Professeur agrégé de l'Université. — Premières Leçons d'Algèbre élémentaire. *Nombres positifs et négatifs. Opérations sur les polynômes.* Avec une Préface de M. Jules Tannery, S.-Direct. des Études scientifiques à l'École Normale supérieure. In-8; 1892. 2 fr. 50 c.

PARIS (Vice-Amiral), Membre de l'Institut et du Bureau des Longitudes, Conservateur du Musée de Marine. — Souvenirs de Marine. — Collections de plans ou dessins de navires et de bateaux anciens et modernes, existants ou disparus, *avec les éléments nécessaires à leur construction.* Cinq beaux albums reliés, de 60 pl. in-folio chacun, se vendant séparément. 25 fr.

PASTEUR (L.). — Études sur la maladie des Vers à soie; *moyen pratique assuré de la combattre et d'en prévenir le retour.* Deux beaux volumes grand in-8, avec figures et 38 planches ; 1870. 20 fr.

PASTEUR (L.). — **Études sur la Bière** ; *ses maladies, causes qui les provoquent, procédé pour la rendre inaltérable*, avec une THÉORIE NOUVELLE DE LA FERMENTATION. Grand in-8, avec 85 fig. et 12 pl.; 1876. 20 fr,

PEREIRE (Eugène). — **Tables de l'intérêt composé, des annuités et des rentes viagères.** 3e édit., augmentée de 8 *Tableaux graphiques*. In-4; 1882. 10 fr.

PETERSEN (Julius), Professeur à l'Université de Copenhague. — **Méthodes et théories pour la résolution des problèmes de constructions géométriques** *avec application à plus de 400 problèmes*. Traduit par O. CHEMIN, Ingénieur en chef des Ponts et Chaussées, Professeur à l'École des Ponts et Chaussées. 2e édition. Petit in-8, avec figures; 1892. 4 fr.

PICARD (Émile), Membre de l'Institut, Professeur à la Faculté des Sciences. — **Traité d'Analyse** (Cours de la Faculté des Sciences). 4 vol. grand in-8, se vendant séparément.

Tome I : *Intégrales simples et multiples. — L'équation de Laplace et ses applications. — Développements en séries. — Applications géométriques du Calcul infinitésimal*, avec figures; 1891. 15 fr.

Tome II : *Fonctions harmoniques et fonctions analytiques. — Introduction à la théorie des équations différentielles. Intégrales abéliennes et surfaces de Riemann*, avec figures; 1893. 15 fr.

Tome III : *Équations différentielles ordinaires.* (En préparation.)

Tome IV : *Équations aux dérivées partielles.* (En préparation.)

PIONCHON (J.), Professeur de la Faculté des Sciences de Bordeaux. — **Théorie des mesures. Introduction à l'étude des systèmes de mesures usités en Physique.** Grand in-8 de 256 pages; 1891. 3 fr. 50 c.

POINCARÉ (H.), Membre de l'Institut, Professeur à la Faculté des Sciences. — **Les Méthodes nouvelles de la Mécanique céleste.** 2 vol. grand in-8, se vendant séparément.

Tome I : *Solutions périodiques. — Non-existence des intégrales uniformes. — Solutions asymptotiques.* Avec figures; 1892. 12 fr.

Tome II : *Méthodes de MM. Newcomb, Gyldén, Lindstedt et Bohlin*; 1893. Prix pour les souscripteurs. 12 fr.

Les deux premiers fascicules (314 pages) ont paru.

POLIS (Alfred), Docteur en Philosophie, Professeur à l'École spéciale de Chimie, à Aix-la-Chapelle. — **Précis de Chimie théorique**, à l'usage des étudiants. Traduit de l'allemand par AU. LACHENIER. Petit in-8, avec 1 planche; 1888. 2 fr.

POLLARD (J.) et DUDEBOUT (A.), Ingénieurs de la Marine, Professeurs à l'École du génie maritime. — **Architecture navale. Théorie du navire.** Quatre beaux volumes grand in-8, avec fig. et pl., se vendant séparément (*Ouvrage couronné par l'Académie des Sciences et honoré d'une souscription du Ministère de la Marine et des Colonies*).

Tome I : *Calcul des éléments géométriques des carènes droites et inclinées. — Géométrie du navire* ; avec 191 figures et 2 planches; 1890. 13 fr.

Tome II : *Statique du navire. — Dynamique du navire : roulis en milieu calme, résistant ou non résistant*, avec 229 figures; 1891. 13 fr.

Tome III : *Dynamique du navire : mouvement de roulis sur houle, mouvement rectiligne horizontal direct. (Résistance des carènes)*, avec 163 figures; 1892. 15 fr.

Tome IV : *Dynamique du navire dans le mouvement curviligne horizontal. — Propulsion. — Vibrations des coques des navires à hélice.* (Sous presse.)

L'Ouvrage de MM. Pollard et Dudebout est le plus considérable qui ait été écrit, soit en France, soit à l'étranger, sur l'Architecture navale. Il peut être regardé comme une véritable Encyclopédie exposant, avec tous les développements possibles, les questions théoriques et pratiques qui lient la Géométrie et la Mécanique à l'Art naval.

Par leurs fonctions spéciales de professeurs à l'École d'application du Génie maritime, les Auteurs étaient tout particulièrement préparés pour mener à bonne fin un travail aussi étendu, qui a sa place marquée dans la Bibliothèque de l'Ingénieur de la Marine et du constructeur.

PONCELET, Membre de l'Institut. — **Applications d'Analyse et de Géométrie qui ont servi de principal fondement au Traité des Propriétés projectives des figures**, suivies d'Additions par *Mannheim* et *Moutard*, anciens Élèves de l'École Polytechnique. 2 vol. in-8, avec figures; 1864. 20 fr.

Chaque volume se vend séparément. 10 fr.

PONCELET. — **Traité des Propriétés projectives des figures.** Ouvrage utile à ceux qui s'occupent des applications de la Géométrie descriptive et d'opérations géométriques sur le terrain. 2e édition; 1865-1866. 2 beaux volumes in-4, avec 8 planches. 40 fr.

Le second volume se vend séparément. 20 fr.

PONCELET. — **Introduction à la Mécanique industrielle, physique ou expérimentale.** 3e édit., publiée par *Kretz*, ingénieur en chef, inspecteur des manufactures de l'État. In-8 de 757 p., avec 3 pl.; 1870. 12 fr.

PONCELET. — **Cours de Mécanique appliquée aux Machines**, publié par *Kretz*. 2 volumes in-8.

1re PARTIE : *Machines en mouvement, Régulateurs et transmissions, Résistances passives*, avec 117 figures et 2 planches; 1874. 12 fr.

IIe PARTIE : *Mouvement des fluides, Moteurs, Ponts-Levis*, avec 111 figures; 1876. 12 fr.

PONTHIÈRE (H.), Professeur de métallurgie et d'Électricité industrielle à l'Université de Louvain. — **Traité d'électrométallurgie.** *Théorie de l'électrolyse. Galvanoplastie. Procédés Elmore. Pression. Traitement des minerais. Raffinage. Soudure. Triage.* 2e édition. Grand in-8, avec figures et 1 planche; 1891. 10 fr.

PUISSANT. — **Traité de Géodésie, ou Exposition des Méthodes trigonométriques et astronomiques, applicables soit à la mesure de la Terre, soit à la confection du canevas des cartes et des plans topographiques.** 3e édit. 2 vol. in-4, avec 13 pl.; 1842. (*Rare.*) 80 fr.

RADAU (R.). — **Étude sur les formules d'interpolation.** Grand in-8; 1891. 2 fr. 50 c.

RADAU (R.). — **Essai sur les réfractions astronomiques.** In-4; 1889. 4 fr.

RÉMOND (A.), Ancien Élève de l'École Polytechnique, Licencié ès Sciences, Professeur de Mathématiques à l'École préparatoire de Sainte-Barbe. — **Exercices élémentaires de Géométrie analytique à deux et à trois dimensions**, avec un EXPOSÉ DES MÉTHODES DE RÉSOLUTION, suivis des *Énoncés des problèmes donnés pour les compositions d'admission aux Écoles Polytechnique, Normale et Centrale, au Concours général et à l'agrégation.* 2 vol. in-8, avec fig. se vendant séparément :

1re PARTIE : *Géométrie à deux dimensions.* 2e édition; 1891. 7 fr.

IIe PARTIE : *Géométrie à trois dimensions. Problèmes généraux. Énoncés*; 1891. 7 fr.

RÉPERTOIRE BIBLIOGRAPHIQUE des Sciences Mathématiques (Index du), publié par la COMMISSION PERMANENTE DU RÉPERTOIRE. Grand in-8; 1893. 2 fr.

RESAL (H.), Membre de l'Institut, Professeur à l'École Polytechnique et à l'École supérieure des Mines. — **Traité de Mécanique générale**, comprenant les *Leçons professées à l'École Polytechnique et à l'École des Mines.* 7 vol. in-8, avec 1408 fig. levées et dessinées d'après les meilleurs types, se vendant séparément :

MÉCANIQUE RATIONNELLE.

Tome I : *Cinématique. — Théorèmes généraux de la Mécanique. — De l'équilibre et du mouvement des corps solides.* In-8, avec 66 figures; 1873. 9 fr. 50 c.

Tome II : *Frottement. — Équilibre intérieur des corps. — Théorie mathématique de la poussée des terres. — Équilibre et mouvements vibratoires des corps isotropes. — Hydrostatique. — Hydrodynamique. — Hydraulique. — Thermodynamique, suivie de la Théorie des armes à feu.* In-8, avec 56 figures; 1874. 9 fr. 50 c.

MÉCANIQUE APPLIQUÉE (moteurs et machines).

Tome III : *Des machines considérées au point de vue des transformations de mouvement et de la transformation du travail des forces. — Application de la Mécanique à l'Horlogerie.* In-8, avec 213 fig.; 1875. 11 fr.

Tome IV : *Moteurs animés. — De l'eau et du vent considérés comme moteurs. — Machines hydrauliques et élévatoires. — Machines à vapeur, à air chaud et à gaz.* In-8, avec 200 figures; 1876. 15 fr.

CONSTRUCTION.

Tome V : *Résistance des matériaux. — Constructions en bois. — Maçonneries. — Fondations. — Murs de soutènement. — Réservoirs.* In-8, avec 308 figures; 1880. 12 fr. 50 c.

Tome VI : *Voûtes droites et biaises, en dôme, etc. — Ponts en bois. — Planchers et combles en fer. — Ponts suspendus. — Ponts-levis. — Cheminées. — Fondations de machines industrielles. — Amélioration des cours d'eau. — Substruction des chemins de fer. — Navigation intérieure. — Ports de mer.* In-8, avec 519 fig. et 5 pl. chromolithographiques; 1881. 15 fr.

DÉVELOPPEMENTS ET EXERCICES.

Tome VII : *Développements sur la Mécanique rationnelle et la Cinématique pure, comprenant de nombreux exercices.* In-8, avec 46 figures; 1889. 12 fr.

RESAL (H.). — Traité élémentaire de Mécanique céleste. 2e édition. Un beau volume in-4; 1884. 25 fr.

RESAL (H.). — Traité de Physique mathématique. Deuxième édition, augmentée et entièrement refondue. Deux beaux volumes in-4 avec 43 figures. 27 fr.

On vend séparément :

Tome I : *Capillarité. Élasticité. Lumière ;* 1887. 15 fr.
Tome II : *Chaleur. Thermodynamique. Électrostatique. Courants électriques. Électrodynamique. Magnétisme statique. Mouvements des aimants et des courants ;* 1888. 12 fr.

RESAL (H.). — Exposition de la Théorie des surfaces. In-8, avec figures; 1891. 4 fr. 50.

RODET (J.) et BUSQUET, Ingénieurs des Arts et Manufactures. — Les Courants polyphasés. Grand in-8, avec 71 figures; 1893.

ROUCHÉ (Eugène), Professeur au Conservatoire des Arts et Métiers, Examinateur de sortie à l'École Polytechnique, etc., et COMBEROUSSE (Charles de), Professeur au Conservatoire des Arts et Métiers, etc. — Traité de Géométrie, conforme aux Programmes officiels, renfermant un très grand nombre d'Exercices et plusieurs Appendices consacrés à l'exposition des PRINCIPALES MÉTHODES DE LA GÉOMÉTRIE MODERNE. 6e édition, revue et notablement augmentée. In-8 de LVI-1116 pages, avec 707 figures, et 1154 questions proposées; 1891. 17 fr.

Prix de chaque Partie :

Ire PARTIE. — *Géométrie plane* .... 7 fr. 50 c.
IIe PARTIE. — *Géométrie de l'espace ; Courbes et Surfaces usuelles.* 9 fr. 50 c.

ROUCHÉ (Eugène) et COMBEROUSSE (Charles de). — Éléments de Géométrie, conformes aux derniers programmes officiels, suivis d'un Complément à l'usage des Élèves de Mathématiques élémentaires et de Mathématiques spéciales, et de *Notions sur le Lever des plans, l'Arpentage et le Nivellement.* 4e édit., revue et augmentée. In-8 de XL-604 pages, avec 482 figures et 543 questions proposées et exercices; 1888. 6 fr.

Ces nouveaux Éléments de Géométrie (qu'il ne faut pas confondre avec le Traité de Géométrie des mêmes auteurs) sont entièrement conformes aux derniers programmes officiels. Ils renferment toutes les parties de la Géométrie enseignées successivement dans les établissements d'instruction publique, depuis la classe de troisième jusqu'à celle de Mathématiques spéciales inclusivement, et sont destinés aux élèves appelés à suivre ces différents Cours.

SAINTE-CLAIRE DEVILLE (Henri). — Sa vie et ses travaux, par *Jules Gay*, Docteur ès sciences, ancien Élève de l'École Normale, Professeur au Lycée Louis-le-Grand. Petit in-8, avec un portrait hors texte de Henri et Charles Sainte-Claire Deville; 1889. 2 fr. 50 c.

SAINT-GERMAIN (de), Doyen de la Faculté des Sciences de Caen. — Recueil d'Exercices sur la Mécanique rationnelle, à l'usage des candidats à la Licence et à l'Agrégation des Sciences mathématiques. 2e édition, entièrement refondue. In-8, avec fig.; 1889. 9 fr. 50 c.

SAINT-GERMAIN (de). — Résumé de la Théorie du mouvement d'un solide autour d'un point fixe; à l'usage des candidats à la licence. In-8; 1887. 1 fr. 50 c.

SALMON (G.), Professeur au Collège de la Trinité, à Dublin. — Traité de Géométrie analytique à deux dimensions (Sections coniques); traduit de l'anglais par *H. Resal* et *Vaucheret*. 2e édition française, publiée d'après la 6e édition anglaise, par *Vaucheret*, Colonel d'Artillerie, Professeur à l'École supérieure de Guerre. In-8, avec 124 figures; 1884. 12 fr.

SALMON (G.). — Traité de Géométrie analytique (Courbes planes), destiné à faire suite au *Traité des Sections coniques*. Traduit de l'anglais, sur la 3e édition, par *O. Chemin*, Ingénieur des Ponts et Chaussées, Professeur à l'École nationale des P. et Ch., et augmenté d'une *Étude sur les points singuliers des courbes algébriques planes*, par *G. Halphen*. In-8, avec fig.; 1884. 12 fr.

SALMON (G.). — Traité de Géométrie analytique à trois dimensions. Traduit de l'anglais, sur la quatrième édition, par *O. Chemin*.

Ire PARTIE : *Lignes et surfaces du 1er et du 2e ordre.* In-8, avec figures; 1882. 7 fr.

IIe PARTIE : *Théorie des surfaces. Courbes gauches et surfaces développables. Famille de surfaces.* In-8, avec figures; 1891. 6 fr.

IIIe PARTIE : *Surfaces dérivées des quadriques. Surfaces du troisième et du quatrième degré. Théorie générale des surfaces.* In-8, avec figures; 1891. 4 fr. 50 c.

SALMON (G.). — Traité d'Algèbre supérieure. 2e édition française, publiée d'après la 4e édition anglaise, par *O. Chemin.* In-8; 1890. 10 fr.

SANGUET (J.-L.), Ingénieur-Géomètre, Président de la Société de Topographie parcellaire de France. — Tables trigonométriques centésimales, précédées des *Logarithmes des nombres de 1 à 10000*, suivies d'un grand nombre de *Tables* relatives à la *transformation des coordonnées topographiques en coordonnées géographiques* et vice versà ; aux *nivellements trigonométriques et barométriques* ; au *calcul de l'azimut du Soleil et de l'étoile polaire, du temps et de la latitude* ; au *tracé des courbes avec le tachéomètre* ; etc., etc. A l'usage des topographes, des géomètres du cadastre et des agents des Ponts et Chaussées et des Mines. Petit in-8; 1889.

Broché .... 7 fr. | Cartonné à l'anglaise. 8 fr.

SARRAU (Émile), Membre de l'Institut, Professeur à l'École Polytechnique. — Notions sur la Théorie des quaternions. Grand in-8; 1889. 1 fr. 75 c.

SARRAU (Émile). — Notions sur la Théorie de l'Élasticité. In-8; 1889. 1 fr. 50 c.

SARRAU (Émile). — Introduction à la théorie des explosifs. Grand in-8; 1893. 2 fr. 75 c.

SARRAU et VIEILLE. — Étude sur l'emploi des manomètres à écrasement pour la mesure des pressions développées par les substances explosibles. Grand in-8; 1883. 2 fr.

SAUVAGE (P.), Professeur au Lycée de Montpellier. — Les lieux géométriques en Géométrie élémentaire. In-8, avec 17 figures; 1893. 3 fr.

SCHŒNFLIES (Dr Arthur), Professeur à l'Université de Göttingen. — La Géométrie du mouvement. Exposé synthétique. Traduit de l'allemand par Ch. Speckel, Lieutenant du Génie. Édition revue et augmentée par l'Auteur, suivie d'un *Appendice sur les complexes et les congruences de droites;* par G. Fourret. In-8, avec fig.; 1893.

SCHRÖN (L.). — Tables de Logarithmes à sept décimales pour les nombres depuis 1 jusqu'à 108 000, et pour les fonctions trigonométriques de 10 en 10 secondes; et Table d'Interpolation pour le calcul des parties proportionnelles; précédées d'une Introduction par J. Houel. 2 beaux volumes grand in-8 jésus. Paris; 1893.

	PRIX :	
	Broché.	Cartonné.
Tables de Logarithmes..........	8 fr.	9 fr. 75 c.
Table d'interpolation............	?	3 25
Tables de Logarithmes et Table d'interpolation réunies en un seul volume..................	10	11 fr. 75

SECCHI (le P. A.), Directeur de l'Observatoire du Collège Romain, Correspondant de l'Institut de France. Le Soleil. 2e édition. Deux beaux volumes grand in-8, avec Atlas; 1875-1877.

Broché. 30 fr. | Relié. 40 fr.

On vend séparément :

Ire Partie. Un volume grand in-8, avec 150 figures et un Atlas comprenant 6 grandes planches gravées sur acier (I. *Spectre ordinaire du Soleil* et *Spectre d'absorption atmosphérique.* — II. *Spectre de diffraction,* d'après la photographie de Henry Draper. — III, IV, V et VI. *Spectre normal du Soleil,* d'après Angström, et *Spectre normal du Soleil, portion ultra-violette,* par A. Cornu); 1875. 18 fr.

IIe Partie. Un beau volume grand in-8, avec 280 figures et 13 planches, dont 12 en couleur (I à VIII. *Protubérances solaires.* — IX. *Type de tache du Soleil.* — X et XI. *Nébuleuses,* etc. — XII et XIII. *Spectres stellaires*); 1877. 18 fr.

SERRES (E.), lieutenant de vaisseau. — Tables condensées pour le calcul rapide du point observé. Grand in-4; 1891.

Broché.. 2 fr. 75 c. | Cartonné.. 3 fr. 50 c.

SERRET (J.-A.), Membre de l'Institut. — Traité d'Arithmétique, à l'usage des candidats au Baccalauréat ès Sciences et aux Écoles spéciales. 7e édition, revue et mise en harmonie avec les derniers Programmes officiels par J.-A. Serret et par Ch. de Comberousse, Professeur de Cinématique à l'École Centrale et de Mathématiques spéciales au Collège Chaptal. In-8; 1887. (*Autorisé par décision ministérielle.*)

Broché.. 4 fr. 50 c. | Cartonné. 5 fr. 25 c.

SERRET (J.-A.). — Traité de Trigonométrie. 7e édition, revue et augmentée. In-8, avec figures; 1888. (*Autorisé par décision ministérielle.*) 4 fr.

SERRET (J.-A.). — Cours d'Algèbre supérieure. 5e édition. 2 forts volumes in-8, avec figures; 1885. 25 fr.

SERRET (J.-A.). — Cours de Calcul différentiel et intégral. 3e édit. 2 forts vol. in-8, avec fig.; 1886. 24 fr.

SERRET (Paul). — Théorie nouvelle géométrique et mécanique des lignes à double courbure. In-8, avec 67 figures; 1860. 8 fr.

SERVICE GÉOGRAPHIQUE DE L'ARMÉE. — Tables des Logarithmes à huit décimales, *des nombres entiers de 1 à 120000 et des sinus et tangentes de dix secondes en dix secondes d'arc* dans le système de la division centésimale du quadrant, publiées par ordre du Ministre de la Guerre. Grand in-4 de 636 pages; 1891. 40 fr.

Un spécimen des Tables est envoyé sur demande.

SERVICE GÉOGRAPHIQUE DE L'ARMÉE. — Nouvelles Tables de Logarithmes à cinq décimales, pour les lignes trigonométriques dans les deux systèmes de la division centésimale et de la division sexagésimale du quadrant et pour les nombres de 1 à 12000, suivies des mêmes Tables à quatre décimales et de diverses Tables et formules usuelles. In-8 jésus; 1889. Broché 4 fr.
Cartonné 4 fr. 50 c.

SOCIÉTÉ FRANÇAISE DE PHYSIQUE. — Collection de Mémoires sur la Physique, publiés par la Société française de Physique.

Tome I : *Mémoires de Coulomb* (publiés par les soins de A. Potier). Un beau volume grand in-8, avec figures et planches; 1884. 12 fr.

Tome II : *Mémoires sur l'Électrodynamique.* Ire Partie (publiés par les soins de J. Joubert). Grand in-8, avec figures et planches; 1885. 12 fr.

Tome III : *Mémoires sur l'Électrodynamique.* IIe Partie (publiés par les soins de J. Joubert). Grand in-8, avec figures; 1887. 12 fr.

Tome IV : *Mémoires sur le pendule, précédés d'une Bibliographie* (publiés par les soins de C. Wolf). Ce volume contient des Mémoires de La Condamine, Borda et Cassini, de Prony, Henry Kater, F.-W. Bessel. Gr. in-8, avec figures et 7 planches; 1889. 12 fr.

Tome V : *Mémoires sur le pendule* (publiés par les soins de F.-W. Bessel, Sabine, Baily, Stokes. Grand in-8, avec figures et 1 planche; 1891. 12 fr.

SONGAYLO (E.), Examinateur d'admission à l'École centrale des Arts et Manufactures, Chef de travaux graphiques et Répétiteur à la même École. Professeur au collège Chaptal et à l'École Monge. — Traité de Géométrie descriptive. Un volume in-4 de vi-440 pages, et un Atlas, même format, de 72 planches; 1882. 35 fr.

SORET (Ch.), Professeur à l'Université de Genève. — Éléments de Cristallographie physique. In-8, avec 538 figures et 1 planche; 1893. 15 fr.

SOUCHON (Abel), Membre adjoint du Bureau des Longitudes, attaché à la rédaction de la *Connaissance des Temps.* — Traité d'Astronomie pratique, comprenant l'exposition du calcul des éphémérides astronomiques et nautiques, d'après les méthodes en usage dans la composition de la *Connaissance des Temps* et du *Nautical Almanac,* avec une Introduction historique et de nombreuses Notes. Grand in-8, avec figures; 1883. 15 fr.

STOFFAES (l'abbé), Professeur à la Faculté catholique des Sciences de Lille. — Cours de Mathématiques supérieures à l'usage des candidats à la Licence ès Sc. physiques. In-8, avec figures; 1891. 8 fr. 50 c.

STURM, Membre de l'Institut. — Cours d'Analyse de l'École Polytechnique, revu et corrigé par *Prouhet,* Répétiteur à l'École Polytechnique, et augmenté de la Théorie élémentaire des Fonctions elliptiques, par *H. Laurent.* 9e édition, mise au courant des nouveaux programmes de la Licence, par *A. de Saint-Germain,* Professeur à la Fac. des Sc. de Caen. 2 vol. in-8, avec fig.; 1888.

Broché..... 15 fr. | Cartonné. 16 fr. 50 c.

STURM. — Cours de Mécanique de l'École Polytechnique, publié, d'après le vœu de l'Auteur, par *E. Prouhet.* 5e édition, revue et annotée par *de Saint-Germain.* 2 volumes in-8, avec 189 figures; 1883. 14 fr.

SWARTS (Th.). — Notions élémentaires d'Analyse chimique qualitative. 3e édition, revue et augmentée. In-8, avec figures; 1887. 2 fr.

TABLES MÉTÉOROLOGIQUES INTERNATIONALES, publiées conformément à une décision du *Congrès* tenu à Rome en 1889. Grand in-4, avec texte en français, anglais et allemand; 1890. 35 fr.

TAIT (P.-G.), Professeur de Sciences physiques à l'Université d'Édimbourg. — **Traité élémentaire des Quaternions.** Traduit sur la 2e édition anglaise, avec *Additions de l'Auteur et Notes du Traducteur,* par G. PLARR, Docteur ès Sciences mathématiques. Deux beaux volumes grand in-8, avec figures, se vendant séparément :
Ire PARTIE : *Théorie. Applications géométriques;* 1882. 7 fr. 50 c.
IIe PARTIE : *Géométrie des courbes et des surfaces. Cinématique. Applications à la Physique;* 1884. 7 fr. 50 c.

TAIT (P.-G.). — Conférences sur quelques-uns des progrès récents de la Physique. Traduit de l'anglais sur la 3e édition, par *Krouchkoll,* licencié ès sciences phys. et math. Grand in-8, avec fig.; 1887. 7 fr. 50 c.

TANNERY (Jules), Sous-Directeur des Études scientifiques à l'École Normale supérieure et **MOLK (Jules),** Professeur à la Faculté des Sciences de Nancy. — **Éléments de la théorie des Fonctions elliptiques.** 4 volumes grand in-8 se vendant séparément.
Tome I. — *Introduction. — Calcul différentiel (Ire Partie);* 1893. 7 fr. 50 c.
Tome II. — *Calcul différentiel (IIe Partie).* (Sous pr.)
Tome III. — *Calcul intégral.*
Tome IV. — *Applications.*

TANNERY (Paul). — Recherches sur l'Histoire de l'Astronomie ancienne. Grand in-8 avec fig.; 1893. 6 fr.
— **La Géométrie grecque.** *Comment son histoire nous est parvenue et ce que nous en savons.* Grand in-8 avec fig.; 1887. 4 fr. 50 c.
— **La Correspondance de Descartes dans les inédits du Fonds Libri étudiée pour l'histoire des Mathématiques.** Grand in-8; 1893. 2 fr.

THIRY (Clément), Professeur de Mathématiques. — **Applications remarquables du théorème de Stewart et théorie du barycentre.** Gr. in-8, avec fig.; 1891. 2 fr.

THOMAN (Fédor). — Théorie des intérêts composés et des annuités, suivie de Tables logarithmiques. Ouvrage traduit de l'anglais par l'Abbé *Bouchard,* et précédé d'une préface de *J. Bertrand,* Secrétaire perpétuel de l'Ac. des Sc. (Édit. française renfermant plusieurs Tables inédites de *F. Thoman.*) Gr. in-8; 1878. 10 fr.

THOMSON (Sir William) [Lord Kelvin], L.L.D., F.R.S., F.R.S.E., etc., Professeur de Philosophie naturelle à l'Université de Glasgow, et Membre du Collège Saint-Pierre, à Cambridge. — **Conférences scientifiques et allocutions,** *Constitution de la matière.* Traduites et annotées sur la 2e édition, par M. P. Lugol. Agrégé des Sciences physiques, professeur; avec des *Extraits de Mémoires récents* de Sir W. Thomson et quelques *Notes* par M. Brillouin, maître de Conférences à l'École Normale. In-8, avec 76 figures; 1893. 7 fr. 50 c.

TISSERAND (F.), Membre de l'Institut et du Bureau des Longitudes, Professeur d'Astronomie mathématique à la Sorbonne. — **Traité de Mécanique céleste.** 3 beaux volumes in-4, se vendant séparément :
Tome I : *Perturbations des planètes d'après la méthode de la variation des constantes arbitraires,* avec figures; 1889. 25 fr.
Tome II : *Théorie de la figure des corps célestes et de leur mouvement de rotation,* avec figures; 1891. 28 fr.
Tome III : *Perturbations des planètes d'après la méthode de Hansen.* (Sous presse.)

TISSERAND (F.). — Recueil complémentaire d'Exercices sur le Calcul infinitésimal, à l'usage des candidats à la Licence et à l'Agrégation des Sc. math. (Cet Ouvrage forme une suite naturelle à l'excellent *Recueil d'Exercices* de FRENET.) In-8, avec fig.; 1877. 7 fr. 50 c.

In-4°: F.

TISSOT (A.), Examinateur d'admission à l'École Polytechnique. — **Mémoire sur la représentation des surfaces et les projections des Cartes géographiques,** suivi d'un *Complément* et de *Tableaux numériques* relatifs à la déformation produite par les divers systèmes de projection. In-8; 1881. 9 fr.

TRUTAT (E.), Conservateur du Musée d'Histoire naturelle de Toulouse. — **Traité élémentaire du microscope.** Petit in-8, avec 171 fig.; 1882.
Broché. 8 fr. | Cartonné. 9 fr.

TYNDALL (John). — La Chaleur, considérée comme un *mode de mouvement.* 2e édition française, traduite sur la 4e édition anglaise, par l'Abbé *Moigno.* Un fort volume in-18 jésus, avec figures; 1887. 8 fr.

TYNDALL (John). — Leçons sur l'Électricité, professées en 1875-1876 à l'Institution royale; Ouvrage traduit de l'anglais par *Francisque Michel.* In-18, avec 58 figures. 2e édition; 1885. 2 fr. 75 c.

TZAUT (S.) et MORF, Professeurs à l'École industrielle cantonale à Lausanne. — **Exercices et problèmes d'Algèbre** (*Première série*); Recueil gradué renfermant plus de 3880 exercices sur l'Algèbre élémentaire jusqu'aux équations du premier degré inclusivement. 2e édition. In-12; 1892. 3 fr.
— Réponses aux Exercices et problèmes de la *Première série.* In-12. 2 fr.

TZAUT (S.). — Exercices et problèmes d'Algèbre (*Deuxième série*); Recueil gradué renfermant plus de 6000 exercices sur l'Algèbre élémentaire, depuis les équations du premier degré exclusivement jusqu'au binôme de Newton et aux déterminants exclusivement. In-12; 1881. 3 fr. 50 c.
— Réponses aux Exercices et problèmes de la *Deuxième série.* 3 fr. 75 c.

VALLÈS (F.), Inspecteur général des Ponts et Chaussées. — **Des formes imaginaires en Algèbre.**
Ire PARTIE : *Leur interprétation en abstrait et en concret.* In-8; 1869. 5 fr.
IIe PARTIE : *Intervention de ces formes dans les équations des cinq premiers degrés.* Grand in-8, lithographié; 1873. 6 fr.
IIIe PARTIE : *Représentation à l'aide de ces formes des directions dans l'espace.* In-8; 1876. 5 fr.

VANDERYST (Hyac.), Ingénieur agricole, Agronome de l'État, et **SMETS (G.),** Docteur ès Sc., Professeur à Hasselt. — **Les multiples avantages de l'emploi de la kaïnite en agriculture.** Petit in-8; 1889. 1 fr. 25 c.

VASSAL (le major Vladimir), ancien Ingénieur. — **Nouvelles Tables** donnant avec cinq décimales les logarithmes vulgaires et naturels des nombres de 1 à 10 800, et des fonctions circulaires et hyperboliques pour tous les degrés du quart de cercle de minute en minute. Un beau vol. in-4; 1872. 12 fr.

VÉLAIN (Ch.), Docteur ès Sciences, Maître de Conférences à la Sorbonne. — **Les Volcans,** *ce qu'ils sont et ce qu'ils nous apprennent.* Un beau volume grand in-8, avec nombreuses figures; 1884. 3 fr.

VERHELST (l'abbé F.), Docteur en Philosophie, Licencié ès Sciences physiques, Professeur au collège Saint-Jean-Bergmans, à Anvers. — **Cours d'Algèbre élémentaire.**
Tome I : *Le calcul algébrique. Les équations du premier degré.* Grand in-8; 1890. 3 fr.
Tome II : *Le calcul des radicaux; les équations du second degré; les progressions et les logarithmes; la formule du binôme;* 1891. 3 fr.

VIEILLE (J.), Inspecteur général de l'Instruction publique. — **Éléments de Mécanique,** rédigés conformément au Progr. du nouveau plan d'études des Lycées. 4e édit. 1 vol. in-8, avec 146 figures; 1882. 4 fr. 50 c.

3

VILLIÉ (E.), ancien Ingénieur des Mines, Docteur ès sciences, Professeur à la Faculté libre des Sciences de Lille. — Compositions d'Analyse, de Mécanique et d'Astronomie données depuis 1869 à la Sorbonne pour la *Licence ès Sciences mathématiques*, suivies d'EXERCICES SUR LES VARIABLES IMAGINAIRES. Énoncés et Solutions. 2 vol. in-8, avec fig., se vendant séparément.

Iʳᵉ PARTIE : *Compositions données depuis 1869*. In-8; 1885. 9 fr.

IIᵉ PARTIE : *Compositions données depuis 1885*. In-8; 1890. 8 fr. 50

VILLIÉ (E.). — Traité de Cinématique à l'usage des candidats à la licence et à l'agrégation. In-8, avec figures; 1888. 7 fr. 50 c.

VIOLEINE (A.-P.). — Nouvelles Tables pour les calculs d'Intérêts composés, d'Annuités et d'Amortissement. 3ᵉ édition, revue et augmentée par *Laass d'Aguen*, gendre de l'Auteur. In-4; 1890. 15 fr.

VOTEZ (L.), Conducteur des Ponts et Chaussées. — Méthode pour les calculs des terrassements et du mouvement des terres à l'usage des Conducteurs, Commis des Ponts et Chaussées, Agents voyers et des candidats aux examens pour ces emplois. 3ᵉ édition, revue et augmentée. In-8, avec figures; 1891. 2 fr.

WALLON (E.), Professeur de Physique au Lycée Janson de Sailly. — Traité élémentaire de l'objectif photographique. Grand in-8 avec figures; 1891. 7 fr. 50 c.

WEYHER (C.-L.). — Sur les tourbillons, trombes, tempêtes et sphères tournantes. Études et expériences. 2ᵉ édition. Grand in-8, avec 44 figures et 3 planches, dont 2 en couleur; 1889. 3 fr. 50.

WITZ (Aimé), Docteur ès Sciences, Ingénieur des Arts et Manufactures, Professeur aux Facultés catholiques de Lille. — Cours de manipulations de Physique, *préparatoire à la Licence*. (ÉCOLE PRATIQUE DE PHYSIQUE). Un beau volume in-8, avec 166 figures; 1883. 12 fr.

WITZ (Aimé). — Exercices de Physique et applications, préparatoires à la Licence (ÉCOLE PRATIQUE DE PHYSIQUE). In-8, avec 114 figures; 1889. 12 fr.

WITZ (Aimé). — Problèmes et Calculs pratiques d'Electricité. (ÉCOLE PRATIQUE DE PHYSIQUE.) In-8, avec figures; 1893. 7 fr. 50

WITZ (Aimé). — Etude sur les moteurs à gaz tonnant. In-8, avec fig. et planche; 1884. 2 fr. 50 c.

WOLF (C.), Membre de l'Institut. — Les hypothèses cosmogoniques. *Examen des théories scientifiques modernes sur l'origine des mondes*, suivi de la traduction de la *Théorie du Ciel* de KANT. In-8; 1886. 6 fr. 50 c.

WYROUBOFF (G.). — Manuel pratique de Cristallographie. *Détermination des formes cristallines*. In-8, avec figures et 6 pl. sur cuivre; 1889. 12 fr.

YVON VILLARCEAU, Membre de l'Institut, et AVED DE MAGNAC, Lieutenant de vaisseau. — Nouvelle navigation astronomique. (L'heure du premier méridien est déterminée par l'emploi seul des chronomètres.) Théorie et Pratique. Un beau volume in-4, avec planche; 1877. 20 fr.

On vend séparément :
THÉORIE, par *Yvon Villarceau*............ 10 fr.
PRATIQUE, par *Aved de Magnac*......... 12 fr.

ZWEIFEL (G.), HOFFMANN (R.), DESROZIERS (E.), BURGHARDT frères et LANHOFFER. — Projets de stations centrales d'énergie mécanique. Grand in-8, avec figures et 16 planches; 1893. (Mémoires couronnés par la Société industrielle de Mulhouse dans sa séance du 30 novembre 1892, à la suite du concours spécial organisé au sujet de la création d'une station centrale de force motrice dans le Haut-Rhin, précédés du RAPPORT DE LA COMMISSION D'EXAMEN DES PROJETS). 6 fr.

II. — COLLECTION

DES

ŒUVRES DES GRANDS GÉOMÈTRES.

CAUCHY (A.). — Œuvres complètes d'Augustin Cauchy, publiées sous la direction scientifique de l'ACADÉMIE DES SCIENCES et sous les auspices du MINISTRE DE L'INSTRUCTION PUBLIQUE, avec le concours de *Valson* et *Collet*, docteurs ès Sciences. 27 volumes in-4.

Iʳᵉ Série. — MÉMOIRES, NOTES ET ARTICLES EXTRAITS DES RECUEILS DE L'ACADÉMIE DES SCIENCES. 12 volumes in-4.

IIᵉ Série. — MÉMOIRES EXTRAITS DE DIVERS RECUEILS, OUVRAGES CLASSIQUES, MÉMOIRES PUBLIÉS EN CORPS D'OUVRAGE, MÉMOIRES PUBLIÉS SÉPARÉMENT. 15 volumes in-4.

VOLUMES PARUS.

Iʳᵉ Série. — TOME I, 1882 : *Théorie de la propagation des ondes à la surface d'un fluide pesant, d'une profondeur indéfinie. — Mémoire sur les intégrales définies*. 25 fr.

TOME IV, 1884; TOME V, 1885; TOME VI, 1888; TOME VII, 1891; TOME VIII, 1893 : *Extraits des Comptes rendus de l'Académie des Sciences*. Chaque volume. 25 fr.

IIᵉ Série. — TOME VI, 1887; TOME VII, 1889; TOME VIII, 1890; TOME IX, 1891 : *Anciens Exercices de Mathématiques* (1ʳᵉ, 2ᵉ, 3ᵉ, 4ᵉ et 5ᵉ années). Chaque volume. 25 fr.

SOUSCRIPTION.

IIᵉ Série. — TOME X, 1891 : *Résumés analytiques de Turin. Nouveaux Exercices de Prague*. 25 fr.

Ce volume, qui paraîtra en 1893, est mis en souscription. Le prix est réduit, pour les souscripteurs qui feront leur versement à l'avance, à 20 fr.

(Les anciens souscripteurs, qui désirent continuer leur souscription sans avoir à se préoccuper des dates d'apparition des diverses parties de la Collection, n'auront qu'à envoyer, lorsqu'ils recevront un Volume, la somme de 20 fr. pour leur souscription au Volume suivant, et celui-ci leur sera expédié *franco* dès son apparition.)

Nota. — Les volumes ne sont pas publiés d'après leur classement numérique; on suivra l'ordre qui intéressera le plus les souscripteurs.

LISTE DES VOLUMES.

Iʳᵉ Série. — TOME I : Mémoires extraits des *Mémoires présentés par divers savants à l'Académie des Sciences*. — TOMES II et III : Mémoires extraits des *Mémoires de l'Académie des Sciences*. — TOMES IV à XII : Notes et articles extraits des *Comptes rendus hebdomadaires des Séances de l'Académie des Sciences*.

IIᵉ Série. — TOME I : Mémoires extraits du *Journal de l'École Polytechnique*. — TOME II : Mémoires extraits de divers Recueils : *Journal de Liouville, Bulletin de Férussac, Bulletin de la Société philomathique, Annales de Gergonne, Correspondance de l'École Polytechnique*. — TOME III : *Cours d'Analyse de l'École Polytechnique*. — TOME IV : *Résumé des leçons données à l'École Polytechnique sur le Calcul infinitésimal. — Leçons sur le Calcul différentiel*. — TOME V : *Leçons sur les applications du Calcul infinitésimal à la Géométrie*. — TOMES VI à IX : *Anciens Exercices de Mathématiques*. — TOME X : *Résumés analytiques de Turin. — Nouveaux Exercices de Mathématiques, de Prague*. — TOMES XI à XIV : *Nouveaux Exercices d'Analyse et de Physique*. — TOME XV : *Mémoires séparés*.

FERMAT. — Œuvres de Fermat, publiées par les soins de MM. *Paul Tannery* et *Charles Henry*, sous les auspices du MINISTÈRE DE L'INSTRUCTION PUBLIQUE. In-4.

TOME I : *Œuvres mathématiques diverses. — Observations sur Diophante*. Avec 3 planches en Photoglyptographie (Portrait de Fermat, fac-similé du titre de l'édition de 1679, et fac-simile d'une page de son écriture); 1891. 22 fr.

TOME II : *Correspondance de Fermat*; 1893.

Ce volume, qui paraîtra en 1893, contiendra la correspondance de Fermat avec Mersenne, Roberval, Pascal, Descartes, Huygens, etc.

Tome III : *Traduction des écrits latins de Fermat, du « Commercium epistolicum » de Wallis, de l' « Inventum novum » de Jacques de Billy. Suppléments à la correspondance.* (*En préparation.*)

FOURIER. — Œuvres de Fourier, publiées par les soins de *Gaston Darboux*, Membre de l'Institut, sous les auspices du Ministère de l'Instruction publique.
Tome I : *Théorie analytique de la chaleur.* In-4, xxviii-564 pages; 1888. 25 fr.
Tome II : *Mémoires divers.* In-4, xvi-636 pages, avec un portrait de Fourier reproduit par la Photoglyptographie; 1890. 25 fr.

LAGRANGE. — Œuvres complètes de Lagrange, publiées par les soins de *J.-A. Serret* et *G. Darboux*, Membres de l'Institut, sous les auspices du Ministère de l'Instruction publique. In-4, avec un beau portrait de Lagrange, gravé sur cuivre par Ach. Martinet.
La Ire Série comprend tous les *Mémoires* imprimés dans les *Recueils des Académies de Turin, de Berlin et de Paris*, ainsi que les *Pièces diverses* publiées séparément. Cette Série forme 7 volumes (Tomes I à VII; 1867-1877), qui se vendent séparément. 30 fr.
La IIe Série, qui est en cours de publication, se compose de 7 vol., qui renferment les Ouvrages didactiques, la Correspondance et les Mémoires inédits; savoir :
Tome VIII : *Résolution des équations numériques;* 1879. 18 fr.
Tome IX : *Théorie des fonctions analytiques;* 1881. 18 fr.
Tome X : *Leçons sur le calcul des fonctions;* 1884. 18 fr.
Tome XI : *Mécanique analytique*, avec Notes de J. Bertrand et G. Darboux (1re Partie); 1888. 20 fr.
Tome XII : *Mécanique analytique*, avec Notes de J. Bertrand et G. Darboux (2e Partie); 1889. 20 fr.
Tome XIII : *Correspondance inédite de Lagrange et d'Alembert*, publiée d'après les manuscrits autographes et annotée par Ludovic Lalanne; 1882. 15 fr.
Tome XIV et dernier : *Correspondance de Lagrange avec Condorcet, Laplace, Euler et divers Savants*, publiée et annotée par Ludovic Lalanne, avec deux fac-similés; 1892. 15 fr.

LAPLACE. — Œuvres complètes de Laplace, publiées sous les auspices de l'Académie des Sciences, par les *Secrétaires perpétuels*, avec le concours de *Puiseux*, Membre de l'Institut, de *F. Tisserand*, Membre de l'Institut, de *J. Hoüel*, Professeur à la Faculté des Sc. de Bordeaux, et *Souillart*, Professeur à la Faculté des Sc. de Lille, avec un beau portrait de Laplace, gravé sur cuivre par *Tony Goutière*. In-4.
Les éditions précédentes, qui sont devenues très rares, ne contenaient que 7 volumes, savoir : *Traité de Mécanique céleste* (5 volumes), *Exposition du système du Monde* et *Théorie analytique des probabilités*. La nouvelle édition comprendra de plus 6 volumes renfermant tous les autres Mémoires de Laplace, dont la dissémination dans de nombreux Recueils académiques et périodiques rendait jusqu'à ce jour l'étude si difficile.

Traité de Mécanique céleste. Tomes I à V (1878-1882).
Tirage sur papier vergé, au chiffre de Laplace; 5 vol. in-4. 40 fr.
Tirage sur papier de Hollande, au chiffre de Laplace (a petit nombre); 5 vol. in-4. 120 fr.
Les Volumes du *Traité de Mécanique céleste* ne se vendent plus séparément, sauf le tome V (papier vergé, au chiffre de Laplace) dont le prix est de 20 fr.

Exposition du système du Monde. Tome VI (1884).
Tirage sur papier vergé, au chiffre de Laplace. 20 fr.
Tirage sur papier de Hollande, au chiffre de Laplace. 25 fr.

Théorie des probabilités. Tome VII (1886).
Tirage sur papier vergé fort, au chiffre de Laplace. 35 fr.
Tirage sur papier de Hollande, au chiffre de Laplace. 44 fr.
Ce Volume, qui comprend 852 pages sur papier fort, est d'un maniement peu facile pour les lecteurs qui veulent faire une longue étude de la *Théorie des probabilités;* aussi nous avons divisé un certain nombre d'exemplaires en deux fascicules. Pour permettre de relier ultérieurement ces deux fascicules en un volume unique, nous avons joint au premier fascicule un titre de l'Ouvrage complet. — Les fascicules se vendent séparément :

Premier fascicule.
Tirage sur papier vergé fort, au chiffre de Laplace. 15 fr.
Tirage sur papier de Hollande, au chiffre de Laplace. 18 fr.

Second fascicule.
Tirage sur papier vergé fort, au chiffre de Laplace. 20 fr.
Tirage sur papier de Hollande au chiffre de Laplace. 25 fr.

Mémoires divers, Tomes VIII à XIII.
Tome VIII et Tome IX. — *Mémoires extraits des Recueils de l'Académie des Sciences; 1891-1893.*
Tirage sur papier vergé fort, au chiffre de Laplace. Chaque vol. 20 fr.
Tirage sur papier de Hollande au chiffre de Laplace. Chaque vol. 25 fr.
Le Tome X est sous presse et paraîtra dans le cours de 1893.

III. — COLLECTION
de
TRADUCTIONS D'OUVRAGES SCIENTIFIQUES.

Voir, pour les détails, le Catalogue général.

ABEL (Niels-Henrik). — Tableau de sa vie et de son action scientifique, par Bjerknes. Grand in-8, avec un portrait d'Abel (suédois). 7 fr.

BLATER (Joseph). — Table des quarts de carrés de tous les nombres entiers de 1 à 200 000. Grand in-4; 1888 (allemand).
Broché, 15 fr. | Cartonné avec signets de parchemin, 20 fr.

BOYS (C.-V.). — Bulles de savon. In-18 jésus, avec 65 figures et 1 planche (anglais). 2 fr. 75 c.

CLAUSIUS (R.). — Théorie mécanique de la chaleur (allemand). In-8.
Tome I... 10 fr. | Tome II... 10 fr.

— De la fonction potentielle et du potentiel. In-8 (allemand). 4 fr.

CLEBSCH (C.). — Leçons sur la Géométrie. 3 vol. grand in-8, avec figures (allemand). 42 fr.
Tome I... 12 fr. | Tome II... 14 fr. | Tome III... 16 fr.

CREMONA. — Les figures réciproques en Statique graphique. Gr. in-8 et atlas de 34 pl. (italien). 5 fr. 50

CULLEY. — Manuel de Télégraphie pratique. Grand in-8, avec 252 figures et 7 planches (anglais).
Broché... 18 fr. | Cartonné... 20 fr.

FAVARO. — Leçons de Statique graphique. — 2 vol. grand in-8, avec 289 fig. et 2 planches (italien). 19 fr.
Tome I..... 7 fr. | Tome II.... 12 fr.

GRAY (John). — Les machines électriques à influence. In-8, avec 124 figures; 1892 (anglais). 5 fr.

JENKIN. — Électricité et Magnétisme. In-8, avec 270 figures (anglais). 12 fr.

JÜPTNER DE JONSTORFF. — Traité pratique de Chimie métallurgique. Grand in-8, avec 79 figures et 2 planches (allemand). 10 fr.

KEMPE. — Traité pratique des mesures électriques. In-8, avec 145 figures (anglais). 12 fr.

LODGE. — Les théories modernes de l'Électricité. In-8, avec 53 figures (anglais). 5 fr.

MAXWELL. — Traité de l'Électricité et du Magnétisme. 2 vol. gr. in-8, avec 172 fig. et 20 pl. (anglais). 30 fr.
Tome I... 15 fr. | Tome II... 15 fr.

— Traité élémentaire d'Électricité. In-8, avec figures (anglais). 7 fr.

OPPOLZER (I. d'). — Traité de la détermination des orbites des Comètes et des planètes. Gr. in-8 (allemand). 30 fr.

PROCTOR (Richard). — Nouvel Atlas céleste. In-8, avec 12 cartes célestes et 2 planches (anglais).
Broché... 6 fr. | Cartonné... 7 fr.

SALMON. — Traité de Géométrie analytique à deux dimensions. In-8 (anglais). 12 fr.
— Traité de Géométrie analytique (Courbes planes) avec Appendice, par G. Halphen. In-8 (anglais). 12 fr.
— Traité de Géométrie analytique à trois dimensions. 3 vol. in-8 (anglais).
Tome I, 7 fr. — Tome II, 6 fr. — Tome III. 4 fr. 50 c.
— Leçons d'Algèbre supérieure. In-8 (anglais). 10 fr.

SCOTT. — Cartes du temps et avertissements de tempêtes. In-8, avec figures et 2 planches en couleurs (anglais). 4 fr. 50

SERPIERI. — Traité élémentaire des mesures absolues, mécaniques, électrostatiques et électromagnétiques, avec application à de nombreux problèmes. In-8 (italien). 3 fr. 50

TAIT. — Traité élémentaire des Quaternions. 2 vol. gr. in-8, avec fig. (anglais). Chaque vol. séparément. 7 fr. 50
— Conférences sur quelques-uns des progrès récents de la Physique. Gr. in-8, avec fig. (anglais). 7 fr. 50

THOMSON (Sir William) [Lord Kelvin]. — Conférences scientifiques et allocutions. *Constitution de la matière* (anglais). In-8, avec figures; 1893. 7 fr. 50 c.

TYNDALL (John). — La Chaleur, *Mode de mouvement*. Avec 110 figures (anglais). 8 fr.

UNWIN. — Éléments de construction de machines, contenant une *Collection de formules pour la construction des machines*. Avec 237 figures.
Broché... 7 fr. | Cartonné... 8 fr.

ZEUNER. — Théorie mécanique de la chaleur, *avec ses applications aux machines*. 2e édition. In-8, avec figures (allemand). 10 fr.

Voir à la Bibliothèque photographique les traductions (format in-18 jésus et in-8) de Baden-Pritchard, Burton, Eder, Liesegang, Robinson, Rodrigues.

IV. — BIBLIOTHÈQUE
DES
ACTUALITÉS SCIENTIFIQUES.

130 Ouvrages in-18 jésus, ou petit in-8.

(Voir le Catalogue général ou le prospectus détaillé.)

DERNIERS OUVRAGES PARUS :

— Unités et Constantes physiques, par Everett. 4 fr.
— Introduction à la théorie de l'énergie, par Joubert. 3 fr. 50
— Le filage de l'huile, par l'Amiral Cloué. 2 fr. 50 c.
— Les Étoiles filantes et les Bolides, par Félix Hément. 2 fr. 50 c.
— Précis d'analyse qualitative, par L. Barc. 2 fr.
— Chaleur et Froid, par J. Tyndall. 2 fr.
— La Lumière, par J. Tyndall. 2 fr.
— Manuel de l'analyse des vins, par E. Barillot. 3 fr. 50 c.
— Les Alliages, par C.-R. Arsen. 1 fr. 75 c.
— Influence des grands centres d'action de l'atmosphère sur le temps, par Raymond. 1 fr. 50 c.
— Fabrication des tubes sans soudure (procédé Mannesmann), par Keclaux. 75 c.
— Manuel pratique d'analyse bactériologique des eaux, par Miquel. 2 fr. 75 c.
— Bulles de savon. Quatre conférences populaires sur la *Capillarité*, par Boys. In-18 jésus, avec 60 fig. et 1 pl. Traduit de l'anglais par Ch.-Edm. Guillaume; 1892. 2 fr. 75

— Instructions pratiques sur l'emploi des appareils de projections, lanternes magiques, fantasmagories, polyoramas, appareils pour l'enseignement, par Molteni. 3e édition. In-18 jésus, avec figures. 2 fr. 50 c.

V. — EXTRAIT DE LA BIBLIOTHÈQUE
PHOTOGRAPHIQUE.

Abney (le capitaine), Professeur de Chimie et de Photographie à l'École militaire de Chatham. — *Cours de Photographie*. Traduit de l'anglais par Léonce Rommelaer. 3e éd. Gr. in-8, avec planche photoglyptique; 1877. 5 fr.

Agle. — *Manuel pratique de Photographie instantanée*. 2e tirage. In-18 jésus, avec 29 figures; 1891. 2 fr. 75 c.

Aide-Mémoire de Photographie, publié depuis 1876 sous les auspices de la Société photographique de Toulouse, par C. Fabre. In-18, avec figures et spécimens.
Broché.... 1 fr. 75 c. | Cartonné.. 2 fr. 25 c.
Les volumes des années précédentes, sauf 1877, 1878, 1879, 1880, 1883, 1884, 1885 et 1886 se vendent aux mêmes prix.

Annuaire général de la Photographie, publié sous les auspices de l'*Union internationale de Photographie* et de l'*Union des Sociétés photographiques de France*. Un fort volume grand in-8 de 670 pages, avec figures et 10 planches (2 en photogravure, 3 en photocollographie, 1 en similigravure); 1893. Prix 3 fr. 50; franco, 4 fr. 50.
La première année se vend aux mêmes prix.

Audra. — *Le gélatinobromure d'argent*. Nouveau tirage. In-18 jésus; 1887. 1 fr. 75 c.

Baden-Pritchard (H.). Directeur du *Year-Book of Photography*. — Les ateliers photographiques de l'Europe (Descriptions, Particularités anecdotiques, Procédés nouveaux, Secrets d'atelier). Traduit de l'anglais sur la 2e éd. par C. Baye. In-18 jés., av. fig.; 1885. 5 fr.
On vend séparément :
1er Fascicule : *Les ateliers de Londres*..... 2 fr. 50 c.
2e Fascicule : *Les ateliers d'Europe*....... 3 fr. 50 c.

Balagny (George), Membre de la Société française de Photographie, Docteur en droit. — *Traité de Photographie par les procédés pelliculaires*. Deux volumes grand in-8, avec figures; 1889-1890.
On vend séparément :
Tome I : *Généralités. Plaques souples. Théorie et pratique des trois développements au fer, à l'acide pyrogallique et à l'hydroquinone*. 4 fr.
Tome II : *Papiers pelliculaires. Applications générales des procédés pelliculaires. Phototypie. Contre-Types. Transparents*. 4 fr.
— *L'Hydroquinone. Nouvelle méthode de développement*. Second tirage. In-18 jésus; 1890. 1 fr.
— *Hydroquinone et potasse. Nouvelle méthode de développement à l'hydroquinone*. In-18 jésus; 1891. 1 fr.
— *Les Contretypes ou Copies de clichés*. In-18 jésus; 1893. 1 fr. 25 c.

Batut (Arthur). — *La Photographie appliquée à la reproduction du type d'une famille, d'une tribu ou d'une race*. Petit in-8 avec 2 pl. phototypiques; 1887. 1 fr. 50 c.
— *La Photographie aérienne par cerf-volant*. Petit in-8, avec figures et 1 planche; 1890. 1 fr. 75 c.

Berget (Alphonse), Docteur ès Sciences, Attaché au Laboratoire des Recherches de la Sorbonne. — *Photographie des Couleurs, par la méthode interférentielle de M. Lippmann*. In-18 j., avec fig.; 1891. 1 fr. 50 c.

Bertillon (Alphonse), Chef du service d'identification (Anthropométrie et Photographie) de la Préfecture de police. — *La Photographie judiciaire*, avec un Appendice sur la classification et l'identification anthropométriques. In-18 jésus, avec 8 pl.; 1890. 3 fr.

Bonnet (G.), Chimiste, Professeur à l'Association philotech-
nique. — *Manuel de Phototypie*. In-18 jésus, avec figures
et une planche phototypique; 1889.   2 fr. 75 c.

Bonnet (G.). — *Manuel d'Héliogravure et de Photogravure
en relief*. In-18 j., avec fig. et 2 pl.; 1890.   2 fr. 50 c.

Burton (W.-K.). — *A B C de la Photographie moderne*.
Traduit de l'anglais sur la 6ᵉ édition par G. Huberson.
4ᵉ édition, revue et augmentée. In-18 jésus, avec fig.;
1892.   2 fr. 25 c.

Chable (E.), Président du Photo-Club de Neuchâtel.
— *Les Travaux de l'amateur photographe en hiver*.
2ᵉ édition, revue et augmentée. In-18 jésus, avec 46 fig.;
1892.   3 fr.

Chapel d'Espinassoux (Gabriel de). — *Traité pratique
de la détermination du temps de pose*. Grand in-8, avec
Tables; 1890.   3 fr. 50 c.

Clément (R.). — *Méthode pratique pour déterminer exactement le temps de pose*, applicable à tous les procédés et
à tous les objectifs, indispensable pour l'usage des nouveaux procédés rapides. 3ᵉ éd. In-18 j.; 1889.   2 fr. 25 c

Colson (R.). — *La Photographie sans objectif au moyen
d'une petite ouverture*. Propriétés, usage, applications.
2ᵉ édition, revue et augmentée. In-18 jésus, avec planche
spécimen; 1891.   1 fr. 75 c.

— *Procédés de reproduction des dessins par la lumière*.
In-18 jésus; 1888.   1 fr.

Congrès international de Photographie. (Exposition
universelle de 1889.) — *Rapports et documents*, publiés
par les soins de M. S. Pector, Secrétaire général. Grand
in-8, avec figures et 2 planches; 1890.   7 fr. 50 c.

Congrès international de Photographie (2ᵉ Session).
(Exposition de Bruxelles, 1891.) — *Rapport général de
la Commission permanente nommée par le Congrès international de Photographie tenu à Paris, en 1889*.
Grand in-8, avec figures; 1891.   2 fr. 50 c.

Congrès international de Photographie (1ᵉʳ et 2ᵉ ses-
sions. — Paris 1889. Bruxelles 1891). *Vœux, Résolutions
et Documents* publiés par les soins de la Commission
permanente, d'après le travail de M. le Général Sebert.
Grand in-8; 1892.   1 fr. 50 c.

Congrès international de Photographie (2ᵉ session tenue à Bruxelles, du 23 au 29 août 1891). — *Compte
rendu. Procès-verbaux et pièces annexes*. Grand in-8;
1892.   2 fr. 50

Cordier (V.). — *Les insuccès en Photographie; causes et
remèdes*. 6ᵉ édit., avec fig. In-18 jésus; 1887.   1 fr. 75 c.

Coupé (l'abbé J.). — *Méthode pratique pour l'obtention
des diapositives au gélatinochlorure d'argent pour projections et stéréoscope*. In-18 j., avec fig.; 1892. 1 fr. 25 c

Davanne. — *La Photographie. Traité théorique et pratique*. 2 beaux volumes grand in-8, avec 234 figures et
4 planches spécimens.   32 fr

On vend séparément :

Iʳᵉ Partie : Notions élémentaires. — Historique. — Épreuves
négatives. — Principes communs à tous les procédés négatifs. —
Épreuves sur albumine, sur collodion, sur gélatinobromure d'argent.
sur pellicules, sur papier. Avec 2 planches et 120 figures; 1886. 16 fr.
IIᵉ Partie : Épreuves positives : aux sels d'argent, de platine.
de fer, de chrome. — Épreuves par impressions photomécaniques.
— Divers : Les couleurs en Photographie. Épreuves stéréoscopiques.
Projections. Agrandissements, micrographie. Réductions, épreuves
microscopiques. Notions élémentaires de Chimie, vocabulaire. Avec
2 planches et 115 figures; 1888.   16 fr.

— *Les Progrès de la Photographie*. Résumé comprenant
les perfectionnements apportés aux divers procédés
photographiques pour les épreuves négatives et les
épreuves positives, les nouveaux modes de tirage des
épreuves positives par les impressions aux poudres co-
lorées et par les impressions aux encres grasses. In-8;
1877.   6 fr. 50 c.

— *La Photographie, ses origines et ses applications*. Grand
in-8, avec figures; 1879.   1 fr. 25 c.

— *Nicéphore Niepce inventeur de la Photographie*. Con-
férence faite à Chalon-sur-Saône pour l'inauguration
de la statue de Nicéphore Niepce, le 22 juin 1885. Grand
in-8, avec un portrait en phototypie; 1885.   1 fr. 25 c.

Demarçay (J.), ancien Élève de l'École Polytechnique.
— *Théorie mathématique des guillotines et obturateurs
centraux droits*. Grand in-8, avec figures; 1892.   2 fr.

Donnadieu (A.-L.), Docteur ès Sciences, Professeur à la
Faculté des Sciences de Lyon. — *Traité de Photographie
stéréoscopique*. Gr. in-8, avec 110 fig. et un atlas de 20 pl.
stéréoscopiques en photocollographie; 1892.   9 fr

Dumoulin. — *Les Couleurs reproduites en Photographie*.
Historique, théorie et pratique. In-18 j.; 1876.   1 fr. 50 c.

— *La Photographie sans laboratoire* (Procédé au gélatinobromure. Manuel opératoire. Insuccès. Tirage des
épreuves positives. Temps de pose. Épreuves instanta-
nées. Agrandissement simplifié). 2ᵉ édition, entièrement
refondue. In-18 jésus, avec figures; 1892.   1 fr. 50 c.

— *La Photographie sans maître*. In-18 jésus, avec figures;
1890.   1 fr. 75 c.

Eder (le Dʳ J.-M.), Directeur de l'École royale et impé-
riale de Photographie de Vienne, Professeur à l'École
industrielle de Vienne, etc. — *La Photographie instantanée, son application aux arts et aux sciences*. Traduit
de la 2ᵉ édition allemande par O. Campo. Grand in-8,
avec 197 fig. et 1 planche spécimen; 1888.   6 fr. 50 c.

— *La Photographie à la lumière du magnésium*. Ouvrage
inédit, traduit de l'allemand par Henry Gauthier-Villars.
In-18 jésus, avec figures; 1890.   1 fr. 75 c.

Elsden (Vincent). — *Traité de Météorologie à l'usage des
photographes*. Traduit de l'anglais par Hector Colard.
Grand in-8, avec figures; 1888.   3 fr. 50 c.

Fabre (C.), Docteur ès Sciences. — *Traité encyclopédique
de Photographie*. 4 beaux volumes gr. in-8, avec plus de
700 figures et 2 planches; 1889-1891.   48 fr.

Chaque volume se vend séparément 14 fr.

Tous les trois ans, un Supplément, destiné à exposer les progrès accomplis pendant cette période, viendra compléter ce Traité et le maintenir au courant des dernières découvertes.

Premier Supplément triennal (A.). Un beau volume grand
in-8 de 400 pages, avec 176 figures; 1892.   14 fr.

Les cinq volumes se vendent ensemble 60 fr.

— *La Photographie sur plaque sèche. Émulsion au coton-
poudre avec bain d'argent*. In-18 jés.; 1880.   1 fr. 75 c.

Forret (l'abbé). — *La Photogravure facile et à bon
marché*. In-18 jésus; 1889.   1 fr. 25 c.

Forest (Max). — *Ce qu'on peut faire avec des plaques voilées. Photocollographie avec des plaques voilées. Moyen
de rendre leur sensibilité aux plaques voilées. Plaques
positives au chlorobromure d'argent. Papiers et plaques
avec virage à l'encre de toutes couleurs*, etc. In-18 jésus;
1893.   1 fr.

Fourtier (H.). — *Dictionnaire pratique de Chimie photographique, contenant une Étude méthodique des divers
corps usités en Photographie*, précédé de *Notions usuelles
de Chimie* et suivi d'une *Description détaillée des Manipulations photographiques*. Grand in-8, avec figures;
1892.   8 fr.

Fourtier (H.). — *Les Positifs sur verre. Théorie et pratique. Les Positifs pour projections. Stéréoscopes et
vitraux. Méthodes opératoires. Coloriage et montage*.
Grand in-8, avec figures; 1892.   4 fr. 50 c.

Fourtier (H.). — *La pratique des Projections. Étude
méthodique des appareils. Les accessoires. Usages et
applications diverses des projections. Conduite des
séances*. 2 volumes in-18 jésus, se vendant séparément

Tome I. *Les appareils*, avec 66 figures; 1892.   2 fr. 75 c
Tome II. *Les accessoires. La séance de Projections*, avec 65 figures; 1893.   2 fr. 75 c

Fourtier (H.). — *Les Tableaux de projections mouvementés. Étude des Tableaux mouvementés; leur confection par les méthodes photographiques, montage des
mécanismes*. In-18 jésus, avec 44 figures; 1893.   2 fr. 25 c.

Fourtier (H.), Bourgeois et Bucquet. — *Le Formulaire classeur du Photo-club de Paris.* Collection de formules sur fiches, renfermées dans un élégant cartonnage et classées en trois Parties : *Phototypes, Photocopies et Photocalques, Notes et Renseignements divers,* divisées chacune en plusieurs Sections.
Première série; 1891. 1 fr.

Garin et Aymard, Émailleurs. — *La Photographie vitrifiée.* Opérations pratiques. In-18 jésus; 1890. 1 fr.

Gauthier-Villars (Henry). — *Manuel de Ferrotypie.* In-18 jésus, avec figures; 1891. 1 fr.

Geymet. — *Traité pratique du procédé au gélatinobromure.* In-18 jésus; 1885. 1 fr. 75 c.
— *Éléments du procédé au gélatinobromure.* In-18 jésus; 1882. 1 fr.
— *Traité pratique de Photolithographie.* 3e édition. In-18 jésus; 1888. 2 fr. 75 c.
— *Traité pratique de Phototypie.* 3e édition. In-18 jésus; 1888. 2 fr. 50 c.
— *Procédés photographiques aux couleurs d'aniline.* In-18 jésus; 1888. 2 fr. 50 c.
— *Traité pratique de gravure héliographique et de galvanoplastie.* 3e édit. In-18 jésus; 1885. 3 fr. 50 c.
— *Traité pratique de Photogravure sur zinc et sur cuivre.* In-18 jésus; 1886. 4 fr. 50 c.
— *Traité pratique de gravure et d'impression sur zinc par les procédés héliographiques.* 2 volumes in-18 jésus, se vendant séparément :
1re Partie : Préparation du zinc; 1885. 2 fr.
IIe Partie : Méthodes d'impression. — Procédés inédits; 1885; 3 fr.
— *Traité pratique de gravure en demi-teinte par l'intervention exclusive du cliché photographique.* In-18 jésus; 1888. 3 fr. 50 c.
— *Traité pratique de gravure sur verre par les procédés héliographiques.* In-18 jésus; 1887. 3 fr. 75 c.
— *Traité pratique des émaux photographiques. Secrets* (tours de main, formules, palette complète, etc.) à l'usage du photographe émailleur sur plaques et sur porcelaines. 3e édition. In-18 jésus; 1885. 5 fr.
— *Traité pratique de Céramique photographique.* Épreuves irisées or et argent (Complément du *Traité des émaux photographiques*). In-18 jésus; 1885. 2 fr. 75 c.
— *Héliographie vitrifiable.* températures, supports perfectionnés, feu de coloris. In-18 jésus; 1889. 2 fr. 50 c.
— *Traité pratique de platinotypie, sur email, sur porcelaine et sur verre.* In-18 jésus; 1889. 2 fr. 25 c.

Godard (E.), Artiste peintre décorateur. — *Traité pratique de peinture et dorure sur verre. Emploi de la lumière; application de la Photographie.* Ouvrage destiné aux peintres, décorateurs, photographes et artistes amateurs. In-18 jésus; 1885. 1 fr. 75 c.
— *Procédés photographiques par l'application directe sur la porcelaine avec couleurs vitrifiables de dessins, photographies,* etc. In-18 jésus; 1888. 1 fr.

Jardin (Georges). — *Recettes et conseils inédits à l'amateur photographe.* In-18 jésus; 1893. 1 fr. 25 c.

Joly. — *La Photographie pratique.* Manuel à l'usage des officiers, des explorateurs et des touristes. In-18 jésus; 1887. 1 fr. 50 c.

Klary, Artiste photographe. — *Traité pratique d'impression photographique sur papier albuminé.* In-18 jésus, avec figures; 1888. 3 fr. 50 c.
— *L'Art de retoucher en noir les épreuves positives sur papier.* 2e édition. In-18 jésus; 1891. 1 fr.
— *L'Art de retoucher les négatifs photographiques.* 2e édition. In-18 jésus, avec figures; 1891. 2 fr.
— *Traité pratique de la peinture des épreuves photographiques* avec les couleurs à l'aquarelle et les couleurs à l'huile, suivi de *différents procédés de peinture appliqués aux photographies.* In-18 jésus; 1888. 3 fr. 50 c.

— *L'éclairage des portraits photographiques.* 7e édition, revue et considérablement augmentée par Henry Gauthier-Villars. In-18 jésus, avec fig.; 1894. 1 fr. 75 c.
— *Les Portraits au crayon, au fusain et au pastel obtenus au moyen des agrandissements photographiques.* In-18 jésus; 1889. 2 fr. 50 c.

La Baume Pluvinel (A. de). — *Le développement de l'image latente* (Photographie au gélatinobromure d'argent). In-18 jésus; 1889. 2 fr. 50 c.
— *Le Temps de pose* (Photographie au gélatinobromure d'argent). In-18 jésus, avec figures; 1890. 2 fr. 75 c.
— *La formation des images photographiques.* In-18 jésus, avec figures; 1891. 2 fr. 75 c.

Le Bon (Dr Gustave). — *Les Levers photographiques et la Photographie en voyage.* 2 volumes in-18 jésus, avec figures; 1889. 5 fr.
On vend séparément :
1re Partie : Application de la Photographie à l'étude géométrique des monuments et à la topographie. 2 fr. 75 c.
IIe Partie : Opérations complémentaires des levers topographiques. 2 fr. 75 c.

Liesegang (Paul). — *Notes photographiques.* Le procédé au charbon. Système d'impression inaltérable. 4e édition. Petit in-8, avec figures; 1886. 2 fr.

Londe (A.), Chef du service photographique à la Salpêtrière. — *La Photographie instantanée.* 2e édition. In-18 jésus, avec belles figures; 1890. 2 fr. 75 c.
— *Traité pratique du développement.* Étude des divers révélateurs et de leur mode d'emploi. 2e édition. In-18 jésus, avec figures et 4 doubles planches en photocollographie; 1891. 2 fr. 75 c.
— *La Photographie médicale. Application aux sciences médicales et physiologiques.* Grand in-8, avec 80 figures et 19 planches; 1893. 9 fr.

Lumière (Auguste et Louis). — *Les Développateurs organiques en Photographie et le Paramidophénol.* In-18 jésus; 1893. 1 fr. 75

Marco Mendoza. — *La Photographie la nuit.* Traité pratique des opérations photographiques que l'on peut faire à la lumière artificielle. In-18 j., avec fig.; 1893. 1 fr. 25

Martin (Ad.), Docteur ès Sciences. — *Détermination des courbures de l'objectif grand-angulaire pour vues,* couronné par la Société française de Photographie. (Concours de 1891.) Gr. in-8, avec figures; 1892. 1 fr. 25 c.

Masselin (Amédée), Ingénieur. — *Traité pratique de Photographie appliquée au dessin industriel,* à l'usage des Écoles, des amateurs, ingénieurs, architectes et constructeurs. Photographie optique. Photographie chimique. Procédé au collodion humide. Pose et éclairage pour le portrait. Gélatinobromure. Platinotypie. Photographie instantanée. Photo-miniature. Reproduction des dessins sur papier au ferro-prussiate. In-18 jésus, avec figures. 2e édition; 1890. 1 fr. 50 c.

Mercier (P.), Chimiste, Lauréat de l'École supérieure de Pharmacie de Paris. — *Virages et fixages. Traité historique, théorique et pratique.* 2 vol. in-18 j.; 1890. 5 fr.
On vend séparément :
1re Partie : Notice historique. Virages aux sels d'or. 2 fr. 75 c.
IIe Partie : Virages aux divers métaux. Fixages. 2 fr. 75 c.

Moëssard (le commandant P.). — *Le Cylindrographe, appareil panoramique.* 2 vol. in-18 j., avec fig., contenant chacun une grande pl. phototypique; 1889. 3 fr.
On vend séparément :
1re Partie : Le Cylindrographe photographique. Chambre universelle pour portraits, groupes, paysages et panoramas. 1 fr. 75 c.
IIe Partie : Le Cylindrographe topographique. Application nouvelle de la Photographie aux levés topographiques. 1 fr. 75 c.
— *Étude des lentilles et objectifs photographiques. Étude expérimentale complète d'une lentille ou d'un objectif photographique au moyen de l'appareil dit « le tourniquet »),* avec fig. et une grande pl. (feuille analytique). In-18 jésus; 1889. 1 fr. 75 c.
Chaque *feuille analytique* seule. 0 fr. 25 c.

Monet (A.-L.). — *Procédés de reproductions graphiques appliquées à l'Imprimerie.* Grand in-8, avec 103 fig. et 13 pl. dont 9 en couleurs; 1888. 10 fr.

Moock. — *Traité pratique d'impression photographique aux encres grasses, de phototypographie et de photogravure.* 3e édition, entièrement refondue par GEYMET. In-18 jésus; 1888. 3 fr.

Odagir (H.). — *Le Procédé au gélatinobromure,* suivi d'une Note de MILSOM sur les clichés portatifs et de la traduction des Notices de KENNETT et du Rév. G. PALMER. In-18 jésus, avec figures. 3e tirage; 1885. 1 fr. 50 c.

Ogonowski (le comte E.). — *La Photochromie. Tirage d'épreuves photographiques en couleurs.* In-18 j.; 1891. 1 fr.

O'Madden (le Chevalier C.). — *Le Photographe en voyage.* Emploi du gélatinobromure. — Installation en voyage. Bagage photographique. Nouvelle édition, revue et augmentée. In-18; 1890. 1 fr.

Panajou, Chef du service photographique à la Faculté de Médecine de Bordeaux. — *Manuel du Photographe amateur.* 2e édition, entièrement refondue. Petit in-8, avec figures; 1892. 2 fr. 50 c.

Pélegry, Peintre amateur, Membre de la Société photographique de Toulouse. — *La Photographie des peintres, des voyageurs et des touristes. Nouveau procédé sur papier huilé,* simplifiant le bagage et facilitant toutes les opérations, avec indication de la manière de construire soi-même les instruments nécessaires. 2e tirage. In-18 jésus, avec un spécimen; 1885. 1 fr. 75 c.

Peligot (Maurice), Ingénieur Chimiste. — *Traitement des résidus photographiques.* In-18 j., av. fig.: 1891. 1 fr. 25

Perrot de Chaumeux (L.). — *Premières Leçons de Photographie.* 4e édition, revue et augmentée. In-18 jésus, avec figures; 1882. 1 fr. 50 c.

Pierre Petit (Fils). — *Manuel pratique de Photographie.* In-18 jésus, avec figures; 1885. 1 fr. 50 c.

— *La Photographie artistique. Paysages. Architecture. Groupes et Animaux.* In-18 jésus; 1883. 1 fr. 25 c.

— *La Photographie industrielle. Vitraux et émaux. Positifs microscopiques. Projections. Agrandissements. Linographie. Photographie des infiniment petits. Imitations de la nacre, de l'ivoire, de l'écaille. Éditions photographiques. Photographie à la lumière électrique,* etc. In-18 jésus; 1887. 2 fr. 25 c.

Piquepé (P.). — *Traité pratique de la Retouche des clichés photographiques,* suivi d'une *Méthode très détaillée d'émaillage* et de *Formules* et *Procédés divers.* 3e tirage. In-18 jésus, avec deux photoglypties; 1890. 4 fr. 50 c.

Pizzighelli et Hübl. — *La Platinotypie. Exposé théorique et pratique d'un procédé photographique aux sels de platine, permettant d'obtenir rapidement des épreuves inaltérables.* Traduit de l'allemand par HENRY GAUTHIER-VILLARS. 2e édit., revue et augmentée. In-8, avec figures et platinotypie spécimen; 1887.

Broché.... 3 fr. 50 c. | Cartonné avec luxe. 4 fr. 50 c.

Poitevin (A.). — *Traité des impressions photographiques,* suivi d'Appendices relatifs aux procédés usuels de *Photographie négative et positive sur gélatine, d'héliogravure, d'hélioplastie, de photolithographie, de photolytpie, de tirage au charbon, d'impressions aux sels de fer,* etc.; par LÉON VIDAL. In-18 jésus, avec un portrait phototypique de Poitevin. 2e édition, entièrement revue et complétée; 1883. 4 fr.

Rayet (G.). — *Notes sur l'histoire de la Photographie astronomique.* Grand in-8; 1887. 2 fr.

Robinson (H.-P.). — *La Photographie en plein air. Comment le photographe devient un artiste.* Traduit de l'anglais par HECTOR COLARD. 2e édit. 2 vol. gr. in-8; 1889. 5 fr.

On vend séparément :

Ire PARTIE : Des plaques à la gélatine. — Nos outils. — De la composition. — De l'ombre et de la lumière. — A la campagne. — Ce qu'il faut photographier. — Des modèles. — De la genèse d'un tableau. — De l'origine des idées. Avec fig. et 2 pl. phototypiques. 2 fr. 25 c.

IIe PARTIE : Des sujets. — Qu'est-ce qu'un paysage? — Des figures dans le paysage. — Un effet de lumière. — Le Soleil. — Sur terre et sur mer. — Le Ciel. — Les animaux. — Vieux habits! — Du portrait fait en dehors de l'atelier. — Points forts et points faibles d'un tableau. — Conclusion. Avec fig. et 2 pl. phototypiques. 2 fr. 50 c.

Roux (V.), Opérateur. — *Traité pratique de la transformation des négatifs en positifs servant à l'héliogravure et aux agrandissements.* In-18; 1881. 1 fr.

— *Manuel opératoire pour l'emploi du procédé au gélatinobromure d'argent.* Revu et annoté par STÉPHANE GEOFFRAY. 2e édition, augmentée de nouvelles Notes. In-18; 1885. 1 fr. 75 c.

— *Traité pratique de Zincographie. Photogravure, Autogravure, Reports,* etc. 2e édition, entièrement refondue, par l'abbé J. PERRLT. In-18 jésus; 1891. 1 fr. 25 c.

— *Traité pratique de gravure héliographique en taille-douce, sur cuivre, bronze, zinc, acier, et de galvanoplastie.* In-18 jésus; 1886. 1 fr. 25 c.

— *Manuel de Photographie et de Calcographie,* à l'usage de MM. les graveurs sur bois, sur métaux, sur pierre et sur verre. (Transports pelliculaires divers. Reports autotypographiques et reports calcographiques. Réductions et agrandissements. Nielles.) In-18 jésus; 1886. 1 fr. 25 c.

— *Traité pratique de Photographie décorative appliquée aux arts industriels.* (Photocéramique et lithocéramique. Vitrification. Émaux divers. Photoplastie. Photogravure en creux et en relief. Orfèvrerie. Bijouterie. Meubles. Armurerie. Épreuves directes et reports polychromiques.) In-18 jésus; 1887. 1 fr. 25 c.

— *Formulaire pratique de Phototypie,* à l'usage de MM. les préparateurs et imprimeurs des procédés aux encres grasses; 1887. 1 fr.

— *Photographie isochromatique. Nouveaux procédés pour la reproduction des tableaux, aquarelles,* etc. In-18 jésus; 1887. 1 fr. 25 c.

Schaeffner (Ant.). — *Notes photographiques,* expliquant toutes les opérations et l'emploi des appareils et produits nécessaires en Photographie. 3e édition, revue et augmentée. Petit in-8. (Sous presse.)

— *La Photominiature.* Conseils aux débutants. Petit in-8; 1890. 1 fr. 50 c.

— *La Fotominiatura. Instrucciones practicas.* Traducido por L.-G. Pis. Petit in-8; 1891. 2 fr. 50 c.

— *La Photogravure en creux et en relief simplifiée.* Procédé nouveau mis à la portée de MM. les amateurs et praticiens en taille douce et en typographie. Augmenté d'un procédé nouveau pour la reproduction en typographie des demi-teintes. Petit in-8, avec fig.; 1891. 2 fr. 75 c.

Simons (A.). — *Traité pratique de photominiature, photopeinture et photo-aquarelle.* 2e édition. In-18 jésus; 1891. 1 fr. 25 c.

Soret (A.), Professeur de Physique au Lycée du Havre. — *Optique photographique.* Notions nécessaires aux photographes amateurs. Étude de l'objectif. Applications. In-18 jésus, avec 72 figures; 1891. 3 fr.

Tissandier (Gaston). — *La Photographie en ballon,* avec une épreuve photoglyptique du cliché obtenu à 600m au-dessus de l'île Saint-Louis, à Paris. In-8, avec figures; 1886. 2 fr. 25 c.

Trutat (E.), Docteur ès sciences, Conservateur du Musée d'Histoire naturelle de Toulouse. — *La Photographie appliquée à l'Archéologie; Reproduction des Monuments, Œuvres d'art, Mobilier, Inscriptions, Manuscrits.* In-18 j., avec 2 photolithographies; 1892. 1 fr. 50 c.

— *La Photographie appliquée à l'Histoire naturelle.* In-18 jésus, avec 58 belles fig. et 5 pl. spécimens en phototypie, d'Anthropologie, d'Anatomie, de Conchyologie, de Botanique et de Géologie; 1891. 2 fr. 50 c.

— *Traité pratique de Photographie sur papier négatif par l'emploi de couches de gélatinobromure d'argent étendues sur papier.* In-18 jésus, avec figures et 2 planches spécimens; 1892. 1 fr. 50 c.

— Traité pratique des agrandissements photographiques.
2 vol. in-18 jésus, avec 105 figures; 1891.

I⁰ PARTIE : Obtention des petits clichés; avec 52 figures. 2 fr. 75 c.
II⁰ PARTIE : Agrandissements ; avec 53 figures. 2 fr. 75 c.

— Impressions photographiques aux encres grasses. Traité pratique de photocollographie à l'usage des amateurs. In-18 jésus, avec nombreuses figures et une planche en photocollographie; 1892. 2 fr. 75 c.

Viallanes (H.), Docteur ès sciences et Docteur en médecine. — *Microphotographie. La Photographie appliquée aux études d'Anatomie microscopique.* In-18 jésus, avec une planche phototypique et figures; 1886. 2 fr.

Vidal (Léon), Officier de l'Instruction publique, Professeur à l'École nationale des Arts décoratifs. — *Traité pratique de Phototypie, ou Impression à l'encre grasse sur couche de gélatine.* In-18 jésus, avec belles figures sur bois et spécimens; 1879. 8 fr.

— Traité pratique de Photoglyptie, avec et sans presse hydraulique. In-18 jésus, avec 2 planches photoglyptiques hors texte et nombreuses gravures; 1881. 7 fr.

— Calcul des temps de pose et Tables photométriques pour l'appréciation des temps de pose nécessaires à l'impression des épreuves négatives à la chambre noire, en raison de l'intensité de la lumière, de la distance focale, de la sensibilité des produits, du diamètre du diaphragme et du pouvoir réducteur moyen des objets à reproduire. 2⁰ édition. In-18 jésus, avec tables; 1884.

Broché. 2 fr. 50 c. | Cartonné. 3 fr. 50 c.

— Photomètre négatif, avec une Instruction. Renfermé dans un étui cartonné. 5 fr.

— Manuel du touriste photographe. 2 vol. in-18 jésus, avec fig. Nouvelle édition, revue et augmentée; 1889. 10 fr.

On vend séparément.

I⁰ PARTIE : Couches sensibles négatives — Objectifs. — Appareils portatifs — Obturateurs rapides. — Pose et Photométrie. — Développement et fixage. — Renforçateurs et réducteurs. — Vernissage et retouche des négatifs. 6 fr.
II⁰ PARTIE : Impressions positives aux sels d'argent et de platine — Retouche et montage des épreuves. — Photographie instantanée — Appendice indiquant les derniers perfectionnements. — Devis de la première dépense à faire pour l'achat d'un matériel photographique de campagne et prix courant des produits. 4 fr.

— La Photographie des débutants. Procédé négatif et positif. 2⁰ édit. In-18 j., avec fig.; 1890. 2 fr. 75 c.

— Traité de Photolithographie. Photolithographie directe et par voie de transfert. Photozincographie. Photocollographie. Autographie. Photographie sur bois et sur métal à graver. Tours de main et formules diverses. In-18 jésus, avec 25 figures, 4 planches et spécimens de papiers autographiques; 1893. 6 fr. 50 c.

— — Traité pratique de Photogravure en relief et en creux. In-18 jésus; 1893. (Sous presse.)

— La Photographie appliquée aux arts industriels de reproduction. In-18 jésus; 1880. 1 fr. 50 c.

— Manuel pratique d'orthochromatisme. In-18 jésus, avec figures et deux planches dont une en photocollographie et un spectre en couleur; 1891. 3 fr. 75.

Vidal (Léon), Rapporteur de la classe XII. — *La Photographie à l'Exposition universelle de 1889.* Procédés négatifs. Procédés positifs. Impressions photochimiques et photomécaniques. Appareils. Produits. Applications nouvelles. Grand in-8; 1891. 2 fr.

Vieuille (G.). — *Nouveau guide pratique du photographe amateur.* 3⁰ édition, entièrement refondue et beaucoup augmentée. In-18 jésus; 1893. 2 fr. 75 c.

Villon, Ingénieur-Chimiste, Professeur de Technologie. — *Traité pratique de [la] Photogravure sur verre.* In-18 jésus; 1890. 1 fr.

— Traité pratique de photogravure au mercure ou Mercurographie. In-18 jésus; 1891. 1 fr.

Vogel. — *La Photographie des objets colorés avec leurs valeurs réelles.* Traduit de l'allemand par HENRY GAUTHIER-VILLARS. Petit in-8, avec fig. et 2 pl.; 1887.

Broché. ...... 6 fr. | Cartonné avec luxe. 7 fr.

Wallon (E.), Professeur de Physique au Lycée Janson de Sailly. — *Traité élémentaire de l'objectif photographique.* Grand in-8, avec 135 figures; 1891. 7 fr. 50 c.

VI. — JOURNAUX.

(Les abonnements sont annuels et partent de janvier.)

ANNALES DE LA FACULTÉ DES SCIENCES DE TOULOUSE pour les Sciences mathématiques et les Sciences physiques, publiées par un *Comité de rédaction composé des Professeurs de Mathématiques, de Physique et de Chimie de la Faculté,* sous les auspices du Ministère de l'Instruction publique et de la Municipalité de Toulouse, avec le concours du Conseil général de la Haute-Garonne. In-4, trimestriel.

Prix pour un an (4 fascicules) :
Paris. .... 25 fr.
Départements et Union postale. 28 fr.
Chaque année depuis 1887...... 25 fr.

ANNALES DE L'ENSEIGNEMENT SUPÉRIEUR DE GRENOBLE, publiées par les *Facultés de Droit, des Sciences et des Lettres,* et par *l'École de Médecine.* Grand in-8.

Ces *Annales,* fondées en 1889, comprennent annuellement 3 numéros de 16 à 18 feuilles chacun, paraissant le 1er mars, le 1er juin, le 1er décembre. Chaque numéro contient une partie réservée au Droit, aux Sciences, aux Lettres, ainsi qu'à la Chimie, aux Sciences naturelles et à la Médecine.

Prix de l'abonnement (3 numéros) :
France........ 12 fr. | Étranger..... 15 fr.
Par exception, l'année 1889 ne comprend que les numéros du 1er juin et du 1er décembre; le prix de cette année est réduit à 8 fr.

ANNALES DU CONSERVATOIRE NATIONAL DES ARTS ET MÉTIERS, publiées par les *Professeurs.* II⁰ Série. In-8, trimestriel.

Cette II⁰ Série, commencée en 1889, paraît chaque trimestre par fascicule de 6 feuilles in-8, avec figures et planches.

Prix pour un an (4 numéros) :
France et Algérie.................... 12 fr.
Autres pays......................... 13 fr.

ANNALES SCIENTIFIQUES DE L'ÉCOLE NORMALE SUPÉRIEURE, publiées sous les auspices du Ministre de l'Instruction publique, par un *Comité de Rédaction composé des Maîtres de Conférences.* In-4, mensuel, avec figures et planches sur cuivre.

1er Série, 7 volumes, années 1864 à 1870. 150 fr.
2e Série, 12 volumes, années 1872 à 1883. 250 fr.
Table des matières et noms d'auteurs contenus dans les 2 premières Séries. In-4 ; 1887............. 2 fr.
La 3e Série, commencée en 1884, paraît, chaque mois, par numéro contenant 4 à 5 feuilles in-4, avec fig. et pl.

Prix pour un an (12 numéros) :
Paris....................... 30 fr.
Départements et Union postale......... 35 fr.
Autres pays.......................... 40 fr.
Chaque année des 2 premières Séries.... 25 fr.
Chaque année suivante................ 30 fr.

BULLETIN ASTRONOMIQUE, publié sous les auspices de l'Observatoire de Paris, par *F. Tisserand,* membre de l'Institut, avec la collaboration de *G. Bigourdan, O. Callandreau* et *R. Radau.* Grand in-8, mensuel.

Ce Bulletin mensuel, fondé en 1884, forme par an un beau volume grand in-8, avec figures et planches, de 30 à 35 feuilles.

Prix pour un an (12 *numéros*) :

Paris.............................. 16 fr.
Départements et Union postale...... 18 fr.
Autres pays .... 20 fr.
Chaque année depuis 1884.......... 16 fr.

BULLETIN DE LA SOCIÉTÉ INTERNATIONALE DES ELECTRICIENS.

Ce Bulletin, fondé en 1884, paraît chaque année, en dix ou douze numéros, formant un beau volume de 30 feuilles environ, grand in-8 jésus.

L'abonnement est annuel et part de janvier.

Prix pour un an :

Paris.............................. 25 fr.
Départements et Union postale..... 27 fr.
Autres pays .... 30 fr.
Prix du numéro : 2 fr. 50 c.
Prix de chaque année depuis 1884.. 25 fr.

BULLETIN DE LA SOCIÉTÉ MATHÉMATIQUE DE FRANCE, publié par les Secrétaires. Grand in-8.

Ce *Bulletin*, qui a été fondé en 1873, comprend chaque année de 5 à 7 numéros.

Prix pour un an :

Paris.............................. 15 fr.
Départements et Union postale...... 16 fr.
Autres pays .... 18 fr.
Chaque année depuis 1873.......... 15 fr.

BULLETIN DES SCIENCES MATHÉMATIQUES, rédigé

par *Gaston Darboux* et *Jules Tannery*, avec la collaboration de *Ch. André, Battaglini, Beltrami, Hougaief, Brocard, Brunel, Goursat, Ch. Henry, G. Kœnigs, Laisant, Lampe, Lespiault, S. Lie, Mansion, A. Marre, Molk, Potocki, Radau, Rayet, Raffy, S. Rindi, Sauvage, Schoute, P. Tannery, Em. et Ed. Weyr, Zeuthen,* etc., sous la direction de la Commission des Hautes Etudes. Grand in-8, mensuel. IIe Série.

Publication fondée en 1870 par G. Darboux et J. Houel et continuée de 1876 à 1886 par G. Darboux, J. Houel et J. Tannery.

Le Bulletin des Sciences mathématiques, fondé en 1870, a formé par an, jusqu'en 1872, un volume grand in-8 (Tomes I, II, III). — A partir de cette époque, jusqu'en décembre 1876, le Journal s'est composé de 2 volumes grand in-8 par an (1 volume par semestre, avec Tables).

La 1re Série, Tomes I à XI, 1870 à 1876, suivie de la Table générale des onze volumes, se vend. 90 fr.
Chaque année de cette 1re Série se vend séparément. 15 fr.

Table générale des matières et noms d'auteurs, contenus dans la 1re Série. Grand in-8; 1877. 1 fr. 50 c.

La 2e Série, qui a commencé en janvier 1877, continue à paraître par livraisons mensuelles. Les 10 premières années de cette 2e Série (1877 à 1886) se vendent ensemble. 120 fr.

Chacune des 10 premières années de la 2e Série (1877 à 1886) se vend séparément. 15 fr.
Chaque année suivante. 18 fr.

Prix pour un an (12 *numéros*) :

Paris.............................. 18 fr.
Départements et Union postale...... 20 fr.
Autres pays....................... 24 fr.

La Table *d'un des volumes du* Bulletin *est envoyée franco, comme spécimen, à toute personne qui en fait la demande par lettre affranchie.*

COMPTES RENDUS HEBDOMADAIRES DES SÉANCES DE L'ACADÉMIE DES SCIENCES. In-4, hebdomadaire.

Ces Comptes rendus paraissent régulièrement tous les dimanches, en un cahier de 32 à 40 pages, quelquefois de 80 à 120.

Prix pour un an (52 *numéros et* 2 *Tables*).
Paris. 20 fr. | Départements. 30 fr.
Union postale. 34 fr.

In-4; F.

La Collection complète, *de 1835 à 1892, forme 115 volumes in-4.* 860 fr. 50 c.
Chaque année, sauf 1844, 1845, 1870, 1878 à 1887, *se vend séparément.* 15 fr.

— **Table générale des Comptes rendus des Séances de l'Académie des Sciences,** par ordre de matières et par ordre alphabétique de noms d'auteurs. 2 volumes in-4, savoir :

Tables des tomes I à XXXI (1835-1850). In-4, 1853. 15 fr.
Tables des tomes XXXII à LXI (1851-1865). In-4, 1870. 15 fr.
Tables des tomes LXII à XCI (1866 à 1880). In-4, 1888. 15 fr.

— **Supplément aux Comptes rendus des Séances de l'Académie des Sciences.**
Tomes I et II, 1856 et 1861, *séparément.* 15 fr.

JOURNAL DE L'ÉCOLE POLYTECHNIQUE, publié par

le Conseil d'instruction de cet établissement. 63 cahiers in-4, avec figures et planches. 1000 fr.
Prix d'un des derniers cahiers jusqu'au LIV inclus. 12 fr.
Prix de chacun des cahiers suivants (LV à LVII). 14 fr.
Prix du LVIII Cahier. 10 fr.
Prix du LIX Cahier. 12 fr.
Prix du LX Cahier. 10 fr.
Prix du LXI Cahier. 11 fr.
Prix du LXII Cahier. 11 fr.
Prix du LXIII Cahier. 12 fr.

Table des matières et noms d'auteurs des Cahiers I à XXXVII, formant 21 volumes. In-4; 1858. 1 fr. 50 c.
Table des matières et noms d'auteurs des Cahiers XXXVIII à LVI, formant 16 volumes. In-4; 1887. 75 c.

JOURNAL DE MATHÉMATIQUES PURES ET APPLIQUÉES, ou Recueil de Mémoires sur les diverses

parties des Mathématiques, fondé en 1836 et publié jusqu'en 1874 par J. Liouville; — publié de 1875 à 1884, par H. Resal. — A partir de 1885, le *Journal de Mathématiques* est publié par Camille Jordan, Membre de l'Institut, avec la collaboration de *M. Lévy, A. Mannheim, E. Picard, H. Poincaré, H. Resal.* In-4, trimestriel.

1re Série, 20 volumes in-4, années 1836 à 1855 (au lieu de 600 francs). 400 fr.
Chaque volume pris séparément (au lieu de 30 fr.) 25 fr.
2e Série, 19 volumes in-4, années 1856 à 1874 (au lieu de 570 fr.) 380 fr.
Chaque volume pris séparément (au lieu de 30 fr.) 25 fr.
3e Série, 10 volumes in-4, années 1875 à 1884 (au lieu de 300 fr.) 200 fr.
Chaque volume pris séparément, au lieu de 30 fr., 25 fr.
La 4e Série, commencée en 1885, se publie, chaque année, en 4 fascicules de 12 à 15 feuilles, paraissant au commencement de chaque trimestre.

Prix pour un an (4 *fascicules*) :
Paris................................. 30 fr.
Départements et Union postale............ 35 fr.
Autres pays........................... 40 fr.

— **Table générale des 20 volumes composant la 1re Série.** In-4. (*Épuisée.*)
— **Table générale des 19 volumes composant la 2e Série.** In-4. 3 fr. 50 c.
— **Table générale des 10 volumes composant la 3e Série.** In-4. 1 fr. 75 c.

JOURNAL DE PHYSIQUE THÉORIQUE ET APPLIQUÉE, fondé par d'Almeida et publié par E. Bouty,

A. Cornu, E. Mascart, A. Potier, avec la collaboration de plusieurs savants. Grand in-8, mensuel.

1re Série, 10 volumes in-8, années 1872 à 1881.. 150 fr.
Chaque volume se vend séparément. 15 fr.

2ᵉ Série, 10 volumes in-8, années 1882 à 1891.. 150 fr.
Chaque volume se vend séparément. 15 fr.
La 3ᵉ Série, commencée en 1892, continue à paraître chaque mois et forme par an un volume grand in-8 de 36 feuilles avec figures.
Paris et Union postale.................. 15 fr.

L'ASTRONOMIE. Revue mensuelle d'Astronomie populaire, de Météorologie et de Physique du globe, donnant l'exposé permanent des découvertes et des progrès réalisés dans la connaissance de l'Univers; publiée par CAMILLE FLAMMARION, avec le concours des principaux Astronomes français et étrangers. La *Revue* paraît le 1ᵉʳ de chaque mois, par numéros de 40 pages, avec nombreuses figures. Elle est publiée annuellement en volume, à la fin de chaque année.

Prix pour un an (12 numéros).

Paris : 12 fr. — Départements : 13 fr. — Étranger : 14 fr.

Prix du numéro :

Paris : 1 fr. — Départements et Union postale : 1 fr. 20 c.

PRIX DES ANNÉES PARUES :

TOMES I à XI, 1882 à 1892 (avec 1833 figures environ).
Chaque Tome : Broché........ 9 fr.
Relié avec luxe. 13 fr.
Prix des 11 volumes de la 1ʳᵉ série. 70 fr.

MÉMORIAL DES POUDRES ET SALPÊTRES, publié par les soins du SERVICE DES POUDRES ET SALPÊTRES, avec l'autorisation du Ministre de la Guerre. Grand in-8, trimestriel.

Le *Mémorial* paraît depuis 1890 sous forme de Recueil périodique, en quatre fascicules trimestriels, et forme, chaque année, un beau Volume de 24 feuilles environ, avec figures et planches.

Le tome I (1882) et le tome II (1889), parus avant la transformation du *Mémorial* en Recueil périodique, se vendent séparément. 12 fr.

Prix pour un an (4 fascicules) :

Paris et départements............ 12 fr.
Union postale................... 13 fr.

NOUVELLES ANNALES DE MATHÉMATIQUES. Journal des Candidats aux Écoles Polytechnique et Normale, rédigé par *Ch. Brisse,* Professeur à l'École Centrale et au Lycée Condorcet, Répétiteur à l'École Polytechnique, et *E. Rouché,* Examinateur de sortie à l'École Polytechnique, Professeur au Conservatoire des Arts et Métiers. (Publication fondée en 1842 par *Gerono* et *Terquem,* et continuée par *Gerono, Prouhet, Bourget* et *Brisse.*) In-8, mensuel.

1ʳᵉ Série, 20 vol. in-8, années 1842 à 1861. 300 fr.
Les tomes I à VII, X et XVI à XX (1842-1848, 1851 et 1857 à 1861) ne se vendent pas séparément. Les autres tomes de la 1ʳᵉ Série se vendent séparément. 15 fr.
2ᵉ Série, 20 vol. in-8, années 1862 à 1881. 300 fr.
Les tomes I à III et V à VIII (1862 à 1864 et 1866 à 1869) de la 2ᵉ Série ne se vendent pas séparément.
Les autres tomes se vendent séparément. 15 fr.
La 3ᵉ Série, commencée en 1882, continue de paraître chaque mois par cahier de 48 pages.

Prix pour un an (12 numéros) :

Paris.............................. 15 fr.
Départements et Union postale .... 17 fr.
Autres pays.......................... 20 fr.

BULLETIN DE LA SOCIÉTÉ FRANÇAISE DE PHOTOGRAPHIE. — Grand in-8, bimensuel. (Fondé en 1855.)
2ᵉ SÉRIE.

1ʳᵉ Série, 30 volumes, années 1855 à 1884. 250 fr.
On peut se procurer les années qui composent la 1ʳᵉ Série, sauf 1855, 1856, 1881, 1883, 1885, au prix de 12 fr. l'une, les numéros au prix de 1 fr. 50 c., et la Table décennale par ordre de matières et par noms d'auteurs des Tomes I à X (1855 à 1864), au prix de 1 fr. 50 c.
La 2ᵉ Série, commencée en 1885 a continué de paraître chaque mois par numéro de 2 feuilles jusqu'en 1891 et chacune des années séparées pendant cette période se vend 12 fr. — A partir de 1892, le *Bulletin* paraît deux fois par mois, et forme chaque année un beau volume de 30 feuilles avec planches spécimens et figures.

Prix pour un an à partir de 1892 (24 numéros):

Paris et Départements........ 15 fr.
Étranger.................... 18 fr.

BULLETIN DE L'ASSOCIATION BELGE DE PHOTOGRAPHIE, Grand in-8, mensuel.

1ʳᵉ Série, 10 volumes, années 1874 à 1883. 250 fr.
Les volumes des années précédentes sauf 1889 et 1890 se vendent séparément. 25 fr.

Prix pour un an (12 numéros) :

France et Union postale...... 27 fr.

BULLETIN DU PHOTO-CLUB DE PARIS. Organe officiel de la Société. Grand in-8, mensuel.

Cette Revue, fondée en 1891, est enrichie de nombreux spécimens obtenus à l'aide des procédés les plus nouveaux.

Prix pour un an (12 numéros) :

France et Étranger.......... 15 fr.
Chaque numéro se vend séparément 1 fr. 50 c.

JOURNAL DE L'INDUSTRIE PHOTOGRAPHIQUE, *Organe du syndicat général de la Photographie et de ses applications.* Grand in-8.

TOMES I à XIII, années 1880 à 1892, chaque volume 3 fr. 50 c.
Prix de la collection des 13 volumes. 30 fr.

PARIS-PHOTOGRAPHE, *Revue mensuelle illustrée de la Photographie et de ses applications aux Arts, aux Sciences et à l'Industrie.* Directeur, PAUL NADAR. Grand in-8.

Cette Revue, fondée en 1891, est luxueusement illustrée à l'aide des différents procédés actuels. Elle compte parmi ses collaborateurs les savants les plus éminents qui s'occupent de la science photographique, et est destinée en outre à guider l'amateur qu'elle renseigne sur tous les progrès accomplis tant en France qu'à l'Étranger.

Prix pour un an (12 numéros) :

Paris.............. 25 fr. | Départements. 26 fr. 50
Union postale.... 28 fr.
Chaque numéro se vend séparément 2 fr. 50 c.

REVUE DE PHOTOGRAPHIE, publiée à Genève sous la direction de E. Demole, Dʳ ès Sciences, depuis l'année 1889. In-8, avec figures et planches; mensuel.

Prix pour un an (12 numéros) :

Suisse........ 6 fr. | Union postale. 8 fr. 50 c.

VII. — RECUEILS SCIENTIFIQUES.

ANNALES DE L'OBSERVATOIRE DE PARIS, fondées par *Le Verrier,* et publiées par l'Amiral *Mouchez,* Directeur. Mémoires, TOMES I à XX. In-4, avec planches; 1855-1892.
Les TOMES I à X, XII, XIII et XV à XX se vendent séparément. 27 fr.
Le TOME XI (1876) et le TOME XIV (1877) comprennent deux *Parties* qui se vendent séparément. 20 fr.
Le TOME XXI est *sous presse.*

ANNALES DE L'OBSERVATOIRE DE PARIS, fondées par *U.-J. Le Verrier,* publiées de 1877 à 1891 par l'Amiral *Mouchez,* et depuis 1892 par M. *F. Tisserand,* directeur. Observations. TOMES I à XI., années 1800 à 1885. 40 vol. in-4 (en tableaux); 1858 à 1893. L'année 1885 est publiée par M. *F. Tisserand.*
Chaque Volume se vend séparément. 40 fr.
Voir Catalogue de l'Observatoire de Paris.

ANNALES DU BUREAU CENTRAL MÉTÉOROLOGIQUE DE FRANCE, publiées par *E. Mascart*, Directeur.

Les ANNALES *ont formé, par an, de 1878 à 1885, quatre volumes grand in-4 avec planches (voir pour les détails le Catalogue général) :*

I. — Etudes des orages en France. Mémoires divers. Chaque volume.............................. 15 fr.
II. — Bulletin des Observations françaises. Revue climatologique. Chaque volume............ 15 fr.
III. — Pluies en France. Chaque volume..... 15 fr.
IV. — Météorologie générale. Années 1878 et 1879 et années 1882 à 1885. Chaque volume.......... 15 fr.
Années 1880 et 1881. Chaque volume.......... 25 fr.

Depuis l'année 1886, les ANNALES DU BUREAU CENTRAL *forment trois volumes par an :*

I. — Mémoires. Grand in-4.
ANNÉES : 1886, avec 56 pl.; — 1887, avec 38 pl.; — 1888, avec 69 pl.; — 1889, avec 25 pl. — 1890, avec 28 pl. 1891, avec 40 pl. Chaque vol. 15 fr.
II. — Observations. Grand in-4.
ANNÉES : 1886, 1887, 1888, 1889, 1891. Chaque vol. 15 fr.
III. — Pluies en France. Grand in-4, avec 5 pl.
ANNÉES : 1886, 1887, 1888, 1889, 1891. Chaque vol. 15 fr.

ANNALES DU BUREAU DES LONGITUDES. Travaux faits à l'observatoire astronomique de Montsouris, et Mémoires divers.

TOME I. In-4, avec une planche sur acier donnant la vue de l'Observatoire; 1877. (*Rare.*) 40 fr.
TOME II. In-4; 1882. 25 fr.
TOME III. In-4; 1883. 25 fr.
TOME IV. In-4, avec 2 pl.; 1890. 25 fr.

ANNALES DE L'OBSERVATOIRE DE BORDEAUX, publiées par *Rayet*, Directeur de l'Observatoire.

TOME I. In-4, avec figures et un plan de l'Observatoire; 1885. 30 fr.
TOME II, avec figures; 1887. 30 fr.
TOME III, avec 3 planches; 1889. 30 fr.
TOME IV; 1892. 30 fr.

ANNALES DE L'OBSERVATOIRE ASTRONOMIQUE, MAGNÉTIQUE ET MÉTÉOROLOGIQUE DE TOULOUSE. Tome I, renfermant les travaux exécutés de 1873 à la fin de 1878, sous la direction de *F. Tisserand*, ancien Directeur de l'Observatoire de Toulouse. Membre de l'Institut, etc.; publié par *Baillaud*, Directeur de l'observatoire, Doyen de la Faculté des Sciences de Toulouse. In-4, avec planche; 1880. 30 fr.

Tome II, renfermant les travaux exécutés de 1879 à 1884, sous la direction de *B. Baillaud*. In-4; 1886. 30 fr.

ANNALES DE L'OBSERVATOIRE DE NICE, publiées sous les auspices du *Bureau des Longitudes*, par M. *Perrotin*, Directeur (FONDATION R. BISCHOFFSHEIM).

TOME I...................... (*En préparation.*)
TOME II. Grand in-4, avec 7 belles planches, dont 3 en couleur; 1887...................... 30 fr.
TOME III. Gr. in-4, avec 1 pl. et atlas, contenant 17 belles pl. (spectre solaire de M. Thollon); 1890. 40 fr.
TOME V.......................... (*Sous presse.*)

ANNUAIRE DE L'OBSERVATOIRE MUNICIPAL DE MONTSOURIS pour 1892-1893; Météorologie, Chimie, Micrographie, Application à l'hygiène (contenant le résumé des travaux de l'Observatoire durant l'année 1891). 21e année. In-18 de 558 pages avec diagrammes et 47 figures.

Broché...... 2 fr. » | Cartonné.. 2 fr. 50 c.

Les années 1872, 1876, 1879, 1881, 1883 ne se vendent plus séparément.

ANNUAIRE pour l'an 1893, publié par le Bureau des Longitudes, contenant les Notices suivantes :
Un observatoire au mont Blanc; par J. Janssen. — Notice sur la corrélation des phénomènes d'Électricité statique et dynamique et la définition des unités électriques; par A. Cornu. — Discours sur l'aéronautique prononcé au Congrès des Sociétés savantes; par J. Janssen. — Discours prononcé aux funérailles de M. Ossian Bonnet; par F. Tisserand. — Discours prononcés aux funérailles de

M. l'amiral Mouchez ; par M. Faye, A. Bouquet de la Grye et M. Loewy. — Discours prononcé à l'inauguration de la statue du général Perrier par J. Janssen. In-18 jésus de vi-368 pages avec 2 cartes magnétiques.

Broché.. 1 fr. 50 c. | Cartonné..... 2 fr.

Pour recevoir l'Annuaire franco par la poste, dans tous les pays faisant partie de l'Union postale, ajouter 35 c.

CONNAISSANCE DES TEMPS ou des mouvements célestes, à l'usage des Astronomes et des Navigateurs, pour l'an 1896, publiée par le *Bureau des Longitudes.* Gr. in-8 de viii-852 pages, avec 2 cartes en couleur; 1893.

Broché... 4 fr. | Cartonné... 4 fr. 75 c.
Pour recevoir l'Ouvrage franco dans les pays de l'Union postale, ajouter 1 fr.
Le volume pour l'année 1896 paraîtra dans le cours de 1893.

— EXTRAIT DE LA CONNAISSANCE DES TEMPS, à l'usage des Écoles d'Hydrographie et des marins du Commerce, pour l'an 1895, publié depuis l'an 1889 par le *Bureau des Longitudes.* Grand in-8; 1893. 1 fr. 50 c.

L'Extrait *pour 1893 et celui pour 1894 sont également en vente.* — Prix. 1 fr. 50 c.

Par arrêté ministériel en date du 17 juillet 1857, l'emploi de cet Extrait ou de la CONNAISSANCE DES TEMPS est prescrit comme base des calculs effectués par les aspirants aux grades de Capitaine au long cours et de Capitaine au cabotage. — Les circulaires du Ministre de la Marine, en date des 17 et 22 décembre 1882, recommandent expressément et exclusivement ces deux ouvrages aux Capitaines du Commerce.

MÉMORIAL DE L'OFFICIER DU GÉNIE, ou Recueil de Mémoires, expériences, observations et Procédés généraux propres à perfectionner la fortification et les constructions militaires, rédigé par les soins du Comité des Fortifications avec l'approbation du Ministre de la Guerre. In-8, avec planches et nombreuses fig. Chaque volume, à partir du n° 21, se vend 7 fr. 50 c.

Une collection complète (n° 1 à 28) est à vendre.

OBSERVATOIRE DE LYON. — Travaux de l'Observatoire de Lyon, publiés sous les auspices du Conseil général du Rhône, par Ch. André, Directeur. Grand in-4; Tome I; 1888. 15 fr.

TRAVAUX ET MÉMOIRES DES FACULTÉS DE LILLE. — Fascicules grand in-8, paraissant à époques irrégulières.

Ce nouveau Recueil, fondé en 1889, est publié par fascicules grand in-8 (avec n° d'ordre), qui paraissent à des époques irrégulières. Chaque fascicule ne comprend qu'un seul travail et se vend séparément (Le détail des fascicules parus est donné dans le Catalogue général).

VIII. — ENCYCLOPÉDIE SCIENTIFIQUE

DES

AIDE-MÉMOIRE.

PUBLIÉE SOUS LA DIRECTION DE M. LÉAUTÉ,
Membre de l'Institut.

300 VOLUMES ENVIRON, PETIT IN-8, PARAISSANT DE MOIS EN MOIS.

Il sera publié 30 à 40 volumes par an.

Chaque volume est vendu séparément :

Broché........ 2 fr. 50 c. | Cartonné, toile anglaise. 3 fr.

' *Le prospectus détaillé de l'*ENCYCLOPÉDIE *est envoyé franco sur demande.*

Cette publication, qui se distingue par son caractère pratique, reste cependant une œuvre hautement scientifique.
Embrassant le domaine entier des Sciences appliquées, depuis la Mécanique, l'Électricité, l'Art de l'Ingénieur, la physique et la Chimie industrielles, etc., jusqu'à l'Agronomie, la Biologie, la Médecine, la Chirurgie et l'Hygiène, elle se compose d'environ 300 volumes petit in-8.

Chacun d'eux, signé d'un nom autorisé, donne, *sous une forme condensée*, l'état précis de la Science sur la question traitée et toutes les indications pratiques qui s'y rapportent.

La publication est divisée en deux Sections : Section de l'Ingénieur, Section du Biologiste, qui paraissent simultanément depuis février 1891 et se continuent avec régularité de mois en mois.

Les Ouvrages qui constitueront ces deux Séries permettront à l'Ingénieur, au Constructeur, à l'Industriel, d'établir un projet sans reprendre la théorie; au Chimiste, au Médecin, à l'Hygiéniste, d'appliquer la technique d'une préparation, d'un mode d'examen ou d'un procédé sans avoir à lire tout ce qui a été écrit sur le sujet. Chaque volume se termine par une Bibliographie méthodique permettant au lecteur de pousser plus loin et d'aller aux sources.

DERNIERS VOLUMES PARUS.

SECTION DE L'INGÉNIEUR.

Le Chatelier, Ingénieur en chef des Mines, Professeur à l'École des Mines, Répétiteur à l'École Polytechnique. — *Le Grisou.*

Madamet (A.), Ingénieur de la Marine en retraite, Directeur des Forges et Chantiers de la Méditerranée. — *Détente variable de la vapeur. Dispositifs qui la produisent.*

Dudebout, Ingénieur de la Marine, Sous-Directeur et Professeur à l'École d'application du Génie maritime. — *Appareils d'essai des moteurs à vapeur. Appareils d'asservissement.*

Croneau, Ingénieur des constructions navales, Professeur à l'École d'application du Génie maritime. — *Canons, torpilles et cuirasses; leur installation à bord des bâtiments.*

Gautier (H.), Docteur ès Sciences, Professeur agrégé à l'École supérieure de Pharmacie. — *Essais d'or et d'argent.*

Lecomte, Docteur ès Sciences, Professeur agrégé d'Histoire naturelle au Lycée Saint-Louis. — *Les textiles végétaux. Leur examen microchimique.*

Alheilig, Ingénieur de la Marine, Professeur à l'École d'application du Génie maritime. — *Corderie. Cordages en chanvre et en fils métalliques.*

De Launay, Ingénieur au Corps des Mines, Professeur à l'École nationale des Mines. — *Formation des gîtes métallifères.*

Bertin, Directeur des Constructions navales, Directeur de l'École d'application du Génie maritime. — *État actuel de la Marine de guerre.*

Jean (Ferdinand), Directeur du Laboratoire de la Bourse du Commerce et de la Société française d'Hygiène. — *Industrie des peaux et des cuirs. Analyse des matières premières, des agents auxiliaires et des produits.*

Berthelot, Secrétaire perpétuel de l'Académie des Sciences. — *Traité pratique de Calorimétrie chimique.*

Viaris (marquis de), Ancien Élève de l'École Polytechnique, ancien Officier de marine. — *L'art de chiffrer et de déchiffrer les dépêches secrètes.*

Langlois (Paul), Chef du Laboratoire de Physiologie à la Faculté de Médecine, Membre de la Société de Biologie. — *Le Lait.*

Madamet (A.), Ingénieur de la Marine en retraite, Ancien Directeur de l'École d'application du Génie maritime, Directeur des Forges et Chantiers de la Méditerranée. — *Distribution de la vapeur. Épures de régulation. Courbes d'indicateurs. Tracé des diagrammes.*

Guillaume (Ch.-Ed.), Docteur ès sciences, attaché au Bureau international des poids et mesures. — *Unités et étalons.*

Widmann, Ingénieur de la Marine. — *Principes de la machine à vapeur.*

Minel (P.), Ingénieur des constructions navales. — *Introduction à l'Électricité industrielle (Potentiel. Flux de force. Grandeurs électriques).*

Minel (P.), Ingénieur des constructions navales. — *Introduction à l'Électricité industrielle (Circuit magnétique. Induction. Machines).*

Lavergne (Gérard), ancien Élève de l'École Polytechnique, Ingénieur civil des Mines. — *Les Turbines.*

Hébert, Préparateur aux travaux pratiques de Chimie à la Faculté de Médecine. — *Examen sommaire des boissons falsifiées.*

Naudin (Laurent), Chimiste. — *Fabrication des vernis. Applications à l'Industrie et aux Arts.*

Laurent (H.), Examinateur d'admission à l'École Polytechnique. — *Théorie des jeux de hasard.*

Sinigaglia (Francesco), Ingénieur directeur de l'association des propriétaires de chaudières à vapeur de Naples, Membre correspondant du Royal Institut d'encouragement d'Italie, etc. — *Accidents de chaudières.*

SECTION DU BIOLOGISTE.

Auvard (A.), Accoucheur des Hôpitaux. — *Menstruation et Fécondation. Physiologie et Pathologie.*

Mégnin, ancien Vétérinaire de l'armée, Membre de la Société de Médecine légale de France. — *Les acariens parasites.*

Demelin (Dr L.-A.), Chef de clinique obstétricale à la Faculté de Médecine de Paris. — *Anatomie obstétricale.*

Guénot, Chargé d'un Cours complémentaire de Zoologie à la Faculté des Sciences de Nancy. — *Les moyens de défense dans la série animale.*

Olivier (Dr A.), ancien interne de la Maternité de Paris, Chef du service des maladies des femmes et accouchements à la Policlinique de Paris, Membre fondateur de la Société obstétricale et gynécologique de Paris, Professeur à la Policlinique de Paris. — *La pratique de l'accouchement normal.*

Bergé, Interne des Hôpitaux. — *Guide de l'étudiant à l'hôpital. Examens cliniques, Autopsies.*

Charrin, Professeur agrégé, Chef du Laboratoire de Pathologie générale à la Faculté de Médecine, Membre de la Société de Biologie, médecin des Hôpitaux. — *Les Poisons de l'organisme. Poisons de l'urine.*

Roger (H.), Professeur agrégé à la Faculté de Médecine de Paris, Membre de la Société de Biologie, Médecin des Hôpitaux. — *Physiologie normale et pathologique du foie.*

Brocq, Médecin des Hôpitaux de Paris, et **Jacquet**, ancien interne de Saint-Louis. — *Précis élémentaire de dermatologie. Pathologie générale cutanée.*

Hanot (Dr V.), Professeur agrégé, Médecin de l'Hôpital Saint-Antoine. — *De l'Endocardite aiguë.*

Weil-Mantou (Dr J.). — *Manuel du médecin d'assurances sur la vie.*

Brun (de), Professeur de clinique interne à la Faculté de Beyrouth, médecin sanitaire de France en Orient, Correspondant de l'Académie de Médecine. — *Maladies des pays chauds. Maladies climatériques et infectieuses.*

Broca, Chirurgien des Hôpitaux. — *Traitement des tumeurs blanches (ostéo-arthrites tuberculeuses des membres) chez l'enfant.*

Du Cazal, Médecin principal de 1re classe, Professeur à l'École du Val-de-Grâce, et **Catrin**, Médecin major de 1re classe, Professeur agrégé à l'École du Val-de-Grâce. — *Médecine légale militaire.*

Lapersonne (de), Professeur de clinique ophtalmologique à la Faculté de Médecine de Lille. — *Ophtalmologie. — Maladies des paupières et des membranes externes de l'œil.*

Kœbler, Docteur ès Sciences, Docteur en Médecine, chargé du Cours complémentaire de Zoologie à la Faculté des Sciences de Lille. — *Applications de la Photographie aux Sciences naturelles.*

(Août 1893.)

20086 Paris. — Imp. GAUTHIER-VILLARS ET FILS, Quai des Grands-Augustins, 55.

ART O OROE TERMINTTES